Michael Horchler

Die Alchemie in der deutschen Literatur des Mittelalters

DWV-Schriften zur Medizingeschichte

Band 2

Deutscher Wissenschafts-Verlag (DWV)
Baden-Baden

Michael Horchler

Die Alchemie in der deutschen Literatur des Mittelalters

Ein Forschungsbericht über die deutsche alchemistische Fachliteratur des ausgehenden Mittelalters

Deutscher Wissenschafts-Verlag (D W V)
Baden-Baden

Cover-Gestaltung: Birgitta Karle

Bibliografische Information Der Deutschen Bibliothek
Die Deutsche Bibliothek verzeichnet diese Publikation in der Deutschen Nationalbibliografie; detaillierte bibliografische Daten sind im Internet über http://dnb.ddb.de abrufbar.

Bibliographic information published by Die Deutsche Bibliothek
Die Deutsche Bibliothek lists this publication in the Deutsche Nationalbibliografie; detailed bibliographic data are available in the Internet at http://dnb.ddb.de.

Information bibliographique de Die Deutsche Bibliothek
Die Deutsche Bibliothek a répertorié cette publication dans la Deutsche Nationalbibliografie; les données bibliographiques détaillées peuvent être consultées sur Internet à l'adresse http://dnb.ddb.de.

Zugleich Dissertation der Universität Mannheim 2005

1. Auflage
Gedruckt auf alterungsbeständigem, chlorfrei gebleichtem Papier

Deutscher Wissenschafts-Verlag (DWV)®
Postfach 11 01 35
D–76487 Baden-Baden

www.dwv-net.de

ISBN: 3-935176-38-4

Inhaltsverzeichnis

Vorwort

Die vorliegende Dissertation wurde im Wintersemester 2004/05 von der Universität Mannheim angenommen.

Zu besonderem Dank bin ich meinem Mentor und Doktorvater Herrn Prof. Dr. Dr. Bernhard D. Haage verpflichtet, der mich im Rahmen des Seminars für Deutsche Philologie der Philosophischen Fakultät der Universität Mannheim zu dieser wissenschaftlichen Arbeit angeregt und sie als Erstgutachter betreut hat. Er stand mir stets mit Rat und Tat zur Seite und ich verdanke ihm einige hilfreiche Anregungen. Danken möchte ich ihm aber auch für sein Verständnis, seine Geduld und sein überaus großes Engagement, die er mir bei der Anfertigung dieser Dissertation entgegenbrachte.

Herrn PD Dr. Dr. Ernst Haberkern danke ich für seine Bereitschaft als Zweitgutachter zu fungieren, was bei einer Arbeit diesen Umfangs nicht selbstverständlich ist.

Mein besonderer Dank gilt Frau Dr. Sibylla Schuster vom Archiv der Firma Freudenberg & Co., die mir im Rahmen meiner Archivtätigkeit die nötigen Freiräume für meine Forschungstätigkeit gewährte.

Auch möchte ich meinen Freunden Dr. Thomas Schellenberger und Martin Schmidt für die moralische Unterstützung danken, der ich manchmal dringend bedurfte, sowie für die Hilfe beim Ausdiskutieren von Problemen 'am Küchentisch' und die unermüdliche Suche nach Tippfehlern.

Schließlich möchte ich mich noch bei meiner Familie bedanken, die einfach da war, wenn ich sie brauchte. Insbesondere danke ich meiner Mutter, die sich während der Entstehung dieser Dissertation als beste Zuhörerin auf Erden entpuppte.

Michael Horchler

1. Einführung: Stand der Forschung

Die Alchemie nimmt in der europäischen Wissenschafts- und Kulturgeschichte mehr als nur die Position einer Vorläuferin der modernen Chemie ein.[1] Sie entwickelte ein weitgespanntes Beziehungsgeflecht mit anderen Artes und Scientiae des Mittelalters sowie der fiktionalen Literatur. Trotzdem steckt die Erforschung der Alchemie und damit insbesondere die Erforschung ihrer Fachliteratur als Trägerin des alchemistischen Wissens noch immer in den Kinderschuhen. Dies liegt vor allem daran, daß es noch weitgehend an den Grundlagen für eine systematische und historisch-kritische Erforschung der Alchemie mangelt. Am gravierendsten macht sich das Fehlen von Editionen alchemistischer Fachtexte bemerkbar. Dies gilt sowohl für die lateinische Alchemieliteratur als auch für volkssprachig überlieferte Alchemica des Mittelalters, auch für die deutschen. Die Erforschung der Alchemie im Ganzen (was die Alchemiegeschichte ebenso einschließt wie die Erforschung von Fachsprache und Fachliteratur der Alchemie) steht vor dem großen Problem, daß selbst überaus wirkungsmächtige Fachtexte nicht in kritischen Editionen zugänglich sind. Aus diesem Grunde bleiben „Ausmaß, Formen und Wandel der Rezeption alchemischen Wissens“[2] oft undeutlich und sind sowohl für das Mittelalter als auch für die frühe Neuzeit kaum erkennbar. Eines der bedeutendsten Forschungsdesiderate innerhalb der Erforschung der Alchemie stellt somit die Edition alchemistischer Fachtexte dar. Es gibt zwar Editionen aus dem Bereich der deutschen Fachliteratur der Alchemie, aber diese kann man nur als einen Anfang sehen. Besonders im Bereich der alchemistischen Lehrdichtung liegen einige zum Teil kritische Editionen vor. Hervorzuheben sind hier die Editionen von Telle, Buntz und Haage,[3] aber auch Benzenhöfers kritische Edition der deutschen Überlieferung von Johannes' de Rupescissa „*Liber de consideratione quintae essentiae omnium rerum*“.[4] Wohingegen der Versuch von Junker, das „*Buch der Heiligen Dreifaltigkeit*“ zu edieren, zwar löblich ist, aber eigentlich als gescheitert angesehen werden muß, da die Textausgabe voller Fehler ist.[5]

Ähnlich wie mit den Editionen verhält es sich mit der systematischen Erfassung der Überlieferung der deutschsprachigen alchemistischen Fachliteratur des Mittelalters und darüber hinaus auch der frühen Neuzeit. Die handschriftlichen Alchemica sind nur zu einem kleinen Teil in Handschriftenkatalogen oder aber im Rahmen von Überlieferungsverzeichnissen innerhalb der Sekundärliteratur erfaßt. Exemplarisch seien hier

[1] Vgl. Paulus (1997) S. 795
[2] Paulus (1997) S. 803
[3] Vgl. hierzu Buntz (1968), Haage (1975), Telle (1976), Telle (1980b) sowie Haage (1982)
[4] Vgl. Benzenhöfer (1989)
[5] Vgl. Junker (1986). Eine Edition des „*Buchs der Heiligen Dreifaltigkeit*“ ist von einer Einzelperson auch nicht zu leisten. Dazu bedarf es eines großangelegten Forschungsprojektes.

die Arbeiten von Kurras, Ott und Boeren genannt.[6] Der Großteil der Überlieferung liegt jedoch im Dunkeln, da er nicht oder nur ungenügend erfaßt ist. Ebenso verhält es sich mit der gedruckten Überlieferung der frühneuzeitlichen Alchemica, die nur unzureichend dokumentiert und kaum erschlossen ist.

Ein großes Hemmnis für die systematische Erforschung der Alchemie ist mit Sicherheit auch ihre zum Teil schwer verständliche Fachsprache. Das Fehlen eines für wissenschaftliche Zwecke nutzbaren Fach-Wörterbuches ist eine Folge fehlender sprachwissenschaftlicher Untersuchungen, die wiederum aufgrund fehlender Textausgaben schwierig voranzutreiben sind. Einige gute Ansätze für die Erforschung der mittelalterlichen deutschen Fachsprache der Alchemie sind jedoch bereits gemacht. Zu nennen wären die Arbeiten von Barke, Buntz, Ploss, Eis und Haage.[7]

Es läßt sich bereits hier festhalten, daß kaum philologische Strategien zur Erforschung der Literatur der Alchemie erkennbar sind, wie dies in den philologischen Literaturtheorien der Fall ist. Die Erforschung der alchemistischen Fachliteratur erfolgt meist durch wissenschaftshistorisch orientierte Studien und weniger durch solche aus dem Bereich der Philologie – bezogen auf das deutschsprachige Fachschrifttum aus der Germanistik. Dies liegt wohl am Untersuchungsgegenstand selbst, da der Zugang zur Materie für Germanisten bzw. Philologen erheblich schwieriger ist als bspw. für Medizinhistoriker, die ihr Augenmerk zwangsläufig auch auf den medizinischen Aspekt der Alchemie legen müssen, wenn sie ihr Fachgebiet umfassend behandeln wollen.

Hier setzt nun diese Arbeit an, indem sie versucht, die wichtigsten Erkenntnisse über die mittelalterliche Alchemie, ihre deutschsprachige Fachliteratur und Fachsprache zu systematisieren und somit die Grundlage für eine weiterführende systematische Erforschung der mittelalterlichen Alchemie speziell im deutschen Kulturraum zu bieten.

Die hier vorgenommene Beschränkung der Betrachtung auf die mittelalterliche Fachliteratur der Alchemie ist eine rein zeitliche Abgrenzung und keine inhaltliche. Dies zeigt sich an dem aufgrund seiner Bedeutung für die medizinische Alchemie mit aufgenommenen Paracelsus, der sowohl zeitlich als auch inhaltlich zwischen Mittelalter und früher Neuzeit steht. Die Abgrenzung in zeitlicher Hinsicht geschah aus pragmatischen sowie aus definitorischen Gründen, da unter dem Mittelalter i.d.R. die Zeit von der Völkerwanderung bis 1500 verstanden wird, so daß man von mittelalterlicher Alchemie auch nur bis zum zeitlichen Ende des Mittelalters sprechen kann. Natürlich sind die Übergänge fließend und man kann keine klare zeitliche Trennlinie zwischen Mittelalter und früher Neuzeit ziehen. So ist auch der Übergang von der mittelalterli-

[6] Vgl. Boeren (1975), Kurras (1980) sowie Ott (1991)

[7] Vgl. Eis (1965), Ploss (1967), Buntz (1968), Buntz (1970), Eis (1971c), Haage (1974), Haage (1975), Haage (1988), Barke (1991), Haage (1993a) und Haage (1998a)

chen Alchemie zur modernen Chemie ein fließender Prozeß, worauf unten noch genauer eingegangen wird.

Zur Darstellung der deutschsprachigen Fachliteratur der Alchemie des Mittelalters und ihrer Erforschung wird es aber zunächst sinnvoll sein, vorab zu klären, was unter Alchemie überhaupt zu verstehen ist, sowie einen kurzgefaßten Überblick über die Geschichte der Alchemie zu geben. Da Fachsprache und Fachliteratur, wie noch gezeigt wird, untrennbar miteinander verflochten sind, wird im Anschluß zunächst eine Einordnung der Alchemie in den großen Komplex der mittelalterlichen und frühneuzeitlichen Fachsprachen vorgenommen, wobei der Schwerpunkt der Betrachtung auf der Arkansprache, der alchemistischen Geheimsprache, liegen wird, aber auch die Problematik des Begriffes 'Fachsprache' diskutiert werden soll.

Daran wird dann eine systematische Darstellung der deutschsprachigen alchemistischen Fachliteratur des Mittelalters anknüpfen, die ebenso wie die Fachsprache zuvor in die Gesamtheit der mittelalterlichen Fachliteratur einzuordnen ist, nachdem der Begriff 'Fachliteratur' abgegrenzt wurde. In Anbetracht des massiven Mangels an Texteditionen werden hier auch drei bisher nicht edierte alchemistische Rezepte abgedruckt, obwohl Texteditionen nicht die Zielsetzung dieser Arbeit sind.

Abschließend wird die Wirkung der mittelalterlichen Alchemie betrachtet, die sich sowohl auf andere Artes und Scientiae des Mittelalters wie Medizin, Pharmazie oder das Montanhandwerk erstreckt, als auch auf die deutsche Dichtung des Mittelalters. Das Beziehungsgeflecht zwischen Alchemie und Dichtung sowie zwischen Alchemie und anderen Wissensgebieten soll dabei anhand einiger beispielhaft herausgegriffener Textdenkmäler aufgezeigt werden.

Da es für die deutschsprachige Fachliteratur der Alchemie nur unzusammenhängende Überlieferungsverzeichnisse gibt, habe ich mich dazu entschlossen, als Ergänzung die in den von mir benutzten Quellen zusammengetragenen Verzeichnisse zu einem einheitlichen Überlieferungsverzeichnis zu verbinden, das sich im Anhang dieser Dissertation befindet. Basierend auf dieser 'Materialsammlung' sollten künftige Editionsprojekte forciert werden können.

Ein erster Ansatz zur Systematisierung des Wissens über die deutschsprachige Alchemie war die Dissertation von Buntz,[8] die nicht nur die deutsche alchemistische Literatur des 15. und 16. Jahrhunderts zusammenstellte, sondern auch den ersten Forschungsbericht zu diesem Zeitraum lieferte. Seither gab es eine größere Zahl von Einzelbetrachtungen zu ausgewählten Texten der alchemistischen Fachliteratur und auch einige Arbeiten, die die mittelalterliche Alchemie zur Gänze zu umfassen suchten. Ei-

[8] Vgl. Buntz (1968)

nen Versuch, die Arbeit von Buntz fortzuführen und die seither zusammengetragenen Forschungsergebnisse aufzuarbeiten, hat es aber bisher nicht gegeben.

In der vorliegenden Dissertation wird nun aufbauend auf Buntz und ihn ergänzend die Forschungsliteratur zur deutschsprachigen Alchemie des Mittelalters gesichtet und kritisch gewürdigt mit dem Ziel, eine systematische Übersicht über die deutschsprachige Alchemie des Mittelalters zu bieten.

2. Kurzer Abriß zur Geschichte und zum Wesen der Alchemie

2.1. Das Wesen und der Inhalt der Alchemie

Eine Definition des Begriffes 'Alchemie' ist recht schwierig, da die Alchemie keine homogene Ausprägung besaß, sondern vielmehr ein „komplexes alchemisches Kulturphänomen mit diversen Erscheinungsformen“ [9] war.

Eine Annäherung an den Alchemie-Begriff bietet eine sehr allgemein gehaltene Definition von Schütt, dernach ist die Alchemie:

> „die Kunst, gewisse Materialien zu höherem Sein zu veredeln, und zwar derart, dass mit der Manipulation der Materie auch der um ihr Geheimnis ringende Mensch in einen höheren Seinszustand versetzt wird.“[10]

Die Alchemie verfügt neben der Praxis auch über einen eigenen theoretischen Überbau. Diese alchemistische Theorie kann, wie Roger Bacon (um 1219 - um 1292) in seinem „*Opus tertium*“ (um 1266) meint, rein spekulative, ursprünglich griechische Naturphilosophie (Elementen- und Qualitätenlehre) sein („*alkimia speculativa*“), oder, wie Albertus Magnus (d.i. Albert von Lauingen; um 1200-1280) in seinen „*Mineralia*“ kritisiert, eine „bildhafte Verschlüsselung von Läuterungs- und Initiationsprozessen im alchemistischen Werk, wie in der Seele des Alchemisten“, eine Verschlüsselung, die einen ihrer Ursprünge in antiken Mysterien hat. Daneben treten auch medizinische Aspekte, wie z.B. die Theorie der Panazee, im christlichen Abendland von Johannes de Rupescissa bis zu Paracelsus (d.i. Theophrast Bombast von Hohenheim – 1493/94-1541) und den Paracelsisten auf. Man kann also eigentlich nicht von der 'Alchemie' sprechen, sondern man muß vielmehr zwischen praktischer, theoretischer, naturphilosophischer, mystischer, medizinischer, synkretisticher usw. Alchemie differenzieren.[11]

Was aber all diesen Ausprägungen der Alchemie gemeinsam ist, ist das Verschmelzen von Theorie und Praxis. Nur dort wo der chemisch-technische Praxisaspekt und der philosophisch-spirituelle Aspekt des theoretischen Überbaus zu einer Einheit verbunden werden, kann man von Alchemie sprechen.

Aufgrund dieser für die Alchemie typischen Vereinigung von 'theorica' und 'practica' lassen sich die Nachbardisziplinen abgrenzen. Es sind dies die Medizin, Pharmazie, Veterinärmedizin, das Maler- und Färberhandwerk, die Metallurgie und das Montanhandwerk. Das Beziehungsgeflecht zwischen diesen Artes und Scientiae und der Alchemie ist vielmaschig. In erster Linie tauschte die Alchemie mit ihren Nachbardisziplinen Stoffe und Geräte sowie Fachtermini aus, und beide verfügen über gemeinsame Literaturformen, wie bspw. das Rezept. Daneben bestand auch häufig eine

---

[9] Haage (1996) S. 10

[10] Schütt (2000) S. 12

[11] Vgl. Haage (1996) S. 10f.

Verbindung zwischen den Disziplinen in der Person des Alchemisten, da diese nicht selten zugleich Ärzte (z.B. Arnald von Villanova), Apotheker (z.B. Johann Kunckel) oder Metallurgen (z.B. Johann Thoelde, der hinter dem Pseudonym Basilius Valentinus steht) waren.[12]

Der Begriff selbst kommt im 12. Jahrhundert durch die Übersetzungen der arabischen Texte (arab. „*al-kîmiyâ*") ins Abendland. In lateinischen Texten ist er als „*alkimia*", „*alquimia*", „*alchimia*" und „*alchemia*" nachzuweisen.[13] Die etymologische Wurzel des Terminus 'Alchemie' ist allerdings umstritten. Das Präfix 'al-' ist dabei das geringere Problem, denn dabei handelt es sich um den arabischen bestimmten Artikel. Anders verhält es sich bei 'chimia' (u.ä. Schreibweisen). Hierzu gibt es verschiedene Herleitungen. Weit verbreitet ist die mittlerweile überholte Herleitung aus ägyptisch 'keme' ('chēmi'), was 'das Schwarze' bedeutet und für die schwarze Erde Ägyptens und damit für Ägypten selbst steht. Alchemie wäre also gleichbedeutend mit 'ägyptischer Kunst'. Heute ist die dominierende Forschungsmeinung, daß der Terminus auf griechisch 'chéō' ('gießen') zurückgeht. Demnach bezeichnet dann 'chymeía' oder 'chēmeía' die Handwerkskunst flüssiges Metall zu gießen. Aufgrund der Genese der Alchemie im hellenistischen Ägypten, kann es sich jedoch auch um eine „Kontamination bzw. Interferenz von griechisch 'chéein', 'gießen', und ägyptisch 'kem' ('chem', geschrieben 'kmt'), 'schwarz'"[14], handeln.[15]

Das Ziel der Alchemie ist es, aus unedlen Stoffen mit Hilfe des Lapis philosophorum (d.i. der Stein der Weisen) bzw. der Panazee (d.i. das Allheilmittel) Edelmetalle, Edelsteine oder Gesundheit herzustellen. Dazu muß der (unedle) Ausgangsstoff des Lapis bzw. der Panazee zunächst zur prima materia, der ersten Materie, dem Urstoff, der in allen Stoffen enthalten ist, zurückgeführt werden, bevor diese zur ultima materia, der höchsten Materie, emporgeläutert werden kann. Aus dem so gewonnenen Lapis läßt sich im „großen Werk" („*opus magnum*") Gold und im „kleinen Werk" („*opus minus*") Silber aus unedlen Metallen herstellen. Die Stufen dieses alchemistischen Arbeitsprozesses wurden meist wie folgt beschrieben:

1. Kalzination, d.h. Oxidation durch Erhitzen bzw. Pulverisierung des Ausgangsstoffes. Dazu benutzte die Kalzination häufig das Erhitzen durch Feuer (Oxidation), aber auch ätzende Substanzen, wie Salze oder Mineralsäuren, sowie das einfache Zermahlen der Substanz.

2. Solution, d.h. Lösung in scharfen Flüssigkeiten. Darunter verstanden die Alchemisten aber nicht nur die Lösung eines festen Stoffes in einer Flüssig-

[12] Vgl. Buntz (1968) S. 10f.
[13] Vgl. Haage (1996) S. 11
[14] Haage (1996) S. 12
[15] Vgl. Lindsay (1970) S. 68-74; Haage (1996) S. 12 und Hornung (2003) S. 40

keit, sondern ganz allgemein jede Verflüssigung eines festen Stoffes, wozu auch das Schmelzen zählt.

3. Putrefaktion, d.h. Verfaulung, wobei die dabei entstehende Schwarzfärbung („*nigredo*“) als Tod der Substanz angesehen und oft als „*Schwarzer Rabe*“ metaphorisch dargestellt wird, der jedoch als „*Weiße Taube*“ („*albedo*“) wieder aufersteht. Der Zustand der Schwarzfärbung wurde im allgemeinen als die Rückführung zur prima materia begriffen. Bei der Putrefaktion rechnete man mit einer Verfaulung oder Verwesung des Stoffes. Dazu wurde der Stoff in einem geschlossenen Gefäß über einen längeren Zeitraum – meist mäßig – erwärmt.

4. Reduktion, d.h. Zurückführen des bei der Kalzination verflüchtigten „*Geistes*“ mit Hilfe von „*philosophischer Milch*“ (d.i. eine Flüssigkeit), wobei Gelbfärbung („*citrinitas*“) entsteht.

5. Sublimation, d.h. durch die Rückführung der „geistigen Substanz“ erreicht die vorhandene Materie einen höheren Wert als die prima materia, wobei durch das Wüten des „*Roten Drachen*“ Rotfärbung („*rubedo*“) eintritt. Bei der Sublimation liegt das Bestreben ebenso wie bei der Kalzination darin, den Ausgangsstoff zu pulverisieren. Dazu wird ein fester Stoff vollständig oder teilweise verdampft, wobei der Ausgangsstoff nicht schmilzt, sondern direkt in den gasförmigen Aggregatzustand übergeht. Der entstandene Dampf wird an kühleren Gefäßteilen kondensiert. Die so entstehenden Sublimate weisen eine feine, häufig kristalline Form auf, weswegen sie auch als Blumen bzw. Flores bezeichnet wurden. Die Sublimation wurde häufig benutzt, um Schwefel, Zinnober oder Salmiak (Sal ammoniacum, Ammoniumchlorid) zu reinigen.

6. Koagulation oder Fixation, d.h. Verfestigung der nun emporgeläuterten Materie (ultima materia).

7. Fermentierung (wird nur selten genannt), d.h. Zusetzen einer kleinen Menge meist Goldes („Goldhefe“) zur Beschleunigung des Prozesses. Die Alchemisten verbanden mit der Fermentation eine Erhöhung der Aktivität eines Stoffes – heute würde man von Reaktionsfähigkeit sprechen. Dies beinhaltete vor allem die Fähigkeit, einen anderen Stoff zu durchdringen und ihn dabei zu verändern, wie dies der Lapis philosophorum bei der Transmutation mit den Metallen tut.

8. Lapis philosophorum, der Stein der Weisen, der häufig als „schweres, dunkelrot glänzendes Pulver“ beschrieben wird. Dabei könnte es sich um rotes

Quecksilberoxid handeln, mit dessen Hilfe „Blei auf beliebige Goldtöne umgefärbt werden kann.“[16]

9. Multiplikation, d.h. Vermehrung bzw. Vervielfachung des Lapis aus einem kleinen Rest.

10. Projektion, d.h. Einstreuen des pulverförmigen Lapis in unedles Metall, das dann zu Gold (bzw. Silber) transmutieren soll. Dieser Vorgang wird auch als „*Tingierung*“, d.h. Färbung, bezeichnet.[17]

Die prima materia ist der Ursprung aller Dinge, auch der dualen Gegensätze wie z.B. ’oben’ und ’unten’, das männliche und weibliche Prinzip usw. Das Ziel der Alchemie ist es, diese Prinzipien im Stein der Weisen wieder zu vereinen.[18]

Eine zweite Methode zur Lapis-Herstellung geht von der antiken Elementen- und Qualitätenlehre aus. Das Ziel ist es dabei, das ideale Mischverhältnis der Elementarqualitäten zu finden (Luft = heiß und feucht; Feuer = heiß und trocken; Erde = kalt und trocken; Wasser = kalt und feucht), die in allen Naturstoffen enthalten sind. Dieses ideale Mischverhältnis der Elementarqualitäten nennt man Eukrasie, die in der ultima materia des Lapis enthalten ist. Diese Idee der Eukrasie spielt aber nicht nur bei der Herstellung des Lapis philosophorum eine wichtige Rolle, sondern dominiert auch in der hippokratisch-galenischen Medizin des Mittelalters.[19]

Die theoretischen Grundlagen der Alchemie sind also vorwiegend in der griechischen Naturphilosophie zu suchen. Stark beeinflußt war die theorica der Alchemie von der aristotelischen Idee, daß alle Dinge teleologisch danach streben, eine vollkommenere Form[20] zu erlangen, woraus in Verbindung mit der Lehre von der prima materia[21] die alchemistische Transmutationsvorstellung entsteht.[22] Daneben zog die in den mittelalterlichen Naturwissenschaften allgegenwärtige aristotelische Elementen- und Qualitätenlehre, wie oben gesehen, auch in der Alchemie ein und die

---

[16] Hoheisel (1986) S. 67

[17] Vgl. Haage (1996) S. 15ff. sowie Principe (1998a) S. 53f. Das in den einzelnen Stufen des Opus alchemicum beschriebene Farbenspiel (von den Alchemisten als ’Pfauenschwanz’ bezeichnet) läßt sich übrigens tatsächlich beobachten, wenn man aus Kupfer und Quecksilber ein Amalgam bildet und dieses erhitzt. Je nach der Menge des dabei verdampften Quecksilbers zeigt sich eine andere Färbung, weiß – gelb – rot, und bei weiterem Erhitzen wieder eine Grau- bis Schwarzfärbung. (Vgl. hierzu auch Ploss (1970) S. 37)

[18] Vgl. Gebelein (1991) S. 68

[19] Vgl. Haage (1996) S. 15 und S. 25

[20] Unter der aristotelischen ’Form’ ist aber nicht allein die äußerliche Gestalt der Dinge zu verstehen, sondern vielmehr ihre Wesensform, wie bspw. die Art einer Gattung.

[21] Die prima materia stellten sich die Alchemisten substantiell vor wie die Stoiker und ähnlich dem Urstoff, dem Unbestimmbaren (ápeiron), des Vorsokratikers Anaximandros (6. Jahrhundert v. Chr.) oder dem Ur-Knetstoff, wie er in Platons „*Timaios*“ beschrieben wurde, und nicht wie bei Aristoteles als rein metaphysisches Prinzip.

[22] Vgl. Haage (1996) S. 19

Korpuskulartheorien (wozu auch die Atomtheorie zählt) beeinflußten die Alchemie, vor allem in Person des Geber latinus.

Auf der Elementenlehre baut die Schwefel-Quecksilber-Theorie auf. Diese besagt, daß alle Stoffe, was auch die Metalle einschließt, aus den beiden Prinzipien Schwefel und Quecksilber zusammengesetzt sind, bei denen es sich also nicht um natürlichen Schwefel und natürliches Quecksilber handelt. Der Schwefel als das Prinzip des Brennbaren besteht dabei aus den Elementen Feuer und Luft und das Quecksilber als das Prinzip des Schmelzbaren aus den Elementen Wasser und Erde. Der Schwefel wird in diesem Zusammenhang auch als männliches Prinzip und das Quecksilber als weibliches Prinzip bezeichnet. In der Alchemie ist die Schwefel-Quecksilber-Theorie[23] vor allem für metallurgische Betrachtungen von Bedeutung, wobei sich das Interesse auf das unbekannte Mengenverhältnis der beiden Substanzen im Gold konzentrierte, da ihr Mischverhältnis der Gradmesser der Edelheit der Metalle ist. So hat der Schwefel (als das Schlechte und Vergängliche) im Gold nur färbenden Charakter, weshalb dieses das edelste Metall ist.[24]

Alle theoretischen Ansätze waren mit dem Streben nach dem Lapis philosophorum verbunden, womit die Alchemie zwei wesentliche Ziele verfolgte, nämlich zum einen die Transmutation unedler Metalle in Gold oder Silber und zum anderen, mit der iatrochemischen Ausprägung des Lapis als Panazee ein Lebenselixier zu erschaffen, das Gesundheit und ewige Jugend erzeugen sollte. In der Beurteilung und Betrachtung der Alchemie kommt dieser zweite, iatrochemische Aspekt oftmals zu kurz oder wird sogar ganz vernachlässigt, obwohl aus ihm die moderne Pharmazie hervorging.[25]

Der Lapis philosophorum kann außer zur Transmutation der Metalle und Herstellung der Panazee auch als ewiges Licht benutzt werden. Bei der Herstellung eines ewigen Lichtes wird ein Stück des Lapis in ein Glasgefäß eingeschmolzen, das daraufhin ohne irgendwelche Energiezufuhr ununterbrochen leuchtet. Darüber hinaus sollte der Stein der Weisen sogar die „Herstellung von Edelsteinen und Diamanten ermöglichen, Glas schmiedbar, hämmerbar, biegsam und unzerbrechlich machen“ und Allwissenheit verleihen.[26]

Die Alchemie kam also – wie oben gesehen – in engen Kontakt zu benachbarten Wissenschaften, wie Metallurgie, Medizin und Pharmazie, mit denen sie Stoffe, Geräte,

---

[23] Eine Variante der Schwefel-Quecksilber-Theorie stellt die Reine Quecksilber-Theorie dar, die erstmals von Geber latinus in der „*Summa perfectionis magisterii*“ formuliert wurde und im 14. Jahrhundert in Konkurrenz zur Schwefel-Quecksilber-Theorie tritt, sich jedoch nicht durchsetzen konnte und bereits im 15. Jahrhundert von der Schwefel-Quecksilber-Theorie wieder verdrängt wurde. Näheres zur Reinen Quecksilber-Theorie siehe unten im Kapitel über Geber latinus.

[24] Vgl. Ploss (1970) S. 37 sowie Haage (1996) S. 28f. und S. 165

[25] Vgl. auch Broszinski (1994) S. 5

[26] Vgl. Gebelein (1991) S. 46.

Begriffe und Erfahrungen austauschte. Jedoch läßt sich zwischen ihnen eine klare Trennlinie ziehen, denn nur dort, wo theorica und practica sich miteinander verbinden, kann man von Alchemie sprechen.[27]

Die Alchemie verstand sich selbst als „philosophisch-naturwissenschaftliches System“, das nach Kenntnis und Beherrschung der Naturgesetze strebte. Das Hauptziel der Alchemie war – wie bereits beschrieben – die Gewinnung des 'Steins der Weisen', mit dessen Hilfe unedle Stoffe in edlere verwandelt werden sollten, d.h. es wurde angestrebt, die niedere Materie zu ihrer höchsten Existenzform im Gold emporzuläutern. So argumentiert auch Paracelsus, wenn er sagt: „*Alchimia ist die khunst, die da vnnütz vom nutzen thut vnnd bringts in sein letzte materiam vnnd wesen*“. Diese „Transmutation der Elemente“ sollte durch „langwierige Prozesse des Verbesserns, Emporläuterns und Vervollkommnens“ im großen alchemischen Werk (Opus magnum) erreicht werden.[28]

Obwohl zu den tatsächlichen Arbeitsverhältnissen der Alchemisten in ihren Laboren immer noch einige Fragen offen sind, kann man doch festhalten, daß es ihnen möglich war, auch komplexe Experimente mit hoher Genauigkeit und Sorgfalt durchzuführen. Die Labortätigkeit war damit weniger – wie es lange die gängige Forschungsmeinung war – vom Zufall bestimmt, sondern meist von einem systematischen Arbeiten geprägt, auch wenn manche Entdeckung der Alchemisten sicherlich zufälliger Natur war (z.B. die erneute Entdeckung des Porzellans durch Johann Böttger).[29]

Ausdruck fand diese systematische Labortätigkeit in der Entwicklung zahlreicher alchemistischer Arbeitsmethoden, die auch in der modernen Chemie noch immer zum Einsatz kommen. Was den alchemistischen Arbeitsmethoden aber oftmals fehlt, ist eine Standardisierung, die erst mit der beginnenden modernen Chemie einsetzt. Dies kann dazu führen, daß ein Begriff in verschiedenen Texten auch verschiedene Bedeutungen trägt, die Arbeitsschritte auf dem Weg zum Lapis philosophorum also in verschiedene metaphorische Decknamen gekleidet sein können.[30]

Die wichtigste Laboroperation der Alchemie ist die Destillation. Sie zählt zu den bedeutendsten Errungenschaften der Alchemie. Darunter wird meist das verstanden, was der moderne Destillationsbegriff beinhaltet, nämlich die Reinigung einer Flüssigkeit durch Erhitzen und anschließende Kondensation der Dämpfe. Darüber hinaus werden aber auch die Dekantation (d.i. das Reinigen einer Flüssigkeit durch Abgießen vom Bodensatz), die Circulation (d.i. das erneute Erhitzen bzw. Destillieren des bei der Destillation als Endprodukt entstandenen Rückflusses bzw. Destillats, worin sich der al-

[27] Vgl. Buntz (1970) S. 121
[28] Vgl. Assion (1973) S. 86f.
[29] Vgl. Principe (1998a) S. 52f.
[30] Vgl. Principe (1998a) S. 52f. Vgl. hierzu auch im Kapitel über die Fachsprache der Alchemie.

chemistische Kreislauf des solve et coagula widerspiegelt), die Filtration (d.i. das Trennen von festen und flüssigen Bestandteilen eines Stoffes i.d.R. mittels eines Filtermediums), die Liquation (d.i. das Verflüssigen eines Stoffes durch Erhitzen oder das Zerfließen von Salzen durch Wasseranziehung aus der Luft) und die Sublimation, von den Alchemisten zur Destillation hinzugerechnet.[31]

Entsprechend unterscheidet bspw. Geber latinus drei Formen der Destillation:

1. die aufsteigende Destillation, worunter er eine dem modernen Destillationsbegriff entsprechende Vorgehensweise versteht,
2. die absteigende Destillation, d.h. die „Reinigung eines schmelzbaren Festkörpers durch vorsichtiges Ausschmelzen und Ableiten der Schmelze in einen untergestellten Tiegel“[32], wobei die schwer schmelzbaren Bestandteile des Stoffes als Rückstand übrig bleiben, und
3. die filtrierende Destillation, d.h. eine der Filtration ähnelnde Destillation (destillatio per filtrum). Dabei wurde das Gefäß mit der zu destillierenden Flüssigkeit (bzw. dem Flüssigkeitsgemisch) mit einem Tuch ausgelegt, das über den Gefäßrand hinausragte, so daß die Flüssigkeit durch die wirkenden Kapillarkräfte in dem Gewebe aufstieg und in ein untergestelltes Auffanggefäß tropfte.[33]

Der Erhitzung der Stoffe kam in der Labortätigkeit während des Opus alchemicum eine zentrale Rolle zu. Die Alchemisten benutzten dazu verschiedene Wärmequellen, die auch verschiedene Hitzegrade erzeugten:

- Das Mistbad erzeugte eine langanhaltende gleichmäßige und sanfte Erwärmung, die aus den Zersetzungsprozessen im dazu verwendeten Kuh- und Pferdemist resultiert.
- Öfen dienten aber i.d.R. als Hauptwärmequellen. Die sich dabei als sehr schwierig gestaltende Wärmeregulierung versuchten die Alchemisten durch unterschiedliches Brennmaterial (Holzkohle oder getrockneter Mist), die verwendete Menge an Brennmaterial oder durch die Benutzung von Lüftungsklappen zu lösen. Je nach Art der erzeugten bzw. gewünschten Hitzegrade (mit Ausnahme der höchsten Hitzegrade) benutzen die Alchemisten häufig Bäder, in die die Kolben eingestellt wurden, was eine gleichmäßigere Erwärmung erlaubte und die Gefahr von Spannungsbrüchen an den Kolben reduzierte. Das Wasserbad wurde sehr häufig benutzt. Es wird meistens als ‚*Ma-*

[31] Vgl. Principe (1998a) S. 53
[32] Principe (1998a) S. 53
[33] Vgl. Principe (1998a) S. 53f.

rienbad' (,*Balneum Mariae*') bezeichnet.[34] Für höhere Temperaturen wurden dann Dampf-, Sand- und Aschebäder verwendet. Wurden höchste Hitzegrade benötigt, verzichteten die Alchemisten auf Bäder und setzten die Gefäße der direkten Einwirkung von Feuer aus, wobei sie anstelle von Glasgefäßen Schmelztiegel verwendeten.[35]

2.2. Kurzgefaßte Geschichte der Alchemie

Die ersten Anfänge der Alchemie reichen zurück ins hellenistische Ägypten, wo sie vermutlich in der praktischen Tätigkeit der Tempelwerkstätten ihren Ursprung hatten. Geprägt war diese Entstehungsphase der Alchemie von dem Versuch, Edelmetalle, Edelsteine, Perlen und seltene Farbstoffe (z.B. Purpur) nachzuahmen, wie dies aus der Rezeptliteratur des Tempelwissens des Papyrus Leiden[36] und des Papyrus Stockholm[37] hervorgeht, die aus dem 3. Jahrhundert n. Chr. stammen, aber in einer weit zurück reichenden Tradition stehen, worauf bereits Lippmann hinweist:

> „Ihr Inhalt spiegelt die Erfahrungen zahlreicher Generationen wieder, und zwar auf Grund mannigfach verzweigter, in fast allem Wesentlichen jedenfalls unübersehbar weit hinter die Anfänge unserer Zeitrechnung zurückreichenden Überlieferungen."[38]

Hier finden sich auch erste Anfänge des Geheimhaltungsgebotes in der Alchemie, da die Tempelhandwerker, die normalerweise der Priesterschaft angehörten, ihr Wissen vor den übrigen Handwerkern, den sogenannten Techniten, geheim hielten.[39] Ebenfalls

[34] Der Name *Marienbad* resultiert aus einer falschen Zuschreibung der Erfindung des Wasserbades an die Alchemistin Maria (auch: Maria die Jüdin). Die erste Nennung des Terminus *Marienbad* als „*Balneum Mariae*" erfolgte in den Schriften des Arnald von Villanova, der also möglicherweise der Urheber des Begriffes ist. Auch finden sich verschliffene Bezeichnungen wie *Balneum maris* (Meerbad) oder der christlich geprägte Ausdruck *Balneum virginis* (Bad der Jungfrau), bei dem die Alchemistin Maria mit der Gottesmutter gleichgesetzt wird.

[35] Vgl. Principe (1998a) S. 57 sowie Schmitz (1998) S. 264

[36] Der wahrscheinlich Ende des 3. Jahrhunderts n. Chr. entstandene *Papyrus Leiden* enthält eine Sammlung chemisch-technischer Rezepte zur praktischen Metallbehandlung und zur Färberei. Er stellt zusammen mit dem Papyrus Stockholm die älteste schriftliche Quelle chemischer sowie metallurgischer Verfahren und Rezepte dar. (Vgl. hierzu auch Hild (1998j) S. 265)

[37] Der wahrscheinlich Ende des 3. Jahrhunderts n. Chr. entstandene *Papyrus Stockholm* gehört zusammen mit dem Papyrus Leiden zum ältesten bekannten Schrifttum chemischen Inhalts. Die 159 Rezepte befassen sich mit der Nachahmung und Verfälschung von Metallen, der Reinigung und Imitation von Edelsteinen und Perlen sowie der Färberei, insbesondere der Purpurfärberei. Die Rezepte sind durch einen häufigen Decknamengebrauch schwer zu interpretieren und weisen damit auf die Geheimhaltungsabsichten des ägyptischen, priesterlich geprägten Tempelhandwerks hin. Der Papyrus Stockholm ist zwar keine alchemistische Schrift, doch zeigt sich in ihm eine der historischen Wurzeln der Alchemie. (Vgl. hierzu auch Hild (1998k) S. 265f.)

[38] Lippmann (1919) S. 2

[39] Vgl. Weyer (1998) S. 22f.

in diese Frühphase gehören die alchemischen Schriften des Bolos von Mendes (3. Jahrhundert v. Chr.), die von Pseudo-Demokrit in *„Physika kai Mystika“* (um 300 n. Chr.) überliefert werden.[40]

Die darauf folgende alexandrinische Alchemie zeichnet sich durch einen „Synkretismus“ (Vereinigung) von griechischen, vorderasiatischen und ägyptischen Einflüssen aus. Es erfolgte dadurch vor allem die für die Alchemie so bedeutende Verbindung von griechischer Naturphilosophie mit dem praktischen Wissen der ägyptischen Tempelhandwerker. Vier Geistesströmungen haben dabei mitgewirkt:

1. die Astrologie und der im Mittelalter weitertradierte Glaube, daß zwischen Planeten und Metallen eine Beziehung bestehe.
2. die aristotelische Elementenlehre, d.h. daß die Elemente sich nur in ihrer Gestalt (Form) unterscheiden, nicht aber in ihrer Materie (Substanz), weshalb sie ineinander verwandelt werden können. (Daraus entwickelt sich der alchemistische Transmutationsgedanke).
3. die gnostischen (Gnosis) und neuplatonischen Erlösungslehren (d.h. alle Wesen haben den Drang, zu dem Einen als ihrem Ursprung zurückzukehren, woraus sich in der arabischen Alchemie die Körper-Geist-Seele-Vorstellung[41] entwickelt), die auf die Natur übertragen wurden.
4. die ägyptische Mythologie.

Zu diesen Anfängen der Alchemie zählen die Schriften von Zosimos von Panopolis (4. Jh.), dem ersten biographisch faßbaren Alchemisten, und die *„Tabula Smaragdina“*, zugeschrieben dem Hermes Trismegistos, dem Urvater der Alchemie.[42] Wie weit die alchemistischen Kenntnisse des Zosimos bereits reichten, zeigt sich an seiner Beschreibung des *„Tribikos“*, bei dem es sich um einen relativ fortschrittlichen Destillationsapparat handelt, der aus Destillierkolben, aufgesetztem Rohr, Destillierhelm mit einem oder mehreren Schnäbeln und den dazugehörigen Rezipienten bestand, in denen das Destillat aufgefangen wurde.[43]

Die byzantinische Alchemie beginnt mit Olympiodoros (6. Jahrhundert). Sie entwickelt eine reiche Fachterminologie und baut vor allem die metaphorischen Verschlüsselungen der Arkansprache aus.

---

[40] Vgl. Haage (1996) S. 50

[41] Die Körper-Geist-Seele-Lehre geht davon aus, daß alle Dinge (auch die Metalle) aus festen Bestandteilen (Körper) und flüchtigen Bestandteilen (Geist und Seele) bestehen, in die sie aufgespalten und wieder zusammengesetzt werden können. Aus dieser Vorstellung entwickelte später Paracelsus seine Trias Sal-Sulphur-Mercurius.

[42] Vgl. Buntz (1968) S. 17f.

[43] Vgl. Schütt (2000) S. 18f.

In der wichtigsten vorabendländischen Phase der Alchemie, der arabischen Alchemie, werden die Erkenntnisse der Vorläufer aufgegriffen, weitertradiert und erweitert. Sie beruhte im wesentlichen auf den spätantiken griechischen Naturwissenschaften. Es finden sich erste Ansätze der Iatrochemie oder Chemiatrie (d.i. die alchemistische Heilmittelherstellung, vor allem durch Sublimation und Destillation, mit dem Ziel, die eigentliche Heilkraft eines Stoffes in reiner Form zu gewinnen) im „*Corpus Gabirianum*" (8.-10. Jh.), das Ǧābir ibn Ḥaiyān (d.i. Dschabir bzw. Geber arabicus) zugeschrieben wird. Diesem Ansatz folgt dann auch Avicenna (d.i. der berühmte arabische Arzt Abu 'Ali al Hosain ibn 'Abdallah ibn Sina; um 980-1037) im „*Buch der Heilungen*". Damit eng verbunden ist das Aufkommen der Idee der Panazee (d.i. das Allheilmittel), die sich ebenfalls im „*Corpus Gabirianum*" nachweisen läßt. Daneben wurden u.a. die Schwefel-Quecksilber-Theorie (wichtige Vertreter sind Rhazes (d.i. der berühmte persische Arzt und Alchemist Abū Bakr Muḥammad ibn Zakarīyā' ar-Rāzī (um 865 – um 925), latinisiert Rhazes), Avicenna und Geber arabicus) innerhalb der Transmutationsvorstellung entwickelt.[44] Der Alchemist Rhazes hatte zusammen mit Dschabir die größte Wirkung auf die Alchemie des Abendlandes. Seine Alchemie basiert zu großen Teilen auf der des Dschabir. Das alchemistische Hauptwerk Rhazes' ist das „*Kitab al-Asrār*" ('Buch der Geheimnisse'),[45] das er gegen Ende seines Lebens nochmals in einer gekürzten Fassung als „*Kitab Sirr al-Asrār*" (Buch des Geheimnisses der Geheimnisse) vorlegte.[46] Zum alchemistischen Schriftencorpus des Rhazes werden 12 weitere Werke gerechnet. Hervorzuheben ist darunter das „*Buch der propädeutischen Einführung*" (entstanden um 900-910), in dem Rhazes erstmals – entsprechend einer modernen Einführung in die Chemie – das zu seiner Zeit vorhandene alchemistische Wissen klar und systematisch darstellt. Der Schwerpunkt der Alchemie des Rhazes liegt auf der praktischen Laborarbeit und dem Experimentieren, wobei sich seine alchemistische Theorie – wie bereits erwähnt auf Dschabirs Schriften stützt.[47]

Aus der arabischen Alchemie entwickelte sich dann die abendländische Alchemie, deren erste Fachschriften Übersetzungen aus dem Arabischen sind. Im Abendland wird nach Übernahme der arabischen Alchemie im 12. Jahrhundert vor allem die Iatrochemie stark ausgebaut. Von besonderer Bedeutung war dabei seit dem 12. Jahrhundert die Herstellung des in der arabischen Alchemie unbekannten Weingeistes („*spiritus vini*") mittels Destillation.[48]

---

[44] Vgl. Haage (1996) S. 50ff. und Haage (1998) S. 121f.

[45] Der Terminus 'Geheimnis' wird bei Rhazes jedoch nicht in unserem heutigen Wortsinne gebraucht, sondern im Sinne von 'technischem Wissen' und 'Gewußt wie' verwendet. (Vgl. hierzu Haage (1996) S. 130)

[46] Zu einer Verwechslung beider Werke kam es des öfteren, da beide Texte neben dem fast identischen Titel auch eine fast gleichlautende Einleitung haben.

[47] Vgl. Haage (1996) S. 50ff. und S. 129f.; Haage (1998) S. 121f. sowie Schmitz (1998) S. 232ff.

[48] Vgl. Haage (1998) S. 121ff.

Die abendländische Alchemie entwickelte nach der Rezeption der griechischen und arabischen Alchemie eine eigene Blüte. Diese Blütezeit war gekennzeichnet durch:

- neue chemische Erkenntnisse in den Laboratorien (z.B. Entdeckung des bereits erwähnten Weingeistes)
- die Übertragung der griechischen und arabischen Texte ins Lateinische und in die Volkssprachen
- der zunehmende Gebrauch der arkansprachlichen Verschlüsselungen und allegorischen Illustrationen und
- die „ungeheure Breitenwirkung" der Alchemie und ihre Ausstrahlung auf andere Wissensgebiete und die Dichtung.

Zeugnis der weiten Verbreitung alchemistischen Gedankengutes und Wissens legen vor allem die in die Tausende gehenden Handschriften und Drucke ab, die nach 1200 entstanden sind.[49]

Die mehr praktisch orientierte „chymia", aus der die moderne chemische Wissenschaft hervorging, trennt sich erst zu Beginn der Neuzeit von der theoretischeren „Alchemey".[50]

Die für das Spätmittelalter charakteristische Alchemie setzt sich somit aus antiker Naturphilosophie, Aristotelismus, Neuplatonismus, Gnosis, christlichem Gedankengut sowie praktisch-chemischer Betätigung zusammen. Der von ihr hervorgebrachte „Symbol- und Emblematafundus"[51] hatte Einfluß auf das gesamte Geistesleben des Mittelalters, nicht nur auf Medizin, Pharmazie und Mineralogie.

Bevor im folgenden auf die alchemistische Fachliteratur genauer eingegangen wird, soll hier zunächst die alchemistische Fachsprache, als Vermittlungsmedium des alchemischen Wissens, etwas genauer betrachtet werden.

---

[49] Vgl. Buntz (1970) S. 119
[50] Vgl. Haage (1996) S. 12
[51] Jüttner (1980) S. 331

3. Die Fachsprache der Alchemie als Fachsprache der Artes

Warum beschäftigt man sich aber innerhalb der Germanistik überhaupt mit Fachsprache? Die von Gerhard Eis begründete Fachprosaforschung ist für das Verständnis der Entstehung der neuhochdeutschen Schriftsprache mit von Bedeutung. Denn die Fachtexte haben in ihrer überregionalen Ausprägung, d.h. sie reichen über die Dialektgrenzen hinweg, zum Sprachausgleich beigetragen. Darüber hinaus kann man eine Syntax des Mittelhochdeutschen oder des Frühneuhochdeutschen nicht auf der Basis der Dichtung, also der fiktionalen Literatur, die in gebundener Rede vorliegt und nur einen geringen Anteil der gesamten Literaturproduktion des Mittelalters ausmacht, erstellen. Aber auch aus soziolinguistischer Perspektive ist die Beschäftigung mit Fachsprachen, vor allem der Sprachen der Artes, interessant, da man hier sehr gut die einzelnen vom gesellschaftlichen Stand abhängigen Sprachschichten nachvollziehen kann.

Die Beschäftigung mit den Fachsprachen, vor allem den Fachsprachen der Artes, ist auch deshalb so interessant, weil sie über einen sehr viel größeren Wortschatz verfügen als die Dichtung oder die geistliche (Fach-) Literatur, was sich bereits für den Ausgang der althochdeutschen Sprachperiode nachweisen läßt. Bei Otfried von Weißenburg kann man 3355 verschiedene Wörter zählen und im Tatian 2030 Wörter, wohingegen für Notker Labeo, den „ersten großen deutschen Fachschriftsteller“, 7800 Wörter belegt sind.[52] Mit der immer stärker zunehmenden Schriftlichkeit im Laufe des Mittelalters hat sich der Wortschatz in den Fachsprachen der Artes im Verhältnis zu Dichtung und geistlicher Literatur weit stärker ausgedehnt, so daß sich das Verhältnis noch mehr in Richtung Artesliteratur verlagert hat, worauf schon Georg Wilhelm Leibniz (*1.7.1646 †14.11.1716) in seinen „*Unvorgreiflichen Gedanken, betreffend die Ausübung und Verbeßerung der deutschen Sprache*“ hinweist.

Bis zum 17. Jahrhundert liegen fast alle bedeutenden Artesschriften im Druck vor. Daraus läßt sich folgendes schließen:

1. Die Artesliteratur wird von weiten Teilen der Bevölkerung produziert und rezipiert. Dies hat auch in einer diastratischen Betrachtungsweise seine Richtigkeit, denn die Artesliteratur läßt sich im Kloster, in den geistlichen und weltlichen Stadtschulen, bei Hofe und in reichen sowie einfachen Bürgerhäusern nachweisen. Darüber hinaus zeigt sich das Diastratische der Artesliteratur in den verschiedenen sozial bedingten Sprachebenen der Texte.
2. Die breite Rezeption der Artesliteratur führt zur Aufnahme von Fachterminologie in die Alltagssprache, zum Ausbau deutscher Fachsprachen

[52] Vgl. Haage (1974) S. 126

und zur Wirkung über Dialektgrenzen hinaus, was zum Sprachausgleich beiträgt.[53]

3.1. Zum Begriff der 'Fachsprache'

Fachliteratur bestimmt sich von der Intention und vom Inhalt her. In ihren einzelnen Sparten entwickelten sich unterschiedliche Fachterminologien, die aus dem Wissen und der Tätigkeit der gemeinsam handelnden Gruppe innerhalb einer Sparte entstanden. Die Fachterminologie[54] ist eine Variante des gemeinsprachlichen Wortschatzes, die sich von diesem nur durch den geringeren Bekanntheitsgrad unterscheidet. Diese Fachterminologien werden als 'Fachsprachen' bezeichnet.[55]

Der Begriff 'Fachsprache' ist problematisch, denn die Fachsprache unterscheidet sich von der Gemeinsprache nicht durch eine eigene Syntax oder Morphologie, sondern vor allem und fast ausschließlich durch eine spartenabhängige spezifische Fachterminologie (Fachlexik), d.h. Fachsprache ist eine Variante der Gemeinsprache, die durch die jeweilige Fachterminologie konstituiert wird. Allerdings läßt sich festhalten, daß die syntaktischen Mittel in Fachtexten in ihrer Frequenz und Verwendungsweise erheblich von der in der Gemeinsprache abweichen können. Solche Beobachtungen führen aber zum Verlassen der Ebene der Grammatik, da durch sie ein Stilmerkmal entsteht.[56] Entsprechend haben sich für die Erforschung von Fachsprachen die Fachtextlinguistik, welche die stilistischen Besonderheiten der Fachsprache gegenüber der Gemeinsprache untersucht, und die Terminologieforschung herausgebildet.

3.2. Soziale Ebenen der Fachsprache als konstituierende Faktoren von Fachtexttypen

Beim Vergleich von mittelalterlichen und frühneuzeitlichen Fachtexten von Autoren gehobener und niederer gesellschaftlicher Herkunft, die in etwa aus der gleichen Zeit stammen, d.h. durch die soziolinguistische Erforschung der Sprachschichten und des

[53] Vgl. Haage (1993a) S. 235f.

[54] Unter dem Begriff 'Fachterminus' wird hier in Übereinstimmung mit Haage folgendes verstanden: Der Fachterminus ist „eine in einem bestimmten Fachbereich spezifisch für eine Sache oder einen Vorgang verwendete Bezeichnung, deren Bekanntheitsgrad in der Gemeinsprache gering ist.“ (Haage (1998a) S. 273f.) Dabei muß ein Terminus nicht aus einem einzelnen Fachwort bestehen, sondern kann auch aus Mehrwortbenennungen (Syntagmen) zusammengesetzt sein.

[55] Vgl. Haage (1993a) S. 229f.

[56] Vgl. Fluck (1991) S. 15 und S. 204; Haage (1993a) S. 239f. sowie Haage (1998a) S. 272

sozialen Standes ihrer Träger, lassen sich zwei Idealtypen (im Sinne Max Webers) von Fachtexten und damit auch von Fachsprache herausarbeiten:

1. Der Fachtexttyp, dessen Fachsprache überregional oder an einem hohen gesellschaftlichen Stand orientiert ist, das Grobmundartliche meidet und syntaktische Allgemeinverständlichkeit anstrebt bzw. über eine syntaktisch wohlgeordnete Fachsprache verfügt.

2. Der Fachtexttyp, dessen Fachsprache grobmundartlich und von niederer gesellschaftlicher Herkunft ist, nur lokal begrenzte Gültigkeit hat und auf stilistisch-syntaktischer Ebene häufig Anakoluth (Satzbruch) und andere „Satzentgleisungen“[57] aufweist.[58]

Dem ersten Idealtyp gehört bspw. der „*Bartholomäus*“, ein Arzneibuch des ausgehenden 12. Jahrhunderts, oder – bezogen auf die syntaktische Klarheit der Sprache – die „*Cirurgia*“ des Peter von Ulm an. Auf dieser von überregionalen Verständigungstendenzen geprägten Sprachebene steht die altdeutsche Artesliteratur in Verbindung mit der Sprache der Dichtung, mit Kanzlei- und Druckersprachen innerhalb der Schreibdialekte und trägt dadurch zum Sprachausgleich bei.[59]

Mundartliche Texte zum zweiten Idealtyp liegen nicht in Drucken vor, sondern nur in handschriftlichen Aufzeichnungen (meist Kopien), die von Handwerkern oder einfachen Wundärzten zum persönlichen Gebrauch angelegt wurden. Ein Beispiel für einen solchen Text ist das Ende des 15. Jahrhunderts in Nürnberg entstandene Arzneibuch des Erhart Hesel, der wahrscheinlich ein einfacher handwerklicher Wundarzt war. Es enthält sowohl bairische als auch mitteldeutsche Dialektmerkmale. Die bairischen Merkmale, wie die anlautenden **p** für **b**, die **b** für **w** und umgekehrt, lassen sich durchgehend nachweisen. Dagegen treten die mitteldeutschen nur vereinzelt auf, so bspw. **a** für **o** in „*nach*“ oder „*saltu*“. Syntaktisch liegen häufig Anakoluth oder andere Satzentgleisungen vor:

> „*Wen der trinckt ein basser kalp,*
> *daz er gesbillet, den sol man lernen,*
> *daz er nem [...]*“
>
> „*Wenn die nieren geswollen sind, der sol nemen [...]*“
>
> „*Item welcher mensch ist prunstig an der*
> *leberen und an dem milcz, da fur sol man*
> *im zessen geben saluay [...]*“[60]

[57] Haage (1993a) S. 247
[58] Vgl. Haage (1993a) S. 247 sowie Haage (1998a) S. 272
[59] Vgl. Haage (1988) S. 293
[60] Alle drei Zitate entnommen aus Haage (1988) S. 295

Nur über solche Texte von lateinunkundigen Autoren wie Handwerkern, Wund- und Laienärzten, usw. kann man sich der tatsächlich gesprochenen Alltagssprache annähern. Das Problem dabei ist allerdings, daß die Sprachzeugnisse nur in schriftlicher Form vorliegen. Daraus resultiert nur eine Annäherung an die gesprochene Alltagssprache, denn zur tatsächlich gesprochenen Sprache kann man nicht gelangen, da in jeder Art der Schriftlichkeit bereits ein Filtervorgang enthalten ist.[61] Die Unterscheidung der Gebildetensprache von der Sprache der lateinunkundigen Fachschriftsteller läßt sich an Stilzügen bzw. Stilmerkmalen ganzer Epochen gut zeigen: die Zwei- und Mehrgliedrigkeit eines Ausdruckes ist ein auffälliges Kennzeichen der frühneuhochdeutschen Gebildetensprache, die in Texten einfacher Handwerker oder Wundärzte fast völlig fehlt.[62]

3.3. Die Einteilung des deutschen Fachwortschatzes der Artes

Die bisherigen Ausführungen haben gezeigt, daß nur die entsprechende Fachlexik – jedenfalls im Mittelalter und in der frühen Neuzeit – die Fachsprache von der Gemeinsprache unterscheidet. Für die folgenden Betrachtungen werden die Begriffe „Sondersprache“, „Sonderlexik“, „Fachsprache“, „Fachlexik“, „Standessprache“ und „Arkansprache“ folgendermaßen näher bestimmt:[63]

Fachsprachen gehören zu den Sondersprachen, die sich aufgrund ihrer Sonderlexik von 'Gemeinsprache' unterscheiden. Für die Fachsprachen entspricht diese Sonderlexik der Fachlexik, also der Fachterminologie, die für ein einzelnes Fach oder fachübergreifend für mehrere benachbarte Fächer gültig ist. Die Fachlexik ist primär eine „sachorientierte Fachlexik“, die besonders auf Präzisierung, Kürze, praktische Anwendbarkeit und Verständnis im Fachkreis ausgerichtet ist. Allerdings können soziale Impulse, Ambitionen und Zwänge der „gemeinsam handelnden Gruppe“ so viel Einfluß auf die geschichtliche Entwicklung eines Faches ausüben, daß diese sachorientierte Fachlexik überlagert oder sogar fast völlig verdrängt wird. Es entsteht eine „sozial orientierte“ Fachlexik. Diese kann eine „standessprachliche“ Fachlexik, wie die zur bewußten gesellschaftlichen Abgrenzung geschaffene Jagdlexik, oder eine „arkansprachliche“ Fachlexik sein, wie die Lexik in weiten Teilen der alchemistischen Literatur, die zur bewußten Geheimhaltung aus ethischen Gründen oder als Schutz-

[61] Vgl. Haage (1988) S. 294f.
[62] Vgl. Haage (1993a) S. 245f. Zur Zwei- und Mehrgliedrigkeit vgl. auch Koopmann (2002) S. 165-174, insbesondere S. 172ff.
[63] Vgl. Haage (1993a) S. 248

maßnahme vor Verfolgung geschaffen wurde. Diese Sachverhalte sind im Schema der Abbildung 1 dargestellt.[64]

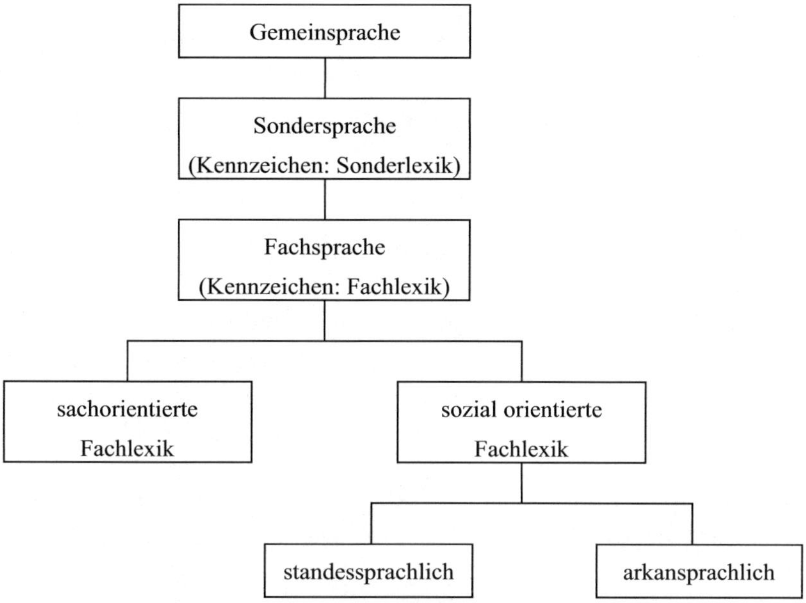

Abbildung 1: Einteilung der Fachsprache im Sprachsystem

Jede Fachsprache kann aber nur aus ihrer historischen Entwicklung verstanden werden. Die Voraussetzungen für ein solches Verständnis sind:

1. die Kenntnis der Entstehungsgeschichte der jeweiligen Fachterminologie,
2. die Kenntnis der Sache, damit nach dem Prinzip 'Wörter und Sachen' der Fachausdruck verstanden werden kann, und
3. die Kenntnis der Wirkungsgeschichte der einzelnen Fachausdrücke, die eng mit der Wirkungsgeschichte der überlieferten Texte verbunden ist.[65]

[64] Vgl. Haage (1993a) S. 248f.
[65] Vgl. Haage (1993a) S. 250

3.4. Die alchemistische Fachterminologie

Die alchemistische Fachsprache bzw. Fachterminologie läßt sich grob in zwei Kategorien einteilen:

1. eine sachorientierte, auf allgemeine Verständlichkeit ausgerichtete Fachsprache, die keine arkansprachlichen Intentionen aufweist, und
2. eine der Verschleierung dienende Fachsprache, die sogenannte Arkansprache.

3.4.1. Sachorientierte, nicht arkansprachliche Elemente der alchemistischen Fachsprache

Mit den ersten Übertragungen der arabischen Texte im 12. Jahrhundert kam neben der Theorie auch die Fachterminologie der arabischen Alchemie ins lateinische Abendland. Da die Alchemie in Europa eine „*ars nova*", eine neue Kunst, war, stand noch kein Fundus an lateinischen Fachausdrücken zur Verfügung, weshalb die arabischen Begriffe einfach ins Lateinische und von dort in die Volkssprachen übernommen wurden. Beispiele hierfür sind: „*al-kimia*" – Alchemie; „*al-anbiq*" – Alembik, abicum; „*al-kibrit*" – Schwefel, abric; „*al-qali*" – Alkali, alcalai; „*al-kuhl*" – Alkohol, eigentlich: feinstes Pulver der schwarzen Augenschminke; „*at-tannur*" – Athanor, d.i. ein Alchemistenofen mit automatischer Brennstoffzufuhr; „*al-zarikh*" – Arsen-Sulfide, azarnet; „*al-iksir*" – Elixier; „*natrun*" – Natron, Soda oder „*tutiya*" – Tutia, Zinkoxyd, Hüttenrauch.[66]

Da jede Fachsprache immer auf einen feststehenden Tätigkeitsbereich rekurriert, entwickelt sie natürlicherweise neue und eigenständige Fachausdrücke, da sie feinere Begriffsunterscheidungen und genauere Sachbenennungen als die Alltagssprache benötigt. Die Fachsprache der Alchemie ist in diesem Sinne besonders vielfältig, denn die Alchemie arbeitete wie eine „philosophische Schule mit eigenen Begriffen und hatte wie ein Handwerk mit besonderen Stoffen, Geräten und Vorgängen umzugehen"[67]. Die Sprache der Alchemie verfügt, wie es am Beispiel des Arabischen bereits gezeigt wurde, über zahlreiche Lehnwörter aus dem Lateinischen und Arabischen wie „*Koagulation, Mortifikation, Putrefaktion, Sal, Magisterium, prima materia, projicieren, destillieren, Alembik* [Gefäßhelm], *Aludel* [bauchiges oben und unten offenes Gefäß aus Ton, Glas, Eisen oder Kupfer], *Alicier, Arkanum, Azot, Lato*".[68]

Ein weiteres Kennzeichen der Sprache der Alchemie ist der häufige Stilwechsel innerhalb eines Traktates. Über weite Strecken unterscheidet sich die Sprache der Alche-

[66] Vgl. Haage (1996) S. 157
[67] Eis (1965) S. 52

misten (wenn man den Fachwortschatz unbeachtet läßt) kaum von der Sprache anderer Schriftsteller der artes mechanicae. Dieser „gewöhnliche Stil" ähnelt am meisten der Sprache spätmittelalterlicher Rezeptbücher und wissenschaftlicher Traktate, die mit „*Item nim*" oder „*Nota*" beginnen und dann einfache, gleichgebaute Sätze mit „*und*" oder „*do*" anhängen. Neben diesem ermüdenden parataktischen Stil tritt ein 'gehobener Stil', der „leidenschaftliche, inbrünstige, oft religiös gefärbte Ausbrüche, Bekenntnisse und Beschwörungen, in atemgewaltigen Perioden"[69] vorträgt. Solche Abschnitte sind von einer reichhaltigen Metaphorik geprägt, wobei die Bilder häufig um das höchste Ziel der Alchemie, den Stein der Weisen bzw. die große Panazee, kreisen.[70]

3.4.2. Arkansprachliche Elemente der alchemistischen Fachsprache

Was das Verständnis alchemistischer Schriften aber so schwierig macht, sind weder die Fachtermini der gewöhnlichen Sprache noch die Metaphern und Unterscheidungen der gehobenen Sprache, sondern vielmehr der alchemistische Geheimstil des bewußten Verschleierns – die Arkansprache. In der Arkansprache geht es um die bewußte Verdunkelung bzw. Geheimhaltung von wichtigem oder gefährlichem alchemistischem Wissen durch Umdeutungen gängiger Decknamen, durch Synonymie und Polysemie, durch Anagramme, Akrosticha u.ä. oder durch eine phantastische Metaphorik, deren Bedeutungen nur einem sehr kleinen Kreis von Eingeweihten bekannt war.[71] Das Kennzeichen der Arkansprache ist somit das absichtliche Ignorieren aller gebräuchlichen Bedeutungszuordnungen. Durch eine solche Verschlüsselung entsteht eine Fachterminologie, die das genaue Gegenteil von sachorientierter Fachterminologie ist.[72]

Die alchemistische Arkansprache ist somit keine homogene Fachsprache, wie man es von modernen Fach- bzw. Wissenschaftssprachen normalerweise gewohnt ist, sondern stellt sich als überaus vielschichtig dar. Dies liegt zum einen daran, daß die verschiedenen Alchemisten und Alchemistenkreise meist auch verschiedene Verschlüsselungen in ihren Texten benutzten, und zum anderen an der Komplexität der Verschlüsselung selbst. Was die Komplexität der alchemistischen Arkansprache angeht, lassen sich drei Ebenen unterscheiden:

1. Die Ebene der Decknamen und Chiffren.

   Statt eindeutige (sachorientierte) Bezeichnungen für Substanzen, Geräte und

[68] Vgl. Eis (1965) S. 52
[69] Eis (1965) S. 54
[70] Vgl. Eis (1965) S. 53f.
[71] Vgl. Haage (1993a) S. 255ff.
[72] Vgl. Eis (1965) S. 55

Verfahrensweisen in ihren Schriften zu benutzen, verwendeten die Alchemisten Decknamen, um den Inhalt ihrer Schriften – insbesondere bei entscheidenden Prozeßschritten des Opus magnum – zu verschlüsseln. Die Quellen für die Decknamen sind dabei überaus vielfältig. Die Verschlüsselungen konnten sich auf Analogien sowie metaphorische oder allegorische Bezüge zu den tatsächlich gemeinten Stoffen und Verfahren beziehen oder sie entstammten der klassischen Mythologie, der Bibel, Philosophie, Theologie, Astrologie, Naturgeschichte, den Tierfabeln oder auch alltäglichen Beobachtungen und Vorgängen. Daneben konnte ein Stoff auch mit dem Namen einer anderen Substanz bezeichnet werden, was aber bereits in den Bereich der Polysemie hineinreicht, oder die Substanzen wurden nach Pflanzen und Tieren benannt.[73]

Neben den Decknamen gehört auch die alchemistische Zeichensprache in diesen Bereich. Diese unterscheidet sich von der Zeichensprache der modernen Chemie durch die Vieldeutigkeit ihrer Chiffren. So kann bei verschiedenen Alchemisten oder sogar bei ein und demselben Autor ein bestimmtes Zeichen für völlig verschiedene Substanzen stehen, und umgekehrt kann eine bestimmter Stoff durch mehrere Zeichen definiert werden.[74]

2. Die Ebene von Metaphern und Allegorien.

   Hierzu zählen alle Phänomene der sprachlichen Metaphorik von alchemischen Prozessen, sowie deren sprachliche Allegorisierung. Zu diesem Bereich sind auch Verschlüsselungen durch Anagramme, Akrosticha u.ä. zu rechnen.

3. Die Ebene der Synonymie und Polysemie.

   Die Verwendung von synonymen Bezeichnungen für eine bestimmte Substanz oder einen bestimmten Prozeß und die Bedeutungsvielfalt von verwendeten Termini, Metaphern und Bildern sollten dazu dienen, den nicht eingeweihten oder unbefugten Leser alchemischer Schriften zusätzlich zu verwirren und ihm somit ein Verständnis der Inhalte zu versagen.

Im folgenden sollen nun einige Beispiele aus den Bereichen der Verschlüsselung durch Decknamen und mittels Metaphorik einen Eindruck von der Komplexität der alchemistischen Fachsprache als Arkansprache geben.

---

[73] Vgl. zu den Decknamen auch Principe (1998c) S. 104f.

[74] Vgl. zur alchemistischen Zeichensprache auch Schütt (1998a) S. 341

3.4.2.1. Arkansprachliche Decknamen

Wie tückisch die Arkansprache sein kann, zeigt sich an folgendem Beispiel aus den „*Zwölff Schlüsseln*" des Basilius Valentinus:

> „*Also wen vnser Breutigam Apollo mit seiner Braut Diana durch Heyradt sol vermählt werden.*"[75]

Auf den ersten Blick scheint es sich um eine Gold-Silber-Legierung zu handeln, da „*Apollo*" ein alchemistischer Deckname für Gold ist und „*Diana*" im allgemeinen für Silber steht. Es handelt sich aber um ein Gold-Quecksilber-Amalgam, was aus dem Text „*Kurtzer Anhang und klare Repetition*" aus einer Hamburger Sammlung von Schriften des Basilius Valentinus von 1677 hervorgeht. Dieser Text bezieht sich dezidiert auf die „*Zwölff Schlüssel*" und spricht davon, daß Gold und Quecksilber die Stoffe der oben zitierten Textpassage sind. Auch darüber hinaus trifft man „*Diana*" manchmal als Decknamen für Quecksilber an.[76]

Die „*Zwölff Schlüssel*" des Basilius Valentinus sind reich an arkansprachlichen Decknamen. Das Gold wird als „*König*" bzw. „*Leib des Königs*" bezeichnet und das Antimon als der „*geitzige grawe Wolff*". Dagegen heißt gereinigtes Gold „*Löwe*".[77]

Die Benutzung von Tiernamen zur Bezeichnung von Substanzen gehört ebenfalls – wie bereits erwähnt – zur Arkansprache. Dabei werden der Substanz die spezifischen Eigenschaften des jeweiligen Tieres zugeschrieben. Beispiele hierfür sind „*Adler*" für Salmiak, „*Drache*" für Nitrat, „*Löwe*" bzw. „*Leo*" für Gold oder „*Wolff*" für Antimon. Je nachdem welche der Eigenschaften des Tieres vom Alchemisten als entscheidend eingestuft wurde, konnten die Tiernamen bei verschiedenen Alchemisten bzw. Alchemistenkreisen auch unterschiedliche Bedeutungen haben. Der „*Adler*" verweist neben seiner Bedeutung als Salmiak auch auf die chemische Eigenschaft des aufsteigend Flüchtigen, wobei hier die tierische Eigenschaft der Flugfähigkeit des Adlers auf chemische Stoffe übertragen wird. Der „*Drache*" kann bei Basilius Valentinus sowohl Mauersalpeter als auch Kaliumnitrat (der „*kalte Drache*" bewirkt eine Temperatursenkung) bezeichnen. Bei Ruland steht er für Quecksilber und das „*rothe Drachenblut*" ist bei Basilius eine Umschreibung für den Lapis philosophorum.[78]

Die arkansprachliche Bedeutung des Löwen erfaßt wohl im allgemeinen das Gold. Wenn aber ein Attribut zur näheren Beschreibung hinzutritt, kann sich diese Bedeutung verändern. Der „*rothe Löwe*" steht für den Schwefel, was sich über die Schwefel-Quecksilber-Theorie beweisen läßt, wo das Attribut 'rot' dem männlichen Prinzip zugeordnet ist, das der Schwefel verkörpert. Darüber hinaus wird der Schwefel u.a.

[75] Barke (1991) S. 445
[76] Vgl. Barke (1991) S. 59
[77] Vgl. Barke (1991) S. 58f.
[78] Vgl. Barke (1991) S. 105f. und Haage (1996) S. 41.

von Ruland als „*Leo rubeus*“ (d.h. roter Löwe) bezeichnet. Somit ist der „*rothe Löwe*“ ein weiterer arkansprachlicher Deckname des Schwefels.[79]

Auch die Farbenabstufungen innerhalb des alchemischen Prozesses werden durch Tiernamen verkörpert. Der „*Rabe*“ steht für Schwarzfärbung, die „*weiße Taube*“ oder der „*weisse Schwan*“ für Weißfärbung und der „*rote Drache*“ für Rotfärbung.[80]

Die verschiedenen Bedeutungen eines alchemistischen Terminus bei verschiedenen Alchemisten kann man auch an „*Roßmist*“ zeigen. Bei Alanus philosophus wird der Terminus synonym zu „*Mercurius*“ in der Bedeutung von Quecksilber gebraucht. Dagegen ist „*Roßmist*“ für Basilius ein „*Balneum*“, also ein Bad zur langsamen und gleichmäßigen Erwärmung einer Substanz.[81]

Unter „*Spiritus*“ verstehen die Alchemisten im allgemeinen das Quecksilber oder das vom Quecksilber repräsentierte Prinzip des Flüchtigen.[82] Darüber hinaus bezeichnet der Terminus „*spiritus*“ sowohl den aus der Retorte (alchemistisches Gefäß) aufsteigenden „Dunst“ als auch den lebendigen Geist. Der Ausdruck „*spiritus*“ kann aber auch als Metapher verwendet werden, wobei er dann für einen (durch Sublimation) in Materie verwandelten Geist steht oder für einen in der Materie enthaltenen Geist, der aus der Materie herausgezogen wurde. Als synonyme Bezeichnungen zu „*spiritus*“ als Deckname für die flüchtigen Bestandteile eines Stoffes findet man auch „*Fisch*“, „*Hirsch*“, „*Hund*“ oder „*Vogel*“.[83]

Die „*Lufft*“ bezeichnet nicht mehr nur das uns umgebende atembare Gasgemisch der Atmosphäre sondern kann auch vieles andere bedeuten, z.B. „alles leicht Emporsteigende oder das auf schweren Flüssigkeiten Schwimmende“. So heißt es im „*Opus aureum*“ des Johannes Hippodamus: „*Vnd darumb wird es auch die Lufft genennet, das Oel, die Feystigkeit, das Vngent oder Salbe, das Fette vnd die Butter*“. Der Terminus „*argentum vivum*“ steht nicht nur für Quecksilber, sondern aus allem Lebendigen kann ein „*argentum vivum*“ gezogen werden, das alle vier Elemente (Wasser, Luft, Feuer und Erde) in sich vereint. Der „*Mercurius*“ ist dann „nicht der Gott oder erdnahe Planet, sondern einer von drei anderen „*Mercurii*“, die in den edelsten Repräsentationen der drei Naturreiche enthalten sind.“[84] Bei Hippodamus heißt es zu diesen „*Mercurii*“:

> „*In den Mineralien ist einer, nemblich deß Goldtes vnd deß Silbers. In den Vegetabilien, das ist vnter den Gewächsen oder auß der Erden lebhafftig wach-*

[79] Vgl. Barke (1991) S. 287f.
[80] Vgl. Haage (1996) S. 41
[81] Vgl. Barke (1991) S. 104, S. 188 und S. 328.
[82] Vgl. Barke (1991) S. 111
[83] Vgl. Eis (1965) S. 54 und Buntz (1968) S. 184f.
[84] Eis (1965) S. 55f. sowie Haage (1993a) S. 258

senden Dingen ist der andere, nemblich im Weinstocke. Der dritte ist in den Thieren, das ist unter den Thieren, nemblich in der Leber.“[85]

Die einzelnen Fachtermini hatten teilweise nur in einem kleinen eingeweihten Kreis Gültigkeit. Dies zeigt sich daran, daß für die gleichen Dinge von verschiedenen Alchemisten auch verschiedene Bezeichnungen verwendet wurden. Reinhardt der Ältere bezeichnet in seinem „*Liecht der Natur*“ den oben beschriebenen „*Mercurius*“ als „*weiße Eva*“, womit das Quecksilber als das weibliche Prinzip gemeint ist. Andere Autoren nennen das Quecksilber „*das Weiße*“, „*weiße Lilie*“ oder „*weiße Blüte*“. Reinhardt nennt aber neben der „*weißen Eva*“ auch den „*roten Adam*“. Dabei ist völlig unklar, ob er damit Gold oder Schwefel meint, wie es bei anderen Alchemisten der Fall ist. Der Deckname spricht aber mehr für den Schwefel, denn der Schwefel verkörpert das männliche Prinzip, das außerdem durch das Attribut ’rot’ gekennzeichnet ist, weshalb der Schwefel andernorts auch oft „*das Rote*“ heißt. Da der „*rote Adam*“ der „*weißen Eva*“ gegenübergestellt wird, ist es sehr wahrscheinlich, daß Reinhardt mit dem „*roten Adam*“ den Schwefel als das männliche Prinzip bezeichnet.[86]

Daneben gibt es bei einzelnen Alchemisten und Alchemistenkreisen auch völlig willkürliche Bezeichnungen, deren Entschlüsselung ohne Hilfestellung durch die Autoren selbst meist unmöglich ist. Ein Beispiel hierfür ist der Kreis von Niklas Jankowitz, Michael von Prapach und Michael Wülfing, die in ihrer handschriftlichen, zum Teil in Geheimschrift verfaßten „*Alchymey teuczsch*“ von 1426 einige sonst nicht gebräuchliche Bezeichnungen verwenden, deren Erläuterungen sie uns aber zum Glück mit überliefert haben:

„*Nota das ole fon salar* [d.i. sal armoniacum, d.V.] *haisse ich Nyczadar.*
Nota das gemain sale haisse ich sal aller.
Nota dann das golt haisse ich die gelb erd.
Nota das silber haissen wir die weiss erd.
Nota salcstein ist salpeter.
Nota grünole haisset fitiriolium.“[87]

Es gibt keine Methodik, die es uns heute ermöglicht, solche bewußt verschleierten Texte zu erschließen. Die Forschung kann – wie bereits oben erwähnt – nur auf die von eingeweihten Zeitgenossen überlieferten Hilfen zurückgreifen, um zur richtigen Interpretation zu gelangen. Ohne „zeitgenössische Aufklärungen“ wäre es heute mehr als schwierig, den Sinn der meisten arkansprachlichen, alchemistischen Schriften zu erfassen. Ein Beispiel aus dem „*Liber secretorum alchemiae*“ (d.h. Buch der alchemistischen Geheimnisse) des Khâlid ibn Jazîd (635-704) in neuhochdeutscher Bearbeitung:

[85] Eis (1965) S. 56
[86] Vgl. Eis (1965) S. 56
[87] Vgl. Eis (1965) S. 56ff.

> *„Hermes sagte zu seinem Vater: Ich fürchte mich vor meinen Feinden in meiner Wohnung. Darauf antwortete der Vater: Sohn, nimm den Hund, den Corascenen, und die Hündin aus Armenia und füge sie zusammen, so werden sie einen Hund gebären von himmlischer Farbe. Diesen laß seinen Durst mit Meerwasser stillen. Dann wird er dich vor deinen Feinden beschützen.*"[88]

Diese Textstelle würde völlig dunkel bleiben, wenn nicht Khâlid selbst ihr Verständnis durch einige Andeutungen erleichtern würde. Diesen zufolge sind „*Hund*" bzw. „*Hündin*" verbrennungshindernde Substanzen und das „*Meerwasser*" ist die „*Milch der fliegenden Vögel*", was Kalklauge entspricht. Ähnliches gilt auch für die pseudoparacelsische Prophezeiung vom „*Leu aus Mitternacht*". Diese wurde bei ihrem Erscheinen um 1600 allgemein falsch gedeutet. Im Dreißigjährigen Krieg (1618-1648) glaubte man sogar, sie hätte sich mit der Ankunft des schwedischen Königs Gustav Adolf (1611-1632) erfüllt. Erst der Paracelsist Johann Rudolf Glauber (um 1603-1670) konnte nachweisen, daß der Text in Wirklichkeit von chemischen Prozessen und Entdeckungen handelt. Er identifizierte den „*gelben Leuen aus Mitternacht*", den „*Drachen*" oder „*Monarchen*" als Salpeter und konnte dort, wo die Prophezeiung vergrabene Schätze verheißt, tatsächlich Fundstellen wertvoller Mineralien nachweisen.[89]

Ein Beispiel für alchemistische Polysemie ist der Terminus „*Wasser*". Er wird in der Alchemie synonym zu „*aqua*" als gewöhnlichem Wasser gebraucht, bezeichnet aber auch eine beliebige liquide Substanz (z.B. Quecksilber), ein solvierendes Mittel oder das aristotelische Element 'Wasser'. Ähnlich verhält es sich mit den Termini „*Feuer*", das alle ätzenden Stoffe bezeichnen kann, und „*Schwefel*", der für alle brennbaren Stoffe stehen kann. In den Bereich der Polysemie gehört auch der oben bereits beschriebene „*Mercurius*".[90]

Die Liste der verwendeten alchemistischen Decknamen ist fast endlos lang, und kann natürlich nur in Auszügen wiedergegeben werden. Die „*rote Rose*" ist ein Elixier zur Goldherstellung, dessen chemische Stoffe nicht genauer spezifiziert werden. Ebenfalls in den Bereich der Goldherstellung gehört das goldlösende Königswasser, das manchmal als „*vberköstliches Wasser*" bezeichnet wird. Die „*Seele*" bezeichnet den im Gold innewohnenden Schwefel. Weitere Decknamen für Schwefel sind „*lebendigz öl*" und „*Vulcanus*", was sich bspw. aus Basilius „*Vom grossen Stein der uhralten Weisen*" herausarbeiten läßt:

> *„daß man muste Mercurium gefangen nehmen / und in ein Gefängnis wol verwahret beschliessen / und ward ihm Vulcanus zu einem Stockmeister verordnet*"[91]

---

[88] Eis (1965) S. 58
[89] Vgl. Eis (1965) S. 58f.
[90] Vgl. Telle (1980a) S. 337; Haage (1996) S. 42 und Principe (1998c) S. 104.
[91] Barke (1991) S. 373

Hier wird auf die verfestigende Wirkung des Schwefels („*Vulcanus*") auf das Quecksilber angespielt.[92] Der „*Schwefel der Philosophen*" ist philosophischer Schwefel, d.h. der Schwefel als Verkörperung des männlichen Prinzips.[93]

Bei der Lapis-Herstellung wird das eingesetzte Edelmetall als „*truckner Stein*" oder „*Erdreich der Weisen*" und der Schwefel als „*Anima corporis*", „*Öl der reynsten Jngehung*" oder „*unverbrennlicher Schwefel aller Weisen*" bezeichnet. Der Stein der Weisen selbst heißt auch „*Balsam*", „*Brunnen*", „*Medicin*", „*Ding*", „*Stein*", „*Tinctur*", „*basiliscus*", „*Phönix*", „*stein der philosophen*", „*corpus magnesiae*", „*Schatten der Sonne*", „*trockenes Wasser*", „*Speichel des Mondes*", „*Roter Leu*", „*rebis*" oder „*Theriak*", wie bei Lamspring im „*Tractatus de lapide philosophorum*":[94]

> „*Die allerhöchste medicin vnd edelsten Tiriagk*
> *Als auf diese erden immer sein mag*
> *Das do hat erfreüet aller welt weisen*
> *Die Gott dafür loben danken vnd preisen*" (V, 19-22)[95]

Beliebt war auch, einen Begriff sprachlich nicht zu fixieren, sondern ihn durch sich wiederholende Negationen zu beschreiben und ihn dadurch gleichzeitig in Unschärfe verschwimmen zu lassen. Ein Beispiel für eine solche Negation bezüglich des Lapis philosophorum findet sich bei Caspar Hartung vom Hoff:

> „*Ich werde dir sagen von einem Stein / vnd ist kein Stein / es ist wie ein wasser: Staub / es ist kein Staub / es ist wie ein dicke geronnene Milch / vnd ist kein Milch: Es ist auch kein Leimen: es ist wie ein grün gifftig Ding / da die Fröschen darunter hocken / vnd ist kein Gifft: Es ist ein Medicin.*"[96]

Solche Paradoxa haben innerhalb der alchemistischen Arkansprache eine lange Tradition. Man findet sie bereits bei Zosimos von Panopolis, der den Stein der Weisen auf ähnliche Weise umschreibt wie Caspar Hartung, nämlich als:

> „*Stein der keiner ist, das Unbekannte, das allen bekannt ist, das Verachtete, das kostbar ist, das Etwas, das sowohl von Gott gegeben ist, als auch nicht gegeben ist.*"[97]

Auch die Lehrsätze der „*Tabula Smaragdina*" verschwimmen in der Unschärfe von Dichotomien, hier beim Makro-Mikrokosmos-Bezug:

> „*Was unten ist, ist wie das, was oben ist, und was oben ist, ist wie das, was unten ist, zur Vollendung der Wunder eines einzigen Dings.*"[98]

---

[92] Vgl. Barke (1991) S. 59, S. 339 und S. 373 sowie Haage (1996) S. 41
[93] Vgl. Buntz (1970) S. 126
[94] Vgl. Fischer (1967) S. 114; Buntz (1968) S. 180, S. 188 und S. 192; Buntz (1970) S. 126; Eliade (1992) S. 175; Barke (1991) S. 122 und Gebelein (1991) S. 45.
[95] Buntz (1968) S. 122
[96] Buntz (1968) S. 59
[97] Schütt (1998a) S. 341

Die Bezeichnungen der Alchemisten für Quecksilber sind ebenfalls sehr reichhaltig. Basierend auf dem Wasser als dem Prototypen aller Flüssigkeiten und damit auch des flüssigen Metalls Quecksilber, lassen sich Bezeichnungen wie „*Wasser Mercurij*", „*mercurialisches Wasser*", „*rein durchscheinendes Wasser*", „*liquorisches Wasser*", „*güldenes Wasser*", „*geistliches Wasser*", „*lebendig wasser*" oder „*erczwasser*" nachweisen. Innerhalb des Prozesses der Lapis-Herstellung können dann noch Termini wie „*unser Wasser*" oder „*Wasser der Philosophen*" auftreten. Eine zugrundegelegte Analogie zwischen der verzehrenden Wirkung des Feuers und der auflösenden Wirkung des Quecksilbers bei der Amalgambildung mit den Edelmetallen führt zu folgenden Bezeichnungen für das Quecksilber: „*vnser Feür*", „*feucht Feür*", „*der Weisen Feür*", „*Feuer des Roßbauchs*", das „*empfindliche Fewer*", das „*flüchtige Fewr*" oder „*grosses innerliches Fewer*". Weitere Decknamen für das Quecksilber sind u.a. „*Cantzler*", „*JungfrawMilch*", „*meyentaw*" und wie oben bereits erwähnt „*Mercurius*" und „*argentum vivum*". Aber auch Bezeichnungen wie „*Borax*", „*Realgar*", „*Fledermauskot*", „*Essig*", „*das Fliehende*", „*das Flüchtige*", „*Hefe*", „*Schreiber*", „*Wolke*", wobei dabei auf die Flüchtigkeit des verwendeten Stoffes angespielt wird, „*Drache*", der die Giftigkeit, (al-) chemische Reaktionsfreudigkeit und Aggressivität des Quecksilbers bezeichnet, „*Adro*", „*Azeth*", „*Duenech*" oder „*Wasser, das die Hände nicht netzt*".[99]

Auch die arkansprachlichen Verschlüsselungen für die in der „*nigredo*" (Schwarzfärbung) während des alchemischen Werkes vorliegende prima materia als Ausgangsstoff der Lapis-Herstellung sind recht zahlreich. Als Deckname für die prima materia findet man bspw. „*Rabenhaupt*", „*Schwertz*", „*Nebel*", „*Fewr*", „*dunckelkleyt*", „*Caput Corvi*", „*jungfräuliche Erde*", „*philosophisches Ei*" oder „*Bitumen*" („*Erdpech*").[100]

Der arkansprachliche Terminus „*Meer*", der oft synonym zum Begriff „*Corpus*" (bezeichnet die Metalle, das paracelsische Prinzip der 'Festigkeit und Untrennbarkeit' oder eine unspezifizierte feste Substanz) verwendet wird, ist in seiner Verwendung bei Basilius Valentinus – wie bei vielen stark verdunkelten alchemistischen Texten – nur aus dem Zusammenhang im Text zu interpretieren. Das „*gläserne Meer*" wird wie folgt beschrieben:

> „*Wenn man also denn den Pallast des Königs mit vieler hand arbeitung bereitet vnd gezieret hat / vnd das gläserne Meer seinen lauff verrichtet / vnd den Pallast mit gütern erfüllet hat / als dem mag der König wol sicher darein gehen.*"[101]

---

[98] Ganzenmüller (1938) S. 45

[99] Vgl. Buntz (1968) S. 19, Anm. 2, S. 84f. und S. 182; Buntz (1970) S. 133, S. 146 und S. 160; Barke (1991) S. 121f., S. 200 und S. 272

[100] Vgl. Buntz (1968) S. 85; Barke (1991) S. 200, S. 243ff., S. 305 und S. 321 sowie Biedermann (1998) S. 295

[101] Barke (1991) S. 294

Das „*gläserne Meer*“ bezeichnet das Quecksilber, das zusammen mit dem „*König*“ (d.i. Gold) ein Amalgam bilden soll. Über das „*versaltzene Meer*“ heißt es:

> „*es habe denn das versaltzene Meer den Leichnam verschlungen / vnd auch gantz vnnd gar wider von sich ausgeworffen.*“[102]

Das „*versaltzene Meer*“ bezeichnet eine Salzsäurelösung, durch deren Zugabe gelöstes Gold („*Leichnam*“) in Chlorgoldsäure überführt wird.[103]

Etwas einfacher ist die Umschreibung des „*kalten Drachen / so seine Wohnung in den Steinfelsen lange Zeit gehabt / vnd in den Speluncken der Erde sich aus und einschleift*“[104], die auf das natürliche Vorkommen von Mauersalpeter referiert, und diesen somit als „*kalten Drachen*“ bezeichnet. Ähnlich verhält es sich mit der Beschreibung des Antimon als „*geitzigen grawen Wolff / so seines nahmens halben den streittigen Marti vnterworffen / von geburt aber ein kind des alten Saturni ist*“[105]. Was auf Antimon verweist, ist die Beschreibung des Ausschmelzens des Antimonsulfids unter Eisenzusatz (der „*streittige Marti*“ ist der Mars, der für Eisen steht) sowie die Annahme einer Verwandtschaft von Antimon und Blei („*Saturni*“).[106]

Nicht mehr in den Bereich der Arkansprache gehört die Verwendung der Planetennamen des ptolemäischen Weltbildes als Decknamen für die Metalle, da diese längst auch in anderen Fachbereichen verwendet wurden. Der Vollständigkeit wegen seien sie kurz erwähnt:

Sonne (Sol) – Gold

Mond (Luna) – Silber

Jupiter – Zinn (stannum)

Venus – Kupfer (cuprum)

Mars – Eisen (ferrum)

Saturn (Saturnus) – Blei (plumbum)

Merkur (Mercurius) – Quecksilber (argentum vivum).[107]

Neben den Planeten werden auch die zwölf Tierkreiszeichen zur Verschlüsselung verwendet. Bei Basilius Valentinus heißt es in den „*Zwölff Schlüsseln*“:

> „*Zum endlichen abschiede hierauff soltu aller ding vernehmen / das du solt auffziehen die himlische Wage / den Wider / Stier / Krebs / Scorpion / vnnd Stein-*

[102] Barke (1991) S. 294
[103] Vgl. Barke (1991) S. 123, S. 208f. und S. 294ff.
[104] Barke (1991) S. 123
[105] Barke (1991) S. 123
[106] Vgl. Barke (1991) S. 123
[107] Vgl. hierzu auch Broszinski (1994) S. 11

> *bock / der ander seite der Wage soltu legen den Zwilling / Schütz / Wassermann / Fisch vnd Jungfraw / denn verschaffe / das der Goltreiche Löwe der Jungfrawen in den schoß springe / so wird solch theil der Waage vberhand nehmen / vnd dem andern theil in der schwere vberlegen sein / laß denn die zwölff zeichen des Himmels mit dem sieben Gestirn in einen gegegschein gerathen / so wird nach erfüllung aller Welt farben / ein endliche Conjunction vnd zusammenfügung geschehen / daß das gröste zum geringsten / vnd das geringste zum aller grösten kommen wird.*"[108]

Über die wahren Bedeutungen der Tierkreiszeichen kann bisher nur spekuliert werden. Einen Hinweis gibt die Abbildung der „*Conivnction*" in Stephan Michelspachers Schrift „*Cabala, Spiegel der Kunst vnnd Natur*" von 1615, wo den Tierkreiszeichen alchemistische Symbole zugeordnet werden.[109] Dort wird dem „*Fisch*" das alchemistische Zeichen für Salz zugeordnet. Es könnte sich aber auch um einen Decknamen für „*Spiritus*" (Geist) oder „*Anima*" (Seele) handeln. Der „*Jungfraw*" wird das Zeichen für „*Salmiac*" zugewiesen. Der „*Krebs*" steht für das „*arsenicum album*" (weißes Arsenoxyd). Er könnte aber auch als Deckname für „*Sal*" oder „*Sal ammoniacum*" (Ammoniumchlorid) verwendet werden. Dem „*Schütz*" wird das Zeichen für Kochsalz zugeordnet, dem „*Scorpion*" das „*Sal praeparatum*", dem „*Steinbock*" der Schwefel und dem „*Stier*" das „*Sal ammoniacum*" (Ammoniumchlorid). Der „*Wider*" könnte synonym für „*Tartarus*" (d.i. Weinstein, ein Kaliumsalz, das sich aus Wein abscheidet) verwendet worden sein. Dem „*Zwilling*" wird bei Michelspacher das alchemistische Zeichen für „*Viride Aeris*" (d.i. Grünspan) zugeordnet. Dagegen sind die arkansprachlichen Bedeutungen von „*Wage*", „*Wassermann*" und des „*Goltreichen Löwen*" völlig unklar. Es soll hier nochmals betont werden, daß es sich bei den eben angeführten Konnotationen der Tierkreiszeichen um rein spekulative Bedeutungen handelt.[110]

Die Alchemisten gingen sogar soweit, die Namen der von ihnen verwendeten Gerätschaften zu verschlüsseln. Ein Beispiel dafür ist „*Nest*" als ein Deckname für einen alchemistischen Kolben.[111] Die Retorte ist die Vereinigung von Aludel (bauchiges oben offenes Gefäß aus Ton, Glas, Eisen oder Kupfer) und Alembik (Destillierhelm, der das Destilliergefäß hermetisch verschließt). Ihr werden auch arkansprachliche Decknamen wie „*Matrix*" oder „*Gebärmutter*" zugewiesen. Die Aludel wird auch als „*Kürbis*" bezeichnet.[112] „*Ei*" ist ein weiterer Deckname für ein alchemistisches Gefäß sowie für den Kosmos. „*Gefängnis*" und „*Grabmal*" sind Decknamen für ein alchemistisches

[108] Barke (1991) S. 461
[109] Vgl. Buntz (1970) S. 161
[110] Vgl. Barke (1991) S. 105, S. 247, S. 272, S. 336, S. 339, S. 349f., S. 380 und S. 388
[111] Vgl. Buntz (1968) S. 188
[112] Vgl. Jüttner (1980) S. 335

Gefäß als philosophisches Ei, d.h. der Prozeß ist darin eingeschlossen.[113] In den Bereich der alchemistischen Geräte gehört auch das „*Lutum sapientiae*“, das einen Kitt oder Leim zum Abdichten der Gefäße und Kolben bezeichnet.[114]

Neben den Geräten wurden auch die verschiedenen Arbeitsprozesse verschlüsselt. Mit dem „*Balneum Mariae*“ (Bade Mariens) wurden verschiedene Prozesse, Wasser-, Öl- und Sandbäder sowie die Destillation bezeichnet.[115] Der „*Engel*“ symbolisiert die Sublimation oder das Emporsteigen eines flüchtigen Prinzips, wie in den Bildern des „*Viatorium spayricum*“.[116] „*Zementieren*“ bedeutet in der Alchemie das Reinigen der Metalle durch Erhitzen mit bestimmten Zusätzen, wie z.B. Kohlepulver oder Ziegelmehl.[117] Entsprechend ist „*ciment*“ (Zement) eine Beize zum Scheiden oder Reinigen der Metalle.[118]

Der „*Pfau*“ oder „*Pfauenschwanz*“ steht für das Farbenspiel während des alchemischen Werkes[119] und „*dunckelkleyt*“ ist nicht nur ein Deckname für die „*schwertz*“, also die prima materia, sondern damit auch für die Putrefaktion.[120]

Die arkansprachlichen Verschlüsselungen sind sehr reichhaltig. Ungelöschter Kalk wird als „*reiner lebendiger Kalk*“ bezeichnet,[121] „*aqua fortis*“ ist Salpetersäure[122] und ein „grüner Löwe“ steht für Spießglanz, 'Mercurius des Goldes', Auripigment, Königswasser und Menstruum.[123] Das „*menstruum*“ ist ein Lösungsmittel. Als allegorischer „*grüner Drache*“ bezeichnet es die Mischung aus wäßriger Salzsäure und Salpetersäure (d.i. Königswasser).[124]

„*Alkahest*“ ist eine seltene Bezeichnung für den Lapis philosophorum bzw. die Panazee (Elixier), es ist ein Lösungsmittel, um alle festen Stoffe aufzulösen (mit Ausnahme von Wasser) und es besitzt die Fähigkeit, Glas plastisch formbar (hämmerbar) zu machen.[125]

Das „*Wasser des pleyß*“ (d.i. Bleiwasser) bezeichnet eine Verfälschung des Quecksilbers mit metallischen Zusätzen.[126]

---

113 Vgl. Gebelein (1991) S. 429
114 Vgl. Buntz (1970) S. 125
115 Vgl. Ploss (1970) S. 24
116 Vgl. Gebelein (1991) S. 429
117 Vgl. Buntz (1968) S. 54, Anm. 1.
118 Vgl. Buntz (1968) S. 85
119 Vgl. Telle (1980a) S. 337
120 Vgl. Buntz (1968) S. 86
121 Vgl. Buntz (1970) S. 128
122 Vgl. Morys (1986) S. 89
123 Vgl. Biedermann (1998) S. 262
124 Vgl. Biedermann (1998) S. 299
125 Vgl. Telle (1980a) S. 329 und Biedermann (1998) S. 39
126 Vgl. Buntz (1970) S. 127

Der bei der Destillation oder Sublimation im Kolben zurückbleibende Niederschlag wird als „*Tartarus*“ bezeichnet, was aus der griechischen Mythologie abgeleitet sein könnte, denn dort steht der Tartarus bzw. Tartaros für den tiefsten Teil der Unterwelt. Der „*Mercurius philosophorum*“ ist ein weiterer Deckname für Quecksilber bzw. für die prima materia als Ausgangsstoff des alchemischen Werkes.[127] Die „*Rote Tinktur*“ ist ein Deckname für Gold, die „*Weiße Tinktur*“ für Silber[128] und das „*weiße Elixier*“ kann die unedlen Metalle nur zu Silber transmutieren (kleines Werk), weshalb es auch als „*Stein des ersten Grades*“ bezeichnet wurde.[129]

Neben den Decknamen verwendeten die Alchemisten auch andere metaphorische Verschlüsselungen in ihren Texten.

3.4.2.2. Arkansprachliche Metaphorik

Ein Beispiel für die phantastische Metaphorik mancher alchemistischer Texte soll die in „*verdeckter Rede*“ abgefaßte Schrift „*Der Prophetin Marien, Moysis Schwester, Practica in der Kunst Alchemey*“ aus dem „*Opus aureum Domini Arnaldi de Villanova*“ des Johannes Hippodamus sein:

> *„Maria braucht sich Wunders vil*
> *In kurtzen Worten ohn Maß und Ziel:*
> *Mit zweyn Gummen den flüchtigen Mann*
> *Sie biß ins jnnerst figieren kan.*
> *In dreyen Stunden drey starcke bhendt*
> *Sie bindet / machts damit ein endt.*
> *Maria / die leuchtend Morgenröht*
> *In drey Stunden alls verknüpffen thet.*
> *Plutonis Tochter Liebe sie kennt*
> *Darumb schafft sie jhr Beyhülff behendt.*
> *Ihr Frewd in dreyen Saamen ist*
> *Wann sie vereinigt werden geröst.*“[130]

Und wieder einmal erliegt man dem Phänomen, die meisten Wörter des Textes zu kennen und trotzdem kein Wort zu verstehen. Die Ursache hierfür liegt darin, daß die Fachausdrücke des zugrundeliegenden alchemistischen Verfahrens in Metaphern aufgelöst sind, deren „tertium comparationis dem Außenstehenden ein Rätsel bleibt“.[131]

---

[127] Vgl. Barke (1991) S. 298
[128] Vgl. Jüttner (1980) S. 333
[129] Vgl. Gebelein (1991) S. 45
[130] Haage (1974) S. 138 (nach Gerhard Eis)
[131] Vgl. Haage (1974) S. 137f.

In der stark ausgeprägten Metaphorik der Arkansprache wird Schwefel („*sulphur*“) der Sonne („*sol*“), die männlichen Charakter hat, zugeordnet und das Quecksilber („*Mercurius*“) dem weiblichen Mond („*Luna*“). Aus diesem Grunde spricht man in der oben bereits beschriebenen Schwefel-Quecksilber-Theorie nicht nur von einem Prinzip des Brennbaren (Schwefel) und des Schmelzbaren (Quecksilber) sondern auch von einem männlichen und weiblichen Prinzip.[132]

Auch Alanus philosophus kennt die Schwefel-Quecksilber-Theorie, denn in den „*Dicta de lapide philosophorum*“ „*bestehet die kunst allein auß der Seel des leibes vnd des geystes*“. Die „*Seel des leibes*“ steht für „*Sulphur*“, also Schwefel, und die des „*geystes*“ steht für „*Mercurius*“, also Quecksilber.[133]

Eines der wichtigsten Bilder der Alchemie ist das Ouroboros-Symbol. Der Ouroboros ist das Ewigkeitssymbol des Drachen (bzw. der Schlange), der sich von seinem eigenen Schwanz her auffrißt und sich aus sich selbst heraus wieder zeugt. Für die Alchemie lassen sich zwei Bedeutungen des Ouroboros festmachen:

1. Der Ouroboros ist der schreckliche Quecksilberdrache, der „sich selbst begattet und aus sich selbst gebiert“, wie er im Traktat „*De aluminibus et salibus*“ des Pseudo-Rhazes beschrieben ist.

2. Der Ouroboros steht für das praktische alchemistische Werk („*opus alchemicum*“) mit den Kreisläufen des „*solve et coagula*“, d.h. des Trennens und besser Zusammensetzens (Sublimation und Koagulation). Das „*solve et coagula*“ beruht auf der Einsicht, daß die Welt eine Einheit ist (gr. „*hen to pan*“ – Eines ist das All), die aus Einem entstand, und deshalb alles in alles verwandelbar sein muß (Theorie der Transmutation). Eine solche Ouroboros-Beschreibung als „*opus alchemicum*“ findet sich bspw. im „*Buch des Silberwassers und der Sternenerde*“ des Mohammed ibn Umail (d.i. Senior Zadith).[134]

Der Ouroboros vereinigt also die die Welt teilenden Dichotomien wie Licht – Dunkel, Leben – Tod, Mann – Frau usw. wieder zu einem Ganzen. Der Ouroboros verkörpert damit u.a. auch die Schwefel-Quecksilber-Theorie der Alchemie.[135]

---

[132] Vgl. Haage (1996) S. 28f.
[133] Vgl. Barke (1991) S. 103
[134] Vgl. zum Ouroboros auch Abbildung 2 und Abbildung 3.
[135] Vgl. Haage (1996) S. 102ff.

Abbildung 2 (oben): Der Ouroboros in Michael Maiers „*Atalanta fugiens*“ von 1618

Abbildung 3 (links):
Der Ouroboros als Allegorie für den Kreislauf von Sublimation und Koagulation während des alchemischen Prozesses aus einer lateinischen „*Aurora consurgens*“-Fassung aus dem 15. Jahrhundert

Wie sich zeigt, ist es bei den Alchemisten sehr beliebt, alchemische Prozesse metaphorisch darzustellen. So beschreibt „*denn das scharffe dringet durch mit zerstörung / vnd würde mehr kranckheiten gebehren*“ das Verhalten der Mineralsäuren („*scharffe*“) und „*wenn die feuchtigkeit der Erden auffsteiget / vnd der Nebel auffgezogen wird / gibt es sich in der Höhe zusammen / vnd felt durch seine schwere nieder*“ handelt es sich um eine Rückflußdestillation. In Reinigungsverfahren wird das Gold, repräsentiert durch die Tierbezeichnungen „*Leo*“ bzw. „*Löwe*“, (ge-) „*seubert*“ und das Ausschmelzen des Goldes geschieht durch die Überwindung des Antimons („*Wolff*“) durch das Gold:

> „*wenn das dreymal geschicht / so hat der Löwe den Wolff vberwunden*“
>
> „*der Leo seubert sich durch das geblüte des Wolffes*“[136]

Eine weitere Allegorie für die Reinigung des Goldes ist der König (d.i. Gold) der vom Wolf (d.i. Antimon) gefressen wird und im Feuer sein Leben zurückerhält. Die Reinigung erfolgt, indem man das Gold mit Antimon schmilzt und das Antimon anschließend wieder abtreibt.[137]

Die folgende Textstelle bei Basilius beschreibt eine Sequenz von Feuer – Asche – Auflösung – Destillation:

> „*Am letzten Endurtheil der Welt / wird die Welt durch das fewer gerichtet werden / das zuuor auß nichts durch den Meister gemacht / widerumb durchs fewer zu Aschen werden muß / Aus derselben Aschen wird der Phoenix seine junngen endlich wider herfür bringen / denn in solcher Aschen steckt warhafftig der rechte Tartarus / welcher muß auffgelöset werden / vnd nach seiner solution kann das feste Schloß des königlichen Gemachs eröffnet werden.*“[138]

Der Text spricht von der Erhitzung eines Quecksilber-Gold-Amalgams durch Feuer. Das so erhaltene Goldpulver („*Asche*“) wird anschließend (evtl. in Essigsäure) gelöst. Abschließend erfolgt eine Destillation des Lösungsmittels, und zurück bleibt gereinigtes Goldpulver.[139]

Basilius beschreibt auch die Herstellung der Panazee bzw. des Lapis Philosophorum:

> „*Also auch vnser Gold auch einen Magneten hat / welcher Magnet ist die erste Materia vnsers grossen Steins [...] Also nun / muß von dieser Materia ein sichtbahrer Geist ausgetrieben werden / welcher doch unbegreifflich ist / derselbige Geist sage ich / ist die Wurtzel des lebens vnser Cörper / vnd der Mercurius der Philosophen / daraus dz liquorische wasser bereitet wird in vnser kunst / welchen du in seiner composition widerumb materialisch machen / vnd durch gewisse mittel / vom Nidrigsten biß auff den aller höchsten Gradt / in eine*

[136] Vgl. Barke (1991) S. 149
[137] Vgl. Buntz (1970) S. 123
[138] Barke (1991) S. 448
[139] Vgl. Barke (1991) S. 60f.

> *vberflüssige medicin bereiten solst [...] ein vberfixe medicin menschlicher vnd metallischer leiber*“[140]

Der Ausgangsstoff ist ein „*Magnet*“ des Goldes, womit Quecksilber gemeint ist, das das Gold an sich zieht. Das Quecksilber soll nach einer Sublimation als „*liquorisches wasser*“ wieder verfestigt werden, indem durch den Zusatz von Gold ein Amalgam gebildet wird. Das Ergebnis ist eine „*vberfixe medicin menschlicher vnd metallischer leiber*“, also die Panazee.[141]

Die Vorstellung, daß die (al-) chemische Reaktion das Ergebnis der Vereinigung eines männlichen und eines weiblichen Prinzips sei, war weit verbreitet. Diese Ansicht spiegelt sich auch in zahlreichen alchemistischen Dichotomien wie „*Man*“/„*Weib*“, „*Braut*“/ „*Breutigam*“ oder „*Apollo*“/„*Diana*“ wider.[142]

Die alchemistische Vorstellung, daß alle Substanzen belebt sind, zeigt sich an Metaphern für alchemistische Prozesse wie „*Geburt*“ oder „*Fäulung*“ oder daß die „*Metallen auß der erden wachsen*“ und die Metalle einen Samen besitzen („*metallischen Same*“; „*Semen metallorum*“). Eine zweite Ausprägung dieser Vorstellung zeigt sich in den verwendeten Tiernamen für die einzelnen Substanzen („*Adler*“, „*Drache*“, „*Löwe*“, „*Wolff*“). In diesen animalischen Bereich ist auch die Allegorie einer Rückflußdestillation, bei der das Kondensat auf die destillierte Substanz zurücktropft, in Basilius Valentinus „*Vom grossen Stein der uhralten Weisen*“ einzuordnen:

> „*In dem sich nun diese beyde* [Frau Venus und Richter Vulcano; d.V.] *also bereden / thät sich der Himmel auff / und ging ein gewaltiges Thier / mit vielen tausend jungen Thieren herauß / verjagte und tilgte den Nachrichter / that seinen Rachen weit auff / und verschlang die edle Venus*“[143]

Werden zwei Tiere der gleichen Art aber verschiedenen Geschlechts dargestellt (z.B. Hund und Hündin), so verkörpern sie das männlich-fixe und das weiblich-flüchtige Prinzip. Bekämpfen sie sich, so ist dies ein Symbol für die Fixierung des Flüchtigen oder die Verflüchtigung des Fixen. Wenn sie sich nicht bekämpfen, verkörpern sie die Vereinigung der Prinzipien im Lapis philosophorum.[144]

Die dritte Ausprägung der Vorstellung von den belebten Substanzen zeigt sich in der Personifikation der Substanzen. Hierzu zählen u.a. Begriffspaare wie „*König*“/„*Königin*“, „*Man*“/„*Weib*“ und „*Apollo*“/„*Diana*“ und die den Metallen zugeordneten personifizierten Planeten. Ein Beispiel, ebenfalls aus Basilius Valentinus „*Vom grossen Stein der uhralten Weisen*“:

---

140 Barke (1991) S. 451
141 Vgl. Barke (1991) S. 61
142 Vgl. Barke (1991) S. 106f.
143 Barke (1991) S. 156
144 Vgl. Gebelein (1991) S. 431

> *„Ich Saturnus, der höchste Planet am Firmament / bezeuge hiermit für euch Herren allzumahl / daß ich der untüchtigste und geringschätzigste unter euch allen bin / schwachen zerstörlichen Leibes / schwartzer farbe / vieler zerbrechlichkeiten in diesem Jammerthal unterworffen / und doch ein Prüfer euer aller.*"[145]

Hier beschreibt sich das als Planet Saturn personifizierte Blei selbst, wobei der „*Prüfer euer aller*" auf das Verfahren der Treibearbeit verweist. Bei der Treibearbeit „handelt es sich um das Ausschmelzen von Edelmetall-Blei-Legierungen unter Luftzufuhr, so daß sich das Blei als Bleioxid (Bleiglätte) absetzt."[146] Die Personifizierungen wurden natürlich noch erheblich erweitert. Solche Erweiterungen lassen sich sogar noch in Johann Kunckels „*Nützliche Observationes*" nachweisen: „*Wie viel aber haben gemeynet / der Venus ihr rothes Kleid auszuziehen.*"[147] Das „*rothe Kleid*" entspricht der äußeren Erscheinungsform des Kupfers, wodurch die Extraktion der roten Farbe des Kupfers zu einem Entkleiden der Venus wird.[148]

Die Vorstellung von belebten – vor allem menschlichen – Substanzen machte es der Alchemie möglich, die Stoffe in den christlichen Zusammenhang von Erlösung und Auferstehung zu bringen, wie dies z.B. im „*Buch der heiligen Dreifaltigkeit*" der Fall ist. Bei Alanus philosophus heißt es in den „*Dicta de lapide philosophorum*": „*Also wird vnser Stein auß dem schnöden ding / id est, Mercurio, aufferstehn*", und bei Basilius „*wird der König wider erlöset werden*" und dort „*wo erstlich keine Erden wird / da kann auch kein aufferstehung folgen in vnserm Werck*".[149]

Die christliche Metaphorik ist in der alchemistischen Fachliteratur sehr reichhaltig. Der Pelikan, der die Jungen von seinem Blut ernährt (d.i. ein christliches Symbol der Erlösung durch Christus) steht in der Alchemie für den Lapis philosophorum, der sich in der Transmutation des alchemischen Werkes selbst verzehrt und dadurch die unreinen Stoffe erlöst. Die Auferstehung Christi steht für den Stein der Weisen und die Passion Christi ist eine Allegorie für den alchemistischen Läuterungsprozeß.[150]

Petrus Bonus geht in seiner „*Margarita pretiosa novella*" (1330-1339) davon aus, daß das Gold aus Quecksilber und Schwefel gezeugt werden kann. Dies sei dann mit der Auferstehung der Toten und der Jungfrauengeburt vergleichbar:[151]

> *„Ingleichen haben die alten Philosophi, vermög dieser Kunst / erkannt nund geschlossen / daß eine Jungfrau solle empfangen und gebähren / weil bey ihnen dieser Stein empfänget / von sich selbsten impraegniret (= geschwängert) wird /*

[145] Barke (1991) S. 156
[146] Barke (1991) S. 359
[147] Barke (1991) S. 519
[148] Vgl. Barke (1991) S. 154ff.
[149] Vgl. Barke (1991) S. 157
[150] Vgl. Buntz (1970) S. 137, S. 140 und S. 143
[151] Vgl. Buntz (1970) S. 130f.

> *und sich selbst gebiehret* [d.i. der Ouroboros, M.H.]. *Daher ist solche Empfängniß der Empfängniß einer Jungfrau gleich / welche ohne Zuthuung eines Mannes empfänget / welches nicht geschehen kann / als durch ein Wunder / nehmlich durch die Göttliche Gnade.*“[152]

Die Sakramente werden alchemistischen Prozessen zugeordnet: die letzte Ölung entspricht der Putrefaktion, die Priesterweihe der Destillation, die Buße bzw. Bußfertigkeit der Kalzination, Heirat und Ehe der Koagulation, die Taufe der Solution und Konfirmation bzw. Firmung der Sublimation. Auch die Kreuzigung wird einem alchemischen Prozeß zugeordnet, der Fixierung. Im „*Buch der Heiligen Dreifaltigkeit*“ wird eine Beziehung zwischen den Wunden Christi, den Metallen und den Farben hergestellt:

> Kopfwunden – Quecksilber (Merkur) – weiß
>
> rechte Hand – Eisen bzw. Stahl (Mars) – rot
>
> linke Hand – Gold (Sonne) – golden
>
> rechter Fuß – Blei (Saturn) – schwarz
>
> linker Fuß – Silber (Mond) – blau
>
> Seitenwunde – Zinn (Jupiter) – grau
>
> Wunden am Körper – Kupfer (Venus) – grün.

Das Motiv von Beerdigung und Auferstehung findet sich, wie oben bereits erwähnt, ebenfalls in der alchemistischen Literatur. So wie Christus den Menschen (d.i. der Mikrokosmos) erlöst hat, so soll der Lapis philosophorum die Welt (d.i. der Makrokosmos) erlösen. So wie der Mensch über Christus den Weg zu Gott findet und dadurch unsterblich wird, so werden die Materien durch den Lapis unsterblich bzw. unkorrodierbar und damit erlöst. Diese Lapis-Christus-Analogie findet sich auch im „*Buch der Heiligen Dreifaltigkeit*“:[153]

> „*Dy medicinen sult ihr gerne enphahen, der vom tod ist auferstanden, ihesus cristus, der das ewige Leben ist.*“[154]

Auch das „*Tödten*“ einer Substanz durch eine andere, verstanden als alchemischer Vorgang, macht nur bei belebten Substanzen Sinn. Ein Beispiel aus den „*Dicta de lapide philosophorum*“ des Alanus philosophus:

> „*das lebendig Silber sey vnser Feur / das da macht hab die Corpora mehr zu verbrennen / zu tödten / vnd zuuerbrechen / dann das natürliche Feür*“[155].

[152] Buntz (1970) S. 131; nach einer deutschen Übersetzung von 1714.
[153] Vgl. Hoheisel (1986) S. 72ff. und Gebelein (1991) S. 191ff.
[154] Hoheisel (1986) S. 72
[155] Barke (1991) S. 439

Auch Johann Kunckel kennt noch die Metapher der „*Tödtung*“:

> „*also macht dieses* [das Wasser; d.V.] *auch im Munde keinen Geschmack / sondern / wie gedacht / ein Tödtung des Alkali.*“[156]

Die Tötung des Drachens steht in der Alchemie für die Verfestigung des Quecksilbers und der Drache, der die anderen Metalle verschlingt, für eine Amalgamierung mit Quecksilber.[157]

Die Vorstellung von menschlichen Substanzen (Personifizierung) führt zu dem in der Alchemie weit verbreiteten Mann-Frau-Dualismus, der sich nicht nur im männlichen und weiblichen Prinzip zeigt. Aus diesem Dualismus heraus kann die (al-) chemische Reaktion der „*Conjunction*“ auch als körperliche Vereinigung verstanden werden, wie bspw. bei Alanus philosophus:

> „*vnd die Seel wirdt mit dem Geist gleichförmig vereyniget / welche einigung der Seel vnd des Geystes nachmals das Corpus [...] zu ihm nimpt*“[158]

Die Vereinigung wird häufig in den größeren Kontext der „*Heyradt*“ eingebunden, wie auch bei Basilius:

> „*Also wen vnser Breutigam Apollo mit seiner Braut Diana durch Heyradt sol vermählet werden / müssen ihnen zuuor auch mancherley kleidung bereitet / und ihre häupter vnd gantzer Leib mit wasser wol gewaschen werden.*“[159]

Die hier bereits angedeutete „Entblößung der Körper als notwendige Voraussetzung für die chemische Reaktion“ wird bei Basilius an anderer Stelle sehr deutlich gesagt:

> „*Doch merck mein Freund dieses sehr wol / das der Breutigam sich mit seiner Braut nackendt vnd bloß vermählen muß*“.[160]

In der „*Theoria Metallica*“ des Jona Zipffeln von 1678 wird dieser Aspekt besonders deutlich:

> „*Wer nun der Philosophorum rothen Mann mit seinem weissen Weibe [...] der gestalt weiß zu reinigen und zu entblößen / daß sie sich aus Liebe / suaviter umbfassen / in einander fügen.*“[161]

Dabei wird die Liebe als die treibende der Kraft der Vereinigung, als alchemische Reaktion angesehen, worauf auch Basilius hinweist:

> „*Eine Jungfraw so man vermahlen will / die wird zuuor mit manigfaligkeit der kleidung zum besten vnd schönsten gezieret / damit sie ihrem Breutigam Gefallen*

[156] Barke (1991) S. 157
[157] Vgl. Buntz (1970) S. 133
[158] Barke (1991) S. 157
[159] Barke (1991) S. 157
[160] Barke (1991) S. 158
[161] Barke (1991) S. 158

> *bringt / vnd das Band der Liebe durch jr hertzlich anschawen desto tieffer vnd brünstiger einwurtzeln möge.*“[162]

Im „*Band der Liebe*“ steckt die Vorstellung eines Bandes, das die einzelnen Bestandteile einer Substanz bzw. in diesem Fall der beiden sich vereinigenden Substanzen aneinander bindet.[163]

Der Hermaphrodit personifiziert in der Alchemie Stadien im alchemischen Werk. Dabei werden oft sexuelle Gegensatzpaare wie Mann und Frau miteinander verbunden. Schon Zosimos von Panopolis stellt den „*Mercurius philosophorum*“ (im Sinne der prima materia) als „das Mannweibliche“ dar.[164] In der anonymen „*Occulta philosophia*“ von 1613 stellt sich die prima materia in (geschlechtlichen) Gegensätzen vor:

> „*Himmel und Erdt auch Weib und Mann /*
> *Ihr Krafft ich dir recht geben kann.*
> *[...]*
> *Bin Vatter Mutter / alt und jung /*
> *Das sterckst und schwechst todt und labung /*
> *Sichtbahr unsichtbar / hart und weich /*
> *Gen Himmel / und wider zur Erden neig.*
> *Das hoch und tieffst / das leichtst und schwerst /*
> *Mit der Natur offt verkerst.*“[165]

Der „*Mercurius philosophorum*“ (hier in der Bedeutung von Quecksilber) wird in dem häufig überlieferten anonymen Verstraktat „*Von der Materi und Prattick desz Steins der Weisen*“ aus dem 16. Jahrhundert als Hermaphrodit charakterisiert und sogar als solcher bezeichnet:

> „*Von Art hab ich ein grauwen Leib /*
> *Und bin doch weder Mann noch Weib /*
> *Beyd Naturen ich an mir han /*
> *Das zeigt mein Fleisch und Blut an /*
> *Das Blut Mannlich / das Fleisch Weiblich /*
> *Die Krafft beydersam ist Geistlich*
> *Ich hab Mannes und Weibes Glied /*
> *Darumb heiß ich Hermaphrodit.*“[166]

---

[162] Barke (1991) S. 158
[163] Vgl. Barke (1991) S. 157ff.
[164] Vgl. Aurnhammer (1986) S. 179
[165] Vgl. Aurnhammer (1986) S. 184
[166] Vgl. Aurnhammer (1986) S. 189. Zum Hermaphroditen vgl. auch Abbildung 4.

Abbildung 4: Der luziferische Hermaphrodit aus dem „*Buch der Heiligen Dreifaltigkeit*“

Die Rückführung zur prima materia wird auch durch eine sexuelle Vereinigung symbolisiert, die mit dem Verschwinden im Uterus endet. Im „*Rosarium philosophorum*" heißt es:

> „*Beya stieg auf Gabricus und schloß ihn derart in ihre Matrix* [d.i der Uterus, d.V.] *ein, daß nichts mehr von ihm zu sehen war. Sie umarmte ihn mit solcher Liebe, daß sie ihn vollkommen in die eigene Natur aufnahm.*"[167]

Die prima materia selbst wurde nicht nur, wie oben gesehen, durch Decknamen verschlüsselt, sondern auch durch vage metaphorische Bestimmungen. In Rulands „*Lexicon alchimiae*" von 1612 wird die prima materia bspw. als ein „*grün giftig Ding, da die Frösche drunter hocken*" oder „*weiss und schwer, und an Geschmack süß und herb*" bezeichnet.[168]

Der Hermaphrodit wird in Verbindung mit Gegensatzpaaren auch zur Beschreibung des Lapis philosophorum benutzt, so bspw. bei Michael Sendivogius:

> „*Er ist ein Geist / und hat doch einen Leib. Er ist ein Mann / und vertrit doch Weibes Statt / oder / er ist männlicher und Weiblicher Art / das ist / Hermaphrodit oder Zwispelkind / er ist ein Knab / und führet gleichwohl männliche Waffen / er ist ein Thier / und hat doch Flügel als ein Vogel / er ist ein Gifft / und heilet doch den Außsatz.*"[169]

Sehr beliebt waren bei den Alchemisten Allegorien für die Farberscheinungen während des alchemischen Werkes. Bei Bernhard von der Mark und Trevis (d.i. Bernardus Trevisanus, 1406-1490) heißt es in seinem Hauptwerk „*Vom Stein der Weisen*" über den „*König*" (d.i. das zu transmutierende Gold):

> „*Er ist gekleidet mit güldenen Tuche am ersten / und hat darnach ein Wammes von schwartzen Sammet / und ein Hembd so weiß als der Schnee / und Fleisch wie ein Blut...*"[170]

Die Allegorie vom ritterlichen Zweikampf zwischen dem männlichen Sol (Gold) und der weiblichen Luna (Silber), bei dem Sol drei Monde in seinem Wappen aufweist und Luna eine Sonne, steht nicht nur für den Prozeß der Vereinigung der beiden Stoffe, sondern zugleich für die Vereinigung von männlichem und weiblichem Prinzip.[171]

Die Stufen des alchemischen Prozesses werden auch mit der „*Bereitung des Teiges*" gleichgesetzt, denn wie der Sauerteig den Teig durchsäuert, so durchsetzt der Lapis philosophorum den zu läuternden Stoff bei der Transmutation.[172]

---

[167] Vgl. Eliade (1992) S. 166
[168] Vgl. Hoheisel (1986) S. 66
[169] Vgl. Buntz (1968) S. 59f.
[170] Vgl. Buntz (1970) S. 147f.
[171] Vgl. Ploss (1970) S. 28
[172] Vgl. Ploss (1970) S. 28

Akrosticha waren bei den Alchemisten ebenfalls sehr beliebt. Ein solches Akrostichon findet sich bspw. im 1614 entstandenen „*Spiegel der Alchemie*" eines als Helios bezeichneten Alchemisten:

> „*Alle Welt kennt den Stein und ich versichere bei dem lebendigen Gotte, alle können diesen Stoff besitzen, den ich in diesem Buch klar bezeichnet habe: 'Vitrium' nach den Ignoranten, aber es müssen ein L und ein O eingefügt werden und man muß wissen, wo diese beiden Buchstaben eingefügt werden müssen.*"[173]

Als Lösung dieses Rätsels ergibt sich 'Vitriolum'. Bei Basilius Valentinus findet sich ebenfalls ein Beispiel für ein Akrostichon. „*VITRIOL*" steht für „***V**isita **I**nteriora **T**errae **R**ectificando **I**nvenies **O**ccultum **L**apidem*" und bedeutet: „Suche das Innere der Erde auf, und durch die Läuterung wirst du den geheimen Lapis finden". 'Vitriolum' bzw. 'Vitriol' ist also nicht nur eine Bezeichnung für den Stein der Weisen, sondern als Akrostichon verweist es auch darauf, daß dieser nur durch den Emporläuterungsprozeß der prima materia zu gewinnen ist. Auch das Wort „*Alchimia*" selbst ist ein Akrostichon aus „***A**rs **L**aboriosa **C**onvertens **H**umiditate **I**gnea **M**etalla **I**n **A**urum*"[174], d.h. „die arbeitsreiche Kunst verwandelt durch feurige Feuchte Metalle in Gold". Die feurige Feuchte steht dabei für den Lapis philosophorum mit dessen Hilfe die Metalle transmutiert werden. Das Akrostichon „*Alchimia*" ist somit eine Verschlüsselung des Hauptanliegens der Alchemie. Das Wort Alchemie ist somit nicht nur eine Bezeichnung der Wissenschaft, sondern es steht auch für den alchemischen Prozeß an sich.[175]

Es werden aber auch vorhandene Akrosticha umgedeutet. Die Kreuzinschrift INRI („*Jesus Nazarenus Rex Iudaeorum*", d.h. Jesus von Nazareth, König der Juden) wird von den Alchemisten – nach Gebelein – bspw. als „***I**gne **N**itrum **R**oris **I**nventur*" (durch Feuer gewinnt man das Salz aus der Flüssigkeit) oder „***I**gne **N**atura **R**enovatur **I**ntegra*" (durch Feuer wird die Natur erneuert, also geläutert) gelesen.[176]

Eine gängige Vorgehensweise der Alchemisten war die Verschlüsselung einzelner Substanzen oder Prozesse durch Rätsel. So findet sich bspw. in Herbrandt Jamsthalers „*Viatorium spagyricum*" folgendes Rätsel:

> „*ZWey tausent / siben / macht ein Zahl /*
> *Fünff Silben vnd auch fünff Vocal*
> *Geben zehen ohn alle Wahl.*",

[173] Gebelein (1991) S. 90
[174] So bei Barent Coenders van Helpen: „*Escaliers des Sages*" (1689).
[175] Vgl. Gebelein (1991) S. 90 und Eliade (1992) S. 173
[176] Vgl. Gebelein (1991) S. 90 sowie Biedermann (1998) S. 233

das man relativ leicht als „AntIMonIVM", also Antimonium (d.i. Antimon) auflösen kann.[177]

Der Ideenreichtum in den Verschlüsselungen der Arkansprache zeigt sich auch an musiktheoretischen Überlegungen, die als Analoga und Metaphern ins alchemistische Fachschrifttum eindringen. Wie der Musiker seine Komposition harmonisch zusammenfügt, so muß der Alchemist die einzelnen Stufen des alchemischen Werkes verbinden. Die Komposition des Musikstückes steht also für die Transmutation in der Alchemie.[178]

Dieser kurze Abriß einiger arkansprachlicher Elemente sollte nur einen kleinen Einblick in den Einfallsreichtum der Alchemisten zur Verdunkelung ihrer Texte vermitteln.[179] Die Verschlüsselung ist ihnen dabei auf weite Strecken hin gelungen. Dies zeigt sich nicht nur an den enormen Schwierigkeiten, die die moderne Wissenschaft bei der Entschlüsselung der Texte hat, sondern auch daran, daß den nicht eingeweihten Zeitgenossen der Alchemisten deren Texte größtenteils unverständlich blieben. Ein Beispiel findet sich in einer Bamberger Handschrift (Codex L. III. 40 der Staatl. Bibliothek Bamberg) von 1536. Der Schreiber bzw. Übersetzer beklagt sich in der Schlußbemerkung zu dem Traktat „*Buchlein von der Alchamey*" des Arnoldi von Nawendorff (d.i. Arnald von Villanova), daß er diesen nicht verstanden habe:

> „*Dy xxiij verß hab ich alle nicht verstanden,*
> *Darumb ist auch verdeutzschung im grund nicht wol ergangen.*"[180]

Erst im Übergang von der Alchemie zur Chemie, der „Chymie", zeigt sich sehr deutlich eine stufenweise Abkehr von arkansprachlichen Mitteln der Verschlüsselung wie Decknamen, Allegorie, usw.[181]

Wie man an diesen Beispielen für Verschlüsselungen in der alchemistischen Arkansprache sieht, ist es genau diese Verdunkelung der Texte, die die Erforschung der alchemistischen Fachliteratur so schwierig macht, da dadurch das Verständnis alchemischer Schriften erheblich erschwert und teilweise unmöglich gemacht wird. Trotzdem gelingt es der modernen Alchemieforschung immer wieder, durch eine sorgfältige Analyse solcher Texte, diese zu entschlüsseln und ihren eigentlichen Sinn sowie die darin beschriebenen Verfahren und Theoriesysteme offenzulegen und damit einem breiteren Forscherkreis zu erschließen.[182]

---

[177] Vgl. Telle (1977a) S. 437
[178] Vgl. Meinel (1986a) S. 203f.
[179] Es wird und kann hier keine Vollständigkeit angestrebt werden, ebenso wie im arkansprachlichen Anhang dieser Arbeit.
[180] Vgl. Eis (1965) S. 59
[181] Vgl. Haage (1993a) S. 258
[182] Es ist hier noch anzumerken, daß die alchemischen Verschlüsselungen C.G. Jung dazu bewogen haben, in den alchemischen Decknamen tiefenpsychologische Chiffren zu sehen und die Alchemie

Was aber die Alchemisten dazu bewogen hat, ihre Texte zu verdunkeln, soll im anschließenden Kapitel beleuchtet werden.

3.5. Die Beweggründe der Alchemisten, ihr Wissen geheim zu halten

Die Unverständlichkeit der alchemistischen Sprache war keineswegs ein Zufallsprodukt, sondern beabsichtigt. Trotzdem hätte die Alchemie eine „geregelte, wissenschaftlich brauchbare Terminologie“ entwickeln können, wie wir sie aus der modernen Chemie kennen. Sie hätte ihre alten Zeichensysteme ausbauen und noch stärker systematisieren können oder allgemein verbindliche Bedeutungen für bestimmte Fachtermini festlegen können, so daß sogar eine internationale Regelung möglich gewesen wäre. Die Alchemisten hatten aber gerade nicht Allgemeinverständlichkeit zum Ziel, sondern waren ganz im Gegenteil darauf bedacht, den Uneingeweihten den Zugang zu ihrer Wissenschaft zu verwehren.[183]

Dieser Haltung der Alchemisten liegt eine völlig andere Auffassung von der „Stellung, den Aufgaben und Pflichten der wissenschaftlichen Arbeit“[184] zugrunde als dies heute der Fall ist. Auf die Idee, ihre Entdeckungen und Erfindungen der Allgemeinheit zugänglich zu machen, wie es heute der Normalfall sein sollte, kamen die Alchemisten erst gar nicht. Sie waren nur ihrem eigenen Gewissen gegenüber verantwortlich. Eine Ursache für diese Denkhaltung der Alchemisten liegt wohl in den Ursprüngen der Alchemie selbst. In ihren Anfängen bei den spätantiken Tempelpriestern Ägyptens war die Alchemie das Geheimwissen eines von der Masse des Volkes stark abgehobenen Standes, dem nicht daran gelegen sein konnte, daß dieses Wissen allgemein Verbreitung fand.[185] Ins europäisch-christliche Mittelalter gelangte die Alchemie durch die Araber (vor allem über Spanien), die die altägyptische Alchemie in griechischer Fassung aufgegriffen und erheblich erweitert hatten. Doch wurde wegen einiger Widersprüche zur christlichen Lehre weiterhin an der Verdunkelung der Texte festgehalten. In den letzten Jahrhunderten des Mittelalters bekam es die Alchemie mit der Inquisition zu tun, da sie zu den „artes suspectae“[186] gerechnet wurde. Eine Öffnung der 'Kunst', wie die Alchemisten ihre Wissenschaft bezeichnen, war also undenkbar.

entsprechend auszudeuten. [Vgl. hierzu die Schriften Jungs im Literaturverzeichnis, insbesondere Jung (1980) und Jung (1955/56)]. Zu Jungs Thesen ist allerdings zu sagen, daß sie von neueren alchemistischen Forschungen überaus selten bestätigt und sehr viel häufiger widerlegt wurden, weshalb hier auch nicht weiter auf die Jung-Schule in der Alchemieforschung eingegangen wird.

[183] Vgl. Eis (1965) S. 59f.

[184] Eis (1965) S. 61

[185] Vgl. Eis (1965) S. 61

[186] Assion (1973) S. 87

Pseudo-Arnald von Villanova schreibt am Ende seines „*Rosarium philosophorum*“ nicht umsonst die folgende Warnung:

> „*Ihr aber, denen nun dieses Buch zu Handen kommen, sollet dasselbe trewlich verwahren vnd es niemandt offenbaren, noch viel weniger in die Hände der Gottlosen kommen lassen.*“[187]

Ganz ähnlich klingt auch der Schluß des „*Liber secretorum alchemiae*“ des Khâlid ibn Jazîd:

> „*Lieber Sohn, verwahre dieses allergeheimbste Buch aufs best, vnnd lasse es dir lieb seyn, verhüte auch mit allem Fleiße, daß es nicht in derer Hände kömme, welche von diesem Geheimnuß aller Geheimnussen nichts wissen noch verstehen.*“[188]

Da den Alchemisten aber klar war, daß man ein Buch nicht auf ewig vor den Unbefugten bzw. Uneingeweihten verbergen konnte, wurde zur weiteren Absicherung des geheimen Wissens die Arkansprache geschaffen. Sie ist der Grund dafür, daß in den alchemistischen Texten oft schier unauflösbare Verschlüsselungen auftauchen, die es uns bis heute unmöglich machen, diesen Texten ihre Geheimnisse zu entreißen.[189]

Die Beweggründe für die Geheimhaltung des alchemistischen Wissens reichen also zurück bis in die Ursprünge der Alchemie. Die Verschlüsselung war als Schutz der eigenen Person, insbesondere des eigenen Lebens, gedacht. Bereits Zosimos von Panopolis (um 300), dessen Werke zu den ältesten alchemistischen Zeugnissen gehören, warnt vor der Habgier der Könige und der Habgier des ganzen Menschengeschlechts.[190]

Der „*Libellus de alchimia*“ des Pseudo-Albertus Magnus aus dem 14. Jahrhundert warnt den Adepten der Kunst vor hochgestellten Gönnern, die ihm, unabhängig von Erfolg oder Mißerfolg seiner Tätigkeit, keine Ruhe lassen würden.[191]

Ein Beispiel dafür, daß die Alchemisten tatsächlich Grund hatten, sich vor Verfolgung durch die Mächtigen zu schützen, ist das Schicksal des Berliner Apothekergehilfen und Alchemisten Johann Friedrich Böttger (1682-1719). Er wurde von Kurfürst August dem Starken (1670-1733) in Meißen eingesperrt, um Gold herzustellen. Die Experimente Böttgers führten zur Porzellanherstellung. Das ’weiße Gold’ war somit ein unbeabsichtigtes Ergebnis der eigentlichen Goldherstellung.[192]

[187] Vgl. Eis (1965) S. 63
[188] Eis (1965) S. 63
[189] Vgl. Eis (1965) S. 63
[190] Vgl. Haage (1996) S. 43
[191] Vgl. Haage (1996) S. 43
[192] Vgl. Haage (1996) S. 61

Aber nicht nur der Schutz des eigenen Lebens, sondern auch ein aus heutiger Sicht bemerkenswertes „sozialethisches Verantwortungsbewußtsein“[193] der Alchemisten ist die Ursache für die teilweise sehr merkwürdigen Erscheinungsformen der Arkansprache.[194]

Ein Hauptgrund für das redende Schweigen der Alchemisten, also die Geheimhaltung des Wissens, war wohl dieses tief verwurzelte sozialethische Verantwortungsgefühl der Alchemisten gegenüber ihren Mitmenschen, die sie vor Schaden durch den Mißbrauch alchemistischen Wissens bewahren wollten. Reinhardt der Ältere ging in seinem „*Liecht der Natur*“ davon aus, daß die Kunst der Alchemie „*von allen Philosophen seid der Sündflut biß zu diesen Zeiten [...] vmb [...] Mißbrauchs willen mit so grossem Eyffer in so mancherley Vertuncklung versetzt und verborgen gehalten worden*“[195] sei. In der Vorrede der deutschen Ausgabe des „*Opus aureum*“ macht sich der Frankfurter Buchhändler Johann Spiess ausführliche Gedanken über die Zwecke der „*verdeckten Rede*“, wobei er sich vor allem auf die Autorität des Geber latinus beruft. Demnach sei der Hauptzweck der Geheimhaltung der Schutz der Menschheit. Er denkt auch an die tiefgreifenden Folgen für die wirtschaftliche und gesellschaftliche Ordnung, die die Preisgabe alchemistischer Geheimnisse, vor allem des Geheimnisses der Golderzeugung aus unedlen Stoffen, hätte:[196]

> „*Dann wann solches Geheimnuß offenbar werden würde, würde niemandts hernach weder seen, pflügen noch pflantzen oder seinem Nechsten vnd Obern Handreichung vnd Dienst leisten wöllen, müßte also die Welt dadurch zu drümmern vnd zu grundt gehen.*“[197]

Vor diesem Hintergrund ist es durchaus möglich, daß einige bedeutende Errungenschaften der modernen Zeit bereits lange vorher einzelnen Forschern bekannt waren, aber von diesen nicht weitergegeben wurden, so daß ihr Wissen in Vergessenheit geriet. Trotzdem ist die Liste der Errungenschaften der Alchemie, die bekanntlich am technischen Fortschritt des Spätmittelalters maßgeblich beteiligt war, sehr lang (allerdings erst nach einer teilweisen Abkehr von der 'Schweigepflicht') und kann hier nur in Ausschnitten wiedergegeben werden. Die Alchemie entwickelte die Destillation, Sublimation und Extraktion. Sie entdeckte Antimon, Arsen, Wismut und Zink, die sie auch zu nutzen verstand. Außerdem konnte sie der zuvor allein bekannten Essigsäure eine ansehnliche Zahl an Säuren und Basen hinzufügen. Die weitreichendsten Erfindungen der Alchemie waren aber wohl der Weingeist und das Schießpulver. Aus unserer heutigen Perspektive scheint es daher unvorstellbar, daß die Alchemisten „Ent-

---

[193] Eis (1965) S. 51
[194] Vgl. Eis (1965) S. 51
[195] Eis (1965) S. 65
[196] Vgl. Eis (1965) S. 65f.
[197] Eis (1965) S. 66

deckungen und Erfindungen von weittragender praktischer Bedeutung jahrhundertelang geheim"[198] hielten. Daß sie dies wirklich taten, läßt sich beweisen. Bis zum Ende des 13. Jahrhunderts wurden alle europäischen Kriege ausschließlich mit Hieb-, Stich- und Wurfwaffen ausgetragen, obwohl im Kreis einzelner Alchemisten seit dem frühen Mittelalter die Herstellung von Explosivwaffen und deren potentielle militärische Nutzungsmöglichkeiten bekannt waren. Marcus Graecus kennt in seinem Feuerwerksbuch „*Liber ignium ad comburendos hostes*" (um 1250) bereits das Schießpulver als „*ignis volans*" und beschreibt außerdem die Herstellung von Raketen.[199]

Die Alchemisten wollten aber ihr Wissen auch vor jenen Eingeweihten verbergen, die auf dem mühseligen Stufenweg von Erkenntnis zu Erkenntnis noch nicht die gleiche Stufe erreicht hatten, d.h. wer den Inhalt eines Textes nicht verstand, war dieses Wissens auch nicht würdig. Den alchemischen Prozeß des Verbesserns, Emporläuterns und Vervollkommnens, dem die Materien unterworfen wurden, sollten auch die Adepten der Kunst durchlaufen, damit sie nicht nur wissend sondern auch weise wurden.[200]

Dem sozialethischen Gedanken, die Menschheit vor Schaden zu bewahren, entsprang auch die Geheimschrift der „*Alchymey teuczsch*", die 1426 von Niklas Jankowitz, Michael von Prapach und Michael Wülfing angefertigt wurde. Die Geheimschrift sollte nämlich Uneingeweihten den Zugang zum Inhalt des Werkes verwehren: „*vnd ich hab es darum an ein ander gesect, das man nicht sul versten, das es ein alfabet sei*".[201]

Wie stark die sozialethische Grundhaltung der Alchemisten war, zeigt sich auch an der Tatsache, daß sie sogar nach der Abschaffung der Inquisition weiterhin an der Arkansprache festhielten.[202]

Die früher weit verbreitete, aber auch heute noch anzutreffende, abschätzige Beurteilung der Alchemie als Hokuspokus, Zauberei oder Taschenspielerei ist schlichtweg falsch. Sie beruht in großen Teilen auf dem Unverständnis der Arkansprache gegenüber und der Beweggründe der Alchemisten, diese zu benutzen. Zum einen, weil dabei übersehen wird, daß die Alchemie die Wegbereiterin der modernen Chemie war, und zum anderen, weil die Alchemisten mit ihrem sozialethischen Verantwortungsgefühl den heutigen Naturwissenschaften weit voraus waren, denn die modernen Naturwissenschaftler weisen bekanntlich fast immer jegliche Verantwortung für ihr Tun von sich.[203]

---

[198] Eis (1965) S. 67
[199] Vgl. Eis (1965) S. 67 und Jüttner (1993) S. 228
[200] Vgl. Eis (1965) S. 64
[201] Vgl. Eis (1965) S. 56
[202] Vgl. Eis (1965) S. 68
[203] Vgl. Eis (1965) S. 68

Damit die Alchemie sich aber zur modernen Chemie weiterentwickeln konnte, mußte zuerst die 'Schweigepflicht' der Alchemisten gelockert und später dann überwunden werden. Einen wichtigen Anstoß dazu gab Paracelsus (d.i. Theophrast Bombast von Hohenheim – 1493/94-1541), indem er für die Alchemie den Weg der Iatrochemie (chemische Heilkunst) forderte. Im „*Paragranum*" verlangt er, daß die Alchemie heilen solle anstatt Gold zu machen:

> „*Nicht als sie sagen, alchimia mache gold, mache silber; hie ist das fürnemen* [d.h. Vorhaben, M.H.] *mach arcana und richte dieselbigen gegen die kranckheiten;*"[204]

Daneben lockerte sich aber auch in der 'klassischen' Alchemie die Schweigepflicht, auch wenn an der Geheimhaltung der entscheidendsten Einsichten weiterhin festgehalten wurde. Reinhart schreibt in der Einleitung zu „*Das Valete: Vber den Tractat der Arcanorum Basilij Valentini*" (Halle 1608): „*ich bin bereit, das wenige Pfund meinem Nechsten, wo nicht gar, jedoch mehr als halb (zu) ertheilen*" und er will nicht handeln „*wie ein vngetrewer Hund, welcher ein feistes Bein erschnappet (vnd) keinem andern Hunde gönnet anzuriechen*". Auch die „*Osiandrischen Experiment*" wenden sich gegen „*verkehrte sophistische vnd vnnütze Bücher, verschrauffte Wort vnd subtile Reden*", also gegen die Verschlüsselung des Wissens.[205]

Letztendlich fiel die Schweigepflicht in der Alchemie. Dieser bedeutungsvolle Wandel, d.h. die Abkehr von der alten philosophischen Grundlage der sozialethischen Verantwortung, vollzog sich in aller Stille, aber nicht ohne wachsame Augen und warnende Stimmen. Als Johann Rudolf Glauber seine Entdeckungen zu veröffentlichen begann, die für die Entwicklung der europäischen Industrie von entscheidender Bedeutung waren, gestand er einem Kritiker gegenüber ein, daß aus der Veröffentlichung naturwissenschaftlicher und technischer Forschungsergebnisse Gefahren heraufbeschworen werden können. Als Beispiele nennt er das Schießpulver, „*welches ohne zweiffel wehre verborgen worden, wans müglich gewesen wehre*" und den Schwefel als „*bösen gehülfen*" des Salpeters, der „*in einem augenblick Menschen vnd Viehe Tödten, ja gantze Kastelen, Berge und Festungen über hauffen werffen vnd verderben*" könne. Dem hält Glauber die segenvollen und heilsamen Wirkungen der Naturforschung und die Verpflichtung, alles zu fördern, was der Menschheit nütze und diene, entgegen. Außerdem geht Glauber davon aus, daß die Menschen ihre großen Erfindungen nur zum Guten einsetzen werden. Mit dieser gesellschaftlich und ethisch vertretbaren Begründung Glaubers beginnt das alchemistische Gebot der Geheimhaltung von naturwissenschaftlichen Forschungsergebnissen endgültig zu fallen. Damit war Ende des 17. Jahrhunderts (Glaubers Werk erschien erstmals in der zweiten Hälfte

[204] Vgl. Eis (1965) S. 69 und Haage (1996) S. 187f.
[205] Vgl. Eis (1965) S. 69

des 17. Jahrhunderts) der Weg frei für eine moderne Chemie, die mit Lavoisier beginnt.[206]

Die alchemistische Arkansprache strebte also bewußt die Geheimhaltung an, denn die Kreise der Alchemisten, die am technischen Fortschritt des Spätmittelalters maßgeblich beteiligt waren, versuchten aus einem sozialethischen Verantwortungsgefühl heraus zu verhindern, daß Unbefugte, also nicht Eingeweihte, ihre Erkenntnisse zum Schaden der Menschheit mißbrauchen könnten und erschwerten deshalb die Lektüre ihrer Aufzeichnungen auf jede erdenkliche Weise. Der zweite Grund für die Geheimhaltung ist der Schutz des eigenen Lebens vor der Willkür und Machtgier der weltlichen Fürsten und der Kirche. Diese Beweggründe sind gesellschaftlicher Art und somit ist die jeweils neu geschaffene arkansprachliche Fachterminologie sozial orientiert und führt dazu, daß ein Großteil der alchemistischen Schriften noch nicht untersucht wurde.[207]

[206] Vgl. Eis (1965) S. 70ff.
[207] Vgl. Haage (1993a) S. 256f.

4. Die deutsche Fachliteratur der Alchemie des Mittelalters

4.1. Die alchemistische Fachliteratur des Mittelalters

Zu den häufigsten Formen alchemistischer Texte zählt das Rezept. Die Bandbreite reicht von Rezepten, welche die Transmutation in ihren einzelnen Stufen mit den jeweiligen Farberscheinungen beschreiben, bis hin zu rein chemischen, die eine Anleitung zur Herstellung von Säuren, Laugen, Farben und Beizmitteln geben. Ein solches Rezept zur Herstellung von Salpetersäure findet sich bspw. im „*Buch der heiligen Dreifaltigkeit*“:

> „*Zu aqua forte* [Salpetersäure, d.V.] *nement ij lb salpeters vnd iij lb allaun, diß stosset al klein vnder ein ander wol vermengende. So thut es jn ein cucurbiten* [Kürbiß = Kolben, d.V.] *vnder eynen Elembigk* [Alembik = Destillierhelm, d.V.] *dar auff hart gekleibet. So destilliret sanfftlichen das wasser da vonn jn das Receptaculum* [Rezipient zum Auffangen des Destillats, d.V.], *das dar für leydt. Es sol hart gekleibet sin, das des wassers wint* [Gas, d.V.] *der starcken krafft von dem wasser nit flügen mag, wenn das wasser distillirt ist. So solt in erst das fewr stercken vnd vermeren, bis al die starcken wind quinta essentia est anima jn das wasser zumal blasende, das kein windes krafft darhinter bleybe, also starck solt zu letst das fewr treyben, das auß dem boden durch den alembigk alle der winde jn das wasser fliege, auff das ir wasser in dem Receptaculo dester stercker erkriegent.*“[208]

Die häufigste Gattung der alchemistischen Fachliteratur ist neben dem Rezept der Traktat, aber auch Gedicht, Rätsel und Gebet sind weit verbreitet.[209]

4.1.1. Zum Begriff der Fachliteratur

Unter Fachliteratur ist im weiteren Sinne das gesamte nichtdichterische, nicht-fiktionale Schrifttum geistlichen und weltlichen Inhalts zu verstehen, das Wissen, wissenschaftliche Erkenntnis und Erfahrungen jeglicher Art dokumentiert.[210]

Bezogen auf die Summen bekannter Einzeltitel, und nicht auf die Gesamtsumme der Textzeugen, macht die Fachliteratur etwa 90% der deutschsprachigen Literaturproduktion des Mittelalters und der frühen Neuzeit aus, wovon 60-70% auf die geistlichen Schriften entfallen. Solche Schätzungen spiegeln die tatsächlichen Verhältnisse kaum wider, da gerade im Bereich der Artesliteratur die Quellenerfassung noch immer unzureichend ist. Fest steht, daß das Fachschrifttum die Dichtung sowohl in der Anzahl der

[208] Vgl. Buntz (1970) S. 125; Das Rezept stammt ursprünglich aus dem „*Liber de inventione veritatis*“ des Geber latinus.

[209] Vgl. Buntz (1968) S. 62f.

[210] Vgl. Eis (1962) S.1 und Haage (1988) S. 271

Einzeltexte als auch in der Wirkungsintensität, d.h. in der Anzahl der Textzeugen, übertrifft. So sind von der am besten überlieferten Dichtung des deutschen Mittelalters, nämlich Wolframs von Eschenbach „*Parzival*“, fast 90 handschriftliche Textzeugen registriert, während sich vom ostmitteldeutschen „*Bartholomäus*“ über 1000, vom „*Arzneibuch*“ Ortolfs von Baierland über 2000 und von Meister Albrants „*Roßarzneibuch*“ über 200 nachweisen lassen.[211]

4.1.2. Die Einteilung der altdeutschen Fachliteratur

Die Fachliteratur unterteilt sich in das geistliche, juristische, politische, allgemeinhistorische Fachschrifttum und in die sogenannte Literatur der Artes. Eine Sonderstellung kommt dabei den Enzyklopädien zu, die aufgrund ihrer Konzeption fachübergreifend angelegt sind. Die Artesliteratur ist das Fachschrifttum im engeren Sinne. Sie macht den Hauptteil des weltlichen Fachschrifttums aus.[212]

Das alchemistische Fachschrifttum gehört zur Artesliteratur, die sich nach Gerhard Eis wie folgt unterteilen läßt:[213]

1. Die sieben freien Künste, die „septem artes liberales“:
   - das Trivium – die sprachlich-philosophischen Künste der Grammatik, Rhetorik und Dialektik – und
   - das Quadrivium – die mathematischen Künste der Arithmetik, Musik, Geometrie und Astronomie.
2. Die Eigenkünste, die „artes mechanicae“:
   - Handwerk
   - Kriegswesen
   - Seefahrt, Erdkunde, Handel
   - Landbau und Haushalt
   - Wald und Tiere
   - Heilkunde (Humanmedizin)
   - Hofkünste („theatrica“)

---

[211] Vgl. Haage (1988) S. 271f.
[212] Vgl. Eis (1962) S.1 und Haage (1988) S. 271
[213] Vgl. Eis (1962) S. 1. Zu den Artesreihen vgl. auch Hartmann/Müller (2000), Luff (1999), Schaefer (1999), Speer (1995), Müller (1994), Craemer-Ruegenberg/Speer (1993) und Koch (1976). Zur Diskussion um andere Einteilungsmöglichkeiten vgl. Haage (1998a).

3. Die verbotenen Künste:

- Magie und Mantik (Wahrsagerei) – „artes magicae“
- Gaunertum und Betrug im ehrlichen Beruf

Nach dieser Einteilung ist die Alchemie, trotz ihrer der Philosophie zuzurechnenden Theorie, aufgrund ihres handwerklichen Unterbaus, der „practica“, den artes mechanicae und dort dem Handwerk zuzuordnen. Wegen der Problematik dieser Einordnung scheint es durchaus sinnvoll zu sein, einen kurzen Überblick über Entstehung und Verbreitung der Artesliteratur zu geben.

4.1.3. Zur Entstehung und Verbreitung der deutschen Fachliteratur der Artes

Der Quellbereich für die mittelalterliche Artesliteratur ist das spätantike Wissen, das fast ausschließlich in lateinischer, aber auch zu geringen Teilen in griechischer Überlieferung vorlag und das seit dem 6. Jahrhundert zunächst im Kloster durch den Benediktinerorden gepflegt wird.

Die *septem artes liberales* waren die Schulwissenschaften der Antike und des Mittelalters. Hervorgegangen sind sie aus der „*enkyklios paideia*“ der Sophisten und wurden erstmals von Varro (116-27 v.Chr.) in den „*Disciplinae*“ dargestellt, ehe sie bei Martianus Capella (5. Jh.) in seiner Enzyklopädie „*De nuptiis Philologiae et Mercurii*“ erneut erscheinen. Neben Augustinus (um 732-804), Cassiodorus (um 490 bis um 583), Boëthius (um 480-524) und Alkuin (um 732-804) trug vor allem Isidor von Sevilla (560-636) mit dem 13. Buch seiner „*20 Bücher Etymologien*“ (d.i. die bahnbrechende Enzyklopädie des Mittelalters) dazu bei, daß die septem artes liberales kanonisch wurden. Sie waren fortan die Grundlage aller höheren Studien und entwickelten sich an den im Zuge der Renaissance des 12. Jahrhunderts neu gegründeten Universitäten zur Artistenfakultät, die man i.d.R. durchlaufen mußte, bevor man an den gehobenen Fakultäten (Medizin, Jurisprudenz und Theologie) studieren durfte.[214]

Durch die Übersetzungen des Aristoteles aus dem Arabischen im 12. Jahrhundert kommt es zu einem „universellen geistigen Neuaufbruch“[215], dem „Aristotelismus“[216] oder der sogenannten Renaissance des 12. Jahrhunderts, die vor allem mit der 'Schule von Chartres' einhergeht (damit ist nicht die Kathedralschule, sondern ein Kreis führender Gelehrter wie Petrus Abaelardus, Wilhelm von Conches, Adelard von Bath,

[214] Vgl. Haage (1996) S. 44f.
[215] Haage (1988) S. 274

Alanus ab Insulis oder Bernadus Silvestris gemeint). In dieser Renaissance des 12. Jahrhunderts erfolgte eine „Hinwendung zur Empirie“[217], also zur wissenschaftlichen Erkenntnis, auf induktivem Wege. Dieser Methodenwechsel innerhalb der Erkenntnislehre trägt dazu bei, daß es zu einem enormen Schub an Schriften der septem artes liberales und der septem artes mechanicae kommt.[218]

Unter den *artes mechanicae* versteht man die handwerklichen Ingenieurskünste des Mittelalters. In den Einteilungen der Philosophie (Logik, Ethik, Physik) rechnet man seit Varro die *ars mechanica* (die praktische und theoretische Ingenieurskunst) zusammen mit dem Quadrivium, der Astrologie und der Medizin zur *Physica*, wie bei Isidor von Sevilla oder Hrabanus Maurus (um 780-856) in *„De universo“*. Der Begriff 'septem artes mechanicae' wurde von Johannes Scottus Eriugena (um 810-877) in seinem Kommentar zu Martianus Capella geprägt. Hugo von St. Victor wertet die artes mechanicae auf, indem er sie wegen ihres theoretischen Überbaus, der *„theorica“*, in das Gesamtsystem von Philosophie und Wissenschaften (*„scientiae“*) eingliedert. Seine Einteilung der artes mechanicae im zweiten Buch der *„Eruditionis didascalicae libri septem“* wurde maßgebend und ist Grundlage der oben gegebenen Einteilung nach Gerhard Eis. Die artes mechanicae haben aber weiterhin nur eine dienende Funktion für die artes liberales.[219]

Die *artes magicae* zählen zwar zur Artesliteratur, werden aber im allgemeinen nicht zu den Artesreihen im eigentlichen Sinn gerechnet. Für sie besteht kein kanonisches Siebenerschema, obwohl es Bemühungen in diese Richtung gab, wobei vor allen Dingen Hans Hartlieb mit seinem *„Puch aller verpoten kunst“* von 1455/56 zu nennen ist. Darüber hinaus lassen die zahlreichen Praktiken der Mantik oder Wahrsagerei, die ständigen Verbote durch die Kirche und vor allen Dingen die weite Streuung von abergläubisch-mantischem Gedankengut, das in die Fachliteratur aller Berufe und Stände eingedrungen ist, die Bildung einer Artesreihe für die magisch-mantischen Künste nicht zu.

Wie oben bereits erwähnt steht die Gründung der abendländischen Universitäten in der Folge des Aristotelismus der Renaissance des 12. Jahrhunderts. Von ihnen geht ein beständiger Strom von Fachschrifttum in lateinischer Sprache aus, der in die Volkssprachen, also auch ins Deutsche, umgesetzt wird.

Seit dem 13. Jahrhundert entsteht neben den geistlichen Schulen ein weltliches Schulwesen in der Stadt, das den Bildungsbedürfnissen des Bürgertums Rechnung trägt. Das Deutsche tritt allmählich an die Seite des Lateins als Unterrichtssprache. Es

[216] Assion (1973) S. 37
[217] Assion (1973) S. 37
[218] Vgl. Assion (1973) S. 37f.
[219] Vgl. Haage (1996) S. 45f.

entstehen deutschsprachige Winkelschulen, die den städtischen Handwerkern das für sie nötige Wissen im Lesen, Schreiben und Rechnen vermitteln.

Im Zuge der mit der Papierproduktion flutartig anwachsenden Schriftlichkeit rezipiert und imitiert das aufstrebende Bürgertum nicht nur die höfische Literatur und Artesliteratur, sondern es nimmt auch sehr viel monastische (klösterliche) Literatur auf, besonders über handwerkliche Fähigkeiten. Nach monastischem Vorbild entstehen so deutsches Unterrichtsmaterial in den Stadtschulen, deutsche medizinische Schriften bei den Wundärzten und noch vieles mehr.

Ab dem 14. Jahrhundert kann man die Artesliteratur als 'Stadtliteratur' bezeichnen, da sie fast ausschließlich dort produziert und rezipiert wird. Durch die Ansiedlung von Kloster und Fürstenhof in den wachsenden Städten (seit dem 12. Jahrhundert) entsteht eine „urbanitas“[220], eine „klerikal-höfisch-bürgerliche Stadtkultur“[221], in der der Beruf mit seinem Fachwissen zur Lebensgrundlage wurde. Daraus resultierte ein allgemeiner Wissensdurst nach Fachliteratur, der dazu führte, daß breitere Schichten der Bevölkerung durch die Artesliteratur erreicht wurden, als durch die auf den Adel beschränkte Dichtung, und daß deutsche Fachsprachen durch die Vermehrung und Vertiefung des Fachwissens terminologisch von den zugrundeliegenden Gruppensprachen her ausgebaut wurden.[222] Die Entwicklung der deutschen Fachliteratur der Artes ist also das Ergebnis der Verflechtung klösterlicher, höfischer und bürgerlicher Überlieferungszweige.

Die Verbreitung der Fachliteratur wird nicht mehr allein durch das Kopieren im Kloster gewährleistet, sondern wird auch durch Schreibstuben und Buchwerkstätten und seit Mitte des 15. Jahrhunderts vor allem durch den neuentwickelten Buchdruck übernommen.

4.1.4. Die Anfänge: abendländisch-lateinisches Fachschrifttum

Die Alchemie war eine naturphilosophische Bewegung, die technologisches Wissen orientalischer Herkunft mit antiker Philosophie und Astrologie verband. Diese kam – wie oben gesehen – durch die Araber, die die alten alchemistischen Theorien weiter ausgebaut hatten, ins christliche Abendland. Mitte des 12. Jahrhunderts entstanden die ersten lateinischen Übersetzungen, die in geistlichen Kreisen auf reges Interesse stießen.[223]

---

220 Haage (1993a) S. 236
221 Haage (1993a) S. 236
222 Vgl. Haage (1993a) S. 236
223 Vgl. hierzu Schipperges (1964) und Schipperges (1970)

Die im 12. Jahrhundert einsetzende große Übersetzungswelle arabischer Werke ins Lateinische ist untrennbar verbunden mit Salerno und der überaus wichtigen Übersetzungsschule des Gerhard von Cremona (um 1114-1187) in Toledo. Die erste bekannte Übertragung sind die pseudoepigraphischen alchemischen Lehren des Morienus Romanus für den Umaiyaden-Prinzen Khālid ibn Yazid († 704), die durch Robert von Chester im Jahre 1144 ins Lateinische übersetzt wurden. Es handelt sich hierbei um einen Dialog des Alchemisten Khālid, dem einige arabische Alchemica zugeschrieben wurden und dessen historische Identität mit dem Umaiyaden-Prinzen allerdings ungeklärt ist, mit seinem Alchemie-Lehrer Maryānus (d.i. Morienus Romanus).[224] Der lateinische Titel des gedruckten Werkes lautet: „*Liber de compositione alchimiae quem edidit Morienus Romanus, Calid regi Aegyptiorum: quem Robertus Castrensis de Arabico in Latinum transtulit*".[225] Wichtige Übersetzungen aus dem Arabischen waren weiterhin der „*Liber secretorum*" des Rhazes (865-925) aus dem 13. Jahrhundert, das „*De aluminibus et salibus*" des Pseudo-Rhazes aus dem 12. Jahrhundert und um 1200 Avicennas „*De congelatione et conglutinatione lapidum*", d.i. der geologische Teil zur Entstehung der Metalle aus Avicennas „*Buch der Heilungen*". Das „*Buch der Heilungen*" ist eine Art „aristotelischer Enzyklopädie der Wissenschaftsbereiche Logik, Physik, Mathematik und Metaphysik"[226], wobei mit der Heilung die 'Genesung von der Unwissenheit' gemeint ist. Zu den frühen alchemistischen Fachschriften des Abendlandes zählt auch die „*Ars alchemiae*" des Michael Scot(t)us (um 1180-1235).[227]

Von den frühen Übersetzungen alchemistischer Texte kommt dem „*Liber de aluminibus et salibus*"[228] ('Buch der Alaune und Salze') des Pseudo-Rhazes, das von Gerhard von Cremona übertragen wurde, besondere Bedeutung zu. Es wurde nicht nur sehr stark rezipiert – u.a. von Albertus Magnus in „*De Mineralibus*" – sondern es ist auch die erste abendländische alchemistische Fachschrift, in der „Theorie, allegorische Darstellung und Praxis vereint"[229] sind.[230]

Ein wichtiger Vertreter der abendländischen alchemistischen Anfänge war Pseudo-Arnald von Villanova (vgl. Arnald von Villanova, 1240-1311), von dem ein umfangreiches alchemistisches Schriftencorpus überliefert ist (s.u.). Einige der Namen, die im Zusammenhang mit den Anfängen der abendländischen Alchemie genannt werden,

---

[224] Vgl. hierzu insbesondere Sezgin (1971) S. 122ff.
[225] Vgl. Ullmann (1972) S. 191ff.
[226] Haage (1996) S. 132
[227] Vgl. Haage (1996) S. 54 und S. 132
[228] Der Text des „*Liber de aluminibus et salibus*" (auch bekannt unter dem Titel „*De aluminibus et salibus*") ist im 11. oder frühen 12. Jahrhundert auf Arabisch, vermutlich in Spanien, von einem unbekannten Fachschriftsteller verfaßt worden. (Vgl. hierzu Ullmann (1972) S. 228 sowie Ruska (1935) S. 38)
[229] Haage (1996) S. 152

sind allerdings mit Vorsicht zu genießen. Ein Beispiel hierfür ist Raimundus Lullus (1235-1315). Ihm wurden fälschlicherweise zahlreiche alchemistische Schriften zugeschrieben. Daß keine dieser Schriften des sogenannten Lullus-Corpus von ihm selbst verfaßt worden sein kann, geht aus den authentischen Lullus-Schriften hervor, wo er der Alchemie und der Transmutation der Metalle ablehnend gegenübersteht. Außerdem ist keiner der alchemistischen Texte in einer bis ins Jahr 1311 reichenden Liste seiner Schriften enthalten, so daß die ersten ihm zugeschriebenen alchemistischen Texte wohl erst nach seinem Tod im Jahr 1315, wahrscheinlich sogar erst in der zweiten Hälfte des 14. Jahrhunderts, entstanden sind.[231]

Die Alchemie erlebte ihre Blütezeit etwa parallel zur mittelalterlichen Medizin. Aus diesem Grunde scheint es nicht gerade verwunderlich zu sein, daß sich die literarischen Denkmäler beider Fachgebiete äußerlich sehr ähnlich sind. Sowohl Medizin als auch Alchemie kennen Rezept, Rezeptsammlung, den wissenschaftlichen Traktat, verschiedene Kommentarformen und den Ausbau des Traktates zur Enzyklopädie mit „geschlossener Deutung des Naturbildes".[232]

In der ersten Hälfte des 13. Jahrhunderts wächst das lateinische Schrifttum der Alchemie stark an. Dies zeigt sich nicht nur an der reich vorhandenen alchemistischen Rezeptliteratur, sondern auch an der Aufnahme der Ars nova des Abendlandes in die großen Enzyklopädien. Zu nennen sind hier „*De proprietatibus rerum*" des Bartholomaeus Anglicus (geboren Ende des 12. Jahrhunderts), der „*Liber de natura rerum*" des Thomas von Cantimpré (1201 - um 1263) und vor allem das „*Speculum maius*"[233] des Vinzenz von Beauvais (vor 1200-1264), der Avicenna, Rhazes und andere Autoritäten heranzieht, sein alchemistisches Wissen aber hauptsächlich aus dem „*Liber de aluminibus et salibus*" des Pseudo-Rhazes bezieht.[234]

Die „*Summa perfectionis magisterii*" des Geber latinus vom Ausgang des 13. Jahrhunderts war die theoretisch fundierteste und meistrezipierte alchemistische Lehrschrift des Mittelalters und bildete gleichzeitig den Höhepunkt der mittelalterlichen Alchemie. Sie ist ein in Anlehnung an scholastische Literaturformen aufgestellter Überblick der gesamten „*Ars alchimiae*". Die „*Summa perfectionis*" wurde 1572 von Petrus Perna in Basel gedruckt und enthält als erster alchemistischer Text des Abendlandes die Reine Quecksilber-Theorie. Zwei weitere wichtige alchemistische Werke

---

[230] Vgl. Haage (1996) S. 151ff.
[231] Vgl. Barke (1991) S. 8f.
[232] Vgl. Ploss (1967) S. 243
[233] Im dreiteiligen „*Speculum maius*" findet sich die Alchemie im ersten Teil, dem „*Speculum naturale*".
[234] Vgl. Haage (1996) S. 157f.

des Geber latinus sind der „*Liber de investigatione perfectionis*" ('Buch der Erforschung der Vollendung') und die Schrift „*Theorica et practica*".[235]

Der große Förderer des Panazee-Gedankens war Johannes de Rupescissa (Anfang 14. Jahrhundert bis um 1365). Was der Panazee-Vorstellung eigentlich zugrunde liegt, ist die Idee von der „Quintessenz in allen Dingen" und ihrer therapeutischen Anwendung. Diese Idee von der Quintessenz propagiert lange vor Paracelsus der Franziskaner Johannes de Rupescissa mit seinem in der Alchemie wirkungsmächtigen Werk „*De consideratione quintae essentiae rerum omnium*". Er beschreibt darin neben der Herstellung von pflanzlichen und tierischen Quintessenzen auch die anorganischer, metallischer bzw. mineralischer, und selbst die Herstellung giftiger Substanzen wie Quecksilber und Antimon. Die wertvollste Quintessenz ist für ihn der Alkohol („*quinta essentia vini*"), der durch mehrfaches Destillieren weitgehend rein gewonnen wurde. Er schreibt dem Alkohol neben den, in der Tat vorhandenen, ausgeprägten Konservierungskräften auch die Fähigkeit zu, andere Quintessenzen zu extrahieren und zu verstärken. Für Rupescissa sind alle Quintessenzen therapeutisch nutzbar und haben lebensverlängernde Eigenschaften.[236]

---

[235] Vgl. Ploss (1970) S. 37 und Haage (1996) S. 28 und S. 165

[236] Vgl. Haage (1998) S. 124f. Zu Johannes de Rupescissa vgl. auch unten in Kap. 4.2.13. Dem Alkohol bzw. Branntwein wurde aber nicht nur eine heilende Wirkung zugeschrieben, sondern er sollte auch über alchemistische Eigenschaften verfügen. So benutzte Vitalis de Furno das „*aqua ardens*" um Kupfer und Quecksilber zu Silber zu veredeln. (Vgl. hierzu Stille (2004) S. 56)

4.2. Deutschsprachige Übersetzungen lateinischer alchemistischer Fachschriften

Das deutschsprachige alchemistische Schrifttum beginnt im 14. Jahrhundert mit Übersetzungen der arabischen alchemistischen Literatur, die in lateinischer Sprache vorlag; so wird die „*Tabula chemica*" des Senior Zadith (d.i. Mohammed ibn Umail; um 900-960) ins Mittelniederländische übertragen (Cod. Vindob. 2372 der Österreichischen Nationalbibliothek in Wien). Die frühesten deutschsprachigen Textzeugen alchemistischen Inhalts entstehen somit im 14. Jahrhundert im westniederdeutschen Sprachraum. Diese mittelniederländischen Alchemica liegen gesammelt im oben erwähnten Wiener Cod. 2372 vor.[237] Zu diesen frühesten deutschen alchemistischen Fachschriften zählen auch die Lehrdichtungen des Gratheus filius.[238] Hochdeutsche, d.h. mittel- und oberdeutsche, alchemistische Texte setzen um 1400 mit dem anonymen Bildgedicht „*Sol und Luna*" (vor 1400) aus dem „*Rosarium Philosophorum*" ein. Daneben treten auch schon Verdeutschungen der lateinischen Alchemisten auf. Im Cgm 33 (München, Bayerische Staatsbibliothek) aus der ersten Hälfte des 15. Jahrhunderts liegt eine Übersetzung der weit verbreiteten pseudolullischen Schrift „*Liber de quinta essentia*" vor, bei der es sich um eine lullifizierte Fassung des „*Liber de consideratione quintae essentiae rerum omnium*" des Johannes de Rupescissa handelt. Die „*Fragen über den Stein der Weisen*" im Donaueschinger Codex 811 aus dem 15. Jahrhundert sind eine Übersetzung der „*Quaestiones ad Bonifacium VIII*" des Pseudo-Arnald von Villanova und der bekannte Traktat „*De consideratione quintae essentiae rerum omnium*" des Johannes de Rupescissa (Anfang 14. Jahrhundert bis um 1365) liegt auf Deutsch im Cpg 233 (Heidelberg, Universitätsbibliothek) aus der zweiten Hälfte des 15. Jahrhunderts vor. Die Handschrift befand sich im Besitz von Herzog Johann I., Pfalzgraf von Simmern (1459-1509) und bezeugt somit auch das Interesse des Adels an der Alchemie. Johannes de Rupescissa beschreibt darin die alchemische Herstellung der Quintessenzen mit konservierender Wirkung, für die Therapie in der Humanmedizin. Er folgt damit der Theorie von der Panazee, dem Allheilmittel, das nicht nur menschliche Krankheiten heilt sondern auch die unedlen, also kranken Metalle zu Silber und Gold transmutiert.[239]

Die Überlieferung deutschsprachiger alchemistischer Fachtexte beginnt damit relativ spät. Dies gilt verstärkt für illustrierte Fachschriften, deren deutschsprachige Überlieferung erst im 15. Jahrhundert einsetzt und sich im 16. und 17. Jahrhundert wachsender Beliebtheit erfreute.[240]

---

[237] Vgl. Assion (1973) S. 87; Baufeld (1990) S. 76ff. und Haage (1996) S. 59

[238] Vgl. zu Gratheus filius im Kap. 4.3.5.12.

[239] Vgl. Assion (1973) S. 87f.; Haage (1988) S. 280f.; Baufeld (1990) S. 82 sowie Haage (1996) S. 10 und S. 59

[240] Vgl. Ott (1991) S. 27

Bei den Illustrationen innerhalb der alchemistischen Fachliteratur sind einfache, unkolorierte bzw. nur sparsam lavierte Umrißzeichnungen alchemistischer Geräte (z.B. Kolben, Öfen oder Destillationsgefäße) und zu Präsentationszwecken dienende zuweilen sehr komplexe allegorische Bilder zu unterscheiden. Erstere sind Ausdruck alchemistischer Praxis, wo sie zur Erläuterung technischer Vorgänge die Laborgeräte graphisch darstellen und damit eine in der Antike entwickelte Tradition der naturwissenschaftlichen Illustration weiterführen.[241]

4.2.1. (Pseudo-) Arnald von Villanova

Entgegen der Forschungsmeinung, daß Arnald von Villanova (1240-1311) zumindest einige der zu seinem Schriftencorpus zählenden alchemistischen Werke selbst verfaßte, betrachtet Keil richtigerweise sämtliche arnaldischen Alchemica als pseudoepigraphische Schriften. Aufgrund der ablehnenden Haltung Arnalds der Alchemie gegenüber, deren Vertreter er als „unwissend“ und „wahnwitzig“ bezeichnet,[242] kann man die Authentizität der alchemistischen Fachschriften ausschließen. Arnald von Villanova ist also das gleiche Schicksal zuteil geworden, das viele andere Autoritäten im Mittelalter ereilte: es wurden ihm alchemistische Fachschriften untergeschoben.

Trotzdem beschäftigte sich auch Arnald von Villanova mit alchemistischem Gedankengut, vor allem mit dem Panazeegedanken im „*Liber de vinis*“, den Keil zu den echten Werken Arnalds zählt. Darin verarbeitet er den Branntweintraktat Taddeo Alderottis, aus dem er seine iatrochemischen Vorstellungen schöpft.[243]

Der „*Liber de vinis*“ wurde um 1400 erstmals ins Niederfränkische übertragen und um 1450 entstand zudem noch eine niedersächsische Bearbeitung. Auch hochdeutsche Fassungen liegen vor. Seit 1478 wurde die Teilübersetzung Wilhelms von Hirnkofen mehrfach gedruckt.[244]

Arnald erlangte schon in jungen Jahren den Ruf, eine medizinische Kapazität zu sein, was ihm die Stellung als Leibarzt bei mehreren Herrschern einbrachte[245] und 1291 einen Lehrstuhl für Medizin an der Universität von Montpellier.[246]

---

[241] Vgl. Ott (1991) S. 28
[242] Vgl. Keil (1998) S. 63
[243] Vgl. Keil (1978a) Sp. 455 und Keil (1998) S. 62f.
[244] Vgl. Keil (1978a) Sp. 455f.
[245] Zu diesen Herrschern zählten bspw. Peter III. König von Aragón, Friedrich II. König von Sizilien (nicht zu verwechseln mit dem Stauferkaiser, der als König von Sizilien als Friedrich I. geführt wird) und Jakob II. König von Aragón. (Vgl. hierzu auch Manselli/Wolter/Batte (1980) Sp. 995 und Biedermann (1998) S. 59)
[246] Vgl. Manselli/Wolter/Batte (1980) Sp. 995

Die alchemistischen Schriften des Arnald-Corpus sind spätestens nach der Untersuchung von Paniagua sämtlich als Pseudoepigraphen zu beurteilen.[247] Doch sind einige der mehr als 20 alchemistischen Schriften des Pseudo-Arnald von Villanova noch in der ersten Hälfte des 14. Jahrhunderts entstanden. Eine Zuschreibung der alchemistischen Werke an Arnald von Villanova verwundert jedoch nicht weiter, da er sich nachweislich mit der alchemistischen Theorie beschäftigte, wie seine Stellungnahmen gegen die Alchemie im „*Liber de vinis*" bezeugen.[248]

Nichtsdestotrotz war Pseudo-Arnald von Villanova ein wichtiger Vertreter der abendländischen alchemistischen Anfänge, der mit seinen „*Quaestiones tam essentiales quam accidentales ad Bonifacium VIII*" vorgab, sogar Papst Bonifatius VIII. (um 1235-1303) in die neue Lehre einzuführen.[249] Darin ist der gesamte Prozeß der Transmutation beschrieben, den Pseudo-Arnald durch Fragen und die dazugehörigen Antworten gliedert. Dies weist auf die Tradition scholastischer Lehrschriften hin. Bei den „*Quaestiones tam essentiales quam accidentales ad Bonifacium VIII*" handelt es sich um die älteste Summa[250] der abendländischen Alchemie. Darin behandelt er in dreißig Fragen und den dazugehörigen Antworten die gesamte ars nova. Entsprechend kann man den Traktat in fünf Abschnitte unterteilen:

1. die Ausgangsstoffe des alchemischen Prozesses (Gold, Silber, Quecksilber und unedle Metalle).
2. die Vorbereitung dieser Stoffe für den alchemischen Prozeß durch Amalgamierung von Gold und Silber, Prüfung und Reinigung des Quecksilbers, Reinigung von Gold und Silber sowie Reinigung und Amalgamierung der unedlen Metalle.
3. der Ablauf des alchemischen Prozesses: Anteile der einzelnen Stoffe, Solution, Destillation, Putrefaktion und Reinigung, Sublimierung, Behandlung der unedlen Metalle, Eintränkung der Tinktur zum Silber bzw. Gold, Multiplikation der Tinktur und Transmutation.
4. die Geräte des alchemischen Prozesses (Öfen, Gefäße und ihr Verschluß).
5. die Farberscheinungen während des alchemischen Prozesses („*nigredo*", „*rubedo*", usw.).[251]

[247] Vgl. hierzu Paniagua (1962)
[248] Vgl. Jüttner (1980b) Sp. 996
[249] Vgl. Assion (1973) S. 87
[250] Ziel einer Summa ist es, das gesamte notwendige Wissen einer ars oder scientia in einem einzigen Werk zusammenzufassen. Die lateinische Summen-Literatur entsteht aus der Scholastik heraus, die im Zuge der Renaissance des 12. Jahrhunderts den Wissenschaftsbetrieb des europäischen Mittelalters prägte. Die umfassendste alchemistische Summa stellt die „*Margerita pretiosa novella*" des Petrus Bonus dar, die dieser zwischen 1330 und 1339 verfaßte.
[251] Vgl. Buntz (1968) S. 69ff. sowie Buntz (1970) S. 127

Durchaus beachtenswert ist die zur Prüfung des Quecksilbers angewandte Methode in Quaestio VII:

> *„Item man fragt, wie man kenn vnser ercz wasser von dem wasser des pleyß? Antwurt: das bey dem bergk pessulon, do bringt man vell, die sind versigelt mit dem sigel vnd zeichen auß hyspania, die sind vol mit dem rechten vnserm erczwasser. Mon sigelcz, das sye nicht werden gefelscht. Nym von dem wasser, so wirstu nit jrren. Ist aber das du furchst die felscherey, so las jn lauffen durch den allembic, vnd beleyben an dem boden des glaß hafenß feces vnd vnreinigkeit, so ist er gemacht von metall, vnd nach der feces natur so erkent man, von waz metall der mercury gemacht ist.*“[252]
>
> (Übersetzung: Weiter fragt man, wie man Quecksilber von Bleiwasser [Verfälschung des Quecksilbers mit metallischen Zusätzen, d.V.] unterscheiden kann? Antwort: aus Montpellier kommen Lederbeutel, die mit spanischen Siegeln versiegelt sind und mit echtem Quecksilber gefüllt. Man versiegelt sie, damit sie nicht gefälscht werden. Nimm von diesem Quecksilber, dann wirst du nicht getäuscht. Befürchtest du aber eine Fälschung, dann laß das Quecksilber durch den Alembik laufen. Bleiben auf dem Boden des Glasgefäßes Rückstände und Verunreinigungen, so ist das Quecksilber mit Metall verfälscht, und aus der Art der Rückstände erkennt man, welches Metall verwendet wurde.)[253]

Wirklich auffällig ist bei Pseudo-Arnald jedoch der – im Vergleich zum Großteil seiner Alchemisten-Kollegen – geringe Aufwand, der bei ihm für das Opus alchemicum notwendig ist. Es gibt nur wenige Ausgangsstoffe, nämlich Gold, Silber, Quecksilber und unedle Metalle, die er in den ersten drei Quaestiones beschreibt, nur ein Werk, ein Gefäß und einen Ofen:[254]

> *„Item ein frag, wie vil öfen not synd zu sulcher ver endung der arbeyt? Antwort: ein ofen ist genung, biß du ein weyser, fursichtiger arbeter, wann eß ist ein ofen der fewlung, distillirung, puluerung, sublimirung, eintrenckung vnd fixierung.*“[255]
>
> (Übersetzung: Man fragt, wie viele Öfen für diese Arbeit gebraucht werden? Antwort: Ein Ofen genügt, wenn du ein kluger, vorsichtiger Arbeiter bist und wenn der Ofen zur Fäulung [Auflösung, d.V.], Destillation, Pulverung, Sublimation, Tränkung und Verfestigung verwendet werden kann.)[256]

Das Schriftencorpus des Pseudo-Arnald von Villanova umfaßt mehr als 20 Werke, die sich in drei Gruppen einteilen lassen:

1. chemisch-medizinische Schriften (zu diesen iatrochemischen Schriften zählen „*Liber de vinis*“, „*Antidotarium*“ und „*De aquis laxativis*“, wobei der „*Liber*

[252] Buntz (1968) S. 74
[253] Buntz (1970) S. 127
[254] Vgl. Buntz (1970) S. 144 und Schipperges (1970) S. 83f.
[255] Buntz (1968) S. 81
[256] Buntz (1970) S. 144

de vinis" – wie oben gesehen – durchaus zu den echten Werken Arnalds von Villanova zu zählen ist),

2. alchemistische Schriften im engeren Sinne (wichtigste Werke: „*Quaestiones tam essentiales quam accidentales ad Bonifacium VIII*", „*Rosarium philosophorum*", „*Lumen novum*", „*Epistola ad regem Neapolitanum*", „*Flos florum*" und „*Speculum alchimiae*") und

3. religiös-alchemistische Traktate (z.B. „*De secretis naturae*" aus der 1. Hälfte des 14. Jahrhunderts und „*Exempla de arte philosophorum*" aus der 1. Hälfte des 15. Jahrhunderts).[257]

Pseudo-Arnalds alchemistische Traktate sind gekennzeichnet durch eine knappe und klare Sprache sowie durch traditionelles Gedankengut innerhalb der alchemistischen Fachliteratur. Seine Alchemie ist geprägt von der aristotelischen Elementenlehre und ist stark von der arabischen Alchemie, insbesondere von der „*Turba philosophorum*", beeinflußt. Aus der „*Turba philosophorum*", die Pseudo-Arnald häufig zitiert, übernimmt er die Körper-Geist-Seele-Lehre, d.h. die Grundvorstellung, daß der alchemische Prozeß eine Trennung der Materien in Körper, Seele und Geist sei. Gemeint ist die Aufspaltung der Materien in ihre flüchtigen und festen Bestandteile, deren Reinigung und anschließende Wiedervereinigung. Er löst sich jedoch von der arabischen Alchemie in der Vorstellung von der Zusammensetzung der prima materia, die nicht aus Schwefel und Quecksilber sondern nur aus Quecksilber besteht.[258] Dies stellt jedoch keine Neuerung innerhalb der Alchemie dar, sondern Arnald greift hier die Reine Quecksilber-Theorie des Geber latinus auf.

Das (fach-)literarische Werk des Pseudo-Arnald von Villanova übte einen nachhaltigen Einfluß auf die deutsche Fachprosa des Spätmittelalters aus,[259] deren genauer Umfang von der Forschung aber noch nicht näher abgegrenzt wurde.

---

[257] Vgl. Buntz (1970) S. 142f. sowie Barke (1991) S. 9
[258] Vgl. Buntz (1970) S. 143
[259] Vgl. Keil (1978a) Sp. 455

4.2.2. Geber (latinus)

Unter dem Namen Geber ist ein alchemistischer Fachschriftsteller des Mittelalters bekannt, der lange Zeit mit dem arabischen Alchemisten Ǧābir ibn Ḥaiyān (Dschabir)[260] gleichgesetzt wurde, dessen Namen latinisiert ebenfalls als Geber erscheint.[261] Da es sich um zwei verschiedene Fachautoren handelt, haben sich die Namensgebungen Geber latinus (für den mittelalterlichen Geber) und Geber arabicus (für den arabischen Dschabir) zur Unterscheidung bewährt. Geber latinus war die herausragende Autorität auf dem Gebiet der Alchemie im Mittelalter.

Der Geber arabicus der lateinischen Alchemisten ist klar von den Werken des Geber latinus zu trennen. Dschabir gilt als Verfasser des Corpus Gabirianum, das vom 8.-10. Jahrhundert entstanden ist. Die Verfasserschaft des historisch nur schwer greifbaren Ǧābir ibn Ḥaiyān ist in der Forschung allerdings heftig umstritten.[262] Trotzdem spricht einiges für einen historischen Dschabir, der zumindest für die älteren Schriften des Corpus Gabirianum als Verfasser in Frage kommt. Zum einen scheint er tatsächlich ein Schüler des Imām Abū Abd ʻAllāh Ǧaʻfar[263] aṣ-Sadiq (um 700-765) gewesen zu sein, was ihn zu einer historischen Person des 8./9. Jahrhunderts macht. Andererseits wird er als Autor der älteren Schriften des Corpus Gabirianum genannt. Wichtig ist in diesem Zusammenhang folgende Mitteilung des verläßlichen Wissenschaftshistorikers Abū Sulaimān as-Siǧistāni († nach 981) aus seiner „*Taʻālīq*":

> „*Al-Ḥasan ibn an-Nakid al Mauṣilī war mein Freund, und der ist derjenige, der die Bücher* [das sind die Schriften des Corpus Gabirianum, d.V.] *verfaßt und sie dem Ǧābir ibn Ḥaiyān beigelegt hat. Er hat sie unter die Leute, die sich für die Kunst der Alchemie begeistern, gebracht und hat dadurch eine anständige Summe Geldes verdient.*"[264]

Sollte diese Mitteilung wirklich zutreffen, so wären einige Probleme der Verfasserschaft der Dschabir-Schriften gelöst. In diesem Falle wäre al-Ḥasan ibn an-Nakid der Verfasser der jüngeren Schriften des Corpus Gabirianum und hätte die älteren (Dschabir-) Schriften überarbeitet.[265]

---

[260] Dschabir lebte vermutlich im 8. Jahrhundert. Die Schreibweise des Namens ist in der Sekundärliteratur uneinheitlich. So findet sich neben dem hier verwendeten 'Dschabir' auch häufig die Schreibweise 'Jabir' und 'Haiyan' findet sich auch als 'Hayyan' oder 'Hayan' wiedergegeben.

[261] Vgl. Newman (1998d) S. 145

[262] Vgl. zur Dschabir-Problematik Ruska (1930a); Sezgin (1971) S. 132-269; Ullmann (1972) S. 198ff. sowie Garbers/Weyer (1980) S. 65ff.

[263] Ǧaʻfar wird 'Dschafar' gesprochen.

[264] Ullmann (1972) S. 203

[265] Vgl. Ullmann (1972) S. 203f. und Haage (1996) S. 117ff. Übrigens ging auch der arabische Chronist Ibn an-Nadīm in seinem „*Fihrist*" ('Bücherkatalog') von einer historischen Person des Dschabir aus. (Vgl. hierzu Bachmann/Hofmeier (1999) S. 181)

Das Corpus Gabirianum ist für den Geber latinus gleich zweifach von Bedeutung. Einerseits übernimmt er ganze Abschnitte aus dem „*Kitab as-Sab'in*“ ('Buch der Siebzig'), das von Gerhard von Cremona als „*Liber de septuaginta*“ ins Lateinische übersetzt wurde, in die „*Summa perfectionis magisterii*“. Zum zweiten benutzt er dadurch den Namen Geber, um dahinter seine wahre Identität zu verbergen.[266] Wer sich hinter dem Pseudonym des lateinischen Geber verbirgt, ist unklar. Nach Newman kommt der Franziskaner Paulus de Tarento in Frage, ein kaum bekannter italienischer Franziskaner, der an der Wende vom 13. zum 14. Jahrhundert lebte, da die handschriftliche Überlieferung des lateinischen Schriftencorpus mehrfach seinen Namen nennt.[267] Trotz der umfangreichen und vorzüglichen Studie Newmans, konnte er dies jedoch nicht zweifelsfrei beweisen, weswegen hier in Übereinstimmung mit Haage weiterhin von Geber latinus als Autor der lateinischen Geber-Schriften gesprochen wird.[268]

Echte Werke des Geber latinus, d.h. echt in Abgrenzung zu den Schriften des Dschabir, sind neben der „*Summa perfectionis magisterii*“ ('Die höchste Vollendung des Meisterwerks'), der „*Liber de investigatione perfectionis*“ ('Buch der Erforschung der Vollendung') und die „*Theorica et practica*“.[269] Das bedeutendste und zugleich früheste Werk des Geber latinus-Corpus ist die „*Summa perfectionis magisterii*“, die vermutlich gegen Ende des 13. Jahrhunderts in lateinischer Sprache verfaßt wurde. In der gedruckten Überlieferung werden Geber latinus weitere alchemistische Fachtexte zugeschrieben. Diese sind unter folgenden Titeln bekannt: „*De inventione perfectionis*“, „*De fornacibus constituendis*“ und „*Testamentum*“. Newman konnte zeigen, daß es sich bei diesen Fachschriften nicht um authentische Geber-Schriften handelt, sondern vielmehr um Schriften, die dem „*Summa*“-Verfasser nachträglich untergeschoben wurden.[270] Die Autoren dieser Pseudo-Geber latinus-Schriften sind ebenso unbekannt wie der „*Summa*“-Verfasser selbst.[271]

Inhaltlich ist die „*Summa perfectionis magisterii*“ stark von der arabischen Alchemie beeinflußt, obschon sie keine Übersetzung arabischer Alchemica darstellt, sondern als eine eigenständige Fachschrift des Geber latinus zu begreifen ist. Eine enge Beziehung zeigt sich zum „*Kitab al-asrar*“ ('Buch der Geheimnisse') des persischen Arztes und Alchemisten Rhazes (ar-Rāzī) das in lateinischen Übersetzungen den Titel „*Liber secretorum*“ trägt. Daneben schöpfte Geber latinus auch – wie oben bereits erwähnt – aus dem Dschabir zugeschriebenen „*Liber de septuaginta*“, aus dem er u.a. die Reine Quecksilber-Theorie abgeleitet hat.[272]

---

[266] Vgl. Haage (1996) S. 121 sowie Newman (1998d) S. 146
[267] Vgl. Newman (1991) S. 102
[268] Vgl. Haage (1996) S. 165
[269] Vgl. Haage (1996) S. 165
[270] Vgl. hierzu Newman (1991)
[271] Vgl. Newman (1998d) S. 145f.
[272] Vgl. Newman (1991) S. 206 sowie Newman (1998d) S. 146

Der arabische Einfluß auf das Schriftencorpus des Geber latinus zeigt sich auch im „*Liber de investigatione perfectionis*". Darin bearbeitete Geber latinus eine lateinische Fassung von Rhazes' „*Liber secretorum*", die unter den Titeln „*Liber secretorum de voce Bubacaris*" oder „*Liber Bubacaris*" umlief. Hierin zeigt sich ein weiteres Mal das Versteckspiel des Autors, der sich hinter dem Geber arabicus zu verbergen sucht, indem er den Titel seines Werkes einem Titel aus dem Corpus Gabirianum zuweist, nämlich dem „*Liber de investigatione*", um so eine Autorschaft Dschabirs vorzutäuschen.[273]

Die Grundeinstellung des Geber latinus den Naturwissenschaften, also auch der Alchemie, gegenüber steht in der Tradition von Rhazes und Roger Bacon. Wie diese sucht auch er durch das Experiment zu naturwissenschaftlicher Erkenntnis zu gelangen. Unter 'experimentum' ist bei Geber latinus, wie im Mittelalter überhaupt, eine „praktische, bestätigende Demonstration zu einer theoretischen Aussage"[274] zu verstehen, und keine moderne naturwissenschaftliche Versuchsreihe, die auf Wiederholbarkeit zielt. Nichtsdestotrotz ist bereits bei Geber latinus die praktische Überprüfung der Theorie vorhanden. So bspw. im Kapitel 38 der „*Summa perfectionis magisterii*", wo er Testreihen ankündigt, mit denen die Vollendung des alchemischen Werkes demonstriert werden soll:[275]

> „*Aber wir werden diese ('Tests') mit ihren Ursachen und mit einfachen Demonstrationen beschreiben,*[276] *wodurch du erkennen kannst, daß wir in Wahrheit berichtet haben; und so wirst du gänzlich in Kenntnis gesetzt von diesen Demonstrationen*[277]*.*"[278]

In der „*Summa perfectionis magisterii*" verbindet Geber latinus sein umfangreiches Buchwissen mit den Erkenntnissen bzw. Beobachtungen, die er durch selbständiges alchemistisches Arbeiten im Labor, d.h. durch Experimentieren, gewonnen hat. Dies führte ihn zur Formulierung der Reinen Quecksilber-Theorie, die eine Weiterentwicklung der Schwefel-Quecksilber-Theorie darstellt, und einer Korpuskulartheorie.[279]

Die „*Summa perfectionis magisterii*" bietet, wie Newman zeigen konnte, die älteste systematische Formulierung der Reinen Quecksilber-Theorie, derzufolge das Quecksilber der eigentliche Grundbestandteil der Metalle sei und der Schwefel nur

---

[273] Vgl. Haage (1996) S. 165
[274] Haage (1996) S. 166
[275] Vgl. Haage (1996) S. 165f.
[276] In der Edition von Newman: „*cum experimentis facilibus*". Vgl. Newman (1991) S. 356
[277] In der Edition von Newman: „*experimenta*". Vgl. Newman (1991) S. 356
[278] Haage (1996) S. 166
[279] Vgl. Haage (1996) S. 167. Die Korpuskulartheorie des Geber latinus wird in der ansonsten vorzüglichen Studie von Pabst über die Atomtheorien im Mittelalter leider nicht erwähnt. Vgl. hierzu Pabst (1994)

eine Verunreinigung darstelle.[280] Damit grenzt sich der Verfasser klar von der gängigen Schwefel-Quecksilber-Theorie ab, nach der sowohl Schwefel als auch Quecksilber die Grundbestandteile der Metalle bilden.

Da die „*Summa perfectionis magisterii*" also der erste Text des Abendlandes ist, in dem die Reine Quecksilber-Theorie dargestellt wird, folgt daraus logischerweise, daß alle anderen abendländischen Vertreter der Reinen Quecksilber-Theorie zeitlich nach der „*Summa perfectionis magisterii*" liegen müssen.[281] Entsprechend beeinflußte die Reine Quecksilber-Theorie auch andere namhafte Alchemisten und Werke. Zu ihnen zählen u.a. das Arnald von Villanova zugeschriebene „*Rosarium philosophorum*" oder auch Petrus Bonus im 14. Jahrhundert.[282]

Eine zentrale Forderung der „*Summa perfectionis magisterii*" ist, daß der Alchemist in all seinen Bestrebungen der Natur folgen müsse. Aus diesem Grunde kann der Lapis philosophorum als Ziel des Opus alchemicum in Folge der vom Autor vertretenen Reinen Quecksilber-Theorie nur auf der Basis von Quecksilber oder Quecksilberverbindungen gewonnen werden. Damit steht Geber latinus im offenen Widerspruch zu seinen arabischen Quellen, in denen von 'Ölen und Wässern' die Rede ist, die aus Blut, Urin, Haaren und anderen Substanzen gewonnen werden und auf deren Basis dann der Stein der Weisen darzustellen sei.[283]

Geber schweigt sich über seine Quellen aus. Trotzdem konnten einige von diesen für die „*Summa perfectionis magisterii*" bereits ermittelt werden:

- Rhazes, „*Liber secretorum de voce Bubacaris*",
- Dschabir, „*Liber de septuaginta*",
- Pseudo-Rhazes, „*De aluminibus et salibus*",
- Pseudo-Aristoteles, „*De perfecto magisterio*",
- Avicenna, „*De congelatione et conglutinatione lapidum*",
- Pseudo(?)-Avicenna, „*De re tecta*" und
- Albertus Magnus, „*De mineralibus*" bzw. dessen Quellen.[284]

Die Korpuskulartheorie nimmt Anleihen aus dem „*Liber secretorum de voce Bubacaris*", wird von Geber latinus aber selbständig zur Theorie ausgebaut. Auf dieser basiert wiederum seine Transmutationslehre.[285] Seine Korpuskularlehre war eine reine Kor-

280 Vgl. Newman (1998d) S. 146
281 Vgl. hierzu auch Kubbinga (1990)
282 Vgl. Haage (1996) S. 55
283 Vgl. Newman (1998d) S. 146
284 Vgl. Newman (1991) S. 214ff. sowie Haage (1996) S. 167
285 Vgl. Haage (1996) S. 167f.

puskulartheorie, in der er davon ausging, daß alle materiellen Dinge aus Korpuskeln – von ihm „*partes*“ (Teilchen) genannt – zusammengesetzt sind, wie es seine Beschreibung der Kalzination zeigt:[286]

> „*Die Kalzination eines Dinges durch Feuer ist deshalb dessen Verwandlung in Staub wegen des Entzugs der Feuchtigkeit, die seine Korpuskeln zusammenhält.*“[287]

Diese Korpuskulartheorie wird auch durch seine eigene Erkenntnis gestützt, daß bei der Sublimation nur die feinen Bestandteile eines Stoffes aufsteigen und somit durch die Sublimate eine Verringerung der Partikelgröße der Substanz erreicht werden könne.[288]

In der „*Summa perfectionis magisterii*“ tritt mit der Lehre von den drei Ordnungen der Transmutationsmittel eine weitere grundlegend neue alchemistische Lehre zu Tage. Das Konzept für die Ordnungen der Transmutationsmittel leitet sich aus dem „*Liber de septuaginta*“ des Geber arabicus ab. Die transmutierenden Agentien werden dabei aufgrund ihres Wirkungsgrades wie folgt unterteilt:

- Agentien der ersten Ordnung rufen nur einen oberflächlichen und vorübergehenden Wandel hervor.
- Agentien zweiter Ordnung bewirken einen tatsächlichen Wandel, der sich allerdings auf nur eine Qualität beschränkt (z.B. Glanz oder Schwere/Gewicht).
- Agentien der dritten Ordnung sind als einzige in der Lage, unedle Metalle tatsächlich in Gold oder Silber zu transmutieren.

Diese stark differierenden Wirkungsgrade der „Transmutatoria“[289] erklärt Geber latinus mit Hilfe seiner Korpuskularlehre, wonach der Feinheitsgrad der Teilchen eines Agens seine transmutierende Wirkung bestimmt. Dies bedeutet, daß je feiner die Teilchen sind, desto größer ist die transmutierende Wirkung.[290]

Die Unterscheidung in feine und grobe Materieteilchen benutzt der „*Summa*“-Autor auch zur Erklärung der Bildung von Erzen und Mineralien im Erdinneren und zur Erläuterung einiger alchemischer Arbeitstechniken/-methoden, wie der Sublimation, Destillation und, wie oben bereits dargestellt, der Kalzination. Die Korpuskularlehre des Geber latinus stützt sich dabei auf die „*Meteorologica*“ des Aristoteles, die „Minima-naturalia-Lehre“[291] der Scholastik und die medizinischen Lehren der Schule von Sal-

[286] Zur Korpuskulartheorie des Geber latinus vgl. Haage (1994d) sowie Haage (1996) S. 168ff.
[287] Haage (1996) S. 168
[288] Vgl. Principe (1998a) S. 53
[289] Newman (1998d) S. 146
[290] Vgl. Newman (1998d) S. 146
[291] Newman (1998d) S. 147. Damit ist die Lehre von den kleinsten in der Natur vorhandenen Elemen-

erno. Gebers Korpuskulartheorie beeinflußte die Entwicklung der Naturwissenschaften sehr stark, so daß sich ihr Gedankengut noch im 17. Jahrhundert u.a. bei den bedeutenden Naturforschern und Alchemisten Daniel Sennert (1572-1637), Kenelm Digby (1603-1665) und Robert Boyle (1621-1691) nachweisen läßt.[292]

Die „*Summa perfectionis magisterii*“ präsentiert sich somit „rein exoterisch als angewandte Wissenschaft auf der Basis aristotelischer und zum Teil platonischer Naturphilosophie“[293]. Mit ihrer Betonung von Empirie und Naturnachfolge scheint sie damit in der Tradition von Rhazes und der Schule von Chartres zu stehen. Dies erinnert zugleich an die geistige Autonomie eines Albertus Magnus sowie das „*Licht der Natur*“ des Paracelsus.[294] Die „*Summa perfectionis*“ des Geber latinus vom Ausgang des 13. Jahrhunderts war damit die theoretisch fundierteste alchemistische Lehrschrift des Mittelalters und bildete gleichzeitig den Höhepunkt der mittelalterlichen Alchemie, weswegen sie auch zu den meistrezipierten alchemistischen Fachtexten des Mittelalters und der frühen Neuzeit zählte.[295]

Im Gegensatz zur arkansprachlich verschleierten Alchemie zeichnet sich die Alchemie des Geber latinus, wie wir sie in der „*Summa perfectionis magisterii*“ vorfinden, durch eine sachlich-nüchterne Sprache und Systematik aus.[296] Auf fachlich sehr hoch stehendem Niveau beschreibt sie das gesamte Repertoire praktischer alchemistischer Tätigkeit einschließlich von Substanzen, Geräten und Arbeitsmethoden. Es ist dabei festzustellen, daß viele der Stoffe und Verfahren für die Herstellung des Lapis philosophorum nicht benötigt werden.[297] Die Zielsetzung Gebers wird dadurch ersichtlich: Er wollte ein umfassendes und in sich geschlossenes Lehrbuch der Alchemie verfassen. Einen in Anlehnung an scholastische Literaturformen aufgestellten Überblick der gesamten „*Ars alchimiae*“.

Entsprechend dieser Zielsetzung beschreibt Geber latinus auch dezidiert, wer nicht fähig ist, die Kunst der Alchemie zu erlangen bzw. zu erlernen:

---

tarteilchen gemeint.

[292] Vgl. Newman (1998d) S. 147

[293] Haage (1996) S. 55

[294] Vgl. Haage (1996) S. 55

[295] Vgl. Ploss (1970) S. 37 und Haage (1996) S. 28 und S. 165

[296] Sprachlich gesehen gehört die „*Summa perfectionis magisterii*“ also nicht zu den Werken der alchemistischen Fachliteratur, die versuchen ihr mitgeteiltes Wissen zu verschleiern. Trotzdem führt die vom Verfasser angewandte Technik der „Verstreuung des Wissens“ (Newman (1998d) S. 147), die schon bei den arabischen Alchemisten beliebt war, dazu, daß die Aussage des Textes verdunkelt wird. Das Vorgehen dabei ist folgendes: es werden eigentlich zusammengehörende Textstücke aufgeteilt und getrennt über das gesamte Werk verteilt, so daß sie nicht mehr als Einheit gelesen werden können und somit das gesamte Werk – bei konsequenter Anwendung dieser Technik – schwer lesbar und damit seine Aussage verdunkelt wird. Auch Agrippa von Nettesheim benutzte diese Technik für seinen Traktat „*De occulta philosophia*“. (Vgl. Newman (1998d) S. 147)

[297] Vgl. Goltz/Telle/Vermeer (1977) S. 45

> *„Wer keine natürliche Veranlagung hat und keinen Geist, der in die Natur und ihre Gesetze mit scharfem Blick eindringt, und wer nicht imstande ist, die Natur und ihre Tätigkeit zu belauschen, der kann die wahre Wurzel unserer höchst wertvollen Wissenschaft nicht erlangen. So gibt es viele Hohlköpfe, ohne die nötige Vernunft für Forschungen, ja solche, die kaum das einfachste Wort begreifen und die gewöhnlichen Arbeiten nur mit Mühe erlernen.* [...] *Manche andere wieder sind so unfähig, natürliche Dinge und Wahrheiten zu verstehen, wie Tiere, Einfältige oder kleine Kinder. Wieder andere verachten die Wissenschaft und meinen, sie existiere gar nicht.* [...] *Manche andere sind die Sklaven ihres Geldes und ihres Geizes. Sie möchten zwar unsere Kunst erlangen und sie arbeiten auch, aber sie scheuen die Geldausgaben. Sie schätzen also die Wissenschaft und treiben ihre Forschungen ganz vernünftig, kommen aber doch zu keinem Ergebnis aus Geiz und Habsucht. Solchen Leuten bleibt unsere Wissenschaft verschlossen.* [...] *Aus dem oben Gesagten können wir den Schluß ziehen, daß man in der Philosophie und Naturlehre bewandert sein muß, wenn man in unserer Kunst sich betätigen will.*“[298]

Mit aufgrund der umfassenden theoretischen Fundierung für die Alchemie, die die „*Summa perfectionis magisterii*“ bietet, galt der Geber latinus vom (Spät-)Mittelalter bis weit in die frühe Neuzeit hinein als die höchste Autorität in der Alchemie. Dies manifestiert sich nicht nur in der Vielzahl der Drucke seiner Werke bis ins 18. Jahrhundert hinein, sondern auch darin, daß in der frühneuzeitlichen deutschsprachigen Fachliteratur der Alchemie Geber latinus zu den bevorzugt zitierten Autoritäten des Mittelalters zählt.[299]

Ganz allgemein liegt die Erforschung der deutschen Textzeugen des Geber latinus-Corpus noch im Dunkeln. Weder gibt es eine systematische Erfassung von Handschriften und Drucken noch hat man auch nur ansatzweise begonnen, die Texte auf ihre inhaltlichen, literarischen, fachsprachlichen, zeitlichen, räumlichen oder soziologischen Aspekte hin zu untersuchen.[300]

Die gedruckte deutschsprachige Überlieferung setzt mit dem deutschen Erstdruck der „*Summa perfections magisterii*“ im Jahr 1515 ein. Einen Nachdruck dieser Ausgabe stellte Johannes Grüninger 1530 in Straßburg her. Der deutsche Titel lautete:

> *„Das buoch gebri Des hoch berümpten Phylosophy vonn der verborgenheyt der Alchimia / kürzlich in dreyer bücher getheylt / und geschiklicher weiß eroffnet / dise kunst wie syi zu ergründenn oder zu fynden sy.*“[301]

---

[298] Darmstädter (1922) S. 20f., übersetzt nach der gedruckten lateinischen Ausgabe von Johannes Petreius (Nürnberg 1541).

[299] Vgl. Telle (1980g) Sp. 1107f.

[300] Vgl. Telle (1980g) Sp. 1107

[301] Vgl. Bachmann/Hofmeier (1999) S. 182

4.2.3. Johannes von Teschen

Der im 14. Jahrhundert lebende Johannes von Teschen ist der Autor verschiedener alchemischer Schriften. Er könnte ein Geistlicher gewesen sein. So wird er in den beiden aus der zweiten Hälfte des 16. Jahrhunderts stammenden Kasseler Handschriften[302] als „*Doctor vnd Priester*" bezeichnet. Ob es sich bei dem Herkunftsnamen (*de Thesen, Teschen, Tetzen, Ticinensis, Tecenensis, Tecensis, Teszschinensis, Tessinensis, Teschinensis* u.a. Schreibungen) tatsächlich um die schlesische Stadt Teschen handelt – wie von Scherschnik ohne ausreichende Begründung angenommen[303] – oder aber um Tetschen in Nordböhmen oder sogar um einen Ort in Italien (Pavia/Ticinum) ist ungeklärt. In diesem Zusammenhang wäre allerdings zu überprüfen, ob der alchemistische Fachschriftsteller Johannes von Teschen möglicherweise identisch ist mit dem 1392/97 urkundlich faßbaren Johannes de Theschin (Thessin), der Rektor der Kirche in Kazimierz sowie Altarist und Vizedekan des Domkapitels in Krakau war.[304]

Johannes' von Teschen „lateinische alchemische Schriften sind zuerst im Mellon Ms. 5 der Yale University Library (New Haven/Connecticut) überliefert"[305]. Die um 1400 entstandene Handschrift enthält folgende alchemische Werke Johannes' von Teschen: „*Problema*", „*Enigmata*", das Lehrgedicht „*Lumen secretorum*"[306] sowie eine „mit Noten in Hufnagelschrift faßbare Antiphon in phrygischer Tonart, die als bislang ältestes Zeugnis für vertonte Texte alchemischen Inhalts zu beurteilen ist."[307] Es ist allerdings festzuhalten, daß die lateinische Überlieferung der Teschen-Schriften – wenn überhaupt – bisher nur ansatzweise untersucht worden ist. Trotzdem scheint der Ursprung der Überlieferung im deutschen und nicht im italienischen Kulturraum zu liegen.[308]

Unter späteren, frühneuzeitlichen Alchemisten war besonders Johannes' von Teschen Lehrgedicht „*Lumen secretorum*" bekannt und verbreitet. Es genoß unter ihnen ein nicht gerade geringes Ansehen. Das Lehrgedicht setzt sich aus „symmetrisch gereimten Stanzen (aabccbdd)"[309] zusammen, wie sie vor allem in Italien gepflegt

[302] Kassel, Murhardsche Bibliothek und Landesbibliothek, 4° Ms. chem. 32, unfoliert (2. Hälfte 16. Jahrhundert, enthält eine deutsche Bearbeitung des „*Lumen secretorum*", das hier in einem mit kommentierenden Zusätzen versehenen Auszug vorliegt) und 4° Ms. chem. 33, Heft 6, Bl. 12^v-20^v (2. Hälfte 16. Jahrhundert, enthält ebenfalls eine deutsche Bearbeitung des „*Lumen secretorum*"). Vgl. hierzu auch Schmitt (1962).

[303] Vgl. hierzu Scherschnik (1810)

[304] Vgl. Telle (1983c) Sp. 774 und 776. Zu dem urkundlich greifbaren Johannes de Theschin vgl. auch Landwehr von Pragenau (1976) S. 22

[305] Telle (1983c) Sp. 774

[306] Das „*Lumen secretorum*" ist auch bekannt unter dem Titel „*Processus le lapide philosophorum*" und dem Incipit (Überschrift) „*Occultum artis inquirentes*".

[307] Telle (1983c) Sp. 774

[308] Vgl. Telle (1983c) Sp. 774f.

[309] Telle (1983c) Sp. 775

wurden. Es werden alchemistische Autoritäten wie Hermes Trismegistos, Aristoteles und ar-Rāzī (Rhazes) zitiert. Der arkansprachlich geprägte Text behandelt zahlreiche Wandlungs- bzw. Transmutationsprozesse zur Darstellung (Gewinnung) des Lapis philosophorum, wobei er sich auf die Vorstellungen der spätmittelalterlichen Alchemie[310] stützt. Eine eingehendere literar- und/oder alchemiegeschichtliche Untersuchung des gesamten Teschen-Corpus steht allerdings noch immer aus.[311]

Die deutschsprachige Rezeption der Teschen-Schriften war spätestens um 1500 in vollem Gange, d.h. sie setzte noch im Mittelalter ein und nicht erst in der frühen Neuzeit. So werden die „*Reyme*“ des Johannes von „*Testchnen*“ bereits in den Briefen des Lausitzer Alchemisten Georg Klet erwähnt.[312] Auch verbreiteten sich Mystifikationen, so daß die Legende entstand, daß Johannes von „*Detschin, ein geborner Böhm / Priester vnd Doctor der Heiligen Schrifft / vnd ein Poet*“[313] gewesen sei und den „*Stein der Philosophen*“ erlangt habe – so im „*Liber clavis thesaurorum*“ von 1621. Zur deutschsprachigen Überlieferung ist zu sagen, daß sie fast ausschließlich aus Zeugnissen des 16. Jahrhunderts bekannt und im einzelnen noch unerforscht ist.[314]

4.2.4. Konrad von der Weyden

Konrad von der Weyden bezeichnet sich selbst als Übersetzer der bisher noch nicht ermittelten lateinischen alchemistischen Fachschrift „*Practica ac via universalis que fuerat a rege Francie data regi seu cesari Sigismundo*“, die er im Auftrag des Alchemisten Johannes Bock[315] ins Deutsche übertragen hat. Konrads Übersetzung wird in zwei bisher noch unedierten ostmitteldeutschen Handschriften aus dem 15. Jahrhundert überliefert:

- Nürnberg, Germanisches Nationalmuseum, Hs. 198353, Bl. 85^{v}-88^{v} (aus der Mitte des 15. Jahrhunderts) und
- Nürnberg, Germanisches Nationalmuseum, Hs. 9715, Bl. 160^{r}-166^{v} (aus der 2. Hälfte des 15. Jahrhunderts).[316]

Der Text beginnt mit folgendem Incipit:

---

[310] Hierzu zählen z.B. die antike Elementenlehre oder die Lehre von der Zusammensetzung des Lapis philosophorum durch die drei Bestandteile Corpus, Anima und Spiritus (Körper-Geist-Seele-Lehre).

[311] Vgl. Telle (1983c) Sp. 775

[312] Zu Georg Klet siehe in Kap. 4.3.11.

[313] Telle (1983c) Sp. 775

[314] Vgl. Telle (1983c) Sp. 775f.

[315] Zu Johannes Bock siehe unten.

[316] Vgl. Kurras (1985a) Sp. 271f.

> *„Als dy natürlichen meister sprechen wy das dy natürliche behendikeyt der sinnen sich frewet in der heimlichkeyt der kunst dar umbe aller libster bruder* [...] *Nemet in gotis namen XI teil mercurii crudi* [...]“[317]

Der Text beschreibt die Gewinnung des Lapis philosophorum ('König der Könige'), der aus elf Teilen rohem Quecksilbers und einem Teil *„eines volkomen corpus es sey weys ader rot“* in monatelangen (al-)chemischen Prozessen entstehen soll. Der so gewonnene Stein der Weisen soll durchsichtig und rot wie ein Rubin sein und er soll unendlich multiplizierbar, d.h. vermehrbar, sein, denn ein Teil der 'Arznei' (d.i. der Lapis philosophorum) soll 100 Teile Quecksilber wieder in Arznei verwandeln können. Damit wäre eine unendlich andauernde Metalltransmutation möglich. Dabei beruft sich der Text in Zitaten auf Hermes Trismegistos, Origenes und einen nicht näher bekannten Astasius.[318]

Diesbezüglich ist es möglicherweise von Bedeutung, daß sich der Titel dezidiert auf Kaiser Sigmund (*„cesari Sigismundo“*) bezieht. Im Umfeld des Kaiserhofs lassen sich alchemistische Tätigkeiten nachweisen. So förderte seine zweite Gemahlin Barbara alchemische Praktiken und Kaiser Sigmund selbst erhielt auf dem Konstanzer Konzil eine Abschrift von Frater Ulmannus' *„Buch der Heiligen Dreifaltigkeit“*. Dahinter stand möglicherweise der Versuch bzw. der Wunsch vieler Fürsten, mit Hilfe der von den Alchemisten praktizierten Kunst des Goldmachens die leeren Staatskassen aufzufüllen.[319]

4.2.5. Kuno von Falkenstein

Kuno (Conrad) von Falkenstein (*um 1320, † 21. Mai 1388) wurde 1362 Erzbischof von Trier und nahm in der Folge noch weitere kirchliche Ämter war.[320] Daneben unterhielt er enge Beziehungen zu Kaiser Karl IV. in Prag. Dort hatte sich ein Frühhumanismus italienischer Prägung entwickelt, was auch eine Wertschätzung der Wissenschaften beinhaltete, wie dies bereits im 12. Jahrhundert in der Schule von Chartres der Fall war.[321] So verwundert es nicht, daß Kuno, aus dieser weltoffenen Geisteshaltung des Prager Hofes heraus, die sicher nicht ohne Wirkung auf ihn geblieben ist, zu den ersten bedeutenden weltlichen und geistlichen Machthabern

---

317 Kurras (1985a) Sp. 272
318 Vgl. Kurras (1985a) Sp. 272
319 Vgl. hierzu auch Kurras (1985a) Sp. 272
320 Kuno von Falkenstein wurde 1366 Koadjutor des Erzbischofs von Köln und 1368-71 war er Verweser des Kölner Erzstifts.
321 Mehr zur Beziehung zwischen dem Prager Frühhumanismus und den Wissenschaften siehe unten im Kaptel über Heinrich von Mügeln (Kap. 8.3.).

zählt, die im deutschen Sprachraum Alchemisten förderten oder sogar selbst alchemistisch tätig wurden.[322]

Die Einschätzung Peuckerts, daß es keine Anhaltspunkte oder gar Zeugnisse der Beziehung Kunos zur Alchemie gegeben habe,[323] muß heute als überholt angesehen werden, denn solche Beziehungen lassen sich sowohl zur lateinischen wie zur deutschsprachigen Alchemieliteratur aufzeigen. In der lateinischen Fachliteratur der Alchemie verbindet sich Kunos Namen mit mehreren Fachschriften. So etwa mit der 1386 von Johannes Dombelay von England in Kunos Auftrag („*ex mandato*") verfaßten „*Practica vera alkymica*". Es handelt sich dabei um eine Kompilation von Schriften des Pariser Alchemisten Ortolanus.[324] Daneben zeigt die lateinische Aufzeichnung eines Verfahrens „*ad deaurandum ferrum secundum magistrum Petrum aurifabrum domini Cunonis archiepiscopi Treuirensis*"[325], daß sich in Kunos Umfeld alchemisch-metallurgisch praktisch tätige Alchemisten ansiedelten.[326]

Ob Kuno von Falkenstein auch selbst als alchemistischer Fachautor in Erscheinung getreten ist, läßt sich nicht mit Sicherheit sagen, doch wird dies durch die Überlieferung nahegelegt. So nennt Borellius in seiner „*Bibliotheca chemica*" von 1656 eine „*Expositio principis Simonis* [< *Cunonis*, d.V.] *de Falkenstein Archiepiscop. Trevirensis*" und daneben erwähnt Wilson ein „*Opus aquarum* [...] *Magistri Falchenstein, quondam archiepiscopi Treverensis*".[327]

Neben der lateinischen gibt es aber auch noch eine nicht unerhebliche deutsche Überlieferung, die Kuno als alchemischen Fachautor aufscheinen läßt. Die deutsche Überlieferung ist bisher nur ansatzweise erfaßt. Da eine systematische Erfassung sowie die dazugehörigen Untersuchungen fehlen, werden hier nur die bisher bei Telle aufgelisteten Textzeugen aufgeführt:

1. Ein Text mit Anweisungen zur Goldherstellung wird überliefert in der Berliner Handschrift mgf 172 aus dem 16. Jahrhundert (Bl. 157^{v}-158^{v}). Der mit der Überschrift „*Wiltu edell guett goldt machenn*" beginnende Fachtext enthält den Autorenvermerk „*Conradus de Falckenstein*".

---

[322] Solche Machthaber gab es später übrigens in größerer Fülle, so etwa Kunos direkter Nachfolger als Erzbischof von Trier: Werner von Falkenstein. (Vgl. hierzu auch Telle (1985b) Sp. 439)

[323] Vgl. hierzu Peuckert (1973)

[324] Weitere lateinische Werke der Alchemieliteratur, die mit Kuno in Verbindung gebracht werden, sind der 1625 gedruckte „*Hortus amoris*", bei dem es sich um einen „*Liber de arte alchymica*" Johannes Dombelays handelt, von dem es heißt, er sei „*ex mandato* [...] *Cimonis* [< *Cunonis*, d.V.] *de Falkenstein*" entstanden, und eine 1384 entstandene „*Stella alchimiae*", die von ihrem Verfasser – Johannes Bombelen – einem nicht näher genannten Bischof gewidmet wurde. Da Bombelen wahrscheinlich mit Dombelay identisch ist, kann man davon ausgehen, daß mit dem ungenannten Bischof Kuno von Falkenstein gemeint ist.

[325] Überliefert im cod. Harl. 5403, Bl. 102^{v} (London, British Library) aus dem 15. Jahrhundert.

[326] Vgl. Telle (1985b) Sp. 439f.

[327] Vgl. Borellius (1656) S. 88 sowie Wilson (1939) S. 80

2. Der cod. germ. 36 der Budapester Széchényi-Nationalbibliothek aus dem 15. Jahrhundert enthält ein Aurum-potabile-Rezept (Bl. 36^{v}-37^{v}), das „*ein ertzbischoue zu Trijer, Cuno genannt, gemacht hat*".
3. Im cod. Voss. chem. O. 4 der Leidener Universitätsbibliothek findet sich in einem alchemischen Fachtext aus dem 15. Jh. (Bl. $16^{r-(?)v}$) der Vermerk: „*maister Kunratz von Falkenstein des Bischofs von Trier operacio*".
4. Das Ms. Harley 5403 der British Library in London aus dem 15. Jahrhundert enthält eine deutsche (?) „*Practica domini Cunonis Treverensis Archiepiscopi qui emit pro 2000 florinis*" (Bl. 73^{r}-74^{v})
5. Schließlich findet sich in dem unpaginierten cod. 531 Nov. der Wolfenbütteler Herzog-August-Bibliothek aus dem 17. Jahrhundert ein alchemischer Fachtext von „*Herrn Conrat von Falckenstein, des Bischoffs von Trirs*".[328]

Den hier dargestellten Textzeugnissen zufolge setzt die deutschsprachige Überlieferung möglicher Fachtexte der Alchemie aus der Feder Kunos von Falkenstein im 15. Jahrhundert ein. Die relativ kurz gehaltenen Texte, die sich mit verschiedenen alchemistischen Themen beschäftigen, könnten Übersetzungen aus umfangreicheren lateinischen Fachschriften sein.[329] Ob diese von Kuno selbst angefertigt wurden oder ob möglicherweise Kuno lateinische Texte verfaßte, die dann ins Deutsche übertragen wurden, kann beim jetzigen Forschungsstand nicht beantwortet werden. Da es sich aber bei der deutschen Überlieferung um Übersetzungen zu handeln scheint, wurde Kuno von Falkenstein als alchemischer Fachschriftsteller bei der deutschsprachigen Übersetzungsliteratur eingeordnet. Dies auch deswegen, weil eine tatsächliche Autorschaft Kunos beim aktuellen Forschungsstand nicht als gesichert angenommen werden kann. Es wäre ebenso denkbar, daß die Fachtexte in seinem engeren Umkreis oder in seinem Auftrag entstanden sind und deshalb einen Hinweis auf den Gönner tragen. Zu denken wäre in diesem Zusammenhang auch an ein Entstehen in der nach Kuno benannten Buchmalerwerkstatt in Trier.[330]

328 Vgl. Telle (1985b) Sp. 440
329 Vgl. Telle (1985b) Sp. 440f.
330 Zum möglichen Gönnertum Kunos von Falkenstein und zur Buchmalerwerkstatt vgl. Telle (1985b) Sp. 441.

4.2.6. Pseudo-Raimundus Lullus

Einige der Namen, die im Zusammenhang mit den Anfängen der abendländischen Alchemie genannt werden, sind allerdings mit Vorsicht zu genießen. Ein Beispiel hierfür ist Raimundus Lullus (1235-1315), der als Enzyklopädist, Mystiker, Dichter und Mathematiker hervortrat. Ihm wurde fälschlicherweise ein umfangreiches und wirkungsmächtiges alchemistisches Schriftencorpus zugeschrieben. Daß keine dieser Schriften des sogenannten „Lullus-Corpus“ von ihm selbst verfaßt worden sein kann, geht aus den authentischen Lullus-Schriften hervor, wo er der Alchemie und der Transmutation der Metalle ablehnend gegenübersteht. Außerdem ist keiner der alchemistischen Texte in einer bis ins Jahr 1311 reichenden Liste seiner Schriften enthalten, so daß die ersten ihm zugeschriebenen alchemistischen Texte wohl erst nach seinem Tod im Jahr 1315 verfaßt wurden. Die Entstehungszeit der Schriften des Pseudo-Lullus-Corpus reicht von der zweiten Hälfte des 14. Jahrhunderts bis in die frühe Neuzeit hinein, wobei ein Großteil der Schriften wohl im 15. Jahrhundert entstanden ist. Die lateinischen Schriften wurden z.T. ins Deutsche übersetzt und dann in der deutschsprachigen Fachliteratur weitertradiert.[331] Das Zustandekommen des alchemistischen Pseudo-Lullus-Corpus ist bisher ungeklärt. Es läßt sich nur festhalten, daß Lullus seit etwa 1370 zahlreiche bereits existierende Fachtexte untergeschoben wurden. Zu ihnen zählen so wirkungsmächtige pseudo-lullische Schriften, wie das „*Testamentum*“, der „*Codicillus*“ oder der „*Liber lapidarii*“. Im Laufe des 15. Jahrhunderts wuchs das Schriftencorpus auf rund 50 Pseudoepigraphen an und wurde auch noch in der frühen Neuzeit ausgebaut. Damit wurde Raimundus Lullus zu einem der bedeutendsten Alchemisten des Mittelalters stilisiert, denn das umfangreiche Schriftencorpus enthält einige der wirkungsmächtigsten alchemistischen Fachtexte des Mittelalters.[332]

Obwohl der historische Raimundus Lullus der Alchemie also sehr kritisch gegenüber stand und die alchemistischen Transmutationsvorstellungen ausdrücklich ablehnte, enthielten seine Lehrschriften für die pseudonymen Fachautoren genügend Anknüpfungspunkte – so etwa in Lulls Modus-intelligendi-Darstellung, Kombinatorik oder Elementenlehre – um eine alchemisch-lullische Überlieferungstradition zu schaffen. Vor allem seine Kombinatorik, die sogenannte Lullische Kunst, die Ars Lullica, hatte es den Alchemisten angetan. Dabei handelt es sich um ein von Lullus selbst entwickeltes „komplexes System aus symbolischen Notationen und kombinatorischen Diagrammen“[333], das auf beliebige Wissensgebiete anwendbar ist und aufgrund seiner Komplexität und Symbolhaftigkeit der arkansprachlich geprägten Alchemie sehr entgegenkam. So assimilierten die pseudonymen Autoren vor allem Lulls „*Alphabetum artis inventiae*“, seine geometrischen Symbolfiguren und seine

[331] Vgl. Barke (1991) S. 8f. und Telle (1985d) Sp. 1046
[332] Vgl. Clericuzio (1998a) S. 226
[333] Clericuzio (1998a) S. 225f.

Baumschemata, in dem sie diese, durch eine Anpassung an „alchemische Zielsetzungen"[334], in ihre alchemischen Vorstellungen eingliederten.[335]

Aufgrund der sehr umfangreichen Überlieferung des alchemischen Pseudo-Lullus-Corpus in Handschriften und Drucken ist davon auszugehen, daß die Schriften des Corpus in der Alchemie und ihrer geschichtlichen Entwicklung eine tragende Rolle spielten. Dies bestätigen auch die Untersuchungen Pereiras zur Wirkung der pseudo-lullischen Alchemie im 15. und 16. Jahrhundert.[336] Wie stark die Wirkung des Pseudo-Lullus-Corpus tatsächlich war, ist aber noch immer schwierig zu sagen. Zwar kann die Forschung seit den Arbeiten von Pereira auf ein Titelverzeichnis des alchemistischen Pseudo-Lullus-Corpus[337] sowie eine Edition des lateinischen „*Testamentum*" zurückgreifen,[338] doch herrscht noch immer ein großer Mangel an Ausgaben aus dem umfangreichen Textcorpus und demzufolge auch an inhaltlichen und textkritischen Untersuchungen. Von einer systematischen „Erfassung, Sichtung und Würdigung"[339] der deutschsprachigen Rezeption kann man noch gar nicht sprechen,[340] da immer nur einzelne Überlieferungszeugnisse aufscheinen, so daß hier im folgenden auch nur ein kleiner Ausschnitt der tatsächlichen Überlieferungslage abgebildet sein dürfte.

Die älteste und zugleich bedeutendste Pseudo-Lullus-Schrift ist das „*Testamentum*" von 1332. Die darin vorgenommene Aufteilung der Alchemie in „*theoria*" und „*practica*" ist prägend für die Werke des Pseudo-Lullus-Corpus und geht auf Roger Bacon zurück. Die „*theoria*" beschreibt die Alchemie als „*scientia experimentalis*" ('Experimentalwissenschaft') und als edelste Ausprägung der Naturphilosophie. Entsprechend ist auch nur der Alchemist in der Lage, die von ihm erkannte Natur mit Hilfe seiner „*medicina*", also dem Lapis philosophorum, zu vollenden. Dabei strebt die Alchemie nach der Reinigung der unvollkommenen Edelsteine, der Metalltransmutation und der Heilung des menschlichen Körpers. Die bei Pseudo-Lullus – wie in der Alchemie im allgemeinen – unerläßliche Verbindung von Theorie und Praxis wird im „*Testamentum*" durch mnemotechnische Verfahren unterstützt. Die Beschreibung des Opus magnum bietet eine traditionelle Vorgehensweise:

- Ausgangspunkt ist die prima materia in Form einer Mineralsäure,
- Überführung der prima materia in ihre vier Elemente,
- Reinigung der Elemente,

[334] Telle (1985d) Sp. 1047
[335] Vgl. Telle (1985d) Sp. 1046f. und Clericuzio (1998a) S. 225f.
[336] Vgl. Pereira (1989) S. 22-37 und Pereira (1994)
[337] Vgl. Pereira (1989) S. 64-85
[338] Vgl. Pereira/Spaggiari (1999)
[339] Telle (1985d) Sp. 1047
[340] Vgl. Telle (1985d) Sp. 1047

- Verfestigung der Elemente zu Mercurius philosophorum (Quecksilber) und Schwefel und
- aus Mercurius und Schwefel wird dann schließlich das Elixier (Lapis philosophorum) bzw. die Medizin (Panazee) gewonnen.[341]

Das Opus alchemicum, wie es im „*Testamentum*" dargestellt wird, beruht damit im wesentlichen auf der Elementenlehre und der Schwefel-Quecksilber-Theorie.

Weitere wichtige Werke des Pseudo-Lullus sind der „*Codicillus*", in dem die Mikro-Makrokosmos-Analogie sowie die Vorstellung von der göttlichen Erleuchtung des Alchemisten ausgeführt werden, und der „*Liber de secretis naturae*" ('Buch der Geheimnisse der Natur'). Im „*De secretis naturae*" aus dem 14. Jahrhundert wird Raimundus Lullus mit Nachdruck als Verfasser zahlreicher alchemistischer Schriften genannt und, was vielleicht noch wichtiger ist, die Alchemie mit den authentischen Lehren Lulls verknüpft.[342]

Die bisher älteste deutschsprachige Übersetzung einer Pseudo-Lullus-Schrift liegt wahrscheinlich in der noch im 14. Jahrhundert „lullifizierten"[343] Fassung von Johannes' de Rupescissa „*De consideratione quintae essentiae*" vor, die seit 1514 als Lullus' „*De secretis naturae, seu de quinta essentia*" gedruckt wurde und bei der es sich um den soeben erwähnten „*Liber de secretis naturae*" handelt. Eine deutsche Übertragung läßt sich bereits im 15. Jahrhundert nachweisen, so bspw. im Münchener cgm 33, Bl. 31^r-91^r. Im 16. Jahrhundert folgen einige Drucklegungen. Als Lulls „*Künstliche eröffnung aller verborgenhayten vnnd gehaymnussen der natur*" wurde der Text in den Jahren 1532, 1533 und 1546 in Augsburg gedruckt und in Frankfurt 1549 als Lulls „*Von außziehung der fünfften Wesenheit / Quinta Essentia, Auß bewerten stucken der Artznei*" als Teil *der „Wundt- vnnd Leibartznei Paracelsi*" (Bl. 94^v-112^r) erneut veröffentlicht, die nochmals 1555 und 1561 in Frankfurt gedruckt wurde.[344]

Ebenfalls bereits im 15. Jahrhundert gibt es eine deutsche Übertragung des „*Liber lucis*" des Johannes de Rupescissa, der in der deutschen Fassung allerdings Raimundus Lullus zugeschrieben wird:

---

341 Vgl. Clericuzio (1998a) S. 226

342 Vgl. Clericuzio (1998a) S. 226f. Die Verbindung zwischen Lulls Philosophie und der Alchemie herzustellen ist das Anliegen einer ganzen Reihe von Schriften des 15. und 16. Jahrhunderts. Zu ihnen zählt die 1523 in Lyon gedruckte „*Explanatio compendiosaque applicatio artis Raymundi Lulli*" ('Erklärung und umfassende Anwendung der Kunst des Raimundus Lullus'). Darin erfolgt eine wirkungsmächtige Verbindung des Ars Lullica mit mnemotechnischen Methoden und der Alchemie. (Vgl. hierzu auch Clericuzio (1998a) S. 227)

343 Telle (1985d) Sp. 1047

344 Vgl. Telle (1985d) Sp. 1047

a) Unter dem Titel „*Magisterium Mercurii*“ findet sich der Text im cod. Voss. chem. F. 6, Bl. 397^{r}-403^{v}, der Universitätsbibliothek Leiden und

b) als „*Puech des lichts*“ wird er im Ms. 7, Bl. 97^{r}-101^{v}, der Catholic University of America in Washington überliefert.[345]

Daneben wurden – nach Telle – folgende Pseudo-Lullus-Schriften seit dem Spätmittelalter ins Deutsche übersetzt:

1. „*Testamentum*“:
   - Berlin, Staatsbibliothek Preußischer Kulturbesitz, mgf 179, Bl. 221^{r}-249^{v};
   - Leiden, Universitätsbibliothek, cod. Voss. chem. F. 9, Bl. 39^{r}(?)-283^{r};
   - Leiden, Universitätsbibliothek, cod. Voss. chem. F. 20, Bl. 205^{r}-294^{v};
   - Leiden, Universitätsbibliothek, cod. Voss. chem. F. 23, Bl. 1^{r}-16^{r} („*Alphabetum*“), Bl. 326^{v}-364^{v};
   - London, Wellcome Historical Medical Library, cod. 524, Bl. 56^{r}-66^{v} („*Alphabetum*“);
   - Wolfenbüttel, Herzog-August-Bibliothek, cod. 74 Blank., ab Bl. 206r und Bl. 346^{r}.[346]
2. „*Elucidatio Testamenti*“:
   - Darmstadt, Landesbibliothek, cod. 1582, Bl. 30^{v}-33^{v};
   - Leiden, Universitätsbibliothek, cod. Voss. chem. F. 20, Bl. 395^{v}-397^{v}.
3. „*Summa Testamenti*“:
   - Kassel, Murhardsche Bibliothek und Landesbibliothek, 2° Ms. chem. 13, Bl. 157^{v}-164^{r}.
4. „*Testamentum novissimum*“:
   - Leiden, Universitätsbibliothek, cod. Voss. chem. F. 20, Bl. 352^{r}-395^{v}.
5. „*Codicillus*“:
   - Kassel, Murhardsche Bibliothek und Landesbibliothek, 4° Ms. chem. 48, ohne Blattzählung
   - Leiden, Universitätsbibliothek, cod. Voss. chem. F. 20, Bl. 295^{r}-336^{r}.
6. „*Apertorium*“:
   - Prag, Universitätsbibliothek, cod. Lobk. 491, ab Bl. 386^{r}.[347]

---

[345] Vgl. Telle (1985d) Sp. 1047

[346] Der Umfang der Texte ist noch nicht genau bestimmt worden.

7. „*Epistel an König Robert*“:
   - Kassel, Murhardsche Bibliothek und Landesbibliothek, 4° Ms. chem. 20, Bl. 87^{r}-94^{v};
   - London, Wellcome Historical Medical Library, cod. 450, Bl. 3^{rv}.
8. „*Epistola accurtationis*“:
   - Leiden, Universitätsbibliothek, cod. Voss. chem. Q. 21, Bl. 130^{r}-148^{r}.
9. „*Anima artis transmutationis*“:
   - Leiden, Universitätsbibliothek, cod. Voss. chem. F. 20, Bl. 337^{r}-351^{r}.
10. „*Lux mercuriorum*“:
   - Leiden, Universitätsbibliothek, cod. Voss. chem. F. 20, Bl. 398^{r}-400^{r}.
11. „*Ars operatoria*“:
   - London, Wellcome Historical Medical Library, cod. 538, Bl. 87^{r}-103^{v}.
12. „*Destillierkunst*“:
   - St. Gallen, Stadtbibliothek (Vadiana), cod. 398, 34 Bll.
13. Daneben finden sich noch Auszüge aus bislang noch nicht identifizierten Pseudo-Lullus-Schriften in:
   - Leiden, Universitätsbibliothek, cod. Voss. chem. F. 22, Bl. 178^{r}-224^{r};
   - Leiden, Universitätsbibliothek, cod. Voss. chem. Q. 17, Bl. 317^{v}-326^{r}.[348]

Das hier wiedergegebene – auf Telle beruhende – Überlieferungsverzeichnis dürfte äußerst lückenhaft sein, wie bereits Telle selbst bemerkt. Dies liegt insbesondere daran, daß das deutschsprachige Pseudo-Lullus-Corpus weder systematisch erfaßt noch ansatzweise analysiert wurde, da es bisher von literatur- und wissenschaftsgeschichtlichen Untersuchungen kaum wahrgenommen wurde.[349] Man wird von einer deutlich größeren Anzahl deutscher Textzeugen aus dem Pseudo-Lullus-Corpus ausgehen müssen, als bisher bekannt sind. Eine solche Wirkungsmächtigkeit des Schriftencorpus innerhalb der Alchemie und der mit ihr verwandten Fachgebiete legt der Umstand nahe, daß sowohl Paracelsus als auch Philipp Ulstad in seinem „*Coelum philosophorum*“ von 1525 stark von den Pseudo-Lullus-Schriften beeinflußt wurden.[350]

---

[347] Der Umfang des Textes ist bisher noch nicht genau bestimmt worden.
[348] Vgl. Telle (1985d) Sp. 1048
[349] Dies könnte und wird wahrscheinlich auch an der bisher mangelhaften Erschließung des lateinischen Pseudo-Lullus-Corpus liegen.
[350] Vgl. Telle (1985d) Sp. 1048f.

4.2.7. Archilaus: „*Von der kunst alchimi*"

Ein „*maister Archilaus*" wird als Verfasser der Prosaschrift „*Von der kunst alchimi*" angegeben. Der Text wird in der Münchener Handschrift cgm 309 im Rahmen einer „*Translacio multorum documentorum*" (Bl. 43^r-102^r) in einer Niederschrift aus der 1. Hälfte des 15. Jahrhunderts überliefert.[351]

Nach Ansicht von Joachim Telle handelt es sich bei dem Archilaus-Corpus vermutlich um eine deutsche Übersetzung lateinischer Schriften des Spätmittelalters (wie etwa „*De arte alchimiae*" u.a.), die möglicherweise von unbekannten Fachautoren dem Vorsokratiker Arisleus (gr. Archelaos) zugeschrieben wurden, der in der „*Turba philosophorum*" als alchemistische Autorität genannt wird. Ebenso scheint es sich bei den Texten von Magister Archylaus aus dem 16. Jahrhundert (München cgm 3741) um eine Übersetzung solcher mittellateinischer Pseudoepigraphen zu handeln.[352]

Die Aussagen Telles bzgl. der Texte des Archilaus-Corpus sind jedoch unsicher, da eine Untersuchung der Texte noch immer fehlt.

4.2.8. Ricardus Anglicus

Ricardus Anglicus gilt als der Verfasser zahlreicher lateinischer Fachschriften der Alchemie, deren wichtigste wohl der im 14. Jahrhundert entstandene „*Corrector fatuorum*"[353] ist. Ricardus Anglicus galt bei den frühneuzeitlichen alchemistischen Fachschriftstellern als einer der namhaftesten Alchemisten Englands. Zu seiner Person ist nichts weiter bekannt als der Name[354] und seine Autorschaft des „*Corrector fatuorum*" ist keineswegs sicher, da die Überlieferung auch einen Magister Bernardus[355] als Verfasser nennt.[356]

---

[351] Vgl. Telle (1978) Sp. 423

[352] Vgl. Telle (1978) Sp. 423

[353] Man findet auch andere Bezeichnungen für den „*Corrector fatuorum*", nämlich „*Correctio fatuorum*", „*Correctiorum fatuorum*" und „*Correctorium alchimiae*".

[354] Es gab in der Forschungsliteratur einige Versuche Ricardus Anglicus mit einer historisch greifbaren Person zu identifizieren. Kopp identifizierte ihn mit Richard von Middleton (vgl. Kopp (1886a) S. 376) und Ferguson mit dem Arzt Richard von Wendover (vgl. Ferguson (1906) Bd. 2, S. 271). Beide lebten jedoch im 13. Jahrhundert und kommen somit als Autoren des im 14. Jahrhundert entstandenen „*Corrector fatuorum*" nicht in Frage. Auch der von Thorndike vorgeschlagene Robert von York († ca. 1348) kann kaum als Autor des „*Corrector fatuorum*" angesehen werden. (vgl. Thorndike (1934) Bd. 3, S. 106f.)

[355] Daß es sich bei diesem Magister Bernardus um Bernardus Trevisanus handelt, scheint aber eher zweifelhaft zu sein.

[356] Vgl. Telle (1992c) Sp. 38f.

Der Traktat „*Corrector fatuorum*" zielt darauf ab, die unvollkommene Natur (bezogen auf die Körper der Materien) mit Hilfe der alchemistischen „Medizin"[357] in die Vollkommenheit zu überführen. Das Ziel ist also die Gewinnung des Lapis philosophorum. Dabei basiert die vor allem theoretisch orientierte Abhandlung auf griechisch-arabischem Lehrgut, wie der Schwefel-Quecksilber-Theorie oder der Lehre von der prima materia. Sein Wissen schöpfte Ricardus Anglicus aus zahlreichen Quellen der (alchemistischen) Fachliteratur, die er zum Teil auch zitiert. So die „*Meteorologica*" des Aristoteles, die „*Turba philosophorum*" sowie Schriften von Avicenna, Morienus, Rhazes, (Pseudo-) Albertus Magnus und Pseudo-Arnald von Villanova.[358]

Der „*Corrector fatuorum*" des Ricardus Anglicus gehörte spätestens seit seiner Übersetzung ins Deutsche (erstmals im 15. Jahrhundert) zum festen Bestandteil der von deutschen Alchemisten benutzten Fachschriften. Er wurde auch schon sehr früh in wichtige Sammelwerke der alchemistischen Fachliteratur aufgenommen, wie dem 1602 in Straßburg gedruckten „*Theatrum chemicum*". An Bedeutung verlor der „*Corrector fatuorum*" erst mit dem Wandel von der traditionellen Alchemie hin zur modernen Chemie, der im 17. Jahrhundert einsetzt und mit Lavoisier zum Abschluß gebracht wurde.[359]

Die älteste deutschsprachige Überlieferung des „*Corrector fatuorum*" findet sich in der anonymen im 15. Jahrhundert entstandenen Handschrift Ms. No. 129 der Catholic University of America (Washington, D.C.) auf Bl. 3^r^-34^v^. Daneben liegen seit dem 16. Jahrhundert mehrere deutschsprachige Drucke vor:

- Correctoriuvm alchymiae Richardi Anglici. Das ist Reformierte Alchimy / oder Alchimeibesserung / vnd Straffung der Alchimistischen Mißpräuch, Straßburg: B. Jobin 1581, 30 S. (eine vom Nürnberger Stadtarzt H. Wolf (1520-81) dem Paracelsisten M. Schütz (um 1515-81) zur Verfügung gestellte und von J. Fischart hrsg. Übersetzung der lat. Fassung I von I. Pomisius, 1559); erneut: Straßburg: B. Jobins Erben 1596.
- Die reformierte Alchimij oder straffung der falschen Alchimisten, in: Turba philosophorum; Das ist / Das Buch von der gůldenen Kunst, hrsg. v. Ph. Morgenstern, Basel: J. Schröter für L. König 1613, Bd. I, S. 475-503 (Übersetzung der lat. Fassung II); erneut: Wien: J.P. Krauß 1750, Bd. 1, S. 578-612.

Da es bisher weder für die lateinische noch für die deutsche Überlieferung des „*Corrector fatuorum*" eine systematische Erfassung und kritische Würdigung gibt, ist es

[357] Telle (1992c) Sp. 40
[358] Vgl. Telle (1992c) Sp. 40
[359] Vgl. Telle (1992c) Sp. 41. Zum Übergang der Alchemie zur modernen Chemie vgl. auch unten in Kapitel 7.

schwierig, Aussagen über die tatsächliche Wirkungsmächtigkeit des „*Corrector fatuorum*" zu machen.[360] Daß er aber zu den wichtigen lateinischen Alchemica zählt, die ins Deutsche übersetzt wurden, ist unbestritten.

4.2.9. „*Rosarium philosophorum*"

Beim „*Rosarium philosophorum*" handelt es sich um ein anonymes, im 14. Jahrhundert entstandenes alchemistisches Florilegium[361] in lateinischer Sprache. Über den Verfasser bzw. Kompilator ist nichts bekannt.[362] Allerdings könnte der Umstand, daß sich in dieser lateinischen Fachschrift mit „*Sol und Luna*" ein deutschsprachiges Bildgedicht befindet, auf einen im deutschen Sprachraum tätigen Kompilator hindeuten. Eine Identität des „*Sol und Luna*"-Dichters mit dem „*Rosarium philosophorum*"-Kompilator ist aber keineswegs sicher.[363]

Das „*Rosarium philosophorum*" hatte eine ausgeprägte Wirkung auf die Alchemisten des 15. Jahrhunderts. Diese Wirkung wurde durch die Aufnahme in mehrere frühneuzeitliche Standardwerke der alchemistischen Fachliteratur und durch Übersetzungen ins Deutsche, Englische, Französische und Tschechische noch erheblich verstärkt. Es gehörte bis ins 18. Jahrhundert zu den wichtigsten Schriften der europäischen (und damit auch der deutschen) Fachliteratur der Alchemie und wurde sehr häufig zitiert, da man es als eine alchemistische 'Summa' betrachtete. So benutzte auch Michael Maier das „*Rosarium philosophorum*" als eine Hauptquelle seines „*Atalanta fugiens*" von 1617. Mit ein Grund für die Wirkungsmächtigkeit des „*Rosarium philosophorum*" lag in der Aufnahme von „*Sol und Luna*", das seit dem Spätmittelalter als herausragendes „Unterrichtswerk"[364] der Alchemie angesehen wurde.[365] Die bekannte deutschsprachige Überlieferung des gesamten „*Rosarium philosophorum*" – unabhängig von „*Sol und Luna*", das bereits deutsch in die Urfassung Eingang fand – setzt in der ersten

---

[360] Vgl. Telle (1992c) Sp. 40

[361] Bei einem Florilegium handelt es sich um eine Zusammenstellung ausgewählter Textstücke im originalen Wortlaut, die meist von verschiedenen Autoren verfaßt wurden, zuweilen aber auch einen einzelnen Verfasser haben.

[362] Es gab zwar einige Versuche dem „*Rosarium philosophorum*" einen Verfasser zuzuweisen – Peter von Toledo, Arnald von Villanova, Georg Aurach (15. Jahrhundert) oder Johann von Sternberg (16. Jahrhundert) – doch basieren diese meist auf einer Verwechslung des „*Rosarium philosophorum*" mit anderen 'Rosarien' der alchemistischen Fachliteratur (von denen es nicht wenige gab und gibt) sowie einer falschen chronologischen Zuordnung, wie es bei einer möglichen Verfasserschaft von Georg Aurach und Johann von Sternberg der Fall ist.

[363] Vgl. Telle (1992d) Sp. 172f.

[364] Telle (1992d) Sp. 176

[365] Vgl. Telle (1992d) Sp. 175f. Zu „*Sol und Luna*" vgl. unten in Kap. 4.3.5.1.

Hälfte des 16. Jahrhunderts mit handschriftlichen Übersetzungen ein, die dann zu Beginn des 17. Jahrhunderts um einen Druck ergänzt wurde.[366]

Von einer systematischen Erfassung der Textzeugen sowohl der lateinischen wie landessprachlichen Überlieferung kann man eigentlich noch nicht sprechen, da hier bisher nur erste Ansätze gemacht wurden.[367]

Der unbekannte Kompilator setzte das „*Rosarium philosophorum*" aus Exzerpten zusammen, die er zahlreichen alchemistischen Fachschriften entnommen hat. Dabei ordnete er diese nach inhaltlichen Gesichtspunkten an. Zunächst erläutert der Text Grundlagen der alchemistischen Kunst im allgemeinen und der Lehre von der prima materia im speziellen. Daran schließt sich eine Beschreibung der einzelnen Schritte des alchemischen Prozesses im Labor an, der in der Gewinnung der Tinktur bzw. des Lapis philosophorum seinen Abschluß findet. Unterbrochen wird dieser Aufbau nur von den eingeschobenen Teilen des Bildgedichtes „*Sol und Luna*", die ursprünglich über das gesamte „*Rosarium philosophorum*" verstreut waren. Der Text des „*Rosarium philosophorum*" unterteilt sich somit in Abschnitte, die sich inhaltlich jeweils mit einem (Lehr-) Gegenstand bzw. einer Prozeßstufe auseinandersetzen. Die einzelnen Autoritätendicta werden dabei vom Kompilator collagenartig als Lehrsätze nach dem Konkordanzprinzip zusammengefügt. Der Kompilator war bemüht, die Zitate so nebeneinander zu stellen, daß sie inhaltlich übereinstimmen, sich ergänzen oder erhellen. Die einzelnen Abschnitte folgen dabei dem Ablauf der einzelnen Prozeßstufen des Opus alchemicum. Die Menge der als Quellen verwendeten Fachschriften ist beträchtlich. Benutzt wurden Schriften des Zosimos von Panopolis (4. Jahrhundert), die „*Turba philosophorum*", die „*Tabula smaragdina*" sowie der „*Tractatus aureus*" aus dem Corpus hermeticum, die „*Epistola Solis ad Lunam cescentem*" und die „*Tabula chemica*" des Senior Zadith, der „*Liber luminum*" des (Pseudo-) Rhazes sowie weitere lateinische Übersetzungen und Bearbeitungen von arabischen Fachschriften der Alchemie. Daneben wurden Schriften des Alanus philosophus, Pseudo-Albertus Magnus, Pseudo-Arnald von Villanova, Geber latinus und das „*Domus thesaurorum*" des Alphidius zitiert. Weiterhin zählen der „*Corrector fatuorum*" des Ricardus Anglicus und der „*Rosarius minor*" zu den benutzten Quelltexten. Somit bietet das „*Rosarium philosophorum*" auch einen Überblick über die im 14. Jahrhundert bevorzugten Fachtexte der Alchemie.[368]

Hervorzuheben ist noch, daß der „*Rosarium philosophorum*"-Kompilator ein Anhänger der Reinen Quecksilber-Theorie war, die er aus der „*Summa perfectionis magiste-*

---

[366] Vgl. Telle (1992d) Sp. 173
[367] Vgl. Telle (1992d) Sp. 174
[368] Vgl. Telle (1980b) S. 72f. und Telle (1992d) Sp. 174f.

rii" des Geber latinus übernommen hat. Dies zeigt sich an zwei Zitaten. Zum einen in einem Arnald von Villanova zugeschriebenem Dictum:

> „*Arnoldus von Villa Noua. Die prima materia der Metallen ist nicht der Mercurius des gemeinen Mannes, Sondern der Mercurius der weyßen, vndt er ist eine raucherichte Substanz, die in sich helttet eine gahr fette* [...] *feuchtigkeitt*"[369],

und zum anderen in einem Zitat aus dem Traktat „*Rosarius minor*", das lehrt, daß es sich beim Lapis philosophorum um „*mercurius*" bzw. „*argentum vivum*" handelt:[370]

> „*Hortulanus. In diesem gemelten geringen* [...] *dinge ist der Schlüssel, mitt welchem die sieben Pforten* [...] *zu denn Metallen* [...] *aufgetahn werden, vndt ohne solchem schlüssell kann niemandtt die action* [...] *irgendt einer Tinctur haben* [...], *Sondern dieselbe Tinctur leigett vndt betreigett*"[371].

4.2.10. Das pseudo-aristotelische „*Secretum secretorum*"

Beim „*Secretum secretorum*" handelt es sich um ein pseudo-aristotelisches Kompendium aus dem 10. Jahrhundert, das vermutlich in hermetischen Kreisen in Syrien kompiliert wurde, die persisch beeinflußt waren.[372]

Ursprünglich handelt es sich beim „*Sirr al-asrār*" ('Geheimnis der Geheimnisse') – latinisiert „*Secretum secretorum*" – um einen arabischen Fürstenspiegel (Textkern), dem der ursprüngliche Kompilator einen Anhang von pseudo-aristotelischen und hermetischen Lehren und Theorien hinzufügte (die sogenannte Textschleppe), so daß sich das „*Sirr al-asrār*" in eine umfangreiche Enzyklopädie verwandelte.[373] Der Abschnitt über die Goldherstellung entstammt dem hermetischen „*Kitāb Isṭāmāhas*". Andere alchemistische Quellenbezüge zur „*Tabula smaragdina*" des Hermes Trismegistos und zu Schriften des Dschabir ibn Ḥaiyān (Geber arabicus) sind wohl erst mit einer arabischen Bearbeitung des „*Secretum secretorum*" aus der Mitte des 12. Jahrhunderts (vor 1156) in den Text gelangt (Redaktion B des Textes, die sogenannte Langfassung).[374]

Die Aufnahme der Lehren des „*Secretum secretorum*" ins christliche Abendland läßt sich ab dem 12. Jahrhundert mit dem Entstehen erster lateinischer Übersetzungen nachweisen. Dabei galt das Interesse bis in die Neuzeit hinein den medizinischen Abschnitten des „*Secretum secretorum*", die erstmals zwischen 1135 und 1142 von Johannes Hispanus als „*Epistula <Aristotelis> ad Alexandrum de dicta conservanda*"

---

[369] Telle (1989b) S. 89
[370] Vgl. Telle (1980b) S. 89
[371] Telle (1980b) S. 89
[372] Vgl. Keil (1992) Sp. 993
[373] Vgl. Keil (1992) Sp. 993f. und Telle (1994a) S. 457f.
[374] Vgl. Keil (1992) Sp. 995f.

ins Lateinische übersetzt wurden. Die erste vollständige Übertragung des „*Secretum secretorum*“ ins Lateinische gelingt zwischen 1220 und 1235 einem südfranzösischen Geistlichen, der sich hinter dem Pseudonym Philippus Tripolitanus verbirgt. In der Folge wurde das „*Secretum secretorum*“ zur wirkungsmächtigsten pseudo-aristotelischen Schrift des Mittelalters, von der mehr als 250 handschriftliche Textzeugen bekannt sind. Im Zuge des für die mittelalterlichen Wissenschaften prägenden Aristotelismus des 12. und 13. Jahrhunderts verwundert es auch nicht, daß erste Übersetzungen des lateinischen „*Secretum secretorum*“ in die europäischen Landessprachen bereits im frühen 13. Jahrhundert entstehen.[375]

Die ältesten und wirkungsmächtigsten deutschen „*Secretum secretorum*“-Übersetzungen sind solche der auf Johannes Hispanus zurückgehenden lateinischen „*Epistula ad Alexandrum*“, die bereits im 13. Jahrhundert einsetzten.[376] Wichtig für die deutschsprachige Fachliteratur der Alchemie wird dieser Überlieferungsstrang durch die alchemistische Lehrdichtung „*Versepistel des Aristoteles an Alexander über den philosophischen Stein*“, die einen Auszug des alchemistischen Lehrgutes des „*Secretum secretorum*“ darstellt, der vornehmlich in der „*Epistula ad Alexandrum*“ überliefert wurde.[377] Die erste vollständige deutsche Prosaübersetzung wurde 1282 durch die Zisterziensernonne Hildegard von Hürnheim vollendet, der weitere Prosaübersetzungen folgten.[378] Ebenfalls im 13. Jahrhundert entstanden erste deutschsprachige Versbearbeitungen des „*Secretum secretorum*“. Diese stammen – mittelniederländisch – von Jakob van Maerlant (um 1266) sowie von anonymen Dichtern.[379]

Die Wirkung, die der wahre Aristoteles auf die Alchemie ausübte und zur Entstehung zahlreicher pseudoepigraphischer Schriften führte, beruhte weniger auf dem Inhalt des vierten Buches der „*Meteorologica*“ – obschon darin einige theoretische Ansätze der Alchemie vorweggenommen werden – sondern vielmehr auf dem Ruf des großen Universalgelehrten, der mit Aristoteles’ Namen verbunden war.[380] Das „*Secretum secretorum*“ ist dabei nur eine von vielen pseudoepigraphischen Aristoteles-Schriften. Bereits in arabischer Zeit gab es pseudo-aristotelische Fachschriften alchemischen Inhalts. Hierzu zählt der „*Ṣaḥīfat kanz Allāh al-akbar*“ (’Der Brief des großen Schatzes Gottes’). In dem Brief, den Aristoteles an Alexander den Großen gerichtet haben soll, gibt Pseudo-Aristoteles Auskunft über die allgemeinen Grundlagen der Alchemie, ihre

---

[375] Vgl. Wurms (1970); Grignaschi (1981); Keil (1992) Sp. 998ff.; Telle (1994a) S. 458; Keil (1995) Sp. 1662f. sowie Bachmann/Hofmeier (1999) S. 32
[376] Vgl. Keil (1992) Sp. 1002ff.
[377] Zur „*Versepistel des Aristoteles an Alexander über den philosophischen Stein*“ vgl. unten im Kapitel 4.3.5.9.
[378] Vgl. zu den Prosaübersetzungen Wurms (1970) S. 127ff.
[379] Vgl. Telle (1994a) S. 458f.
[380] Vgl. Ullmann (1972) S. 157

Verfahren und das Elixier selbst, womit natürlich der Stein der Weisen gemeint ist.[381] Aber auch das lateinische Mittelalter brachte pseudo-aristotelische Alchemica hervor. Hierzu zählen u.a. „*De perfecto magisterio*", der an Alexander den Großen gerichtete Traktat „*De lapide philosophico*" und eine „*Practica lapidis philosophici*".[382]

4.2.11. Senior Zadith

Unter dem Namen Senior Zadith[383] war im lateinischen Mittelalter der arabische Fachschriftsteller und Dichter Abū Abdullāh Muḥammad ibn Umail at-Tamīnī (ca. 900-960) bekannt. Senior Zadith gilt als einer der wichtigsten Vertreter der arabischen Alchemie. Zwei seiner durch eine allegorische Sprache gekennzeichneten Fachschriften gelangten ins Abendland:[384]

1. Die Lehrdichtung „*Risāla aš-Šams ilā l-hilāl*" ('Sendschreiben der Sonne an den Halbmond') ist in der lateinischen Fachliteratur der Alchemie i.d.R. unter dem Titel „*Epistola Solis ad Lunam crescentem*" bekannt, wobei es meistens zusammen mit der „*Tabula chemica*" überliefert wird.
2. Das „*Kitāb al-Mā'al-waraqī wa-l-ard an-nağmīya*" ('Buch vom Silberwasser und der Sternenerde'), das im lateinischen Abendland unter dem Titel „*Tabula chemica*" bzw. „*De chemica*"[385] überliefert wurde. Die „*Tabula chemica*" erweist sich dabei bei genauerem Hinsehen als ein Kommentar zur Lehrdichtung der „*Epistola Solis ad Lunam crescentem*".[386]

Die allegorischen Darstellungen der alchemistischen Lehrinhalte, die beide Fachtexte propagieren, weisen Senior Zadith als profunden Kenner der griechisch-ägyptischen Fachliteratur der Alchemie sowie des arabischen alchemistischen Fachschrifttums aus.[387]

Die deutschsprachige Überlieferung der Schriften des Senior Zadith setzt im 14. Jahrhundert mit einer mittelniederdeutschen Übersetzung der „*Tabula chemica*" ein, die im Wiener cod. 2372 (Med. 98)[388] auf Bl. 1^r-29^r überliefert ist.[389] Hochdeutsche Textzeu-

[381] Vgl. Ullmann (1972) S. 157, zu weiteren pseudo-aristotelischen arabischen Alchemica vgl. Ullmann (1972) S. 157f.
[382] Vgl. Telle (1994a) S. 455f.
[383] Man findet auch den Namen 'Senior Zadith filius Hamuel'.
[384] Vgl. Ullmann (1972) S. 218; Telle (1992e) Sp. 1100 sowie Haage (1996) S. 138
[385] Die „*Tabula chemica*" wird auch noch unter dem Titel „*Senioris antiquissimi philosophi libellus*" überliefert.
[386] Vgl. Telle (1992e) Sp. 1100 sowie Haage (1996) S. 139
[387] Vgl. Telle (1992e) Sp. 1100
[388] Der Wiener cod. 2372 (Med. 98) ist in der zweiten Hälfte des 14. Jahrhunderts entstanden.
[389] Vgl. Telle (1992e) Sp. 1101. Weitere mittelniederländische Übersetzungen finden sich im Überlie-

gen der Senior Zadith-Schriften finden sich in deutschen Fassungen des „*Rosarium philosophorum*“ und in der „*Aurora consurgens*“ des Pseudo-Thomas von Aquin. Daneben sind bildliche Darstellungen von der Fundlegende der „*Tabula chemica*“[390] in der „*Aurora consurgens*“, der „*Vera scientia alchimiae*“ (siehe unten), Ulmannus' „*Buch der Heiligen Dreifaltigkeit*“ sowie auf Bl. 4^r des cod. 16752 des Germanischen Nationalmuseums in Nürnberg (16. Jahrhundert) erhalten.[391]

Zur Wirkung der Schriften des Senior Zadith innerhalb der deutschsprachigen Fachliteratur der Alchemie ist zu sagen, daß vor allem formale und stoffliche Einflüsse auf alchemistische Lehrdichtungen erkennbar sind. Nachgewiesen ist dies für die spätmittelalterlichen Lehrdichtungen „*Sol und Luna*“ und „*Rätselgedicht vom Stein der Weisen*“ sowie dem frühneuzeitlichen Lehrgedicht „*Vom Rebis*“ aus dem 16. Jahrhundert.[392] Hier dominiert die dialogisch aufgebaute Sol-Luna-Allegorie aus der „*Epistola Solis ad Lunam crescentem*“. Diese bringt einen fundamentalen theoretischen Grundgedanken der Alchemie zum Ausdruck, nämlich daß durch die Vereinigung der die Welt teilenden Gegensätze (Dichotomien) im Lapis philosophorum – die sogenannte Unio oppositorum – erst die transmutatorische Neuschöpfung von Materien möglich ist.[393]

4.2.12. Die „*Tabula Smaragdina*“

Die spätestens im 8. Jahrhundert entstandene „*Tabula Smaragdina*“[394] gehört zum Schriftencorpus des Hermes Trismegistos ('Corpus hermeticum'), dem legendären angeblichen Begründer der Alchemie. Erstmals greifbar wird sie in der um 750/800 vom Griechischen ins Arabische übersetzten Kosmogonie „*Sirr al-ḫalīqa*“ ('Geheimnis der Schöpfung'), die zum Schriftencorpus des Pseudo-Apollonios von Tyana zählt. Bei der „*Tabula Smaragdina*“ handelt es sich also um eine pseudoepigraphische hermetische Schrift, da sie sich ursprünglich am Ende des Buches „*Das Geheimnis der Schöpfung*“ des Balīnās (d.i. Pseudo-Appollonios von Tyana) befand. Kurz darauf

ferungsverzeichnis des Anhangs.

[390] Nach der Fundlegende der „*Tabula chemica*“ – die Senior Zadith in seinem Werk selbst erzählt – habe Senior Zadith die von ihm beschriebenen mehrdeutigen Bilder und Figuren in einem ägyptischen Tempel entdeckt. Dort seien sie auf der Decke, den Wänden und auf einer Marmortafel, die sich in den Händen der Statue eines 'Weisen' befand, aufgezeichnet gewesen. (Vgl. hierzu auch Telle (1992e) Sp. 1100)

[391] Vgl. Telle (1992e) Sp. 1101

[392] Beim Lehrdegicht „*Vom Rebis*“, das spätestens in der 1. Hälfte des 16. Jahrhunderts entstanden ist, handelt es sich um eine allegorische Beschreibung des Opus magnum, an dessen Ende die Gewinnung eines „*Rebis*“ bzw. adligen Steins („*ademlicher stain*“) steht. Bei diesem „*Rebis*“ handelt es sich um den Stein der Weisen. (Vgl. hierzu auch Telle (1980b) S. 163-167)

[393] Vgl. hierzu auch Telle (1992e) Sp. 1101

[394] Auch bekannt unter dem Titel „*Secreta*“ und „*Verba secretorum*“.

wurde sie in das „*Kitāb Uṣtuqus al-uss*" des Ǧābir ibn Ḥaiyān (Geber arabicus) und das pseudo-aristotelische „*Sirr al-asrār*" („*Secretum secretorum*") aufgenommen.[395]

Holmyard galt lange als Entdecker der „*Tabula Smaragdina*", obwohl zuvor bereits Steele eine arabische Fassung der „*Tabula Smaragdina*" publizierte.[396] Holmyards „*Tabula Smaragdina*" stammte aus dem „*Kitāb uṣtuquss al-'assal-tānī*" ('Zweites Elementarbuch des Fundaments') des Geber arabicus, bei dem Holmyard zurecht davon ausgeht, daß es wohl auf einer griechischen Vorlage beruhte, nämlich dem „*Kitāb sirr al-ḫalīqa*" ('Buch des Geheimnisses der Schöpfung') des Pseudo-Apollonios von Tyana.[397] Weisser geht in ihrer Studie zum „*Buch des Geheimnisses der Schöpfung*" davon aus, daß der älteste Textzeuge der „*Tabula Smaragdina*" auf einer älteren griechischen Vorlage beruhte oder zumindest von griechischen Quellen gespeist wurde. Sie begründet dies vor allem mit der literarischen Unselbständigkeit des Pseudo-Apollonios-Textes.[398]

Eine überzeugende inhaltliche Deutung der naturkundlich-alchemisch-kosmologischen und zugleich orakelhaften Sprüche der „*Tabula Smaragdina*" steht für weite Teile des überaus wirkungsmächtigen Werkes noch aus. Die Ausnahme stellt weit verbreitetes kosmologisches Gedankengut dar, wie die Annahme der Identität von Mikro- und Makrokosmos und die Lehre vom Beziehungsgeflecht zwischen dem 'Oberen' und dem 'Unteren'.[399] Ähnlich wie mit der Interpretation verhält es sich mit einer systematischen Erfassung der lateinischen wie deutschsprachigen Überlieferung. Die lateinische Überlieferung der „*Tabula Smaragdina*" setzt vermutlich mit der Übersetzung des „*Sirr al-ḫalīqa*" durch Hugo von Santalla (Sanctelliensis) aus der ersten Hälfte des 12. Jahrhunderts ein, der eine Fülle von Textzeugen und Kommentaren folgte. Unter den Kommentaren sind der des Roger Bacon aus dem 13. Jahrhundert und der wirkungsmächtige Hortulanus-Kommentar aus dem 14. Jahrhundert hervorzuheben. Die „*Tabula Smaragdina*" erlangte durch den Hortulanus-Kommentar mit dem Titel „*Commentariolus in Tabulam Smaragdinam*", der vermutlich im 14. Jahrhundert entstand,[400] noch größere Beliebtheit und Wirkungsmächtigkeit. Hortulanus interpretierte die „*Tabula Smaragdina*" in seinem Kommentar sowohl im Sinne alchemistischer Transmutationsvorstellungen als auch aus medizinischer Sicht, wobei er den Quintessenz-Gedanken des Johannes de Rupescissa aufgreift. Aber auch Albertus Magnus

395 Vgl. Ullmann (1972) S. 204f.; Telle (1994a) S. 465f.; Telle (1995c) Sp. 567 und Haage (1996) S. 115f.
396 Vgl. Steele (1920) und Plessner (1927) S. 99
397 Vgl. Holmyard (1923) und Holmyard (1968) S. 97-100
398 Vgl. Weisser (1980) S. 46
399 Vgl. Telle (1994a) S. 467
400 Zu den ältesten Textzeugen des „*Commentariolus in Tabulam Smaragdinam*" des Hortulanus zählt der St. Gallener cod. Vad. 300, Bl. 91^{v}-93^{v} aus dem 14. Jahrhundert.

setzte sich intensiv mit der „*Tabula Smaragdina*“ auseinander.[401] Nach Meinung von Obrist soll die „*Tabula Smaragdina*“ aber schon vor 1145 aus dem Arabischen ins Lateinische übersetzt worden sein,[402] womit sie ganz am Anfang der Alchemica-Übersetzungen stehen würde. Die deutschsprachige Überlieferung der „*Tabula Smaragdina*“ setzt spätestens im 15. Jahrhundert ein und ist bisher von der Forschung kaum beachtet und bearbeitet worden.[403]

Daß die „*Tabula Smaragdina*“ überaus wirkungsmächtig war, zeigt sich nicht nur an ihrer bis in die Gegenwart anhaltenden Rezeption – wenn auch heute auf esoterische Kreise beschränkt – sondern auch daran, daß sie Eingang in das deutsche alchemistische Fachschrifttum des Mittelalters gefunden hat. Frater Ulmannus verarbeitete sie im „*Buch der Heiligen Dreifaltigkeit*“ (s.u.) ebenso wie der anonyme Verfasser des „*Rätselgedichts vom Stein der Weisen*“ (s.u.). Daneben entstand im 15. Jahrhundert in der „*Versepistel des Aristoteles an Alexander über den philosophischen Stein*“ (s.u.) eine deutsche Versfassung der im „*Secretum secretorum*“ überlieferten Fassung der „*Tabula Smaragdina*“.[404]

Die deutschsprachige Rezeption der „*Tabula Smaragdina*“ setzt also deutlich früher ein als von Ruska angenommen. Ruska hielt eine Prosaübersetzung, die er Paracelsus zuschrieb und aus einem Druck von 1616 kannte, für den ältesten deutschen Textzeugen der „*Tabula Smaragdina*“.[405] Dies wurde richtigerweise schon von Sudhoff kritisiert,[406] denn tatsächlich handelt es sich um eine Übersetzung der „*Tabula Smaragdina*“, die spätestens um 1550 entstanden ist und von Caspar Hartung vom Hoff tradiert wurde. Da weitere deutsche „*Tabula Smaragdina*“-Fassungen frühestens aus der zweiten Hälfte des 15. Jahrhunderts stammen, geht Telle davon aus, daß die in der „*Versepistel des Aristoteles an Alexander über den philosophischen Stein*“ enthaltene Bearbeitung der „*Tabula Smaragdina*“-Fassung aus dem „*Secretum secretorum*“,[407] der derzeit älteste Textzeuge der deutschsprachigen „*Tabula Smaragdina*“-Rezeption ist.[408] Hierzu ist allerdings einschränkend zu sagen, daß die „*Tabula Smaragdina*“ bereits im „*Buch der Heiligen Dreifaltigkeit*“ verarbeitet wurde, das mit seiner Entstehungszeit zwischen 1414 und 1418 zu den ältesten deutschsprachigen Alchemica zählt. Da die Entstehungszeit der „*Versepistel des Aristoteles an Alexander über den*

---

401 Vgl. Bachmann/Hofmeier (1999) S. 31ff.

402 Vgl. Obrist (1982) S. 38

403 Vgl. Telle (1994a) S. 466; Telle (1995c) Sp. 567f. und Bachmann/Hofmeier (1999) S. 31. Die bisher bekannte deutschsprachige Überlieferung der „*Tabula Smaragdina*“ ist im Anhang zusammengestellt.

404 Vgl. Telle (1995c) Sp. 568f.

405 Vgl. Ruska (1926) S. 207

406 Vgl. Sudhoff (1927) S. 163

407 Vgl. hierzu unten im Abschnitt über die „*Versepistel des Aristoteles an Alexander über den philosophischen Stein*“ (Kapitel 4.3.5.9.).

408 Vgl. Telle (1994a) S. 466

philosophischen Stein“ nicht sicher ist – man geht von einer Entstehung spätestens in der ersten Hälfte des 15. Jahrhunderts aus – kann man auch nicht sicher sein, daß es sich dabei um den frühesten deutschen Textzeugen der „*Tabula Smaragdina*“ handelt, obschon die „*Versepistel*“ bereits Ende des 14. Jahrhunderts oder früher entstanden sein könnte. Für letzteres würde die bereits im 13. Jahrhundert einsetzende deutschsprachige Rezeption des „*Secretum secretorum*“[409] sprechen, dessen Kapitel über die Alchemie die „*Versepistel*“ ins Deutsche überträgt.

4.2.13. Johannes de Rupescissa

Johannes de Rupescissa[410] wurde zu Beginn des 14. Jahrhunderts in der Ortschaft Marcolés bei Aurillac in der Auvergne geboren.[411] Alles was wir über sein Leben wissen, stammt aus autobiographischen Angaben in seinen Werken.[412] Erwähnen will ich hier nur, daß Johannes an der Universität von Toulouse studierte und im Jahre 1332 in den Franziskanerorden eintrat. Seine von visionärem Eifer geprägte Kirchenkritik führte in Verbindung mit dem franziskanischen Armutsstreit dazu, daß er immer wieder für längere Zeit inhaftiert wurde. Gestorben ist er nach 1365.[413]

Johannes de Rupescissa tritt als Autor prophetisch-politischer und alchemistischer Schriften auf. Große Bekanntheit erlangte er zunächst durch seine prophetischen Schriften, was zahlreiche Bemerkungen in zeitgenössischen Geschichtswerken und Chroniken aus dem Ende des 14. und dem Beginn des 15. Jahrhunderts belegen.[414] Johannes hat etwa 30 prophetische Schriften verfaßt, von denen fünf erhalten sind. Das bekannteste dieser Werke ist das „*Vade mecum in tribulatione*“, das auch in drei deutschsprachigen Textzeugen überliefert ist.[415] Von weitaus größerem Interesse sind hier allerdings die beiden alchemistischen Schriften, die Johannes de Rupescissa verfaßte: der „*Liber lucis*“ und der „*Liber de consideratione quintae essentiae rerum omnium*“, die beide in zahlreichen deutschsprachigen Textzeugen überliefert sind.

---

409 Vgl. hierzu im Abschnitt über das „*Secretum secretorum*“.

410 Französisch: Jean de Roquetaillade.

411 Vgl. Bignami-Odier (1952) S. 26ff. Johannes de Rupescissa war also kein Katalane, wie man es in der Wissenschaftsgeschichtsschreibung immer wieder lesen kann. So etwa bei Thorndike (1923-58) Bd. 3, S. 348, Krüger (1968) S. 21 oder Schneider (1972) S. 45.

412 Zur Vita Johannes' de Rupescissa vgl. Bignami-Odier (1952) insbesondere S. 16-50 und in Kurzfassung bei Benzenhöfer (1989) S. 12f.

413 Bignami-Odier vermutet in diesem Zusammenhang, daß er Ende 1365 oder Anfang 1366 gestorben ist, da Johannes sich 1365 wegen einer Krankheit im Minoritenkloster in Avignon aufhielt und danach keine weiteren Lebensspuren mehr aufzufinden sind. (Vgl. hierzu Bignami-Odier (1952) S. 25)

414 Zu nennen wären hier die Werke von Jean de Venette, Jean le Bel, Froissart, Heinrich von Herford, Konrad von Halberstadt, Werner Rolevinck und Hartmann Schedel.

415 Vgl. Herkommer (1983) Sp. 724f. und Benzenhöfer (1989) S. 13

Der „*Liber lucis*“[416], ein kürzerer alchemistischer Traktat, ist in über 50 Handschriften und zahlreichen Drucken des 15. bis 18. Jahrhunderts überliefert. Größtenteils liegen die Textzeugen in lateinischer Sprache vor, es existieren aber auch viele landessprachliche Übersetzungen, so ins Katalanische, Italienische, Tschechische, Englische, Französische und Deutsche. Die deutsche Überlieferung des „*Liber lucis*“ ist bisher nicht näher untersucht worden, trotzdem sind bereits 17 deutsche Textzeugen ermittelt.[417] In den deutschen Handschriften erscheint der Text unter „*Schacz der welt*“, „*Thesaurus mundi*“, „*Vonn der heimlichen naturlichen kunst*“ und ähnlichen Titeln.[418]

Inhaltlich beschreibt der „*Liber lucis*“ die Gewinnung des Lapis philosophorum in mehreren Prozeßschritten („*operationes*“).[419] Durch die eschatologisch geprägte Zielsetzung, dem auserwählten Volk Gottes („*populum electum Dei*“) in der nahen Endzeit das Geheimnis der Lapis-Gewinnung („*opus magni lapidis Philosophorum*“) preiszugeben, verbindet Johannes seine prophetische Berufung mit der alchemistischen Praxis. Dadurch, daß er den Lapis philosophorum allgemein verfügbar machen will, um die Not der Armen, Witwen und Waisen und aller wahren Christen zu lindern, stellt sich Johannes de Rupescissa gegen das Schweigegebot in der Alchemie. Mit der Zielsetzung, den Lapis den Notleidenden und den wahren Christen zugänglich zu machen, wird eine Tradition erkennbar, die von Roger Bacon über Johannes de Rupescissa bis zum „*Buch der Heiligen Dreifaltigkeit*“ reicht. Der Prozeß der Gewinnung des Lapis philosophorum, wie er im „*Liber lucis*“ beschrieben wird, läßt sich in einem siebenstufigen Prozeßschema darstellen:[420]

1. Sublimation des Mercurius (Quecksilber), als mindere Ausgangssubstanz des Lapis philosophorum, der zuvor mit philosophischem Schwefel (dabei handelt es sich wahrscheinlich um speziell zubereiteten Römischen Vitriol) vereinigt wurde.
2. Reduktion des so entstandenen sublimierten Mercurius zu seiner Quintessenz mittels Destillation.
3. Verflüssigung der Quintessenz, wobei sich dieser Prozeß über mehrere Tage hinzieht, in denen die Quintessenz des sublimierten Mercurius verschiedenen Hitzegraden ausgesetzt wird.
4. Destillation der flüssigen Quintessenz zur Jungfrauenmilch.

---

416 Auch bekannt unter dem Titel „*Liber magisterii de confectione veri lapidis philosophorum*“, wobei es sich bei der Fassung dieses Titels in der Regel um eine gekürzte Fassung handelt.
417 Vgl. hierzu im Überlieferungsverzeichnis.
418 Vgl. Herkommer (1983) Sp. 728 sowie Benzenhöfer (1989) S. 23f.
419 Je nach überlieferter Fassung schwankt die Zahl zwischen sieben und neun Operationes.
420 Vgl. Herkommer (1983) Sp. 728; Benzenhöfer (1989) S. 24; Lennep (1985) S. 73 und Bachmann/Hofmeier (1999) S. 150

5. Überführung der stark korrosiven Jungfrauenmilch in die weiße Tinktur durch Erhitzen im philosophischen Ofen. Die so gewonnene weiße Tinktur („*tinctura ad album*“) ist in der Lage, alle unedlen oder minderen Metalle in Silber zu transmutieren.
6. Herstellung der roten Tinktur („*tinctura ad rubeum*“), die Metalle in Gold verwandeln kann, und schließlich
7. Gewinnung einer „*medicina perfecta*“, also der Panazee, aus Mercurius und der weißen oder roten Tinktur. Dabei genügt ein Teil Tinktur, um 100 Teile Quecksilber wahlweise in Silber, Gold oder Panazee zu verwandeln.[421]

Man kann den „*Liber lucis*“ also durchaus als eine metallurgisch-transmutationsalchemische Ergänzung des iatrochemisch geprägten „*Liber de consideratione quintae essentiae rerum omnium*“ sehen.

Der „*Liber de consideratione quintae essentiae rerum omnium*“[422] ist die zweite alchemische Fachschrift Johannes' de Rupescissa und hatte entscheidenden Einfluß auf die Entwicklung der medizinischen Alchemie, also der Iatrochemie, aus der sich die moderne Pharmazie entwickelte. Der „*Liber de consideratione quintae essentiae rerum omnium*“ ist in mehr als 130 Handschriften des 14. bis 18. Jahrhunderts und zahlreichen Drucken überliefert. Für die deutsche Überlieferung lassen sich bisher 28 handschriftliche Textzeugen und zehn gedruckte Ausgaben des „*Liber de consideratione*“ festmachen.[423] Die deutsche Überlieferung zeigt im allgemeinen einen volkssprachigen Titel, der dann u.a. als „*Wunder artzney*“, „*Daz buche von der heimlichkeit*“ oder „*Daz bůche von deme fünfften wesen*“ erscheint.[424]

Der „*Liber de consideratione quintae essentiae rerum omnium*“ zählt damit zu den wirkungsmächtigsten alchemischen Fachschriften des Mittelalters.[425] Dies zeigt sich sowohl an der umfangreichen lateinischen Überlieferung handschriftlicher und gedruckter Textzeugen, als auch an zahlreichen Übersetzungen in verschiedene europäische Landessprachen. Zwischen dem 15. und 18. Jahrhundert entstanden Übersetzungen ins Deutsche, Englische, Französische, Katalanische, Italienische, Schwedische

---

[421] Vgl. Benzenhöfer (1989) S. 25 sowie Bachmann/Hofmeier (1999) S. 150f. Die in anderen Fassungen darüber hinaus genannten Operationen acht und neun beschreiben den philosophischen Ofen genauer (8. Operation) bzw. eine erneute Projektion des Mercurius zu einem transmutationsfähigen Agens.

[422] Auch bekannt unter den Titeln „*Liber de famulatu philosophiae*“, „*De quinta essentia*“, „*Thesaurus orbis*“ oder „*Pauper evangelium*“.

[423] Vgl. hierzu im Überlieferungsverzeichnis im Anhang. Zur lateinischen Überlieferung vgl. Halleux (1981) S. 243f. und S. 278-282.

[424] Vgl. Herkommer (1983) Sp. 727; Benzenhöfer (1989) S. 15 sowie Stille (2004) S. 57

[425] Ein Grund für die große Beliebtheit des „*Liber de consideratione*“ könnte darin liegen, daß der Text auf verdunkelnde Elemente der Arkansprache verzichtet. (Vgl. hierzu auch Bachmann/Hofmeier (1999) S. 142)

und Tschechische.[426] Die deutschsprachige Überlieferung, der aufgrund ihrer Quantität eine Sonderstellung zukommt, setzt im 15. Jahrhundert ein, erreichte ihren mengenmäßigen Höhepunkt im 16. Jahrhundert und reicht weiter bis ins 18. Jahrhundert, wo sie schließlich ausläuft.[427] Die Wirkung der deutschen Übersetzungen des „*Liber de consideratione*" des Johannes de Rupescissa auf die deutsche medizinische und alchemische Fachliteratur des Mittelalters war sehr stark. So findet sich eine rheinfränkische Übersetzung des „*Liber de consideratione*" in der medizinischen Sammelhandschrift des Valentin Swende (Stuttgart, Landesbibliothek, cod. HB XI 12), einem südwestdeutschen Laienarzt des späten 15. Jahrhunderts, die er sich zwischen 1484 und 1487 selbst zusammenstellte.[428] Der „*Liber de consideratione*" des Johannes de Rupescissa beeinflußte noch weitere deutsche alchemistisch-iatrochemische Fachautoren, wie die Destillationsbücher des Hieronymus Brunschwig (s.u.), die Schriften des Paracelsus (s.u.) oder auch das „*Kunstbüchlein*" des Alchemisten Caspar Hartung vom Hoff.[429]

Inhaltlich strebt der „*Liber de consideratione*" nach der Gewinnung der Quintessenz („*quinta essentia*"), bei der es sich um ein elixierartiges Arznei- und Wundermittel handelt, das dem Menschen sowohl Gesundheit als auch ein langes Leben bringen soll. Dabei unterscheiden sich Johannes' Quintessenzen deutlich von den aus der arabischen Alchemie und Medizin her bekannten Elixieren, denn in den Quintessenzen wurde nichts zusammengefügt, sondern die Arzneiwirkung des Stoffes, seine quinta essentia, herausgelöst und damit isoliert. Johannes' Quintessenz-Theorie stützt sich dabei auf den Gedanken, daß ein solches Arzneimittel, das den menschlichen Körper vor Krankheit und Zerstörung schützen sollte, selbst rein und unzerstörbar sein müsse, weshalb es auch nicht der Veränderbarkeit der vier Elemente unterworfen sein dürfe. Die Quintessenz stellt sich also als materielles fünftes Element dar. Diese „*aqua ardens*" oder „*aqua vitae*" wirkt auf die Qualitäten der menschlichen Körpersäfte ein und sorgt für Eukrasie, also die richtige Mischung der Körpersäfte.[430]

Die theoretischen Vorstellungen, die Johannes im ersten Buch des „*Liber de consideratione*" ausbreitet, beruhen z.T. auf (Pseudo-) Arnalds von Villanova Traktat „*De aqua vitae*". Seine praxisorientierten Anweisungen zur Herstellung der Arzneien und ihrer medizinischen Anwendung gehen jedoch weit über seine Vorlagen hinaus. Dagegen kommt die alchimia transmutatoria, also die Gold- und Silberherstellung mittels

[426] Zu den landessprachlichen Übersetzungen vgl. auch Halleux (1981) S. 278ff.
[427] Vgl. Benzenhöfer (1989) S. 10
[428] Vgl. Benzenhöfer (1989) S. 41 sowie Keil (1995h) Sp. 555
[429] Vgl. Haage (1975); Herkommer (1983) Sp. 727; Benzenhöfer (1989) S. 57ff. und 72ff. sowie Bachmann/Hofmeier (1999) S. 143
[430] Vgl. Herkommer (1983) Sp. 727; Benzenhöfer (1989) S. 16; Haage (1996) S. 56 und S. 195f. sowie Stille (2004) S. 57

Transmutation im Opus alchemicum, bei Johannes de Rupescissa im „*Liber de consideratione*" nicht zur Sprache.[431]

In der alchemistischen practica soll die Quintessenz vorrangig durch Destillation gewonnen werden, wobei auf verschiedene zum Teil sehr verfeinerte Destillationsverfahren zurückgegriffen wird. Jedoch ist jede durch Destillation gewonnene Quintessenz noch immer nicht ganz rein, weshalb man kein ewiges Leben erlangen könne. Solche leichten Verunreinigungen resultieren – nach Johannes – aus den unzureichenden technischen Möglichkeiten, die den Alchemisten in ihren Laboren zur Verfügung standen.[432] Die wichtigste Quintessenz ist für Johannes de Rupescissa die Quintessenz des Weines, die „*quinta essentia vini*" (der Weingeist), die aus der wiederholten Destillation von hochprozentigem Alkohol („*aqua ardens*") entstehe. Zu erkennen sei die quinta essentia vini an dem süßen Wohlgeruch, der einem beim Öffnen des Destillationsgefäßes entgegenströme. Neben dem Wein enthalten auch alle anderen Dinge eine Quintessenz. So läßt sich mittels Destillation eine Quintessenz aus allen pflanzlichen (z.B. Früchte, Kräuter oder Wurzeln), tierischen (z.B. Tierfleisch oder Menschenblut), mineralischen und metallischen Stoffen gewinnen. Speziell den Quintessenzen aus den Naturstoffen, d.h. pflanzlicher und tierischer Art, schreibt Johannes de Rupescissa die Fähigkeit zu, die heilende Wirkung der quinta essentia vini noch zu steigern, und darüber hinaus könnte man deren Wirkkraft erhöhen, indem man die Naturstoffe mittels einer abgestuften Destillationstechnik zuerst in ihre Elemente aufspaltet. Daneben beschreibt der „*Liber de consideratione*" auch die Herstellung von Metallquintessenzen. Neben der Branntweindestillation behandelt Johannes de Rupescissa im „*Liber de consideratione quintae essentiae rerum omnium*" auch die Extraktion der Quintessenz aus Menschenblut. Die alchemistische Blutdestillation ist dabei stets auf die Trennung der Elemente und ihrer anschließenden Neukomposition ausgerichtet, deren Ziel die Gewinnung des Lapis philosophorum oder des Elixiers (Panazee) ist.[433] Zur Extraktion der Quintessenz des Goldes („*quinta essentia auri*") wird aus Gold und Quecksilber ein Amalgam gebildet, das dann in destilliertem „*acetum philosophorum*"[434] oder altem Urin aufgelöst und anschließend der Sonne ausgesetzt werden soll. Das dann entstandene Öl wird auf dem Feuer erhitzt und zurück bleibt die Quintessenz des Goldes („*oleum incombustibile*"). Auch die Herstellung der Quintessenz des Antimons und des Bleiweißes (Cerussa) beschreibt Johannes de Rupescissa, ebenso wie die Herstellung von Jungfrauenmilch, eines starken Korrosivums, dem „*ignis adeptum*", sowie des Ätzmittels „*aqua fortissima*".[435]

[431] Vgl. Bachmann/Hofmeier (1999) S. 141 und Stille (2004) S. 57
[432] Vgl. Bachmann/Hofmeier (1999) S. 141
[433] Vgl. Thorndike (1923-58) Bd. 3, S. 358 und vor allem Romswinkel (1974) S. 29ff.
[434] Um welche Substanz es sich bei „*acetum philosophorum*" handelt, kann nicht mit Sicherheit gesagt werden. (Vgl. hierzu auch Halleux (1981) S. 257)
[435] Vgl. Herkommer (1983) Sp. 727 sowie Benzenhöfer (1989) S. 16ff.

Neben den Verfahren für die Herstellung der Quintessenzen nimmt im „*Liber de consideratione*" die Beschreibung von Heilmitteln einen großen Raum ein. Hier unterscheidet Johannes de Rupescissa nach Simplizien (einfache Heilmittel), die er nach ihren Primärqualitäten (heiß, kalt, trocken und feucht), nach ihren vier Stärkegraden und nach ihren Sekundärqualitäten (wie Purgativa, Attractiva usw.) ordnet, und Komposita, die er im zweiten Teil des „*Liber de consideratione*" ausführlich abhandelt.[436]

Das zweite Buch des „*Liber de consideratione*" unterteilt sich in 20 Einzelkapitel, die je einer spezifischen Krankheit gewidmet sind. Johannes bietet jeweils eine Beschreibung der Krankheit, welche dem Arzt helfen soll diese auch zu erkennen, und die entsprechende Medikation. Die verschiedenen Präparate setzen sich stets aus verschiedenen Quintessenzen zusammen, denen gegebenenfalls noch weitere Stoffe beigemischt werden müssen.[437]

Im zweiten Buch des „*Liber de consideratione*" beschreibt Johannes also verschiedene Krankheiten, ihre Behandlung und die Zubereitung der zu applizierenden Arzneien. Das erste Remedium nimmt sich der Gebrechen des Alters an:

> „*Die erste artzenie oder ernerunge. wie man den alter erneret vnd wider jünglich geschaffen würt vnd ouch wider crefftig vnd wol mügende würt.*"[438]

Zur Anwendung kommt hier die „*quinta essentia vini*":

> „*Das ist also / dz du nemest daz fünffte wesen von dem gebranten wine dz wir vor geseit hant* [...] *vnd in daz fünffte wesen tü / daz fünffte wesen von golde vnd ouch von perlin vnd von diesem götlichen trancke trincke ein alt mensche des nachtes vnd des morgens mit gutem wine gemüschet / als ein gute nüßschale vol des tranckes So kommet er in kürtzer zit zu so vil gesünde vnd stercke* [...]."[439]

Johannes schlägt auch eine Behandlung bei Lähmung („*sparlas*") vor, deren Ursache er folgendermaßen beschreibt:

> „*dz sparlas kommet von uberflußikeit der slymigen materien vnd brennende / die do sliessent den mittel*[440] *der tügent der selen vnd des empfindens.*"[441]

Zur Therapie werden dem Weingeist verschiedene Kräuter zugesetzt. Es sind dies heiße, das Phlegma (d.i. der Schleim) reinigende Mittel:

> „*Darumbe so dü in dz funffte wesen etteliche sachen die do reinigent fleugma vnd die slymmige materien / Als enwenig euforbij / oder turbit / oder holder / oder saffran von ort / vnd danne so würt der mensche do mitte erneret.*"[442]

---

436 Vgl. Benzenhöfer (1989) S. 18f. und Stille (2004) S. 58
437 Vgl. Bachmann/Hofmeier (1999) S. 142
438 Benzenhöfer (1989) S. 141
439 Benzenhöfer (1989) S. 141
440 Mit „*mittel*" ist hier der „*meatus*" gemeint, also der Gang bzw. Weg.
441 Benzenhöfer (1989) S. 144

Diese Rezeptur therapiert die Krankheit damit ganz im Sinne der galenischen Humoralpathologie, indem sie versucht, den die Krankheit verursachenden Körpersaft zu reinigen.[443]

Der „*Liber de consideratione*" präsentiert sich als eines der bedeutendsten und wirkungsmächtigsten Werke der iatrochemischen Fachliteratur der Mittelalters. Allerdings stammt die medizinische Anwendung alkoholischer Destillate nicht von Johannes de Rupescissa, sondern er greift eine bereits seit dem 12. Jahrhundert bestehende Tradition auf und trägt zu ihrer weiteren Verbreitung bei. Greifbar wird diese Tradition in Schriften des (Pseudo-) Albertus Magnus und Petrus Hispanus, im Branntweintraktat Taddeo Alderottis (s.u.) oder im Traktat „*De aqua vitae*" des (Pseudo-?) Arnald von Villanova, in denen sich bereits vor Johannes de Rupescissa Alkoholrezepte finden. Der Traktat „*De aqua vitae*" wurde von Johannes de Rupescissa sogar als direkte Quelle für den „*Liber de consideratione*" benutzt. Die früheste gesicherte Erwähnung der Alkoholdestillation findet sich in den „*Mappae clavicula*" aus dem 12. Jahrhundert. Sie werden Adelard von Bath zugeschrieben, der sie aus bisher unbekannten arabischen Quellen übersetzt haben soll. Darin heißt es:

> „*De commixtione puri et fortissimi xknk cum III. qbsuf tbmkt cocta in eius negocii vasis fit aqua, quae accensa flammans incombustam servat materiam.*"[444]
>
> (Übersetzung: „Stärkster, unverfälschter Wein wird mit dem dritten Teile Salz vermischt und in den zu dieser Operation geeigneten Gefäßen erhitzt. Daraus entsteht ein Wasser, welches angezündet eine Flamme entwickelt, aber den Stoff unverbrannt läßt."[445])

Das hier wiedergegebene Rezept handelt damit eindeutig von der Alkoholdestillation aus Wein – der Branntweinherstellung. Die Zuschreibung des Rezeptes ist allerdings unsicher, da es in der ursprünglichen Fassung der „*Mappae clavicula*", die in einer Schlettstadter Handschrift aus dem 9. Jahrhundert erhalten ist, nicht vorkommt. Da Adelards Vorlagen nicht greifbar sind, muß es offen bleiben, ob das Rezept bereits darin enthalten war, von ihm selbst hinzugefügt wurde oder aber Adelard bereits eine alchemistische Bearbeitung der „*Mappae clavicula*" tradierte. Die iatrochemische Bedeutung des „*Liber de consideratione*" liegt jedoch nicht allein in der Propagierung der Alkoholdestillation, sondern in der alchemistischen Herstellung von Heilmitteln aus allen Naturbereichen. Dadurch ebnete Johannes de Rupescissa sowohl den Pflanzendestillaten den Weg in die mittelalterliche Medizin, als auch den Metall- und Mineralquintessenzen, deren wichtigste die Quintessenz des Antimons ist, die zur

---

[442] Benzenhöfer (1989) S. 144
[443] Vgl. Stille (2004) S. 58f.
[444] Ruska (1913)
[445] Stille (2004) S. 54

Entwicklung der bis weit in die (frühe) Neuzeit wirkungsmächtigen Antimontherapie führte.[446] Ein frühes Zeugnis der Wirkung des „*Liber de consideratione*" ist die pseudo-lullische Schrift „*De secretis naturae seu de quinta essentia*", die Ende des 14. oder Anfang des 15. Jahrhunderts entstand und in der ein anonymer Bearbeiter große Teile des „*Liber de consideratione*" mit Auszügen aus alchemistischen Fachschriften des Pseudo-Raimundus Lullus kombinierte.[447] Eine Kurzfassung von „*De secretis*" wurde 1514 erstmals gedruckt[448] und bereits im Jahr 1532 ging eine deutsche Übersetzung in Druck. Das gedruckte „*De secretis*" war im 16. Jahrhundert weit verbreitet und sorgte somit auch für eine starke Rezeption der Inhalte des „*Liber de consideratione*", wenn auch unter falschem Namen. Das „*De secretis*" war so wirkungsmächtig, daß selbst das Erscheinen des lateinischen Erstdrucks des „*Liber de consideratione*" im Jahr 1561 die lullifizierte Fassung des „*De secretis*" nicht verdrängen konnte.[449]

4.2.14. Die „*Turba philosophorum*"

Unter dem Titel „*Turba philosophorum*" kennt das christliche Abendland ein alchemistisches Lehrwerk, das auf die um 900 entstandene arabische Fachschrift „*Muṣḥaf al-ǧamā'a*" ('Buch der Versammlung') zurückgeht, die wahrscheinlich in Ägypten entstand.[450] Es handelt sich dabei um eine Verknüpfung von griechischer Kosmologie mit alchemistischem Lehrgut. In ihr werden die hermetischen Grundbegriffe der Alchemie diskutiert und es tritt ihr gesamter naturphilosophischer Hintergrund zutage.[451] Als „*Turba philosophorum*" dringt das arabische 'Buch der Versammlung' spätestens seit dem 12. Jahrhundert ins lateinische Abendland ein[452] und bleibt bis zum Niedergang der Alchemie ein Hauptwerk der alchemistischen Fachliteratur in Europa. Kern der

---

[446] Das Antimon ist allerdings für den Menschen giftig, wenn es in hohen Dosen eingenommen wird. Zur Antimontherapie in der frühen Neuzeit vgl. Trense (1985).

[447] Zur Zusammensetzung des „*De secretis naturae seu de quinta essentia*" vgl. Pereira (1989) S. 11-20 und S. 77 sowie Pereira (1994).

[448] Das Werk erschien zusammen mit den „*Consilia*" des Gianmatteo Ferrari de Gradi.

[449] Vgl. Benzenhöfer (1989) S. 20ff.; Haage (1996) S. 56 und Stille (2004) S. 54

[450] Vgl. Ruska (1931) S. 318f.; Plessner (1975) S. 129f.; Kingsley (1994) sowie Bachmann/Hofmeier (1999) S. 228. Die arabische Urfassung des 'Buchs der Versammlung' ist leider verloren und ist heute nur noch fragmentarisch erhalten. Der Terminus „*Muṣḥaf*", d.h. Buch oder altes Buch, findet sich im Arabischen vorwiegend in Titeln aus den Anfängen der islamischen Buchproduktion. Neben dem „*Koran*" tragen hauptsächlich geheimwissenschaftliche – und damit auch alchemistische – Werke diese Bezeichnung. (Vgl. hierzu auch Kingsley (1994) S. 10)

[451] Ein Beispiel für das fundierte alchemische Wissen des Autors der „*Turba philosophorum*" ist eine Beschreibung von „*Königswasser*" („*aqua regia*") durch die Kombination von Salz- und Salpetersäure. Das „*Königswasser*" wurde bei den Alchemisten als Goldscheidewasser benutzt.

[452] Eine Ausgabe der lateinischen „*Turba philosophorum*" einschließlich neuhochdeutscher Übersetzung findet sich bei Ruska (1931).

„Turba philosophorum" ist eine Versammlung namhafter Philosophen (gemeint sind Alchemisten), die über Streitfragen debattieren, die aus dem Gebrauch arkansprachlicher Decknamen sowie der bewußten Verschleierung alchemistischen Wissens entstanden sind. Dabei haben die Namen der Philosophen auf ihrem Weg vom Griechischen über das Arabische und Lateinische ins Deutsche z.T. die abenteuerlichsten Formen angenommen.[453] Die durch die Überlieferung teilweise stark verfremdeten Namen der versammelten Alchemisten konnten von Ruska größtenteils rekonstruiert werden. So ist Vitimerus gleich dem griechischen Philosophen und Mathematiker Pythagoras und Lucas ist nicht der biblische Evangelist sondern Leukippos.[454]

Die deutschsprachige Überlieferung und Rezeption der lateinischen *„Turba philosophorum"* setzt nicht, wie die Forschung lange geglaubt hatte, mit gedruckten Übersetzungen Ende des 16. Jahrhunderts ein,[455] sondern ist bereits im 15. Jahrhundert in vollem Gange. Deutsche Prosaübersetzungen setzen im 15. Jahrhundert ein, wenn auch von einer systematischen Erfassung deutscher Prosaübersetzungen der *„Turba philosophorum"* nicht gesprochen werden kann:

- Halle, Universitätsbibliothek und Landesbibliothek, Ms. 1/C a/2, Bl. 1^r-102^r aus dem 15. Jahrhundert; beginnend mit dem Incipit: *„Der anefangk des puchs der schar philozophorum das gehaissen wirt das puch der warheit jn der verporgen kunste"*.[456]

Daneben gelangte der Inhalt der *„Turba philosophorum"* durch Übersetzungen lateinischer Florilegien, wie bspw. dem *„Rosarium philosophorum"*, und Dictasammlungen, die Teile der *„Turba philosophorum"* enthielten, ins Deutsche.[457] Die Überlieferung dieser Texte setzt spätestens im 16. Jahrhundert ein.[458] Ebenfalls im 16. Jahrhundert setzt die gedruckte Überlieferung der *„Turba philosophorum"* ein, deren lateinische Fassung 1572 in Basel herauskam. Die erste deutsche gedruckte Übersetzung von Paul Hildenbrandt folgte bereits 1597 in Frankfurt.[459]

Weitaus wichtiger für die deutsche Fachliteratur der Alchemie sind aber die deutschsprachigen Spruchüberlieferungen aus der *„Turba philosophorum"*, die seit dem 15. Jahrhundert nachweisbar sind und deutlich machen, daß die deutsche Überlieferung der *„Turba philosophorum"* bereits im 15. Jahrhundert voll entfaltet war. Es handelt sich dabei um:

---

[453] Vgl. Telle (1995e) Sp. 1151f. sowie Haage (1996) S. 135

[454] Vgl. Ruska (1931) S. 23ff.

[455] Vgl. Ruska (1931) S. 94ff.

[456] Zur weiteren Überlieferung deutscher Prosaübersetzungen der *„Turba philosophorum"* vgl. im Anhang.

[457] Zur Überlieferung dieser deutschsprachigen *„Turba philosophorum"*-Textgruppe vgl. im Anhang und bei der Überlieferung des *„Rosarium Philosophorum"*.

[458] Vgl. Telle (1995e) Sp. 1152f.

1. Reimpaarsprüche als Bildgedicht (Bildgedicht nach der „*Turba philosophorum*") und
2. Sprüche vom alchemistischen Stein (Spruchgedicht nach der „*Turba philosophorum*").[460]

Neben diesen Spruchdichtungen belegen vor allem Zitate aus der „*Turba philosophorum*", daß diese zum festen Bestandteil des deutschen Fachschrifttums der Alchemie gehörte. Beispiele für Zitate innerhalb der deutschen Traktatliteratur des 15. Jahrhunderts finden sich bei Johannes Münich von Ochsenfurt (München, cgm 309, ab Bl. 126^r),[461] bei Hans Folz in seinem Lehrgedicht „*Der Stein der Weisen*"[462] sowie im „*Splendor solis*".

Die „*Turba philosophorum*" basiert auf der griechischen Alchemie. Dies zeigt sich an den durchweg griechischen Philosophen, die zu Wort kommen, und in ganzen Abschnitten, die aus Pseudo-Demokrit und Olympiodoros schöpfen.[463] Da weder arabische Alchemisten noch die Schwefel-Quecksilber-Theorie erwähnt werden, ist davon auszugehen, daß es sich bei der „*Turba philosophorum*" um „eine arabische Bearbeitung eines ursprünglich griechischen Werkes"[464] handelt.[465]

Man kann die „*Turba philosophorum*" inhaltlich in zwei große Abschnitte unterteilen. Der erste Teil, bestehend aus den einleitenden neun Sermones (Sprüchen), bietet eine Abhandlung über die antike Elementenlehre, in der die „vier Elemente mit ihren Qualitäten und physikalischen Eigenschaften"[466], also die Kosmologie, beschrieben werden.[467] Rudolph ist es gelungen, für diese ersten neun einleitenden kosmologischen Sermones der „*Turba philosophorum*" eine Hauptquelle wahrscheinlich zu machen, nämlich die „*Refutatio omnium haeresium*" ('Widerlegung aller heidnischen Lehren') des Kirchenvaters Hippolyt von Rom (3. Jahrhundert).[468] Der zweite Abschnitt enthält alchemische Verfahren und Prozeduren, deren Bedeutung durch den massiven Einsatz von Verschlüsselungen häufig im Dunkeln bleibt. Obwohl die „*Turba philosophorum*" vor den Alchemisten warnt, die sich der verdeckten Rede bedienen, also „tecte" re-

---

[459] Vgl. Haage (1996) S. 135
[460] Die deutschen Spruchdichtungen nach der „*Turba philosophorum*" werden unten im Abschnitt über die alchemistische Lehrdichtung ausführlicher behandelt.
[461] Vgl. hierzu auch in Kapitel 4.3.19.
[462] Vgl. Telle (1995e) Sp. 1156. Zu Hans Folz vgl. Kapitel 4.3.5.4. und Telle (1992) S. 469.
[463] Vgl. hierzu Ruska (1931)
[464] Haage (1996) S. 136
[465] Vgl. Haage (1996) S. 135f.
[466] Haage (1996) S. 136
[467] Vgl. Bachmann/Hofmeier (1999) S. 228f.
[468] Vgl. Rudolph (1990/92). Zu Hippolyt von Rom vgl. Marcovich (1986).

den,[469] kann man sie durchaus als einen der bedeutendsten Vertreter der arkansprachlich geprägten alchemistischen Fachliteratur ansehen. Der Warnung des Parmenides:

> *„Wisset, daß die Neider[470] auf vielerlei Art von mehreren Wassern und Brühen, Körpern, Steinen und Metallen gehandelt haben, um euch alle, die Wissenschaft Suchenden, zu betrügen.“*[471]

stehen viele Textpassagen gegenüber, deren Entschlüsselung einiges an Mühe erfordert. Ein Beispiel hierfür findet sich in der Rede des Sokrates im Kapitel bzw. Sermo 16:

> *„Und wisset, daß das Geheimnis der 'Darstellung des Goldes' aus dem 'Männlichen' und dem 'Weiblichen' kommt. Das 'Männliche' (aber) habe ich euch schon beim 'Blei' gezeigt, das 'Weib(liche)' dagegen habe ich euch im 'Auripigment' genannt. Mischet daher das 'Auripigment' mit dem 'Blei', denn wenn es die Kraft des Mannes empfangen hat, freut sich das Weib, weil es vom Männlichen unterstützt wird, das Männliche aber nimmt von der Frau den färbenden Geist an. Bringet diese daher gemischt in ein gläsernes Gefäß, und zerreibet sie mit 'Ethelia' und 'schärfstem Essig', und kochet sie sieben Tage; und hütet euch, daß das 'Geheimnis' zu rauchen beginnt, und lasset es mehrere Nächte stehen. Und wenn ihr wollt, daß es sich mit 'Gelb' bekleidet, falls ihr es schon trocken seht, dann tränket es mit 'Essig'. Also habe ich auch schon die Kraft des 'Auripigments' bekannt gegeben, das das 'Weib' ist, durch welches das größte Geheimnis bewirkt wird. Wollet also dies (Weib) nicht den Bösen zeigen. Der Sandarnach aber ist die Ethelia des 'Essigs', der bei der Darstellung zugesetzt wird, durch den Gott das Werk vollendet, wodurch auch die Körper 'Geister' aufnehmen und geistig werden.“*[472]

Der „*Sandarnach*“ entspricht Auripigment, alle anderen in Häkchen dargestellten Termini entziehen sich jedoch einer genauen Bedeutungszuweisung, wodurch sie ihre wahre Bedeutung verschleiern und somit als arkansprachliche Decknamen fungieren. Die Aussage, die man letztlich zu dieser Textstelle machen kann, ist gering: Es geht um die Vereinigung von zwei Körpern mit dem Ziel Gold herzustellen, was durch die Stilisierung der Geschlechterrollen von Mann und Frau als Zeugungsakt allegorisiert wird.[473]

---

[469] Diese Warnung zieht sich toposartig durch die Schriften der griechischen Alchemisten, wie bspw. Olympiodoros, so daß man die Warnung, die in Kapitel/Sermo 11 der „*Turba philosophorum*“ von Parmenides ausgesprochen wird, als weiteren Beleg für den griechischen Ursprung der „*Turba philosophorum*“ werten kann.

[470] Die Neider sind jene „tecte“ redenden Alchemisten, die, um ihr Wissen zu verbergen, absichtlich in die Irre führen, weshalb sie in dieser Textstelle auch als Betrüger angesehen werden.

[471] Ruska (1931) S. 188

[472] Ruska (1931) S. 199f.

[473] Vgl. Haage (1996) S. 136ff.

4.2.15. Winand vom Roten Schild

Winandus de Rufo Clipeo (deutsch: Winand vom Roten Schild) war ein niederländischer Arzt und Alchemist, der im ausgehenden 14. Jahrhundert im Herzogtum Brabant lebte. Winands Herkunft aus Brabant läßt sich anhand eines Selbstzeugnisses in der von ihm verfaßten lateinischen „*Gloria mundi*" zeigen:

> „*Ego magister Wynandus medicus* [...] *dictus de Ruffo Clippeo, Traiectensis natione, ex illa parte Aquis quattuor milliaribus distans in terra ducatus Probantiae* [...] *conposui has operationes sequentes*"[474].

Thorndike ging noch davon aus, daß er in „*Franconia*" lebte.[475] Dabei übersah er jedoch das oben zitierte Selbstzeugnis Winands, wonach dieser in Brabant ansässig war.[476]

Bei der im 14. Jahrhundert entstandenen „*Gloria mundi*"[477] handelt es sich um einen manchmal in zwei Teile unterteilten Traktat, der zur lateinischen Fachliteratur der Alchemie zu zählen ist. Der Traktat zielt auf die Metallveredelung mit Hilfe der Transmutation und damit auf die Gewinnung des Lapis philosophorum. Außergewöhnlich sind „experimentelle Anleitungen"[478], welche den Grad der Rotfärbung während des alchemischen Werkes mit den sieben Stufen der Weisheit bzw. den sieben Weltaltern in Beziehung setzen.[479]

Nach Winands eigenen Aussagen präsentiert er in seiner „*Gloria mundi*" Wissen, das er durch eigene laborpraktische Tätigkeit erworben haben will und somit seine praktische Erfahrung auf dem Gebiet der Alchemie widerspiegeln soll. Bei genauerem Hinsehen stellt sich allerdings heraus, daß er hauptsächlich aus der im 14. Jahrhundert gängigen alchemistischen Fachliteratur über die Transmutation der Metalle schöpfte. Er benutzte für seinen Traktat sowohl lateinische Übersetzungen und Bearbeitungen arabischer Fachschriften (z.B. Senior Zadith) als auch eigenständige lateinische Fachtexte, die sich mit Namen von Autoritäten wie Pseudo-Albertus Magnus verbinden. Eine von Winand genannte Hauptquelle ist vermutlich der pseudo-aristotelische Traktat „*De perfecto magisterio*": „*operationes extracte sunt de libro perfecti magisterii*".[480]

---

[474] Telle (1999b) Sp. 1178. Zitiert nach Bl. 31 des cod. 17.17 Aug. 4° der Herzog-August-Bibliothek (Wolfenbüttel) aus dem 15. Jahrhundert.
[475] Vgl. Thorndike (1923-58) Bd. 4, S. 337
[476] Vgl. Telle (1999b) Sp. 1178
[477] Auch bekannt unter dem Titel „*Liber luminum*" und „*Liber lumen luminum*".
[478] Telle (1999b) Sp. 1179
[479] Vgl. Telle (1999b) Sp. 1179
[480] Vgl. Telle (1999b) Sp. 1179f. Das Zitat findet sich auf Bl. 31^r des cod. 17.17 Aug 4° der Herzog-August-Bibliothek in Wolfenbüttel aus dem 15. Jahrhundert.

Die Überlieferung der „*Gloria mundi*" ist bisher nur in Ansätzen erfaßt und wartet weiter auf eine systematische Aufarbeitung. Dies wird allerdings auch durch die Tatsache erschwert, daß manche Tradenten Winands „*Gloria mundi*" für eine Bearbeitung des „*Lumen luminis*" des Pseudo-Rhazes hielten. Ruska ist es gelungen, diese Ansicht zu widerlegen, da sie sich auf eine im 15. Jahrhundert beginnende Vermischung der „*Gloria mundi*" mit anderen alchemistischen „*Lumen*"-Texten – welche vor allem Arnald von Villanova und Rhazes zugeschrieben werden – stützt.[481] Die deutschsprachige Überlieferung der „*Gloria mundi*" setzt im 15. Jahrhundert ein und läßt sich anhand der bisher bekannten Textzeugen bis ins 18. Jahrhundert verfolgen.[482] Das älteste bekannte Zeugnis der deutschsprachigen „*Gloria mundi*"-Rezeption und -Tradierung findet sich in:

– Venedig, Markusbibliothek, cod. San Marco fondo antico 323, Bl. 201^{v}-206^{v} (15. Jahrhundert mit lateinischen Abschnitten).

Eine systematische Erfassung sowie eine Untersuchung der deutschen „*Gloria mundi*"-Überlieferung steht allerdings noch aus.[483]

4.2.16. Alanus (philosophus)

Mit dem Namen Alanus verbindet sich in der mittelalterlichen Fachliteratur eine alchemistische Autorität, deren Schriftencorpus bisher nur unzureichend erfaßt und so gut wie nicht untersucht wurde. Von den ursprünglich lateinisch verfaßten Fachschriften des Alanus drangen die „*Lehre vom metallischen Wasser*", die „*Dicta de lapide philosophorum*" und ein ihm irrtümlich zugeschriebener Brieftraktat „*Von der Elementenwandlung*" in die deutschsprachige alchemistische Fachliteratur des Spätmittelalters ein.[484]

Zur Person des Alchemisten Alanus ist zu sagen, daß man ihn spätestens seit Michael Maiers „*Symbola aurea mensae duodecim nationum*" von 1617 mit Alanus ab Insulis identifizierte. Gleichzeitig soll er nach Maiers Angaben 1430 „*in Gallia*" gelebt haben.[485] Diese von Maier vorgenommene Identifikation widerlegt sich jedoch selbst, denn zum einen lebte der wirkliche Alanus ab Insulis im 12. Jahrhundert († 1203) und nicht im 15. Jahrhundert und zum anderen sind bisher von dem zur Schule von Chartres gehörenden Gelehrten keine alchemistischen Fachschriften bekannt. Es scheint sich bei dem Namen vielmehr um ein in Anlehnung an den großen Gelehrten Alanus

481 Vgl. Ruska (1939) S. 65ff.
482 Zur Überlieferung vgl. im Anhang.
483 Vgl. Telle (1999b) Sp. 1180
484 Vgl. Telle (2001) Sp. 30
485 Vgl. Maier (1617) S. 260f. und Telle (2001) Sp. 30f.

ab Insulis entstandenes Pseudonym zu handeln, um – wie in der alchemistischen Fachliteratur häufig praktiziert – sich im Lichte dieses Gelehrten selbst einen Nimbus von Weisheit und Gelehrsamkeit zu verschaffen und damit den eigenen Fachschriften mehr Glaubwürdigkeit zu verleihen. Aus diesem Grunde würde ich, in Anlehnung an manche Namensnennungen in der Überlieferung sowie an die Ausführungen von Barke[486] dafür plädieren, den Alchemisten Alanus durch die Beifügung 'philosophus' klar von Alanus ab Insulis abzugrenzen.

Es gab allerdings auch noch andere Versuche, Alanus philosophus zu identifizieren. So wurde Johannes Gier[487] verschiedentlich für den Verfasser der „*Dicta de lapide philosophorum*" gehalten. Er tradierte aber lediglich eine deutsche Fassung der „*Dicta de lapide philosophorum*".[488] Auch der von Boeren vorgeschlagene Albert Krantz[489] kommt als Verfasser der „*Dicta de lapide philosophorum*" sicher nicht in Frage.[490] Aber auch die Identifizierung von Alanus philosophus mit einem Frater bzw. Magister Alemannus oder Hermanus von Böhmen[491] ist völlig unsicher, da sie möglicherweise auf einer Verwechslung des Alanus mit einem Alamannus bzw. Albanus beruht.[492]

Aufgrund der Überlieferungsgeschichte und der inhaltlichen Zusammensetzung der „*Dicta de lapide philosophorum*" kann man davon ausgehen, daß der Alchemist Alanus philosophus spätestens im 15. Jahrhundert tätig war. Der wohl bewußt gewählte pseudonyme Name und die Konfusion um diesen Namen haben dazu geführt, daß über sein Leben ebenso wie über seinen Wirkungsbereich keine gesicherten Informationen vorliegen. Selbst die Identität des „*Dicta*"-Verfassers mit dem Verfasser der „*Lehre vom metallischen Wasser*" ist nicht gesichert.[493]

Die ursprünglich lateinische „*Lehre vom metallischen Wasser*" entstand spätestens zu Beginn des 15. Jahrhunderts, wie Zitate, die in einer „*Rosarium philosophorum*"-Fassung aus dem Jahre 1417[494] enthalten sind, belegen. Die aus dem 15. Jahrhundert

---

[486] Vgl. Barke (1991) S. 48ff.
[487] Man findet auch häufig die Schreibweise Gyer.
[488] Siehe unten bzw. bei der Überlieferung im Anhang.
[489] Albert Krantz (1448-1517) war ein Gelehrter, Geistlicher und Syndicus, der im Machtbereich der Hanse (Lübeck, Hamburg) tätig war und als Verfasser philosophischer und theologischer Fachtexte sowie einer sechsbändigen Geschichte des norddeutsch-hanseatischen Raums in Erscheinung trat. (Vgl. hierzu auch Cosanne (1991) Sp. 1475)
[490] Vgl. Boeren (1975) S. 114
[491] Vgl. Thorndike (1923-58), Bd. 3 (1934), S. 53; Boeren (1975) S. 24 und Frick (1976) S. VIf. Dieser Alemannus/Hermanus von Böhmen ist der angebliche Verfasser eines an Papst Bonifatius VIII. gerichteten alchemistischen Lehrbriefes. Hier scheint es sich aber wohl ebenfalls um eine Konfusion zu handeln, denn die alchemistische Lehrschrift an Papst Bonifatius VIII. sind die „*Quaestiones tam essentiales quam accidentales ad Bonifacium VIII*", die aus der Feder des Pseudo-Arnald von Villanova stammen. (s.o.)
[492] Vgl. Telle (2001) Sp. 31
[493] Vgl. Telle (2001) Sp. 31
[494] Leiden, Universitätsbibliothek, cod. Voss. chem. F.27

stammende lateinische Fassung, die in der Coburger Landesbibliothek (Ms. Cas. 85, Bl. 141^r-143^r) überliefert wird, nennt als Verfasser des vorliegenden „*Liber compendiosus*" einen Alanus. Der lateinischen Fassung folgen bereits in der ersten Hälfte des 15. Jahrhunderts erste deutsche Übersetzungen:

- Rom, Bibliotheca Apostolica Vaticana, cod. Vat. lat. 1329, Bl. 104^r-143^v (entstanden 1430 in Schlesien und beginnend mit dem Incipit: „*Eyn dinck czu dirwelen aws allen dingen, das ist eyner bleichen varbe*").
- Coburg, Landesbibliothek, Ms. Cas. 26, Bl. 192^r-193^r aus dem 15. Jahrhundert mit dem gleichen Incipit wie die Handschrift in Rom.
- Halle. Landesbibliothek, Ms. 1/C a/2, Bl. 380^v-383^r (15. Jahrhundert, bairisch, Incipit: „*Ir aller liebsten brüder sucht mit ganczem fleiß vnd der forschent das wasser der metallen*").[495]

Die vom „*meister Albani*"[496] in der „*Lehre vom metallischen Wasser*" propagierten alchemistischen Lehren zielen auf die Gewinnung der weißen und der roten Tinktur mit deren Hilfe die transmutatio metallorum durchgeführt werden kann. Grundlage der dargestellten und ganz in der Tradition spätmittelalterlicher Transmutationslehren stehenden „*alchimey*" ist „*vnser mercurio*", worunter der Verfasser arkanes Quecksilber versteht und nicht etwa gewöhnliches Quecksilber, das er als „*Mercurio der leyen*" bezeichnet.[497]

Zur Wirkung der „*Lehre vom metallischen Wasser*" ist zu sagen, daß sie Eingang in andere zum Teil weit verbreitete Texte der alchemistischen Fachliteratur fand. In eine lateinische Fassung des „*Rosarium philosophorum*" von 1550[498] wurde ein aus der „*Lehre vom metallischen Wasser*" stammender Abschnitt über eine bläuliche bzw. bleifarbene Arkansubstanz – bei Alanus als „*lebendig element*", „*wundersam stein*" oder „*lebendig wasser*" bezeichnet – aufgenommen:

> „*Alanus Philosophus. Vna res ex omnibus est eligenda, quae est liuidi coloris, habens speciem metallicam limpideam & liquideam, & est res calida & humida, aquola & adustiua, et est oleum viuum, & tinctura viua, lapis mineralis, & aqua vitæ miræ efficaciæ.*"[499]

[495] Vgl. Telle (2001) Sp. 31

[496] Telle (2001) Sp. 31, nach Heidelberg, Universitätsbibliothek, cpg 635, Bl. 293 aus dem 16. Jahrhundert.

[497] Vgl. Telle (2001) Sp. 31f.

[498] Eine Faksimile-Ausgabe dieses Textes findet sich bei Telle (1992) Bd. 1. Telle gibt eine lateinische Fassung des „*Rosarium philosophorum*" wieder. Das „*Rosarium philosophorum*" wurde aber auch in deutscher Sprache überliefert und tradiert.

[499] Telle (1992) Bd. 1, S. 88f.

(Übersetzung: „Der Philosoph ALANUS[500]: Ein Stoff ist aus allen auszuwählen; er ist von bläulicher Farbe und hat ein metallisches, klares und lauteres Aussehen. Es ist ein warmer, feuchter Stoff, wäßrig und brennbar; es ist lebendiges Öl und lebendige Tinktur, mineralischer Stein und Wasser des Lebens, von wunderbarer Wirksamkeit."[501])

Darüber hinaus floß die „*Lehre vom metallischen Wasser*" in das alchemistische Lehrgedicht „*Vom Stein der Weisen*" von Hans Folz ein.[502] Folz zitiert den gleichen Abschnitt, der auch in das „*Rosarium philosophorum*" Eingang fand:[503]

„*hort, waz Allanus sagt darvan:*
'ein ding daz sey euch zu erweln,
do wir ein pleich farb zuzeln:
metallisch, flussig, glancz und leuchtent,
hiczig, wazrig, prenend und feuchtent,
ein lebendigz öl, eyn erczlicher stein,
ein wunder wurklich pluender schein.'" (Verse 48-53)[504]

Weitaus bekannter als die „*Lehre vom metallischen Wasser*" sind Alanus' „*Dicta de lapide philosophorum*". Dabei handelt es sich um eine ursprünglich lateinisch abgefaßte alchemistische Dictasammlung, die spätestens in der ersten Hälfte des 15. Jahrhunderts abgeschlossen war. Dies belegt bspw. die Überlieferung der lateinischen „*Dicta de lapide philosophorum*" auf Bl. 218^{rv} des cod. Guelf. 627 Helmst. [1444] der Herzog-August-Bibliothek in Wolfenbüttel, der aus eben dieser Zeit stammt.[505]

Wann eine deutsche Fassung folgte, ist unklar. Fest steht allerdings, daß Johann Gyer bzw. Gier aus Köln im Jahr 1512 einen deutschen Text der „*Dicta de lapide philosophorum*" tradierte. Auf diesem verschollenen Textzeugen beruht die älteste bisher bekannte Überlieferung der deutschen „*Dicta de lapide philosophorum*", nämlich der Erstdruck von 1574, der in der Folge eine ziemlich weite Verbreitung erlangte:[506]

– Bernardus Trevisanus, Von der Hermetischen Philosophia [...] Item/Dicta Alani, hrsg. von M. Toxites. Straßburg, Ch. Müller 1574, nicht paginiert

---

[500] Unter Philosoph ist hier Alchemist zu verstehen. Ich würde hier aufgrund der oben besprochenen Namensproblematik dafür plädieren, das lateinische „*Alanus Philosophus*" als Namen auch in die deutsche Übersetzung zu übernehmen, so daß die Übersetzung beginnen würde: „*Alanus philosophus: Ein Stoff ...*".
[501] Claren/Huber (1992) S. 77
[502] Vgl. zum Folz'schen Lehrgedicht unten in Kapitel 4.3.5.4.
[503] Vgl. Telle (1992) S. 468f.
[504] Fischer (1967) S. 104. Fischer gibt den Text wieder nach: Weimar, Zentralbibliothek der deutschen Klassik, Ms. Q. 566, Bl. 29^{r}-35^{r}.
[505] Vgl. Telle (2001) Sp. 32
[506] Vgl. Barke (1991) S. 48f.

(Editio princeps, Vorlage: Abschrift aus dem Besitz des Paracelsisten Heinrich Wolf).[507]

Bei der deutschen Fassung, die Johann Gier 1512 weitertradierte, handelte es sich aber keineswegs um ein Original, wie Boeren glaubte,[508] sondern um eine deutsche Übersetzung des lateinischen Ursprungstextes. Boeren kam wahrscheinlich zu dieser Ansicht aufgrund der Tatsache, daß es auf der Grundlage der Fassung von Johann Gyer Rückübersetzungen der „*Dicta de lapide philosophorum*" vom Deutschen ins Lateinische gab.[509]

Inhaltlich werden die verschiedenen Sprüche bzw. Dicta bedeutenden Autoritäten der mittelalterlichen Alchemie zugeordnet. Hierzu zählen Rhazes, Geber (latinus und arabicus?), Senior Zadith, Calid (d.i. Khalid ibn Jazid), Avicenna, Pseudo-Aristoteles und die Redner der „*Turba philosophorum*". Die von Alanus propagierte „*Philosophey*" (d.i. die Alchemie) zielte – auf der Grundlage von „*Mercurius*", „*Sol*" (Gold) und „*Luna*" (Silber) – auf die Gewinnung eines arkanen „*Steins*". Dieser „*Stein*" sei dann in der Lage unvollkommene Körper („*corpora imperfecta*") zu vervollkommnen. Das Ziel war somit die Gewinnung des Lapis philosophorum. Um diesen zu erlangen, müssen Gold und Silber im alchemischen Prozeß zunächst in ihr „*erst wesen*", also zur prima materia, zurückgeführt werden. Denn nur aus dieser prima materia, die als „*Mercurius*", „*ein ding*" (una res) oder „*schnödes ding*" (res vilis) bezeichnet wird, kann der „*Stein*" im Emporläuterungsprozeß gewonnen werden. Damit bewegt sich Alanus, was seine Lehrinhalte betrifft, ganz in der Tradition der gängigen mittelalterlichen Alchemie.[510]

Eine dritte alchemistische Lehrschrift „*Von der Elementenwandlung*" (lateinisch „*De rotatione elementorum*"[511]) wurde Alanus aufgrund der oben aufgezeigten Namenskonfusion irrtümlich zugewiesen. Bei dem Text, der auf Latein und Deutsch vorliegt, handelt es sich um einen alchemistischen Lehrbrief, der die Alchemie auf der Grundlage der antiken Elementenlehre erklärt.[512] Da in der lateinischen handschriftlichen Überlieferung verschiedentlich Johannes Dombelay (John of Dumbleton) als Verfasser des Lehrbriefes genannt wird, der diesen an Kuno von Falkenstein gerichtet habe,[513] könnte es sein, daß der Fachtext „*Von der Elementenwandlung*" tatsächlich im Umfeld des Trierer Erzbischofs Kuno von Falkenstein entstanden ist.

---

[507] Eine leicht fehlerhafte Ausgabe dieses Erstdrucks findet sich bei Barke (1991) S. 434-442.
[508] Vgl. Boeren (1975) S. 114
[509] Vgl. Telle (2001) Sp. 32f. Zu den lateinischen Rückübersetzungen vgl. in der Überlieferung im Anhang.
[510] Vgl. Telle (2001) Sp. 33
[511] Auch bezeichnet als „*De conversione elementorum*" oder „*De transmutatione elementorum*".
[512] Vgl. Thorndike (1923-58) Bd. 3, S. 140 und Telle (2001) Sp. 33
[513] Vgl. Telle (2001) Sp. 33f.

4.2.17. Alphidius

Mit dem Namen Alphidius verbinden sich mehrere Fachschriften der lateinischen Alchemieliteratur des Mittelalters, wie etwa der „*Liber ad filium suum*“, deren Überlieferung im 14. Jahrhundert einsetzt. Alphidius gilt bei spätmittelalterlichen und frühneuzeitlichen Alchemisten als Autorität und wird häufig zitiert.[514]

Zu seiner Person, seiner Lebenszeit und seinem Wirkungsbereich ist nichts weiter bekannt. Der Name 'Alphidius'[515] selbst weist auf einen Alchemisten arabischer Herkunft. Ein solcher läßt sich allerdings bisher nicht nachweisen.[516] Die Annahme Fergusons und auch noch Boerens, daß Alphidius im 12. Jahrhundert gewirkt habe,[517] läßt sich nicht beweisen und scheint vor dem Hintergrund, daß die Überlieferung der Alphidius-Schriften erst im 14. Jahrhundert einsetzt, auch recht unwahrscheinlich zu sein. Ebenso als Spekulation zurückzuweisen ist der Erklärungsansatz, Alphidius sei identisch mit Artephius und die Unterscheidung sei aus einer Namenskonfusion entstanden.[518] Gleiches gilt für die Ansicht, daß Alphidius mit einem Alcides bzw. Assiduus identisch sei, der bei Senior Zadith zitiert wird.[519] Ohne gleich wieder ins Spekulative abzudriften, bin ich davon überzeugt, daß es sich bei dem Namen Alphidius um ein Pseudonym handelt, hinter dem sich ein mittelalterlicher Alchemist verbirgt. Dies wird meines Erachtens dadurch gestützt, daß zum einen die Überlieferung der Alphidius-Schriften erst im 14. Jahrhundert einsetzt und zum anderen sich keine Bezüge zu einem arabischen Fachautor des Namens Alphidius herstellen lassen. Der arabisch anmutende Name könnte dabei bewußt als Pseudonym gewählt worden sein, um durch eine scheinbare Genese des Textcorpus aus der arabischen Alchemie heraus dem propagierten Fachwissen eine höhere Glaubwürdigkeit zu verleihen.

Die Überlieferung der Alphidius-Schriften setzt also im 14. Jahrhundert ein und ist bisher nur in Ansätzen erfaßt worden. Das Schriftencorpus selbst harrt weiterhin einer eingehenden Untersuchung. Was man trotzdem festhalten kann, ist die Tatsache, daß Dicta des Alphidius in viele alchemistische Fachtexte Eingang fanden, so bspw. in die „*Margarita pretiosa*“ des Petrus Bonus aus dem 14. Jahrhundert, in die „*Aurora consurgens*“ des Pseudo-Thomas von Aquin (14. Jahrhundert), in das „Rosarium *philosophorum*“ aus dem 14. Jahrhundert und den „*Splendor solis*“ aus dem späten 15. Jahrhundert. In die deutschsprachige Fachliteratur der Alchemie gelangten folgende Alphidius-Schriften:

---

[514] Vgl. Telle (2001a) Sp. 72f.
[515] Man findet auch die Schreibweise „*Alfidius*“ und gelegentlich die zersetzte Form „*Assiduus*“.
[516] Vgl. Telle (2001a) Sp. 72f.
[517] Vgl. Ferguson (1954) Bd. 1, S. 27 und Boeren (1975) S. 23
[518] Vgl. zu diesem Erklärungsansatz Singer (1928-31) Bd. 1, S. 128, Nr. 145 und Boren (1975) unter dem Stichwort 'Alphidius'.
[519] Vgl. hierzu Franz (1957) S. 13

1. das „*Domus thesaurorum*“,
2. die Schrift „*Von Körper, Seele und Geist*“ und
3. ein „*Sermo*“, das im Wiener cod. 11338 auf Bl. 52^{v}-54^{v} aus dem 16. Jahrhundert tradiert wird. Bei dem mit „*Alfidius der Maister sppricht*“ beginnenden Text handelt es sich möglicherweise um eine Streuüberlieferung.

Das „*Domus thesaurorum*“ wird bereits Anfang des 15. Jahrhunderts in das deutsche Fachschrifttum der Alchemie aufgenommen. Auszüge daraus finden sich in einer deutschen „*Rosarium philosophorum*“-Fassung aus dem Anfang des 15. Jahrhunderts. Hierzu zählen eine Coniunctio-Darstellung:

> „*Alphidius in domo thesaurorum. Welcher meinen geliebten mitt mir binden vndt verknupffen wirdtt, vndt so mir mein geliebter in seinem bette freundtlich beyliegen wirdtt vnd sein sperma oder semen in meine zellen in meiner liebe eingehen wirdt, so werde ich concipirn oder von ihme entpfangen vndt schwanger werden*“[520]

und eine metaphorische Beschreibung des Lapis philosophorum als kaiserlicher Weltenherrscher:

> „[...] *vnd ich* [*Luna*, d.V.] *werde selbst zeugen vndt gebehren einen sehr mechtigen vndt gewaltigen sohn, welcher herschet vndt regirett vor allen königen vndt fürsten der erden vndt gekrönet ist mitt einer guldenen kronen des siegs zu allen dingen von gott dem allerhöchsten*“.[521]

Auch in der „*Vera scientia alchimiae*“ aus dem 15. Jahrhundert finden sich Exzerpte aus dem „*Domus thesaurorum*“.[522] Eine umfangreichere deutsche Übersetzung des „*Domus thesaurorum*“ läßt sich bisher allerdings erst für das 16. Jahrhundert nachweisen:

– Leiden, Universitätsbibliothek, Cod. Voss. chem. F.6, Bl. 100^{r}-174^{v}.[523]

Anders verhält es sich mit der Prosa-Allegorie „*Von Körper, Seele und Geist*“, die bereits im 15. Jahrhundert in deutscher Sprache vorliegt:

– München, Bayerische Staatsbibliothek, cgm 309, Bl. 123^{r-v}.[524]

Bei „*Von Körper, Seele und Geist*“ handelt es sich um eine Prosa-Allegorie über Corpus, Anima und Spiritus und steht somit ganz im Zeichen der arabischen Körper-Geist-Seele-Lehre, worauf auch schon der Titel der Allegorie hindeutet. Inhaltlich be-

---

520 Telle (1980b) S. 75, zitiert nach Leiden, Universitätsbibliothek, Cod. Voss. chem. F.27, Bl. 18^{r}.
521 Telle (1980b) S. 78, zitiert nach Leiden, Universitätsbibliothek, Cod. Voss. chem. F.27, Bl. 18^{r}.
522 Zur „*Vera scientia alchimiae*“ vgl. unten in Kapitel 4.3.5.8.
523 Vgl. Telle (2001a) Sp. 73
524 Eine Ausgabe dieser Fassung des Textes findet sich bei Buntz (1968) S. 160-161. Zur weiteren Überlieferung vgl. im Anhang.

schreibt sie die von einem „*sune*“ (der Sohn als Spiritus-Personifikation) unter Leitung eines „*furers*“ (Anima-Personifikation) unternommene Himmelswanderung, die diesen „*an das oberst teil des hymels*“ gelangen läßt. Als er von dort zu seinem „*vater*“ (Corpus-Personifikation) zurückkehrt, wird er von diesem verschlungen:[525]

> „*Eß was ein vater, der het nicht mer denn ein eynigen sune, den er von ganczen herczen lib het. Der vater hat dem sune bestellet einen furer, der jn zu allen steten furet, zu welchen steten der sune mit fleiß willen hett czu gen. Der furer furet den einigen sune des vaterß vnd sprach jn an mit sulchen worten: 'kum, ich will dich furen auff einen hohen perck, da du gar wol magst sen groß vnd das mer ist.*[526] *Ich fur dich an das oberst teil des hymels'; vnd der eynig sune ist verwillen den worten seins furerß. Er steig hyn auff mit ym vnd besahe oder beschawet die czir des ganczen himels, welcher himel wbertreffenlich schon was, vnd nach den, als er verbracht hett sein czeit jn sulcher groß wollust, do wurd er gar sere ersewffczen vmb seinen allerlibsten vater vnd sprach also zu seinem furer: 'Ich will hyn abe steigen zu meinem aller libsten vater, wenn an mich mag er nicht gelegen vnd ist stetiglich nach mir schreien'. Zu dem [sun] sein furer sprach: 'ich laß dich nicht allein hin abe, wenn war vmb ich hab dich auß gefurt vnd dar vmb so will ich dich wider furen jn die schoß deines vaterß, auf das das er gelegen muge.' Sie stunden pede auff vnd furen jn das hauß des vaterß. Do nu der vater sahe den sune, do hube er an vnd schrey mit grosß lauter stymme vnd sprach: 'O mein eyniger sune, vrstend vnd mein leben, wenn jn deinem abesen bin ich tod gewesen. Nu aber jn deiner gegenwertikeit wird ich wider lebendig'; vnd also mit irer beyder halsung oder vmbfahung der vater vor grosßer freude hat verschlinden seinen eynigen sune mit seinem eynigen munde, vnd urch die selb verslintung wurd der vater vntotlich durch das essen seines eynigen suns;*“[527]

Danach wird der „*vater*“ durch einen vom „*almechtigen got*“ bewirkten Regen in „*wasser*“ verkehrt, aus dem ein neuer Vater und ein neuer Sohn hervorgehen, die wiederum unsterbliche Früchte hervorbringen:[528]

> „*vnd er*[529] *hub an zu erswffczen vnd sein andachtigs gebete vergissen zu dem almechtigen got, dem alle dinck muglich waren vnd der auß nichteß vnd von newen alle dinck mocht erschaffen, das der seinen eynigen sune solt auß seynen leichnam auß furen vnd jm das leben gebe vnd das vorzig leben wider verlihe. Der al mechtig got was erhoren das gebet des vaterß. Do gepot er dem vater, das er sich solt nider legen vnd sloffen oder sterben. Do er nu also lag, da sant got gar ein grossen regen von oben her abe auff den vater vnd der selbig regen was den vater durch sein allerkleinste leipliche teil was gancz durchfeuchtig vnd aller verkert wurd jn wasser, vnd auß dem selbigen wasser was got ertrich vnd ein*

---

525 Vgl. Telle (2001a) Sp. 74

526 Nach Ansicht von Buntz müßte dieser Abschnitt lauten: „wie groß das mer ist“. Vgl. hierzu Buntz (1968) S. 160, Anmerkung 2.

527 Buntz (1968) S. 160f., zitiert nach München, Bayerische Staatsbibliothek, cgm 309, Bl. 123^{r-v}.

528 Vgl. Telle (2001a) Sp. 74

529 Mit „*er*“ ist hier aus dem Zusammenhang mit der zuvor zitierten Textstelle der „*vater*“ gemeint.

> *neuen vater, der jm einen newen vnd eynigen sune machet, der hin fur jn dem vater vnd der vater jn dem sune vnschidlich bleiben vnd hin fur die czwen, der vater vnd der sune, vngeliche frucht auß jn pringen, die hin fur ewiglichen nymmer mer sterben, sunder ewiglichen sein. Sie leben durch die gnad gotes.*"[530]

Es handelt sich bei der Allegorie „*Von Körper, Seele und Geist*" also nicht nur um eine Allegorie über Corpus, Anima und Spiritus, sondern im ganzen um eine Allegorie des alchemischen Werks auf der Grundlage der Körper-Geist-Seele-Lehre. Zunächst werden die flüchtigen Bestandteile (Geist – „*sun*" – und Seele – „*furer*") des Ausgangsstoffes vom festen Körper („*vater*") getrennt. Geist und Seele werden daraufhin emporgeläutert – metaphorisch dargestellt durch den Himmelsaufstieg – um nach dem durchlaufenen Prozeß des 'solve et coagula' mit dem Körper wiedervereinigt zu werden. Diese coniunctio wird in der Allegorie durch die Rückkehr von Geist und Seele in das „*hauß des vaterß*" und das Verschlingen des Sohnes durch den Vater beschrieben. Dem nach der Wiedervereinigung unsterblich gewordenen Vater wird nun Mercurius (Quecksilber), dargestellt durch die Decknamen „*grossen regen*" und „*wasser*", zugeführt. Daraus entsteht dann die rote Tinktur, versinnbildlicht durch den „*neuen vater*", die als unsterbliche Frucht das Gold hervorbringt, und die weiße Tinktur, dargestellt als „*newer sun*", die als Frucht Silber erzeugt.

Alphidius' Allegorie „*Von Körper, Seele und Geist*" wurde von Lamspring in sein Lehrgedicht „*Vom Stein der Weisen*" („*Tractatus de lapide philosophorum*") aufgenommen und in den letzten fünf Figuren als Versbearbeitung wiedergegeben, wobei er den Verfassernamen verschweigt.[531] Lamspring muß eine Vorlage der Alphidius-Allegorie benutzt haben, die in der Tradition des deutschen Überlieferungsstranges steht, der mit der Textwiedergabe im cgm 309 einsetzt. Lamspring chemikalisierte dabei seine Vorlage. Dieser Vorgang der Chemikalisierung der ursprünglichen Alphidius-Allegorie verstärkte sich noch weiter in der Bearbeitung der Allegorie, die in der 1608 (u.ö.) gedruckten und von B. Figulus herausgegebenen „*Thesaurinella Qlympica aurea tripartita*" überliefert wird.[532]

---

[530] Buntz (1968) S. 161, zitiert nach München, Bayerische Staatsbibliothek, cgm 309, Bl. 123^{v}.

[531] Zu Lamspring vgl. unten in Kap. 4.3.5.2.

[532] Vgl. Telle (2001a) Sp. 74. Eine Ausgabe des Allegorie-Textes der „*Thesaurinella Qlympica aurea tripartita*" von 1608 findet sich bei Buntz (1968) S. 161-163.

4.2.18. Das „*Donum Dei*"

Bei dem anonymen „*Donum Dei*" handelt es sich um einen alchemistischen Text-Bild-Traktat, der spätestens in der ersten Hälfte des 15. Jahrhunderts entstanden ist und ursprünglich der lateinischen Fachliteratur zuzurechnen ist. Die ältesten handschriftlichen Textzeugen des „*Donum Dei*" bieten zwei unterschiedliche Fassungen, die sich sowohl im Text- als auch im Bildbestand unterscheiden. Eine dieser Fassungen ist in mindestens der Hälfte aller bekannten Überlieferungen bewahrt geblieben,[533] wohingegen die zweite Fassung nur in zwei vollständigen und einer fragmentarischen Abschrift überliefert ist.[534] Die Überlieferung des Traktates ist auch in Bezug auf Titel und Verfasserschaft uneinheitlich. Sie reicht von der anonymen Überlieferung bis hin zu gelegentlichen Autorenzuschreibungen.

Der ursprüngliche Titel des „*Donum Dei*" ist nicht eindeutig ermittelbar. Neben dem gut bezeugten Titel „*Liber intitulatus pretiosissimum donum dei*", aus dem sich die heute gängige Titel-Kurzbezeichnung „*Donum Dei*" ableitet, sind einige der frühen handschriftlichen Textzeugen titellos oder werden ganz allgemein als „*Tractatus physicus*" bezeichnet. Daneben erscheint der Text unter konkurrierenden Titeln wie „*Tabula maioris scientiae*", „*Clavis scientiae maioris*", „*Libellus de lapide philosophorum*" oder „*Hortus divitiarum*". So scheint es auch möglich zu sein, daß der ursprüngliche Text ohne Titel verfaßt wurde und erst später durch einen Tradenten der Titel „*Donum Dei*" hinzugefügt wurde. Dafür könnte eine Textpassage aus der lateinischen Überlieferung einen Anhaltspunkt liefern:

> „*Donum Dei intitulatus. Sic in hoc completur pretiosum dei donum, quod super omne mundi scientiarum est arcanum et incomparabilis thesaurus thesaurorum.*"[535]

Dieser Textabschnitt könnte von späteren Tradenten für eine „Explicit-Formel mit Titelnennung gehalten worden sein"[536], wobei es sich aber auch hier um ein Zitat aus einem anderen alchemistischen Text des 14. oder 15. Jahrhunderts mit dem Titel „*Donum Dei*" handeln könnte. Ein Beispiel für eine solche Fachschrift ist das im 14. Jahrhundert von John Dastin verfaßte „*Donum Dei*", das in den Handschriften Sloane 3738 und Harley 3542 der British Library in London überliefert ist.[537]

Der Verfasser bzw. Kompilator des „*Donum Dei*" ist bisher nicht bekannt, auch wenn es (in der Sekundärliteratur) immer wieder Versuche gab, diesen zu identifizieren. Der

---

533 Paulus zieht hieraus richtigerweise den Schluß, daß eine kritische Edition des „*Donum Dei*", die noch immer aussteht, aus dieser Textgruppe heraus entstehen muß bzw. soll. (Vgl. hierzu auch Paulus (1997) S. 802)

534 Vgl. Paulus (1997) S. 802

535 Paulus (1997) S. 800 ohne Quellenangabe

536 Vgl. Paulus (1997) S. 800

537 Vgl. Paulus (1997) S. 799

urkundlich bisher nicht faßbare Georg Aurach, der um 1470/75 in Straßburg wirkte und in manchen Abschriften in der Schlußformel genannt wird, kann nicht der Verfasser des „*Donum Dei*" gewesen sein. Er trat um 1475 als Kopist des „*Donum Dei*" in Erscheinung und wurde aufgrund eines mißverständlichen Schreibervermerks in der späteren Tradierung gelegentlich für den Verfasser gehalten.[538] Gleiches gilt für den Juristen Johannes Andreae, der in einigen Textzeugen lediglich als Verfasser bzw. Autorität eines Zitates bezeichnet wird. Die Identifizierung des „*Donum Dei*"-Verfassers mit dem Franziskaner Elias von Assisi[539] beruht wahrscheinlich auf einer Verwechslung des „*Donum Dei*" mit anderen alchemistischen Fachschriften, die Elias zugeschrieben werden. Sie beruht somit auf der Legende vom Alchemisten Elias, was sie wenig glaubwürdig erscheinen läßt. Diese Identifizierung läßt sich bisher seit dem 17. Jahrhundert in einzelnen Textzeugen nachweisen (z.B. in der von B.G. Penot 1616 veröffentlichten „*Donum Dei*"-Fassung) und ist mit Bezug auf die Lebenszeit des Elias von Assisi (um 1180-1253) eine sehr spät einsetzende Zuschreibung der Verfasserschaft. Daneben treten seit dem 16. Jahrhundert ein Arnoldus (Dresden, Mscr. N 101), bei dem es sich möglicherweise um Pseudo-Arnald von Villanova handelt, sowie ein Franciscus (London, Wellcome Historical Medical Library, Ms. 526) bzw. Franciscus Epimetheus („*Pandora*", hrsg. von Reusner, 1582) als Autoren auf. Diese Zuschreibungen sind jedoch völlig aus der Luft gegriffen, da es hierfür keinerlei Anhaltspunkte gibt.[540]

Es bleibt also festzuhalten, daß man als Verfasser des „*Donum Dei*" einen anonym gebliebenen Alchemisten ansehen muß, dessen Identität mit dem Schöpfer der im „*Donum Dei*" überlieferten Bilder keineswegs sicher ist. Der Kompilator des „*Donum Dei*" bleibt somit unbekannt. Die bislang erfolgten Zuschreibungen an verschiedene mögliche Verfasser sind entweder pseudoepigraphisch, d.h. sie wurden den möglichen Verfassern fälschlicherweise zugeschrieben, oder aber sie beruhen auf den gelegentlichen Namensnennungen von Kopisten.[541] Ob sich die Verfasserfrage in Zukunft klären läßt, ist äußerst fraglich. Hierfür wäre ein Vergleich mit anderen alchemistischen Texten notwendig, der aber im Licht des „*Donum Dei*"-Textes, der sich vor allem aus kompilierten Zitaten zusammensetzt und nur einen geringen

[538] Vgl. hierzu auch Telle (1980b) S. 34f.

[539] Elias von Assisi (* um 1180, vermutlich in Assisi, † 22. April 1253 in Cortona) war ein Vertrauter des heiligen Franziskus von Assisi, wurde nach dessen Tod (1226) mit dem Bau der Basilika von Assisi beauftragt und wurde 1232 Generalminister des Franziskaner- bzw. Minoritenordens. Er geriet später in den Konflikt zwischen Kaiser Friedrich II. und dem Papst in Rom, wobei er sich, nach seiner Absetzung als Generalminister durch den Papst und den Orden im Jahre 1239, auf die Seite des Kaisers schlug und sich erst kurz vor seinem Tode wieder mit dem Minoritenorden und der Kirche versöhnte. (Vgl. hierzu auch Barone (1986) Sp. 1826f.)

[540] Vgl. Telle (1980b) S. 34 und Paulus (1997) S. 798f.

[541] Vgl. Paulus (1998) S. 111 und Telle (2002a) Sp. 376f.

Eigenanteil des Verfassers erkennen läßt, kaum aussagekräftige Erkenntnisse zur Verfasserfrage erbringen wird.[542]

Die Entstehungszeit des „*Donum Dei*" ist ebenfalls unsicher, doch läßt sich aufgrund der Überlieferungslage festhalten, daß es spätestens in der 1. Hälfte des 15. Jahrhunderts entstanden ist. Die bisher bekannte Überlieferung setzt in der Mitte des 15. Jahrhunderts mit bereits zwei verschiedenen Fassungen des lateinischen Textes ein. Dies deutet auf eine Entstehung des „*Donum Dei*" – wie oben erwähnt – in der 1. Hälfte des 15. Jahrhunderts hin. Da das „*Donum Dei*", soweit man dies bisher sagen kann, aus Exzerpten alchemistischer Fachschriften zusammengesetzt ist, die alle bereits im 14. Jahrhundert vorlagen, kann auch eine frühere Entstehungszeit durchaus in Betracht gezogen werden. Paulus geht in diesem Zusammenhang von einer möglichen Entstehungszeit in der Mitte des 14. Jahrhunderts aus. Er stützt dies zum einen auf einen Handschriftenfund Kristellers, der das „*Donum Dei*" auf das Jahr 1348 datiert,[543] und zum anderen – wenn auch sehr vorsichtig – auf die Tatsache, daß die überaus wirkungsmächtigen alchemistischen Werke des Pseudo-Lullus und Johannes de Rupescissa, die um die Mitte des 14. Jahrhunderts entstanden sind, im „*Donum Dei*" keinerlei Spuren hinterlassen haben. Daraus könnte man ableiten, daß das „*Donum Dei*" etwa zeitgleich mit den Pseudo-Lullus- und Rupescissa-Schriften entstanden ist, also um die Mitte des 14. Jahrhunderts.[544] Dies scheint, falls die Datierung Kristellers richtig ist, durchaus einleuchtend zu sein. Da sich eine solch frühe Datierung jedoch nicht zweifelsfrei beweisen läßt, gehe ich – in Übereinstimmung mit Paulus – davon aus, daß das „*Donum Dei*" zwischen der Mitte des 14. Jahrhunderts und der 1. Hälfte des 15. Jahrhunderts entstanden ist.

Das „*Donum Dei*" zählt zu den wirkungsmächtigsten alchemistischen Fachschriften des späten Mittelalters. In über 150 Handschriften und Drucken vom 15. bis zum 18. Jahrhundert liegen mehrere Fassungen des „*Donum Dei*" vor.[545] Die lateinische Überlieferung des „*Donum Dei*", für die bis zum 18. Jahrhundert bisher über 50 Textzeugen nachweisbar sind, setzt im 15. Jahrhundert ein.[546] Der Beginn der deutschsprachigen Überlieferung des „*Donum Dei*" ist unsicher. Zwar lassen sich bisher erst seit dem Beginn des 16. Jahrhunderts deutsche Textzeugen nachweisen, doch ist davon auszugehen, daß das „*Donum Dei*" bereits im 15. Jahrhundert in mehreren Übersetzungen in die deutsche Sprache gelangte, die auf der Grundlage verschiedener lateinischer „*Donum Dei*"-Fassungen entstanden. Für den Zeitraum vom 16. bis zum 18. Jahrhundert sind mehr als 40 deutschsprachige Textzeugen des „*Donum Dei*" er-

---

[542] Vgl. Paulus (1997) S. 799
[543] Vgl. Kristeller (1989) S. 434
[544] Vgl. Paulus (1997) S. 800f.
[545] Vgl. Paulus (1998) S. 111
[546] Zur Überlieferung des 15. und 16. Jahrhunderts vgl. im Anhang.

halten, von denen allein 24 auf das 16. Jahrhundert entfallen.[547] Ebenfalls für das 16. Jahrhundert läßt sich der deutsche Erstdruck nachweisen:

- „*Pandora, Das ist / Die Edleste Gab Gottes / oder der Werde* [...] *Stein der Weisen*“ hrsg. von Hieronymus Reusner, Basel, S. Apiarius 1582, S. 1-59.[548]

Anhand der reichen Überlieferung[549] aber auch aufgrund von Übersetzungen ins Französische, Englische, Tschechische und Italienische zeigt sich, daß das „*Donum Dei*“ tatsächlich zu den wirkungsmächtigsten Fachschriften der mittelalterlichen Alchemie zu zählen ist.[550]

Inhaltlich ist das „*Donum Dei*“ sowohl textlich als auch ikonographisch mit dem Bildgedicht „*Sol und Luna*“ sowie dem „*Splendor solis*“ verwandt.[551] Der florilegienartige Text des „*Donum Dei*“ ist aus Exzerpten aufgebaut, die der anonyme Verfasser der im 14. Jahrhundert gängigen alchemistischen Fachliteratur entnommen hat, und die nach dem „Konkordanzprinzip“[552] zusammengefügt sind. Dabei beruft er sich auf alchemistische Autoritäten, wie bspw. Hermes Trismegistos („*Tractatus aureus*“), Geber latinus, Pseudo-Arnald von Villanova oder auch auf die „*Turba philosophorum*“. Das „*Donum Dei*“ propagiert eine Alchemie, die sich von der theoretischen Seite her auf Sol, Luna und Mercurius gründet. Gleichzeitig werden die einzelnen Stufen des alchemischen Prozesses ausgebreitet. Der Prozeß, dessen Ausgangsstoff der 'grüne Löwe' (Quecksilber) ist, zielt auf die Gewinnung einer weißen Tinktur (Tinctura ad album) und einer als Universalmedizin bezeichneten roten Tinktur (Tinctura ad rubeum), also letztlich auf die Gewinnung der Panazee bzw. des Lapis philosophorum. Dazu nötige Prozeßschritte sind u.a. die Coniunctio von 'Mann' und 'Weib' und eine Putrefaktionsphase, in der Gold zur prima materia reduziert wird.[553] Der Text läßt sich in eine Einleitung, einen Haupt- und einen Schlußteil gliedern. Die Einleitung bietet Ausführungen über allgemeine theoretische Grundsätze der Alchemie sowie eine Beschreibung des Opus alchemicum bzw. des Opus magnum, seines Ausgangsstoffes und der alchemistischen Transmutationslehre. Der Hauptteil ist in zwölf Kapitel unterteilt, welche die jeweiligen Prozeßstufen beschreiben, die zur Gewinnung des Lapis philosophorum durchlaufen werden müssen. Jedem Kapitel ist eine Abbildung zugeordnet, die im „Innern eines Glaskolbens eine allegorische Darstellung der jeweiligen

---

[547] Die einzelnen Textzeugen des 16. Jahrhunderts sind im Anhang aufgelistet.
[548] Vgl. Paulus (1997) S. 798 und S. 803 sowie Telle (2002a) Sp. 377f.
[549] Siehe oben und im Anhang.
[550] Vgl. Telle (2002a) Sp. 379
[551] Vgl. Telle (2002a) Sp. 379
[552] Telle (2002a) Sp. 378
[553] Vgl. Paulus (1998) S. 111; Bachmann/Hofmeier (1999) S. 111 und Telle (2002a) Sp. 378

Prozeßstufe zeigt"[554]. Der Schlußteil widmet sich der medizinischen Anwendung sowie der metallveredelnden Wirkung des soeben gewonnenen Lapis philosophorum.[555]

Die Besonderheit des „*Donum Dei*" liegt in der Ergänzung des Textes durch Illustrationen, die eng mit dem Text verbunden sind und die im Text enthaltenen allegorischen Beschreibungen der einzelnen Prozeßstufen, die zur Herstellung des Lapis philosophorum durchlaufen werden müssen, in bildliche Darstellungen übertragen.[556]

Seine Wirkungsmächtigkeit verdankt das „*Donum Dei*" wahrscheinlich eben diesen Illustrationen, da der Textbestand nichts Außergewöhnliches bietet. Die zwölf allegorischen Darstellungen, die in der überwiegenden Zahl der Textzeugen überliefert werden, sind fester Bestandteil eines Text-Bild-Gefüges. Die Illustrationen erscheinen in der Form von durchsichtigen, bauchigen Destillierkolben aus Glas, in deren Innerem die einzelnen Prozeßstufen des Opus alchemicum dargestellt werden. Diese reichen vom Ausgangsmaterial bis zur Darstellung des Lapis philosophorum als roter Tinktur.[557] Dargestellt werden verwendete Decknamen, wie etwa der Drache, sowie Erscheinungen, die während der alchemischen Wandlungsvorgänge innerhalb der Prozeßstufen auftreten. Diese werden als Würmer, Nebel oder auch Blumen visualisiert. Daneben treten personifizierende Darstellungen auf. Der König und die Königen verkörpern alchemische Prinzipien bzw. Arkanstoffe (Mann/Sol – als männliches Prinzip des Brennbaren – sowie Luna/Weib – als weibliches Prinzip des Schmelzbaren). Die Kaiserin steht für die weiße Tinktur, die unedle Metalle in Silber transmutiert, und der Kaiser personifiziert die rote Tinktur (Panazee bzw. Lapis philosophorum), die unvollkommene Metalle in das vollkommene Gold verwandelt.[558] Damit beschreibt das „*Donum Dei*" beide Ausprägungen des Opus alchemicum, nämlich das Opus minus (weiße Tinktur) und das Opus magnum. Zur Allegorisierung der Bilder benutzt der Urheber eine in der alchemistischen Fachliteratur geläufige Metaphorik, die sich aus gängigen Symbolen und Decknamen für die einzelnen Prozeßstufen speist. Dabei verzichtete der Illustrator auf komplexere Allegorisierungen und bildet dafür einfachere Formen ab:

- in der Ausgangssubstanz verkörpern Mann und Frau die Gegensätze innerhalb der Substanz, die aus den die Welt teilenden Dichotomien entstehen und im Stein der Weisen wiedervereinigt werden sollen,
- Diese Wiedervereinigung wird durch die geschlechtliche Vereinigung von Mann und Frau bildlich dargestellt (vgl. Abbildung 5),

---

[554] Paulus (1998) S. 112
[555] Vgl. Paulus (1997) S. 798 sowie Paulus (1998) S. 111f.
[556] Vgl. Paulus (1998) S. 111
[557] Vgl. Paulus (1997) S. 801
[558] Vgl. Telle (2002a) Sp. 379

- Schwärze und Würmer stehen für die beschriebene Fäulnis der Materien (Putrefaktion), die im traditionellen Ablauf des alchemischen Prozesses zur prima materia führen soll,
- der Drache steht für die Gewinnung einer neuen Substanz, resultierend aus dem Kreislauf 'solve et coagula',
- der blühende Baum versinnbildlicht das Farbenspiel während des alchemischen Prozesses, also den Pfauenschwanz,
- die weiße Königin verkörpert die weiße Tinktur, die im opus minus die Metalle in Silber verwandelt (vgl. Abbildung 6) und
- der rote König steht schließlich für den Lapis philosophorum (dargestellt als rote Tinktur), der im Opus magnum die unedlen Metalle zu Gold transmutiert bzw. als Panazee der Natur und damit auch dem Menschen als gesundheitsbringendes Allheilmittel zur Verfügung steht.[559]

Die Hauptaussage des „*Donum Dei*", ebenso wie die von Lamsprings „*Tractatus de lapide philosophorum*" (s.u.), resultiert somit letztlich aus den Bildern. Der Text übernimmt dadurch eher die Rolle einer Bildexegese.[560]

Mit seinen Bildern zählt das „*Donum Dei*" zu den ältesten Zeugnissen ikonographischer alchemistischer Fachtexte, die solche allegorischen Illustrationen aufweisen. Die Illustrationen stehen in enger Beziehung zu den Bildern des Bild- bzw. Lehrgedichtes „*Sol und Luna*", das vermutlich im gleichen Zeitraum entstand wie das „*Donum Dei*". Wie sich die Bilder der beiden überaus wirkungsmächtigen Alchemica gegenseitig beeinflußt haben, ist bisher unklar. Für die von Telle vertretene Meinung, daß das „*Donum Dei*" vom Bildbestand des „*Sol und Luna*" beeinflußt wurde[561] gibt es allerdings nicht genug aussagekräftige Anhaltspunkte. Ebenso verhält es sich in der umgekehrten Richtung einer Beeinflussung des „*Sol und Luna*" durch das „*Donum Dei*".[562] Dieser Umstand, daß die Illustrationen beider Texte eng miteinander verwandt sind und sich eine Entwicklung von einem Werk zum nächsten nicht zweifelsfrei beweisen läßt, deutet darauf hin, daß es möglicherweise eine gemeinsame Quelle für beide Texte gab, die bisher noch nicht ermittelt wurde.[563]

---

559 Vgl. Paulus (1997) S. 801
560 Vgl. Ott (1991) S. 27
561 Vgl. Telle (1980b) S. 101
562 Vgl. Paulus (1997) S. 801f. und Paulus (1998) S. 111
563 Dies wäre im Bereich der deutschsprachigen Literatur des Mittelalters kein Einzelfall. Prominentestes Beispiel für eine solche von zwei verschiedenen Autoren benutzte aber heute verschollene Quelle ist der sogenannte 'Urparzival' des Kyot, der sowohl von Wolfram von Eschenbach für seinen „*Parzival*" als auch von Chrétien de Troyes für seinen „*Perceval*" benutzt wurde. Vgl. hierzu Horchler

Abbildung 5: Coniunctio-Darstellung aus dem „*Donum Dei*“

(2004) sowie Mandach (1995).

Abbildung 6: Darstellung der weißen Tinktur als weiße Königin aus dem „*Donum Dei*“

Die allegorischen Illustrationen des „*Donum Dei*" hatten in der Nachfolge großen Einfluß auf die Ikonographie innerhalb der alchemistischen Fachliteratur, wo sie bis ins 18. Jahrhundert immer wieder auftauchen. Spätere Illustratoren übernahmen nicht nur die Darstellung der einzelnen Prozeßstufen bzw. des Prozeßgeschehens im Inneren von gläsernen Destillierkolben, sondern auch einzelner Bildelemente. Zu diesem Wirkungskreis des „*Donum Dei*" zählt der „*Splendor solis*", bei dem es sich um eine Kompilation deutscher Übersetzungen von Exzerpten und Zitaten aus der spätmittelalterlichen Fachliteratur der Alchemie handelt, und dessen Illustrationen vom „*Donum Dei*" beeinflußt wurden.[564]

4.2.19. Pseudo-Thomas von Aquin

Thomas von Aquin (1224/25-1274) wurden immer wieder – obwohl er der Alchemie kritisch gegenüberstand – alchemistische Fachschriften untergeschoben. Ihm war also in Bezug auf sein angebliches alchemistisches Schrifttum ein ähnliches Schicksal zuteil geworden wie Raimundus Lullus, Arnald von Villanova und anderen sogenannten alchemistischen Autoritäten.[565] Im Falle von Thomas von Aquin als angeblichem Alchemisten spielt sicherlich eine Rolle, daß er ein Schüler von Albertus Magnus in Köln war.[566] Albertus Magnus galt schon früh als Alchemist, obwohl er keine alchemistischen Fachtexte verfaßt hatte. Allerdings hat er sich in seiner Schrift „*De mineralibus*" intensiv mit Fragen beschäftigt, die dem Wahrheitsgehalt der Alchemie nachgingen. Dabei offenbart er Kenntnisse der alchemistischen Theorie und der praktischen alchemistischen Tätigkeit im Labor, aber auch eine sehr kritische Sichtweise der Alchemie und ihrer Lehren, wenngleich er die Metalltransmutation durchaus für möglich hält.[567] Aus diesem Grunde galt auch Thomas von Aquin, der Albertus-Schüler, als potentieller Alchemist. Seit dem 14. Jahrhundert waren einige lateinische alchemistische Werke in Umlauf, die Thomas von Aquin zugeschrieben wurden. Von diesen pseudoepigraphischen Schriften wurden der Traktat „*Von der Multiplikation*" („*De multiplicatione*") und die „*Aurora consurgens*" ins Deutsche übertragen.[568]

---

[564] Vgl. Paulus (1997) S. 802 und Paulus (1998) S. 112. Zum Einfluß des „*Donum Dei*" auf den „*Splendor solis*" vgl. auch unten in Kapitel 4.3.4.

[565] Zu nennen wären hier noch einige der wichtigsten Pseudo-Autoritäten des Mittelalters: Albertus Magnus, Avicenna und Aristoteles.

[566] Vgl. Goltz/Telle/Vermeer (1977) S. 16

[567] Vgl. Ganzenmüller (1938) S. 75ff.

[568] Vgl. hierzu auch Schmidtke (1995) Sp. 836

Die deutsche Überlieferung scheint aufgrund der bisher ermittelten Textzeugen erst im 16. Jahrhundert einzusetzen, doch zumindest eine Übersetzung des Traktats „*Von der Multiplikation*" (Handschrift D) reicht wohl noch ins 15. Jahrhundert zurück.[569]

Der 1323 heilig gesprochene Thomas von Aquin war einer der bedeutendsten Theologen des Mittelalters. Ihm gelang es, das auf den Kirchenvater Augustinus zurückgehende christlich-theologische Lehrgebäude der Kirche mit den Lehren des Aristoteles in einer „philosophisch-theologischen Synthese"[570] zu verbinden, wodurch er das christliche Denken auf sehr lange Zeit hin prägte.[571]

In seinen authentischen Schriften bezieht Thomas von Aquin manchmal auch Stellung zur Alchemie. In der „*Summa theologiae*" diskutiert er die Rechtmäßigkeit des Verkaufs von Gold, das auf alchemistischem Wege hergestellt wurde, obwohl er der Metalltransmutation ablehnend gegenüberstand. So bspw. in seinem Kommentar zu den Sentenzen des Petrus Lombardus. Gleichzeitig hält er die Alchemie für ein Element der Naturphilosophie, aus der die alchemistische Theorie sich tatsächlich speiste, wie in seinem Kommentar zu Boëthius „*De trinitate*" ausgeführt. Der alchemistische Teil des Kommentars zu Aristoteles' „*Meteorologica*" stammt indes nicht von Thomas von Aquin selbst, sondern von einem seiner Schüler. Darüber hinaus war er ein Anhänger der alchemistischen Schwefel-Quecksilber-Theorie in Bezug auf die Entstehung der Metalle. Obwohl Thomas – wie gesehen – die Metalltransmutation ablehnte, nahm er gegenüber der Alchemie eher eine ausgeglichene Haltung ein, was aber nicht bedeutet, daß er die Alchemie nicht mit kritischen Augen betrachtete.[572] Trotz dieser kritischen Töne wurden Thomas alchemistische Fachschriften untergeschoben. Zu diesen pseudonymen Schriften zählen die wahrscheinlich im späten 14. oder frühen 15. Jahrhundert entstandene „*Aurora consurgens*" ('Die sich erhebende Morgenröte'),[573] die Schrift „*De essentiis essentiarum*" ('Über das Wesentliche des Wesentlichen'), bei der es sich um eine Art Enzyklopädie der mittelalterlichen Wissenschaften handelt, die auch ein Kapitel der Alchemie widmet, und der Traktat „*De multiplicatione*" ('Über die Vervielfachung [des Goldes durch Metalltransmutation]'), der vorrangig die Herstellung von Amalgamen beschreibt.[574]

Bei diesen alchemistischen Fachtexten, die Thomas von Aquin zugeschrieben werden, handelt es sich um Pseudoepigraphen, was sich anhand der um 1300 – also nach dem Tod von Thomas – entstandenen Werkkataloge und einer eingehenden Textkritik zei-

569 Vgl. Goltz/Telle/Vermeer (1977) S. 8 sowie Schmidtke (1995) Sp. 836
570 Newman (1998f) S. 359
571 Vgl. Newman (1998f) S. 359
572 Vgl. Goltz/Telle/Vermeer (1977) S. 17f. und Newman (1998f) S. 359f.
573 Das Thomas von Aquin die „*Aurora consurgens*" auf dem Sterbebett liegend verfaßt habe, wie Marie-Luise von Franz behauptet, gehört allerdings ins Reich der Phantasie. (Vgl. hierzu Franz (1957) S. 407-434)
574 Vgl. Newman (1998f) S. 360

gen läßt.[575] Dies gilt auch für die „*Aurora consurgens*", über die Marie-Luise von Franz behauptete, daß Thomas sie auf dem Totenbett diktiert habe, ohne für ihre Ansicht zuverlässige und aussagekräftige Beweise vorzulegen.[576] Neben den Ergebnissen der literarhistorischen Thomas-Forschung gibt es auch innere Gründe, die gegen eine Echtheit der alchemistischen Thomas-Werke sprechen. Hierzu zählt neben dem Sprachstil, der sich von dem auf Klarheit ausgelegten Stil der authentischen Werke durch seine arkansprachlichen Stilmittel unterscheidet, vor allem die wiederholte Berufung auf Albertus Magnus, die so in seinen echten Schriften nicht zu finden ist. Zusätzlich sei hier noch darauf hingewiesen, daß in der alchemistischen Fachliteratur die Berufung auf einen namentlich genannten, persönlichen Lehrmeister erst im Spätmittelalter aufkommt, also erst nach Thomas' Tod. Aus diesem Grunde kommt Ganzenmüller zu dem Schluß, daß es sich bei solchen Texten, die den Namen eines Lehrmeisters nennen, i.d.R. um Fälschungen handelt.[577]

Die vermutlich im 14. Jahrhundert entstandene „*Aurora consurgens*" des Pseudo-Thomas von Aquin ist auch unter anderen Titeln bekannt, nämlich als „*De alchimia*", „*Liber trinitatis*" und „*Aurora hora*". Bei der „*Aurora consurgens*" handelt es sich um eine Dictasammlung, die sich überwiegend aus Autoritätenzitaten zusammensetzt und in einigen Textzeugen mit allegorischen Illustrationen versehen ist. Die lateinische Überlieferung der „*Aurora consurgens*" setzt im 15. Jahrhundert ein, wohingegen die deutschsprachige Rezeption weitgehend unerforscht ist.[578] Sicher ist allerdings, daß eine deutsche Übersetzung einer illustrierten „*Aurora consurgens*"-Handschrift zu Beginn des 16. Jahrhunderts vorlag:

- Berlin, Staatsbibliothek Preußischer Kulturbesitz, Cod. germ. qu 848, Bl. 1-50 (entstanden um 1520).[579]

Die Lehren der „*Aurora consurgens*" erscheinen als eine Kompilation von Zitaten aus der Bibel (Vulgata) und aus alchemistischen Fachschriften. Dabei dominieren allegorische Darstellungen, die christliche Lehren mit alchemistischem Gedankengut verbinden. So wird bspw. die alchemistische Trias Körper-Geist-Seele in Übereinstimmung mit der christlichen Trinitätslehre gebracht, wie dies auch im „*Buch der Heiligen Dreifaltigkeit*" der Fall ist. Im Gegensatz dazu fehlen „stoff- und verfahrenskundlich detaillierte Abschnitte"[580] völlig. In dem arkansprachlich geprägten Text wird die Al-

[575] Vgl. Grabmann (1949) sowie Goltz/Telle/Vermeer (1977) S. 19
[576] Vgl. dazu Franz (1957) S. 407-434
[577] Vgl. Ganzenmüller (1938) S. 118 sowie Goltz/Telle/Vermeer (1977) S. 21
[578] Vgl. Telle (1980d) Sp. 1245f. und Broszinski (1994) S. 37ff.
[579] Vgl. Völlnagel (2004) S. 52
[580] Telle (1980d) Sp. 1246

chemie als eine *„scientia Dei"*, also eine Wissenschaft Gottes, sowie als *„sacramentum in sanctuarium"* und *„res divina"* dargestellt.[581]

Die *„Aurora consurgens"* gehört zusammen mit dem *„Buch der Heiligen Dreifaltigkeit"* zu den wichtigsten Zeugnissen der mittelalterlichen Alchemieliteratur, in der alchemistisches Gedankengut und christliche (Heils-) Lehre vereinigt werden. Dagegen sind tiefenpsychologische Interpretationen der *„Aurora consurgens"*, die Marie-Luise von Franz vorgenommen hat, weitestgehend unzutreffend, weshalb hier auch nicht näher darauf eingegangen wird.[582]

Beim Traktat *„Von der Multiplikation"* (*„De multiplicatione"*) handelt es sich ebenso wie bei der *„Aurora consurgens"* um eine pseudoepigraphische Schrift, die Thomas von Aquin untergeschoben wurde. Er ist vermutlich in der Mitte oder – was wahrscheinlicher ist – in der zweiten Hälfte des 14. Jahrhunderts entstanden.[583] Den größten Teil an der bisher bekannten Überlieferung des Traktats *„De multiplicatione"* machen lateinische Textzeugen aus. Daneben sind bisher vier unabhängig voneinander entstandene deutsche Übersetzungen bekannt geworden sowie eine Aufnahme in Hieronymus Reusners gedruckte alchemistische Sammelschrift *„Pandora"*.[584] Von der Wirkungsmächtigkeit des Traktats zeugen des weiteren Übersetzungen in weitere Volkssprachen, wie das Italienische und Tschechische.[585]

Der Traktat zählt zu jenen alchemistischen Fachschriften des Mittelalters, die christliches Gedankengut mit alchemistischen Lehren verbinden – ebenso wie die *„Aurora consurgens"*. Dabei schöpft der Verfasser aus zahlreichen im 14. Jahrhundert vorliegenden lateinischen Fachschriften. Zu seinen möglichen Quellen, die man aufgrund von Parallelstellen festmachen kann, zählen die *„Turba philosophorum"*, die *„Summa perfectionis magisterii"* des Geber latinus, das *„Rosarium philosophorum"*, die beiden Arnald von Villanova zugeschriebenen Werke *„Flos florum"* und *„Practica magisteri"*, weitere pseudoepigraphische Fachschriften u.a. von Pseudo-Avicenna und Pseudo-Albertus Magnus, der *„Liber magisterii de confectione veri lapidis philosophorum"* (d.i. der *„Liber lucis"*) des Johannes de Rupescissa, das *„Speculum alchimiae"* des Roger Bacon, der *„Liber de compostione alchimiae"* des Morienus, weitere anonyme Fachschriften und sogar die *„Aurora consurgens"* des Pseudo-Thomas von Aquin.[586] Diese Aufstellung zeigt, daß der Verfasser des Traktats *„Von der Multiplika-*

[581] Vgl. Telle (1980d) Sp. 1246
[582] Vgl. Telle (1980d) Sp. 1246 und zu den tiefenpsychologischen Interpretationen Franz (1957) S. 407-434.
[583] Vgl. Goltz/Telle/Vermeer (1977) S. 22
[584] Zur deutschsprachigen Überlieferung vgl. das Überlieferungsverzeichnis im Anhang.
[585] Vgl. Goltz/Telle/Vermeer (1977) S. 13
[586] Vgl. Goltz/Telle/Vermeer (1977) S. 24-34

tion" mit der gängigen alchemistischen Fachliteratur des 14. Jahrhunderts vertraut war und aus ihr schöpfte.[587]

Es handelt sich bei „*De multiplicatione*" jedoch nicht um eine einfache Kompilation von Autoritätendicta, sondern durchaus um ein Werk, das eine Eigenständigkeit aufweist. Im Gegensatz zu vielen zeitgenössischen Kompilationen scheint der Verfasser sowohl mit der von ihm beschriebenen Praxis als auch dem beschriebenen theoretischen Hintergrund vertraut gewesen zu sein, so daß er die verschiedenen Teile des Textes sinnvoll anordnete. Gerade dies unterscheidet ihn von vielen spätmittelalterlichen Kompilatoren, die häufig die von ihnen zusammengetragenen Dicta wahllos und völlig unverbunden nebeneinander stellten.[588] Der Traktatverfasser dagegen verstand es, aus den ihm vorliegenden Quellen nur die Lehrsätze auszuwählen und in seinen Text zu übernehmen, die seinen alchemistischen Vorstellungen entsprachen.[589] Was ein solches Vorgehen unterstreicht, ist die Tatsache, daß im Traktat „*Von der Multiplikation*" die Reine Quecksilber-Theorie vertreten wird, wie man sie in Gebers „*Summa perfectionis magisterii*" findet und nicht – wie im überwiegenden Teil der oben erwähnten Quellen – die Schwefel-Quecksilber-Theorie. Daneben existieren Passagen innerhalb des Traktats, die keine Parallelstellen in der Alchemieliteratur zu haben scheinen und somit von der Eigenständigkeit sowie der fachlichen Kompetenz des Verfassers künden. So scheint das Ofenkapitel („*De multiplicatione*" § 18 bzw. 3. Kapitel) auf eigenen Erfahrungen zu beruhen, obschon der Verfasser durchaus Anleihen aus dem „*Liber fornacum*" des Pseudo-Geber latinus und der „*Alchimia*" des Pseudo-Albertus Magnus genommen haben mag:[590]

> „*Das drytt capitell: wie man den offen machen soll.*
> *Unsser werckoffen sol sein ij schuch hoch unnd sinbel als ein ror, unnd am poden soll er ein loch haben. Darin sol ein ampel sten also gesetztt, als hie figurirt ist. Unnd in den ytz genannten stucks des ofens soll ein ampel einngesetztt werden, unnd so zwischen des außwendigen rorß unnd decke der capeln soll es weytt sein, das sy nitt aneinander rüren. Das ist darum, das die hitz des liechtes darzwischen gen müg. Und oben zwischen des offens unnd der kapellen sullen iiij löcher gemacht sein, unnd das der dampff unnd hitz do hindurch gen müg; dann in der kapellen soll gefeinte aschen sein unnd darein das glass mit unsser mathery gesetztt. Darnoch deck die cappelen zu mitt der deck, unnd das die löcher auswendig der deke sein unnd wol an der capeln verlutirt seyn, domitt die hitz oben zwischen der capeln unnd der deck mitt ein zu dem glass ge. Darnach setz mer ein anders stuck auff den offen. Das soll oben offen sein geleich unnd sol die iiij lochern umfohen, damitt die hitz, die von den iiij lochern get, darin beleyb unnd gen an den hutt, der uber die capeln gett.*

[587] Vgl. Goltz/Telle/Vermeer (1977) S. 39
[588] Vgl. z.B. das Bildgedicht nach der „*Turba philosophorum*" (vgl. hierzu Kapitel 4.3.5.10.).
[589] Vgl. Goltz/Telle/Vermeer (1977) S. 39f.
[590] Vgl. Goltz/Telle/Vermeer (1977) S. 41

> *Darnach so setz ein ander deck oben auff das oberst ror. Unnd die deck sol oben am spitz ein loch haben; dardurch sol der dampf unnd hitz aussgen.*" („*De multiplicatione*" § 18)[591]

Außergewöhnlich an dieser Beschreibung ist sicherlich das Benutzen einer Lampe („*ampel*") als Wärmequelle, wo in der Alchemieliteratur sonst das Erhitzen mit Feuer oder Aschebädern dominiert. Es ist naheliegend, diese Abweichung von der alchemistischen 'Norm' auf eigene praktische Erfahrungen des Autors im Labor zurückzuführen, wie dies auch Goltz/Telle/Vermeer tun. Gleiches gilt für die Darlegungen über das Erlöschen der Lampe und die Unterbrechung des alchemischen Prozesses („*De multiplicatione*" § 19 bzw. 4. Kapitel):[592]

> „*Das vierd capitel: von dem glaß und dem liecht unnd dem fewr.*
> *Das glaß soll sein alß ein harmglas untten sinwell unnd mitt einem langen halß unnd genug starck. Und oben soll das loch verlutirrt sein mitt dem leimen der kunst. Darin soll unsser ertzney sein. Unnd darnach setz das glaß in die aschen in der kappellen, die in offen gesetztt ist, unnd darnach den offen zugedecktt, als es gehortt. Unnd darnach so zuntt an das liechtt in dem scherben. Und der flam soll woll an den Poden gen der capellen, darin das glas ist. Unnd laß also sten unnd stetz prinnen dag unnd nacht an untterloss unnd nimer erleschen. und merck, das die hitz nitt grösser sey, den das es ste in dem ersten grad des feuerß oder hitz. Unnd die selb wirm durch unser werck gee, unnd nitt heisser. Wan ein gross feur, das flamett, wer schedlich. Wer aber, das dir das feur erlesch, so*

591 Goltz/Telle/Vermeer (1977) S. 130, zitiert nach der deutschen Übersetzung aus der Handschrift E von 1540/60. Die neuhochdeutsche Übersetzung der lateinischen Fassung lautet wie folgt: „Drittes Kapitel: Über die Zusammensetzung des Ofens. Unser Ofen soll fünf Teile haben. Der erste sei ein längliches Gefäß, etwa zwei Fuß hoch und ähnlich einem Zylinder von einem Fuß (im Durchmesser), das unten und oben geschlossen ist. In seinem Boden sei eine Öffnung, eine Handbreit hoch, in welcher eine Lampe stehen soll, so aufgestellt, wie aus dieser Figur hervorgeht. Der zweite Teil sei ungefähr einen Fuß lang und die Breite so (gewählt), daß er in den ersten Teil hineingeht, weil er in ihn eingehängt werden soll, unten rund und oben offen. Er hängt im ersten abwärts, so daß vom Boden des ersten Teiles bis zum Ende herabhängenden zweiten Teiles ein Raum von einem Fuß oder fast (soviel) mit Sand gefüllt bleibt, in welchen das Glas mit unserer Materie hineingesetzt werden kann. Dieser zweite Teil sollte oben einen weiten Umfang haben, über dem vier kleine Öffnungen im ersten (Teil) angebracht sein sollen, durch welche Wärme und Rauch, das Kapitell und das Innere der vier Teile umgebend, aufsteigen; sein, d.h. des zweiten Teils Bild ist dieses. Der dritte Teil sei ein Kapitell aus darübergezogenen Filzkappen, das über dem zweiten Teil steht, so daß es die vier Öffnungen des zweiten Teils von außen verschließt und nicht von innen, so daß die Wärme, die durch diese Öffnungen geht, das Kapitell von außen umstreicht und nicht von innen, und es sei mit dem ersten und zweiten Teil gut verkittet. Der vierte Teil sei wie der erste eingerichtet, außer daß er unten und oben so offen sei und an keiner Seite ein Öffnung habe. Der dritte Teil, welcher über den zweiten gesetzt wird und das Kapitell umgeben soll, so daß die Wärme, die durch die vier Öffnungen des zweiten Teiles kommt, unterhalb des vierten Teiles und des Kapitells vorbeigeht und hochsteigt, (dieser dritte Teil) sei auch mit den anderen verkittet. Der fünfte Teil sei gerade wie der dritte Teil, das heißt sein Kapitell; im oberen Teil (sei) nur eine kleine Öffnung, so groß, daß ein Finger hindurchgehen kann. Auch der fünfte Teil wird mit den anderen verkittet. Zu beachten ist, daß der Ofen in einem einzigen Arbeitsgang für das Ganze gemacht werden kann. Das Aussehen aber aller fünf Teile ähnlich zusammengesetzter Öfen ist dieses Bild, wie du siehst." (Goltz/Telle/Vermeer (1977) S. 109ff.)

592 Vgl. Goltz/Telle/Vermeer (1977) S. 40

precht es dem werck nitt schaden, anders den das sich das werck verlengett, dastu nitt alß bald kumest zu einem end. Wer aber, dastu von dan musest zihen, so nim das werk herauss unnd fur es mitt dir unnd folend es nun furpas als vor.“[593]

Eine Anweisung für das Vorgehen im Falle einer notwendigen Unterbrechung des alchemischen Prozesses ist für die Zeit des 14. Jahrhunderts sehr ungewöhnlich, wenn nicht gar einzigartig.[594]

Der Traktat „*Von der Multiplikation*“, bei dem es sich streng genommen nicht um einen Traktat, sondern um eine Mischung von Merkmalen des Traktats, der wissenschaftlichen Abhandlung,[595] des Briefs[596] und des literarischen Testaments handelt, läßt sich formal in Einleitung, Hauptteil und Schluß unterteilen. Die Einleitung, die das gesamte erste Kapitel umfaßt, ist zweigeteilt. Im ersten Teil geht es dem Verfasser darum, den Zweck bzw. Anlaß seines Schreibens darzulegen und den Empfänger vor der Benutzung anderer alchemistischer Schriften (zum gleichen Thema) zu warnen[597] sowie an das alchemistische Schweigegebot (d.h. die Geheimhaltung des Inhalts) zu erinnern. Der zweite Teil der Einleitung widmet sich dem Ziel des Opus alchemicum, nennt alle notwendigen Substanzen und Laborgerätschaften und bietet eine ar-

[593] Goltz/Telle/Vermeer (1977) S. 130, zitiert nach der deutschen Übersetzung aus der Handschrift E von 1540/60. Die neuhochdeutsche Übersetzung der lateinischen Fassung lautet wie folgt: „Das vierte Kapitel: Vom Glas, der Lampe und dem Feuer. Das Glas sei wie ein Harngefäß, unten rund und länglich; sein Hals sei weit genug, und oben sei es mit dem Kitt der Kunst verkittet. Darein soll unsere Medizin getan werden, jedoch so, daß ein Drittel des Glases leer bleibt. Die Lampe soll in die Öffnung des ersten Teils (des Ofens) gestellt werden, gerade unterhalb des Glases; sie sei mit Öl oder einem anderen Fett gefüllt (und) mit einem Licht versehen, jedoch so, daß ihre Flamme das zweite Gefäß nicht berührt und der Radius der Flamme den im Glas eingeschlossenen Samen, das heißt die Medizin, diametral durchdringt. Die Flamme des Feuers sei so schwach, daß Gefäße und Sand eher sanft berührt werden, das heißt, das Feuer sei ersten Grades während unseres gesamten Verfahrens. Ein Auflodern des Feuers wäre daher schädlich. Wisse auch, daß das Feuer immer brennen soll, Tag und Nacht, und niemals gelöscht werde, denn wenn es einmal gelöscht würde, so würde es, obgleich es dem Werke nichts schadet, dasselbe jedoch verlängern. Wenn es aber nötig wäre, den Ort zu wechseln, kann man das Feuer löschen, seine Medizin herausnehmen, mit sich führen und mit einem anderen Feuer und Ofen gleich wie diese die angefangene Medizin vollenden.“ (Goltz/Telle/Vermeer (1977) S. 111ff.)

[594] Vgl. Goltz/Telle/Vermeer (1977) S. 41f.

[595] Vor allem in Bezug auf die Thematik und ihre literarische Ausgestaltung.

[596] Ein Kennzeichen des Briefes ergibt sich aus dem Aufbau als persönliches Schreiben an den Bruder Reinald. Solche Briefe, die der wissenschaftlichen Kommunikation dienten, sind in der Alchemie seit ihren alexandrinischen Anfängen bekannt (z. B. die Briefe des Zosimos von Panopolis) und wurden auch während des gesamten Mittelalters gepflegt (vgl. hierzu auch das Kapitel über Georg Klet), wohingegen für die übrigen Wissenschaften erst in der frühen Neuzeit eine Zunahme des wissenschaftlichen Briefes zu beobachten ist.

[597] Bei der Warnung vor anderen alchemistischen Schriften bzw. deren abfälligen Beurteilung handelt es sich um einen Gemeinplatz der spätmittelalterlichen Alchemieliteratur. Aussagen solcher Art finden sich vorrangig in Texten, die an einen vorgetäuschten Adressaten gerichtet sind und eine Beschreibung der praktischen Tätigkeit während des alchemischen Werkes bieten. Es handelt sich dabei oftmals um Texte in Brief- oder Testamentform, also Texten die dem Traktat „*Von der Multiplikation*“ ähneln.

kansprachliche Beschreibung von Quecksilber, das als Ausgangssubstanz für das alchemische Werk dient.[598]

Der Hauptteil des Traktats beginnt mit Kapitel zwei. Die einzelnen Kapitel bauen sinnvoll aufeinander auf, d.h. die Kapitel schließen nahtlos an das vorangegangene an. Zunächst einmal wird die Reinigung der in der Einleitung beschriebenen Ausgangssubstanz Quecksilber erläutert. Daran schließen sich dann Abhandlungen über den Ofen, die Lampe und das Feuer an. Nach diesen theoretischen Fundierungen beginnen mit Kapitel fünf praktische Anweisungen zur Durchführung des alchemischen Werkes. Im Schlußkapitel sieben wird der alchemische Prozeß mit der Färbung und Multiplikation beendet.[599]

Der Schluß des Traktats beschreibt mit wenigen Worten einen zweiten Weg das Opus alchemicum durchzuführen und weist ausdrücklich auf die „Kürze und Fehlerlosigkeit“[600] des Traktats hin. In der Tat kann man konstatieren, daß es nur wenige alchemistische Fachschriften des 14. Jahrhunderts gibt, die eine solche, in sich geschlossene Struktur aufweisen wie der Traktat „*Von der Multiplikation*“.[601]

Das Ziel des Traktats ist die Gewinnung des Lapis philosophorum („*De multiplicatione*“ § 10):

> „*Unnd wen man das hatt, so sullen wir an alle irung des kunigs Salomon wartten mitt seiner rotten kron, das ist unser stein, elixir oder das pulver.*“[602]

Eigentlich bietet der Traktat jedoch die Herstellung eines Goldamalgams, die in einem mehrstufigen Arbeitsprozeß beschrieben wird, in dem der Autor eine sehr genaue Kenntnis der Laborprozesse offenbart. Zwei Beispiele seien hier kurz erwähnt, nämlich die Beschreibung der Quecksilber-Reinigung und die Durchführung einer Erhitzung mit konstanter Temperatur über einen längeren Zeitraum.

1. Die Reinigung der Ausgangssubstanz, also von Quecksilber, das zuvor nicht schon einmal im alchemischen Werk verwendet wurde:[603]

---

[598] Vgl. Goltz/Telle/Vermeer (1977) S. 42f.
[599] Vgl. Goltz/Telle/Vermeer (1977) S. 43
[600] Goltz/Telle/Vermeer (1977) S. 43
[601] Vgl. Goltz/Telle/Vermeer (1977) S. 43
[602] Goltz/Telle/Vermeer (1977) S. 127, zitiert nach der deutschen Übersetzung aus der Handschrift E von 1540/60. Die neuhochdeutsche Übersetzung der lateinischen Fassung lautet wie folgt: „Wenn das geschehen ist, wollen wir ohne jegliche Irrung unseren König Salomon, gekrönt mit seinem roten Diadem, erwarten, das heißt unseren Stein, unser Elixier oder ganz feine, einfache Pulver.“ (Goltz/Telle/Vermeer (1977) S. 105)
[603] Im Falle eines bereits zur Amalgambildung verwendeten Quecksilbers, weiß der Autor scheinbar um Probleme, die bei einer erneuten Amalgambildung mit diesem Quecksilber auftreten können und die aus Verunreinigungen des Quecksilber resultieren.

> *„Nim mercurium mineralem, das ist das hispanisch ertrich, unsser antimonium oder das schwartz erttrich, das alles newr eins ist, unnd das soll vor nit geprauchtt sein.*" („*De multiplicatione*" § 17)[604]

Trotzdem muß das Quecksilber noch gereinigt werden, da es bereits an der Luft oxidiert und durch seinen flüssigen Charakter leichter Verunreinigungen aufnimmt. Pseudo-Thomas empfiehlt hierfür eine mechanische Reinigung:

> *„lass den gen durch eine leynes tuch, das dick sey, das dhu drey mal. Darnach treyb in durch ein semisch leder unnd darnach wider durch ein leynes duch, das dick sey. Das ist sein rechte waschung. Unnd merck, ob ettwas grobs unnd unsaubers in dem leder beleybtt, so ist der mercurius nitt gutt zu unsserm werck. Belybtt aber nichtz darin, so ist er gutt zu unsern werck.*" („*De multiplicatione*" § 17)[605]

Dieses Verfahren ist auch aus heutiger Sicht durchaus sinnvoll, da dadurch die meist auf dem Quecksilber vorhandene Oxidschicht entfernt werden kann und somit tatsächlich eine Reinigung des Quecksilbers eintritt.

2. Der beschriebene Ofen – s.o. § 18 von „*De multiplicatione*" – ist offenbar ein sogenannter Athanor, der durch die arabische Alchemieliteratur ins Abendland gelangte und sich von den in Europa davor gebräuchlichen Schmelz- und Backöfen dadurch unterschied, daß man durch die Konstruktion des Ofens eine konstante Temperatur über einen längeren Zeitraum halten konnte. Unterstützt wird dies – nach Pseudo-Thomas – durch die Verwendung einer Lampe anstatt von offenem Feuer als Wärmequelle, da die Flammenhöhe der Lampe regulierbar ist und somit zu einer konstanten Wärmeabgabe führt, und das Einbetten der zu erhitzenden Substanz in ein Sandbad, da der Sand sich nur langsam erwärmt und abkühlt.[606]

Die Rezeption der alchemistischen Fachschriften des Pseudo-Thomas von Aquin und die Verquickung des Namens Thomas von Aquin mit einer alchemistischen Autorität war auch im deutschen Kulturraum bereits im 15. Jahrhundert voll entfaltet. So wird

---

[604] Goltz/Telle/Vermeer (1977) S. 129, zitiert nach der deutschen Übersetzung aus der Handschrift E von 1540/60. Die neuhochdeutsche Übersetzung der lateinischen Fassung lautet wie folgt: „Nimm also den mineralischen Mercurius, das heißt spanische Erde, unser Antimon oder schwarzäugige Erde, die alle dasselbe sind, nicht von seiner minderwertigen Art, (und) der früher in keinem anderen Werk benutzt wurde." (Goltz/Telle/Vermeer (1977) S. 109)

[605] Goltz/Telle/Vermeer (1977) S. 129, zitiert nach der deutschen Übersetzung aus der Handschrift E von 1540/60. Die neuhochdeutsche Übersetzung der lateinischen Fassung lautet wie folgt: „lasse ihn dreimal durch ein dichtes leinenes Tuch passieren. Darauf lasse ihn durch ein Hasenleder passieren und laß ihn zuletzt nochmals durch ein dichtes Leinentuch passieren. Das ist nämlich die wahre Waschung. Und gib acht, ob etwas von seinen groben Bestandteilen an Unrat oder Schmutz im Leder zurückbleibt. Und dieser Mercurius hat keinen Wert für unser Werk. Wenn aber nichts erscheint, so ist es gut." (Goltz/Telle/Vermeer (1977) S. 109)

[606] Vgl. Goltz/Telle/Vermeer (1977) S. 47ff.

„*S. Thomas de Aquino*“ im Bildgedicht nach der „*Turba philosophorum*“ aus dem 15. Jahrhundert (s.u.) der folgende Lehrsatz zugeschrieben:

> „*Vnd in dieser kochung wirt es rot. Es wirt tingirt mit warer rott volkommner rot. Vnd wirt zsamfelchtung des mans vnd der frawen.*“[607]

In einem anonymen mitteldeutschen Alchemietraktat, der ebenfalls aus dem 15. Jahrhundert stammt und der im Cod. Guelf. 80.4. Aug 8° der Wolfenbütteler Herzog-August-Bibliothek auf Bl. 99^r-101^r überliefert wird, heißt es von „*sand Thomas de Aquino*“, daß er die „*rechte tinctura des goldes vnd des silbers*“, also den Stein der Weisen, gefunden habe. Darüber hinaus soll er die Alchemisten gelehrt haben Gottes Beistand auf der Suche nach dem Lapis philosophorum anzurufen, indem sie täglich fünf 'Vater unser' und fünf 'Ave Maria' beten. Im „*Buchlein von denn wessen der metall*“ aus der 1. Hälfte des 15. Jahrhunderts, das im Cgm 308 überliefert wird,[608] und weiteren alchemistischen Traktaten wird „*Thomas der heilig lerer*“ zitiert. Auch im „*Ritterkrieg*“ des Johann Sternhals (s.u.) tritt „*Thomam de Aquino*“ als eine der alchemistischen Autoritäten auf, auf die sich das Gold beruft.[609]

Georg Klet erwähnt neben anderen pseudo-thomasischen Alchemica auch den Traktat an Reinaldus, also den Traktat „*Von der Multiplikation*“, in seinen Briefen alchemischen Inhalts (s.u.). Klet schätzt die Schriften des Pseudo-Thomas vor allem wegen ihrer laborpraktischen Anweisungen, die sich für ihn bewährt haben. So verwundert es kaum, daß Thomas auch in den Werken des Paracelsus als alchemistische Autorität aufscheint. Allerdings wandelt sich bei Paracelsus die Sichtweise des angeblichen Alchemisten Thomas von Aquin, der von Paracelsus zusammen mit anderen Autoritäten heftig kritisiert wird, da seine „*philosophei*“ der „*fantasei*“ entsprungen sei und er sie nicht aus dem „*liecht der natur*“ und eigener Erfahrung gewonnen habe.[610] Damit läßt sich zweifelsfrei belegen, daß die Rezeption der alchemistischen Schriften des Pseudo-Thomas von Aquin bei deutschsprachigen Fachautoren der Alchemie im 15. Jahrhundert bereits in vollem Gange war. Aus diesem Grunde liegt die Vermutung nahe, daß die deutschsprachige Überlieferung der „*Aurora consurgens*“ und des Traktats „*Von der Multiplikation*“ nicht erst im 16. Jahrhundert einsetzt – worauf die bisher bekannten Textzeugen verweisen – sondern bereits im 15. Jahrhundert.

---

[607] Goltz/Telle/Vermeer (1977) S. 87, zitiert nach Oxford, Bodleian Library, Cod. Rawlinson D 893, Bl. 103.
[608] Zum Cgm 308 der Bayerischen Staatsbibliothek München vgl. Schneider, K. (1970) S. 290.
[609] Vgl. Goltz/Telle/Vermeer (1977) S. 87f.
[610] Vgl. Goltz/Telle/Vermeer (1977) S. 88f.

4.3. Genuin deutsche alchemistische Fachliteratur

4.3.1. Das „*Buch der Heiligen Dreifaltigkeit*"

Das deutsche alchemistische Schrifttum nimmt im 15. und 16. Jahrhundert besonders an den Fürstenhöfen, aber auch in monastischen und bürgerlich-städtischen Kreisen stark zu. So ist das berühmte „*Buch der Heiligen Dreifaltigkeit*" des Franziskaners Ulmannus aus den Jahren 1415-1419[611] an den Fürstenhöfen zu finden, da es für den Burggrafen Friedrich von Hohenzollern, dem späteren Markgrafen Friedrich I. von Brandenburg,[612] bestimmt war. Daneben erhielt Kaiser Sigismund eine „*ußgeschrift*", also eine gekürzte Abschrift, des Werkes. Es gehört zu den wichtigsten deutschsprachigen alchemistischen Texten.[613]

Das „*Buch der Heiligen Dreifaltigkeit*" ist in mindestens 15 relativ vollständigen Handschriften, sieben Fragmenten und einer handschriftlichen Übersetzung ins Französische überliefert. Drucke liegen nicht vor, was möglicherweise an der „häretisch anmutenden Gleichsetzung von Alchemie und Christentum"[614] lag.[615] Als Autor erscheint in der Überlieferung zum einen ein 'Frater Almannus' und zum andern der Name 'Ulmannus'. Wahrscheinlicher ist jedoch 'Ulmannus', da er in der alchemistischen Fachliteratur häufiger vertreten ist. Der älteste Beleg stammt aus dem „*Ritterkrieg*" des Johann Sternhals aus dem Jahre 1488. Darin nennt das Gold in seinem Streitgespräch mit dem Eisen neben anderen alchemistischen Autoritäten auch einen „*Vlmannum*". Daneben erwähnt Georg Klet Ulmannus als alchemistische Autorität in seinem alchemistischen Briefwechsel.[616] Den wichtigsten Beleg enthält der dem Marsilius Ficinus zugeschriebene Traktat „*Liber de arte chimica incerti authoris*":

> „*Hat nicht auch vnsere Weißheit Vlmannus ein Franciscaner Münch vnd kleiner Bruder / mit grosser Kunst in teutscher Sprach beschrieben / vnd durch das Leyden Christi probiert vnnd beweiß gethan / daß sie gewiß sey?*"[617]

Ein weiterer Beleg findet sich noch im 18. Jahrhundert in Hermann Fictulds „*Probierstein*":

---

[611] Das „*Buch der Heiligen Dreifaltigkeit*" wurde während des Konstanzer Konzils (1414-1418) abgefaßt. Die Entstehungszeit des „*Buchs der Heiligen Dreifaltigkeit*" läßt sich aufgrund der ungewöhnlichen Dichte von Datumsangaben so genau bestimmen. (Vgl. hierzu auch Ganzenmüller (1939) S. 103f.) Diese legen es jedoch auch nahe, daß Ulmannus bereits 1410 an seinem Werk gearbeitet hat und es dann zwischen 1415 und 1419 niederschrieb.

[612] Friedrich I. von Brandenburg war immerhin einer der mächtigsten Fürsten seiner Zeit.

[613] Vgl. Haage (1988) S. 280f.; Assion (1973) S. 87f.; Buntz (1968) S. 24; Haage (1996) S. 59 und Putscher (1986) S. 153. Nach Putscher handelt es sich bei der Kurzfassung für Kaiser Sigismund nur um das erste Buch des „*Buchs der Heiligen Dreifaltigkeit*".

[614] Buntz (1968) S. 25

[615] Vgl. Duveen (1948); Buntz (1968) S. 25; Buntz (1972) und Putscher (1986) S. 152f.

[616] Vgl. zu Georg Klet unten in Kapitel 4.3.11.

[617] Buntz (1968) S. 28, die Übersetzung basiert auf Phillip Morgensterns „*Turba Philosophorum*" von 1613.

> „*Pandora. i.e. die edle Gaabe Gottes, welche von Francisco Epimetheo, der aber Ulmannus geheissen, und ein Franciscaner-Münch und kleiner Bruder dieses Ordens gewesen, verfestigt worden seyn soll* [...] *Es ist ein Werck mit vielen Figuren.*“[618]

Der Name des Autors scheint also wirklich 'Ulmannus' gewesen zu sein, vor allem wenn man bedenkt, daß sich der Name 'Ulmann' bzw. in der lateinischen Schreibweise 'Ulmannus' im Gegensatz zu 'Almannus' für das Mittelalter häufig belegen läßt.[619]

Das „*Buch der Heiligen Dreifaltigkeit*“ unterteilt sich in drei Bücher. Das erste Buch, das etwa ein Drittel des gesamten Textes ausmacht, beschreibt die Passion Christi, die analog zum Martyrium bzw. zur Läuterung der Metalle abläuft. Geprägt ist das erste Buch von der Siebenzahl: die sieben Wunden Christi (die fünf Kreuzigungswunden werden ergänzt durch die Wunden der Dornenkrone und der Geißelung), entsprechen den sieben Metallen sowie den ihnen zugeordneten Planeten. Eine weitere Siebenzahl wird durch die vier Evangelisten und die göttlichen Gestalten Gottvater, heiliger Geist und der Einheit von Jesus und Maria erreicht. Auffällig ist die Betonung der paradoxen Einheit von Jesus und Maria, in der Jesus den göttlichen Wesenteil und Maria den menschlichen Wesenteil symbolisiert.[620] Dargestellt wird diese paradoxe Einheit von Mann und Frau sowie Gott und Mensch durch den Hermaphroditen (vgl. Abbildung 7). Eine Gegenüberstellung aller Siebenzahlen findet sich in Tabelle 1.

Das zweite Buch, das den geringsten Umfang der drei Bücher hat, stellt sich vornehmlich als alchemistische und astrologische Fachschrift dar.[621] Darin legt Ulmannus sein besonderes Augenmerk auf die Beschreibung der praktisch-alchemistischen Laborarbeit, wobei ihm deren zeitliche Festlegung durch die Planetenstunden wichtig ist:[622]

> „*Wiltu bekennen in kurczer stunde, die werck zu ewigen tagen aller planeten ganck ir anheben ir wircken, Vnd ende magstu hie kurcze bekennen darnach so wisse deyne werck zubegynnen zu wircken vnd zu enden, so tust du rechte in aller planeten gange.*“[623]

---

[618] Buntz (1968) S. 28.
[619] Vgl. Buntz (1968) S. 26ff. und Buntz (1972) S. 150
[620] Vgl. Putscher (1986) S. 157f.; Bachmann/Hofmeier (1999) S. 123 sowie Tabelle 1
[621] Vgl. Putscher (1986) S. 158
[622] Vgl. Juncker (1986) S. 9
[623] Juncker (1986) S. 185

Wunden	**Planeten**	**Metalle**	**Farbe**	**Tugenden**	**Laster**	**Evangelisten/ Dreifaltigkeit**	**Elemente**
Haupt (Dornenkrone)	Merkur	Queck-silber	weiß	Sanftmut	Zorn	Gott	Blut Christi
rechte Hand	Mars	Eisen	rot	Demut	Hochmut	Lukas	Feuer
linke Hand	Sonne (Sol)	Gold	golden	Reinheit	Unreinheit	Heiliger Geist	
rechter Fuß	Saturn	Blei	schwarz	Mäßigkeit	Völlerei	Johannes	Erde
linker Fuß	Mond (Luna)	Silber	blau	(Nächsten-) Liebe	Neid	Jesus & Maria	
Seitenwunde (Lanze)	Jupiter	Zinn	grau	Keuschheit	Wollust	Markus	Luft
Körper (Geißelung)	Venus	Kupfer	grün	Mildtätigkeit i.S.v. Freige-bigkeit	Geiz	Matthäus	Wasser

Tabelle 1: Gegenüberstellung der Siebenzahlen im „*Buch der Heiligen Dreifaltigkeit*“

Abbildung 7: Der alchemistische Hermaphrodit aus dem „*Buch der Heiligen Dreifaltigkeit*“

Das dritte Buch, das etwa die Hälfte des Textes umfaßt, setzt wieder mit der Passion Christi und der Einheit von Jesus und Maria ein. Doch tritt hier ein anderer Akzent zutage, nämlich eine klare Unterscheidung, ein Dualismus zwischen Gut und Böse. Entsprechend werden den zuvor beschriebenen Tugenden die Laster und der Christus-Maria-Gestalt der Teufel (Luzifer)[624] entgegengestellt. Die Tugenden sind hier nicht die Kardinaltugenden, sondern sie sind die Entsprechungen zu den Hauptlastern. Die Zielsetzung des Ganzen läuft am Ende auf eine politische hinaus: den Aufruf zum ultimativen Endkampf der Christen gegen die Heiden.[625] Aus dieser politischen Zielsetzung heraus ist wahrscheinlich auch zu verstehen, weshalb das „*Buch der Heiligen Dreifaltigkeit*" zunächst an zwei der mächtigsten Fürsten des Abendlandes übergeben wurde.

In einer späteren Fassung des „*Buchs der Heiligen Dreifaltigkeit*", die 1433 in Kadolzburg entstanden ist,[626] werden diese extremen politischen Ansichten jedoch zurückgedrängt und der Schwerpunkt stärker auf die alchemistische Tätigkeit verlagert. So wird nun Luzifer eher als Mahnung aufgefaßt, das alchemistische Wissen um den Lapis philosophorum nicht zum eigenen Vorteil zu mißbrauchen. Die Alchemisierung der Handschrift von 1433 zeigt sich auch am Bildbestand. Darin ist eine Vermehrung von alchemistischen Bildern und ein Zurückdrängen von christlichen Motiven zu beobachten.[627]

Im „*Buch der Heiligen Dreifaltigkeit*" mischen sich Alchemie, „christliche und gnostische Erlösungsvorstellungen, politische und religiöse Tendenzen"[628]. Die Erlösungsvorstellungen werden auch durch das alchemistische Werk mit seinen sieben Operationen bzw. Prozeßschritten symbolisiert. Diese werden von Ulmannus einfach durch das Übersetzen der lateinischen Fachtermini erklärt bzw. definiert:[629]

> „*Mortificiren ist töten, sublimiren ist auff dreyben distilliren ist wasser zuempfaen calciniren ist brennen dissoluiren ist zuflisen tingiren ist zuferben Coaguliren ist zu drucken Diss sind die siben grade aller hoen wercke.*"[630]

Die Sieben-Zahl hat im „*Buch der Heiligen Dreifaltigkeit*" einen prägenden Charakter, denn die sieben Operationen werden zu den sieben Metallen, den sieben Grundtugenden, den sieben Planeten und den sieben Wunden Christi in Beziehung gesetzt.[631] Hierdurch entsteht eine enge Verflechtung von christlich-theologischem mit alchemistischem Gedankengut.

---

[624] Auch ausgedrückt durch die beiden Hermaphroditen, vgl. Abbildung 4 und Abbildung 7.
[625] Vgl. . Ganzenmüller (1939) S. 111 und Putscher (1986) S. 158
[626] Das Original dieser Kadolzburger Handschrift ist bisher leider verschollen, doch existiert eine Abschrift von 1471 (Wolfenbüttel, Cod. Guelf. 188 Blankenburg).
[627] Vgl. Putscher (1986) S. 159 und Juncker (1986) S. 47
[628] Buntz (1968) S. 24
[629] Vgl. Juncker (1986) S. 9
[630] Juncker (1986) S. 187
[631] Vgl. Schütt (2000) S. 371f.

Weitere allegorische Verbindungen zwischen Alchemie und Theologie finden sich in Christus, der am Galgen hängend, gerädert oder enthauptet für die Reinigung der Metalle steht, oder in Adam und Eva, die Sol und Luna verkörpern.[632]

Das „*Buch der Heiligen Dreifaltigkeit*" ist damit im Umkreis der im 14. Jahrhundert entstandenen „mystisch-alchemistischen Religiosität"[633] anzusiedeln. Zu ihren wichtigsten Werken zählen der „*Tractatus aureus*" aus dem Pseudo-Corpus hermeticum,[634] die „*Aurora consurgens*" des Pseudo-Thomas von Aquin und die „*Margarita pretiosa*" des Petrus Bonus. Der Grundgedanke des „*Buchs der Heiligen Dreifaltigkeit*" ist die Gleichsetzung des Lapis philosophorum mit der christlich-göttlichen Trinität (d.i. die Dreifaltigkeit). Eine Analogie zwischen alchemischem Prozeß und der Passion Christi herzustellen, ist in der alchemistischen Fachliteratur zwar nicht neu, aber sie wurde viel vorsichtiger formuliert. Beispiele dafür, und damit auch mögliche Quellen, finden sich im „*Codicillus*" des Pseudo-Raimundus Lullus und im Traktat „*De secretis naturae*" des Pseudo-Arnald von Villanova. Die wichtigste Quelle dürften jedoch die „*Exempla in arte philosophorum*"[635] des Pseudo-Arnald von Villanova gewesen sein. Dort werden nicht nur die „Sprüche der alttestamentlichen Propheten alchemistisch interpretiert"[636], sondern es wird auch die Analogie Lapis – Christus bis in alle Einzelheiten ausgeführt. Wie Christus wird auch der „*Mercurius*" (in der Bedeutung des Steins der Weisen) gleich einem Lamm zur Schlachtbank geführt, um „die Menschheit von Armut und Not zu befreien. Er schwitzt Blutstropfen, wird gegeißelt und gekreuzigt."[637]

Die alchemistischen Quellen des „*Buchs der Heiligen Dreifaltigkeit*" sind bisher noch nicht näher untersucht worden. Allerdings zitiert Ulmannus die „*Tabula Smaragdina*" sogar in lateinischer Sprache, ohne sie jedoch zu nennen, und erwähnt Hermes (Trismegistos), Aristoteles, Albertus Magnus sowie die „*Turba philosophorum*" als alchemistische Autoritäten. Auch scheint er sich auf die Schriften des Pseudo-Raimundus Lullus und Senior Zadiths „*De chemica*" zu beziehen, und hat möglicherweise das „*Speculum alchymiae*" des (Pseudo-) Arnald von Villanova sowie weitere pseudo-arnaldische Werke (s.o.) benutzt.[638]

---

[632] Vgl. Putscher (1986) S. 170

[633] Buntz (1968) S. 30

[634] Der „*Tractatus aureus*" gehört nicht zum griechischen Corpus hermeticum, sondern zu einer Vielzahl lateinischer alchemistischer Fachschriften, die im Mittelalter dem Corpus hermeticum angegliedert wurden. Aus diesem Grunde sollte man bei diesen Schriften von einer Zughörigkeit zum Pseudo-Corpus hermeticum oder zum lateinischen Corpus hermeticum sprechen. Zum „*Tractatus aureus*" vgl. auch unten in Kapitel 4.3.22. und zum griechischen Corpus hermeticum vgl. Copenhaver (1992).

[635] Überliefert in der Handschrift Venedig, Bibl. San Marco, Cod. VI, 214, Bl. 164r-168v: „*Incipiendum exempla in arte philosophorum secundum magistrum arna(l)dum de uilla noua*".

[636] Buntz (1968) S. 31

[637] Vgl. Buntz (1968) S. 30f.

[638] Vgl. Ganzenmüller (1939) S. 122ff.

Ulmannus' theologisch-religöse Überzeugungen weisen eine starke neuplatonische Prägung im Sinne des Kirchenvaters Augustinus auf.[639] Dieses neuplatonische Denken zeigt sich bspw. in dem Dualismus gut – böse, der sich durch das ganze „*Buch der Heiligen Dreifaltigkeit*" zieht und der auch in der Abgrenzung von christlich-alchemistischer Tätigkeit und eigennütziger Goldmacherei zum Ausdruck kommt. Daneben treten gnostische und mystische Tendenzen auf. So läßt sich in der Vereinigung von Jesus und Maria das mystische Streben nach der Vereinigung mit Gott erkennen, der unio mystica. Durch die Aufnahme von Maria in die Heilige Dreifaltigkeit, bestehend aus Gottvater, heiligem Geist und der Einheit von Jesus und Maria, wird die Distanz zwischen Gott und Mensch verringert. In diesem Sinne wäre der Lapis philosophorum dann auch als Symbol der unio mystica zu verstehen.[640]

Die Alchemie des „*Buchs der Heiligen Dreifaltigkeit*" basiert auf den theoretischen Grundannahmen aristotelischer Elementen- und Qualitätenlehre (Substanzlehre), der Schwefel-Quecksilber-Theorie, der Körper-Geist-Seele-Lehre und der Lehre vom männlichen und weiblichen Prinzip, die eng mit der Schwefel-Quecksilber-Theorie verbunden ist. Außergewöhnlich ist jedoch die strenge astronomisch-astrologische Anbindung von alchemistischen Operationen an kosmologische Zeitabläufe, wie herrschende Tierkreiszeichen, Tageszeiten, Planetenstunden usw.[641] Zu beachten ist dabei, daß die menschlich-göttliche Dreifaltigkeit bestehend aus Gottvater, heiligem Geist und der Einheit von Jesus und Maria im „*Buch der Heiligen Dreifaltigkeit*" die Grundlage jeglicher alchemistischer Tätigkeit bildet.[642]

Das „*Buch der Heiligen Dreifaltigkeit*" präsentiert sich somit als eine Mischung alchemistischen Gedankenguts mit aristotelischer Naturphilosophie, augustinischer Religionslehre, gnostischen Zügen und mystischen Elementen, die wiederum mit astrologischen Vorstellungen und Vorschriften verschmelzen. Letzteres war für die Alchemie des Mittelalters aber durchaus üblich.[643]

Die enge Verzahnung von Theologie und Alchemie im „*Buch der Heiligen Dreifaltigkeit*" spiegelt sich auch im Lapis philosophorum wider. Er ist nicht nur wie Gottvater, sondern auch wie Jesus, denn ebenso wie die Ausgangssubstanzen des Lapis philosophorum getötet (mortificiert) werden müssen, um zur ultima materia des Lapis emporgeläutert werden zu können, muß auch Jesus den Tod erleiden, um die göttliche Vollkommenheit zu erlangen. Der Lapis philosophorum kann alles verwandeln und ist gleichzeitig als ein Elixier die Panazee. Ulmannus unterscheidet den Lapis philosophorum in zwei Ausprägungen: in einen weißen und einen roten Stein. Beide fungieren als

---

639 Vgl. Juncker (1986) S. 49
640 Vgl. Juncker (1986) S. 50f.
641 Vgl. Ganzenmüller (1939) S. 124ff. und Juncker (1986) S. 52ff.
642 Vgl. Juncker (1986) S. 12
643 Vgl. Juncker (1986) S. 54

Panazee, doch unterscheiden sie sich dahingehend, daß der weiße Stein die Hitze aus dem Körper vertreiben sollte und der rote Stein die Kälte. Darüber hinaus unterscheiden sie sich – wie in vielen anderen alchemistischen Texten auch – in ihrer Transmutationsfähigkeit. Der weiße Stein (weißes Elixier) verwandelt unedle Metalle in Silber und der rote Stein (rotes Elixier) in Gold. Die beschriebenen Eigenschaften des Lapis philosophorum sind vielfältig. Er reinigt bzw. veredelt nicht nur alle unedlen Metalle, ohne dadurch an Wirkkraft und Wert zu verlieren, und wirkt als Allheilmittel, als Panazee, sondern er verleiht dem Menschen auch die Fähigkeit zu fliegen, macht ihn unverwundbar. Darüber hinaus wird sein Besitzer der Arbeit niemals überdrüssig und befindet sich ständig in glückseliger Stimmung. Weiterhin macht der Stein der Weisen seinen Besitzer unsichtbar, sobald dieser ihn fest mit der Hand umschließt, und dadurch kann er über den Zeitpunkt seiner Offenbarung, d.h. des Sichtbarwerdens selbst entscheiden.[644]

Eine zentrale Rolle bei der Herstellung des Lapis philosophorum kommt den drei Metallen Merkur (Quecksilber), Luna (Silber) uns Sol (Gold) zu, denn das Quecksilber soll bewirken, daß sich Gold und Silber schließlich zum Lapis philosophorum vereinigen.[645]

Die Illustrationen des *„Buchs der Heiligen Dreifaltigkeit"* verfügen – wie auch in vielen anderen alchemistischen Fachtexten – gegenüber dem Text über ein Eigenleben.[646] So verwandeln die Ikonographien des *„Buchs der Heiligen Dreifaltigkeit"* die religiösen Analogien des Textes in Bilder, die dann z.T. ohne die zugehörigen Textpassagen überliefert werden.[647] Die Ikonographie des *„Buchs der Heiligen Dreifaltigkeit"* ist aus der Bildwelt der christlichen Ikonographie abgeleitet. Obschon es auch Darstellungen alchemistischer Geräte gibt, ist die Ikonographie geprägt von vielen großformatigen, oftmals ganzseitigen allegorischen Illustrationen. Der Bildzyklus scheint dabei auf den Ursprungstext des Frater Ulmannus zurückzugehen, da er abgesehen vom gelegentlichen Ausfall einiger Abbildungen in allen überlieferten Handschriften konstant bleibt.[648] An eine andere Leithandschrift zu denken wäre in diesem Zusammenhang wohl kaum sinnvoll, vor allem auch deshalb, weil der Bildzyklus in der ältesten überlieferten Handschrift, dem Ms 164 der Wellcome Historical Medical Library in London enthalten ist, bei der es sich nach Moorat um einen Autographen handeln

[644] Vgl. Juncker (1986) S. 8-14 und Schütt (2000) S. 372.
[645] Vgl. Juncker (1986) S. 12
[646] Dies hängt wahrscheinlich mit einer neuen Art der Bebilderung zusammen, die seit dem späten 14. Jahrhundert in der weltlichen Ikonographie aufkommt. Text und Bild gehen eine Verbindung ein, denn das Bild dient nicht nur noch als Schmuck, sondern es teilt die gleiche Aussage mit wie der Text, nur durch das Mittel der graphischen Darstellung. (Vgl. hierzu auch Putscher (1986) S. 160 sowie unten im Kapitel über den *„Splendor solis"*)
[647] Vgl. Ott (1991) S. 27
[648] Vgl. Ott (1991) S. 28f.

soll.[649] Diese Handschrift weicht in der Textanordnung von allen anderen Handschriften ab und zeigt deutliche Gebrauchsspuren, so daß es durchaus möglich ist, daß es sich hierbei um ein Konzept des Autors handelt, das er für die endgültige Ausgabe nochmals überarbeitete. Dieser Ansicht sind auch Buntz und Putscher. Allerdings datiert Putscher das Manuskript auf die Zeit zwischen 1420 und 1460 und sieht es als Notizbuch des Bearbeiters der Kadolzburger Ausgabe von 1433 an.[650] Aufgrund ihrer Untersuchung zur Ikonographie kommt Putscher zu dem Schluß, daß die Berliner Handschrift B das Original-Manuskript darstellt, das Friedrich I. von Brandenburg auf dem Konstanzer Konzil übergeben wurde. Juncker stützt diese Annahme Putschers, da nach seiner Ansicht die Ikonographie der Handschrift, nach stilistischen Aspekten, einer Zeit kurz nach 1380 zuzuordnen ist, was die These Putschers also stützen würde.[651]

Im „*Buch der Heiligen Dreifaltigkeit*" kommt es zu einer Verbindung von Bildern und Text. So stehen die bildlichen Darstellungen der Passion Christi für die Putrefaktion im alchemischen Werk, wodurch die Ausgangsmaterie zur prima materia zurückgeführt werden soll.[652] Hervorzuheben ist vor allem das älteste Bild eines Hermaphroditen innerhalb des alchemistischen Fachschrifttums (vgl. Abbildung 7).[653] Der aus der „*Tabula Smaragdina*" hergeleitete Hermaphrodit,[654] das Zwitterwesen, steht für den Lapis philosophorum, der in sich alle alchemistischen (sowie alle mikro- und makrokosmischen) Dichotomien vereinigt, wie es im Kapitel über die arkansprachliche Metaphorik bereits verdeutlicht wurde. Über den alchemistischen Hermaphroditen heißt es im „*Buch der Heiligen Dreifaltigkeit*":

> „*Also liep als euch got vnd ewer sele sey nemet seines schazes nicht noch seiner gabe nicht vnd glaubet ym auch nicht / wann glaubet slecht jn den rechten cristenglauben so steet ir stercklichen wider alle betrigung zc.*"[655]

Die Aussage des Hermaphroditenbildes (Abbildung 7) ist äußerst komplex, da es das Opus alchemicum zur Gänze symbolisiert. Der Drache verkörpert die prima materia, die Voraussetzung für die Herstellung des Lapis philosophorum ist. Bei der Verflüssigung/Schmelzung der Materie entsteht sowohl ein Gas als auch ein fester Rückstand. Letzterer wird dann weiter zur Seele bzw. zum Mercurius (Quecksilber) sublimiert, welche beide durch die Gestalt der Frau symbolisiert werden, die zudem mit dem Kelch, aus dem sich drei Schlangenköpfe erheben, noch ein Symbol für die Sublima-

[649] Vgl. Moorat (1962) S. 106ff.
[650] Vgl. hierzu auch Buntz (1968) S. 26 und Putscher (1986) S. 152, Anm. 2 und S. 159, Anm. 10
[651] Vgl. Putscher (1986) S. 168 und Juncker (1986) S. 47
[652] Vgl. Juncker (1986) S. 34ff.
[653] Vgl. Peters (1893) S. 100 und Buntz (1968) S. 24
[654] Der Hermaphrodit stammt aus den antiken Schöpfungsmythen, wie bspw. dem orphischen Schöpfungsmythos, und gelangte über die hellenistische Philosophie in die Alchemie (vgl. dazu Aurnhammer (1986) S. 179-200 und Buntz (1968) S. 31f.).
[655] Juncker (1986) S. 219

tion (Verdampfung) in Händen hält. Das Gas wird zu Schwefel (oder Gold) koaguliert (verfestigt), der durch den Mann verkörpert wird, der mit der gerollten Schlange ein Koagulationssymbol trägt. Die beiden Flügel stehen für das Feuer, das den alchemischen Prozeß vorantreibt. Die Krone des Hermaphroditen stellt dann den Lapis philosophorum dar, als Krönung des Opus alchemicum. Dieser Prozeß zerfällt in einem erneuten Prozeß in die 'reine Sonne' und den 'reinen Mond', also in seine alles zu Gold und Silber verwandelnden Essenzen. Diese beiden Essenzen wohnten aber bereits der prima materia inne, was durch den Sonnenbaum (links) und den Mondbaum (rechts) versinnbildlicht wird, von denen sich der Drache (prima materia) ernährt.[656]

Für das „*Buch der Heiligen Dreifaltigkeit*“ läßt sich festhalten, daß Bilder und Text nebeneinander herlaufen und dabei die gleichen Aussagen zu vermitteln suchen. Die Ikonographien dienen somit nicht mehr nur zum Schmuck des Textes, sondern sie ergänzen ihn, d.h. es wird eine harmonische Einheit von Wort und Bild angestrebt, wie sie im 15. Jahrhundert immer mehr aufkommt.[657]

In der alchemistischen Praxis konnte die paradoxe Vereinigung von Männlichem und Weiblichem im Hermaphroditen für unterschiedliche Paare stehen: für Sulphur und Mercurius, für Sol und Luna, als Verkörperung von König und Königin (also für Gold und Silber) sowie für Zinnober, der zunächst schwarz ist und sich erst beim Erhitzen rot färbt. Der Hermaphrodit stand unter theologischen Aspekten aber auch für Christus, der in sich das Göttliche (das Männliche) und das Menschliche (das Weibliche, das meist von Maria verkörpert wurde) vereinigt. Oder eben als Lapis philosophorum, der das männliche und weibliche Prinzip, als Symbole für alle kosmologischen Gegensätze, miteinander verbindet. Im Hermaphroditen, wie er im „*Buch der Heiligen Dreifaltigkeit*“ erscheint, zeigt sich also erneut die Christus-Lapis-Analogie, da Christus und der Stein der Weisen im Hermaphroditen als wesensgleich erscheinen.[658]

Ulmannus offenbart eine erstaunliche Fachkenntnis. Er beschreibt u.a. die Trennung von Silber und Gold durch Salpetersäure, das Ausfällen von Silber aus einer Lösung durch die Zugabe von Kochsalz sowie die Herstellung von Zinkchloridöl mittels Destillation, das er als „*ein dickes Öl*“ oder als „*dickes feistes Öl*“ bezeichnet. Andreas Libavius galt mit seinem Werk „*Spiritus salis fumans Libavii*“ also lange Zeit zu unrecht als Entdecker des Zinkchloridöls. Daneben kennt Ulmannus gleich zwei Verfahren zur Gewinnung von Salpetersäure (aqua fortis). Die Darstellung der Salpetersäure aus Salpeter, Alaun und Vitriol mittels Destillation wird gleich mehrmals beschrieben. Zusätzlich kennt Ulmannus noch eine Möglichkeit, Salpetersäure in kürzerer Zeit zu destillieren. Dazu soll der Alaun zuvor entwässert werden (durch Glühen) und zum

656 Vgl. Hartlaub (1937a) S. 104f. und Hartlaub (1959) S. 47
657 Vgl. Juncker (1986) S. 46f.
658 Vgl. Schütt (2000) S. 373ff. und Abbildung 7.

Ersatz eine Wasser enthaltende Vorlage benutzt werden. Die Salpetersäure benutzte Ulmannus, wie oben gesehen, als Scheidewasser zur Trennung von Gold und Silber. Er hatte aber auch Kenntnis davon, daß mit Chlor verunreinigte Salpetersäure diese Trennung verhinderte, obwohl ihm die Existenz von Chlor und Chloriden noch unbekannt war. Trotzdem beschreibt er ein Verfahren zur Herstellung einer salzsäurefreien[659] (aber silberhaltigen) Salpetersäure.[660]

Weiterhin kennt er neben den Metallen zahlreiche Substanzen aus der alchemischen Laborpraxis und weiß um ihre Anwendung. Hierzu zählen u.a.: Arsen, Schwefel, Salmiak, Zinnober, Kochsalz („*sal commune*"), Steinsalz („*sal gemmae*"), Leichnam (caput mortuum), d.i. ein Rückstand in Gefäßen nach vollendeter Destillation, Jungfrauenmilch (lac virginis), bei der es sich um einen Decknamen für Quecksilber und die prima materia handelt, Alumen, Salzsäure („*ein dünnes fremdes wasser*"), Weinstein und Antimon. Das „*Buch der Heiligen Dreifaltigkeit*" kennt drei verschiedene Vitriole (Sulfate)[661]: das blaue Kupfersalz, die weiße Zinkverbindung (Galitzenstein) und das grüne Eisenvitriol („*vitriolum romanum*"). Die Vitriole dienten hier neben den Metallen als Ausgangssubstanzen für die Lapis-Herstellung.[662]

Aber auch alchemistische Geräte und Verfahren werden erwähnt. Beispiele hierfür sind: Pelikan (Zirkulationsgefäß, das bei der Rückflußdestillation zum Einsatz kommt), Receptakel (Gefäß um das Destillat aufzufangen), Cucurbit (bauchiger gläserner Kolben), Alembik (Destillierhelm), Reverberationsofen (in ihm erfolgt das Erhitzen durch direkte Flammeneinwirkung, wobei die Stärke der Flamme durch einen Blasebalg geregelt wurde) und Pferdemistbäder (zum Erwärmen und Warmhalten von Substanzen).[663]

Die Zielsetzung von Ulmannus war es, mehr als nur eine Rezeptsammlung zu verfassen:

> *„Wer disez buches etwaz rehte schol vernemen, der muss ein warer magister der gotheit wesen und ein rehter magister aller nature, der envindet man nun hie niht vil, noch denn woltez in allen swer genug wesen, sollten sy disez secreten buchez etwan vil vernemen, diss grosse secreten buch ist ware astronomia, alchimia, theologia, war prophecia all grundlose one anfang one ende, unde ist all ein secret aller secreten, nymand kan hie gegen wider der secreten rehtikeit disputiren, wer ist der, der sy alle rehte wol kan vernemen?"*[664]

---

[659] Salzsäure ist eine wässrige Lösung von Chlorwasserstoffen, weswegen sie auch als Chlorwasserstoffsäure bezeichnet wird.

[660] Vgl. Buntz (1968) S. 24, Anm. 1; Juncker (1986), S. 8ff., S. 12 und S. 55 sowie Schütt (2000) S. 372

[661] Ein Vitriol ist ein kristallwasserhaltiges Sulfat eines (zweiwertigen) Metalls.

[662] Vgl. Peters (1893) S. 104f.; Juncker (1986), S. 8ff., S. 12 und S. 55 sowie Schütt (2000) S. 372

[663] Vgl. Juncker (1986) S. 8ff.

[664] Ganzenmüller (1939) S. 106

Tatsächlich sind alle hier genannten Wissenschaften im „*Buch der Heiligen Dreifaltigkeit*" verarbeitet. In erster Linie sind dies Theologie und Alchemie, die sehr eng miteinander verzahnt sind. Besonders die Vorgänge der neutestamentlichen Heilsgeschichte (unbefleckte Empfängnis Mariae, Christi Geburt, die Passion Christi, Kreuzigung und Auferstehung) dienen der metaphorischen Beschreibung alchemistischer Operationen. Dafür verwendet Ulmannus neben herkömmlichen arkansprachlichen Elementen, wie Decknamen und Metaphorik, auch ein Buchstabensignum, das sich nur teilweise enträtseln läßt. Es werden dabei die Metalle mit einer Kombination von jeweils drei Buchstaben bezeichnet: b-i-q steht für Kupfer, a-h-p für Eisen, c-k-r für Blei und d-l-s für Zinn. Eine Zuordnung der übrigen drei Metalle (Quecksilber, Silber und Gold) zu den verbliebenen Buchstabengruppen e-m-t, f-n-u sowie g-o-x ist bisher nicht gelungen.[665]

Das „*Buch der Heiligen Dreifaltigkeit*" war sehr wirkungsmächtig. Es hatte Einfluß u.a. auf Leonhard Thurneisser und Basilius Valentinus, aber auch auf Herbrandt Jamsthalers „*Viatorium spagyricum*" von 1577. Dort heißt es:

> „*Dein gefreunder hatt ein altes buch /*
> *Darinn du all dein heyll ersuch /*
> *Da findest den schatz der gantzen weldt /*
> *Ist vber goldt vndt alles geldt /*
> *Solches wardt geschrieben zu Constantz /*
> *Von einem Münich mit warheit gantz /*
> *Vor hundert ein vndt sechtzig jahr /*
> *Macht ichs dem selben offen bahr /*
> *Kein wort nicht drin vergebens ist /*
> *Das sag ich dir zu dieser frist /*"[666]

Rechnet man die 161 Jahre zurück, so erhält man als Entstehungszeit für Jamsthalers Quelle das Jahr 1416, was sich in etwa mit der des „*Buchs der Heiligen Dreifaltigkeit*" deckt.[667]

Der Vergleich des Lapis philosophorum mit der Dreifaltigkeit findet sich im Anschluß an das „*Buch der Heiligen Dreifaltigkeit*" in zahlreichen alchemistischen Fachschriften. So bspw. auch in den „*Hermetischen Schriften*" des Vinzenz Kofski:

> „*Sie* [unsere Materie, d.V.] *wird in 3 Stücke zertheilt, und diese 3 wachsen alsdann wieder zusammen unscheidbar* [...] *Dann gleichwie Gott in der heiligen Dreyfaltigkeit, als Vater, Sohn und heiliger Geist, ein einiger Gott und eins sind, also verhält sichs auch mit unserm Arcano.*"[668]

---

[665] Vgl. Ganzenmüller (1939) S. 106f. und Juncker (1968) S. 13
[666] Buntz (1968) S. 35
[667] Vgl. Buntz (1968) S. 34f.
[668] Buntz (1968) S. 34, Anm. 1, zitiert nach der gedruckten Ausgabe der „*Hermetischen Schriften*" (Nürnberg 1786, S. 7f.).

Neben dem Text waren es vor allem die Bilder des „*Buchs der Heiligen Dreifaltigkeit*", die einen Einfluß auf die alchemistische Fachliteratur ausübten. Einige Bilder fanden Aufnahme in die 1582 (u.ö.) gedruckte „*Pandora*" Hieronymus Reusners, ein uneinheitliches Sammelwerk alchemistischer Fachschriften, in dem die Ikonographie – mit Ausnahme der des „*Donum Dei*" – losgelöst vom Text überliefert wurde. Ähnlich verhält es sich bei den Bildern, die in das anonyme 1550 (u.ö.) gedruckte „*Rosarium philosophorum*" übernommen wurden.[669] Die Bilder werden durch deutschsprachige Verse kommentiert und weisen nur eine lockere Textbindung auf. Über diese beiden Werke gelangen einige Bilder aus dem „*Buch der Heiligen Dreifaltigkeit*" – allerdings ohne Bezug auf ihre ursprüngliche Herkunft – in die Emblemenbücher des 17. Jahrhunderts, zu denen auch das „*Chymische Lustgärtlein*" des Daniel Stoltzius von Stoltzenberg von 1624 zählt.[670]

4.3.2. Die „*Alchymey teuczsch*"

Die praxisnahe, handschriftliche und zum Teil in Geheimschrift verfaßte „*Alchymey teuczsch*" von 1426 gehört zu den ältesten deutschen Fachschriften der Alchemie. Sie ist eine Sammlung von alchemistischen Versuchsanleitungen und -beschreibungen, die mit astrologischen, magischen und medizinischen Passagen durchsetzt sind. Der einzige Textzeuge, der Heidelberger cpg 597, gibt u.a. Auskunft über ihre Verfasser, die Alchemisten Niklas Jankowitz, Michael von Prapach und Michael Wülfing (auch Michel Wulfing), die sich als Stadtärzte im östlichen Bayern (Grafschaft Hals bei Passau) ihren Lebensunterhalt verdienten.[671]

Niklas Jankowitz gehörte einem im östlichen Bayern, in der Grafschaft Hals bzw. in der Passauer Gegend, praktisch tätigen Alchemistenkreis an, der im Jahre 1423 mit dem Versuch einer „*goltmerung*" beschäftigt war. Dieser Alchemistenkreis stand vermutlich in Beziehung zu den Landgrafen zu Leuchtenberg und Hals.[672]

Michael Prapach ist der zweite namentlich genannte Autor der „*Alchymey teuczsch*". Auf Bl. 47^{v} der Heidelberger Handschrift der „*Alchymey teuczsch*" (cpg 597) findet sich ein mantisch-prognostischer Kurztraktat Prapachs über gute und schlechte Tage für das Arbeiten (im Labor):

---

[669] Zum „*Rosarium philosophorum*" vgl. oben in Kapitel 4.2.9.
[670] Vgl. Buntz (1968) S. 35ff.
[671] Vgl. Rudolf (1978) Sp. 209; Telle (1980) Sp. 343; Haage (1988) S. 280f. und Baufeld (1990) S. 83.
[672] Vgl. Telle (1983a) Sp. 510

> *„wann vnd jn welcher weil vnd czeit allerlay arbait an czu greiffen vnd czu tun ist, vnd das man wissen müg, wan man arbait meiden sulle vnd das es nicht gut ist vnd gernn czu hannden get.*“[673]

Es ist kein Vorbild für Prapachs System der verworfenen Tage erkennbar. Allerdings kommt der „*Traktat der Pariser Meister und Sternseher*“ als mögliche Quelle in Betracht, da Prapach in einem Zusatz darauf hinweist, daß die Schrift „*von den maistern gemacht*“ sei.[674] Damit kann aber auch genauso gut eine bei den Alchemisten gängige Praxis zum Ausdruck gebracht werden, nämlich sich auf die vermeintlich eigenen Meister – gemeint sind die alchemistischen Autoritäten – zu berufen.

Neben Niklas Jankowitz und Michael Prapach wird noch Michael Wülfing als einer der Verfasser der „*Alchymey teuczsch*“ genannt. Er gehörte demnach ebenfalls dem zu Anfang des 15. Jahrhunderts in den Grafschaften Leuchtenberg und Hals bzw. im Passauer Raum tätigen Alchemistenkreis an. Dieser Alchemistenkreis beschäftigte sich, wie bereits erwähnt, 1423 mit alchemistischen Praktiken der Metalltransmutation mit dem Ziel, eine „*golt merung*“ durchzuführen.[675]

Wülfing wird in der „*Alchymey teuczsch*“ die Verfasserschaft für eine Fieberbeschwörung zugeschrieben:

> *„Czu den ruette. Michell Wulfing.*
> *Auch verpeut ich euch all falsch geng, nebenn geng, vnder geng, vber geng. Ir get den rechtten waren gang! Vnd verpeut euch auch, daz ir euch chain pössen teuffel nicht petwingent noch betriegen lasset. Ir seyt yn wider strebung mit der obgenantten grassen peswerung vnd mit der kraft dez almächtigen gitz vnd get hin jn dem nam dez vatters etc.*“[676]

Dieser Text steht mit den ihn umgebenden anonymen Kleinschriften in enger Textgenese, so daß man von einer Verfasserschaft Wülfings auch für diese Anonyma ausgehen kann.[677] Aus diesem Grunde erscheint die Ansicht Telles, daß Wülfings Mitarbeit an der „*Alchymey teuczsch*“ nicht ausreichend gesichert sei,[678] eher entkräftet zu werden als Halt zu finden. Ich denke der Umstand, daß man Michael Wülfing in der „*Alchymey teuczsch*“ gleich mehrere Texte zuweisen kann, ist ein deutlicher Fingerzeig auf seine Mitarbeit an diesem alchemistischen Fachtext.

Der einzige Textzeuge der „*Alchymey teuczsch*“, der cpg 597 der Universitätsbibliothek Heidelberg, besteht aus kleineren Textstücken und einzelnen Notizen, die ohne

[673] Buntz (1989) Sp. 809
[674] Vgl. Buntz (1989) Sp. 809
[675] Vgl. Telle (1999c) Sp. 1424f.
[676] Eis (1982) S. 313f./Eis (1957) S. 14f.
[677] Vgl. Telle (1999c) Sp. 1425
[678] Vgl. Telle (1999c) Sp. 1425

erkennbare Ordnung von den drei Autoren aufgezeichnet wurden. Der Codex wurde im Jahr 1426 begonnen:[679]

> *„Das Puch ist angehaben ynn tauro 14ᶜ vnd 26.“*[680]

Neben den drei namentlich bekannten Verfassern der *„Alchymey teuczsch“* wird noch ein vierter Mitarbeiter mit Namen Friedrich genannt, bei dem es sich jedoch nicht um einen Mitverfasser des Textes, sondern um einen Laborgehilfen zu handeln scheint. Er soll bei einer Goldmehrung mitgewirkt haben:[681]

> *„Nota an dem samcztag yn der Oster wochen anno etc. xxiijº haben wir unser merung Frydrice bevolhen czu arbeyten, und die haben wir des selben tags miteinander gewegen, die het alle an der wag iiij ℔*[682] *mynus czwayer lot. Nota das wir czu der golt merung dovon genomen haben des was xxiiij lot, und die hetten wir vorher dann gewegen und das ez an den fier pfunden minner tzwaier lot nicht solt abcziehen.“*[683]

Die Verfasser der *„Alchymey teuczsch“* waren bestrebt, ihr alchemisches Wissen vor der Allgemeinheit zu verbergen – womit sie sich an das alchemistische Schweigegebot hielten – weshalb sie einen großen Teil des Textes in Geheimschrift verfaßten. Auffällig ist dabei, daß nicht die astrologischen und medizinischen Abschnitte des Textes verschlüsselt wurden, sondern ausschließlich die alchemistischen Partien. Das angewandte Verschlüsselungssystem stützt sich dabei auf drei Zeichenreihen, was aus heutiger Sicht eine recht einfache Chiffrierung darstellt, aber das Bestreben der Verfasser verdeutlicht, den nicht eingeweihten Lesern das Textverständnis zu erschweren. Dies wird auch im Text selbst zum Ausdruck gebracht:

> *„Das ist ein abc vnd das haben wir selbs neus gemacht* [...] *vnd ich hab es darum gar an ein ander gesect, das man nicht sul versten, das es ein alfabet* [sei, d.V.].“[684]

Neben dieser Verschlüsselung auf der Ebene der Buchstaben bedienten sich die Verfasser auch arkansprachlicher Decknamen. Auf eine ausschweifende Metaphorik verzichteten sie jedoch. Dies mag verschiedene Gründe gehabt haben. Möglich wäre es, daß die Autoren die Geheimschrift und die Decknamen für ausreichend erachteten, um den Inhalt des Textes vor fremdem bzw. unberechtigtem Zugriff zu schützen, oder

---

[679] Vgl. Eis (1957) S. 11

[680] Eis (1957) S. 11. Das Wort *„tauro“* ist in Geheimschrift verfaßt. Mit der Zeitangabe *„ynn tauro“*, d.h. 'im Zeichen des Stiers', bekunden die Autoren ihr Interesse an der Astrologie, das auch in einigen Textabschnitten zutage tritt.

[681] Vgl. Eis (1957) S. 11

[682] Bei dem hier verwendeten Zeichen ℔ handelt es sich um das altdeutsche Pfund-Zeichen der Gewichtseinheit Pfund, das im Original an dieser Stelle steht und das einer Ligatur mit 'lb' vorgezogen wurde.

[683] Wattenbach (1869) S. 266

[684] Eis (1957) S. 13

aber die „*Alchymey teuczsch*" wurde innerhalb des Alchemistenkreises unter Verschluß gehalten. Einen Beleg für letzteres findet sich in einer Aufzählung von Decknamen in der „*Alchymey teuczsch*":[685]

> „*Nota aqwa fortis* [d.i. Salpetersäure, d.V.] *haiss ich das scharf wasser.*
> *Nota salarmoniak das haist sal.*
> *Nota aber das ole fon salar* [d.i. sal armoniacum, d.V.] *haisse ich Nyczadar.*
> *Nota das gemain sale haisse ich sal aller.*
> *Nota dann das golt haisse ich die gelb erd.*
> *Nota das silber haissen wir die weiss erd.*
> *Nota salcstein ist salpeter.*
> *Nota grünole haisset fitiriolium* [dabei handelt es sich, aufgrund der grünen Farbe, um Eisenvitriol, d.V.].
> *Nota spangrün haist kupgergrün.*"[686]

Daneben scheint auch die singuläre Überlieferung darauf hinzudeuten, daß der Text nur einem sehr kleinen Kreis von Eingeweihten zugänglich war, eben dem Alchemistenkreis, dem die „*Alchymey teuczsch*" ihr Entstehen verdankt.

Inhaltlich beschäftigten sich die Rezepte der „*Alchymey teuczsch*" überwiegend mit alchemistischen Experimenten, deren Beurteilung allerdings schwierig ist, da noch immer keine Edition des Gesamttextes vorliegt. Daneben sind kalendarische und astrologische Texte verzeichnet, zu denen bspw. Michael Prapachs Verzeichnis der guten und schlechten Tage zählt. Auch medizinische Abschnitte sind enthalten. Es handelt sich dabei um Zeugnisse der zeitgenössisch-mittelalterlichen Schulmedizin, die z.T. Niklas Jankowitz zugewiesen werden können, und der magischen Volksmedizin, wozu Michel Wülfings Zauberspruch gegen Fieber zählt. Bei den hier wiedergegebenen Texten von Niklas Jankowitz handelt es sich um einen Ratschlag gegen Blähungen:

> „*Der selb Niklas.*
> *Item fir die winde jnn dem leibe. Dorczu sein die stuke gut: Venichell, anes, veltkumel vnd legaricz vnd romischer kimell, mit gleicher mas anis; ains als vil als des anderen genomen vnd darnach wol gemischet vnd gestossen vnd darnach durch ein sib geset, vnd dann genüczet wan man will.*"[687]

und ein Mittel, um einen Vergifteten durch Erbrechen vor dem Tode zu bewahren:

> „*Der selb Niklas.*
> *Item wer gern wold vndewen. Ein gut ler dor czu, domit er es leichtlich zuweg pringe. Zcu dem ersten so nim ein gancz müschkat, negelein, poley mit gleicher wag, vnd dann gestossen vnd geset vnd czukers tue dorszu als vil als der stuk aller. Darnach nim einer vngepeten semmeln vnd mache die fewcht jnn einem*

[685] Vgl. Eis (1957) S. 13
[686] Wattenbach (1869) S. 265
[687] Eis (1957) S. 14

werm. Vnd streu dann des pulfers drauf vnd gib es dem, der gift gessen oder getrunken het, oder sunst einem sichchen, dem sein not ist.“[688]

Darüber hinaus gibt es eine große Zahl von Beschwörungstexten für die verschiedensten Zwecke und Absichten.[689]

4.3.3. Johann Sternhals: „*Der Ritterkrieg*“

Der Bamberger Kanoniker Johann Sternhals ist der Verfasser des „*Ritterkrieg*“[690] von 1488, einer allegorischen Prozeßdichtung in Prosa, bei der es sich um eine alchemisch-metallurgische und medizinisch-pharmazeutische Fachschrift handelt, die jedoch weniger die Alchemie selbst, sondern mehr die Eigenschaften von Gold und Eisen zum Inhalt hat.[691] Der „*Ritterkrieg*“ ist seit dem 16. Jahrhundert in 14 Handschriften sowie zwei Drucken (Nordhausen 1595 und Hamburg 1680) überliefert und wurde im 18. Jahrhundert ins Englische übersetzt.[692] Eine Ausgabe des „*Ritterkrieg*“ fehlt allerdings noch immer, von einer kritischen Edition ganz zu schweigen. Der „*Ritterkrieg*“ wurde lange Zeit entweder für eine Fälschung oder die Bearbeitung des Traktates „*Uralter Ritterkrieg*“[693] gehalten, da nur der Hamburger Druck aus dem Jahre 1680 bekannt war. Die zusätzlichen Textzeugen belegen jedoch, daß es sich um eine selbständige Arbeit von Johann Sternhals aus dem Jahre 1488 handelt.

Sternhals selbst ist in den Matrikeln des Bamberger Klerus zwischen 1459 und 1481 mehrfach urkundlich bezeugt. Aus den Bamberger Matrikeln ist gesichert, daß er am 24. März 1459 die Tonsur erhielt, im Jahr 1471 ist er als Notar bezeugt und zwischen 1477 und 1481 wirkte er als Domvikar. Gestorben ist Sternhals nach 1488 vermutlich ebenfalls in Bamberg. Er betont in seiner Vorrede, daß er sich mehr als 20 Jahre in der „*Kunst Alchimia geübet*“ hat:[694]

---

[688] Eis (1957) S. 14
[689] Vgl. Eis (1957) S. 13f.
[690] Der Terminus 'Krieg' ist für den Titel einer alchemistischen Fachschrift zwar recht ungewöhnlich, doch ist der Ausdruck in der alchemistischen Fachliteratur seit der „*Turba philosophorum*“ bekannt, wo bereits ein 'Krieg' zwischen Kupfer und Quecksilber beschrieben wird. (Vgl. hierzu auch Ruska (1931) S. 229 sowie Buntz (1968) S. 42)
[691] Vgl. Buntz (1968) S. 41
[692] Zur Überlieferung vgl. im Anhang (Telle (1995) Sp. 311 und Buntz (1968) S. 40. Zur Übersetzung: Telle (1995) Sp. 312)
[693] So bei Kopp (1886a) S. 330 und bei Schmieder (1959) S. 407f. Der 1604 im Druck erschienene und wohl im 16. Jahrhundert entstandene anonyme „*Uralte Ritterkrieg*“ hat außer dem Titel nichts mit Sternhals Werk gemeinsam. Dort findet ein richtiger Kampf zwischen Mercurius, Gold und dem Stein der Weisen statt, wohingegen bei Sternhals 'Krieg' stellvertretend für den Rechtsstreit zwischen Gold und Eisen steht.
[694] Vgl. Kist (1965) S. 400 und Telle (1995) Sp. 310f.

> *„Vnd ich Johan Sternhals von Bambergk / gegen Gott vnwirdiger Priester / selbst lenger denn 20 Jar mich sehr hefftig auff vielerley weise in dieser Kunst Alchimia geübet.*"[695]

Der *„Ritterkrieg*" erfreute sich großer Beliebtheit und wurde auch von späteren Autoren gern zitiert. Das Werk handelt von den Eigenschaften des Goldes und des Eisens, die in Form eines Rechtsstreits zwischen den beiden Metallen über die Frage, welches von beiden das edelste Metall sei, vorgetragen werden. Die Form des Streitgesprächs erinnert stark an die Prozeßdichtungen des 15. Jahrhunderts, zu denen auch *„Der Ackermann aus Böhmen*" (um 1400) des Johannes von Tepl/Saaz (um 1350 bis um 1414) zählt. Außerdem ist als literarische Vorlage Heinrichs von Mügeln *„Der meide kranz*" zu erkennen, der wiederum in der Tradition von Alanus' ab Insulis *„Anticlaudianus*" und Heinrichs von Neustadt *„Von Gottes Zukunft*" steht. Sternhals übernimmt aus *„Der meide kranz*" nicht nur die Befragung der Natur durch den Richter Mercurius, sondern er nennt Heinrich von Mügeln auch als alchemistische Autorität und zitiert seine Verse:[696]

> *„Deß Himmels blick / vnd seine wesentliche stadt /*
> *Die Metallen von einander gescheiden hat /*
> *Daß Goldt / Goldt / vnd Zihn / Zihn worden ist.*
> *Machet Accidens zu aller frist.*"[697]

Dieses Zitat ist bei Heinrich von Mügeln zwar nicht wörtlich nachzuweisen, aber es ähnelt sehr stark einer Stelle aus der *„Alchimia*" in *„Der meide kranz*", in der es um die Entstehung der Elemente, Metalle und Mineralien geht:

> *„des himmels blik und ouch die stat*
> *zin unde golt gescheiden hat.*" (MK 583f.)

Diese Stelle ist einer anderen in Heinrichs Spruch 41, der von der Alchemie handelt, sehr ähnlich:

> *„des himels blick und ouch die stat*
> *die libe scheit in der gebürte eine.*" (41, 11f.)

Aufgrund des formalen Erscheinungsbildes des *„Ritterkriegs*" als Fachschrift in Form einer Prozeßdichtung hebt sich dieser von der Masse der spätmittelalterlichen alchemistischen Fachliteratur ab. In dem Rechtsstreit vor Gericht zwischen Sol (Gold) und Mars (Eisen), klagt Sol den *„elenden außsätzigen Pankart*" Mars an, sich medizinisch-pharmazeutische und alchemistische Fähigkeiten und Eigenschaften anzumaßen, über die nur das Gold verfüge. Das Vorgehen des Eisens vergleicht Sol dabei mit dem von

---

[695] Buntz (1970) S. 173, zitiert nach der gedruckten Ausgabe von 1595.

[696] Vgl. Buntz (1968) S. 39ff. und Buntz 1974, S. 150. Zu Heinrich von Mügeln und zu seiner Beziehung zur alchemistischen Fachliteratur vgl. auch unten in Kapitel 8.3.

[697] Buntz (1968) S. 43, zitiert nach der gedruckten Ausgabe von 1595.

„*betriegerischen Alchimisten*“ und unfähigen „*Kälberärtzten*“. Hierin kann man eine Kritik Sternhals’ an der wissenschaftlichen Scharlatanerie erkennen, mit der vor allem die Alchemie aber auch die Medizin zu kämpfen hatte, da sie ihren Ruf beschädigte. Das Gold beschimpft das Eisens u.a. als „*Panckardt vnd Hurenkind*“, „*Landbescheisser*“, *Henckerknecht*“ und „*wüste Saw*“. Außerdem gebühre dem Gold die alleinige Ehre:

> „*Ich Golt bin der öberste mechtigste König vnd Fürst dieser Welt / Ich bin ein Metall / meiner grösse nach / vber alle begreiffliche dinge das wichtigste vnd schwereste* [...] *Ich bin alleine im Fewer ohne abgang bestehende / vber alle andere dinge / niemand kann meine Tugent außsprechen / Ich bin der edle Schatz / ja die rote bestendige Tinctur* [...] *Auch so bin ich Goldt vor allen metallen vnd begreifflichen dingen gar weit berhümpt / geehret / vnd geliebet / dargegen der stinckende /verbrandte / auffrhürische Mörder / das Eysen / geschendet vnd gehasset / welchs alles dann klerlich jedermenniglich weis (vnd bezeugens nicht noth ist. Mich tragen Bäpst / Keyser vnd Könige auff jhren Heuptern / die Fürsten / Hertzogen / Graffen / Ritter / Herrn / vnd der Stadt Bürgere / zum zierde an jhren Hälsen / vnd die ahrtigen / schönen / vnd hübschen / Edle vnd Vnedle / zarten Jungfräwlein vnd Weiber legen mich an Ketten zusanffter ruhe zwischen jre weise Brüstlein / vnd tragen schöne aus mir gemachte Ringlein / an jhren subtilen / schmalen vnd weissen Hendlein / in mich wird mancher tewrer edler Stein* [...] *eingesatzt / vnd gezieret.*“[698]

Darüber hinaus sei das Eisen gar nicht das echte Eisen, von dem die Philosophen, also die Alchemisten, behaupten:

> „*Vnser Eysen wird nicht von dem Magnetstein gezogen.*“[699]

Mit „*vnser Eysen*“ verwendet Sternhals hier einen Decknamen für den Lapis philosophorum. Das Eisen weist alle Vorwürfe zurück, da im Grunde alle Metalle gleich seien, wobei es sich u.a. auf Heinrich von Mügeln beruft. Weiterhin hält es dem Gold entgegen, daß dieses nur gefärbt und das Eisen selbst das weitaus nützlichere Metall sei, denn es trage zwar keine Edelsteine, dafür aber den Mühlstein:

> „*Ich bin ein freund aller menschen / Armen vnd reichen / vnd der reichen mag mein weniger entraten denn deß Goldes / ich bin das schloß / der riegel / der hüter / vnd der schlüssel des Goldes / der auff vnd zu sperret / vnd ehe das Gold ist / da bin ich / one meine hülffe ist das Golt nichts / Durch mich wird es gefunden /gegraben / geschmeltzet / gebreittet / geschlagen / geschrottet / gestumpfft vnd gemüntzet.*“[700]

In streitgesprächartigen Wechselreden und im Verhör von Luna (Silber), der Geliebten Sols, streiten Gold und Eisen weiter darüber, wer für die Menschheit von größerem

[698] Buntz (1970) S. 173f., zitiert nach der gedruckten Ausgabe von 1595.
[699] Buntz (1968) S. 41, zitiert nach der gedruckten Ausgabe von 1595.
[700] Buntz (1968) S. 41f., zitiert nach der gedruckten Ausgabe von 1595.

Nutzen ist. Der als Richter fungierende Mercurius (Quecksilber), der von der in „*Engeland*" beheimateten Natur weise beraten wird, schlichtet den Streit mit „*güttlichen Mitteln*", wodurch es zu seiner freundschaftlichen Versöhnung von Sol und Mars kommt.[701]

Die Sonderstellung des Quecksilbers als flüssiges Metall, das in vielen Laborprozessen zum Einsatz kam, wird im „*Ritterkrieg*" deutlich hervorgehoben. Im Rangstreit zwischen Gold (Sol) und Eisen (Mars) fungieren Venus (Kupfer) und Jupiter (Zinn) zu ihrer Linken und Saturn (Blei) und Luna (Silber) zu ihrer Rechten als passive Zuhörer, wohingegen Merkur (Quecksilber) als Richter in ihrer Mitte thront.[702]

Sternhals wollte mit seiner Prozeßdichtung die Transmutation von Silber in Gold darstellen. Dabei erweiterte er die von ihm propagierte, traditionelle und sich auf Gold und Quecksilber stützende Transmutationslehre um das Eisen und ergänzte weiteres Lehrgut über die Natur, die Eigenschaften und die Entstehung der Metalle. Sternhals ließ dabei auch eigene Erfahrungen aus seiner – nach eigenen Angaben – 20-jährigen praktischen alchemistischen Tätigkeit in den „*Ritterkrieg*" einfließen und zog alchemistische, medizinische und metallurgische Fachschriften u.a. von Albertus Magnus, Avicenna, Pseudo-Arnald von Villanova, Geber (wobei vermutlich der Geber latinus gemeint ist), Pseudo-Raimundus Lullus, Johannes de Rupescissa sowie Frater Ulmannus „*Buch der Heiligen Dreifaltigkeit*" heran. Aber auch Dichtungen wie Heinrichs von Mügeln „*Der meide kranz*" und die Äsopschen Fabeln verarbeitete Sternhals in seinem „*Ritterkrieg*".[703]

4.3.4. Der „*Splendor solis*"

Beim „*Splendor solis*"[704] handelt es sich um einen alchemistischen Text-Bild-Traktat, der spätestens um 1500-1530, wahrscheinlich jedoch früher, im deutschen Kulturraum entstanden ist. Er gehört zusammen mit dem „*Sol und Luna*", dem deutschen „*Donum Dei*" und Lamsprings „*Tractatus de lapide philosophorum*" zu den wichtigsten Text-Bild-Kompilationen der deutschen alchemistischen Fachliteratur des Mittelalters. Vieles weist darauf hin, daß der „*Splendor solis*" bereits im 15. Jahrhundert entstanden ist, so daß Telles Einordnung in die frühneuzeitliche Alchemieliteratur mit äußerster Vorsicht zu beurteilen ist.[705] Es gibt einige Hinweise darauf, daß der „*Splendor solis*" wesentlich älter sein muß, als die älteste bekannte Handschrift von 1532-35 (Berlin,

[701] Vgl. hierzu auch Buntz (1968) S. 41f.; Buntz (1970) S. 173ff. sowie Telle (1995) Sp. 311f.
[702] Vgl. Broszinski (1994) S. 11
[703] Vgl. Telle (1995) Sp. 312
[704] Der Titel des Werkes erscheint auch mit dem Zusatz 'Sonnenglanz': „*Splendor solis oder Sonnenglanz*".

Staatliche Museen Preußischer Kulturbesitz, Kupferstichkabinett, Cod. 78 D 3).[706] Ein erster Anhaltspunkt hierfür findet sich in der Vorrede des „*Aureum vellus*", der den „*Splendor solis*" erstmals in gedruckter Form überlieferte:

> „*Im dritten Tractat findet sich das alte Scriptum Alchymisticum, Splendor solis oder Schein der Sonnen genannt, mit seinen vielfältigen seltzamen Figuren in 7 Theile abgesondert, ist aber vielmehr als eine verdunckelte Sonne zu achten, weil die Beschreibung für die jenigen ist, so bereits Kenntniß der Sache haben.*"[707]

In Bezug auf den ältesten bekannten handschriftlichen Textzeugen wäre im Erstdruck von 1598 wohl kaum von einem „*alten Scriptum*" die Rede gewesen, so daß man von einer Überlieferungstradition ausgehen muß, die weiter zurückreicht. Hinweise auf einen solchen früheren Entstehungszeitpunkt des „*Splendor solis*" lassen sich aus dessen Inhalt ableiten. Inhaltlich steht der „*Splendor solis*" der „*Aurora consurgens*" des Pseudo-Thomas von Aquin aus dem 14. Jahrhundert und dem „*Donum Dei*" sehr nahe und ist damit der mittelalterlichen Tradition innerhalb der alchemistischen Fachliteratur zuzurechnen. Hierzu paßt auch die auffällige Häufung von Autoritäten, auf die der Text Bezug nimmt. Denn es sind dies durchweg Autoritäten, wie man sie in spätmittelalterlichen Fachtexten erwartet und auch findet. Darüber hinaus ist ein völliges Fehlen von Autoritäten des 16. Jahrhunderts festzustellen, vor allem fehlt der Name des Paracelsus. Auf der anderen Seite ist der „*Splendor solis*" ganz offensichtlich von dem Anfang des 15. Jahrhunderts entstandenen „*Donum Dei*" beeinflußt worden und zwar sowohl inhaltlich als auch ikonographisch. Aufgrund dieser erschlossenen Ansatzpunkte wird man wohl von einer Entstehungszeit des „*Splendor solis*" in der zweiten Hälfte des 15. Jahrhunderts ausgehen müssen, wie dies Broszinski richtigerweise tut.[708] Der „*Splendor solis*" ist damit der mittelalterlichen Fachliteratur der Alchemie zuzurechnen, weshalb das Fehlen eines entsprechenden Artikels in der zweiten Auflage des Verfasserlexikon zu kritisieren ist und unbedingt in die Nachtragsbände aufzunehmen wäre.

Sowohl der Kompilator als auch der Illustrator des „*Splendor solis*" sind unbekannt, wobei eine Identität von Kompilator und Illustrator nicht auszuschließen ist. Seit der frühen Neuzeit wurde der „*Splendor solis*" Salomon Trismosin zugeschrieben,[709] einem vermeintlichen Lehrer des Paracelsus. Eine Autorschaft des Trismosin kann man aber mit Sicherheit ausschließen.[710] Prägend für die Annahme einer Autorschaft des Salomon Trismosin war die erstmals 1598 gedruckte alchemistische Sammelschrift „*Aureum vellus Oder Guldin Schatz vnd Kunstkammer*". Das „*Aureum vellus*" bestand

[705] Vgl. hierzu Telle (1998) S. 339
[706] Vgl. hierzu auch im Überlieferungsverzeichnis des Anhangs.
[707] Broszinski (1994) S. 37, zitiert nach der Hamburger „*Aureum vellus*"-Ausgabe von 1708.
[708] Vgl. hierzu auch Broszinski (1994) S. 37ff.
[709] So noch bei Gebelein, vgl. Gebelein (2000) S. 225.

zunächst aus drei Teilen, die als Traktate bezeichnet werden, obwohl sie aus vielen Einzeltraktaten zusammengesetzt sind. In Basel kamen dann die Teile/Traktate vier und fünf hinzu. Fortan bestand das „*Aureum vellus*“ aus allen fünf Teilen.[711] Da fast alle 19 Einzeltraktate des „*Tractatus primus*“ Salomon Trismosin zugeschrieben werden, scheint die Autorschaft des Trismosin auf das ganze „*Aureum vellus*“ ausgedehnt worden zu sein. Dies verwundert allerdings sehr, da der Name Trismosin in den Teilen zwei bis fünf des „*Aureum vellus*“ nicht mehr vorkommt und er darüber hinaus in dessen Vorrede als nur einer der Autoren der gesammelten Fachtexte genannt wird:[712]

> „*Der glückliche Salomon Trismosin* [...] *machet hierzu den Anfang, als von welchen der Theophrastus Paracelsus den Grund seiner Wissenschafft soll erlernet haben.*“[713]

Dies bestätigt sich auch durch die Zusammensetzung der weiteren Teile des „*Aureum vellus*“. Der zweite Teil enthält pseudo-paracelsische Schriften sowie Schriften des (Pseudo-)Korndorfer und der dritte Teil, der mit dem „*Splendor solis*“ beginnt, sowie der vierte und fünfte Teil enthalten mehrere Schriften, die identifizierbaren Fachautoren zugeschrieben werden können.[714] Darüber hinaus ist Salomon Trismosin selbst eine sagenumwobene, historisch nicht greifbare Gestalt.[715] Dies bezieht sich auch auf seine angebliche Verbindung mit Paracelsus, dessen Lehrmeister er in Konstantinopel gewesen sein soll, was sich aufgrund der bekannten Daten zur Biographie des Paracelsus nicht bestätigen läßt.[716] Es kann damit festgehalten werden, daß Salomon Trismosin nicht als Autor des „*Splendor solis*“ in Frage kommt.

Neben Salomon Trismosin wurde auch Ulrich Poysel als Verfasser des „*Splendor solis*“ in Erwägung gezogen. Poysel wird in zwei nicht illustrierten „*Splendor solis*“-Handschriften als Verfasser genannt. Es sind dies:

- Leiden, Universitätsbibliothek, Cod. Voss. chem. Q. 17, Bl. 99^{v}-125 (entstanden zwischen 1588 und 1595) sowie

[710] Vgl. Telle (1995f) Sp. 2126

[711] Zu den einzelnen Ausgaben des „*Aureum vellus*“ vgl. die Drucküberlieferung des „*Splendor solis*“ im Überlieferungsverzeichnis des Anhangs.

[712] Vgl. Broszinski (1994) S. 33

[713] Broszinski (1994) S. 33

[714] Vgl. Broszinski (1994) S. 33

[715] Es ist sogar sehr wahrscheinlich, daß es Salomon Trismosin niemals wirklich gegeben hat, sondern daß es sich bei dem Namen um ein Pseudonym handelt. Hierfür würde auch der Name selbst sprechen, bei dem es sich um eine Nachbildung von Hermes Trismegistos handeln könnte. Trismosin kann man in gr. *tris* = drei und *mossyn* = Turm, was hier in der Bedeutung von hoch bzw. groß benutzt worden sein könnte, aufschlüsseln. So würde analog zu Hermes Trismegistos (der dreimalgrößte Hermes) hier Salomon Trismosin für den dreimalgrößten Salomon stehen. Es wäre also nur Hermes durch den biblischen Salomon ersetzt worden.

[716] Vgl. Broszinski (1994) S. 35ff. Zur Biographie des Paracelsus vgl. u.a. Naber (1998).

- Prag, Archiv des Hradschin, Ms. 1663, O. 79, Bl. 176-194^{v} (entstanden vermutlich Ende des 16. Jahrhunderts).[717]

Für Völlnagel scheidet Poysel († 1471), der Priester am Münchner Hof gewesen sein soll,[718] aufgrund seines angeblichen Todesdatums als Verfasser des „*Splendor solis*" von vornherein aus.[719] Zu dieser Einschätzung gelangt Völlnagel aufgrund seiner Überzeugung, daß es sich bei der Handschrift aus dem Berliner Kupferstichkabinett um das Original handelt. Doch entstand der „*Splendor solis*" – wie oben beschrieben – vermutlich am Ende des 15. Jahrhunderts, weshalb Poysel als Autor durchaus in Frage käme. Allerdings wird Poysel erst sehr spät als Autor genannt, weswegen auch ich weiterhin von einer anonymen Verfasserschaft ausgehe.

Zu den Illustrationen findet sich immer wieder die Auffassung, daß der Nürnberger Illuminator Albrecht Glockendon bzw. die Glockendon-Werkstätte einen erheblichen Einfluß auf die Gestaltung der Illustrationen ausgeübt und möglicherweise sogar an ihnen mitgewirkt habe. Diese Auffassung ist jedoch mit einigen Unsicherheiten behaftet, so daß eine Urheberschaft bzw. ein Einfluß Glockendons höchst fraglich ist.[720] Der Maler der „*Splendor solis*"-Miniaturen der Berliner Kupferstichkabinett-Handschrift zeigt sich als Kenner und Meister der späten Buchmalerei.[721] Es wurde mehrfach versucht, ausgehend von der Berliner Handschrift den Illustrator zu ermitteln. In der Forschung werden viele Namen von bekannten Malern genannt: Nikolaus Glockendon,[722] Albrecht Glockendon,[723] Hans Sebald Beham[724] oder Georg Pencz.[725] Doch bestehen an all diesen Namen erhebliche Zweifel, wie Völlnagel zeigen konnte.[726] Völlnagel selbst macht in seiner umfangreichen kunsthistorischen Studie zu den Miniaturen des Berliner „*Splendor solis*" den Augsburger Tafelmaler Jörg Breu den Älteren (1475/80-1536) als deren Urheber wahrscheinlich,[727] was jedoch ebenfalls mit Unsicherheiten behaftet ist, auch wenn Völlnagel sehr schlüssig argumentiert. Der „*Splendor solis*" ist somit als eine anonyme Fachschrift zu betrachten.

Beim „*Splendor solis*" handelt es sich um eine Kompilation deutscher Übersetzungen von Exzerpten und Zitaten aus der spätmittelalterlichen Fachliteratur der Alchemie. Der „*Splendor solis*" gehört damit zur alchemistischen Florilegienliteratur. Die dargebotene Dictasammlung setzt sich aus Aussagen antiker und mittelalterlicher Autoritä-

---

717 Vgl. Völlnagel (2004) S. 30f.
718 Vgl. Boeren (1975) S. 144
719 Vgl. Völlnagel (2004) S. 31
720 Vgl. Daentler (1984) S. 102ff. und Telle (1998) S. 339
721 Vgl. Völlnagel (2004) S. 120
722 Vgl. Hartlaub (1937a) S. 146ff.
723 Vgl. Daentler (1984) insbesondere S. 102-108
724 Vgl. Alleau (1975) S. 267 und Lennep (1985) S. 111ff.
725 Vgl. Merkl (1999) S. 502
726 Vgl. Völlnagel (2004) S. 121ff.

ten zusammen. Genannt werden Alphidius, Aristoteles, Avicenna, Khalid ibn Jazid, Geber latinus, Hermes Trismegistos, Morienus, Rhazes, Senior Zadith, Zosimos von Panopolis und weitere Autoritäten, die der Kompilator der „*Turba philosophorum*" entnommen hat. Die Autoritätendicta geben Auskunft über Herstellung und Wirkungsweise des Lapis philosophorum. Der eigentliche Text des „*Splendor solis*" – also losgelöst von den Illustrationen betrachtet – steht der „*Aurora consurgens*" des Pseudo-Thomas von Aquin und dem „*Donum Dei*" sehr nahe.[728]

Was den „*Splendor solis*" aber von der Masse der alchemistischen Florilegien abhebt, sind seine künstlerisch hochstehenden Illustrationen. Diese leiten sich z.T. aus allegorischen Exzerpten von Erzählungen ab, welche wiederum mit Ovid und Vergil verbunden werden. Andere Bilder zeigen im Inneren von Phiolen abgebildete und mit Planetenkinder-Darstellungen verbundene Sinnbilder von Wandlungsprozessen während der Prozeßschritte des Opus alchemicum an dessen Ende die „*Medicin*"[729], also der Stein der Weisen, dargestellt werden soll.[730]

Wirklich außergewöhnlich innerhalb der Ikonographie der alchemistischen Fachliteratur sind die Planetenkinder-Miniaturen des „*Splendor solis*". In ihnen verbinden sich zwei Traditionsstränge:

1. Die allegorische Darstellung alchemischer Vorgänge während des alchemischen Werkes in einer Glas-Phiole, die auf die Illustrationen des „*Donum Dei*" zurückgeht.
2. Die astrologische Darstellung von Menschen, deren Charaktereigenschaften, Lebensführung und Berufung von den sie regierenden, d.h. bei ihrer Geburt (vor-) herrschenden, Planetengöttern (Saturn, Jupiter, Mars, Sol, Venus, Merkur oder Luna) geprägt werden – die sogenannten Planetenkinder. Diese Art der Darstellung ist babylonischen Ursprungs und gelangte über die arabische Literatur ins Abendland, wo sich spätestens im 13. Jahrhundert die astrologischen Anschauungen von Orient und Okzident miteinander vermischen. Die Planetenkinder des „*Splendor solis*" folgen dabei – wie Völlnagel zeigen konnte – einem Darstellungstypus, der seit der Mitte des 15. Jahrhunderts als kanonisch angesehen werden kann.[731]

Ein Beispiel einer solchen Verbindung der beiden Ikonographietraditionen ist die Darstellung des Mars (vgl. Abbildung 8). Entsprechend der astrologischen Tradition sind die Kinder des Mars gewalttätige und kriegerische Menschen, was auch im Bild zum

[727] Vgl. Völlnagel (2004) S. 127-133
[728] Vgl. Telle (1995f) Sp. 2126; Paulus (1997) S. 802 und Telle (1998) S. 339
[729] Telle (1995f) Sp. 2127
[730] Vgl. Telle (1995f) Sp. 2126f. und Telle (1998) S. 339
[731] Vgl. Völlnagel (2004) S. 84ff.

Ausdruck kommt. In der Phiole befindet sich ein mehrköpfiger Vogel, der als alchemistische Allegorie einer mehrfachen Sublimation zu verstehen ist. Der Vogel steht damit für das wiederholte Verflüchtigen der Materie durch Erhitzung, wodurch eine Reinigung erzielt werden sollte, da die unreinen Bestandteile des Stoffes als Rückstand in der Retorte zurückbleiben sollten.[732] In der 'Gewalt' des Feuers, das die Materie verflüchtigen soll, kann sogar noch eine direkte Verbindung zu den gewalttätigen Kindern des Mars hergestellt werden.

Der vermehrte Einsatz allegorischer Ikonographien setzt innerhalb der alchemistischen Fachliteratur im späten 14. Jahrhundert ein. Dennoch können illustrierte Codices durchaus auf ältere Vorlagen zurückgehen, die nicht illustriert gewesen sein müssen, dies aber durchaus sein konnten.

Seit 1598 wird die handschriftliche Überlieferung des „*Splendor solis*" – mindestens sechs vollständige Handschriften des 16. Jahrhunderts sind auf uns gekommen[733] – durch mehrere Drucke ergänzt. Diese finden sich im „*Aureum Vellus*" (Traktat III) einem frühneuzeitlichen Standardwerk der Alchemie, das seit 1598 mehrmals gedruckt wurde.[734] Die Illustrationen bereicherten den Bildbestand der Emblembücher, so etwa in den „*Emblemata*" von 1618.[735] Die Wirkungsmächtigkeit des „*Splendor solis*" zeigt sich darüber hinaus in frühneuzeitlichen Übersetzungen ins Englische (übersetzt von William Backhouse im 17. Jahrhundert) und ins Französische (Salomon Trismosin: „*La Toyson d'Or*", Paris 1612).[736] Dabei hält die Wirkung des „Splendor solis" bis heute an, wo sie sich in der modernen Literatur manifestiert, so bspw. in William Butler Yeats' „*Rosa Alchemica*", Umberto Ecos „*Das Foucoltsche Pendel*" und James Joyces „*Finnegans Wake*".[737]

Die Zielsetzung des „*Splendor solis*", nämlich die Beschreibung der Bereitung und Wirkungsweise des Lapis philosophorum, wird vom Verfasser zu Beginn des Traktats klar umrissen:

> „*Das gegenwirtig Buech Wierdt genannt Splendor Solis oder Sonnen Glantz tailt sich in siben Tractat durch wölche beschriben wierdt die kunstlich würckhung des verporgnen Staines der Alten Weisen.*"[738]

---

[732] Vgl. Hartlaub (1937a) S. 137 und Lennep (1985) S. 125f.
[733] Vgl. hierzu das Überlieferungsverzeichnis im Anhang.
[734] Vgl. hierzu das Überlieferungsverzeichnis im Anhang.
[735] Zu den Emblembüchern vgl. das Überlieferungsverzeichnis im Anhang.
[736] Vgl. Telle (1991a) Sp. 116f.; Ott (1991) S. 44ff.; Telle (1995f) Sp. 2127 und Telle (1998) S. 339f.
[737] Vgl. Völlnagel (2004) S. 9
[738] Broszinski (1994) S. 39, zitiert nach Kassel, Murhardsche Bibliothek und Landesbibliothek, 2° Ms. chem. 21, Bl. 63^r.

Abbildung 8: Die Planetenkind-Darstellung des Mars aus der „*Splendor solis*"-Handschrift des Berliner Kupferstichkabinetts (Bl. 23)

Darüber hinaus gibt der Autor in der „*Vorred*" einen Eindruck vom philosophischen Hintergrund der alchemistischen Theorie:

> „*Wiewoll es ist offenbar das alle leibliche ding ihren vrsprung Stanndt vnnd wesen nemen aus der Erden nach ordtnung der zeit So die einfluß der Gestirn oder Planeten alß sein Sonn vnnd Monn vnnd die anndern mit sambt den vier qualiteten der Element die sich ohne vnderlaß bewegen, dardurch herfür bracht werden aller vnnd jeder wachsender vnnd geberender ding eines jeden sonnderlich geschlecht vnnd gestalt in aigner Substanz* [...] *Demnach nemen auch alle Metall Ihren begin aus der Erden in ainer sonndern vnnd aigner Materi zusam geflossen aus den vier aigenschafften der vier Element mit einpflantzung der Metallischen Krefft vnnd Ihre sambligkait von den einflussen der Planeten.*"[739]

Der „*Splendor solis*" ist damit ein Werk der klassischen Transmutationsalchemie, der die Gewinnung des Lapis philosophorum und die Realisierung der transmutatio metallorum zum Ziel hat.[740] Der Text unterteilt sich in eine Vorrede („*Vorred*"), sieben Einzeltraktate und eine Beschlußrede. Die Traktate sind wie folgt aufgeteilt:

1. Traktat: „*vom Vrsprung des Stainß der Alten Weisen vnnd wie der mit der kunst volbracht wirdt*",
2. Traktat „*von der Materÿ Der verporgnen Natur des gesegneten Stains der Phÿlosophen*",
3. Traktat „*Dardurch Das gantz Werckh diser Maÿsterschaft endet, Vnnd wirt durch etlich gleÿchnus Figuren Vmbrede vnnd manigfeltig Sprüch Der Phÿlosophen angezaigt*" (bestehend aus sieben Gleichnissen),
4. Traktat (unterteilt in drei Abschnitte):
    1. Abschnitt: „*die aÿgenschafft der Natur dardurch sÿ Jr würckhung hat*" (darin enthalten sind die Beschreibungen und Abbildungen der Planetenbilder entsprechend den sieben dargestellten Eigenschaften),
    2. Abschnitt: „*des gantzen Werckhs vilfeltige würckhung Jn vier kurtzen Artickeln*",
    3. Abschnitt: „*Von der Regierung des Feuers*",
5. Traktat: „*Von den Farben Die sich erzaigen in beraitung des Stains*",
6. Traktat: „*Von Aigenschafften Der ganntzen Arbeit der beraittung des stains*",
7. Traktat: „*Von des ganntzen wercks vilualtigen wirckung*".[741]

---

[739] Broszinski (1994) S. 39, zitiert nach Kassel, Murhardsche Bibliothek und Landesbibliothek, 2° Ms. chem. 21, Bl. 65^v.
[740] Vgl. Völlnagel (2004) S. 25
[741] Vgl. Broszinski (1994) S. 41 und Völlnagel (2004) S. 25f.

Der erste Traktat trägt den Titel „*vom Vrsprung des Stainß der Alten Weisen vnnd wie der mit der kunst volbracht wirdt*". Darin wird das komplexe Beziehungsverhältnis von Alchemie und Natur beschrieben. Die Natur liefert die Substanzen, mit denen die Alchemie die natürlichen Dinge vollendet und vervollkommnet. Das Ende des ersten Traktates bildet eine Beschreibung der Putrefaktion, einem der zentralen Prozesse des alchemischen Werkes.

Der zweite Traktat, „*von der Materÿ Der verporgnen Natur des gesegneten Stains der Phÿlosophen*", bietet einen kurzen Abriß der Schwefel-Quecksilber-Theorie.

Der dritte Traktat, „*Dardurch Das gantz Werckh diser Maÿsterschaft endet, Vnnd wirt durch etlich gleÿchnus Figuren Vmbrede vnnd manigfeltig Sprüch Der Phÿlosophen angezaigt*", unterteilt sich in sieben Gleichnisse, die allegorische Beschreibungen der Wandlungsprozesse während des alchemischen Werkes liefern. Jedem der Gleichnisse entspricht eine der ganzseitigen Miniaturen. Die Gleichnisse drei, vier, sechs und sieben konzentrieren sich auf die allegorische Darstellung von Wiedergeburt und Erneuerung durch Tod und Zersetzung, der sogenannten Stirb- und Werde-Allegorie. Die beiden ersten Gleichnisse beschreiben die natürlichen Dinge. Das erste die Entstehung der Metalle in der Erde und das zweite die oberirdische Natur, symbolisiert durch einen alchemistischen Lebensbaum. Das fünfte Gleichnis beschreibt die Quinta essentia, die aus den vier Elementen gewonnen wird:[742]

> „*Dÿ Fünft gleichnus*
> *Dÿ Phÿlososphen*[743] *geben Zu diser kunst Zwen Cörper nemlich Sonn vnnd Mon / welliches sein / Erd vnnd Wasser / dÿ haÿssens auch, Man vnnd Weÿb / vnnd Dÿ geperen Vÿer kinder / zwaÿ Mendelm das seÿn, hÿtz vnnd kelten / vnnd zweÿ Weÿbl, das seÿnd, feüchte vnnd truckenhet Das sein dÿ Vÿer Element / vnnd dÿ machen das fünfte wesn / vnnd das ist dÿ rechte weÿs Magnesia / dÿ nit falsch ist / Das beschleüst Senior / sprechend / So dise fünf versamlet sein / so werden sÿ aÿn ding sein / das der natürlich staÿn aus gemacht ist / Auicenna spricht / So wir zu dem fünften komen mögen / so ist das end komen*[744] *vnser mainung / sölliches anzuzaÿgen / beschreÿben dÿ Phÿlosophÿ ein Aÿe / Dann sÿnd darin Vÿer zesam gefüegte ding / Das erst vnnd öbrist / dÿ schal / ist dÿ Erde / vnnd das weÿs ists wasser / Aber dÿ haut zwischen der schal vnnd dem weÿssen ist / der lufft vnnd schaÿdet dÿe Erden vom wasser / der totter ist feür, vnnd hat auch ein subtiler heütl vm sich / das ist der öber subtil lufft, der da wermer vnnd subtiler ist / so er neher ist dem feür, Vnnd schaÿdet feür vnnd wasser / Mitten im totter ist das fünfft / daraus das Jung Hüenlen wirt vnnd wechst / Also sind Jn aÿm Aÿe / all krefft mit sambt der der materÿ daraus dÿ volkhomen Natur geschöpfft wirt, vnnd das wil auch seÿn, Jn dÿser edlen Khunnst.*"[745]

[742] Vgl. Völlnagel (2004) S. 25f.
[743] Die Abbreviatur „*Phÿ*" des Textabdruckes von Völlnagel wurde hier aufgelöst.
[744] Die Abbreviatur „*komẽ*" des Textabdruckes von Völlnagel wurde hier aufgelöst.
[745] Völlnagel (2004) S. 157. Die Zeilenumbrüche, die Völlnagel nach der Handschrift wiedergegeben

Bei der hier vorgestellten Quinta essentia, dem „*fünften wesn*“, aus der die „*volkhomen Natur geschöpfft wirt*“, handelt es sich um nichts anderes als um den die Gegensätze vereinenden Lapis philosophorum, der entsprechend durch die Miniatur des Hermaphroditen versinnbildlicht wird (vgl. Abbildung 9).

Der vierte Traktat unterteilt sich in drei große Abschnitte. Der erste Abschnitt, „*die aÿgenschafft der Natur dardurch sÿ Jr würckhung hat*“, leitet den vierten Traktat ein. Darin beschreibt der Verfasser sieben Stufen des alchemischen Werkes, denen er jeweils einen Planeten zuordnet. Dies wird durch den Bild-Zyklus mit den Planetenkindern illustriert. Daraus ergibt sich folgende Zuordnung der Prozeßstufen des Opus alchemicum zu den sieben Planeten:

- Merkur steht für die Kalzination,
- der Mond für die Solution,
- Saturn für die Putrefaktion,
- Jupiter für die Sublimation,
- Venus für die Destillation,
- Mars für die Koagulation und
- die Sonne für die Extraktion, d.h. die Gewinnung der ultima materia des Lapis philosophorum.

Im zweiten Abschnitt, „*des gantzen Werckhs vilfeltige würckhung Jn vier kurtzen Artickeln*“, werden die wichtigsten alchemistischen Laborverfahren beschrieben:

- Solution („*auflösung*“), die der Verfasser mit der Putrefaktion gleichsetzt,
- Koagulation
- Sublimation
- Zusammenfügung (Composition).[746]

Der dritte Abschnitt, „*Von der Regierung des Feuers*“, erläutert die Bedeutung verschiedener Hitzegrade innerhalb des alchemischen Prozesses.

Der fünfte Traktat, „*Von den Farben Die sich erzaigen in beraitung des Stains*“, setzt sich mit dem Farbenspiel während des alchemischen Werkes auseinander, dem sogenannten Pfauenschwanz.

hat, sind hier stillschweigend aufgelöst worden. Sie werden nicht durch die Querstriche ('/') dargestellt.

Abbildung 9: Der Hermaphrodit aus der „*Splendor solis*"-Handschrift des Berliner Kupferstichkabinetts (Bl. 17^{v})

[746] Vgl. Broszinski (1994) S. 17 und Völlnagel (2004) S. 26

Im sechsten Traktat, „*Von Aigenschafften Der ganntzen Arbeit der beraittung des stains*", werden – wie bereits oben bei den Planeten-Bildern – verschiedene Prozeßstufen des Opus alchemicum beschrieben, nämlich Kalzination, Sublimation, Solution, Fixation, Koagulation, Putrefaktion, Kochung und Destillation. So heißt es von der Destillation:

> „*Es ist auch der Phÿlososphen*[747]*: distillacion, oder Clarificirung, Welliches nichts annders ist, Dan ein Rainmachung eines dings, mit seiner wesenlichen Feichtigkait.*"[748]

Der siebte Traktat, „*Von des ganntzen wercks viualtigen wirckung*", bietet eine Vielzahl von „Anweisungen, Symbolen, Rezepten und Beschreibungen zur alchemistischen Arbeit"[749] und zählt die Wirkungen des Lapis philosophorum, der „*Tinctur*", auf:

> „*Jn disem Lesten Thail ist zuuermerckhen, die Tugennd vnnd Krefft, diser Edlen Tinctur, die ein Thurn der stercke ist, wider Jre Feindt, Vnnd ist zu wissen, das die alten weisen vier Haubttugennd, Jnn der Loblichen Kunst erfunden haben Zum Ersten macht sieh den Menschen gesundt, von Manigerlay Khranckhait, Zum anndern macht sieh volkomen, die Metalischen Corper, Zum Driten veränndert sie, alle vnedle stain, Jnn Edle Stain, Zum vierten macht sie schmidig ein ÿedlichs Glaß.*"[750]

Der Lapis philosophorum wirkt also als Panazee, er transmutiert alle unedlen Metalle, veredelt jeden Stein und macht Glas plastisch formbar, d.h. hämmerbar („*schmidig*").

Die den „*Splendor solis*" beschließende Rede singt schließlich noch einmal ein Loblied auf:

> „*Die Aller Deuerst kunst vnnd Tresterin der armen, die Edl Alkhümia.*"[751]

Trotz der hier dargestellten Gliederung fehlt es dem „*Splendor solis*" an einer klaren Struktur sowie an inhaltlicher Eindeutigkeit. Dies ist das Resultat einer semantischen Vielschichtigkeit, die sich daraus ergibt, daß ähnliche Vorgänge, Prozesse und Verfahren mehrfach aber jeweils verschieden beschrieben werden, Fachtermini in Abhängigkeit des Kontextes verschiedene Bedeutungen haben (Polysemie) und für eine Substanz verschiedene Termini oder Symbole gebraucht werden (Synonymie).[752] Dies sind Verdunkelungen, die den Textzugang erschweren, aber in der arkansprachlich

---

[747] Die Abbreviatur „*Phÿ*" des Textabdruckes von Völlnagel wurde hier aufgelöst.

[748] Völlnagel (2004) S. 162. Die Zeilenumbrüche die Völlnagel nach der Handschrift wiedergegeben hat sind hier stillschweigend aufgelöst worden.

[749] Völlnagel (2004) S. 26

[750] Völlnagel (2004) S. 164. Die Zeilenumbrüche die Völlnagel nach der Handschrift wiedergegeben hat sind hier stillschweigend aufgelöst worden.

[751] Völlnagel (2004) S. 165

[752] Vgl. Völlnagel (2004) S. 28

geprägten Fachliteratur der Alchemie, der auch der „*Splendor solis*“ angehört, als gängig anzusehen sind.

Trotz fehlender Klarheit des Textes, auf die bereits Hartlaub hingewiesen hat,[753] ist dem „*Splendor solis*“ nicht nur auf der Ebene der Illustrationen sondern auch auf der Ebene des Textes eine erhebliche Wirkung zuzusprechen. Dies zeigt sich an der ausgeprägten gedruckten Überlieferung, deren Illustrationen gegenüber den Miniaturen der drei ältesten Textzeugen, den Prachtcodices aus Berlin, Nürnberg und Kassel, deutlich abfallen. Darüber hinaus liefert gerade die bildhafte Sprache des Textes häufig die Basis für das Verständnis der allegorischen und symbolischen Illustrationen.[754]

Der Text des „*Splendor solis*“ zeigt zahlreiche Übereinstimmungen mit der „*Aurora consurgens*“ des Pseudo-Thomas von Aquin. Der Verfasser des „*Splendor solis*“ übernimmt zum Teil ganze Absätze oder Passagen aus der „*Aurora consurgens*“, wobei er deren Aussagen häufig leicht modifiziert.[755] Dafür gibt es prinzipiell zwei Erklärungen:

1. Die Änderungen resultieren aus einer Übersetzung des „*Splendor solis*“-Verfassers oder
2. Dem Verfasser lag eine deutsche Version der „*Aurora consurgens*“ vor. Da es sich dabei um eine illustrierte „*Aurora consurgens*“-Fassung handelte, kommt dafür, nach dem heutigen Stand der Forschung, nur die Berliner Handschrift von 1520[756] in Betracht.

Da der „*Splendor solis*“, wie oben bereits ausgeführt, mit großer Wahrscheinlichkeit noch im 15. Jahrhundert entstanden ist, scheidet die zweite Möglichkeit nach dem heutigen Forschungsstand aus.[757] Allerdings setzte die deutschsprachige Überlieferung der „*Aurora consurgens*“ – wie oben im Kap. über Pseudo-Thomas von Aquin ausgeführt – mit hoher Wahrscheinlichkeit bereits im 15. Jahrhundert ein. Es wäre bei den vom Verfasser benutzten Quellen, die zwar im 15. Jahrhundert alle auf Deutsch vorlagen, nicht verwunderlich, wenn er auch über ausgeprägte Lateinkenntnisse verfügte, worauf auch einige lateinische Fachtermini im Text und seine Kenntnisse der

[753] Vgl. Hartlaub (1937a) S. 144
[754] Vgl. Völlnagel (2004) S. 28
[755] Vgl. Völlnagel (2004) S. 31
[756] Berlin, Staatsbibliothek, Preußischer Kulturbesitz, Cod. germ. qu. 848, Bl. 1-50.
[757] Ich argumentiere damit gegen Völlnagel, der von der Berliner Handschrift als direkter Vorlage des „*Splendor solis*“ ausgeht, was er an zwei Übersetzungsfehlern festmacht, die von der deutschen Übersetzung der Handschrift in den „*Splendor solis*“ gelangt seien. (Vgl. Völlnagel (2004) S. 32) Dies ist zwar prinzipiell nachvollziehbar, er übersieht dabei jedoch, daß die Erforschung der Überlieferung der „*Aurora consurgens*“ noch weitestgehend brach liegt und es somit durchaus möglich ist, daß die Berliner Handschrift nur eine Abschrift einer älteren deutschen Übersetzung darstellt, die auch dem „*Splendor solis*“-Verfasser vorlag. Betrachtet man die Wirkungsmächtigkeit der „*Aurora consurgens*“, wäre dies auch nicht weiter verwunderlich.

anonymen „*Scala philosophorum*" (s.u.) und des „*Rosarium philosophorum*" verweisen. So ist es also durchaus denkbar, daß der Verfasser des „*Splendor solis*" eine illustrierte lateinische Fassung der „*Aurora consurgens*" benutzte. Solche Fassungen lassen sich für das 15. Jahrhundert mehrfach nachweisen.

Obwohl die Übernahme von Bestandteilen der „*Aurora consurgens*" im „*Splendor solis*" offensichtlich ist, besteht zwischen beiden Texten trotzdem kaum Ähnlichkeit, was an der Modifizierung durch den „*Splendor solis*" liegt, der vor allem auf die in der „*Aurora consurgens*" stark ausgeprägte religiös-christliche Metaphorik verzichtet.[758]

Neben der „*Aurora consurgens*" fließen auch andere alchemistische Fachtexte in den „*Splendor solis*" ein. Zu ihnen zählt die „*Turba philosophorum*", der nicht nur einige Autoritäten-Namen entnommen sind, sondern auch einige Textstellen, und zwar im 5. Traktat „*Von den Farben Die sich erzaigen in beraitung des Stains*". Zudem weist der zweite Traktat eine ausgeprägte inhaltliche Übereinstimmung mit dem „*Rosarium philosophorum*" auf, dem wohl auch vereinzelte Textstellen entnommen sind, was auf eine Beeinflussung des „*Splendor solis*"-Verfassers durch das „*Rosarium philosophorum*" hindeutet. Weiterhin zeigen sich im dritten Traktat einige Parallelen zum „*Thesaurus philosophorum*", einer spätmittelalterlichen alchemistischen Dictasammlung, die textlich eng mit dem „*Rosarium philosophorum*" verwandt ist und seit dem 16. Jahrhundert auch in gedruckter Form vorliegt.[759]

Am Ende des vierten Traktats wird noch ein Bezug zur „*Scala philosophorum*"[760] aus dem 15. Jahrhundert hergestellt, die als „*Die Leyter der Philosophen*" 1613 in Philipp Morgensterns „*Turba philosophorum*" erstmals auch in deutscher Sprache erscheint, die explizit als Quelle des folgenden Abschnitts genannt wird:

> *„Jn der Scala philosophorum*[761] *stet also vom Feuer, die Hitz oder das feuer des ganntzen wercks, ist nit ainer ainigen form Dann es sprechen etlich, das die Hitz, des Ersten Regiments soll sein, alls die wirm ainer Pruetenden Hena, Etlich*

---

758 Vgl. Völlnagel (2004) S. 33

759 Vgl. Völlnagel (2004) S. 33f. Zum „*Thesaurus philosophorum*" vgl. Telle (1992) Bd. 2, S. 246.

760 Bei der „*Scala philosophorum*" ('Leiter der Philosophen') handelt es sich um eine ursprünglich lateinische Fachschrift, die höchstwahrscheinlich im 15. Jahrhundert entstand. Die „*Scala philosophorum*" wurde erstmals 1550 in Frankfurt gedruckt und zwar in der alchemistischen Traktatsammlung „*De Alchimia Opuscula complura veterum philosophorum*" (Frankfurt, 4° 168 [3, 1 blank] S. 101-134). Diese enthält nur Schriften, die spätestens in der zweiten Hälfte des 15. Jahrhunderts vorlagen, was ein deutlicher Hinweis darauf ist, daß die „*Scala philosophorum*" ebenfalls bereits im 15. Jahrhundert entstanden ist und soweit bekannt war, daß eine Aufnahme des Textes neben Schriften von Pseudo-Raimundus Lullus, dem „*Corrector fatuorum*" des Ricardus Anglicus und dem „*Rosarium philosophorum*" zu rechtfertigen war. (Vgl. hierzu Ambelain (1965); Ferguson (1954) Bd. 1, S. 19 und Ferguson (1954) Bd. 2, S. 324)

761 Die Abbreviatur „*pho 4*" des Textabdruckes von Völlnagel wurde hier aufgelöst. Bei „*4*" handelt es sich dabei um ein Zeichen für Zinn bzw. Jupiter, das im Text als Abbreviatur für 'rum' benutzt wird. Zu den Geheimsymbolen der Alchemie vgl. Gessmann (1922) und zu den Zeichen für Zinn insbesondere Gessmann (1922) Tafel 78.

> *sprechen, Alls die Natturlich in der Däung der speis vnnd Narung des Leibs, Etlich sagen alls die Hitz der Sonn, So sy Jm wider ist.*“[762]

Vergleicht man diese Textstelle mit der deutschen Ausgabe der „*Scala philosophorum*“ von 1613 so entdeckt man eine verblüffende Übereinstimmung:

> „[...] *dann etliche geben für / das werme der ersten regierung sein soll / wie einer Hennen die vber Eyern sitzt junge Hüner außzubrüten. Etliche aber sagen / das sie sein soll wie der Calor Naturalis der die Speiß verdawet / vnd den Cörper nehret: Andere meynen. Es müsse sein wie die werme des Mists / darumb das diser Calor temperiert ist: Andere sagen / wie die Sonnen werm / wann sie im Ariete ist / darumb das die Sonn allda ihre Herrschafft vnnd erhebung hat* [...]“[763]

Dies deutet darauf hin, daß Morgenstern und dem „*Splendor solis*“-Verfasser eine inhaltlich identische lateinische Fassung der „*Scala philosophorum*“ vorgelegen haben muß. Die Kenntnis der lateinischen „*Scala philosophorum*“ erbringt zudem den Beweis dafür, daß der „*Splendor solis*“-Verfasser tatsächlich über ausgeprägte Lateinkenntnisse verfügt haben muß.

Darüber hinaus ist der „*Splendor solis*“-Verfasser von den Schriften des Zosimos von Panopolis und dem „*Donum Dei*“ beeinflußt.[764]

Aber auch nicht-alchemistische Quellen flossen in den Text des „*Splendor solis*“ ein. Auf das sechste Buch von Vergils „*Aeneis*“ bezieht sich das zweite Gleichnis im dritten Traktat und das siebte Gleichnis auf das siebte Buch von Ovids „*Metamorphosen*“.[765] Trotz der Vielzahl der Quellen, unter denen die „*Aurora consurgens*“ dominiert, bewahrte sich der Verfasser des „*Splendor solis*“ eine gewisse Eigenständigkeit. Diese kommt in den ersten beiden Traktaten zum Ausdruck, für die sich kaum Quellen ermitteln lassen.

In Bezug auf den Ursprung der Ikonographie des „*Splendor solis*“ gilt Gleiches wie für die Illustrationen des „*Buchs der Heiligen Dreifaltigkeit*“. Auch hier gibt es ein allen überlieferten Handschriften gemeinsames Original, das den Zyklus der meisten ganzseitigen Bilder überlieferte. Die Abweichungen von diesem Ursprungszyklus sind nur sehr gering, weshalb man in Bezug auf die Illustrationen von einer gemeinsamen Leithandschrift ausgehen muß.[766]

Für die Illustrationen lassen sich ebenfalls zahlreiche Quellen ermitteln. Die Miniaturen des „*Splendor solis*“ wurden von älteren alchemistischen Fachschriften beeinflußt,

---

[762] Völlnagel (2004) S. 160. Die Zeilenumbrüche die Völlnagel nach der Handschrift wiedergegeben hat sind hier stillschweigend aufgelöst worden.
[763] Völlnagel (2004) S. 35 Anmerkung 73 bzw. Morgenstern (1613) S. 104f.
[764] Vgl. Völlnagel (2004) S. 34
[765] Vgl. Völlnagel (2004) S. 34 sowie S. 34 Anmerkung 69 und 70
[766] Vgl. Ott (1991) S. 29

deren Bilder in die Ikonographie des „*Splendor solis*“ eingeflossen sind. Zu nennen sind hier die „*Aurora consurgens*“, das „*Donum Dei*“ und das im „*Rosarium philosophorum*“ überlieferte Bildgedicht „*Sol und Luna*“, aus denen sich viele der in Szene gesetzten alchemistisch-allegorischen Illustrationen herleiten. Die „*Aurora consurgens*“ übte eine starke Wirkung auf den „*Splendor solis*“ aus, was sich auch in den Miniaturen zeigt. Sie erscheinen zum Teil als Kopie von „*Aurora consurgens*“-Bildern oder schöpfen nur einzelne Bildmotive. Daneben entnimmt der Illustrator den Hermaphroditen ebenfalls der alchemistischen Fachliteratur. Seine Herkunft läßt sich aber nur schwer festmachen, da er in vielen Texten aufscheint, vor allem aber im „*Buch der Heiligen Dreifaltigkeit*“. Eine sehr starke Wirkung auf die Ikonographie des „*Splendor solis*“ übte das „*Donum Dei*“ aus. Aus ihm stammen die Darstellungen von Prozessen in Phiolen, wie sie in den Planetenkinder-Bildern erscheinen. Darüber hinaus läßt sich noch ein Einfluß der Ikonographie des „*Rosarium philosophorum*“ zeigen.[767]

Dabei stehen die Miniaturen häufig in enger Verbindung zum Text. Es gibt jedoch auch Unterschiede, die auf eine mögliche spätere Entstehung der Bilder hindeuten könnten. So bspw. in der Miniatur von der Zerstückelung (vgl. Abbildung 10), wo der Maler auf die Darstellung des im Text ausdrücklich erwähnten Zettel („*zetl*“) verzichtet:[768]

> „*Dÿ sechst gleichnus*
> *Rosinus Hat söllich's welln an zaigen Jn eÿm gesicht, Das er heth von eÿnem menschen, der war tod, vnd was doch aufs hübschist am leÿb / gantz weÿß wie ein saltz / Der was in dÿ glider zetaÿlt / vnnd seÿn*[769] *haubt was feÿn gulden / Aber den leÿb abgeschnitten / beÿ dem stund eyn vngestalter man von angesicht grausam / vnnd schwartz / Der het e dem stund eyn vngestalter man von angesicht grausam / vnnd schwartz / Der het eÿn*[770] *zwischneÿdigs schwert in seÿner hannd mit blut vermaÿligt / vnnd er was des gutten mennschen totschlager Jn seÿner Lincken Handt / het er eÿn zetl / Daran da stund geschriben also Jch hab dich darumb getöt / das du ein überflüssiges leben überkomst / Aber dein haubt wil Jch verpergen damit nit dÿ weltgaÿlen dich finnden vnd di Erden Verwüestn / Vnnd deÿn Leÿbe begrabe Jch auf das er Faul / vnnd vermer sich / Vnnd vnzelichen frucht bring.*“[771]

[767] Vgl. Völlnagel (2004) S. 95-106
[768] Vgl. Völlnagel (2004) S. 72
[769] Die Abbreviatur „*seÿ*“ des Textabdruckes von Völlnagel wurde hier aufgelöst.
[770] Die Abbreviatur „*eÿ*“ des Textabdruckes von Völlnagel wurde hier aufgelöst.
[771] Völlnagel (2004) S. 157. Die Zeilenumbrüche, die Völlnagel nach der Handschrift wiedergegeben hat, sind hier stillschweigend aufgelöst worden.

Abbildung 10: Die Zerstückelung der Ausgangsmaterie in der „*Splendor solis*"-Handschrift des Berliner Kupferstichkabinetts (Bl. 18^{v})

Es gibt noch weitere Hinweise darauf, daß die Berliner Handschrift nicht das Original ist – wie von Völlnagel angenommen – sondern eine Abschrift einer älteren Vorlage darstellt, die aber bereits illustriert gewesen sein kann. Einen Anhaltspunkt dafür bietet der Text der Handschrift selbst, der dem Anschein nach von zwei Händen niedergeschrieben wurde. Interessanterweise wechselt die Hand mit dem Beginn der nicht mehr illustrierten Textpassagen, die mit dem fünften Traktat einsetzen.[772] Auch die enge Verbindung von Text und Bild im „*Splendor solis*" ist kein Fingerzeig auf eine mögliche Berliner Originalhandschrift, wie Völlnagel meint, sondern befindet sich innerhalb einer Tradition der alchemistischen Fachliteratur. Ähnlich enge Text-Bild-Verbindungen finden sich in „*Sol und Luna*" (s.u.), dem „*Donum Dei*" (s.o.) und dem Bildgedicht vom „*Nackten Weib*" (s.u.).[773] Der Textbezug der Miniaturen unterstreicht nicht nur die Eigenständigkeit der Ikonographie der Berliner „*Splendor solis*"-Handschrift, wie Völlnagel richtig erkannt hat,[774] sondern auch, daß die Miniaturen aufgrund dieses engen Bezuges zeitlich nach dem Text entstanden sein können, weshalb die Berliner Handschrift kein Original für den Text darstellen muß. Trotzdem scheinen alle Illustrationen der „*Splendor solis*"-Handschriften auf die Berliner Miniaturen zurückzugehen, was aber noch lange nicht den Schluß zuläßt, daß es sich bei der Handschrift um das Original-„*Splendor solis*"-Manuskript handelt. Dies wird vor allem dadurch unterstrichen, daß einige der Illustrationen nur auf der Grundlage des Textes verstanden werden können.[775] was man als einen Beleg dafür werten kann, daß die Illustrationen erst später dem Text hinzugefügt wurden.

Die Feststellung Völlnagels, daß die Miniaturen des „*Splendor solis*" mit „zahlreichen Details und Szenen vor allem der deutschen Graphik des frühen 16. Jahrhunderts angereichert"[776] sind, mag zwar zutreffen, aber er vernachlässigt dabei, daß die die Bilder beeinflussenden illustrierten alchemistischen Texte alle bereits im 15. Jahrhundert vorlagen. Allein von den Bildern her darauf zu schließen, daß die Berliner Kupferstichkabinett-Handschrift das Original-Manuskript des „*Splendor solis*" sei, reicht nicht aus, vor allem wenn man bedenkt, daß die Berliner Handschrift einen Prachtcodex darstellt, der mit großer Wahrscheinlichkeit auf der Basis einer Vorlage entstand. Diese war vermutlich ebenfalls bebildert, so daß für den Prachtcodex auf der Grundlage der einfacheren Bebilderung der Vorlage, die sich aus den oben genannten Quellen der alchemistischen Fachliteratur speiste, unter dem Einfluß weiterer

[772] Vgl. Völlnagel (2004) S. 81
[773] Völlnagel stellt diesen engen Text-Bild-Konnex als etwas für die mittelalterliche Buchmalerei außergewöhnliches dar. (Vgl. Völlnagel (2004) S. 81, Anmerkung 81) Für die Alchemie läßt sich eben zeigen, daß dort eine solch enge Text-Bild-Verbindung häufiger vorkommt.
[774] Vgl. Völlnagel (2004) S. 83
[775] Vgl. Völlnagel (2004) S. 18
[776] Völlnagel (2004) S. 108

Illuminationen des späten 15. und frühen 16. Jahrhunderts neue Miniaturen entstanden sind.

Der „*Splendor solis*" stellt sich somit als ein Werk der mittelalterlichen Fachliteratur dar, das sowohl textlich als auch ikonographisch stark von der Fachliteratur der ersten Hälfte des 15. Jahrhunderts, vor allem der „*Aurora consurgens*" geprägt ist. Dies spiegelt sich auch im Titel wider, denn auf die „*Aurora consurgens*", die aufsteigende Morgenröte, folgt der „*Splendor solis*", der Glanz der Sonne.

4.3.5. Alchemistische Bild-, Lehr- und Rätselgedichte

Ein Großteil der deutschsprachigen alchemistischen Lehrdichtung des Mittelalters sowie der frühen Neuzeit harrt häufig noch in oftmals nicht einmal katalogisierten Handschriften und heute schwer zugänglichen Drucken der Aufarbeitung.[777] Aus diesem Grunde soll hier relativ ausführlich auf die bekannten deutschen Lehrdichtungen alchemischen Inhalts eingegangen werden, was auch teilweise umfangreiche Textzitate einschließt.

4.3.5.1. „*Sol und Luna*"

Bei „*Sol und Luna*" handelt es sich um ein um 1400 entstandenes und aus 78 Reimpaarversen bestehendes allegorisch-alchemistisches Bildgedicht. Es ist im Zusammenhang mit dem lateinischen „*Rosarium philosophorum*" in deutscher Sprache entstanden, muß aber nicht vom Kompilator des „*Rosarium philosophorum*" stammen, da es möglicherweise erst im Zuge der Tradierung des „*Rosarium philosophorum*" entstanden ist.[778]

Mit „*Sol und Luna*" werden die Lehren bestimmter Abschnitte des „*Rosarium philosophorum*" in Merkverse umgesetzt bzw. ikonographisch dargestellt. Die Zielsetzung des „*Sol und Luna*"-Verfassers war nicht, eine eigenständige Lehrdichtung zu schaffen, die unabhängig vom „*Rosarium philosophorum*" überliefert werden sollte, sondern vielmehr eine feste Verbindung zwischen den beiden Werken herzustellen, um dem Leser des „*Rosarium philosophorum*" eine Orientierungshilfe über die kaum zu überschauende Dictasammlung sowie einen Überblick über die Prozeßstufen des Opus alchemicum sowie deren Hauptmerkmale zu geben und damit eine vereinfachende Zusammenfassung der im „*Rosarium philosophorum*" ausgebreiteten

[777] Vgl. Telle (1976) S. 419

[778] Vgl. Telle (1980b) S. 36f. und Telle (1995a) Sp. 19f. Zum „*Rosarium philosophorum*" vgl. oben im Kap. 4.2.9. Zur Überlieferung von „*Sol und Luna*" vgl. im Anhang.

alchemistischen Lehren. Dadurch sollte das Textverständnis des teilweise in Arkansprache verfaßten „*Rosarium philosophorum*“ erleichtert werden. Es war also von seiner Genese her nicht als unabhängige Fachschrift geplant. Dies zeigt sich auch daran, daß die Text-Bild-Einheiten von „*Sol und Luna*“ ursprünglich über das ganze „*Rosarium philosophorum*“ verteilt waren und erst später zu einer in sich geschlossenen Fachschrift zusammengefügt wurden. Die Entstehung von „*Sol und Luna*“ war also geprägt von Didaxe, aber auch von Mnemotechnik, denn die vom Verfasser geschaffenen Vers-Bild-Einheiten fassen nicht nur die Lehren der einzelnen *Rosarium*-Abschnitte zusammen, sondern dienen durch die einprägsamen Verspaare eben auch der Mnemose.[779]

Der nach dem „Spruchbandtitul-Muster“[780] geformte und rollengedichtartige Beginn des „*Sol und Luna*“-Gedichtes (Verse 1-24) enthält einen Sol-Luna-Dialog, der auf Zitaten aus der „*Epistola Solis ad Lunam crescentem*“ des Senior Zadith basiert:[781]

> „*Ich pin ein kung mit gesuntem leib,*
> *Mein gemut vnd hertz sent sich noch einem weib.*
> *Ein kunigin pin jch von edler art,*
> *Ein gemahel betzwinget meinen leib zart.*
> *O luna, vorgan mir dein gemahel zu werden,*
> *So gepirstu den reichsten keysser auff erden.*
> *O sol, jch solt dir pillich zu gehorsam stan,*
> *Wir sollen aber vor jn vnser naturlich pad gan.*
> *(O luna, dz badt ist also gesundt vnd freidenreich,*
> *Es macht vns den himlischen cörpern gleich.*
> *O sol, sollte dz edel badt nit sein,*
> *So mecht khain stern entpfahen vunsern schein.)*
> *O luna, durch mein vmbgeben vnd susse min*
> *Wirstu schonne, starck, gewaldig alß jch pin.*
> *O sol, wy wol du pist vber alle licht zu derkenen,*
> *So wedarffst du doch mein alß der han der henen.*“ (Verse 9-24)[782]

Dem schließen sich nach „Programmtitul-Muster“[783] verfaßte Bildbeschreibungen an:

> „*Hye ist worden ein leip*
> *Auß dem man vnd dem weyp.*
> *Hye ist kung vnd kunigin tott,*
> *Dy sel scheidet sich mit großer nott.*
> *(Hie thailen sich die vier element,*
> *Auß dem leib schaid sich die seel behendt.)*
> *Hye fellet der taw von hymel herab*

[779] Vgl. Telle (1980b) S. 79; Telle (1992d) Sp. 175 und Telle (1995a) Sp. 20
[780] Telle (1995a) Sp. 20
[781] Vgl. Telle (1995a) Sp. 20
[782] Telle (1980b) S. 40
[783] Telle (1995a) Sp. 20

Vnd weschet weyß den swartzen leichnam jn dem grab.
Hye swynget sich dy sel hernyder
Vnd erquicket den totten leichnam wider.
Hye ist des leichnams kerung geschehen,
[oder: *Hie ist geborn solis vnd lune khindt,*]
In alerley farben auff erden wirt er gesehen;
[oder: *Dergleichen man auf erden nit findt;*]
Mercuryus philosophorum jn dy weyssen jehen,
[oder: *Vnd ist doch in der welt bekhandt,*]
(Die thoren vermögen in nit zu erkennen.)
[oder: *Mercurius philosophorum ist er genant.*]
Hye wirt dy luna vorschlossen
Vnd mit mercurio philosophorum vmbgossen.
(Den geben wir im zu einem weib
Vnd machen auß baiden ainen leib.)
Hye ist dy luna gar vorsuncken
Vnd jn dem mercuryo philosophorum gantz ertruncken.
Hye ist dy luna worden swartz,
Mit dem mercuryo alß ein hartz.
Hye hat der luna leben gar ein ent,
Der geist steiget jn dy hohe wehend.
Dy element sich nicht mer geleichen,
En sy alle auß jrem leichnam weichen.
Hye kumet der mercurius philosophorum vom himel herab
[oder: *Hie thuet dz wasser sich nider sickhen*]
Vnd wefeuchttigt den totten leichnam jn dem grab.
[oder: *Vnd gibt dem erdtrich sein weysen zu trinckhen.*]
Darnoch kumet dy sel clar
Vnd machet erstanden den leichnam vorwar.“ (Verse 25-54)[784]

Den Abschluß des Textes bilden zwei textlich ausgeweitete Abschnitte, die kleinen Lehrdichtungen recht nahe kommen (Verse 55-64; 67-78). In ihnen werden eigenständige, von den Bildern nicht gezeigte Inhalte dargestellt.[785]

„*Hye wirt geporen dye edle kunigin reich,*
Dy mayster nennen sy jrer tochter geleich;
Sy meret sich vnd gepirt kinder ane zal,
Sye sind vntotliche, rein, an alles mal.
Dy kunigin, dy hasset den tot vnd dy armut,
(Sy gibt gesundthait, reichtumb vnd gueten muet;)
Sy vbertryfft silber, golt vnd edel gestein,
Alle ertzenney, gros vnd clein,
Nichttes ist auff erden jr geleich,
Daz sagen wir danck got von himelreich.“ (Verse 55-64)[786]

[784] Telle (1980b) S. 41f.
[785] Vgl. Telle (1980b) S. 43

> „*Hye ist geporen der keisser aller erden,*
> *Kein hocher mag vber jn geporen werden*
> *Mit kunsten ader durch dy natur,*
> *(Von kainerlay lebentigen creatur.)*
> *Dy philosophi heißen jn jren sun,*
> *Her mag daz alles zu thun,*
> *Daz der mensch wegeren ist.*
> *Er gibet gesuntheit mit starcker frist,*
> *Golt, silber vnd edel gestein,*
> *Starckheit, jugent, schon vnd rein;*
> *Zeren, trawer, armut, kranckheit er vorzert,*
> *Selig ist der mensch, dem es got weschert.*“ (Verse 67-78)[787]

Die enge Verbindung zwischen „*Sol und Luna*“ und „*Rosarium philosophorum*“ läßt sich auch am Textbestand des Bildgedichts aufzeigen. Die Verse 1-2 gehen auf den ersten Abschnitt des „*Rosarium philosophorum*“ zurück, wo das alchemische Werk als eine Imitation der Natur beschrieben wird:

> „*Wer vnseren kunstichen stein wil pawen,*
> *der sol auf dy anfanck der natur schawen.*“ (Verse 1-2)[788]

Die Verse 3-8 basieren auf dem zweiten *Rosarium*-Abschnitt, der sich der Lehre vom metallischen Wasser, dem Mercurius zuwendet:

> „*Wir sint der metall anefanck vnd erste natur,*
> *Dy kunst mach durch vns dy hochste tingtur.*
> *Kein wasser noch prun ist mein geleich,*
> *Ich mach gesunt, junck vnd reich*
> *Vnd pin doch ytzunt giftig vnd totlich,*
> *(Darnach wurd jch erquickht gancz lebentlich.)*“ (Verse 3-8)[789]

Die Coniunctio-Darstellung der Verse 21-24 scheint auf ein Zitat der Alphidius-Allegorie im „*Rosarium philosophorum*“ zurückzugehen:[790]

> „*Alphidius in domo thesaurorum. Welcher meinen geliebten mitt mir binden vndt verknupffen wirdtt, vndt so mir mein geliebter in seinem bette freundtlich beyliegen wirdtt vnd sein sperma oder semen in meine zellen in meiner liebe eingehen wirdtt, so werde ich concipirn oder von ihme entpfangen vndt schwanger werden*“.[791]

---

[786] Telle (1980b) S. 42
[787] Telle (1980b) S. 42f.
[788] Telle (1980b) S. 39
[789] Telle (1980b) S. 39f.
[790] Vgl. Telle (1980b) S. 73ff.
[791] Telle (1980b) S. 75

Der gesamte Dialog-Abschnitt der Verse 9-24 zeigt – worauf schon Haage hinweisen konnte – sehr auffällige Übereinstimmungen mit den *Rosarium*-Zitaten aus der „*Tabula chemica*" des Senior Zadith.[792]

Daneben konnte Telle noch weitere Übereinstimmungen ausmachen. Erwähnen möchte ich hier noch die wichtige Allegorie des Lapis philosophorum als kaiserlicher Weltenherrscher (Vers 67), die ihren Ursprung in einem Hermes-Zitat:

> „*Hermes. Ich* [d.i. der Lapis philosophorum, d.V.] *werde gekrönett vndt mitt einer* [...] *duppelkrone gezierett vndt mitt königlichen kleidern oder schmuck angethan vndt mache, das die corpora freudig vndt lustig werden.*"[793]

oder einem Alphidius bzw. Senior Zadith zugeschriebenen Dictum hat:[794]

> „[...] *vnd ich* [d.i. Luna, d.V.] *werde selbst zeugen vndt gebehren einen sehr mechtigen vndt gewaltigen sohn, welcher herschet vndt regirett vor allen königen vndt fürsten der erden vndt gekrönet ist mitt einer guldenen kronen des siegs zu allen dingen von gott dem allerhöchsten*".[795]

In der engen Verzahnung von Versen und Bildern dominiert in den jeweiligen Text-Bild-Einheiten auf der semantischen Ebene das Bild. Es ist allerdings festzuhalten, daß die Urfassung der Bebilderung sowie der deutschen Verse bisher verschollen, wenn nicht sogar ganz verloren ist.[796]

Die Bilder, die Teil des „*Sol und Luna*"-Gedichtes sind, lassen sich ikonographisch in folgende Reihenfolge (vgl. Tabelle 2) bringen:[797]

[792] Vgl. Haage (1975) S. 5 und S. 9f. Telle greift diese Erkenntnis Haages auf, ohne jedoch darauf Bezug zu nehmen. (Vgl. hierzu Telle (1980b) S. 76)
[793] Telle (1980b) S. 78
[794] Vgl. Telle (1980b) S. 73-78
[795] Telle (1980b) S. 78
[796] Vgl. Telle (1980b) S. 37 und Telle (1995a) Sp. 20
[797] Vgl. Telle (1980b) S. 53 und Telle (1995a) Sp. 20

Bild-Nr.	**Kurzbeschreibung (Titel)**	**Versangabe im *„Sol und Luna“***
1	Versammlung der Philosophen	1-2
2	Dreistrahliger (Mercurius-) Brunnen, in dem der Mercurius als *„fons solis et lunae“*, also als Quelle bzw. Ursprung von Gold und Silber dargestellt wird.[798]	3-8
3	Nackter König (als Personifikation von Sol als dem männlichen Prinzip) und nackte Königin (als Personifikation von Luna als dem weiblichen Prinzip)	9-12
4	Nackter König/Mann (Sol) und nackte Königin/Frau (Luna) im Gespräch	13-16
5	Nacktes Paar (Sol/Luna) im (Mercurius-) Bad („Solutio“)	17-20
6	Nacktes Paar (Sol/Luna) im Bad, gezeigt in Umarmung bzw. geschlechtlicher Vereinigung („Coniunctio“)	21-24
7	Androgyn/Hermaphrodit im Grab („Putrefactio“)	25-26
8	Hermaphrodit im Grab, den die Seele verläßt („Animae extractio“)	27-30
9	Hermaphrodit im Grab, auf den 'Tau' niederfällt („Dealbacio“ bzw. „Ablutio terrae“)	31-32
10	Hermaphrodit im Grab, auf den die Seele niederfliegt („Animae imbibitio“)	33-34
11	Hermaphrodit bzw. Nackte, aufrecht stehend, mit Insignien („Mercurius philosophorum“)	35-38
12	Nacktes Paar im Bad, gezeigt in geschlechtlicher Vereinigung („Fermentatio“ bzw. „Coniunctio“)	39-42
13	Sol- bzw. Luna-Zeichen, das im 'wasser'-gefüllten Bad versinkt, oder ein 'wasser'-gefülltes Grab („Dissolutio“)	43-44
14	Hermaphrodit bzw. Nackte im Grab („Putrefactio“ bzw. „Corruptio“)	45-46

[798] Dabei handelt es sich um eine Darstellung der von Geber latinus in der *„Summa perfectionis magisterii“* propagierten Reinen Quecksilber-Theorie zur Beschreibung der Entstehung und Zusammensetzung der Metalle – hier bezogen auf Gold und Silber.

15	Hermaphrodit bzw. Nackte im Grab, denen die Seele entweicht („Mortificatio“)	47-50
16	Hermaphrodit bzw. Nackte im Grab, auf die ’Wasser’ niedergeht („Dealbacio“ bzw. „Ablutio“)	51-52
17	Hermaphrodit bzw. Nackte im Grab, auf die die Seele niederfliegt („Revivificatio“)	53-54
18	Thronende Kaiserin (weiße Tinktur bzw. albedo-Phase des alchemischen Prozesses)	55-64
19	Nackte im Grab, auf die ’Regen’ niederfällt („Rubificatio“)	65-66
20	Thronender Kaiser (rote Tinktur bzw. rubedo-Phase des alchemischen Prozesses) als Personifikation des Lapis philosophorum.	67-78

Tabelle 2: Zur Ikonographie des „*Sol und Luna*“-Gedichtes

Das alchemische Werk wird allegorisch umschrieben, an dessen Ende der Lapis philosophorum als Panazee für Menschen und Metalle gewonnen werden soll. Dazu werden stoffliche Wandlungsprozesse (Transmutationen) und „qualitative *kerungen*“[799] (Emporläuterungen) beschrieben. Diese sollen sich auf der Basis von Sol (auch bezeichnet als: Gold, König und alchemistischer Sulphur), Luna (auch bezeichnet als: Silber, Königin und philosophischer Mercurius) und Mercurius (Quecksilber) vollziehen. Das Kind von Sol und Luna, das als formlose ’prote Hyle’ (Mercurius philosophorum) aus der sexualisiert dargestellten Hochzeit von Sol und Luna hervorgeht, wird dann schließlich zur Panazee emporgeläutert.[800]

Die Alchemie des Bildgedichts „*Sol und Luna*“ basiert auf den Lehren der griechisch-arabischen Alchemie.[801] Dabei lassen sich durchaus Parallelen zur Sol/Luna-Allegorie des Bildgedichts in der griechisch-arabischen Fachliteratur aufzeigen, so etwa im Corpus hermeticum, im „*Kitāb aš-Šams wa-l-qamar*“ (’Buch von der Sonne und vom Mond’) des Krates (9./10. Jahrhundert) und in der „*Epistola Solis ad Lunam crescentem*“ des Senior Zadith (s.o.).[802]

Der Verfasser des Bildgedichts übernimmt die im „*Rosarium philosophorum*“ vertretene Reine Quecksilber-Theorie. Dies spiegelt sich darin wider, daß die Laborarbeiten

[799] Telle (1995a) Sp. 20
[800] Vgl. Telle (1995a) Sp. 20
[801] Vgl. Telle (1980b) S. 86
[802] Vgl. Ullmann (1972) S. 166f und S. 170

mit Sol, Luna und Mercurius ihren Anfang nehmen. Mercurius bezeichnet sich dabei selbst als „*der metall anefanck vnd erste natur*“ (Vers 3), was doch sehr deutlich auf die Reine Quecksilber-Theorie verweist.[803]

Im Gegensatz dazu stehen Sol (bzw. der König) und Luna (bzw. die Königin) sowohl für Gold und Silber als auch für das männliche Prinzip des Schwefels und das weibliche Prinzip des Quecksilbers. Aus ihrer geschlechtlichen Vereinigung (Verse 21-24; 39-42) geht der Mercurius philosophorum hervor, der hier für die prima materia steht, und nach weiteren Prozessen erzeugt diese die 'Tochter der Philosophen' und den „*reichsten keysser auff erden*“. Letzterer versinnbildlicht das Elixier bzw. den Lapis philosophorum und wird ikonographisch als thronender Kaiser dargestellt (vgl. Abbildung 11):

> „*Hye ist geporen der keisser aller erden,*
> *Kein hocher mag vber jn geporen werden*
> *Mit kunsten ader durch dy natur,*
> *(Von kainerlay lebentigen creatur.)*
> *Dy philosophi heißen jn jren sun,*
> *Her mag daz alles zu thun,*
> *Daz der mensch wegeren ist.*
> *Er gibet gesuntheit mit starcker frist,*
> *Golt, silber vnd edel gestein,*
> *Starckheit, jugent, schon vnd rein;*
> *Zeren, trawer, armut, kranckheit er vorzert,*
> *Selig ist der mensch, dem es got weschert.*“ (Verse 67-78)[804]

In diesem Sinne ist die Alchemie des Bildgedichts „*Sol und Luna*“ eine scientia gignendi, also eine Wissenschaft von der Zeugung.[805] Auffällig ist dabei jedoch auch, daß sich damit Elemente der Schwefel-Quecksilber-Theorie und der Reinen Quecksilber-Theorie innerhalb des Bildgedichts mischen bzw. isoliert und gleichberechtigt nebeneinander stehen.

Auch scheint die aristotelische Lehre von der Umwandelbarkeit der Elemente bzw. ihrer Qualitäten, die großen Einfluß auf die alchemistische Transmutationsvorstellung hatte, das „*Sol und Luna*“-Gedicht beeinflußt zu haben. Nachdem sich die vier Elemente geteilt haben und alchemistischen Prozessen unterworfen wurden, gleichen sich die Elemente nämlich nicht mehr:

> „*Hie thailen sich die vier element,*“ (Vers 29)
>
> „*Dy element sich nicht mer geleichen,*“ (Vers 49).[806]

[803] Vgl. Telle (1980b) S. 89f.
[804] Telle (1980b) S. 42f.
[805] Vgl. Telle (1980b) S. 81 und S. 92f.
[806] Vgl. Telle (1980b) S. 91

Daneben beruht die Alchemie von „*Sol und Luna*“ auf der arabischen Körper-Geist-Seele-Lehre, was sich u.a. in der Nennung der drei Begriffe „*leichnam*“ (Körper), „*sel*“ und „*geist*“ als Stoffbestandteile zeigt. Veranschaulichen läßt sich diese Fundierung auf der Körper-Geist-Seele-Lehre aber auch in der Wiederbelebung des „*totten leichnam*“ durch die „*sel*“:[807]

> „*Hye swynget sich dy sel hernyder*
> *Vnd erquicket den totten leichnam wider.*“ (Verse 33-34)

Dies wird auch durch die zugehörige Illustration des Hermaphroditen im Grab symbolisiert, auf den die Seele niederfliegt (vgl. Abbildung 12).

Außer den Namen der verschiedenen alchemistischen Operationen weist das „*Sol und Luna*“-Gedicht keine weiteren Spuren eines laborpraktischen Bezuges auf. Es fehlen Angaben über Geräte, Hitzegrade sowie Zeit- und Mengenangaben.[808] Dies resultiert meines Erachtens vor allem aus der Konzeptionsidee, die dem Bildgedicht zugrunde lag und liegt, nämlich dem Leser des „*Rosarium philosophorum*“ einen Leitfaden an die Hand zu geben, der diesem Zugang und Verständnis des „*Rosariums*“ erleichtern sollte.

Das Bildgedicht „*Sol und Luna*“, das häufig in Überlieferungsgemeinschaft mit dem Spruchgedicht nach der „*Turba philosophorum*“ auftritt, war überaus wirkungsmächtig, obwohl es ursprünglich nicht als eigenständig konzipiert war.[809] Es fand Eingang in mehrere alchemistische Fachschriften bzw. Lehrdichtungen, wie bspw. in Lamsprings „*Tractatus de lapide philosophorum*“ (s.u.), in das anonyme „*Rätselgedicht vom Stein der Weisen*“ (s.u.), in Maximilians von Eger „*De lapide philosophorum certissima dicta*“ (s.u.) oder auch in den „*Splendor solis*“ und möglicherweise auch in das „*Donum Dei*“.[810] Daneben wurde es als vermeintlich selbständige Lehrdichtung in mehrere deutsche alchemistische Sammelwerke des 16. Jahrhunderts und in zahlreiche frühneuzeitliche alchemistische Werke aufgenommen, wie bspw. in die Schriften des Caspar Hartung vom Hoff[811] und anderer Werke von Johannes von Sternberg, Andreas Libavius, Michael Maier, Johann Daniel Mylius, Daniel Stolcius von Stoltzenberg u.v.m. Dagegen ist ein Einfluß auf die Illustrationen Heinrich Kudorfers (ca. 1420/28), die 1606 von Andreas Libavius veröffentlicht wurden, die „*Zwölf Schlüssel*“ des Basilius Valentinus (1602) und die Stiche M. Merians d.Ä. in Michael Maiers „*Atalanta fugiens*“ von 1617 bisher nicht mit Sicherheit nachzuweisen. Johann

[807] Vgl. Telle (1980b) S. 91f.
[808] Vgl. Telle (1980b) S. 96
[809] Zur Überlieferung des „*Sol und Luna*“ vgl. im Anhang.
[810] Zur möglichen Beeinflussung des „*Donum Dei*“ durch das „*Sol und Luna*“ vgl. oben in Kap. 4.2.18.
[811] Die Kritik die Telle bzgl. der Studie Haages zum „*Kunstbüchlein*“ Caspar Hartungs vom Hoff übt, ist dabei größtenteils unbegründet. (Zur Studie von Haage vgl. Haage (1975); Zur Kritik Telles vgl. Telle (1980b) S. 109, Anmerkung 35)

Abbildung 11: Der thronende Kaiser aus dem „*Sol und Luna*“-Gedicht als Sinnbild für den Lapis philosophorum

Abbildung 12: Der Hermaphrodit im Grab aus dem „*Sol und Luna*"-Gedicht

von Sternberg verfaßte im 16. Jahrhundert einen Kommentar, und seit dem 16. Jahrhundert wurde das „*Sol und Luna*"-Gedicht mehrfach ins Lateinische, Französische und Englische übersetzt. Erst im Übergang von der Alchemie zur modernen Chemie verlor es an Bedeutung.[812]

Zur Wirkung und Rezeption von „*Sol und Luna*" ist noch anzumerken, daß die wirkungsmächtigste Fassung des Bildgedichtes von Verseinbußen, Verwerfungen und den Einschub des anonymen Bildgedichtes „*Das nackte Weib*" (s.u.) gekennzeichnet ist. Darüber hinaus wurden die drei letzten Bilder, welche die abschließenden Stufen des alchemischen Werkes darstellten, gegen vier andere Abbildungen ausgetauscht. Es handelt sich dabei um eine Rebis-Abbildung, die Darstellung eines Grünen Leu sowie um zwei Illustrationen aus dem „*Buch der Heiligen Dreifaltigkeit*" (s.o.). Diesem Wandel wurde das „*Sol und Luna*"-Gedicht in einer Schwellredaktion des „*Rosarium philosophorum*" aus dem 15.Jahrhundert unterzogen, die erstmals 1550 mit 21 Holzschnitten in Frankfurt gedruckt wurde[813] und die Überlieferung und Rezeption von „*Sol und Luna*" seit der frühen Neuzeit prägte.[814]

4.3.5.2. Lamspring: „*Tractatus de lapide philosophorum*"

Der Name Lamspring (auch Lambspring, Lambspringk, Lambsprinck, Lambert Spring) wird als Verfasser eines Vers-Bild-Traktates aus dem 15. Jahrhundert mit dem Titel „*Vom Stein der Weisen*" (auch „*Vom philosophischen Stein*" oder „*Tractatus de lapide philosophorum*") genannt. Zur Person Lamsprings gibt es keine gesicherten Angaben, außer einem Selbstzeugnis des Autors in der Vorrede seines Traktates:

> „*Lamspring heiß ich / aus einem freyen geschlechte /*
> *Vnd füre dieß wappen mit ehren vnd rechte /*" (Vers 1-2)[815]

Er scheint also ein vom Namen Lamspring abgeleitetes „redendes"/sprechendes Wappen – ein „Schlaflamm"[816] – als Schildfigur und Helmzier getragen zu haben.[817] Weitere gesicherte biographische Angaben zur Person des Autors fehlen bislang, allerdings deutet der Name Lamspring in Verbindung mit zwei niederdeutschen Dialektkennzeichen auf den niederdeutschen Sprachraum als mögliches Herkunftsgebiet des

---

[812] Vgl. Telle (1980b) S. 31ff. und S. 100-119 sowie Telle (1995a) Sp. 20

[813] Nachdrucke dieser „*Sol und Luna*"-Fassung finden sich in der „*Ars aurifera*", Basel 1572 (u.ö.), dem deutschen „*Rosarium*", das in Philipp Morgensterns „*Turba philosophorum*" von 1613 erschien, der „*Philosophia reformata*" von J.D. Mylius (Frankfurt 1622) und in Daniel Stoltzius „*Chymischem Lustgärtlein*" von 1624. (Vgl. hierzu auch Telle (1995a) Sp. 21)

[814] Vgl. Telle (1980b) S. 60 und Telle (1995a) Sp. 20f.

[815] Buntz (1968) S. 111

[816] Telle (1985c) Sp. 524

[817] Eine Abbildung von Lamsprings Wappen findet sich bei Buntz (1968) S. 176

Verfassers. In Vers 9 der IV. Figur verwendet der Autor das niederdeutsche „*he*" anstatt des hochdeutschen 'er'. Außerdem erscheint im Reim der Verse 5/6 der XV. Figur das niederdeutsche „*water*" anstatt 'wasser':

> „*Allhier wird nun der schlaffende Vater /*
> *Gantz verkehrt in ein klares water /*" (XV, Vers 5-6).[818]

Für eine Herkunft des Verfassers aus dem niederdeutschen Sprachgebiet spricht auch, daß dort einige spätmittelalterliche Personen mit dem Namen Lamspring nachweisbar sind.[819] Eine überzeugende Zuordnung zu einem alchemischen Fachautor bzw. Lehrdichter ist bisher allerdings nicht gelungen, so etwa bei dem 1450 in Stade bezeugten Goldschmied Hans Lamsprinck. Auch der bei Putscher und Biedermann benutzte Name „Abraham Edler von Lamspring"[820] läßt sich nicht aus historischen Quellen belegen. Ebensowenig war es bisher möglich, Lamspring in Beziehung zu dem ehemaligen Benediktinerinnenkloster Lamspringe im niedersächsischen Kreis Alfeld zu setzen.[821]

Es ist in Übereinstimmung mit Buntz und den frühneuhochdeutschen Tradenten das 15. Jahrhundert als Entstehungszeit für Lamsprings Traktat „*Vom Stein der Weisen*" anzusetzen.[822] Obwohl die Tradierung des Textes erst Mitte des 16. Jahrhunderts beginnt, wird man wohl von einer Entstehungszeit spätestens um 1500 ausgehen müssen. Darauf verweist auch eine Kopie des Vers-Bild-Traktates, die auf einer Vorlage des 1556 gestorbenen Hermannus Manseui ecclesiae Doerptensis superintendens beruhte[823] und wiederum in das niederdeutsche Sprachgebiet verweist.[824]

Der Traktat selbst, der in mindestens fünf Handschriften, einem Druck und drei Übersetzungen überliefert ist, besteht aus einer Vorrede, die neben dem Dichternamen auch eine Darstellung von Lamsprings (Familien-) Wappen enthält,[825] und 15 Text-Bild-Kombinationen. Dabei stehen Text und Bild der 15 Figuren jeweils in direktem Zusammenhang: Auf eine jeweils zweiversige Einleitung folgt die bildliche Darstellung der zugehörigen Figur, wobei die Bilder eine lateinische Textunterschrift enthalten, die eine erste Erklärung des Bildinhalts bietet und gleichzeitig eine Einordnung in den Prozeß des Opus alchemicum gibt. Darauf folgen dann jeweils kurze Lehrgedichte in Reimpaaren, die sich direkt auf den Bildinhalt beziehen und diesen beschreiben und erklären. Ebenso wie im „*Buch der Heiligen Dreifaltigkeit*" werden im Verstraktat

---

818 Buntz (1968) S. 142
819 Vgl. Buntz (1968) S. 89 und Telle (1985c) Sp. 524
820 Vgl. Putscher (1973) S. 249 und Biedermann (1998) S. 258
821 Vgl. Buntz (1968) S. 89f. und Telle (1985c) Sp. 524f.
822 Vgl. Buntz (1968) S. 101 und Telle (1985c) Sp. 525
823 Kassel, Murhardsche Bibliothek und Landesbibliothek, 2° Ms. chem. 11, Fasc. IV, Bl. 366 sowie Zürich, Zentralbibliothek, Ms. P 2177, Bl. 1^v.
824 Vgl. Telle (1985c) Sp. 525
825 Siehe oben.

„*Vom Stein der Weisen*“ Bild und Text miteinander verquickt. Aufgrund dieser engen Beziehung zwischen Text und Bild muß man die Ansicht von Putscher, daß die Bilder erst im 16. Jahrhundert dem Text hinzugefügt wurden,[826] als haltlos zurückweisen. Die Figuren selbst lassen sich in zwei in sich geschlossene Gruppen unterteilen, nämlich die Figuren I-X und XI-XV, die jeweils eine Darstellung des alchemischen Werkes zur Gewinnung des Lapis philosophorum bieten.[827] Die alchemischen Sinnbilder der Figuren I-X des Lamspring-Traktats werden dabei von aus dem Tierreich stammenden Decknamen entwickelt. So steht bspw. der „*Hund*“ als Deckname für den Spiritus (Geist) und der „*Wolf*“ für die Anima (Seele) der in Lamsprings Werk eingeflossenen Körper-Geist-Seele-Lehre. Daneben steht der „*Adler*“ für den Mercurius philosophorum und der „*Phönix*“ für den Stein der Weisen. Das „*Rabenhaupt*“ symbolisiert die während des Pfauenschwanzes des alchemischen Werkes auftretende Nigredo (Schwarzfärbung) und die „*Taube*“ die Weißfärbung (Albedo).[828] Darüber hinaus benutzt Lamspring noch weitere Decknamen aus dem Tierreich, die in der alchemistischen Fachliteratur immer wieder auftauchen, wie „*Drache*“, „*Löwe*“, „*Salamander*“, „*Salamanderblut*“ oder „*Vogel Hermetis*“, aber auch solche, die in der Fachliteratur eher ungebräuchlich sind, wie „*Fisch*“, „*Einhorn*“, „*Hirsch*“ oder die „*Löwin*“. Auch humanistisches Bildungsgut läßt Lamspring in seine allegorischen Verschlüsselungen einfließen, wenn er das „*gülden flyß*“ (Fig. III, v. 29) der griechischen Mythologie als Decknamen für den Stein der Weisen benutzt.[829]

Bei der zweiten Figurengruppe (XI-XV) handelt es sich um eine in sich geschlossene allegorische Darstellung des Prozesses, um die sogenannte Allegorie des Alphidius,[830] die Lamspring aus dessen Prosa-Allegorie „*Von Körper, Seele und Geist*“ abgeleitet hat. Diese basiert ebenso wie der Traktat „*Vom Stein der Weisen*“ auf der Körper-Geist-Seele-Lehre der arabischen Alchemie. Sie beschreibt den alchemischen Prozeß als eine Trennung von Seele (Anima) und Geist (Spiritus), als den flüchtigen Bestandteilen eines Stoffes, vom Körper (Corpus), als den festen Bestandteilen, deren anschließende einzelne Läuterung und Wiedervereinigung zu einem höheren Stoff. Diese Lehre wird u.a. beschrieben im „*Flos florum*“ des Pseudo-Arnald von Villanova und in der „*Turba philosophorum*“. Die Allegorie des Alphidius übernimmt Lamspring komplett in seine letzten fünf Figuren. Doch findet man die Körper-Geist-Seele-Lehre auch

---

[826] Vgl. Putscher (1973) S. 71

[827] Vgl. Buntz (1970) S. 170. Auch hier muß man wiederum, aufgrund des dargestellten Inhalts des Traktats und seiner Figuren, die Auffassung von Putscher zurückweisen, die drei Text-Bild-Gruppen einteilt: Figuren I-V, VI-X und XI-XV. (Vgl. hierzu Putscher (1970) S. 72)

[828] Zum Pfauenschwanz im alchemischen Werk siehe oben.

[829] Vgl. Telle (1985c) Sp. 526f.

[830] Die Allegorie des Alphidius: Ein Königssohn besteigt mit einem Führer einen hohen Berg. Bei seiner Rückkehr wird er von seinem Vater gefressen, worauf beide von einem göttlichen Regen aufgelöst und neu geboren werden (vgl. Buntz (1970) S. 170). Zur Allegorie des Alphidius vgl. auch oben in Kap. 4.2.17.

in fast allen anderen Figuren des Traktates. Geist und Seele, als die flüchtigen Stoffe, werden durch zwei Fische, Hirsch und Einhorn, zwei Löwen, Hund und Wolf oder zwei Vögel dargestellt. Diese müssen von dem festen Bestandteil, dem Körper (hier symbolisiert durch Meer, Wald und Nest), gelöst und wieder mit ihm vereinigt werden. Das Ergebnis, die Zerlegung und Wiedervereinigung der Materie, wird durch zwei Fische, zwei Löwen im Wald oder zwei Vögel im Nest dargestellt. Das Ergebnis des Läuterungsprozesses symbolisiert der König auf dem Thron und der durch sein Blut unsterblich gewordene Salamander.[831]

Das Ziel der von Lamspring beschriebenen alchemischen „*kunst*" ist die Gewinnung der „*medicin*" bzw. des „*stein der weisen*". Mit diesem Lapis philosophorum können dann alle Krankheiten von Mensch, Tier und Metallen geheilt werden.[832] Was Lamspring und sein Werk aber auszeichnet, ist das Verschmelzen von alchemistischen Metaphern und Allegorien zu Bildern und Bildgeschichten, wodurch er bzw. sein Werk „in der Geschichte der alchemistischen Illustration eine bahnbrechende und führende Stellung"[833] einnimmt.[834] Seine Vorgehensweise erweist sich dabei als relativ einfach: „Er greift Metaphern, Sprüche und Allegorien auf, setzt sie in Bilder um und erklärt diese in seinen Versen."[835] Er kennt bspw. ein Zitat aus einem arabischen Text des Pseudo-Alexander:

> „*Unser Wolff wird in Aufgang / und der Hund in Niedergang gefunden / dieser hat jenen / und jener diesen gebissen / und werden beyde wütend und tödten einander / biß aus ihnen wird ein Gifft und ein theriac.*"[836]

Dies wird bildlich als Kampf zwischen Wolf und Hund dargestellt. Die das Bild erläuternden Verse der Figur V geben den Inhalt des Zitats fast wörtlich wieder:

> „*Alexander aus Persen thuet schreiben frey*
> *Das der Wolff vnd Hund in diesem thon sey*
> *Ertzogen / doch wird vns vom Philosopho gezeiget an /*
> *Das sie beyde einen vrsprung han /*
> *Doch der Wolff auß dem auffgang herkommen /*
> *Vnd der hund sein ersprieß im Niedergang genommen /*
> *Die werden beyde neydicheit voll /*
> *Wütend / rasend vnd gantz toll /*
> *Ein den andern vom leben thut bringen /*
> *Vnd thut aus ihnen die gröste gifft entspringen /*
> *Wann sie aber wiederkriegen das leben /*
> *So thuen sie warlich von sich geben*

---

[831] Vgl. Buntz (1968) S. 103ff. und Buntz (1970) S. 170.
[832] Vgl. Telle (1985c) Sp. 527
[833] Buntz (1968) S. 110.
[834] Vgl. Buntz (1968) S. 105ff.
[835] Buntz (1970) S. 169.
[836] Buntz (1970) S. 169; nach einer Übersetzung von 1710.

Die allerhöchste medicin vnd edelsten Tiriagk /
Als auff dieser erden immer sein mag /
Das do hat erfreüet aller welt weisen
Die Gott dafür loben danken vnd preisen.“ (V, Verse 7-22)[837]

Die alchemistischen Autoritäten, auf die sich Lamspring beruft, sind Hermes Trismegistos (Fig. IX, v. 29) und Pseudo-Alexander der Große (Fig. V, v. 1). Daneben schöpfte Lamspring auch aus der deutschsprachigen Fachliteratur der Alchemie. Das aus dem „*Rosarium philosophorum*“ stammende „*Sol und Luna*“-Gedicht (s.o.) bildete die Grundlage für den Text der Figur IX:

„*Nun hört ein wunderlich geschicht /*
Was großer ding ich eüch bericht /
Wie sich der könig vber all geschlecht thut rechen /
Nun hört / was der Edle höger thut sprechen /
'Meine feinde hab ich all vberwunden vnd bestritten /
Vnd den vergifften Trachen vnter meine füße getretten /
Ich bin ein höger vnd reichster könig auf erden /
Kein höcher vber mich magk geboren werden /
Noch mit künsten noch durch die Natur /
Von keinerley lebendigen Creatur /
Dann ich kan alles thun das der menschen begeren ist /
Ich gebe gewalt / gesundtheit mit starcker frist /
Darzu gold / silber / perlen vnd edelgestein /
Vnd alle Artzney beyd groß vnd klein /
Dann erstlich war ich von vnedler art /
Ehe ich also hoch geborn vnd erhöhet ward /
Vnd das ich also hoch bin gestiegen /
Ist mir durch Gott vnd die Natur verliehen /
Das aus dem schlimmsten das best ist worden /
Vnd kommen zu diesem großen orden /
Als zu diesem königlichen würdigen stadt /
Drumb mich Hermes einen Höger genennet hat' /“ (IX, Verse 8-29)[838]

Zudem lassen sich einige Verse möglicherweise auf die anonyme allegorische alchemistische Fachschrift „*Das nackte Weib*“ (s.u.) und das ebenfalls anonyme Lehrgedicht „*Vom Stein der Weisen*“ (s.u.) zurückführen.[839]

Im Mittelpunkt von Lamsprings Ausführungen steht jedoch – wie bereits gesehen – die Körper-Geist-Seele-Lehre, die von der arabischen Alchemie in die abendländisch-mittelalterliche Fachliteratur der Alchemie übernommen wurde. Die Unterscheidung von flüchtigen (Geist, Seele) und festen Bestandteilen (Körper) der Materie und ihre

---

837 Buntz (1968) S. 122.
838 Buntz (1968) S. 130
839 Vgl. Telle (1985c) Sp. 527

unterschiedliche Behandlung während des alchemischen Prozesses stellt somit die theoretische Grundlage von Lamsprings alchemischer Praxis dar.[840]

Lamsprings Lehrgedicht „*Vom Stein der Weisen*“ hatte eine große Wirkung auf die Fachliteratur der Alchemie. Davon zeugen nicht nur die reiche Überlieferung des Werkes in Handschriften und Drucken, sondern auch die Übersetzungen ins Lateinische, Englische und Französische. Dabei schaffte es die lateinische Übersetzung des französischen Alchemisten und Arztes Nicolas Barnaud, in zwei wirkungsmächtige Standardwerke der frühneuzeitlichen Alchemie aufgenommen zu werden, nämlich ins „*Theatrum chemicum*“ und das „*Musaeum hermeticum*“.[841] Darüber hinaus wird sein Name in späteren alchemistischen Fachschriften häufig genannt. Zudem werden seine Verse und Allegorien von späteren Fachautoren aufgegriffen, bearbeitet und kommentiert. Hierzu zählt u.a. das gedruckte „*Rosarium philosophorum*“ von 1550 sowie Hermann Fictulds „*Probierstein*“ von 1784.[842]

4.3.5.3. Maximilian von Eger

Maximilian von Eger („*Maximiliano Egrano*“ bzw. „*Maximilianus Egranus*“) wird als Verfasser des ostmitteldeutschen alchemistischen Lehrgedichtes „*De lapide philosophorum certissima dicta*“[843] genannt. Die aus 34 Paarreimen bestehende Lehrdichtung ist in zwei Textzeugen überliefert:

- Handschrift A: Frankfurt/Main, Freies Deutsches Hochstift, Hs. B/67, Bl. 39v-40v (entstanden um 1525/50) beginnend mit dem Incipit „*Wellicher will seyn eyn rechter alchimist / Der schaw auff wy der natur wirkung ist*“ und abschließend mit dem Explicit „*Dar yn ich's werde schawhen nach disem leben / Ewigk yn der heyligen dreyfaltigkeit segen*“.
- Druck B: Gebri Summa perfectio. Das ist / Deß Königlichen / weitberühmbten / Arabischen Philosphi / GEBER Büchlin / von der Gebenedeyten / vnd aller höchsten Vollkomenheit / der Allgemainen Artzeney: so wol für die Metallischen / als auch Menschlichen Cörper / in jhr höchstes wesen / vnd

[840] Vgl. Telle (1985c) Sp. 528. Die Auffassung von Putscher, die Lamsprings Lehrgedicht als Darstellung einer „seelischen Entwicklung“ (Fig. I-V) und von chemischen Verdauungs- und Stoffwechselprozessen im menschlichen Körper (Fig. VI-X) interpretiert, kann man so nicht gelten lassen, da sie die alchemische Praxis, die hier in Form der stoffkundlichen Körper-Geist-Seele-Lehre zugrunde liegt, fast völlig ignoriert und somit zu einem falschen Ansatz gelangt. (Vgl. hierzu Putscher (1973) S. 72)

[841] Vgl. Telle (1985c) Sp. 528f.

[842] Vgl. Buntz (1968) S. 106ff.

[843] In der Forschungsliteratur wird hier auch kurz von „*Dicta*“ gesprochen.

vollkommenen grad zubringen. Straßburg: L. Zetzners Erben 1625, S. 281-283.[844]

Da aus anderen Zeugnissen bisher nichts über Maximilian von Eger bekannt ist und die Nennung seines Namens innerhalb des Textes – *„1525 a Maximiliano Egrano"* – auch auf einen Vermittler oder Kopisten der *„De lapide philosophorum certissima dicta"* hindeuten könnte, bedarf die Verfasserschaft Maximilians von Eger einer weiteren Absicherung. Auch daß die *„De lapide philosophorum certissima dicta"* spätestens um 1500 entstanden sind, läßt sich nicht zweifelsfrei annehmen, so daß die Entstehungszeit des Lehrgedichtes unsicher ist.[845] Trotzdem gehe ich – solange das Gegenteil nicht bewiesen ist – im folgenden von einer Verfasserschaft Maximilians von Eger und einer Entstehungszeit spätestens um 1500 aus.

Inhaltlich geht es dem Lehrdichter um die Bereitung der *„tochter"* ('elixir ad album' bzw. 'tinctura alba') und ihrem *„bruder"*, dem kaiserlichen Sohn der Philosophen, ('elixir ad rubeum' bzw. 'tinctura rubea') auf alchemistischem Wege. Also zwei Tinkturen, um im Opus alchemicum entweder Silber ('tinctura alba') oder Gold ('tinctura rubea') herstellen zu können. Den theoretischen Hintergrund bildet dabei vor allem die Körper-Geist-Seele-Lehre, die hier auf eine Corpus-Anima-Lehre (also Körper-Seele-Lehre) verkürzt wurde. Die Herstellung der Tinkturen soll damit durch die unterschiedliche Behandlung der flüchtigen und festen Bestandteile innerhalb des alchemischen Prozesses erfolgen. Daneben scheint auch die Schwefel-Quecksilber-Theorie auf (siehe unten).[846]

Als Hauptquelle des *„Dicta"*-Verfassers ist – sowohl in inhaltlicher wie in formaler Hinsicht – das anonyme Bildgedicht *„Sol und Luna"* deutlich erkennbar. Der Lehrdichter übernahm einige Verspaare direkt aus *„Sol und Luna"* und zum Teil paraphrasierte er dessen Inhalt und band diese Paraphrasen in sein eigenes Werk ein. Das Lehrgedicht *„De lapide philosophorum certissima dicta"* des Maximilian von Eger löst sich aber auch vom Bildgedicht *„Sol und Luna"* in zwei recht umfänglichen Versbereichen, in denen sich der Verfasser auf andere Quellen stützt. Zum einen gibt er die vieldeutige Sol-Luna-Allegorie auf, in dem er die allegorische *„Sol und Luna"*-Lehre mit Hilfe der Schwefel-Quecksilber-Theorie ausdeutet, also der Lehre von der Entstehung und Zusammensetzung der Metalle aus Quecksilber und Schwefel:[847]

„Quecksilber vnd sweffel
Syndt der metall orhebel.
Vorporgen yn der erden
Mussen sy zwischen eynem dunst werden

[844] Vgl. Telle (1980b) S. 159 und Telle (1987a) Sp. 236f.
[845] Vgl. Telle (1987a) Sp. 237
[846] Vgl. Telle (1987a) Sp. 237
[847] Vgl. Telle (1987a) Sp. 237f.

Vnd abgedeuet yn der erden krafft,
Biß ßo lange das erczt wirt vorpracht.
Dieser wirckunge noch geleich
Helt sich dy kunst auff ertreich.
Dor vmme schaw eben,
Wy dw solt leben,
Das dir sweffel vnd quecksilber, dy peden,
Sollichen raynen dunst geben.
Dy beslossen mit meisterschafft,
Das sust nicht kann werden vorbracht,
Vnd dy ßo lange feulen yn dem mist,
Piß dy vorwandlung der vier element geschehen ist.“ (Verse 5-20)[848]

„*Zwischen dem wyßlich betracht,*
Das er mit ab gedeutten sweffel
Widervmme muß werden eyn vrhebel.“ (Verse 32-34)[849]

Zum zweiten verleiht Maximilian von Eger dem aus der arabischen Fachliteratur der Alchemie gespeisten „*Sol und Luna*“ ein christliches Erscheinungsbild, indem er die erzeugte Tinktur als 'donum dei' erscheinen läßt und sein Lehrgedicht mit einem Lobpreis der Heiligen Dreifaltigkeit und der Heiligen Jungfrau Maria beschließt:[850]

„*Welliche vns got albege will geben,*
Szo wir nach seynem willen furen vnser leben.
Den wir ewigklich sollen loben
Dy drey person ym hymmel oben,
In eynem gottlichen wesen, sey gepreyst,
Got vatter, son, heyliger geist.
Wir loben auch vnseren herren Jhesu Crist,
Der vnser erloßer ist,
Das er vnß woll erhoren
Vnd vnser vornunfft meren.
Er woll sich auch vnser erbarmen,
Das wir vns helffen vnd den armen.
Das erwerbe vns dy jungkfraw wird,
Dy jn hat gepertt auff dy erd,
Dy vber alle engel ist erhebt
Vnd pey got, yren son, yn hymmell lebt.
Dar yn ichs werde schawhen nach disen leben,
Ewigk yn der heyligen dreyfaltigkeit segen.“ (Verse 51-68)[851]

Man kann natürlich Maximilians von Eger Lehrgedicht „*De lapide philosophorum certissima dicta*“ – wie Telle dies tut – als ein reines Rezeptionszeugnis des aus dem

[848] Telle (1980b) S. 159f.
[849] Telle (1980b) S. 160
[850] Vgl. Telle (1987a) Sp. 238
[851] Telle (1980b) S. 161

„*Rosarium philosophorum*“ stammenden „*Sol und Luna*“-Gedichts sehen.[852] Allerdings vernachlässigt dies meines Erachtens die durchaus erkennbare Eigenständigkeit Maximilians von Eger zu sehr. Es ist zwar richtig, daß Maximilian von Eger keine eigenen praktischen Erfahrungen einfließen läßt, doch bietet er eine eigenständige Ausdeutung der Sol-Luna-Allegorie mit Hilfe der Schwefel-Quecksilber-Theorie und er versucht sich durch die verwendete christliche Terminologie und Metaphorik deutlich von „*Sol und Luna*“ abzugrenzen. Darüber hinaus hebt auch die Paraphrasierung von Inhalten des „*Sol und Luna*“-Gedichts seine Eigenleistung hervor. Aus diesem Grunde habe ich die „*De lapide philosophorum certissima dicta*“ hier als eigenständiges Lehrgedicht aufgenommen.

4.3.5.4. Hans Folz: „*Der Stein der Weisen*“

Der aus Worms stammende Nürnberger Wundarzt und Barbierermeister Hans Folz (1435/40-1513) besaß einen bemerkenswerten Wissens- und Bildungsgrad. Aus zahlreichen Gedichtstellen lassen sich seine Lateinkenntnisse nachweisen, die wiederum die Vermutung nahe legen, daß er eine Stadtschule (wahrscheinlich in Worms) besucht hat. Dafür spricht auch sein umfangreiches geistlich-theologisches Wissen, das er ohne Lateinkenntnisse nur schwerlich hätte erwerben können. Außerdem hat er sich, vermutlich als Autodidakt, beachtliche Kenntnisse auf den Gebieten der akademischen Medizin und der Alchemie erworben, womit er sich als gelernter, nichtakademischer Wundarzt deutlich von den meisten seiner handwerklichen Berufskollegen abhebt.[853]

Dieser weitgespannte Horizont Folzens zeigt sich auch in der Vielseitigkeit seiner eigenen literarischen Produktion, die von Meisterliedern, Reimpaarsprüchen und Fastnachtspielen bis hin zu Prosatraktaten geistlichen und weltlichen Inhalts reicht. Nicht zuletzt resultiert daraus das Ansehen, das sich Folz als Dichter erwerben konnte. Dieses manifestiert sich in der vielschichtigen Rezeption und Wirkung seiner Werke.[854]

Folz war ein Kenner der alchemistischen Fachliteratur. Die Handschrift Q 566 der Thüringischen Landesbibliothek in Weimar gibt Einblick in die bei Hans Folz „ausgeprägte Wißbegierde gegenüber alchemistischen Problemen und Praktiken“[855]. Sie enthält u.a. den weit verbreiteten alchemistischen Traktat „*Novum testamentum*“ des Pseudo-Arnald von Villanova und den umfangreichen alchemistischen Traktat „*Palmarium Theosophiae*“, der auf weiten Strecken aus Zitaten der „*Turba philosophorum*“ zusammengesetzt ist. Daneben existieren verschiedene alchemistische

[852] Vgl. Telle (1988a) Sp. 237
[853] Vgl. Janota (1980) S. 769f.
[854] Vgl. Janota (1980) S. 770f.
[855] . Fischer (1967) S. 99

Anweisungen und Rezepte von Folzens eigener Hand, die er möglicherweise selbst ausprobiert hat, und eine Liste alchemistischer Buchtitel. Diese enthält u.a. die „*Turba philosophorum*“, mehrere Werke des Pseudo-Raimundus Lullus, den Pseudo-Arnald von Villanova zugeschriebenen Traktat „*Liber novi lumenis*“, die „*Summa perfectionis magisterii*“ des Geber latinus und die „*Tabula smaragdina*“ des Hermes Trismegistos. Es kann nur darüber spekuliert werden, wer der Eigentümer dieser Bücher war, und zu welchem Zweck Folz die Liste aufzeichnete. Als sicher kann man allerdings annehmen, daß sie sich nicht im Besitz von Hans Folz befanden, da die Liste dafür zu umfangreich ist. Vor allem aber sind die oben angeführten Werke aus Folzens Besitz nicht darin enthalten. Die Textliste muß sich jedoch nicht auf Einzelhandschriften beziehen, sondern sie kann auch auf den Inhalt einer Sammelhandschrift verweisen. Letzteres ist auch wahrscheinlicher, da zum einen die angegebenen Werke zu Folzens Lebzeiten nicht im Druck vorlagen und zum anderen Sammelhandschriften dieses Umfangs keine Seltenheit waren. Die Liste ist somit, falls Folz nicht in Besitz einer solchen Sammelhandschrift gewesen sein sollte, ein weiteres Indiz für Folzens ausgeprägtes Interesse an der Alchemie.[856]

Von diesem Interesse zeugt auch das in der Handschrift enthaltene fragmentarische Lehrgedicht „*Der Stein der Weisen*“. Eine zweite Fassung des Gedichts ist enthalten in der Handschrift des Stadtarchivs Köln aus dem 16. Jahrhundert (Signatur Nr. W 4° 321*). Auch hier fehlen Anfang und Schluß des Gedichtes. Es handelt sich hierbei aber um eine, gegenüber dem Entwurf der Weimarer Handschrift, verbesserte und erweiterte Fassung. Die Abweichungen zwischen beiden Fragmenten deuten auf mindestens eine weitere, bisher verschollene Zwischenstufe des Textes. Folz als Autor der Fortführung abzulehnen, macht wenig Sinn, so daß es scheint, als habe er sein Lehrgedicht doch vollendet und es auch veröffentlicht, wie seine Nennungen bei anderen Alchemisten beweisen.[857]

Daß die Alchemie sich großer Beliebtheit erfreute und weithin praktiziert wurde, zeigt ein Decretum des Nürnberger Rats von 1493. Der Rat sah sich darin genötigt, „*gemeynem nutz zu gut*“ die Ausübung der „*alchamay*“ bei Androhung von Strafe zu verbieten, da die Praktiken der Laienalchemie „*überhanndt*“ genommen hatten.[858]

So scheint es auch nicht weiter verwunderlich, daß der Nürnberger Wundarzt Hans Folz (Nürnberger Bürger seit 1459) die Alchemie zum Gegenstand seiner Spruchdichtung „*Der Stein der Weisen*“ von 1479/95 gemacht hat. Das Ziel Folzens war dabei nicht eine bestimmte alchemistische Lehre zu verfechten oder praktische Erfahrungen

[856] Vgl. Fischer (1967) S. 99ff. und Buntz (1975) S. 407 und S. 407, Anm. 3.
[857] Vgl. Buntz (1975) S. 407f.
[858] Vgl. Telle (1992) S. 460.

mitzuteilen, sondern auf aktuelle Informationsbedürfnisse seiner Zeitgenossen mit einem Spruchgedicht alchemistischen Inhalts zu reagieren.[859]

Insofern ist die Auffassung, daß es sich um ein unveröffentlichtes Werk handelt, nicht mehr zu halten, vor allem wenn man bedenkt, daß mittlerweile zwei Textzeugen vorliegen und das Werk noch bei manchen Alchemisten des ausgehenden 16. Jahrhunderts erwähnt und zitiert wird. Ob *„Der Stein der Weisen“* allerdings auch gedruckt wurde, ist eher fraglich, denn Folzens sonstige literarische Tätigkeiten zeigen auffällig obrigkeitskonforme Züge. Mit der Vermittlung alchemistischen Wissensgutes allerdings verstößt er gegen das Verbot durch den Nürnberger Rat, wie das oben angeführte Decretum von 1493 zeigt.[860]

Sehr ungewöhnlich für ein Gedicht über alchemistische Lehrinhalte ist der „moralisierend-zeitkritische Eingang“[861] im *„Stein der Weisen“*. Demnach ist die Alchemie eine *„fandasey“*, die dem *„nerrischen“* Verlangen nach materiellem Reichtum entspringt. Sie weißt somit auf den „sündigen Kern der menschlichen Natur“[862] zurück, da dieses Verlangen der Grund allen Übels sei. Dafür gibt es zwei mögliche Erklärungen. Zum einen ist es denkbar, daß Folz von den Vorstellungen der Alchemiekritiker nicht unberührt geblieben war, und zum andern, daß er sich einfach gegenüber der Obrigkeit absichern wollte, da er einen Text verbotenen Inhalts produzierte.[863]

Folz verläßt den Pfad der Alchemiekritik jedoch sehr schnell wieder und präsentiert die Alchemie im folgenden als eine „respektable Kunst von unzweifelhafter Diginität und Veritas“.[864]

Folz vermittelt den Eindruck, aus der Autorität seiner eigenen alchemistischen Erfahrungen zu sprechen. Sicherlich waren ihm einige alchemistische Tätigkeiten aus seiner wundärztlichen Arzneiherstellung geläufig. Aus quellenkundlicher Sicht scheint es sich bei Folzens lehrdichterischer Leistung aber eher um eine Wiederholung von traditionellem alchemistischem Lehrgut zu handeln. Dem liegt die Vorstellung zugrunde, daß der *„ware weg“* im vorhandenen Fachschrifttum bereits gefunden und beschrieben worden sei.[865]

„Der Stein der Weisen“ besitzt den „Charakter eines aus themaverwandten Texten locker gefügten und mannigfache Aspekte der alchemischen Theorie und Praxis berührenden Mosaikwerkes.“[866] Die fachlichen Darlegungen beginnen mit einer

[859] Vgl. Telle (1992) S. 460.
[860] Vgl. Telle (1992) S. 461.
[861] Telle (1992) S. 462
[862] Telle (1992) S. 462
[863] Vgl. Telle (1992) S. 462.
[864] Telle (1992) S. 463.
[865] Vgl. Telle (1992) S. 463ff.
[866] Telle (1992) S. 465

'Mercurius-Monographie' (V. 16-104). Sie beschreibt den Umgang früherer Alchemisten mit Quecksilber (d.i. der Mercurius), das als der „*gröste mertterer in aller welt*" gilt. Die Alchemisten braten, dämpfen, sieden, rösten, koagulieren, fixieren und speisen es, wobei sie, neben ihren davongetragenen gesundheitlichen Schäden, auch noch „*vmb vil gelt*" und Hoffnungen betrogen werden, da das Quecksilber immerfort zu entfliehen versucht. Die Flüchtigkeit des Quecksilbers gilt deshalb als Hauptursache für das Scheitern der Lapis-Herstellung.[867]

Die Quellen, die Folz benutzt, stammen von angesehenen alchemistischen Autoritäten. Eine Quelle ist der „*Liber secretorum artis*" des Khalid ibn Jazid, den er als „*Puch der heimlichkeit*" sowie „*Buch Jasit*" zitiert:

> „*daz 'Puch der heimlichkeit' sagt vil mer:*
> *es sey ein swarcz, stinckender stein*
> *und hab sein wurcz im luft gemein*
> *und wye sein haupt im ertrich stee,*
> *und leichtlich im wasser zwgee,*
> *und sey in alle farb verkerlich,*
> *darpei man in erkenne clerlich*" (V. 64-70)

Dies entspricht einer Textstelle aus einer Johannes Hippodamus-Bearbeitung des „*Liber secretorum artis*" von 1748:

> „*So ist er zwar auch ein geringschätziger, schwartzer, und stinckender Stein, welcher nicht theuer erkaufft wird* [...] *und du sollst wissen, daß die Wurtzeln ihrer Mineren in der Lufft stehen, und hergeben ihre Köpffe oder öberste Theile in der Erden* [...] *nimm daraus die hochgeehrte Steine, welche im Wasser flüssig werden.*"[868]

Daneben benutzte er den ebenfalls von Khalid ibn Jazid stammenden „*Liber trium verborum*", den er als „*Puch trium verborum*" bezeichnet. Er bezieht sich auf Pseudo-Arnalds von Villanova Schriften „*Quaestiones tam essentiales quam accidentales ad Bonifacium VIII*", „*Novum testamentum*", „*Flos florum*" und „*Rosarium philosophorum*". Ein Beispiel aus dem „*Rosarium philosophorum*":

> „*daz thir vom thir geporen wirt,*
> *der mensch vom menschen sich gepirt.*" (V. 75f.)

In der „*Rosarium*"-Bearbeitung des Johannes Hippodamus von 1748 heißt es dazu:

> „*Dann aus einem Menschen wird anders nichts als ein Mensch, noch aus den andern Thieren etwas anders, als ihres gleichen geboren.*"[869]

---

[867] Vgl. Telle (1992) S. 465.
[868] Buntz (1975) S. 426; nach einer „*Liber secretorum artis*"-Übersetzung des Hippodamus von 1748.
[869] Buntz (1975) S. 426; nach einer „*Rosarium philosophorum*"-Übersetzung des Hippodamus von 1748.

Die Hauptquelle ist aber die „*Turba philosophorum*", aus der Folz zahlreiche Entlehnungen vorgenommen hat. Ein Beispiel:

> „*und Fritis spricht: 'ja pei den thorn [verehren]*
> *ist es daz schnodest, daz wir forn*
> *unnd pei den weisen fast daz grost*
> *und mit seiner tincktur daz host.*" (V. 115-118)

Dazu heißt es in Sermo 15 der „*Turba philosophorum*":

> „*Wisset, alle Erforscher der Weisheit, daß das Fundament dieser Kunst, um derentwillen viele zugrunde gegangen sind, etwas Einziges ist, das stärker und erhabener ist als alle Naturen bei den Philosophen; die den Unverständigen aber ist es aller Dinge Niedrigstes, was wir verehren.*"[870]

Die Autoritäten aus der „*Turba philosophorum*" sind griechische Philosophen, deren Namen in der arabisch-lateinischen Überlieferung entstellt wurden. Folz nennt Parmenides ("*Mundus*"), Xenophanes („*Acsubofen*"), Anaximenes/Xenophanes („*Eximeus*") und Sokrates („*Fritis*"). Rosinus ist eine lateinische Verschleifung von Zosimos (von Panopolis). Die Anspielung „*Rosini ad Euchesiam*" zielt auf eine Sammlung von Briefen des Zosimos (Rosinus) an Theosebeia („*Euchesia*"/„*Euthesia*"), die im Zuge der Rezeption der arabischen Alchemie im Abendland als Traktat „*Rosinus ad Eutheciam*" oder als „*Rosinus-Dicta*" im „*Morienus-Calid-Dialog*", „*Rosarium philosophorum*" und „*Splendor solis*" weit verbreitet war. Der ansonsten ungeläufige Deckname „*Indie*" deutet auf ein Mißverständnis Folzens hin.[871]

Daneben benutzte Folz noch die „*Dicta de lapide philosophorum*" des Alanus philosophus, den „*Tractatus aureus*" und die „*Tabula Smaragdina*" des Hermes Trismegistos sowie Heinrichs von Mügeln „*Der meide kranz*":

> „*die auch vermeinten han die kunst,*
> *wiewol sie tempfet zweifelß tunst.*" (V. 137f.)

Dies klingt in „*Der meide kranz*" sehr ähnlich:

> „*du merkest warheit miner kunst,*
> *dempft dich nicht unvernünste dunst.*" (MK 599f.)

Folzens Alchemie leitet sich aus der im Mittelalter allgegenwärtigen Elementen- und Qualitätenlehre ab. Geläufig ist ihm auch die Schwefel-Quecksilber-Theorie, wenn die Metalle aus „*zweier vaporen tufft*" bzw. „*zweyen verborgen tuft*" entstehen:

> „*wie auß zweier vaporen tufft*
> *beschlossen in ir zellen grufft,*

---

[870] Ruska (1931) S. 197.
[871] Vgl. Telle (1992) S. 469f.

des ackers, ir woren matrix,
sich unser stein mach stet und fix.“ (V. 195-198)

Was hier beschrieben wird, ist nichts anderes, als daß die von zwei hypothetischen Substanzen bzw. Prinzipien (das sind Schwefel und Quecksilber) erzeugten Ausdünstungen („*vapor*“ = Dunst) sich zusammenmischen. Aus dieser „*conmixtio*“ gehen dann die Metalle hervor, bzw. bei Folz ein fixer „*stein*“.[872]

Der eigentliche Ausgangspunkt der Transmutation bzw. Lapis-Herstellung ist, daß die Körper zur prima materia, dem Urstoff, zurückgeführt werden müssen, bevor sie transmutiert werden können. Die Lehre von der prima materia („*erst materg*“) wird an mehreren Stellen erwähnt:

„*wan die gestalt der ding auf erden*
mugen mit nicht verwandelt werden,
sie werden dan, alß er berurt
vor in ir erst materi gefurt.“ (V. 207-210)

„*so wirt ein ides der metall*
gekert in wasser wie cristall
oder in sein mercurium,
darauß seine erste werdung zum,
welchs sein erste materi muß sein,
do mon es wider wandelt ein.“ (V. 235-240)

Folz ist als Kenner der Alchemie natürlich auch mit den Prozeßstufen des alchemischen Werkes sowie den dabei verwendeten Operationen vertraut:

„*und all wurckung vor bedacht*
wirt in den dingen gancz verbracht
es sey ein calcinacio,
solucio und sublimacio,
ascensio [Verflüchtigung, d.V.], *descensio* [Fixierung, d.V.],
vorgehert hicz defensio,
denigracio [Schwarzfärbung, d.V.], *albacio* [Weißfärbung, d.V.],
citrinacio [Gelbfärbung, d.V.], *rubificacio* [Rotfärbung, d.V.],
mit ides putrificacio,
der ubrigkeit abstracio, [Abdestillieren eines Teils der Flüssigkeit, d.V.]
exsiccacio [Trocknung, d.V.], *inhibicio* [Ertränckung, d.V.],
coagulacio, contricio [Zerreibung, d.V.],
mit ides fermentes conmixtio, [Zusammenmischung, d.V.]
inceracio [Wachsweichmachung einer nicht schmelzbaren Substanz, d.V.] *und fixio.*“ (V. 390-403)

[872] Vgl. Telle (1992) S. 470 und S. 482, Anm. 46.

Folz kennt auch den weit verbreiteten antiken Lehrsatz von der 'Invarianz der Arten' bzw. der Artkonstanz. Dazu benutzt er formelhafte Wendungen, wie die folgende:[873]

> *„so secht, aller pflanzen sat*
> *ydes von seinem samen aufgat.*
> *daz thir vom thir geporen wirt*
> *der mensch vom menschen sich gepirt,*" (V. 73-76)

Er weiß zudem von Substanzen (*„species*"), die für die Herstellung des Steins der Weisen und damit zur Metalltransmutation aufgrund ihrer fehlenden Konkordanz (fehlende Übereinstimmung in den Eigenschaften) zu den alchemisch herzustellenden Metallen ungeeignet sind:

> *„wie wol in der gemein die weisen*
> *kein kostlich ding anfencklich preisen*
> *ye vorauß verpitten sye*
> *all nach gesriben species hye,*
> *alß spat enforbium mirra* [das sind unspezifizierte Mineralien, d.V.],
> *arsenicum, marcasita* [d.i. Schwefel-, Kupferkies oder Wismut, d.V.],
> *allium* [d.i. Alaun, d.V.] *und den vitriolum* [d.i. Metallsulfat, d.V.],
> *auch den gemein mercurium* [d.h. Quecksilber, wenn es allein beigemischt wird, d.V.],
> *allein besunder admixtirt*
> *zweien, den es geeygnet wirt,*
> *doch nit dem anthimonium*
> *oder dem auripigmentum* [d.i ein gelbes arsensulfidhaltiges Minereal, d.V.],
> *dem harn oder dem menstruum,*
> *dem scorpen noch dem basiliscum,*
> *nicht kroten, notern oder schlangen,*". (V. 31-45)[874]

Ein sehr bemerkenswertes Transmutationsbeispiel bei Hans Folz findet sich in den Versen 228-229:

> *„im ungarlant ein wasser ist,*
> *darin auß eysen kupfer wirt.*" (V. 31-45)

Folz bezieht sich auf die Nachricht, daß Eisen in Kupfer mit Hilfe der 'Zementwässer' aus den Bergbaugruben in Schmöllnitzhütte (bei Schmöllnitz) oder in Herrengrundt (bei Neusohl) in der Zips (Ungarn) verwandelt werden könnte. Die fachliterarische Tradierung dieses Transmutationsbeispiels beginnt also bereits im 15. Jahrhundert und nicht erst, wie lange geglaubt, im 16. Jahrhundert.[875]

---

[873] Vgl. Telle (1992) S. 470f.

[874] Vgl. Buntz (1975) S. 425.

[875] Vgl. Telle (1992) S. 473. Eine Erwähnung dieses Transmutationsbeispiels findet sich aber noch vor Hans Folz in der *„Idiota de staticis experimentis*" ('Der Laie über die Versuche mit der Waage') des Nikolaus von Kues von 1450.

Folz übt auch Kritik an all jenen Alchemisten, die nicht nach der Universaltinktur (d.i. der Lapis philosophorum) streben, sondern sich mit einer „*particular*"-Tinktur zufrieden geben, die nur über geringe Kraft und Wirksamkeit zur Metalltransmutation verfügt. Diesen Alchemistentypus schimpft er Narren:[876]

> „*Hyemit hab diese red ein endt,*
> *furpaß ich zu der straff mich wendt,*
> *dye sulchen narn zimpt in ir torheit,*
> *wan sye hye nit finden worheit.*
> *gent sye auf particular das meist*
> *(daz man im deutschen stuckwerck heist),*
> *wan selten eins wirt funden gancz.*" (V. 21-27)

Obwohl „*Der Stein der Weisen*" eine Sammlung von Dicta aus lateinischen Alchemica darstellt, ist Folzens spruchdichterische Leistung beachtenswert. Es ist ihm gelungen, die inhaltlich schwierigen Materien seiner Quellen „seinem auf Verständlichkeit und Verlebendigung dringenden Ausdruckswillen zu unterwerfen"[877] und aus dem umfangreichen fachliterarischen Angebot solche Texte auszuwählen, die fast ausschließlich zentrale Lehrinhalte der spätmittelalterlichen Alchemie behandelten.[878]

Außerdem gibt „*Der Stein der Weisen*" Aufschluß darüber, welche wichtigen alchemistischen Lehren Hans Folz, ein Wundarzt des ausgehenden 15. Jahrhunderts, als an ein alchemistisch interessiertes Laienpublikum vermittelbar erachtete.[879]

Das Werk Folzens stellt also im großen und ganzen eine Übertragung von Lehrinhalten der lateinischen Alchemie ins Deutsche dar. Warum benutzte Folz aber nicht die Prosa, wo man doch im Mittelalter die Prosa gegenüber der Dichtung für geeigneter hielt, um Fachwissen zu tradieren? „Die Verfasser von Lehrgedichten müssen daher ihren Stoff besonders hoch eingeschätzt haben, daß sie ihn mit Blick auf Breitenwirkung formalästhetisch fassen wollten"[880] oder sie sahen in gebundener Rede und Reim ein mnemotechnisches Hilfsmittel. So auch Hans Folz in seinem „*Pestregimen in Versen*":[881]

> „*Und das darumb zu vers gemacht,*
> *Das sein dest leichter wird gedacht*
> *Und das sie ding equaliter*
> *Zu fassen seyen taliter,*

[876] Vgl. Telle (1992) S. 466.
[877] Telle (1992) S. 474
[878] Vgl. Telle (1992) S. 474.
[879] Vgl. Telle (1992) S. 474f.
[880] Haage (1986) S. 496
[881] Vgl. Haage (1986) S. 496.

Das yder doch ein stücklin merck,
Darmit ein mensch das ander sterck.“ (465-470)[882]

Die lehrhaften Dichter sprechen also ein breites Laienpublikum an. Sie wollen bilden bzw. reagieren auf den gesteigerten Wissensbedarf in der urbanitas (der spätmittelalterlichen Stadtgesellschaft). Reim und Rhythmus sind also dort anzutreffen, wo der Laie und nicht der Fachmann angesprochen werden soll. Sie haben die Funktion von Merkversen.[883]

4.3.5.5. Das Bildgedicht „*Das nackte Weib*“

Das Bildgedicht „*Das nackte Weib*“ ist eine Vers-Bild-Allegorie vom „*Mercurius philosophorum*“. Das in über 40 handschriftlichen und gedruckten Textzeugen überlieferte anonyme Gedicht[884] liegt spätestens in der ersten Hälfte des 15. Jahrhunderts vor. Es handelt sich dabei um den Begleittext eines Bildes, das den alchemistischen arkanen Mercurius in der Gestalt einer nackten Frau[885] abbildet.[886]

Das Bildgedicht vom „*Nackten Weib*“ ist in verdeckter Rede abgefaßt, was eine Interpretation das mitgeteilten Inhalts schwierig macht:

„*O gewalt peinigt mich nackhats weyb,*
Wann unsälig was mein erster leib.
Und noch nye muter was worden,
Untz ich zu dem andern mal ward geboren.
Do gewan ich aller krauter, wurtzen krafft.
In aller kranckhait ward ich sighafft.
Meines suns nam ich do war
Und kham mit ym selbander dar,
Do ich sein ward swanger
Und gepert auf ainem unfruchtperen anger.
Ich ward mueter und belaib doch mayd
Und ward in meinem wesen angelayd,
Das mein sun mein vater wardt,
Als got geschickt hat wesenlicher art.
Die muter, dy mich hat gepert,
Durch mich ward si geporn auf erd.
Ains zu betrachten natürlichen verbunden,
Das hat das gepirg maisterlichen verslunden.

[882] Fischer (1961) S. 427f.
[883] Vgl. Haage (1986a) S. 208 und Haage (1986) S. 496.
[884] Zur Überlieferung vgl. im Anhang, sowie bei Telle (1987d) Sp. 849 und Telle (1980b) S. 123-126.
[885] Der heute gebräuchliche Terminus ’Frau’, entsprach bis weit in die Neuzeit hinein dem mittelalterlichen Terminus ’Weib’ (mittelhochdeutsch: wîp).
[886] Vgl. Telle (1987d) Sp. 849

Daraus chomen vire in ayn
In unnserm maisterlichen stain,
Und sibenne in dryvalt bedacht
Und in ainem wesen volbracht.
Wer das bedencken chan eben,
Dem ist der gewalt gegeben,
Das er alle kranckhait tut vertreiben
An metallen und menschen leiben.
An gots hilff das nymand mag gepawenn,
Nur wer sich selb chan durchschawen.
Aus meiner art entspringet ain pawmm,
dar aus rynnen tzwen strawmm.
Der ain flewsset gen orient
Und der ander gegen occident.
Dar aus adler fliegen und verprennen ir gevider,
Und vallent plos in die erden nider
Und werden gevidert hin wider gar schon
Und sein untertänig sunn und man.
O herr Jhesu Krist,
Du dy gab gebend pist
Durch dein heiligen geist so gut,
Der hat es alles in seiner huet.
Wem er es gibt für war,
Der vernymbt der maister sprüch gar,
Das er bedenckt das künftig leben,
Alls leib, sel gefügt werden eben,
Das sy schweben in des vater reich.
Also hat sich dy kunst hie auff ertreich.“ [887]

Das Bild, von welchem das Gedicht handelt, wird geprägt von einer gekrönten nackten Frau, wobei es sich um die Personifikation des Mercurius handelt. Sie hält in ihren Händen zwei nach unten gekehrte Fackeln (Feuersymbolik) und steht auf „Sol- und Luna-Destillatorien“[888]. Über ihrem Kopf erhebt sich eine Baumkrone. Das Bild scheint ikonographisch von Garten Eden-Darstellungen beeinflußt zu sein (vgl. Abbildung 13).[889] Dies wird auch durch eine lateinische Bildbeschreibung ausgedrückt, deren Aussage sich wie folgt zusammenfassen läßt: Die Jungfrau (d.i. das nackte Weib) steht vor einem Baumstamm, der „zwei Äste hat. Sie trägt eine Krone auf dem Haupt [...]. Auf der rechten Seite befindet sich Sol, auf der linken Luna. Die Jungfrau läßt ihre Arme nach unten hängen [...] und in jeder Hand hält sie eine brennende Fackel [...]. Mit jedem Fuß steht sie auf einem kleinen (Destillier-) Ofen [...].“[890]

[887] Der Text der Handschrift M nach der Ausgabe bei Haage (1982) S. 209f.
[888] Telle (1987d) Sp. 850
[889] Vgl. Telle (1987d) Sp. 850. Zu den Bildwiedergaben vgl. auch im Anhang.
[890] Haage (1982) S. 205

Abbildung 13: Das nackte Weib aus der Handschrift B des Bildgedichts

Telles Versuch, der Rätselrede (Verse 7-14) eine religiöse Bedeutung zuzuschreiben, die aus einer Darstellung alchemischer Vorgänge mittels christlicher Metaphorik resultieren,[891] greift sicherlich zu kurz. So lange die Urfassung des Bildgedichtes nicht nachgewiesen ist, sind Interpretationen nur mit äußerster Vorsicht anzugehen. So ergibt bereits die Interpretation des ersten Verses, je nachdem welche Überlieferung bzw. welchen Textzeugen man heranzieht, ein unterschiedliches Ergebnis. Der Text der hier benutzten Handschrift M „*O gewalt peinigt mich nackhats weyb*“ deutet auf nur einen Ausgangsstoff des alchemischen Werks, nämlich philosophisches Quecksilber, was auf die Reine Quecksilber-Theorie deutet. Dagegen weist der Vers 1 aus der Überlieferung H „*O wehe pring mir ein Nackendes weyb*“ auf zwei Ausgangsstoffe hin – philosophischer Schwefel und philosophisches Quecksilber – und damit auf die Schwefel-Quecksilber-Theorie.[892] Auch gibt es deutliche Unterschiede in der Bildüberlieferung, was natürlich zu Problemen bei der Bildbeschreibung führt, so daß eine einheitliche Beschreibung nicht möglich ist, auch wenn die Kernaussage des Bildes bestehen bleibt.

Dagegen kann man den Text formal relativ einheitlich beschreiben. Er stellt sich als rollengedichtartiger Wechsel zweier Sprecher dar, in denen sich die Nackte als Mercurius-Personifikation mit dem Alchemisten abwechselt:

- Vers 1-16: die Nackte,
- Vers 17-28: der Alchemist,
- Vers 29-36: die Nackte und
- Vers 37-46: der Alchemist.[893]

Der Schlüssel zum Verständnis des Textes scheint, wie Haage darlegen konnte, im Mutter-Tochter-Rätsel der Verse 15/16 zu liegen:

> „*Die muter, dy mich hat gepert,*
> *Durch mich ward si geporn auf erd.*“

Das 'Mutter-Tochter-Rätsel', in dem die Mutter durch die eigene Tochter wiedergeboren wird, hat in der Literatur sowie in der alchemistischen Fachliteratur eine lange Tradition. Es kommt bspw. im „*Parzival*“ Wolframs von Eschenbach vor (s.u.). Zu beachten ist dabei, daß das in der alchemistischen Fachliteratur weit verbreitete 'Mutter-Tochter-Rätsel' ursprünglich aus der nicht-alchemistisch geprägten Literatur stammt und von den Alchemisten in ihre eigenen Fachschriften integriert wurde. Die Lösung des Rätsels ist recht einfach: Wasser wird zu Eis und dieses wiederum zu Wasser. Was

[891] Vgl. Telle (1980b) S. 137 und Telle (1987d) Sp. 850f.
[892] Vgl. Haage (1982) S. 206
[893] Vgl. Haage (1982) S. 206

aber ist seine Bedeutung? Es geht dabei um die „Beständigkeit der Wesensart"[894], d.h. unabhängig von ihrer jeweiligen Ausformung bleibt die Wesensart unverändert. Überträgt man diesen Gedanken auf das Bildgedicht vom „*Nackten Weib*", kann man seine verdeckte Rede mit einem Sinn versehen.[895]

Ganz allgemein läßt sich so – nach Haage – folgende Bedeutung des Lehrgedichtes herausarbeiten: Eine arkane Ausgangssubstanz, der „*erste leib*" des nackten Weibes, enthält als Wesensart („*wesenliche art*", Vers 14) die immer gleichbleibende Substanz des Lapis philosophorum und zwar als aristotelische 'potentia', d.h. die Substanz des Steins der Weisen ist eine mögliche Ausprägung der Wesensart. Die Substanz wird dann mit Hilfe des Opus alchemicum („*O gewalt peinigt mich ...*", Vers 1) 'actu' wiedergeboren (Vers 4), d.h. die neue emporgeläuterte Erscheinungsform, die den Lapis philosophorum verkörpert, enthält als tatsächliche Wesensart die Substanz des Lapis philosophorum.[896] Der so entstandene Stein der Weisen hat alle Eigenschaften, die ihm von den Alchemisten zugeschrieben werden. Er verleiht dem Alchemisten Gewalt über Heilkräuter und Krankheiten (Verse 5/6 und 25/26) sowie die Fähigkeit, sich aus sich selbst heraus zu vermehren, wobei die Wesensart samengleich weitergegeben bzw. fortgepflanzt wird.[897]

Der alchemische Prozeß basiert dabei auf der Reinen Quecksilber-Theorie:

> „*Meines suns nam ich do war*
> *Und kham mit ym selbander dar,*
> *Do ich sein ward swanger*
> *Und gepert auf ainem unfruchtperen anger.*" (Verse 7-10)
>
> (Übersetzung: „Ich wurde gewahr, daß ich ein Kind bekam und begab mich (zusammen) mit ihm dorthin, wo ich es empfangen hatte und gebar auf einem unfruchtbaren Anger."[898])

Die Ausgangsmaterie, die – nach der Reinen Quecksilber-Theorie – (philosophisches) Quecksilber (Mutter) und (philosophischen) Schwefel (Vater) in sich vereint, gebiert am Ende des Prozeßkreislaufes des alchemischen Werkes, der wohl durch die Rückkehr zum Ursprungsort angedeutet ist, den Sohn, der den Lapis philosophorum verkörpert.[899]

Zentrale Bedeutung für das Verständnis des Gedichtes kommt wie gesagt dem Abschnitt mit dem Mutter-Tochter-Rätsel zu:

[894] Haage (1982) S. 207
[895] Vgl. Haage (1982) S. 206f. und Telle (1987d) Sp. 850f.
[896] Zu den Begriffen 'potentia' und 'actu' vgl. Ganzenmüller (1938) S. 131f.
[897] Vgl. Haage (1982) S. 207f.
[898] Haage (1982) S. 208
[899] Vgl. Haage (1982) S. 208

„*Ich ward mueter und belaib doch mayd*
Und ward in meinem wesen angelayd,
Das mein sun mein vater wardt,
Als got geschickt hat wesenlicher art.
Die muter, dy mich hat gepert,
Durch mich ward si geporn auf erd.“ (Verse 11-16)

(Übersetzung: „Ich wurde Mutter und blieb doch Jungfrau und wurde in meiner Wesensart so geschaffen, daß mein Sohn (in seiner Wesensart) mein Vater wurde, so wie Gott die Wesensart eingerichtet hat. Die Mutter, aus der ich hervorgegangen bin, wurde durch mich (in ihrer Wesensart) wieder auf Erden geboren.“[900])

Die „*wesenliche art*“ ist hier der Schlüssel zu den Rätselreden Vater-Sohn und Mutter-Tochter. Darunter ist, wie oben gesehen, sinnvoller Weise die gleichbleibende Substanz (Mutter-Vater, Mercurius-Sulphur, Luna-Sol) des Lapis philosophorum zu verstehen. Diese wird im Kreislauf von Verflüchtigung und Verfestigung während des alchemischen Werks gereinigt, und zwar so lange bis sie nicht mehr „*unsälig*“ (Vers 2) ist und als reiner „*leib*“ wiedergeboren wird. Der Kreislauf von Verflüchtigung (Destillation) und Verfestigung (Koagulation) wird in dem Bild, das dem Gedicht zur Seite gestellt ist, durch Destillationsöfen sowie aufsteigende und herabstürzende Vögel symbolisiert (vgl. Abbildung 13), so etwa in der Handschrift B. Ausgehend vom Mutter-Tochter-Rätsel – Wasser, Eis, Wasser – läßt sich ableiten, daß der Lapis nach jedem der Läuterungsprozesse aus Destillation und Koagulation in einer anderen Erscheinungsform erscheint bzw. wiedergeboren wird. In seiner Wesensart bleibt er jedoch unverändert, weshalb er sowohl Vater wie Sohn und Mutter wie Tochter ist.[901]

Das nackte Weib ist somit eine Allegorie des Mercurius philosophorum, der im alchemischen Werk der Läuterung unterworfen wird, um einen möglichst reinen Lapis philosophorum zu erhalten und mit diesem dann das große (Sol/Gold) bzw. kleine Werk (Luna/Silber) zu realisieren.[902]

Auf dieser Basis lassen sich auch die Verse 33-36 interpretieren:

„*Dar aus adler fliegen und verprennen ir gevider,*
Und vallent plos in die erden nider
Und werden gevidert hin wider gar schon
Und sein untertänig sunn und man.“

In Verbindung mit dem Bild aus der Handschrift B (Abbildung 13) lassen sich die auffliegenden und herabstürzenden Vögel – wie Telle bereits richtig erkannte – als Sym-

[900] Haage (1982) S. 208
[901] Vgl. Haage (1982) S. 208
[902] Vgl. Haage (1982) S. 208

bole für semen solis/lunae (Vers 36) identifizieren.[903] Eigentlich stehen sie jedoch für den verflüchtigten bzw. verfestigten Zustand des Samens, bei dem es sich um die Wesensart des Lapis philosophorum handelt. Durch das Aufsteigen und Herabstürzen der „*adler*" wird der Kreislauf von Destillation (Verflüchtigung) und Koagulation (Verfestigung) symbolisiert, an dessen Ende die Neugeburt des Steins der Weisen steht. Dargestellt wird letzteres in Vers 35, wo die abgestürzten Adler mit einem neuen und prächtigen Gefieder ausgestattet werden, was nichts anderes bedeutet, als daß sie Eigenschaften des Lapis philosophorum erhalten.[904]

Die Zielsetzung des Lehrgedichtes ist die Gewinnung des „*maisterlichen stain*" (d.i. der Lapis philosophorum), der ebenso wie das ganze Gedicht in verdeckter Rede beschrieben wird:

> „*Das hat das gepirg maisterlichen verslunden.*
> *Daraus chomen vire in ayn*
> *In unserm maisterlichen stain,*
> *Und sibenne in dryvalt bedacht*
> *Und in ainem wesen volbracht.*
> *Wer das bedencken chan eben,*
> *Dem ist der gewalt gegeben,*
> *Das er alle kranckhait tut vertreiben*
> *An metallen und menschen leiben.*
> *An gots hilff das nymand mag gepawenn,*
> *Nur wer sich selb chan durchschawen.*" (Verse 18-28)

Der „*stain*" vereinigt in sich die vier Elemente (Vers 19), sowie die sieben den Planeten zugeordneten Metalle und die alchemistische Trinität bestehend aus Körper, Geist und Seele (Vers 21). Darüber hinaus besitzt er die Kraft, die Menschen zu heilen, verkörpert also die Panazee, und ebenso wie die unreinen, da kranken, Metalle, d.h. er kann sie in Silber und Gold transmutieren. In diesem Sinne setzt sich das Gedicht auch in der Baum-Allegorie fort:

> „*Aus meiner art entspringet ain pawmm,*
> *dar aus rynnen tzwen strawmm.*
> *Der ain flewsset gen orient*
> *Und der ander gegen occident.*" (Verse 29-32)

Der Baum, der aus der Nackten herauswächst, ist auch von ihrer Wesensart. Er hat zwei Ausprägungen („*tzwen strawmm*"), die im alchemischen Prozeß für die Realisierung des großen und kleinen Werkes stehen. Der „*gen orient*" strebende Ast symboli-

[903] Vgl. Telle (1980b) S. 137f.
[904] Vgl. Haage (1982) S. 208f.

siert das Gold und damit das Opus magnum und entsprechend steht der „*gegen occident*“ gerichtete Ast für das Silber und das Opus minus.[905]

Der Text präsentiert sich somit als ein Werk der allegorischen Alchemie, wohingegen Beschreibungen oder Anleitungen zur alchemistischen Praxis fehlen. Allerdings macht der Lehrdichter auch allgemeine Aussagen über die „sittlich-religiösen Voraussetzungen eines Alchemisten“[906], wie Selbsterkenntnis und den Beistand Gottes, die einen kleinen Einblick in den sozialethischen Hintergrund der mittelalterlichen Alchemie gestatten:

> „*An gots hilff das nymand mag gepawenn,*
> *Nur wer sich selb chan durchschawen.*“ (Verse 27/28)

Zur Wirkung des Bildgedichtes vom „*Nackten Weib*“ ist zu sagen, daß eine Rezeption bereits in der Mitte des 15. Jahrhunderts zu belegen ist. An den Rand von Blatt 132^v der Handschrift M ist ein anonymes Lehrgedicht über die Herstellung des Steins der Weisen eingetragen, das dem Anschein nach den Ausdruck „*Dryvalt bedacht*“ in Vers 21 des „*Nackten Weibes*“ zu erklären versucht, denn es beschreibt die Vereinigung der Materieeigenschaften „*leib, geist und sel*“ im Lapis philosophorum:[907]

> „*Es ist leib, geist und sel und das mitter pandt,*
> *Das dy drew behellt untzertrandt,*
> *Und das in zu khainer frist*
> *Das fewr schaden ist.*
> *Mach zu wasser gar*
> *Die corpora angevar.*
> *Thue darzu den geist,*
> *Das des sey zemeyst,*
> *Und mach auz den tzwain*
> *Aber wasser rain.*
> *So ist dann geschehen,*
> *Das dy maister veryehen.*“[908]

Trotz seiner verdunkelnd wirkenden ausgeprägten Allegorisierung erfreute sich die Vers-Bild-Allegorie „*Das nackte Weib*“ bis ins 18. Jahrhundert großer Beliebtheit im Kreise der Alchemisten. Dies zeigt nicht nur die große Anzahl von Textzeugen,[909] sondern auch die große Zahl von Verszitaten die vor allem im frühneuzeitlichen alchemistischen Fachschrifttum auftauchen. So bspw. in H. Madathanus „*Aurum seculum redi-*

[905] Vgl. Telle (1980b) S. 138f. und Haage (1982) S. 209
[906] Telle (1987d) Sp. 851
[907] Vgl. Haage (1982) S. 205
[908] Haage (1982) S. 211, Abdruck des Textes nach München, Bayerische Staatsbibliothek, Clm 4749, Bl. 132^r.
[909] Siehe oben und im Anhang

vivum" von 1621.[910] Darüber hinaus wurde „*Das nackte Weib*" im 16. Jahrhundert in gedruckte Sammelwerke der Alchemie aufgenommen, wie z.B. in das seit 1550 im Druck vorliegende „*Rosarium philosophorum*" oder in die 1582 u.ö. von Hieronymus Reusner herausgegebene „*Pandora*". Zusätzlich finden sich interpretierende Bearbeitungen des Bildgedichts bspw. in Caspar Hartungs Traktat „*Von der Bereitung des philosophischen Steins*", im anonymen Traktat „*Gloria mundi*" (16. Jahrhundert) und bei Johann von Sternberg.[911]

4.3.5.6. Das „*Rätselgedicht vom Stein der Weisen*"

Beim anonymen „*Rätselgedicht vom Stein der Weisen*" handelt es sich um eine am Ende des 15. Jahrhunderts entstandene alchemistische Lehrdichtung aus dem westmitteldeutschen Sprachraum, die bisher in zwei handschriftlichen Textzeugen überliefert ist:

A: Bamberg, Stadtbibliothek, Ms. nat. 7, Bl. 79^v-82^v (entstanden zwischen 1582 und 1600)[912] und

K: Kassel, Murhardsche Bibliothek und Landesbibliothek, 4° Ms. chem. 84, Bl. 7^r-10^r (entstanden um 1600).[913]

Das 138 Verse umfassende Lehrgedicht ist in Paarreimen abgefaßt und präsentiert einen in der Ich-Perspektive abgefaßten „Lehrvortrag"[914], der von rollengedichtartigen Passagen unterbrochen wird, in denen die Arkansubstanzen als Sprecher agieren. Hinter dem Ich verbirgt sich ein Alchemist (denn als solcher ist – auch – der Verfasser anzusehen), der einem „*kindt*"[915] sein Wissen mitteilen möchte. Die so angesprochenen Adepten ermahnt er aber gleichzeitig dazu, die den „auserwählten '*philosophen*' vorbehaltene '*list*' geheimzuhalten".[916] Aus diesem Geheimhaltungsgrundsatz heraus, der der oben beschriebenen Schweigepflicht der Alchemisten entspricht,[917] erklärt sich der arkansprachlich geprägte Aufbau der Lehrdichtung.

Das Ziel der Ausführungen ist es, den „*stein der kunst*" zu gewinnen, der „*alle metall*" in „*fein gold vnd silber*" verwandeln kann, also die Darstellung des Lapis philosopho-

910 Zu den Verszitaten vgl. Telle (1980b) S. 126f.
911 Vgl. Telle (1980b) S. 132f. und Telle (1987d) Sp. 851f.
912 Ein Textabdruck dieser Fassung des Rätselgedichtes findet sich bei Telle (1980b) S. 150-154.
913 Vgl. Telle (1989) Sp. 1044
914 Telle (1989) Sp. 1044
915 Hinter dem Terminus „*kindt*" scheint sich bereits ein Deckname zu verbergen, der als Adressaten der Lehrdichtung die Adepten der „*kunst*", also der Alchemie, ansprechen möchte.
916 Vgl. Telle (1989) Sp. 1044
917 Vgl. zur Schweigepflicht der Alchemisten oben in Kap. 3.5.

rum. Dazu wird zunächst eine als „*brun*“ und „*meerwunder*“ bezeichnete Arkansubstanz beschrieben, die „*der naturen preiß*“ besitzt und somit die Ausgangssubstanz des alchemischen Werkes bildet. Bei der so beschriebenen prima materia handelte es sich vermutlich um den Mercurius (Quecksilber). Diese Substanz wird dann den stofflichen Wandlungsvorgängen und Qualitätsänderungen des alchemischen Prozesses ausgesetzt, an dessen Ende schließlich die Gewinnung des „*künstlichen steins*“ steht. Der Abschluß des Lehrgedichtes wendet sich wieder direkt an den Adressaten bzw. Rezipienten, der in dem beschriebenen alchemistischen „*wunder*“ die „*vast tieffe weißheit*“ Gottes erkennen solle.[918] Damit steht der Text auch in der Tradition der alchemistischen Fachliteratur, die parallel zur Emporläuterung der Materie auch den inneren Weg der Emporläuterung des Alchemisten bzw. Adepten auf dem Weg zur Weisheit fordert.

Im „*Rätselgedicht vom Stein der Weisen*“ läßt der Autor keine eigenen Praxiserfahrungen einfließen, sondern leitet den Inhalt seines Lehrgedichtes aus vielen fachliterarischen Quellen ab. Eine einzelne literarische Vorlage, die der Verfasser in deutsche Verse umgesetzt haben könnte, ist bisher nicht erkennbar. Obwohl eine quellengeschichtliche Untersuchung des Werkes noch aussteht, lassen sich einige der vom Verfasser benutzten Quellen aus der alchemistischen Fachliteratur festmachen. Die Incipitverse (Verse 1-2) und ein Sol-Luna-Dialog (Verse 25-34) stammen aus dem Bildgedicht „*Sol und Luna*“ bzw. aus dem „*hohen sinngeticht*“ des „*weisen*“ Senior Zadith, womit die „*Epistula Solis ad Lunam crescentem*“ des Muḥammad ibn Umail gemeint ist, die im lateinischen Abendland unter dem Titel „*Tabula chemica*“ bekannt wurde:[919]

> „*Wer vnsern künstlichen stein will bawen,*
> *Der soll vff den anfang schawen*“ (Verse 1-2)[920]

> „*O mond, vergunne mir zu werden*
> *Dein man, so wirstu auff erden*
> *Gebern den höchsten keiser reich,*
> *Daß man nit findet sein geleich.*
> *O soll, wiltu zu schaffen han*
> *Mit mir, so müssen wir beide gan*
> *In ein naturlich warmes bad,*
> *Das an im solche geister hatt,*
> *Das wir darinn leiden schwere noth*
> *Vnd beide müssen bleiben tod,*“ (Verse 25-34)[921]

[918] Vgl. Telle (1989) Sp. 1044f.
[919] Vgl. Telle (1989) Sp. 1045
[920] Telle (1980b) S. 150
[921] Telle (1980b) S. 150f.

Daneben läßt sich aus der „*Tabula smaragdina*" des Hermes Trismegistos ein Aufbauteil des „*Rätselgedicht vom Stein der Weisen*" herleiten:[922]

„*Daruon Hermes kurtz geschriben:*
Wie ein steig in himel blieben
Vnd wider sey gestiegen ab
Inn seiner eigen erden grab
Vnd hab die sterck erlanget gleichs
Beids himmels vnd des erdreichs.
Diß bewerth sein steigen, fallen," (Verse 117-123)[923]

Die vom Verfasser ausgebreitete Alchemie stützt sich vornehmlich auf den im Spätmittelalter vorherrschenden Transmutationsgedanken, die antike Elementenlehre, die Körper-Geist-Seele-Lehre und die Schwefel-Quecksilber-Theorie.[924] Dabei wechselt die von ihm benutzte Fachsprache bzw. Fachterminologie von in der Fachliteratur der Alchemie allgemein gebräuchlichen Termini, wie Sol, Mond, Mercurius-Decknamen (Brunnen, Wasser, „*azoth vitreum*"), Element, Corpus, Geist oder Seele, hin zu arkansprachlichen Elementen der Fachsprache. Hierzu zählen die vom Verfasser benutzten Umschreibungen und Decknamen, die Synonymenfülle und „*viguren*", wobei unter letzterem eine ausgeprägte Metaphorik zu verstehen ist. Daneben trugen „assoziative Reihungen uneinheitlichen Bild- und Vorstellungsgutes"[925] sowie ein oftmals gleitender Sprecherwechsel zur Verdunkelung des Textes bei. Ein Beispiel für die verschleiernde Vorgehensweise des Lehrdichters findet sich in den Versen 91-106:

„*Man nent es azoth vitreum,*
Die poeten reck Antheum,
Der von Cibelen ist geborn,
Der von ir dartzu ist erkoren,
Das er wieder die sonne fecht;
So offt dieselb in nieder schlecht,
Felt er in seiner mutter schoß,
Empfengt alda sein sterck so groß,
Viel mehr, den er vormals gehatt,
Dieses fallen im nichten schatt;
Dann er schwinget sein gefider,
Stehet auff vnd kempfet wieder
Kegen der sonnen harte hitz,
Das er nit im wenigsten schwitz;

[922] Vgl. Telle (1989) Sp. 1045
[923] Telle (1980b) S. 153
[924] Telle verwendet hier für die Schwefel-Quecksilber-Theorie den irritierenden und sonst nicht gebräuchlichen Begriff „Sol/Luna-Mercurius-Lehre". (Vgl. Telle (1989) Sp. 1045)
[925] Telle (1989) Sp. 1045

Giebt nichts vff all ir sterck vnd crafft
Vnd bleibt gentzlich kegen sie sieghafft." (Verse 91-106)[926]

Der Verfasser verwendete einen ursprünglich nicht-alchemistischen Text, um – unter Berufung auf den „*poeten*" – den Kampf zwischen dem Riesen Antaios, der hier als „*azoth vitreus*" und somit als Mercurius-Personifikation erscheint, und dem griechischen Helden Herakles, der hier als mit „*harter hitz*" kämpfende „*sonne*" für Arkangold steht, dafür zu benutzen, um seine alchemistischen Lehren zu verschlüsseln.[927] Ein so arbeitender Fachautor zielte offensichtlich nicht darauf, daß seine Lehren in einem praxisorientierten (al-)chemischen Laborbetrieb umgesetzt werden konnten. Damit stand der anonyme Verfasser des „*Rätselgedichts vom Stein der Weisen*" ganz in der Tradition all jener Fachautoren, die mit Berufung auf die sozialethische Schweigepflicht ihr Wissen bewußt verschleierten, um es dem Zugang Dritter zu entziehen. In der so entstandenen verdeckten Rede des Lehrgedichtes mag auch ein Grund für seine geringe Verbreitung in Form von Textzeugen liegen.

4.3.5.7. Die Lehrdichtung „*Vom Stein der Weisen*"

Das spätestens im 15. Jahrhundert entstandene und in über 20 handschriftlichen und gedruckten Textzeugen überlieferte alchemistische Lehrgedicht „*Vom Stein der Weisen*" wurde von einem anonym gebliebenen Alchemisten verfaßt, der vermutlich im mitteldeutschen Sprachraum tätig war.[928] Die literarische Eigenständigkeit des Lehrgedichtes „*Vom Stein der Weisen*" war und ist dabei in den Textzeugen häufig schwierig zu eruieren, da es eine Überlieferungsgemeinschaft mit dem form- und themaverwandten Spruchgedicht nach der „*Turba philosophorum*" (s.u.) bildet. Allerdings wird das Lehrgedicht „*Vom Stein der Weisen*" auch unabhängig vom Spruchgedicht nach der „*Turba philosophorum*" im Verbund mit anderen alchemistischen Fachschriften überliefert.[929]

Die Lehrdichtung besteht aus 30 vierzeiligen Strophen, die jeweils über ein kreuzreimendes Reimschema verfügen (also der Art abab) bzw. ab der Strophe 23 im Paarreim (aabb) verfaßt sind. Geprägt wird das Gedicht durch einen in Ich-Perspektive agierenden Sprecher, der seine Aufgabe nicht nur im „*tichtten*", „*leren*" und „*senden*" sieht, sondern ganz allgemein im „*melden*", „*nennen*", „*berichten*", „*sagen*", „*jehen*" und „*reden*" bzgl. der propagierten alchemistischen Lehrinhalte. Der in der Ich-Perspektive agierende Verfasser bezeichnet seine Lehrdichtung als eine „*rede*", was durchaus mit

926 Telle (1980b) S. 152f.
927 Vgl. Telle (1989) Sp. 1045
928 Zur Überlieferung vgl. im Anhang.
929 Vgl. Telle (1976) S. 437 sowie Telle (1995b) Sp. 245f.

dem, an eine Ansprache oder Predigt erinnernden, Gesamterscheinungsbild des Lehrgedichts „*Vom Stein der Weisen*“ korreliert.[930]

Das vom Lehrdichter ausgegebene Lehrziel ist die Gewinnung der alchemistischen Tinktur, also des Lapis philosophorum. Unter Berufung auf ungenannt gebliebene „*meister*“ und „*philosophen*“ ist die von ihm gelehrte „*kunst*“, also Alchemie, geprägt von Anweisungen zur alchemistischen Praxis. Dem entsprechend paßt er die Darbietung seiner Lehren dem Fortgang des Opus magnum bzw. des alchemischen Prozesses an. Zunächst beschreibt er die arkane Ausgangssubstanz, den „*stein*“[931], der gekennzeichnet ist durch die dreifaltige Einheit von Schnee, Wasser und Eis („*snee, wasser vnd eyß*“, Str. 4), was der Körper-Geist-Seele-Lehre entspricht:

> *„4 Han ich jn recht genant:*
> *snee, wasser vnd eyß;*
> *deine wort hestu baß pebant,*
> *sagen vns dy meister weyß.*“[932]

Diese Ausgangssubstanz wird nun durch laborpraktische Anweisungen zahlreichen Qualitätsänderungen unterzogen, wobei der Dichter sich an das gängige Farbenspiel des Pfauenschwanzes innerhalb des alchemischen Prozesses hält. Über die Prozeßstufen der nigredo, albedo und rubedo soll das Ziel der „*kunst*“ erreicht werden, nämlich die transmutationsfähige „*tingtur*“, die auch als „*könig*“ und „*salmander*“ bezeichnet wird. Der Dichter propagiert damit im Rahmen des – auch oben beschriebenen – Stufenschemas des alchemischen Werkes eine Alchemie, die sich an den im 15. Jahrhundert gängigen Lehrmeinungen orientiert. Dem entsprechen auch die theoretischen Grundlagen der angestrebten qualitativen Stoffumwandlungen. Diese beruhen auf der Fermentation (Strophen 8-10) sowie der Manipulation der drei Stoffkonstituenten „*leib*“, „*sel*“ und „*geyst*“, die auf den Annahmen der Körper-Geist-Seele-Lehre basieren (Str. 23), bzw. der vier Elemente Feuer, Wasser, Luft und Erde auf der Grundlage der antik-aristotelischen Elementenlehre (Str. 24):[933]

> *„8 Ich sag dir all offenbar:*
> *ein verment sol tu pereiten;*
> *nym gar eben meiner red war,*
> *laß dich nymant davon scheiden.*
>
> *9 Koch sweffel mit sweffel recht,*
> *alß dw hast vornümen;*

[930] Vgl. Telle (1995b) Sp. 246

[931] Den „*stein*“ als Ausgangssubstanz des Opus alchemicum kennt die Fachliteratur der Alchemie seit den ältesten antiken Schriften, wie etwa denen des Zosimos von Panopolis.

[932] Telle (1976) S. 439

[933] Vgl. Telle (1995b) Sp. 246f.

davon mach kein geprecht,
dens krigestu gutten frumen.

10 Fein wol laß jn prenen schon,
lustig mit einem grossen fewer;
ich will dir geben zu lon
daz recht verment, ist nicht tewer.“[934]

„*23 Sein vernufft wirt jm wider gegeben,*
von got kumpt vns eben;
leib, sel vnd geyst hastu weschlossen,
alle drey seind sy durcheinander geflossen.

24 Vir vereinigen sich sunder neit,
also veren, als man jm lest dy tzeyt;
wen sy vereinigt send, sicht man clar,
swartz sicht man offenbar.“[935]

Außergewöhnlicher ist indes die vom Lehrdichter aufgegriffene griechisch-arabische Lehre von den zwei Schwefeln (der Schwefel wird auch als „*leb*“ – 'Löwe' bezeichnet). Diese Lehre wurde dem lateinischen Abendland vor allem durch die „*Turba philosophorum*“ zugänglich gemacht.[936] Mit dieser alchemistischen Fachschrift war der Dichter möglicherweise eng verbunden, worauf die oben angesprochene Überlieferungsgemeinschaft hinweist. Dadurch könnte sich die in der alchemistischen Fachliteratur eher seltene Übernahme dieser alchemistischen Lehre erklären lassen.

Das Lehrgedicht „*Vom Stein der Weisen*“ muß von den Alchemisten als geeignetes Lehrmittel beurteilt worden sein, worauf seine sich in der Überlieferung widerspiegelnde nicht unerhebliche Wirkung zurückzuführen ist. Es wurde vermutlich von Lamspring für dessen eigene Lehrdichtung „*Tractatus de lapide philosophorum*“ (s.o.) benutzt. Daneben ist vor allem eine Wirkung auf die frühneuzeitliche Fachliteratur der Alchemie nachzuweisen. Zitiert wurde „*Vom Stein der Weisen*“ in Caspar Hartungs vom Hoff „*Von der Bereitung des Steins*“ aus dem 16. Jahrhundert, das seit 1613 in gedruckter Form vorlag, sowie in Hermogenes „*Apocalypsis spagyrica*“ von 1739. Darüber hinaus wurde es in einige landessprachliche Standardwerke der frühneuzeitlichen Alchemie aufgenommen: in das „*Aureum Vellus*“, das 1598 (u.ö.) gedruckt wurde, in das 1610 von Joachim Tanckius herausgegebene „*Promptuarium Alchimiae*“, in die „*Turba philosophorum*“ des Philipp Morgenstern von 1613 und in das „*Promptuarium Alchimiae Ander Buch*“ von 1614.[937]

---

934 Telle (1976) S. 440
935 Telle (1976) S. 442
936 Vgl. Telle (1995b) Sp. 247
937 Vgl. Telle (1995b) Sp. 247

4.3.5.8. Die „*Vera scientia alchimiae*"

Bei der anonym verfaßten und ca. 1420/40 entstandenen „*Vera scientia alchimiae*" handelt es sich um eine Text-Bild-Sammlung, die zur Lehrdichtung innerhalb der deutschen Fachliteratur der Alchemie des Mittelalters zählt. Die älteste bisher bekannte Überlieferung findet sich unter dem Titel „*Vera scientia alchimiae in figuris*" in:

- Manchester, John Rylands University Library, Ms. germ. 1, Bl. 2^r-11^v (entstanden um 1450)[938]

Bei der „*Vera scientia alchimiae*" handelt es sich um eine Zusammenstellung verschiedener alchemistischer Texte und Bilder, die vom Kompilator ohne eine erkennbare innere Ordnung zusammengefügt wurden. Auch strukturelle Merkmale der einzelnen Zyklen bzw. sachbezogene Beschreibungen fehlen. Als verbindendes Glied zwischen den einzelnen von allegorischer Darstellung geprägten Abschnitte dient lediglich das gemeinsame Ziel der Abhandlungen, nämlich die Gewinnung einer Universalmedizin (Panazee) zur Heilung von Menschen und Metallen auf alchemistischem Wege.[939]

Nach Ansicht von Obrist besteht die „*Vera scientia alchimiae*" vorrangig aus Kopien und derivatartigen Variationen von Bildern aus dem „*Buch der Heiligen Dreifaltigkeit*" des Frater Ulmannus, auf das sich der Kompilator auch textlich stützen soll.[940] Obrists Ansatz ist allerdings zu singulär, da er andere Quellen der alchemistischen Fachliteratur, die der Kompilator der „*Vera scientia alchimiae*" benutzt hat, vernachlässigt. Bei der „*Vera scientia alchimiae*" handelt es sich vielmehr um eine quellenmäßig heterogene Sammlung von Auszügen aus der alchemistischen Fachliteratur, auch aus dem „*Buch der Heiligen Dreifaltigkeit*".

Zum Bildbestand der „*Vera scientia alchimiae*" – in der Überlieferung des Ms. germ. 1 (Manchester), auf die sich die folgenden Blattangaben beziehen – gehören 18 Bilder. Davon stammen sechs Abbildungen aus dem „*Buch der Heiligen Dreifaltigkeit*" (Bl. 4^v, 5^r, 7^v, 8^v, 9^r, 11^r). Ein Bild (Bl. 5^v) stammt aus der „*Tabula chemica*" des Senior Zadith. Es zeigt Hermes Trismegistos, der eine beschriebene Tafel in Händen hält. Es wurde auch in der „*Aurora consurgens*" überliefert. Daneben treten weitere Lehrbilder auf, die auch unabhängig von der „*Vera scientia alchimiae*" überliefert wurden. Hierzu zählen das Bildgedicht „*Das nackte Weib*" (Bl. 2^{r-v}), ein mit Wappendarstellungen versehenes Text-Bild-Gefüge mit einem „*Tractatus aureus*"-Auszug (Bl. 6^v-7^v) und das Bild einer „zwischen zwei turmartigen Brunnenbädern thronenden Kö-

---

938 Vgl. Telle (1999) Sp. 238f. Zur weiteren Überlieferung vgl. im Anhang.
939 Vgl. Obrist (1982) S. 272 und S. 286 und Telle (1999) Sp. 239
940 Vgl. Obrist (1982) S. 266 und 272ff.

nigin"[941] (Bl. 6^r), das möglicherweise aus „*Sol und Luna*" stammt. In der „*Vera scientia alchimiae*" liegt aufgrund von überlieferten Bildzeugnissen, die bereits im 14. Jahrhundert entstanden sind, ein frühes Zeugnis für die Bildkunst in der deutschsprachigen Fachliteratur der Alchemie vor. Sie ist innerhalb der Text-Bild-Schriften der alchemistischen Fachliteratur des Spätmittelalters mit „*Sol und Luna*", dem „*Buch der Heiligen Dreifaltigkeit*" und dem „*Donum Dei*" auf eine Stufe zu stellen.[942]

Nicht nur der Bild- sondern auch der Textbestand der „*Vera scientia alchimiae*" speist sich aus zahlreichen Quellen. Aus dem „*Buch der Heiligen Dreifaltigkeit*" stammen vier Bilder (Bl. 7^v, 8^v, 9^r, 11^r) samt Beischriften. Daneben finden sich Auszüge aus dem „*Tractatus aureus*", dem „*Domus thesaurorum*" des Alphidius und anderer lateinischer Fachschriften in deutscher Übersetzung. Auch seltene Zeugnisse deutschsprachiger alchemistischer Lehrdichtungen des Spätmittelalters werden von der „*Vera scientia alchimiae*" überliefert. Hierzu zählen interpretierende Reimpaarverse zu zwei Hermaphroditen-Darstellungen aus dem „*Buch der Heiligen Dreifaltigkeit*" (Bl. 4^v, 5^r), ein Rollengedicht zum Bild des Hermes Trismegistos (Bl. 5^v), das Bildgedicht „*Das nackte Weib*" (Bl. 2^{r-v}) und die Wappendichtung aus der deutschen „*Tractatus aureus*"-Überlieferung (Bl. 6^v, 7^v).[943]

Zur Wirkung der „*Vera scientia alchimiae*" ist zu sagen, daß sie durch den Abdruck in der „*Pandora*" des Paracelsisten Hieronymus Reusner von 1582 (u.ö.) sicherlich einen nicht unerheblichen Bekanntheitsgrad bei frühneuzeitlichen Alchemisten im deutschen Kulturraum erlangte. Somit wirkte die aus den Anfängen der Lehrdichtung und Illustrationskunst innerhalb der deutschen Fachliteratur der Alchemie stammende „*Vera scientia alchimiae*" in Fachkreisen noch lange nach.[944]

4.3.5.9. Die „*Versepistel des Aristoteles an Alexander über den philosophischen Stein*"

Bei der anonymen „*Versepistel des Aristoteles an Alexander über den philosophischen Stein*"[945] (kurz: „*Versepistel*") handelt es sich um eine deutsche Vers-Übersetzung der alchemistischen Abschnitte des pseudo-aristotelischen „*Secretum secretorum*", die spätestens im 15. Jahrhundert entstand. Der westmitteldeutsche Verfasser setzte dabei den inhaltlich schwierigsten Teil des „*Secretum secretorum*" in 154 deutsche paarreimende Verse um, wobei er eine lateinische „*Secretum secretorum*"-Überlieferung der

[941] Telle (1999) Sp. 240
[942] Vgl. Telle (1999) Sp. 239f.
[943] Vgl. Telle (1999) Sp. 240
[944] Vgl. Telle (1999) Sp. 240
[945] Eigentlich: „*Epistola Aristotelis ad Alexandrum*".

Übersetzung des Pseudo-Philippus Tripolitanus als Vorlage benutzte.[946] Die Schwierigkeiten, die der alchemistische Teil des „*Secretum secretorum*“ den mittelalterlichen (deutschen) Fachautoren machte, zeigt sich an den bisher edierten deutschen „*Secretum secretorum*“-Übersetzungen. In ihnen ist der alchemistische Abschnitt entweder gar nicht oder nur teilweise ins Deutsche gelangt.[947] Daß der Lehrdichter sich tatsächlich auf das „*Secretum secretorum*“ stützte und nicht auf ein anderes Werk des mittelalterlichen Pseudo-Aristoteles-Corpus alchemischen Inhalts, zeigen die fehlenden Zusammenhänge mit den mittelalterlichen Werken. Zwischen der „*Versepistel*“ und dem „*De perfecto magisterio*“ sowie der „*Practica lapidis philosophici*“ bestehen keine näheren Beziehungen. Gleiches gilt für den angeblich an Alexander den Großen gerichteten Traktat „*De lapide philosophico*“, der zwar einige Lehrsätze mit der „*Versepistel*“ gemein hat, was aber eher ein Beleg für gemeinsame Quellen und nicht für eine Versbearbeitung des Traktats „*De lapide philosophico*“ durch den Lehrdichter der „*Versepistel*“ ist.[948] Die „*Versepistel des Aristoteles an Alexander über den philosophischen Stein*“ stellt also – wie bereits erwähnt – eine Versbearbeitung des „*Secretum secretorum*“ dar.

Es scheint sich bei der „*Versepistel*“ um eine eigenständige deutsche Übersetzung zu handeln. Hierauf deutet, daß in der lateinischen Überlieferung der alchemistische Abschnitt auch losgelöst vom vollständigen „*Secretum secretorum*“ tradiert wurde und somit nicht von einer bisher unbekannt gebliebenen „*Secretum secretorum*“-Dichtung als Vorlage für die „*Versepistel*“ ausgegangen werden muß.[949] Weder die deutschsprachige Prosa- noch die Versrezeption des „*Secretum secretorum*“[950] kommen als Vorlagen für die „*Versepistel*“ in Frage. Ein Vergleich zwischen den einzelnen Überlieferungszeugnissen und der „*Versepistel*“ läßt keine Beziehungen zwischen ihnen erkennen, so daß man die „*Versepistel*“ als weiteres und zwar eigenständiges Zeugnis der deutschsprachigen „*Secretum secretorum*“-Rezeption ansehen muß.[951] Der älteste bisher bekannte Textzeuge stammt aus der Mitte des 15. Jahrhunderts:

A – Frankfurt, Freies Deutsches Hochstift, Hs. B/67, Bl. 34^r-35^v (geprägt von nordrheinfränkischen Dialektkennzeichen).[952]

[946] Für eine solche Textvorlage, nach der „*Sirr al-asrār*“-Redaktion B aus dem 12. Jahrhundert, die Pseudo-Philippus Tripolitanus für seine Übersetzung benutzte, spricht zum einen die in Vers 79 und 133 benutzte Namensform „*Hermogines*“, die nur in der B-Redaktion vorkommt (die arabische Redaktion A kennt nur den Namen „*Hermes*“), und zum anderen der Alchemieabschnitt selbst, der zwischen den beiden Redaktionen erhebliche Abweichungen aufweist. In der „*Versepistel*“ wurde der Abschnitt aus der Redaktion-B benutzt. (Vgl. hierzu auch Telle (1994a) S. 459)

[947] Vgl. Telle (1994a) S. 461 und Telle (1999a) Sp. 301

[948] Vgl. Telle (1994a) S. 457

[949] Vgl. Telle (1999a) Sp. 302

[950] Vgl. hierzu oben im Abschnitt über das „*Secretum secretorum*“.

[951] Vgl. Telle (1994a) S. 458f.

[952] Vgl. Telle (1999a) Sp. 301. Zur weiteren Überlieferung vgl. im Anhang.

Der Lehrdichter und Übersetzer war bestrebt, den Inhalt der lateinischen Vorlage möglichst genau ins Deutsche zu übertragen. Dies ist ihm auch weitgehend gelungen, denn die „*Versepistel*“ zeigt nur geringfügige inhaltliche Differenzen gegenüber dem lateinischen „*Secretum secretorum*“, obwohl der Lehrdichter durch den Reim und das Loslösen von der Syntax der Vorlage zu Abweichungen gezwungen war.[953] Die übersetzerische und verskünstlerische Leistung des Lehrdichters ist durchaus beachtenswert, vor allem wenn man bedenkt, daß er sich an den inhaltlich schwierigsten und dunkelsten „*Secretum secretorum*“-Abschnitt gewagt hat, der von vielen deutschen Übersetzern ausgelassen wurde. So ließ Hildegard von Hürnheim in ihrer um Vollständigkeit bemühten „*Secretum secretorum*“-Übersetzung von 1282 das Alchemie-Kapitel teilweise unübersetzt. In der mittelfränkischen Redaktion der Versübersetzung des Jakob van Maerlant aus dem 13. Jahrhundert sowie in anderen deutschen Übersetzungen fehlt der Alchemie-Abschnitt völlig.[954]

Inhaltlich unterteilt sich die „*Versepistel*“ in eine Einleitung (Verse 1-12), alchemistisch-naturkundliche Ausführungen (Verse 13-135) und eine „Wunderstein-Monographie“[955] (Verse 136-154).[956]

In den einleitenden Versen wird Alexander der Große als Adressat des Lehrgedichtes genannt. Er bleibt, ebenso wie Aristoteles als angeblicher Verfasser, durch Anrede und Imperative im gesamten Text präsent:

> „*Aller erste, o Allexander,*
> *Want du bist ein man, der*
> *Heymeliche kunste kann mynnen,*
> *Will ich zü dir sinnenn,*
> *Wie dir werde vorgeleit*
> *Große heymelichkeit.*
> *Zü sollichen dingen dir helffen söl*
> *Got, der da ist aller gnaden völ,*
> *Das du vollen endest diese kunste*
> *Vnd yn dines herczen dunste*
> *Das dragest so heymeliche,*
> *Des helffe dir got, der riche.*“ (Verse 1-12)[957]

Der Adressat soll also ein großes Geheimnis („*große heymelichkeit*“) mitgeteilt bekommen. Die Einleitung endet mit der Ermahnung, das traditionelle

[953] Vgl. Telle (1999a) Sp. 301
[954] Vgl. Telle (1994a) S. 460f.
[955] Telle (1999a) Sp. 301
[956] Die Wunderstein-Beschreibung, die das Ende der „*Versepistel*“ bildet, ist eine aus dem „*Steinbuch des Aristoteles*“ (9. Jahrhundert) vereinzelt überlieferte Beschreibung eines Wundersteins, mit dessen Hilfe sich sogar eine feindliche Armee in die Flucht schlagen läßt. (Vgl hierzu auch Telle (1999a) Sp. 302)
[957] Telle (1994a) S. 472

Geheimhaltungsgebot der Alchemisten zu achten und der Bitte, Gott möge das alchemische Werk („*diese kunste*") gelingen lassen.[958]

Die alchemistischen Darlegungen schöpfen aus den Lehren der griechisch-arabischen Alchemie (Kosmochemie) und propagierten die (Vier-) Elementenlehre, die sich „nach dem Modell der Weltschöpfung vollzieht"[959]. Beschrieben wird zunächst ein „*stein*" bzw. „*ein stein vnd ist auch nicht Ein stein*", also der Lapis philosophorum:

> „*Nym eynen steyn, ist tyeres art*
> *Vnd in yme, das ist bewart,*
> *Mit planten crafft vnd in ym treyt*
> *Ganges nature, den bereyt.*
> *Er ist ein stein vnd ist auch nicht*
> *Ein stein; das saltu sin bericht,*
> *Das er sich glichet den steinen wöle,*
> *Die in der geburge höle*
> *Vnd in der mynere werdenn*
> *In der tyeffen erden;*
> *Er glichet sich auch den planten wol*
> *Vnd den tyeren, als er sol.*
> *Den stein macht du wol finden,*
> *Wiltu dich sin vnderwinden,*
> *Wo du wilt, an aller stat,*
> *Wo du dryttest hien den phatt,*
> *In yeglichem menschen, yen aller zyt,*
> *Vber alle die werlt wyt.*
> *Ich will dir jn nennen,*
> *Das du yne macht erkennen,*
> *Als yne die gemeyne nennet,*
> *Die yne doch nit wol erkennet:*
> *Sie nennen yne des eyes ziel,*
> *Das ich noch wol entriechten wiel,*
> *Er ist ein ey der wisen.*" (Verse 13-37)[960]

Die paradoxe Umschreibung des Lapis philosophorum als 'Stein, der kein Stein ist', ist seit Zosimos von Panopolis in der alchemistischen Fachliteratur weit verbreitet. Der „*stein*" vereinigt in sich aber auch die „*natur*" der Pflanzen-, Tier- und Mineralreiche, womit er in der von den vier Elementen Feuer, Wasser, Luft und Erde zusammengesetzten Welt (beschrieben in den Versen 38-78) eine kleine Welt (minor mundus) als mikrokosmisches Abbild der Welt verkörpert. In diesem Sinn sind auch die beiden für den Lapis philosophorum gebrauchten Decknamen „*des eyes ziel*" und „*ey der wisen*" zu verstehen. Dahinter verbirgt sich die Weltei-Lehre der griechisch-arabischen Kos-

[958] Vgl. Telle (1994a) S. 462
[959] Telle (1999a) Sp. 302
[960] Telle (1994a) S. 473f.

mologie, also die vom Ei als mikrokosmischem Abbild des Universums, die von der Alchemie assimiliert wurde. Der Abschnitt über den „*stein*“ bietet vor allem gängige Lehren der griechischen, arabischen und lateinischen Alchemieliteratur.[961]

An die Beschreibung des „*steins*“ schließen sich Ausführungen über die alchemische Behandlung zu seiner Gewinnung an:

„Nü will ich dir bewysen,
Wie du yne bereitest meisterliche:
Teyle yne in viere, das rait ich;
So jegliche teyle sin nature hait,
So ist aber das myn rait,
Das du yne wydder zü sammen glyche
Fugest, das ist meisterliche,
Das sich nit zweye alledarane,
So hylffet dir got sonderer wane,
Das din wille vollen endet wirt,
Der nummer güder kunst enbiert.
Diß ist ein gemeyner sien:
Teyle yne in viere, das ist gewyn,
Das er nit verderbe gare,
Da mit du din wercke beware.
Darvmb wann du haist wasser uß der lufft
Mit schöner kunsterich er gufft,
Vnd lufft haist uß dem fure,
Dann wirt dir das nit ture;
Das fur vß der erden,
So mag dir wol werden
Die kunst vollenkommeliche.
Du solt beriechten sonderliche
Die lufft mit großer wißheit,
Das ertherich mit ir fuchtekeit
So lange, byß das sie züsammen kommen,
Das wirt endelichen frommen
Vnd werden eyn ander gliche.
Dann zweyen sie ane nichte siche,
So fuge yne dannen vörbaße
Zü craffte, das ist das waßer naße
Vnd das fur, die kunnen sich
In den zweyn ṽben crefftiglich,
So ist das alles vollenkommen,
Das da dich wirt an dinen eren frommen.
Wirffest du dann das wasser dar,
Das kann machen wyß gefar,

961 Vgl. Telle (1994a) S. 462ff.

Das fur gute röte,
Das hilffet dir uß der nöte,
Als der hochgelobte got
Beriechtet hait sin gebot." (Verse 38-78)[962]

Ausgehend vom „*stein*" werden dynamische Prozesse beschrieben, die auf dem Teilen und Zusammenfügen der vier Elemente, der Manipulation ihrer Primärqualitäten (Feuchte, Wärme, Kälte und Trockenheit) sowie der Vereinigung und Umwandlung der vier Elemente geprägt sind. Angesprochen wird u.a. der Übergang von einem Element zum anderen durch Änderung der Primärqualitäten (Verse 53-57). Dies beruht auf der aristotelischen Lehre, daß die Elemente in der Richtung Erde → Feuer → Luft → Wasser (oder in umgekehrter Richtung) leicht ineinander umzuwandeln sind, da sich hierbei jeweils nur eine Primärqualität ändern muß. Man kann dieses Verhalten anhand des folgenden Schaubildes (Abbildung 14) darstellen:

Erde (kalt & trocken)
↑↓
Feuer (heiß & trocken)
↑↓
Luft (heiß & feucht)
↑↓
Wasser (kalt & feucht)

Abbildung 14: Die Verwandelbarkeit der Elemente mit Hilfe der Primärqualitäten

Schwieriger und langsamer gestaltet sich der Umwandlungsprozeß Feuer ↔ Wasser und Erde ↔ Luft, weil dabei der Wechsel beider Primärqualitäten erforderlich ist.[963] In Übereinstimmung mit dieser Lehre soll nach Anweisung des „*Versepistel*"-Dichters das Gegensatzpaar „*lufft*" und „*ertherich*" mit „*großer wißheit*" vereinigt werden und nach der Aufhebung ihrer Gegensätze sind zunächst „*waßer*" und danach das Element „*fur*" zuzufügen. Das Hinzugeben des Elements Wasser führt zu einer Weißfärbung („*wyß*") und erst durch die Vervollkommnung des Mischverhältnisses der Elemente durch das Beifügen des Elements Feuer entsteht eine Rotfärbung („*röte*"), wodurch

[962] Telle (1994a) S. 474f.
[963] Vgl. hierzu Lippmann (1919) S. 140f.

der „*stein*" letztlich gewonnen wird.[964] Der Text bietet somit keine praxisnahen Anweisungen zur Bereitung des Lapis philosophorum, sondern eine theoretische Abhandlung auf der Basis der antiken Elementen- und Qualitätenlehre, wonach nur das richtige Mischungsverhältnis der vier Elemente, die sogenannte Eukrasie, zur Gewinnung des Steins der Weisen führen kann.

Den Abschluß der alchemistischen Darlegungen bildet eine deutschsprachige Überlieferung der seit dem 8. Jahrhundert greifbaren „*Tabula Smaragdina*" des Hermes Trismegistos („*Hermogines*"), die ebenfalls im „*Secretum secretorum*" tradiert wurde und bei der es sich, nach Ansicht Telles, möglicherweise um die älteste deutschsprachige Überlieferung der „*Tabula Smaragdina*" handelt: [965]

„Vnser vatter Hermogines
Hait vns wol beriechtet des,
Want er an größer wyßheit ist
Dryfeldig vnd an güter lyst.
Er sprichet: das er in warheit,
Dye werliche keinen zwuffel treyt.
Das nydderste glychet sich
Dem obirsten wunderliche.
Eyn mecher aller wunder
Ist got eyn besunder;
Von dem kummet manigerhande dait,
Die groiß wunde in ir hait,
Also werden alle ding
Gesachet, die in des hymels ring
Beslossen sin ferre vnd na,
Von einer substancia,
Mit einer sunderliche getene,
Das ich weyß vnd nit enwene.
Des vatter, der ist die sonne,
Aller werlde wonne;
Vnd der mane ir můter ist,
Die yne in zytlicher fryst
In ihrem büche dorch die lufft
Furt in meisterlicher gufft;
Die erde von yme gebundenn
Wirt. Auch muß ich kunden,
Das er ein vatter ist genant
Der zeuberyge, vnd ist bekant,
Das ist aller wonder
Ein schacz, vnd ist besonder

[964] Vgl. Telle (1994a) S. 464f.
[965] Vgl. Telle (1994a) S. 466 und Telle (1999a) Sp. 301f.. Zur Kritik bzgl. Telles Ansicht zur Überlieferungslage der „*Tabula Smaragdina*" vgl. oben im Abschnitt über die „*Tabula Smaragdina*".

Ein geber aller tugent riche.
Dorch das ist worden meisterliche
Erteriche uß dem fure.
Die ensy auch nit ture,
Das du scheidest wol mit kunste
Von dem fure der erden dunste,
Wann das dunne wirdiger ist
Dann das dycke, das tů mit lyst.
Er steyg auch höhe uff in den hymmel
Vnd viel in der erden vimmel.
Alle höhe krafft lyt da von doit,
Die nidderste ist auch yn der noit.
Also bistu hie nyden
Gewaldig vnd dort oben.
Vnd wirt dich erluchten gar
Aller liechte luchtent vor war,
Vnd fluhet alles finster dich.
Die höeste crafft gewaldecliche
Vber windet alle ding,
Die beslossen hait des hymmels ring.
Want das dunne sin dait
Vbet yn dem, das dicke hait;
Vnd als die mynner [!] werlt ist
Getan, sich schicket diese lyste.
Dar vmb ist Hermogines genant,
Als manchem wisen ist bekant,
Dryueldig in der wyßheit." (Verse 79-135)[966]

Den Abschluß der „*Versepistel*" bildet eine Wunderstein- oder Siegstein-Monographie.[967] Diese stammt ursprünglich aus einem ebenfalls pseudo-aristotelischen Lapidar, dem „*Steinbuch des Aristoteles*" aus dem 9. Jahrhundert.[968] Wie verschiedene „*Steinbuch*"-Segmente in den Alchemieabschnitt des „*Secretum secretorum*" eindringen konnten, ist unklar. Es ist allerdings festzuhalten, daß einige „*Steinbuch*"-Fassungen durchaus eine alchemistische Prägung aufweisen und teilweise inhaltlich mit den Ausführungen übereinstimmen, die sowohl in der „*Versepistel*" als auch im „*Secretum secretorum*" über den Lapis philosophorum gemacht werden. So ist es nach Telle denkbar, daß die „*Steinbuch*"-Abschnitte absichtlich in das „*Secretum secretorum*" hinein kompiliert wurden.[969]

---

966 Telle (1994a) S. 476ff.
967 Siegstein deshalb, weil der beschriebene Wunderstein in der Lage ist, ein feindliches „*her*" in die Flucht zu schlagen und somit zu besiegen.
968 Man kann eigentlich nicht von dem „*Steinbuch des Aristoteles*" sprechen, sondern muß vielmehr zwischen verschiedenen Rezensionen des „*Steinbuchs*" unterscheiden. (Vgl. hierzu und zum „*Steinbuch des Aristoteles*" im allgemeinen Ullmann (1972) S. 105ff.)
969 Vgl. Telle (1994a) S. 467f.

Die „*Versepistel des Aristoteles an Alexander über den philosophischen Stein*" überlieferte also alchemistisches Lehrgut arabischer Fachschriftsteller, das sich aus griechisch-antiken Quellen speiste, in deutscher Sprache und trug somit zur Verbreitung des antik-arabischen Lehrgutes unter den deutschsprachigen Alchemisten bei. Es ist hier allerdings kritisch anzumerken, daß mit drei Textzeugen (zwei Handschriften und ein Druck) nur eine schwache Überlieferung auf uns gekommen ist, so daß die tatsächliche Wirkung des Textes nur sehr schwer bzw. mit Einschränkungen zu beurteilen ist.[970] Die „*Versepistel*" präsentiert sich dabei sowohl von ihrer in Briefform aufgebauten Gestalt her als auch thematisch als ein in sich geschlossenes Ganzes, obwohl der Text als Kompilation entstanden ist.[971]

4.3.5.10. Das Bildgedicht nach der „*Turba philosophorum*"

Bei dem Bildgedicht nach der „*Turba philosophorum*" handelt es sich um eine spätestens im 15. Jahrhundert entstandene anonyme und titellose Sammlung von Autoritätendicta, die in Reimpaarsprüchen verfaßt wurde. In ihr werden 17 Sprüche aus der „*Turba philosophorum*" überliefert, die mit folgendem Incipit beginnen:

> „*Balgus: Nym den pawn vnd pau in mit art /*
> *Ain vmbgenutz scheibligs haws zart*".

Die übrigen in der Dictasammlung enthaltenen Sprüche werden anderen Autoritäten wie Zosimos von Panopolis („*Rosinus*"), Senior Zadith, Morienus, Albertus Magnus und Pseudo-Thomas von Aquin, zugeordnet und gehören somit nicht zum Bereich der „*Turba philosophorum*"-Überlieferung. Innerhalb der deutschen Fachliteratur der Alchemie gehört diese Dictasammlung zu den ältesten Zeugnissen der Autoritätendichtung.[972]

Der Lehrdichter setzt die einzelnen Sprüche in sentenzhaft-einprägsame Merkverse um – gelegentlich von Prosa-Dicta unterbrochen – die er isoliert nebeneinander stehen läßt ohne auf einen inneren Zusammenhang zwischen den einzelnen Dicta-Passagen zu achten. Dabei übernimmt der Dichter sogar einige aus den lateinischen „*Turba philosophorum*"-Reden stammende Anreden, z.B. „*wist*", abgeleitet aus dem lateinischen 'scitote', sowie Adressatennennungen, z.B. „*der lernung kinder*", abgeleitet aus dem lateinischen 'doctrinae filii', direkt in seine Lehrsprüche. Auffällig ist, daß er selbst in der lateinischen „*Turba philosophorum*" umstrittenes Lehrgut in unumstößliche „Grundwahrheiten der alchemistischen Kunst"[973] verwandelt. Es wird aber vor allem

---

[970] Zur Überlieferung vgl. im Anhang.
[971] Vgl. Telle (1994a) S. 468f. und Telle (1999a) Sp. 302
[972] Vgl. Telle (1980b) S. 144 und Telle (1995e) Sp. 1153
[973] Telle (1995e) Sp. 1154

allgemein anerkanntes Wissen der spätmittelalterlichen Alchemie propagiert. Dementsprechend kann man die Sprüche bzw. Dicta aufgrund ihrer theoretischen Grundlage in drei Gruppen einteilen:

1. Solche Dicta, in denen die Alchemie als eine 'Scientia gignendi' (Wissenschaft von der Zeugung) erscheint. Hier versucht der Alchemist nach dem Modell der menschlichen Fortpflanzung in der laborpraktischen „*zusamflechtung*“ von männlichem und weiblichem Prinzip den Lapis philosophorum (bezeichnet als „*tinctur*“, „*elixir*“, „*stain*“) zu gewinnen. Die theoretische Grundlage dieser Dicta stellt damit die Schwefel-Quecksilber-Theorie dar.
2. Sprüche, die die Gewinnung des Lapis philosophorum bzw. die Transmutation auf der Grundlage der aristotelischen Elementenlehre („*elementa*“) zu erreichen suchen.
3. Dicta, die auf der Körper-Geist-Seele-Lehre basieren. Hier steht die unterschiedliche (al)chemische Behandlung der flüchtigen und festen Stoffkonstituenten – nämlich „*sel*“, „*leichnam*“ bzw. „*corper*“ und „*geist*“ – im Zentrum einer erfolgreichen alchemischen Praxis.[974]

Die Dictasammlung bezieht sich dabei auf ein mitüberliefertes allegorisches Lehrbild, dessen alchemistische Bedeutung weitestgehend durch Beischriften festgelegt wurde (vgl. Abbildung 15). Im Zentrum des Bildes stehen drei konzentrisch angeordnete Ringmauern, die die Prozeßstufen nigredo, albedo und rubedo symbolisieren. Durch die drei Tore führt ein ansteigender Weg, der den Emporläuterungsprozeß innerhalb des alchemischen Werkes darstellen soll und an dessen Ende sich das „*Volkomen Elixir*“ (also der Lapis philosophorum) befindet, das durch den im Baum sitzenden König symbolisiert wird, wobei es sich bei dem Baum um den 'arbor vitae', den Lebensbaum, handelt.[975] Als weitere hervorstechende Bildelemente treten personifizierte Darstellungen von Sol (der „*man*“), als dem männlichen Prinzip des Sulphur (Schwefel), und von Luna (die „*fraw*“), als dem weiblichen Prinzip des Mercurius (Quecksilber) auf.[976]

[974] Vgl. Telle (1995e) Sp. 1154

[975] Diese Art, den Weg der Emporläuterung mit den drei konzentrischen Mauern darzustellen, dringt seit dem 16. Jahrhundert übrigens auch in Illustrationen von allegorischen Tugend- und Lebenslehren ein, so zu finden z.B. in der „*Tabula Cebetis*“. Vgl. hierzu auch Telle (1995e) Sp. 1154f.

[976] Vgl. Telle (1980b) S. 142ff. und Telle (1995e) Sp. 1154f.

Abbildung 15: Das allegorische Lehrbild aus dem Bildgedicht nach der „*Turba philosophorum*“

In der Vollfassung bilden das Bildgedicht in Form der Autorendicta und das Bild eine Einheit. Der älteste bisher bekannte Textzeuge dieser Vollfassung wird überliefert in:

- Oxford, Bodleian Library, Ms. Rawlinson D. 893, Bl. 103 (entstanden im 15. Jahrhundert).[977]

Das so entstandene Bildgedicht nach der „*Turba philosophorum*" steht zusammen mit „*Sol und Luna*" (s.o.), dem Bildgedicht „*Das nackte Weib*" (s.o.) und den Vers-Bild-Kombinationen in der „*Vera scientia alchimae*" (s.o.) am Anfang der deutschsprachigen Bildgedichte innerhalb der Fachliteratur der Alchemie.[978] Es zählt zu den bedeutendsten illustrierten alchemistischen Fachtexten im Mittelalter.

4.3.5.11. Das Spruchgedicht nach der „*Turba philosophorum*"

Das anonyme in mindestens 16 Textzeugen überlieferte Spruchgedicht nach der „*Turba philosophorum*" ist spätestens im 15. Jahrhundert wahrscheinlich im westmitteldeutschen Dialektgebiet entstanden. Seine bisher älteste Überlieferung findet sich im Cod. Vindob. 3001 (Med. 213) der Österreichischen Nationalbibliothek in Wien (Bl. 143^r-145^v) aus dem 15. Jahrhundert.[979] Es handelt sich dabei aber nicht um eine religiös-mystische Dichtung, wie Menhardt vermutete und den Text entsprechend als ein „chemisch-mystische[s] Gedicht über das Alte und Neue Testament" bezeichnete,[980] sondern um eine alchemistische Lehrdichtung. Diese besteht aus 27 vierzeiligen und kreuzreimenden Strophen (Reimschema: abab). Als Vorlage fungierte eine „*Turba philosophorum*"-Fassung, welche die Dicta von mindestens 14 „*Turba philosophorum*"-Autoritäten enthielt. Darüber hinaus kommen noch weitere nicht in der „*Turba philosophorum*" enthaltene alchemistische Autoritäten zu Wort, nämlich Hermes Trismegistos (Strophe 8), Rhazes (Strophe 11) und Gratianus (Strophe 16). Daneben werden noch mit der anonymen „*Rosa aurea*" (Strophe 21) und dem „*Novum Testamentum*" des Pseudo-Arnald von Villanova (Strophe 27) zwei Werke der alchemistischen Fachliteratur als Autoritäten aufgeführt:[981]

---

977 Zur übrigen Überlieferung vgl. im Anhang.

978 Vgl. Telle (1995e) Sp. 1153ff.

979 Der Wiener Cod. 3001 entstand um 1480. In enger Überlieferungsgemeinschaft mit dem Spruchgedicht wird häufig ein weiteres anonymes Lehrgedicht tradiert, nämlich die Lehrdichtung „*Vom Stein der Weisen*" (s.o. in Kap. 4.3.5.7.). Aus der bisher bekannten Überlieferung der beiden Lehrgedichte scheint sich ableiten zu lassen, daß die beiden unabhängigen Werke seit dem 15. Jahrhundert als literarische Einheit betrachtet wurden. Darauf weist die Übereinstimmung in der äußeren Form hin, aber auch die inhaltliche Ähnlichkeit – beide Texte streben nach der Bereitung des Lapis philosophorum. Das Lehrgedicht „*Vom Stein der Weisen*" wird allerdings auch unabhängig vom Spruchgedicht tradiert. (Vgl. hierzu auch Telle (1976) S. 420 und S. 425) Zur weiteren Überlieferung vgl. im Anhang.

980 Vgl. Menhardt (1960-61), Bd. 2, S. 748

981 Vgl. Telle (1995e) Sp. 1155f.

„*1*
O got, durch dein milde gute,
sol ich melden dy warheit;
ich sag durch frei gemute,
ach got, dein milde parmhertzigkeit.

2 [Lucas]
Nu nemet mein red war:
nym vnser stein Adam;
den nen ich offenbar,
davon Eua quam.

3 [Nicarius]
Nym dy feuchtikeit mit gewalt,
so mus er wildikeit meiden,
so wirst tu mit freuden alt:
gib jm sein weip, daz sy fewer leyden.

4 [Eximidrus]
Er ist dy recht warheit,
wyl er daz fewer nicht meiden;
nu sag ich, wy man jn pereit:
in einem pad sol man jn siden.

5 [Theophilus]
In einem cleinen fewer gar schon,
dreißig tag, gar mit seiner feuchtikeit:
dy sun gibpt jm zu lon,
ein swartze kron ist jm pereit.

6 [Renaldus]
Gyb dem man sein eigen weip,
gar schon so sicht tu jn außerwelt;
ein sel vnd tzwen leib;
so wirt gecirct der helt.

7 [Iximidrus]
Du hast genant den waren stein,
daran hastu nicht verhollen;
der philosophi aller gemein,
keinen pustoben hastu gestollen.

8 [Hermes]
Die sieben metall yn ym beschlossen,
verkere die element yn ein wesen,
mit gewalt herauß geflossenn:
so hastu mein buch recht gelesen.

9 [Eximidrus]
Klein fewer, sunder neit,
zu der feuchtikeit gefugt,

brauch dens jars vir tzeit:
du erkrigst, daz dir wol genugt.

10 [Nostra igitur intencio]
Dy vir element durch in wol einpracht:
allen dingen kumpt er gar eben;
got hat vns wol bedacht,
kein dyng gibpt jm daz leben.

11 [Rasis]
Spricht auch also:
wirt daz wasser zu erden,
es ist dy vir element yo,
vnsser stein mag auß jm werden.

12 [Isis]
Weschlossen sein vir jn ein gewicht
mit allen jren krefftten;
geyst, sel vnd corpus ticht
vereinnigckt sich mit hefften.

13 [Costos]
Halt daz wasser jn rechter hut,
dy natur pegert iren geleichen;
drey kochung noch der philosophen laut,
so mag keins von dem andern geweichen.

14 Veritatem meditabitur guttur meum
Treyb den leo jn seinen stal
noch den worten aller phylosophen;
tu jm schon, so weheltestu jn all:
er wirt tzam, waß will er dich zeichen.

15
Auch emfolge net deinens kopffes sin,
den in der zeit, erstor in nicht;
du erkrigest anders kein gewin:
hir gos an jm leyt, dens wirstu bericht.

16 [Nota Gracianus]
Lert vns dens fewers weysß:
durer fewer hast allezeit keinen frumen;
es ist vnsser steins speiß,
dytz hastu von mir vornumen.

17 [Eximenis]
Nu vornim dy rede mein:
zwey element vor den augen stan;
dytz pringt deinem hertzen kein pein,
zwey jn tzwenen verporgen gan.

18 [Lucas]
Vornymstu dy feuchtikeit sich verkeren,
verker disse tzwey offenbar:
so will dich der stein erneren,
so kumestu jn der philosophen schar.

19 [Dardarus]
Dyssen stein koch jn einem feuchten pad,
damit tustu deinem leib nicht we;
wirt daz corpus fluchtig mit rat,
klar, weys alß ein snee.

20 [Eximidrus]
Sein leib jn den himel gestigen,
er hat sein natur vorkart,
sich jn der sunen geschichen:
genumen hat er ein ander art.

21 Rosa aurea
Vnsser stein hat jn jm sein tingtur
vnd ist jn dem menschen weschlossen;
dy krafft kumet von dem fewer,
daz plut hat alle gelid durchflossen.

22 [Sokrates]
Koch jn in einer dure nit gros,
vnsser swefel ist er genant;
sein wasser tingt er, daz ist sein genoß,
von allen phylosophen wol wekant.

23 [Horfultich]
Wy man verkert dy element,
fluchtigkt, fix, feucht, trucken jn ein wessen,
daz man daz jnerst auß went:
dytz ist dy kunst, als wie lessen.

24 [Verus]
Soluir vnser quebcksilber, so fleust es clar,
dytz teil in tzwey teil auff meinen ayt;
alß ein prunwasser, daz ist war,
rein, an alle wefleckung, sein corpus stet.

25 [Zynon]
Dreißig tag all jn dem mist,
voreyl es nicht, laß jm sein leben;
laß es sten mit gantzem list:
ixir kumet, daz ist dir eben.

26 [Eximiganus]
Ditz ist offenwar genant vnd gemacht,
daz sol tu mit fleysß lessen;

wer jn nennet, von jm man lachet,
arbeit, stein vindest tu, mit allen wessen.

27 [Novum testamentum]
Wer kann ixir subtil machen,
dy marck silbers vmb xv d kirgen,
dy marck goldes, mit allen zugehornen sachen,
vber vir schilling alle ding net wigen."[982]

Ähnlich wie beim Bildgedicht nach der „*Turba philosophorum*" liefert das Spruchgedicht keine zusammenhängende Beschreibung des alchemischen Werkes, sondern es werden einzelne Lehrsätze einer im Spätmittelalter geläufigen Alchemie ausgebreitet. Das theoretische Fundament bilden die Schwefel-Quecksilber-Theorie und die ihr entsprechende Theorie vom männlichen und weiblichen Prinzip, die durch die aristotelischen Elementenlehre und die Körper-Geist-Seele-Lehre ergänzt werden. Aufbauend auf dieser theoretischen Basis soll eine als „*stein*" bzw. „*stein Adam*" bezeichnete arkane Ausgangssubstanz zu einer „*tingtur*" (Strophe 21), einem „*ixier*" (Strophe 25, 27) bzw. einem „*stein*" emporgeläutert werden. Diese ultima materia soll alle unedlen Stoffe in Silber und Gold transmutieren können (Strophe 27). Das Ziel ist also die Gewinnung des Lapis philosophorum.[983] Die meisten Sprüche beschreiben dabei die zur Gewinnung des Elixiers notwendigen stofflichen Wandlungsprozesse mit dem Ziel, die „*natur*" zu verkehren (Strophe 20) bzw. „*geyst, sel vnd corpus*" zu vereinigen (Strophe 12). Es werden dazu verschiedene Arbeitstechniken und Wärmequellen benutzt. Zu den Techniken zählen das Sieden (Strophe 4), Kochen (Strophen 13, 19, 22), Verflüchtigen (Strophe 19) und Auflösen (Strophe 24). Als Wärmequellen werden erwähnt:

- Wasser- und Aschebäder („*feuchten pad*", Strophe 19),
- Mistbäder, d.h. Erwärmung im gärenden Mist (Strophe 25) und
- weitere Wärmeeinwirkungen, wie durch kleine Feuer bzw. kleine Öfen (Strophen 3-5, 9) und Öfen mit großer Hitze, in denen ständig Feuer brennt („*durer fewer*", Strophe 16).[984]

Durch die starke Verkürzung der ursprünglich lateinischen „*Turba philosophorum*"-Dicta innerhalb der vierzeiligen Strophen des deutschsprachigen Spruchgedichtes, ist eine starke Veränderung und Verdunkelung des Inhalts eingetreten. Verstärkt wird dieser Verdunkelungsprozeß des Textes auch durch die Verwendung von Decknamen und Polysemien. Einige entschlüsselbare, da konventionelle Decknamen sind bspw. „*man*" (Strophe 3) als Verschlüsselung für Schwefel in der Bedeutung des männlichen

[982] Zitiert nach Telle (1976) S. 427-431.
[983] Vgl. Telle (1995e) Sp. 1156
[984] Vgl. Telle (1976) S. 431

Prinzips und „*weip*“ (Strophen 3, 6) für Quecksilber/Mercurius in der Bedeutung des weiblichen Prinzips. Die „*swartze kron*“ (Strophe 5) steht für die Prozeßstufe der nigredo, die „*sun*“ (Strophe 5) für das Gold und der „*leo*“ (Strophe 14) wiederum für den Schwefel. Polysemien, also mehrdeutig verwendete Termini gibt es einige. So ist beim Begriff „*fewer*“ manchmal nur schwer zu erschließen, ob damit das Feuer im Labor als Wärmequelle gemeint ist oder aber das aristotelische Element Feuer. Ähnlich verhält es sich mit den Termini „*wasser*“ und „*feuchtikeit*“. Ersterer kann sowohl für das aristotelische Element Wasser als auch als Deckname für (arkanes) Quecksilber stehen und letzterer die Primärqualität Feuchte der Elemente Luft oder Wasser ausdrücken oder aber als Deckname für eine nicht näher bestimmbare Arkansubstanz fungieren. Der Umstand der Verdunkelung des Textes hat spätere Alchemisten aber nicht davon abgehalten das Spruchgedicht vom alchemistischen Stein nach der „*Turba philosophorum*“ zu rezipieren und zu tradieren, wie die relativ große Zahl an Textzeugen beweist.[985]

Ein Vergleich mit der von Ruska herausgegebenen Fassung der „*Turba philosophorum*“[986] zeigt, daß folgende Sprüche sich auf Autoritäten der „*Turba philosophorum*“ berufen (vgl. Tabelle 3):[987]

Spruch-Nr.:	**Autorität des Spruchgedichts**	**Autorität in der „*Turba philosophorum*“**
2, 18	Lucas	Leukippos
3	Nicarius	Niphitus (Pythagoras)
4, 9, 20	Eximidrus	Iximidrus (Anaximander)
5	Theophilus	Theophilus (ein oft genannter Autor alchemistischer Schriften)
7	Iximidrus	Iximidrus (Anaximander)
13	Costos	Custos / Constans
17	Eximenis	Eximenus (Anaximenes)
18	s.o. Spruch-Nr. 2	
19	Dardarus	Dardaris
20	s.o. bei Spruch-Nr. 5	
22	Socrates	Socrates

985 Vgl. Telle (1976) S. 432 und Telle (1995e) Sp. 1156
986 Vgl. zur Ausgabe der „*Turba philosophorum*“ Ruska (1931). Der lateinische Text findet sich dort auf S. 109-170 und die hier in Zitaten benutzte deutsche Übersetzung auf S. 173-257.
987 Vgl. Ruska (1931) S. 4ff. und S. 23ff.

23	Horfultich	Horfolcos / Horfoleus (Herakleitos)
24	Verus	Cerus / Belus /Bonellus (Apollonios von Tyana)
25	Zynon	Zenon
26	Eximiganus	Eximenus (Anaximenes) oder Iximidrus (Anaximander)

Tabelle 3: Zuordnung der Autoritäten zwischen Spruchgedicht und der „*Turba philosophorum*"

Darüber hinaus lassen sich einige der Turba-Strophen auch direkt auf Sermones aus der „*Turba philosophorum*" beziehen. Eine solche direkte Übernahme von Lehrinhalten aus der „*Turba philosophorum*" läßt sich für folgende Strophen nachweisen (vgl. Tabelle 4):[988]

Spruchgedicht	***„Turba philosophorum"***
13 – Custos	Sermo 28 (Custos)
17 – Eximenis	Sermo 9 (Eximenus)
19 – Dardarus	Sermo 19 (Dardaris)
22 – Socrates	Sermo 15 (Socrates)
23 – Horfultich	Sermo 65 (Orfultus)
24 – Verus	Sermo 23 (Cerus / Belus)
25 – Zynon	Sermo 26 (Cinon)
26 – Eximiganus	Sermo 66 (Eximiganus)

Tabelle 4: Zuweisung von Spruchgedicht-Strophen an „*Turba*"-Sermones

Viele der weiteren Strophen zeigen deutliche Übereinstimmungen mit Lehrinhalten aus der „*Turba philosophorum*". Da es sich dabei aber häufig um Berührungspunkte mit verschiedenen Lehrsätzen der „*Turba philosophorum*" handelt, kann man nicht mit abschließender Sicherheit sagen, welcher Sermo für die entsprechende Strophe verarbeitet wurde. Dies liegt zum einen an der verkürzenden und dadurch verdunkelnden Darstellung des Spruchgedichts selbst, zum andern aber auch daran, daß der Spruchdichter mit großer Wahrscheinlichkeit eine der zahlreichen Bearbeitungen der „*Turba philosophorum*" benutzte, die seit dem 13. Jahrhundert verbreitet wurden, und die sich textlich von der Ruska-Edition unterschied. Hierfür würde auch sprechen, daß mit Renaldus (Strophe 6), Hermes Trismegistos (Strophe 8), Rasis/Rhazes (Strophe 11), Isis (Strophe 12) und Gracianus (Strophe 16) Autoritäten für die Sprüche aufscheinen, die in der „*Turba philosophorum*" eigentlich nicht zu finden sind. Gleiches gilt für die beiden alchemistischen Werke, die als Autoritäten aufgeführt wurden: die anonyme „*Rosa aurea*" und das „*Novum testamentum*" des Pseudo-Arnald von Villanova. Alle diese Autoritäten, die in der „*Turba philosophorum*" nicht erscheinen, gehören zu den Autoritäten der spätmittelalterlichen Fachliteratur der Alchemie, so daß von einer Derivatfassung der „*Turba philosophorum*" als Vorlage des Spruchdichters ausgegangen werden kann.[989]

Die Umwandlung der Lehrinhalte der „*Turba philosophorum*" in die kurzen und griffigen vierzeiligen Sprüche erfolgte dabei weitgehend unsystematisch. Der Lehrdichter hält sich weder an die Abfolge der Turba-Reden (Sermones) noch ging er näher auf theoretische Turba-Passagen ein. Das Interesse des Autors konzentrierte sich vor allem auf Lehrinhalte, die einen Bezug zur Praxis erkennen ließen. Dies zeigt sich auch daran, daß er teilweise einzelne Lehrsätze aus verschiedenen Turba-Reden zu einem Spruch zusammengefügt zu haben scheint.[990]

Häufig greift er jedoch – wie oben gesehen – ein Autoritätendictum aus den Turba-Reden auf und setzt es in gebundene Rede um. Dies führte zu einem inhaltlichen und sprachlichen Abfall des Spruchgedichts gegenüber der „*Turba philosophorum*". Die sprachliche Verknappung des Ausdrucks bewirkte eine weitere Verdunkelung der ohnehin schon schwer verständlichen Turba-Lehren. Gleichzeitig gingen die Sinnzusammenhänge der entsprechenden Sermones verloren, da die aufgegriffenen Lehrsätze verkürzt und teilweise auf „sinngefährdende Weise"[991] dargestellt wurden. Beispiele hierfür gibt es viele, von denen hier einige – in Übereinstimmung mit Telle – herausgegriffen werden sollen. So geht bspw. Strophe 17 auf Sermo 9 der „*Turba philosophorum*" zurück. Darin beschreibt Eximenus (Anaximenes) eine Weltschöpfungslehre, indem er den göttlichen Schöpfungsakt in Analogie zum Opus alchemicum darstellt. Zunächst erschafft Gott die vier Elemente mit ihren Primärqualitäten. Aus Mischungen der Elemente, die er Gärungs- und Fäulnisprozessen aussetzte, entstehen dann Himmel und Erde sowie Pflanzen- und Tierreich und alle anderen natürlichen Dinge. Diese naturphilosophische Fundierung tritt im Spruchgedicht völlig zurück, da sich der Lehrdichter nur auf die Wiedergabe eines kleinen Abschnitts des Sermo 9 be-

---

[988] Vgl. Telle (1976) S. 433f. und die entsprechenden Seiten der Textausgabe bei Ruska (1931).
[989] Vgl. Telle (1976) S. 434
[990] Vgl. Telle (1976) S. 434
[991] Telle (1976) S. 434

schränkte und somit der Spruch 17 ohne die Kenntnis der „*Turba philosophorum*" eigentlich unverständlich bleibt:[992]

Spruch 17:

„*17 [Eximenis]*
Nu vornim dy rede mein:
zwey element vor den augen stan;
dytz pringt deinem hertzen kein pein,
zwey jn tzwenen verporgen gan."

Sermo 9 der „*Turba philosophorum*":

„*Ihr Söhne der Lehre, nicht ohne Grund habe ich euch das Verhalten dieser vier Elemente dargelegt: In ihnen ist nämlich ein Geheimnis verborgen, indem zwei von ihnen tastbar sind und beim Schauen einen Anblick gewähren, von denen Wirkung und Kraft bekannt sind, nämlich Erde und Wasser, während die beiden andern Elemente weder gesehen noch getastet werden, noch irgend etwas gewähren, und deren Ort, Wirkung und Kraft nicht wahrgenommen wird, außer in den vorhergenannten Elementen, nämlich der Erde und dem Wasser.*"[993]

Auch die geheimnisvolle Arkansubstanz „*vnser stein Adam*", mit der der Lehrdichter die prima materia bezeichnet, wird im Licht der „*Turba philosophorum*" viel deutlicher. Dort heißt es in Sermo 8, der Pythagoras zugewiesen wird:

„*Aus vier Elementen aber sind unser Vater Adam und seine Söhne geschaffen, nämlich aus Feuer, Luft, Wasser und Erde.*"[994]

Die prima materia wird also von den vier Elementen verkörpert, entsprechend der oben beschriebenen kosmologischen Turba-Lehre, daß Gott alle Geschöpfe einer Wurzel, nämlich den vier Elementen, entspringen ließ.[995]

Auch der Sinn von Strophe 13 erschließt sich erst durch Kenntnis der Bezugsstelle im Sermo 28 der „*Turba philosophorum*":

---

[992] Vgl. Telle (1976) S. 434f.

[993] Ruska (1931) S. 185. Es handelt sich hierbei um eine Übersetzung Ruskas der lateinischen Textstelle: „*Filii doctrinae, non frustra vobis horum quatuor dispositionem narravi elementorum. In his namque est arcanum absconditum, quorum duo tactum habent [et] aspectum apud visum largiuntur, quorum opus et vi[rtu]s sciuntur, quae sunt terra et aqua, alia autem duo elementa nec videntur nec tanguntur, nec quicquam largiuntur, nec locus eorum videtur nec opus nec vis, nisi in prioribus elementis, sc. terra et aqua.*" (Ruska (1931) S. 117, Zeile 19-24)

[994] Ruska (1931) S. 182f. Es handelt sich hierbei um eine Übersetzung Ruskas der lateinischen Textstelle: „*Ex quatuor autem elementis pater noster Adam et filii eius, [scil.] ex igne, aëre, aqua simul et terra creati sunt.*" (Ruska (1931) S. 115, Zeile 32f.)

[995] Vgl. Telle (1976) S. 435f.

Spruch 13:

„Halt daz wasser jn rechter hut,
dy natur pegert iren geleichen;
drey kochung noch der philosophen laut,
so mag keins von dem andern geweichen."

Sermo 28 der „*Turba philosophorum*":

„Sie haben (damit) 'unser Kupfer' und 'unser immerwährendes Wasser' bezeichnet, von dem sie gesagt haben: Koche es dreimal mit gelindem Feuer. In jenem Feuer gekocht wird es ein 'silberartiger Stein', von dem die Weisen gesagt haben, daß 'die Natur sich der Natur erfreut', wegen der Verwandtschaft, von der sie wissen, daß sie zwischen diesen beiden Körpern besteht, (nämlich dem Kupfer) und dem 'immerwährenden Wasser'. Denn dieser beiden Natur ist eine einzige, zwischen ihnen ist, wenn sie gemischt werden, eine Verwandtschaft, ohne die sie sich nicht so schnell mischen und einander festhalten würden, um Eins zu werden."[996]

Es handelt sich um eine Beschreibung der Kräfte von arkanem Quecksilber („*immerwährendes Wasser*") in Bezug auf philosophisches Kupfer, wobei vom Turba-Verfasser der Autorität Costos ein Zitat von Pseudo-Demokrits bekanntem Axiom 'Die Natur freut sich der Natur' in den Mund gelegt wird, das sich dann auch wieder bei unserem Spruchdichter findet: „*dy natur pegert jren geleichen*".[997]

Auch wenn das Spruchgedicht nach der „*Turba philosophorum*" nur einzelne Lehrsätze aus der „*Turba philosophorum*" aufgreift und verarbeitet – vor allem solche, bei denen es sich um Anweisungen zur Bereitung des Steins der Weisen handelte und die für eine praktische Alchemie von Belang waren – und inhaltlich sowie sprachlich gegenüber der Vorlage abfällt, ist es doch ein Zeugnis dafür, daß die deutschsprachige Rezeption der „*Turba philosophorum*" im 15. Jahrhundert bereits in vollem Gange war. Auf der anderen Seite sollte man die Leistung des unbekannten Lehrdichters nicht zu klein reden bzw. schreiben. Erstens setzte er sich mit einem der inhaltlich anspruchsvollsten Werke der mittelalterlichen Fachliteratur der Alchemie auseinander und zweitens war es sicher nicht sein Anspruch die gesamte „*Turba philosophorum*" zu vermitteln. In diesem Falle hätte er eine deutsche Prosaübersetzung oder -bearbeitung der „*Turba philosophorum*" verfaßt. Seine Zielsetzung lag nicht darin, eine Zu-

[996] Ruska (1931) S. 214. Es handelt sich hierbei um eine Übersetzung Ruskas der lateinischen Textstelle: „*Aes nostrum significaverunt et aquam nostram permanentem, quam ter coquere dixerunt leni igne; quae in illo igne cocta fit lapis nummosus, de quo sapientes dixerunt, quod 'natura natura laetatur' propter propinquitatem, quam sciunt existere inter haec duo corpora [scilicet aes] et aquam permanentem. Horum igitur duorum una est natura, inter quae est propinquitas [mixta], quae si non esset, non tam velociter commiscerentur et continerentur ad invicem, ut unum forent.*" (Ruska (1931) S. 137, Zeile 11-17)

[997] Vgl. Telle (1976) S. 436

sammenfassung der „*Turba philosophorum*" zu vermitteln, die eine Lektüre der „*Turba philosophorum*" selbst ersetzen konnte, sondern in der Abfassung von Merkversen wichtiger Lehrsätze aus der „*Turba philosophorum*". Hinter dem Spruchgedicht steht also eine mnemotechnische Funktion, wie sie auch in den Lehrgedichten des Hans Folz zu finden ist.[998]

4.3.5.12. Gratheus filius

Das Werk des Gratheus filius ist der allegorisch-spirituellen Alchemie zuzuordnen, deren theoretische Grundlagen bis in die Spätantike zurückreichen. Der Text weist neben alchemistischem Gedankengut auch magische Praktiken und astrologische Gedankengänge, wie etwa Sternenbeschwörungen, auf.[999]

Die Lehrdichtung des Gratheus filius ist vermutlich Ende der ersten Hälfte oder in der zweiten Hälfte des 14. Jahrhunderts entweder in mittelniederländischer oder – was nach Birkhan wahrscheinlicher ist – lateinischer Sprache entstanden.[1000]

Gratheus wurde von zahlreichen alchemistischen Autoritäten beeinflußt, so bspw. von der christlichen Allegorese des Pseudo-Arnald von Villanova und den Schriften des Pseudo-Raimundus Lullus, der „*Tabula Smaragdina*", die die Grundlage des Gratheus-Textes bildet, oder der „*Turba philosophorum*".[1001]

Der mittelniederländische[1002] Text ist bisher nur im Cod. Vind. 2372 (Med. 98) der Österreichischen Nationalbibliothek in Wien überliefert, der im 14. Jahrhundert entstanden ist. Der Text findet sich auf den Bll. 52ra-85^{v}, dem dann auf den Bll. 87va-88va die alchemistische Lehrdichtung „*Herr Ignis und seine philosophischen Kinder*" angehängt ist, die ebenfalls von Gratheus filius zu stammen scheint. Der Haupttext des Gratheus läßt sich in zwei in Reimpaaren verfaßte Vers-Traktate unterteilen. Der erste, der titellos ist, bietet eine Einführung in die Alchemie (Bl. 52ra-80va; Verse 1-3576 der Birkhan-Edition). Der zweite Traktat trägt den Titel „*Salomons wijsheit*" (Bl. 80va-85^{v}; Verse 3576-4380).[1003]

---

998 Vgl. hierzu auch Telle (1976) S. 436f.

999 Vgl. Birkhan (1992a) Bd. 1, S. 53ff.

1000 Vgl. Birkhan (1992a) Bd. 1, S. 74f.

1001 Vgl. Birkhan (1992a) Bd. 1, S. 67f., 71 und 78

1002 Das Mittelniederländische zerfällt in mehrere Dialekte (Flämisch, Brabantisch, Limburgisch, Holländisch und die Sprache der Diözese Utrecht), die jedoch alle der niederdeutschen Sprachfamilie angehören, weswegen der vorliegende Text des Gratheus filius auch in diese Arbeit über die deutschsprachige Fachliteratur der Alchemie des Mittelalters mit aufgenommen wurde – als besonders spektakuläres Beispiel.

1003 Vgl. Menhardt (1960-61) Bd. 1, S. 72 und Birkhan (1992a) Bd. 1, S. 83f. Menhardt weist dem Gratheus Haupttext insgesamt den Titel des zweiten Vers-Traktats zu und unterscheidet, allerdings fälschlicherweise, in Texte zweier Autoren, so daß die Lehrdichtung „*Herr Ignis und seine philoso-*

Zur Person des Gratheus, die auch mit dem Beinamen „*filius philosophi*" aufscheint, läßt sich bisher nichts Näheres sagen.[1004] Sein Name wird im ersten Vers-Traktat allerdings ausdrücklich erwähnt:

> „*mijns namen willic niet vergeten*
> *Gratheus so bem ic gheheten*
> *Filius philosophi.*" (Vers 59ff.)[1005]
>
> (Übersetzung: „Meinen Namen will ich nicht unerwähnt lassen: Gratheus heiße ich, Filius philosophi.")[1006]

Sprachlich stellt sich der Text als eine Mischung flämischer und brabantischer Dialektmerkmale dar, der alle Kennzeichen einer überregionalen Schriftsprache zeigt.[1007] Stilistisch bedient sich der Verfasser mit Ausnahme einiger dunkler Stellen einer einfachen und auf Klarheit ausgerichteten Sprache. Gratheus wollte also sein Wissen nicht verschleiern, sondern zielte mit seinen nüchternen, plastischen und konkreten Darstellungen auf ein alchemistisches Laienpublikum.[1008]

Trotzdem folgt auch Gratheus filius dem Geheimhaltungsgebot der Alchemie, denn auch er benutzt Decknamen. Zur Begründung führt er zu Beginn aus, daß die großen Kräfte der Alchemie das Geheimnis („*heimeliceit*", Vers 33) der Divinität aller Wissenschaft und die Wurzel aller Dinge enthalten, weswegen die Alchemisten sich der Decknamen bedienen:[1009]

> „*doe si* [= *philosophen*, M.H.] *alkemie geraecten*
> *ende si saghen de grote crachte*
> *die alkemie met haer brachte*
> *ende dat wonder also groot*
> *doe quam god die hem verboot*
> *dat sijt niet openbaren souden*
> *maer werdich ende vaste houden*
> *want het ware die heimeliceit*
> *van alre sciencie diuiniteit*
> *ende die wortele van allen zaken*
> *hier bi verkeerden si haer spraken*
> *in parabelen ende ombonden*
> *ende seiden dat si hadden vonden*
> *die sciencie openbare*

phischen Kinder" dort unter dem Titel „*Die vier Elemente der Erde*" erscheint.

[1004] Über mögliche, aber rein spekulative Anknüpfungspunkte zu historisch oder literarisch greifbaren Personen vgl. Birkhan (1992a) Bd. 1, S. 94-100.

[1005] Birkhan (1992a) Bd. 2, S. 8

[1006] Birkhan (1992a) Bd. 2, S. 9

[1007] Vgl. Birkhan (1992a) Bd. 1, S. 101ff.

[1008] Vgl. Birkhan (1992a) Bd. 1, S. 127ff.

[1009] Vgl. Birkhan (1992a) Bd. 1, S. 208

in scalen van eyeren ende in hare
in sulfure in soute in arsenike
in alune in stene des gelike
spraken si ende gauent vort
daer al de werlt bi es verdort." (Verse 26-44)[1010]

(Übersetzung: „Als sie [das sind die Philosophen, M.H.] die Alchemie entwickelten, und sie die große Kraft sahen, die die Alchemie mit sich brachte, und das große Wunder, da kam Gott, der ihnen gebot, es nicht zu offenbaren, sondern es würdig und streng zu hüten, denn es wäre das Geheimnis von der Divinität aller Scientia und die Wurzel aller Dinge. Sie verdrehten also ihre Reden in Parabeln, erklärten und gaben an, daß sie die Scientia klar und offen in Eierschalen und im Haar gefunden hätten; in Sulfur, in Salz, in Arsenik, in Alaun, im Stein. Dergleichen behaupteten und verbreiteten sie, womit all die Welt zum Narren gehalten wird.")[1011]

Der Zeitraum der Entstehung des mittelniederländischen Gratheus-Textes im Wiener Cod. 2372 läßt sich nach Birkhan auf die Zeit zwischen 1360 und 1400 eingrenzen.[1012] Ob der Text allerdings tatsächlich eine Übersetzung einer lateinischen Vorlage darstellt, ist unsicher. Nach den Erkenntnissen Birkhans existiert keine einheitliche Quelle im Sinne einer lateinischen Vorlage, die hier ins Mittelniederländische übertragen worden wäre.[1013] Trotzdem geht Birkhan von einer Quelle aus, die dann ins Mittelniederländische übersetzt worden sei. Der frühe Entstehungszeitpunkt für einen deutschsprachigen alchemistischen Fachtext legt dies zwar nahe, aber einen zwingenden Beweis dafür konnte auch Birkhan in seiner umfangreichen Studie nicht erbringen. Bei einer Dichtung dieses Umfangs ist die Annahme einer verschollenen Vorlage aufgrund der Quellenlage jedoch sehr unsicher, selbst wenn man annehmen würde, daß der Übersetzer den Text ins Mittelniederländische hinein aufgebläht hätte. Meines Erachtens sollte man von Gratheus filius als dem Kompilator und Lehrdichter des vorliegenden Textes ausgehen, der aus der zu seiner Zeit gängigen lateinischen alchemistischen Fachliteratur schöpft und seine Lehrdichtung neu kompilierte.

Auch das im Werk selbst angegebene Entstehungsdatum 1180 scheint eher unwahrscheinlich zu sein:

„Hier beghint de wijsheit
daer men dicken of heeft gheseit
daer Salomon wrachte mede
dat heet tbouc der wijshede
die men selden heeft gehort

[1010] Birkhan (1992a) Bd. 2, S. 6 und S. 8
[1011] Birkhan (1992a) Bd. 2, S. 7 und S. 9
[1012] Vgl. Birkhan (1992a) Bd. 1, S. 184
[1013] Vgl. Birkhan (1992a) Bd. 1, S. 156

lesen in dietsce woort
wildi weten hoe lanc het si
datum anno domini
dats te wetene milesimo
ende .xx. min ducentesimo
nu telt wel ende besiet
in hebbe v geloghen niet
Een meester te Parijs hier bi
heet Filius Philosophi
die screef alden seluen zede
die Salomon hilt ende wrachter mede" (Verse 3577-3592)[1014]

(Übersetzung: „Hier beginnt die Weisheit, von der oft die Rede war. Womit Salomon arbeitete, das heißt das 'Buch der Weisheit', das man noch nicht oft in niederländischer [eigentlich: deutscher, d.V.] Sprache vorlesen hörte. Wollt Ihr wissen, wie lange es (her) ist, (daß es) gegeben wurde: Anno Domini, daß Ihr es wißt, im tausendsten und 20 weniger als zweihundertsten Jahr. Nun rechnet gut nach und stellt fest: ich habe euch nicht belogen. Ein Meister hier zu Paris heißt Filius philosophi, der beschrieb all die Bräuche, die Salomon übte und mit welchen er arbeitete.")[1015]

Dies zeigt sich u.a. in den Quellen des Gratheus, zu denen auch der Traktat „*De lapide*" des Pseudo-Arnald von Villanova zählt, der in der ersten Hälfte des 14. Jahrhunderts entstanden ist. Darin wird sehr früh – möglicherweise sogar erstmals – die Christus-Lapis-Analogie formuliert, die auch die metaphorische Gleichsetzung der Auferstehung Christi mit der Herstellung des Lapis philosophorum einschließt. Die Analogiebildung zwischen dem alchemischen Werk und der Passion Christi findet sich spätestens in der „*Margarita pretiosa*" des Petrus Bonus von 1330 oder bereits vorher in den religiös-alchemistischen Traktaten des Pseudo-Arnald von Villanova.[1016] Darüber hinaus scheint er auf Distanz zur Schwefel-Quecksilber-Theorie zu gehen und eher der Reinen Quecksilber-Theorie zu folgen, was wiederum auf die „*Summa perfectionis magisterii*" des Geber latinus vom Anfang des 14. Jahrhunderts hindeuten würde.

Die alchemistische Theorie bei Gratheus filius basiert auf den im 14. Jahrhundert gängigen Theorien, wie etwa der Körper-Geist-Seele-Lehre, die sich bei Gratheus hauptsächlich in der Veredelung des Leibs bzw. Körpers zeigt, welche durch die Abtrennung von Geist und Seele vom Körper und ihre anschließende Rückführung erreicht werden soll, also mit Hilfe von Destillation und Sublimation, so daß es zu einer Neugeburt der nun emporgeläuterten Materie kommt.[1017]

[1014] Birkhan (1992a) Bd. 2, S. 250
[1015] Birkhan (1992a) Bd. 2, S. 251
[1016] Vgl. Hoheisel (1986) S. 72 und Birkhan (1992a) Bd. 1, S. 166f. und S. 198
[1017] Vgl. Birkhan (1992a) Bd. 1, S. 218

Die zentrale Rolle der Körper-Geist-Seele-Lehre zeigt sich auch in der Beschreibung der Panazee, des „*olium vivum*", von dem es heißt:

> „*so wat euele dat men heeft*
> *dat gherechte boete geeft*
> *het doet de doot lenge merren*
> *vanden mensche ende verren.*" (Verse 341-344)[1018]
>
> (Übersetzung: Welches Übel man also auch hat: es ist das richtige Heilmittel dafür. Es schiebt auch den Tod des Menschen lange hinaus und hält ihn fern.")[1019]

Die Panazee soll in einem komplizierten Herstellungsverfahren u.a. durch Trennung und Wiedervereinigung der flüchtigen Stoffbestandteile (Seele und Geist) und des festen Körpers gewonnen werden:

> „*deerste lichame es gheheten*
> *Corpus Extinctum dats waer*
> *den andren diere volget naer*
> *heten wi Corpus Viuum*
> *dat seit Caput Phitonicum*
> *in Spiritu sine Anima*
> *als ic v seggen sal hier na*
> *sine ziele es vut gedreuen*
> *maer sijn gheest es hem bleuen*
> *leuende binnen ende ghesont*
> *nu willie hu maken cont*
> *wat zielen men hem geuen sal.*" (Verse 512-523)[1020]
>
> (Übersetzung: „Der erste Leib wird geheißen Corpus extinctum, es ist wahr, den andern, der nachfolgt, nennen wir Corpus vivum – das sagt Caput Phitonicum – in spiritu sine anima, wie ich Euch hernach sagen werde: seine Seele ist ausgetrieben, aber sein Geist ist ihm inwendig lebendig und gesund verblieben. Nun will ich Euch kundtun welche Seele man ihm geben soll.")[1021]

Wobei der Zusatz von Gold bei der Herstellung stark an die Aurum potabile-Tradition innerhalb der alchemistischen Panazee-Vorstellung erinnert:

> „*nu moeten wi hebben van puren goude*
> *een lb dat daer toe smelten soude.*" (Verse 419f.)[1022]
>
> (Übersetzung: „Nun müssen wir von reinem Gold ein Pfund haben, das mitschmelzen sollte.")[1023]

[1018] Birkhan (1992a) Bd. 2, S. 24
[1019] Birkhan (1992a) Bd. 2, S. 25
[1020] Birkhan (1992a) Bd. 2, S. 36
[1021] Birkhan (1992a) Bd. 2, S. 37
[1022] Birkhan (1992a) Bd. 2, S. 28
[1023] Birkhan (1992a) Bd. 2, S. 29

Die verjüngende Kraft des „*Olie viue*" ('olium vivum') als Panazee zeigt sich bspw. an folgender Anwendung:

> „*die name .i. vat van kerstale*
> *so groot dat hire in borge wale*
> *ende setter jn enen wenehout*
> *van .cc. jaren out*
> *ende doent vul Olyen viue*
> *dat hire ouer den hals in bliue*
> *hi sal segghen ghewaerlike*
> *es dus zoete hemelrike*
> *of ic lange dus mochte bliuen*
> *hoe grote bliscap soudic driuen*
> *.ix. dage sal hire in duren*
> *dan sal hem dinken ter vren*
> *niet xx ste deel van enen dage*
> *dit es waer dat ic gewage*
> *hier binnen sal hi te waren*
> *scinen van .xxv. jaren*
> *indie vertuut ende inde cracht*
> *sal hi wesen ende inde macht*
> *scoonre dan hi noyt ghewaert.*" (Verse 345-363)[1024]

> (Übersetzung: „Wenn man ein Kristallgefäß nähme – so groß, daß er darin Platz hätte – und einen weinerlichen Greis hineinsetzte, der 200 Jahre alt ist, und es mit olium vivum füllte, so daß er (bis) über den Hals darinnen wäre, dann würde dieser wahrhaftig sagen: ‚Ist das Himmelreich auch so süß! Welch großes Glück würde ich empfinden, wenn ich lange so bleiben könnte!" 9 Tage soll er darin verweilen, und sie werden ihn nicht länger dünken als der 20. Teil eines Tages – was ich berichte, ist die reine Wahrheit – er wird darin wahrhaftig wie ein 25-jähriger erscheinen. An Rüstigkeit, an Kraft und an Stärke wird er größer sein, als er je war.")[1025]

Daneben wird das 'olium vivum' bei Gratheus filius aber auch in der Funktion des Lapis philosophorum und als Menstruum, d.h. als Lösungsmittel, verwendet.[1026]

Zudem beschreibt Gratheus ausführlich die laborpraktischen Vorgänge während der einzelnen (al-) chemischen Herstellungsprozesse in aller Ausführlichkeit. Dabei kommen insgesamt 29 verschiedene Gefäße zum Einsatz, die je nach ihrer Anwendung aus Glas, Ton oder Metall sind und deren wahre Identität durch die seltsamen von Gratheus benutzten Eigennamen größtenteils verborgen bleibt.[1027] Dadurch erhalten die

---

[1024] Birkhan (1992a) Bd. 2, S. 24 und S. 26
[1025] Birkhan (1992a) Bd. 2, S. 25 und S. 27
[1026] Vgl. Birkhan (1992a) Bd. 1, S. 258ff.
[1027] Vgl. Birkhan (1992a) Bd. 1, S. 267

Gefäßnamen den Charakter arkansprachlicher Decknamen.[1028] Eine Hilfe bieten allerdings die Abbildungen der Gefäße innerhalb der Miniaturen des Textes. So kann man das Gefäß „*Alla*", das verschieden dargestellt wird, u.a. als eine gedrungene Cucurbita (d.i. ein bauchiger Kolben) mit aufgesetztem Alembik (Gefäßhelm) deuten.[1029] Neben der großen Anzahl von Gefäßen finden sich auch zwei Rezepte zur Herstellung von Lutiermassen (Verse 246ff. und 1443ff.). Mit der Lutiermasse wurden Gefäße abgedichtet und hermetisch verschlossen. Vor allem dem hermetischen Verschluß kam in der Laborpraxis eine große Bedeutung zu. Man benutzte die Lutiermasse aber auch dazu, Glasgefäße für das Erhitzen widerstandsfähiger zu machen, indem man das Glas außen mit der Lutiermasse bestrich.[1030] Trotz der Bedeutung der Lutiermasse wird ihre Herstellung in der alchemistischen Fachliteratur eher selten beschrieben. Um so erstaunlicher ist es deshalb, daß Gratheus gleich zwei Rezepte bietet, deren erstes aus folgenden Anweisungen besteht:

> „*daerna suldijt stoppen snel*
> *met taerwin bloume ende minsce wel*
> *ghemalen peper vele daermede*
> *dat seys witte tempern dede*
> *ende pot erde ghetempert wale*
> *dit suldi mingen altemale*
> *ende stoppent vaste daermede zaen.*" (Verse 263-269)[1031]

> (Übersetzung: Danach sollt Ihr es [d.i. das Gefäß Tenicula, d.V.] schnell mit Weizenmehl verschließen, und es gut mit so viel gemahlenem Pfeffer durchmischen, daß er das Weiß (des Mehls) abschwäche. Und gut abgemischtem Töpferton sollt Ihr gleichfalls beimengen und es (das Gefäß) sogleich fest verstopfen.)[1032]

Auch unterscheidet Gratheus verschiedene Feuerarten bzw. Hitzegrade, die für die verschiedenen Operationen notwendig sind. Um einen bestimmten Hitzegrad zu kennzeichnen, benutzt er den Begriff des 'Scheltens', wobei die Hitze mit der Intensität des Scheltens zunimmt.[1033] Ein Beispiel:

> „*diet woude maken bouen hoge*
> *dat hem Ser Ignis cracht ontvloge*

[1028] Ebenso wie die Bezeichnungen für die Gefäße sind die zahlreichen Sternnamen und viele Namen für verwendete Substanzen vermutlich Eigenschöpfungen von Gratheus. (Vgl. hierzu auch Birkhan (1992a) Bd. 1, S. 129)

[1029] Vgl. Birkhan (1992a) Bd. 1, S. 269ff.

[1030] Vgl. Birkhan (1992a) Bd. 1, S. 282

[1031] Birkhan (1992a) Bd. 2, S. 20

[1032] Vgl. Birkhan (1992a) Bd. 2, S. 21

[1033] Vgl. Birkhan (1992a) Bd. 1, S. 291

ende men daerbouen horen soude
of hi sine kinder sceldenwoude.“ (Verse 4089-4092)[1034]

(Übersetzung: „Wer es hoch oben machen wollte, dem entflöge die Kraft des Herrn Ignis und man würde es dort oben hören, wenn er seine Kinder schölte.“)[1035]

Bei den verwendeten Substanzen ist allerdings auffällig, daß Gratheus auf den Einsatz von in der Alchemie häufig benutzten Stoffen wie Alaun und Salz, sowie allen organischen Substanzen verzichtet. Auch Schwefel spielt in der Alchemie des Gratheus filius keine Rolle,[1036] was man durchaus als ein Indiz für eine Ablehnung der Schwefel-Quecksilber-Theorie werten könnte. In diesem Fall wäre er ein Anhänger der Reinen Quecksilber-Theorie, was wiederum bedeuten würde, daß seine Lehrdichtung in der Nachfolge des Geber latinus im 14. Jahrhundert entstanden wäre. Auch deshalb, weil die Reine Quecksilber-Theorie bereits zu Beginn des 15. Jahrhunderts von der Schwefel-Quecksilber-Theorie wieder verdrängt wurde.

Der Vers-Traktat weist damit einen starken Praxisbezug auf, da er dem Einsatz des richtigen Gefäßes und auch der Lutiermasse eine große Bedeutung zumißt und andererseits auf den Einsatz arkansprachlicher Metaphorik zu verzichten sucht.

Die Wirkung von Gratheus’ Lehrdichtung ist bisher nicht näher untersucht worden, aber aufgrund der bislang bekannten singulären Überlieferung, scheint das Werk keinen großen Nachhall in alchemistischen Fachkreisen gehabt zu haben. Trotzdem ist der Text für die deutschsprachige Fachliteratur der Alchemie von erheblicher Bedeutung, da in ihm wohl das älteste Zeugnis deutscher alchemistischer Lehrdichtung vorliegt.

4.3.6. Bekannte alchemistische Rezeptautoren

4.3.6.1. Veit Hündler (Hüendler)

Veit Hündler ist ein ungarischer Karmeliter (-Mönch) aus dem 15. Jahrhundert. Der um 1400 wahrscheinlich in Ödenburg (Burgenland) geborene Hündler kam noch vor 1420 nach Wien, um an der noch jungen Universität Theologie zu studieren. In Wien trat er dem Karmeliterorden bei. Er wurde später zum Provinzial der deutschen und ungarischen Ordensprovinz erhoben und 1447 von Papst Nikolaus V. zum Bischof von Bodin (bulgar. Widin) ernannt. Er blieb jedoch als Weihbischof in Fünfkirchen, da sein neues Bistum im Gebiet der Kämpfe mit den Türken lag. Später übte er das

[1034] Birkhan (1992a) Bd. 2, S. 278
[1035] Birkhan (1992a) Bd. 2, S. 279
[1036] Vgl. Birkhan (1992a) Bd. 1, S. 489

Amt des Weihbischofs für einige Zeit in Großwardin aus, kehrte aber wieder nach Fünfkirchen zurück, wo er 1467 bezeugt ist. Greifbar ist er auch noch für das Jahr 1471, aus dem die letzte Eintragung in seinem „*Briefbuch*“ stammt.[1037]

Hündlers literarische Tätigkeit spiegelt sich in seinem „*Briefbuch*“ wider, das in der Stiftsbibliothek Klosterneuburg als cod. 941 erhalten geblieben ist.[1038] Das „*Briefbuch*“ zeigt Hündler als Übersetzer, religiös-lyrischen Spruchdichter mit enger Verbindung zur lehrhaften Volksdichtung und als Fachautor.[1039] Sein „fachliterarisches Interesse galt der Heilkunde und der Alchemie.“[1040] Dies zeigt sich daran, daß Hündler alchemistische Rezepte und humanmedizinische Ratschläge in sein „*Briefbuch*“ aufnahm. Am deutlichsten kommt es aber in der, nach 1447 entstandenen und grobmundartlich-ostmittelbairische Merkmale zeigenden, „*ercżney von den rossen*“, seinem Roßarzneibuch zum Ausdruck, das in einer unvollständigen Abschrift ebenfalls im „*Briefbuch*“ erhalten geblieben ist (Bl. 357^{v}-364^{v}).[1041]

4.3.6.2. Hans Kluge

Hans Kluge gilt als Rezeptautor einer „*vixacio ac coagulatio mercurij pro vixacione lune*“, das in zwei alchemistischen Handschriften des 15. Jahrhunderts überliefert ist:

1. Nürnberg, Germanisches Nationalmuseum, Hs. 198 353, 116^{r} (ostmitteldeutsch aus der Mitte des 15. Jahrhunderts),
2. Nürnberg, Germanisches Nationalmuseum, Hs. 9715, 92^{v}-94^{r} (ostmitteldeutsch aus der zweiten Hälfte des 15. Jahrhunderts)

und über folgenden Rezepteingang zu erkennen ist:[1042]

> „*Nim cupper wasser* [Hs. 9715: *Recipe vitriolum*, d.V.] *und solvir das in wasser und mache ein spatel von kine und rure den mercurium dar inne* [...]“[1043]

Es geht hierbei um ein Rezept zur Metallveredelung:

> „Aus Kupfervitriol und Quecksilber soll durch Filtration, Erhitzen und Zusätze von Weinstein, Salpeter und gestoßenem Glas die Fixierung des Quecksilbers erreicht werden. Dieses wird einer Aufbereitung von Kupfer mit Glasschmelze,

1037 Vgl. Keil (1983a) Sp. 308f.
1038 Vgl. Keil (1983a) Sp. 309
1039 Vgl. Keil (1983a) Sp. 309f.
1040 Keil (1983a) Sp. 310
1041 Vgl. Keil (1983a) Sp. 310
1042 Vgl. Kurras (1983) Sp. 1264
1043 Kurras (1983) Sp. 1264. Eine Ausgabe des Textes nach der Handschrift 198 353 findet sich unten in Kap. 9.2.

gelbem Glasstaub und Arsen zugefügt und nach weiteren Prozessen die *fixatio ac purgatio veneris* erreicht."[1044]

Das Rezept steht damit ganz in der Tradition der Schwefel-Quecksilber-Theorie, denn durch das Zufügen von Quecksilber sollte hier Kupfer zu Silber veredelt bzw. transmutiert werden. Nach alchemistischer Vorstellung – beruhend auf der Schwefel-Quecksilber-Theorie, nach der alle Metalle aus Schwefel und Quecksilber bestehen, deren Mischverhältnis der Gradmesser für die Edelheit der Metalle angesehen wurde – sollte es möglich sein, die unedlen Metalle durch die Zugabe von Quecksilber zu veredeln. Denn dadurch konnte – so die Vorstellung der Alchemisten – der Anteil von Schwefel als der schlechteren der beiden „Ursubstanzen"[1045] Schwefel und Quecksilber verringert und somit das Metall veredelt werden.

In dem hier von Kluge beschriebenen Prozeß müßte ein Arsen-Kupfer-Amalgam entstanden sein, ähnlich dem Weißkupfer, das noch im 19. Jahrhundert zur Silberimitation benutzt wurde.[1046]

4.3.6.3. Magister Konradus Tonsor

Magister Konradus Tonsor werden in einer alchemistischen Handschrift des 15. Jahrhunderts (Nürnberg, Germanisches Nationalmuseum, Hs. 198353) drei Rezepte zugeschrieben, nämlich zwei Rezepte zur Umwandlung von Blei in Quecksilber und eines zur Quecksilberreinigung bzw. -läuterung. Daneben wird in der gleichen Handschrift auf Bl. 151^r eine Goldmacherkunst überliefert, die sich auf Magister Konradus beruft und auch in anderen Handschriften erscheint:

- Nürnberg, Germanisches Nationalmuseum, Hs. 9715, Bl. 49^r und
- London, Welcome Hist. Med. Library, Misc. Alch. XIX, 2, Bl. 50^v.

Nach den Anweisungen dieser Goldmacherkunst soll die „*essentia quinta*" aus einem Lot Silber und einem Lot Weinstein gewonnen werden. Aus einem Lot dieser Quintessenz[1047] sollen dann zusammen mit einem Lot Zinnober mindestens sechs Goldgulden erzeugt werden können.[1048]

Möglicherweise findet sich ein weiterer Hinweis auf Magister Konradus in der lateinischen „*Practica*" eines sonst nicht näher bekannten Leonhard von Wien, die in der

[1044] Kurras (1983) Sp. 1264
[1045] Kurras (1983) Sp. 1264
[1046] Vgl. Kurras (1983) Sp. 1264
[1047] Die Quintessenzen-Lehre wird vor allem durch Johannes de Rupescissa propagiert. Vgl. hierzu oben in Kap. 4.2.13.
[1048] Vgl. Kurras (1985) Sp. 256

Pariser Handschrift, Bibl. nat. lat. 14005, Bl. 127^{v}, überliefert ist. Ob es sich bei dem genannten *„magister Conradus“* aber tatsächlich um Konradus Tonsor handelt, ist bisher noch ungeklärt.[1049]

4.3.6.4. Gotz

Sechs Rezepte der Wiener Sammelhandschrift cod. 2999 (Bl. 291^{r}-303^{r}), die um 1500 entstanden ist, werden einem gewissen *„doctor gotz“* zugeschrieben. Über den Verfasser ist sonst nichts weiter bekannt, aber aus den Rezepttexten läßt sich ableiten, daß es sich bei Gotz mit hoher Wahrscheinlichkeit um einen iatrochemisch tätigen Arzt handelte.[1050]

Die Rezepte sind stark alchemisch geprägt. Es handelt sich dabei um eine Anweisung zur Herstellung von Vitriolöl (Bl. 291^{r}), zwei Anleitungen zur Herstellung und Anwendung medizinischer Pflaster (Bl. 300^{r}), zwei Rezepte beschreiben die Herstellung von Goldwasser mittels Destillation (Bl. 299^{r}) und im letzten Rezept wird nochmals zur Herstellung eines Öls angeleitet (Bl. 301^{r}). In den Rezepten werden nicht nur alchemische Verfahren, wie etwa die Destillation, beschrieben, sondern die in ihnen hergestellten Endprodukte dienten ausdrücklich der medizinischen Anwendung in Heilverfahren, worüber der Schluß der beiden Öl-Rezepte Auskunft gibt. So gibt Gotz eine klare Anweisung, wie das zuvor hergestellte Vitriolöl verordnet werden sollte:

> *„des oleum gib 3 tropffen jn dem gulden basser das koriit all kranckhait jn dem leib“* (Bl. 293^{r})[1051]

Das Vitriolöl fungiert hier in Verbindung mit dem Goldwasser (*„gulden basser“*) als Panazee, da es *„all kranckhait“* kuriert, die den menschlichen Körper befallen mag. Genauere Untersuchungen der Rezepttexte stehen allerdings noch aus, ebenso wie eine Textedition. Aus diesem Grunde sind Aussagen über die Eigenständigkeit und Wirkung der Gotz-Texte bisher nicht möglich.

4.3.6.5. Konrad von Butzbach

Konrad von Butzbach beendete 1425 ein titelloses deutsches Kompendium über Astronomie, Astrologie und Medizin, das sich durch einen logischen Aufbau auszeichnet und in nur einer Handschrift überliefert ist:

[1049] Vgl. Kurras (1985) Sp. 256

[1050] Vgl. Menhardt (1960-61) Bd. 2, S. 743 und Zimmermann (1981) Sp. 201f.

[1051] Zimmermann (1981) Sp. 202

- Salzburg, Universitätsbibliothek, cod. M I 36, Bl 1^v-128^v (Konrads Buch wurde noch im 15. Jahrhundert mit einer anderen Handschrift zusammengebunden).

Konrad von Butzbach war nach eigener Aussage ein „*medicus*“, also ein gelehrter Arzt. Nähere Angaben zu seiner Person fehlen bisher, doch scheint er in Verbindung zu seinem Landesherrn Johannes Graf zu Solms-Braunfels gestanden zu haben, der als Besitzer der Handschrift eingetragen ist (Bl. 104^v).[1052]

Das Kompendium ist ein gutes Beispiel für den im Spätmittelalter bestehenden Zusammenhang zwischen Astrologie, Astronomie und Medizin. Der Text läßt sich in fünf Abschnitte unterteilen:

1. eine astrologisch-astronomische Einführung,
2. der erste Hauptteil, der sich der Astronomie in Form eines immerwährenden Kalenders mit Gebrauchsanweisungen widmet,
3. der zweite Hauptteil, der die astrologische Ausdeutung der im ersten Hauptteil dargestellten astronomischen Daten beschreibt,
4. ein Rezeptbüchlein, das neben den Anleitungen zum Bau eines Planetariums und einer Wasserpumpe auch 21 Rezepte aus der praktischen (Al-) Chemie überliefert, und
5. der dritte Hauptteil, der die Medizin behandelt, wobei sich Konrad auf zahlreiche Quellen der medizinischen Fachliteratur stützt, wie das Arzneibuch des Ortolf von Baierland und den „*Macer*“.[1053]

Interessant für die hier behandelte Alchemie ist das Rezeptbüchlein. Die Rezepte aus der praktischen Chemie sind im Mittelalter natürlich alchemische Rezepte, bei denen jedoch die Laborpraxis im Vordergrund steht. Inwieweit Konrad von Butzbach alchemistische Theorien verarbeitete und wie ausgeprägt seine alchemischen Kenntnisse waren, müßte eine separate Untersuchung seiner Rezepttexte erbringen, die mit einer Textedition einhergehen sollte. Eine solche Untersuchung fehlt allerdings bisher und soll und kann hier auch nicht geleistet werden, da hier nicht die Zielsetzung verfolgt wird, sämtliche Textlücken zu schließen. Textausgaben von den alchemistischen Rezepten des Johann Bock (s.u.) und Hans Kluge (s.o.) sind dagegen von mir vorgenommen worden (s.u.).

[1052] Vgl. Crossgrove (1985) Sp. 153
[1053] Vgl. Crossgrove (1985) Sp. 153f.

4.3.6.6. Conrad Bodenze

In der Wiener Handschrift cod. 2528 wird Conrad Bodenze (Bl. 76^{v} und 78^{r}) neben Johannes aurifaber de Treveri (Bl. 74^{r}) und Henrik Warendorf (Bl. 79^{v}) als Urheber eines alchemistischen Rezeptes genannt. Das Rezept des Wiener cod. 2528, einem alchemistisch-technologischen Rezeptar, ist eine Kompilation von Würzburger und Trierer Quellen, die in der zweiten Hälfte des 14. Jahrhunderts von einem niederrheinischen Schüler nach mitteldeutschen Vorlagen geschrieben wurde.[1054]

4.3.7. Johann Bock

Magister Johann Bock tritt in der 1. Hälfte des 15. Jahrhunderts als Verfasser deutschsprachiger alchemistischer Fachschriften auf. Er ist identisch mit „*deme clwgen meister Hansen Pock von Prage*“, für den Konrad von der Weyden eine alchemistische „*Practica*“ aus dem angeblichen Besitz Kaiser Siegmunds vom Lateinischen ins Deutsche übersetzte:[1055]

> „*Dise practica habe ich Conrad von der Weyden von latein yn dewczsch bracht deme clwgen meister Hansen Pock von Prage ein sone der hochgelobten kunst.*“[1056]

In diesem Zusammenhang ist es denkbar, daß Bock tatsächlich in Beziehung zu Barbara von Cilli, der zweiten Gemahlin Kaiser Siegmunds, stand, die Alchemisten in ihrem Umfeld förderte.[1057]

Die deutschen Fachschriften des Johann Bock gehören zu den praxisorientierten alchemistischen Schriften des Mittelalters. Das „*Augmentum*“ enthält laborpraktische Anweisungen für die Behandlung eines Silberamalgams, die schließlich zu einer Silbermehrung („*augmentatio*“) führen sollen. Der Text wird in zwei ostmitteldeutschen Handschriften des Germanischen Nationalmuseums in Nürnberg überliefert:

- Nürnberg, Germanisches Nationalmuseum, Hs. 198 353, Bl. 84^{r}-85^{r} (um 1450, ostmitteldeutsch)
- Nürnberg, Germanisches Nationalmuseum, Hs. 9715, Bl. 157^{v}-160^{r} (2. Hälfte des 15. Jahrhunderts, ostmitteldeutsch).

Eine andere laborpraktische Fachschrift Johann Bocks, die „*Fixatio armoniaci*“, beschreibt ein Verfahren „zur Verfestigung von Sal armoniacum (Salmiak, Ammoni-

---

[1054] Vgl. Menhardt (1960-61) Bd. 1, S. 77 und Kahle (1978) Sp. 906
[1055] Zu Konrad von der Weyden siehe Kap. 4.2.4.
[1056] Kurras (1980) S. 76, zitiert nach Bl. 88^{v} der Nürnberger Hs. 198 353.
[1057] Vgl. hierzu im Kap. über Konrad von der Weyden

umchlorid) in gelöschtem Kalk"[1058], der sogenannten „*fixatio*". Dieses alchemistische Rezept wird in den gleichen Handschriften des Germanischen Nationalmuseums überliefert, die auch das „*Augmentum*" enthalten:

- Nürnberg, Germanisches Nationalmuseum, Hs. 198 353, Bl. 154r (um 1450, ostmitteldeutsch)
- Nürnberg, Germanisches Nationalmuseum, Hs. 9715, Bl. 42v (2. Hälfte des 15. Jahrhunderts, ostmitteldeutsch).[1059]

Die Überlieferung verweist auf Bl. 72v der Hs. 9715 des Germanischen Nationalmuseums möglicherweise auf einen weiteren Text Bocks, da sich an dieser Stelle folgende Aussage findet: „*ex relatu magistri Johannis Pogk*".[1060]

4.3.8. Bernhard von der Mark (und Trevis)

Die Herkunft Bernhards von der Mark, einem Alchemisten aus der zweiten Hälfte des 14. Jahrhunderts ist unsicher. In Frage kommen die Städte Treviso und Trier, die sich aus seinem Beinamen ableiten, der bald *Trevisanus* (bezogen auf Treviso) und bald *Trevirensis* oder *Treviranus* (bezogen auf Trier) geschrieben wird.[1061]

In seinem Hauptwerk, den „*Epistola*", bezieht Bernhard Stellung zu einem Brief des Thomas von Bologna. Er bezeichnet sich selbst dabei als Anhänger der Lehren des Arnald von Villanova (vor allem denen des „*Rosarium*") und beruft sich auf weitere alchemistische Autoritäten wie Geber, Avicenna, Morienus, Hermes Trismegistos, Alexander Graecus u.a. Neben solchen lateinischen Texten finden sich aber auch deutsche Fachschriften unter Bernhards Namen. So das „*Buch mit der Sackpfeife*" (Bamberg, SB, cod. LIII 28, aus dem 16. Jahrhundert), das allerdings auch Paracelsus zugeschrieben wird, sowie „*Von bereitung deß philosophischen steyns*" und ein „*Symbolum*" (Kassel, Murhardsche Bibliothek, 4° Ms. chem. 33).[1062] Bei den letzten beiden handelt es sich um deutschsprachige alchemistische Fachschriften, deren Untersuchung noch aussteht.

Mit der 1574 von Michael Toxites gedruckten „*Hermetischen Philosophia*" wurde Bernhard von der Mark unter dem Namen Bernardus Trevisanus irrtümlicherweise eine deutsche Übersetzung der „*Dicta de lapide philosophorum*" des Alanus philo-

---

1058 Telle (2001b) Sp. 266
1059 Vgl. Telle (2001b) Sp. 266. Eine Ausgabe der Texte der Handschrift 198 353 findet sich unten in den Kapiteln 9.3. und 9.4.
1060 Vgl. Kurras (1980) S. 43 und Telle (2001b) Sp. 266
1061 Vgl. Rudolf (1978c) Sp. 771f.
1062 Vgl. Rudolf (1978c) Sp. 772

sophus zugeschrieben. Diese falsche Zuschreibung findet sich teilweise auch noch in der jüngeren Forschungsliteratur – so etwa bei Telle.[1063]

4.3.9. Heinrich Domar

Heinrich Domar ist vermutlich der Autor einer im 15. Jahrhundert in deutscher und lateinischer Sprache verfaßten „*Collectanea alchemica*" (Ms.Harley 5403, British Museum London). Der lateinische Text nennt „*Heinricus Domarus de Heildilberg*" (Bl. 97^{v}) als Urheber. Es ist allerdings unklar, ob sich diese Nennung auch auf die davor aufgezeichneten anonymen deutschsprachigen Fachtexte alchemischen und technischen Inhalts beziehen. Klarheit darüber kann nur eine gründliche Untersuchung der Handschrift bringen, was bisher meines Wissens nach noch nicht geschehen ist.[1064]

Heinrich Domar ist identisch mit Heinrich Ditmar von Heidelberg. Diese zunächst von Eis erwogene Identität stützte sich auf Angaben zu einer alchemistischen Handschrift aus dem Besitz von Z.K. von Uffenbach.[1065] Diese Vermutung von Eis konnte Telle erhärten. Ein Vergleich der deutsch-lateinischen „*Collectanea alchemica*" Domars (London, British Library, Ms. Harley 5403) mit Texten von Heinrich Dytmar in der Handschrift Uffenbachs (Hamburg, Staatsbibliothek und Universitätsbibliothek, cod. alchim. 659, Bl. 105^{v}-106^{r}, westmitteldeutsch aus dem 15. Jahrhundert) bzw. von Heinrich Diethtmarus de Heidelberg (Kassel, Murhardsche Bibliothek und Landesbibliothek, 8° Ms. chem. 14, Bl. 9^{r}-15^{v}, lateinisch aus dem 15. Jahrhundert) läßt auf eine Identität der beiden alchemistischen Fachautoren schließen.[1066]

Auch hier fehlen noch genauere Untersuchungen zum alchemistischen Fachschrifttum Heinrich Domars.

4.3.10. Johannes Ediling

Johannes Ediling ist in der deutsch-lateinischen alchemistischen Sammelhandschrift Ms. Harley 5403 (London, British Museum) als Urheber einer alchemistischen Prozeß-Beschreibung überliefert (Bl. 37^{v}-38^{r}). Der von „*Johannes Edilinnge*" verfaßte

[1063] Zur Zuschreibung der „*Hermetischen Philosophia*" an Bernhard von der Mark vgl. Telle (1977b) S. 300f. Allerdings führt Telle die „*Hermetische Philosophia*" in seinem Verfasserlexikon-Artikel über Alanus philosophus richtig als deutschen Druck der „*Dicta de lapide philosophorum*" auf (vgl. hierzu Telle (2001) Sp. 32).

[1064] Vgl. Telle (1980e) Sp. 185

[1065] Vgl. Eis (1960) Sp. 1148. Zur Uffenbach-Handschrift vgl. Bibliotheca Uffenbachiana universalis, Bd. 3, Frankfurt/Main 1730, Nr. 114.

[1066] Vgl. Telle (2002) Sp. 375f.

Text beschreibt einen „*rubeum*-Prozeß", bei dem es um die Gewinnung eines rotfarbigen Pulvers (d.i. der Lapis philosophorum) geht, mit dem man dann eine Projektion auf Silber durchführen können soll, bei der es sich um nichts anderes handelt, als um das Opus minus. „Der Text wurde im 15. Jahrhundert im mittelfränkischen Schriftdialekt aufgezeichnet und ist mit Latinismen durchsetzt."[1067] Da über Ediling aus anderen Quellen bisher nichts bekannt geworden ist, wird man ihn wohl vorläufig als Autor des alchemistischen Fachtextes annehmen müssen.[1068]

4.3.11. Georg Klet

Georg Klet ist der Verfasser von Briefen alchemischen Inhalts aus den Jahren 1496-1506, deren älteste Überlieferung im cpg 797 der Heidelberger Universitätsbibliothek aus dem 16. Jahrhundert vorliegt. Die ältere Forschung nennt als Autor fälschlicherweise Georg Goer,[1069] was auf eine bereits Wille (1903) unterlaufene Verlesung zurückgeht, die auch Ganzenmüller (1935) unabhängig davon unterlaufen ist. Der Name lautet jedoch in Übereinstimmung mit weiteren Überlieferungen auch im von Ganzenmüller untersuchten cpg 797 „*Georg Clet*". Es handelt sich hierbei um den bislang ältesten bekannten deutschsprachigen Erfahrungsaustausch zwischen Alchemisten, der in der Abschrift von elf Briefen Klets auf 55 Folio-Blättern der Heidelberger Papierhandschrift cpg 797 überliefert ist.[1070]

Aus Klets (auch: *Gregorius Clett*, *Clette*, *Jörg Klett*) Briefen läßt sich entnehmen, daß er vor 1496 in Mainz lebte und später nach Bautzen übersiedelte. Er war Lizentiat der Jurisprudenz und in Bautzen als Syndicus[1071] tätig. Nachdem seine Frau und sein Sohn verstorben waren, trat er in Görlitz in den Dienst der Stadt. Dort erwarb der „*licentiatus*" und „*prothonotarius Gregor Clette*" 1497/98 das Bürgerrecht. Unter den Görlitzer Schöppen[1072] wird Klet seit 1497 genannt. Etwa zu dieser Zeit heiratet er Katharina

[1067] Telle (1980f) Sp. 356

[1068] Vgl. Telle (1980f) Sp. 356

[1069] So auch noch Broszinski in seinem Artikel in Bd. 3 des Verfasserlexikons. Vgl. hierzu Broszinski (1981).

[1070] Vgl. Broszinski (1981) Sp. 99 und Telle (1983e) Sp. 1215

[1071] Dem Syndicus, der seit dem 15. Jahrhundert in bedeutenderen Städten auftaucht und ein studierter, meist graduierter Jurist war (weshalb sie oft als 'Doktor' bezeichnet wurden), oblag die Rechtsberatung und die (prozessuale) Rechtsvertretung des Rates und der Stadt sowie die Leitung von auswärtigen Gesandtschaften im Auftrag der Stadt. Das Amt des Syndicus war in der mittelalterlichen Stadt sehr angesehen und mit vielen Vergünstigungen ausgestattet. Es ermöglichte es dem zumeist auswärtigen Amtsinhaber, mit den führenden Familien der Stadt zu verkehren und sogar in diese einzuheiraten. (Vgl. hierzu Kintzinger (1997) Sp. 27)

[1072] Stadtgeschichtlich ist der in den Städten ab dem 12. Jahrhundert greifbare Schöffe (nd. Schöppe) ein Amtstrager, der im Namen der Obrigkeit (Stadt- bzw. Landesherren) die Rechtsprechung wahrnahm. Die Rechtsbefugnis der Schöffen erstreckte sich auf alle Bürger der Stadt und umfaßte im allgemeinen alle Rechtsangelegenheiten, die innerhalb der Stadt und ihrem zugehörigen Territorium an-

Emerich, die Tochter des einflußreichen Görlitzer Bürgermeisters und vermögenden Großkaufmanns Georg Emerich. Anläßlich der Heirat schenkte Emerich seinem Schwiegersohn ein Haus. Dies läßt sich anhand von Archivquellen belegen, die Klet sowohl 1499 als auch 1511 als Besitzer eines Hauses in Görlitz belegen, das von 1493 bis 1496 dem Kaufmann Georg Emerich gehörte. Aus dem Nachlaß Emerichs erhielt er dann noch 1507 das Landgut Hernershof. Klet starb am 7. Februar 1513 in Görlitz an Podagra (d.i. Gicht bzw. Fußgicht).[1073]

Adressat von Klets alchemistischen Briefen war ein ungenannter Alchemist, den Klet als „*Doctor*" und „*Chymicus*" bezeichnet und mit dem ihn eine, wie es scheint, enge Freundschaft verband. Der unbekannte Adressat, der in Mainz wohnhaft war, unterhielt nach Klets Angaben auch Verbindungen mit einem Dr. Lampert und einem weiteren ungenannt gebliebenen Alchemisten. Die Antworten auf Klets Briefe sind leider nicht erhalten geblieben.[1074]

Der Inhalt der Briefe gibt Einblick in die Laborpraxis der korrespondierenden Alchemisten und damit auch Einblick in die Laborpraxis der Zeit. Einen Schwerpunkt bilden Ausführungen über (al-)chemische Verfahren zur Gewinnung des Lapis philosophorum, die teilweise traktatartig ausgearbeitet sind und sich zum Teil auf „Proben experimentell gewonnener und zwischen Klet und seinem Briefpartner ausgetauschter Substanzen beziehen"[1075]. In seinen Briefen warnt Klet häufig entschieden vor „kosten- und zeitraubenden Irrwegen"[1076] auf die manche Verfahren führen können. Prägend für seine Ausführungen war sein Bemühen, eigene Beobachtungen, Erfahrungen und Erkenntnisse auf eine sachlich geprägte Art und Weise mitzuteilen sowie die gegen einen schlichten Autoritätsglauben gerichtete Auffassung, daß das

> „*himmlische Werck mehr in Augenscheynlicher Besichtigung vnd Erfahrung / dann in Abgebung vnnd Ordinirung aller Schrifften / bestehe*" (D, S. 413).[1077]

Dieser Auffassung entspringt dann auch seine kritische Haltung gegenüber manchen alchemischen Schriften. So etwa, indem er „*alle vnnůtze Geschwåtz vnd Lůgen*" des Frater Ulmannus im „*Buch der Heiligen Dreifaltigkeit*" sowie die theorica der „*modi practicandi*" des Pseudo-Raimundus Lullus als „*lauter Fabel: Lappen vnd Lůgenwerck*" attackiert. Auf der anderen Seite hebt der belesene Klet in lobenden Zitaten den Traktat „*Von der Multiplikation*" des Pseudo-Thomas von Aquin, das „*Nisi granum frumenti*" und andere alchemische Schriften hervor oder aber er empfiehlt sie dem Adressaten seiner Briefe zur Lektüre. Daneben zitiert er in seinen Ausführungen

fielen. (Vgl. hierzu Boone (1995) Sp. 1516)

[1073] Vgl. Telle (1983e) Sp. 1215f.

[1074] Vgl. Broszinski (1981) Sp. 99 und Telle (1983e) Sp. 1216

[1075] Telle (1983e) Sp. 1216f.

[1076] Telle (1983e) Sp. 1217

[1077] Telle (1983e) Sp. 1217

zahlreiche Autoritäten von Plato bis Johannes Tecinensis und einen sonst nicht bekannten „*juvenis expertus Kaltoff*".[1078]

Diese Art der kritischen Haltung gegenüber den Autoritäten und seine sachliche, auf Erkenntnis beruhende Sprache zeigen schon, daß sich Klet bereits auf dem Weg zur frühneuzeitlichen (Al-)Chemie, der sogenannten Alchymie, befand.

Neben Literaturempfehlungen finden sich gelegentlich auch Bitten um eine Abschrift der „*Aurora consurgens*", des „*Tabula Smaragdina*"-Kommentars des Martianus Hortulanus und anderer Fachschriften. Die in Klets Briefen erwähnte Fachliteratur gibt Aufschluß darüber, welche alchemistische Fachliteratur um 1500 im deutschen Kulturgebiet von den Alchemisten tatsächlich rezipiert wurde und zeigt auch mögliche Wege der Literaturdistribution auf.[1079] Daneben gibt der Briefwechsel Georg Klets aber auch Hinweise darauf, daß man sich die Alchemisten tatsächlich als vorwiegend in der Stadt Tätige vorstellen muß.[1080]

Aus der Überlieferung der Klet'schen Briefe läßt sich ableiten, daß seine Briefe bei frühneuzeitlichen Alchemisten durchaus Beachtung fanden, und zwar insbesondere bei praxisorientierten Rezipienten, wie ein Schreibervermerk im Münchener cgm 3741, Bl. 352^{v} zeigt:[1081]

> „*Die obgemelte kunst* [Klets, d.V.] *haben mayster Johan Mantz vnd ich mit vnserm eignen verstandt erfunden vnd* [...] *weren* [...] *vberauß reich worden.*"[1082]

Ob folgende alchemistische Fachtexte auf Klets Schriften zurückgehen, ist ungeklärt:

1. „*des Kletten Werckh*", das in einem Brief an F. Kretschmer, den Bergwerksverwalter von Goldkronach, erwähnt wird, der im Auftrag von Kaiser Rudolf II. 1596 geschrieben wurde.[1083]
2. „*Tractatus Doctoris Klets de lapide Philosophorum, MS. in Anglia, apud D. (Theodore Turquet) de Mayerne Medicum*", der bei Borellius, erwähnt wird.[1084]
3. „*Ein warhafftiger Baum vom Jörge Clett*", das bei Becher abgedruckt ist.[1085]

Klet selbst erwähnt noch eine Schrift, die er als „*mein Bůchlein*" bezeichnet (D, S. 443). Dabei könnte es sich um ein heute verschollenes Werk Klets handeln,[1086] das vielleicht den Hintergrund für die soeben erwähnten Werke bilden könnte.

1078 Vgl. Broszinski (1981) Sp. 99 und Telle (1983e) Sp. 1217
1079 Vgl. Telle (1983e) Sp. 1217
1080 Vgl. Buntz (1970) S. 175; Assion (1973) S. 87f.; Haage (1988) S. 280f. und Haage (1996) S. 60
1081 Vgl. Telle (1983e) Sp. 1217
1082 Telle (1983e) Sp. 1217
1083 Vgl. Murr (1805) S. 50
1084 Vgl. Borellius (1656) S. 123
1085 Vgl. Becher (1726) S. 399

4.3.12. Heinrich von Hall / Heinrich Kudorfer (Kudorff)

Über das Leben Heinrichs von Hall ist nichts bekannt, jedoch läßt sich aus der Überlieferung auf einen Alchemisten schließen, der in der ersten Hälfte des 15. Jahrhunderts im mitteldeutschen Raum wirkte. Er verfügte über Kenntnisse auf dem Gebiet des Salpetersiedens bzw. der Salpeterläuterung und hat sich möglicherweise mit Aufgaben der Büchsenmeisterei beschäftigt. Es spricht einiges dafür, daß Heinrich von Hall identisch ist mit Heinrich Kudorfer, einem um 1420/28 in Hall literarisch tätigen Alchemisten.[1087]

Heinrich Kudorfer war ein Alchemist, der zu Beginn des 15. Jahrhunderts wahrscheinlich im mitteldeutschen Sprachgebiet tätig war. Was wir über Kudorfers Leben und literarisches Wirken wissen, stammt aus einer Nachricht über ihn aus dem 1606 in Frankfurt veröffentlichten „*Examen sententiae Parisiensis scholae contra Alchymiam latae*“ des Andreas Libavius.[1088] Der lateinische Text gibt folgende Auskunft über Heinrich Kudorfer:[1089]

> „*Ita Anno 1421. Alchymiam descriptam vetere libro exhibuit Henricus Khudorfer in eoque versiculos quosdam suos proposuit. Habebat autem ille liber, vti his oculis vidi, annum millesimum vicesimum octavum.*“[1090]

Es scheint sich hierbei um den gleichen Heinrich Kudorfer zu handeln, von dem im handschriftlichen „*Catalogus librorum chemicorum ex Bibliotheca D: Erasmi Kupfermannj Abbatis Breitingensis*“[1091] aus der ersten Hälfte des 17. Jahrhundert eine Sammlung alchemischer Schriften verzeichnet ist:

> „*Catalogus authorum contentorum in magno libro transcripto & congesto per Johannem Kudorff in Hall 1420 & 21.*“[1092]

Aufgrund des Zusatzes, daß Kudorfer in den Jahren 1420/21 in Hall alchemisch tätig war, wird vermutet, daß er als Person identisch ist mit dem Alchemisten Heinrich von Hall.[1093]

Als alchemistischer Fachautor ist Kudorfer bisher nur in den „*Secreta collecta per M. Henricum Kudorff*“[1094] aus dem 15. Jahrhundert und in einer Zeichnung des alchemi-

---

[1086] Vgl. Telle (1983e) Sp. 1217f.
[1087] Vgl. Telle (1981) Sp. 744
[1088] Der Text ist enthalten in Andreas Libavius' „*Commentariorum alchymiae pars prima*“, das 1606 von J. Saur für P. Kopf in Frankfurt gedruckt wurde.
[1089] Vgl. Telle (1985a) Sp. 409
[1090] Telle (1985a) Sp. 409
[1091] Kassel, Murhardsche Bibliothek und Landesbibliothek, 4° Ms. chem. 59, 2, Bl. 95^r-102^v.
[1092] Kassel, Murhardsche Bibliothek und Landesbibliothek, 4° Ms. chem. 59, 2, Bl. 101^v.
[1093] Vgl. Telle (1985a) Sp. 409
[1094] Wolfenbüttel, Herzog-August-Bibliothek, cod. Helmst. 433, Bl. 294^v.

schen Prozesses greifbar. Letztere kommentierte Andreas Libavius in seinem „*De lapide philosophorum*“[1095] von 1606 und fügte dem Bild folgenden Vermerk bei:

> „*Typus artis avrificae sev lapidis, per Henricvm Kvhdorfervm, anno Christi 1421.*“[1096]

Der Umfang von Heinrichs von Hall literarischer Tätigkeit ist ungeklärt. Nachzuweisen ist *Heinricus de Hallis* bisher nur als Verfasser des kurzen Textes „*Von Salniter*“ (cod. alchem. 659 Bl. 234[r/v], SB und UB Hamburg), einer Anweisung zur Herstellung von gereinigtem Salpeter (*sal niter*) – also zur Salpeterläuterung – einem Grundbestandteil des Schießpulvers. Der Text wurde von einem unbekannten Schreiber des 15. Jahrhunderts in mitteldeutschem Schreibdialekt aufgezeichnet.[1097]

Im Erscheinen des Textes in einer Handschrift alchemistischen Inhalts zeigt sich die enge fachliche Verflechtung der spätmittelalterlichen Alchemie mit der Büchsenmeister- und Feuerwerkskunst. So wird „*Von Salniter*“ auch von Texten über die „Herstellung von Schießpulver, '*fewer geschoß*' u.a. büchsenmeisterlichen Fertigkeiten (234[r]-239[v])“[1098] flankiert, für die eine mögliche Autorschaft Heinrichs von Hall noch zu überprüfen ist.[1099]

Die Themenverwandtschaft rückt den gesamten Textkomplex in die Nähe des seit 1529 gedruckten Buches „*Vonn Büchsen geschoß / Puluer / Fewerwerck*“ (Feuerwerksbuch von 1420), das über eine reiche handschriftliche Überlieferung verfügt.[1100]

4.3.13. Isaak

Ein Alchemist mit Namen Isaak gilt als Autor eines Werkes alchemistischen Inhalts, das in einer Abschrift aus der zweiten Hälfte des 15. Jahrhunderts erhalten ist (Wien, cod. 3025 (Med. 222), Bl. 35[v]-44[v]). Der mit bairisch-österreichischen Dialektmerkmalen versehene Text beginnt mit der Überschrift:

> „*Das ist das puch das ysak seinem Sun gesandt hat von wabilon̄ der mercur(i)us junger ist gebesen.* Inc.: *Gebers rasis* [!] *spricht das sind dj viij stain.*“[1101]

[1095] Enthalten ist Libavius' „*De lapide philosophorum*“ in dem von J. Saur für P. Kopf 1606 in Frankfurt gedruckten „*Commentariorum alchemiae pars secunda*“. Dort findet sich auf S. 53 Kudorfers Zeichnung des alchemischen Prozesses und auf S. 52 der von Libavius dazu verfaßte Kommentar.
[1096] Vgl. Telle (1985a) Sp. 409
[1097] Vgl. Telle (1981) Sp. 744f.
[1098] Telle (1981) Sp. 745
[1099] Vgl. Telle (1981) Sp. 745
[1100] Vgl. Telle (1981) Sp. 745
[1101] Telle (1983) Sp. 423

In einem ersten stoffkundlichen Abschnitt gibt der Text in knapp gefaßten Ausführungen Auskunft über die alchemischen Eigenschaften bzw. Tugenden von:

1. *zedon/mercosita/wismad*
2. *mercurius*
3. *tucia/calmej*
4. *smachites* (< *haematites*?)
5. *bolus armenus*
6. *vitr(i)ollum/atrament*
7. *sall peter*
8. *allawn.*

Daneben werden drei weitere „*wesenlich stain*“ beschrieben, nämlich „*sulphur*“, „*arsenicus*“ und „*mercurius*“, weshalb die von Menhardt für den ganzen Text gebrauchte Bezeichnung „Buch von den acht Steinen“ mißverständlich ist.[1102]

Der zweite Abschnitt des Isaak-Textes enthält aus den „*sprüchen der maister*“ zusammengestellte Ausführungen über die theoretischen und praktischen Aspekte des „*werchs*“ (Opus alchemicum) und über die Gewinnung eines Elixiers, bei dem es sich – nach meinem Dafürhalten – aufgrund der dafür verwendeten arkansprachlichen Bezeichnungen „*tinctur*“, „*stain*“ und 'König' nur um den Lapis philosophorum bzw. die Panazee handeln kann.[1103]

Der Verfasser des Textes scheint nur eine geringe Eigenständigkeit aufzuweisen. Er hat die „*Turba philosophorum*“ („*puch der turben*“) und die „*Summa perfectionis*“ des Geber latinus benutzt. Das genaue Beziehungsgeflecht zwischen diesen beiden Schriften und dem Isaak-Text ist jedoch noch nicht genauer untersucht worden und harrt weiterhin einer Bearbeitung. Inwieweit der Text in Beziehung zu lateinischen Isaak-Schriften alchemistischen Inhalts steht[1104] – wie es aufgrund der Autorenangabe naheliegend scheint – muß ebenfalls noch überprüft werden. Es wäre somit auch nicht auszuschließen, daß es sich bei dem Isaak-Text des Wiener cod. 3025 um eine Bearbeitung bzw. Übersetzung einer lateinischen Vorlage handelt (unabhängig davon, ob ein lateinischer Isaak-Text zugrunde lag oder nicht).[1105]

[1102] Vgl. Menhardt (1960-61) Bd. 2, S. 806 und Telle (1983) Sp. 423
[1103] Vgl. Telle (1983) Sp. 423f.
[1104] Vgl. hierzu Thorndike/Kibre (1963)
[1105] Vgl. Telle (1983) Sp. 424

4.3.14. Johannes von Kassel

Johannes von Kassel wird als Verfasser einer „*practica*" überliefert, die in zwei Fassungen erhalten ist.

A – London, British Library, Ms. Harley 5403, Bl. 100^r-101^v. Der hier überlieferte mittelfränkische Text aus dem 15. Jahrhundert beginnt mit dem Incipit: „*Man sal nemen mercurium den sal man reine purgiren mit salcze*"[1106].

B – Leiden, Universitätsbibliothek, cod. Voss. chem. Q. 13, Bl. 64r-70v aus dem Jahr 1526. Der hier überlieferte bairisch geprägte Text beginnt mit der Überschrift: „*Das ist das Recht werich das doctor Joanes von Khassel aus burgundia ainem hertzoge laborie[r]tt hatt*"[1107].

Der im Londoner Text als *Johannis de Cassil* bezeichnete Verfasser hat wohl im 15. Jahrhundert gelebt. Inwieweit die biographischen Angaben der Leidener Fassung B – nämlich, daß Johannes von Kassel ein „*doctor*" sei und am Hof eines burgundischen Herzogs praktiziert habe – stimmen, bedarf noch der Absicherung aus anderen Quellen.[1108]

Der Text selbst enthält Anweisungen zur Herstellung von Legierungen („*amalgama*", „*amalgamatum*"), d.h. zur Amalgamierung von Metallen auf der Basis von Blattsilber, Gold und Quecksilber. Mit dem dargebotenen Wissen zeigt Johannes von Kassel „handwerklich-metallurgische Fachkenntnisse, die insbesondere zum Wissensschatz von Alchemisten, Gold- und Silberschmieden gehörten."[1109]

Dies zeigt einmal mehr, wie stark die Alchemie in verwandte Fachgebiete hineinwirkte und umgekehrt auch von diesen beeinflußt wurde, d.h. die Fachleute der unterschiedlichen Gebiete durch den Austausch von Fachwissen sich gegenseitig befruchteten.

Einige Bemerkungen in der Fassung B („*ich geben hab auss khaysserlich beuelich* [für den Text, d.V.] *trecentes ducatos*" [Bl. 64^r] und „*per me Arbertum probatum*" [Bl. 70^v]) geben einen Hinweis darauf, daß Johannes' „*practica*" bei den metallurgisch-alchemisch, praktisch tätigen Fachleuten des ausgehenden Mittelalters ein nicht unbeträchtliches Ansehen genoß.[1110]

[1106] Telle (1983b) Sp. 651
[1107] Telle (1983b) Sp. 651
[1108] Vgl. Telle (1983b) Sp. 651f.
[1109] Telle (1983b) Sp. 652
[1110] Vgl. Telle (1983b) Sp. 652

4.3.15. Johann von Schönbrunn

Johann von Schönbrunn wird als Verfasser zweier alchemischer Traktate im Wiener cod. 5224 (Bl. 123^r-134^v und Bl. 168^r-173^v) genannt, einem alchemistischen Codex aus ostalemannischem Mundartgebiet, worin ihm ein Magistertitel zugeschrieben wird. Beide Texte empfehlen Quecksilbersulfid (Zinnober) als Ausgangsstoff für das praktische alchemische Werk, weswegen beide Traktate als „Zinnoberpraktik" bezeichnet werden:

a) „*Von zinober* [Bl. 123^r] [...] *HIe enndet sich die pratick de Magistro Iohanne von Schőnbrunn de zinobrio* [Bl. 128^r]"

b) „*Ain Ander pratick von dem zinober. HIe vahet an die pratick des Herren von Schőnbrunn von dem Zinober* [Bl. 128^v]".[1111]

Die beiden Texte sind von verschiedenen Schreibern zu Beginn des 16. Jahrhunderts aufgezeichnet worden, die dafür wahrscheinlich eine identische Vorlage benutzten, in der die beiden Zinnoberpraktiken unmittelbar aufeinander folgten. Der Verfasser, Johann von Schönbrunn, weiß mit der Fachsprache geschickt umzugehen und übernimmt lateinische Termini häufig als Lehnwörter ins Deutsche – z.B. „*granuliern*" oder „*augmentiern*". Der Zinnober wird von ihm teilweise als Ausgangsstoff für die Herstellung von Goldfarbe verwendet.[1112]

4.3.16. Johannes Karpf

Johannes „*Karpff de Nierenberg*" wird als Verfasser eines Verfahrens zur Vergoldung von „*kupffer lamel*" genannt, das sich in einer Handschrift alchemischen Inhalts befindet die im 15. Jahrhundert vermutlich in Nürnberg entstanden ist (Wolfenbüttel, Herzog-August-Bibliothek, cod. 17.17. Aug. 4°, Bl. 137^v). An den kurzen Text schließen sich zwei Arbeitsanweisungen zur Kupferveredelung an, eine zur Kupfervergoldung und eine zur Kupferversilberung (Bl. 137^v-138^v), die mit hoher Wahrscheinlichkeit ebenfalls von Johannes Karpf stammen. Die rezeptartigen und in sachlich-unverdeckter Sprache verfaßten Texte deuten darauf hin, daß Karpf vermutlich ein Praktiker mit ausgeprägten technisch-metallurgischen Fachkenntnissen war. Er könnte im Nürnberg des 15. Jahrhunderts im metallverarbeitenden Gewerbe tätig gewesen sein, worauf auch die Ortsbezeichnung „*Nierenberg*" in der Wolfenbütteler Handschrift hinweisen würde.[1113]

[1111] Vgl. Menhardt (1960-61) Bd. 2, S. 1113
[1112] Vgl. Keil (1983b) Sp. 737
[1113] Vgl. Telle (1983d) Sp. 1046

4.3.17. Vinzenz Kofski

Der Name Vinzenz Kofski (auch: Koffskhy, Koffsky, Khoffski, Koffsckius, Koffskhius) verbindet sich in der internationalen wie polnischen Literaturgeschichte mit einem Autor alchemischer Fachschriften („*Von der Tinkturwurzel*"[1114] und „*Hermetische Schriften*"[1115]), der 1488 in Danzig gestorben sei. Es gilt allerdings fast als sicher, daß es sich bei dem berühmten spätmittelalterlichen Alchemisten – ähnlich wie bei Basilius Valentinus – um eine frühneuzeitliche Legendenbildung im deutschen Kulturgebiet handelt.[1116]

Was wir über den Verfasser Vinzenz Kofski und die Entstehung seines Werkes wissen, stammt aus einem zweifelhaften Fundbericht, der in vier Fassungen vorliegt: Fundbericht-Fassung A vom Ende des 16. Jahrhunderts, die A nahestehende Fassung A^1 von 1608, Fundbericht-Fassung B von 1612 und die Fassung B^1 ebenfalls von 1612. Demzufolge war der in Posen geborene Kofski ein Dominikaner in Danzig, der am 3. Mai 1488 die Schrift „*verlassen*" habe (nach Fassung A und A^1) bzw. an diesem Tag gestorben sei (nach Fassung B, die sich auf ein Klosterdiarium beruft, und nach B^1). Er soll seine „*Hermetischen Schriften*" 1478 im Kreuzgang des Klosters eingemauert haben,[1117] wo sie ein Klosterprior mit Namen Paul am 14. August 1585 (nach Fassung A) bzw. am 14. August 1588 (nach Fassung A^1 und B) gefunden habe. Nach der Fassung B^1, die keine Angaben über einen Finder macht, wurden die Schriften bereits im Jahr 1560 entdeckt.[1118]

Die Angaben aus den 'Fundberichten' lassen sich allerdings nicht durch andere Zeugnisse über Vinzenz Kofski absichern. Vom Aufbau und der Art der Darstellung ähnelt der Fundbericht den „Fundlegenden der hermetisch-alchemischen Literatur"[1119], woraus sich schließen läßt, daß der Verfasser des Fundberichtes sogenannte 'Testamente'

[1114] Überlieferung: **Handschrift**: Wien, cod. 11347 (Rec. 1387), Bl. 132^r-145^v vom Ende des 16. Jahrhunderts mit dem Titel „*Tractatus de lapide philosophorum et medicina eorundum*" verfaßt von einem V. *Käofski* (der Text enthält Fundbericht-Fassung A). **Drucke**: „*Ein [...] Bericht / von der ersten Tincturwurzel / vnd auch MATERIA PRIMA deß [...] Steins der Weisen*" In: „*Thesaurinella Olympica aurea tripatita*" hrsg. von B. Figulus, Frankfurt 1608, Teil I, Tractat 3, S. 46-55 (der Text enthält die Fundbericht-Fassung A^1). Zur weiteren Überlieferung vgl. im Anhang.

[1115] Überlieferung: **Handschriften**: 1. Hamburg Stadt- und Universitätsbibliothek, cod. alchem. 556 aus dem 17. Jahrhundert mit dem Titel „*Unterricht vom großen Elixier*", datiert auf 1478 (der Text enthält die auf das Jahr 1612 datierte Fundbericht-Fassung B von F.J.C.T.G., der sich selbst als Übersetzter des lateinischen Originalmanuskriptes nennt). 2. Hamburg Stadt- und Universitätsbibliothek, cod. alchem. 557, Bl. 1^r-43^v, aus dem 17. Jahrhundert mit dem Titel „*Vom Stein der Weisen*", Teil II, datiert auf 1479. **Druck**: „*Hermetische Schriften*", Teile I/II, Nürnberg 1786, 119 Seiten (das Titelbild wird auf 1478 datiert und der Text enthält den auf 1612 datierten Fundbericht-Fassung B^1. Daneben bezeichnet sich erneut F.I.C.T.G. als Übersetzer des Kofskischen Originalmanuskriptes). Zur weiteren Überlieferung vgl. im Anhang.

[1116] Vgl. Telle (1985) Sp. 10f.

[1117] Die Jahresangabe findet sich nur in der Fassung B.

[1118] Vgl. Telle (1985) Sp. 12

[1119] Telle (1985) Sp. 12

alchemischen Inhalts von pseudonymen oder anonymen Fachautoren kannte. Bedenkt man nun noch, daß es in der frühneuzeitlichen alchemistischen Fachliteratur nicht unüblich war, die Urheber alchemistischer Schriften zu mystifizieren – man denke bspw. an die Schriften des Basilius Valentinus oder die mannigfaltigen Pseudo-Paracelsica – so kann man davon ausgehen, daß der Name Kofski ein Pseudonym ist. Ganz ausschließen kann man die Existenz Kofskis aber nicht, da sich der Name „*Kofski*" bzw. „*Goski*" im deutsch-polnischen Kulturgebiet durchaus nachweisen läßt.[1120]

Zu Kofskis Schriften ist zu sagen, daß der Traktat „*Von der Tinkturwurzel*" auch in den „*Hermetischen Schriften*" enthalten ist (1. Buch von Teil I). Ich gehe hier mit Telle konform, daß es sich bei den „*Hermetischen Schriften*" um eine vollständige Fassung von Kofskis Werk handelt, und nicht, wie Buntz meint, um eine Bearbeitung und nachträgliche Erweiterung des Traktates „*Von der Tinkturwurzel*".[1121]

Man kann aufgrund der Legendenbildung um den Verfasser Vinzenz Kofski davon ausgehen, daß seine Schriften ursprünglich in deutscher Sprache verfaßt wurden, vor allem auch deshalb, weil eine lateinische oder gar polnische Überlieferung der Texte nicht bekannt ist.[1122]

Inhaltlich beschäftigen sich Kofskis „*Hermetische Schriften*" mit der Gewinnung der prima materia und den Möglichkeiten ihrer chemischen Behandlung. Das Ziel der praxisorientierten Labortätigkeit ist es, aus der prima materia eine transmutationsfähige und humanmedizinisch wirksame Tinktur zu gewinnen – also den Lapis philosophorum bzw. die Panazee. Sprachlich kennzeichnend sind Verquickungen und Analogien von alchemischem Gedankengut mit christlich-theologischer Lehre – ähnlich wie im „*Buch der Heiligen Dreifaltigkeit*". Daneben fällt der Gebrauch von Decknamen, eine ausgeprägte Farbensymbolik und die Verwendung von Allegorien auf. Der Text ist also arkansprachlich geprägt. Der Höhepunkt der allegorischen Darstellungen wird im Abschnitt „*Von der Tinkturwurzel*" in der Beschreibung der chymischen Hochzeit (d.i. die coniunctio des Opus alchemicum) von König und Königin erreicht. Auffallend ist weiterhin, daß sich eine Assimilation der paracelsischen Prinzipienlehre (die Trias Mercurius-Sulphur-Sal, die auf die arabische Körper-Geist-Seele-Lehre zurückgeht) ebenso nachweisen läßt wie der Gebrauch zahlreicher Fachausdrücke, die im allgemeinen erst in der paracelsistisch geprägten Fachliteratur des 16. Jahrhunderts zu finden sind. Betrachtet man diesen Umstand gemeinsam mit der oben beschriebenen Überlieferungslage so deutet alles auf eine Entstehung der Kofski-Schriften in der zweiten Hälfte des 16. Jahrhunderts hin.[1123]

[1120] Vgl. Telle (1985) Sp. 12. Zur Existenz des Namens Kofski vgl. Hubicki (1956).
[1121] Vgl. Buntz (1970) S. 179 und Telle (1985) Sp. 11
[1122] Vgl. Telle (1985) SP. 13
[1123] Vgl. Telle (1985) Sp. 13

Diese Datierung steht unabhängig von einer fehlerhaften Auffassung Hubickis. Hubicki ging davon aus, daß der gedruckten Fassung des Traktats „*Von der Tinkturwurzel*“, die in der 1608 von Figulus gedruckten „*Thesaurinella Olympica aurea tripartia*“ enthalten ist, ein Traktatkommentar folge, den er auf eine Entstehungszeit um 1600 datierte. Dabei handelt es sich jedoch um die Allegorie des Alphidius, die bereits in Lamsprings Vers-Bild-Traktat „*Vom Stein der Weisen*“ aufgenommen wurde.[1124]

4.3.18. Martin (und Wilhelm)

Hinter dem Namen Martin verbirgt sich ein Alchemist des 15. Jahrhunderts, der auch in Diensten „*Keyser Friderichs / Hertzogen zů Osterreich*“ stand. Nach Angabe von Ulrich Ellenbog in einer Notiz von 1467 im Codex Vadianus 429[1125] fand diese Tätigkeit für Kaiser Friedrich III. (1440-1493) im Jahr 1464 statt. Martin soll sowohl den Magister- als auch den Doktortitel geführt haben („*in decretis doctor*“) und stand in dem Ruf ein „*maximus alchimista*“, also ein großer Alchemist, zu sein, der über besondere Kenntnisse auf dem Gebiet der Silber-Augmentation (d.h. der Silbermehrung) verfügt zu haben scheint.[1126]

Der Name des Alchemisten Martin ist in seiner Verwendung in der Forschungsliteratur problematisch, da sich hier viele verschiedene Namen auf die gleiche Person beziehen. Eis benutzt den Namen 'Wilhelm Martin', aufgrund der verschliffenen Wendung „*Meister Wilhelm Martini Kunst*“ im Codex Allerheiligen 3 der Landesbibliothek Karlsruhe.[1127] Paisey spricht von einem 'Wilhelm von Martin', wobei er sich auf das gedruckte „*Kunstbůchlein*“ (siehe Überlieferung) aus dem 16. Jahrhundert bezieht,[1128] und Schnitzlein führte mit 'Wilhelm Martin' und 'Martin Wilhelm' gleich zwei weitere Namen in die Alchemiegeschichte ein.[1129] Über den Namen gab es schon sehr früh Unsicherheit, wie eine Aussage aus dem Codex Vadianus 429 (Bl. 173r) belegt:

> „*Hec Magister W[i]lhelmus, credo Martinus, a[l]chemista imperatoris Friderici*“.[1130]

Betrachtet man diese Aussage im Zusammenhang mit der oben bereits erwähnten Notiz Ellenbogs, die ebenfalls aus dem Codex Vadianus 429 stammt, so kann keiner der oben angegebenen Namen ('Wilhelm Martin', 'Wilhelm von Martin', 'Wilhelm M.'

[1124] Vgl. Telle (1985) Sp. 13. Zur Allegorie des Alphidius und zu Lamsprings Vers-Bild-Traktat siehe oben in den Kapiteln 4.2.17. und 4.3.5.2.

[1125] St. Gallen, Stadtbibliothek (Vadiana), cod. Vad. 429, Bl. 92v.

[1126] Vgl. Telle (1987) Sp. 141

[1127] Vgl. Eis (1971) S. 408

[1128] Vgl. Paisey (1980) S. 115

[1129] Vgl. Schnitzlein (1984) S. 30

[1130] Telle (1987) Sp. 142

sowie 'M. Wilhelm') wirklich zutreffen. Vielmehr scheint es so zu sein – wobei ich mit Telle übereinstimme – daß der überlieferte Text auf die gemeinsame Tätigkeit von zwei Alchemisten zurückgeht, nämlich die der „*Magister Wilhelmen vnd Martin*".[1131]

Der so unter dem Namen der Alchemisten Martin und Wilhelm überlieferte Fachtext enthält eine Anleitung zur Gewinnung eines „Silbersurrogates auf Basis von Quecksilber" und beginnt mit folgendem Incipit:

> „*Mercurium arbeyten vnd hertten dz er sich hemmeren / gießen vnd arbeyten leßt* [...] *Auß welichem Silber er* [d.i. Kaiser Friedrich III., d.V.] *vnnzehliche Bilder zů Wien und zůr Newen statt / in Osterrich hatt machen lassen.*"[1132]

Der alchemistische Fachtext der kaiserlichen Alchemisten Martin und Wilhelm wird vornehmlich in Textsammlungen überliefert, die Anweisungen zur Metallbearbeitung enthalten und für Handwerker, Färber und Alchemisten gedacht waren. Insbesondere durch die Aufnahme des Textes in den gedruckten Fachtext „*Rechter Gebrauch der Alchimei*" von 1531, der wiederum als Aufbauteil des „*Kunstbůchlein*" diente, das erstmals 1535 und danach sehr häufig gedruckt wurde, wurden die Lehren von Martin und Wilhelm von den frühneuzeitlichen Alchemisten ständig rezipiert, so daß man von einer starken Wirkung ihrer Fachschrift – zumindest in der frühen Neuzeit – ausgehen kann.[1133]

4.3.19. Johannes Münich von Ochsenfurt

Johannes Münich von Ochsenfurt ist aufgrund einer Namensangabe im Münchener cgm 309, Bl. 124^v („*Johanes münich von ochsen furt*") von Eis in die Literaturgeschichtsschreibung eingeführt worden. Außer dem Namen ist sonst nichts über Johannes Münich von Ochsenfurt bekannt. Aber auch aus dem Namen läßt sich nur recht wenig ableiten, denn „*münich*" könnte sowohl Johannes' Familienname gewesen sein, als auch eine Standesbezeichnung (Mönch). Auch die Ortsbezeichnung Ochsenfurt (bei Würzburg) bringt keine genaueren Erkenntnisse, da es sich dabei um Johannes' Wohnort sowie seinen Herkunftsort bzw. den seiner Familie handeln könnte. Als gesichert kann nur gelten, daß es sich bei Johannes Münich von Ochsenfurt um einen Alchemisten handelt, der spätestens in der zweiten Hälfte des 15. Jahrhunderts vermutlich im bairisch-fränkischen Sprachgebiet tätig war.[1134]

[1131] Vgl. Telle (1987) Sp. 142
[1132] Telle (1987) Sp. 142
[1133] Vgl. Telle (1987) Sp. 143
[1134] Vgl. Telle (1987c) Sp. 778f.

Sein Name erscheint in einer deutschsprachigen Sammlung alchemischer Fachschriften, die vor der Mitte des 15. Jahrhunderts von Gotthard Hartlieb[1135] niedergeschrieben wurde.[1136] Die Johannes Münich von Ochsenfurt darin zugeschriebenen Texte[1137] sind in einem rezeptartigen Stil verfaßt, wobei man die Sprache als aperte, d.h. als offene, nicht verdunkelnde Rede, beschreiben kann. Das Ziel der praxisorientierten Texte ist die Gewinnung einer „*medicin*" mit deren Hilfe unedle Substanzen innerhalb des alchemischen Werkes in Silber bzw. Gold transmutiert werden können. Das Bestreben richtet sich somit auf die Gewinnung des Lapis philosophorum. An diese rezeptartigen Ausführungen aus der alchemistischen Praxis schließt sich noch ein Traktat Johannes Münichs an, der auf Bl. 126^{r} des cgm 309 mit dem Incipit „*[D]er alt schreibt jn seinem buch vnser swefel ist nit der leyenn sweffel*" beginnt. Dieser Text stellt ein Kompilat aus Senior Zadiths (d.i. Mohammed ibn Umail) „*Tabula chemica*"[1138], der „*Turba philosophorum*" und anderer lateinischer Hauptwerke der spätmittelalterlichen Alchemie dar. An ihm läßt sich somit sehr schön der Übergang des lateinischen Fachschrifttums der Alchemie in deutschsprachige Fachliteratur bezeugen. Es ist allerdings einschränkend noch zu erwähnen, daß Johannes Münichs Anteil an diesen Schriften nicht genau bezifferbar ist.[1139]

4.3.20. Nikolaus von Birkenfeld

Nikolaus von Birkenfeld ist der Verfasser von zwei alchemistischen „*Experimenta*" aus dem 14. Jahrhundert. Seit dem Jahre 1360 ist ein *dominus* Nikolaus von Birkenfeld urkundlich nachweisbar und ist von 1372 bis 1391 als „*custos*" des Klosters Münstermaifeld („*Meynefelt*") bezeugt. Er starb am 3. November 1391.[1140]

Nikolaus gehörte einem vornehmlich aus Geistlichen bestehenden praktisch-alchemisch tätigen Kreis an, der, nach Angabe des Codex Harley 5403 der British Library in London, im 14. Jahrhundert und im beginnenden 15. Jahrhundert im Gebiet von Eifel und Hunsrück tätig war.[1141]

Als alchemistischer Fachautor scheint Nikolaus von Birkenfeld in zwei rezeptartigen „*Experimenta*"-Texten auf, die einen alchemistisch-verfahrenstechnischen Inhalt bie-

[1135] Bei Gotthard Hartlieb handelt es sich mit großer Sicherheit um den Sohn des Arztes Johannes Hartlieb. Gotthard Hartlieb ist als Tölzer Landrichter urkundlich bezeugt.
[1136] München, Bayerische Staatsbibliothek, cgm. 309, Bl. 99^{v}-129^{v}.
[1137] München, Bayerische Staatsbibliothek, cgm. 309, Bl. 124^{r}-125^{v}.
[1138] Zu Senior Zadith siehe auch oben in Kap. 4.2.11. Die „*Tabula chemica*" erscheint auch häufig unter dem Titel „*De chemica*"
[1139] Vgl. Telle (1987c) Sp. 779
[1140] Vgl. hierzu Hallauer (1982) S. 54
[1141] Vgl. Telle (1987e) Sp. 1046f.

ten. Bei den in unverdeckter Rede verfaßten Texten handelt es sich um Anweisungen zum Scheiden (trennen) von Gold und Silber („*ad seperandum aurum ab argento*"). Überliefert werden die Texte im Londoner Codex Harley 5403[1142] aus der ersten Hälfte des 15. Jahrhunderts in lateinischer Sprache (Bl. 102^{v}) und im mittelfränkischen Schreibdialekt (Bl. 103^{v}-104^{r}). Die beiden „*Experimenta*" werden von thematisch eng verwandten anonymen Fachschriften eingerahmt, die möglicherweise auch aus der Feder von Nikolaus von Birkenfeld stammen könnten. Inwieweit Nikolaus in seine Texte eigene praktische Erfahrungen einfließen ließ oder aus der umfänglichen alchemistischen Practica-Literatur des 14. Jahrhunderts schöpfte, ist noch unklar. Fest steht allerdings, daß Nikolaus von Birkenfeld ein Anhänger der praxisorientierten und metallurgisch geprägten Alchemie war, was sich aus den von ihm überlieferten Fachschriften zweifelsfrei ablesen läßt.[1143]

4.3.21. Nikolaus von Paris – der Traktat „*Von silber unde von golde*"

Der in der Überlieferung als 'Magister' bezeichnete Nikolaus von Paris wird dort als Verfasser des alchemistischen Traktats „*Von silber unde von golde*" genannt. Ein Magister oder Meister Nikolaus von Paris ist bisher mit keinem bekannten Alchemisten des Namens Nikolaus gleichzusetzen, noch ist es bislang gelungen, Nikolaus von Paris als historische Person greifbar zu machen. Der Traktat „*Von silber unde von golde*" wird in zwei ostmitteldeutschen Handschriften des 15. Jahrhunderts überliefert:

1. Nürnberg, Germanisches Nationalmuseum, Hs. 9715, Bl. 12^{r}-14^{r} und
2. Nürnberg, Germanisches Nationalmuseum, Hs. 198 353, Bl. 123^{v}-124^{r}.[1144]

In Nikolaus' Traktat geht es um die Goldherstellung. Als Ausgangsstoffe dienen klein gefeiltes, lauteres Silber, rotes Eisen und Salmiak („*sal armoniacum*"). Ein Teil der Silberspäne, ein Teil des Eisens und drei Teile des Salmiaks sollen verrieben und vermengt werden. Das so entstandene Gemisch soll dann mit der gleichen Menge Salmiakgeist versetzt werden. Anschließend läßt man die Mixtur sieben Tage in heißem Roßmist stehen, um sie dann zu filtern und über Feuer auf die Hälfte ihres Volumens einzudampfen. Wenn man die so entstandene Lösung über erhitztes Silber gießt, soll das Silber zu 12-karatigem Gold transmutieren. Man kann daraus sogar 20-karatiges

---

[1142] Der heute in der British Library in London verwahrte Codex Harley 5403 ist in der ersten Hälfte des 15. Jahrhunderts in der Nähe von Kues entstanden. Von besonderer Bedeutung ist er auch deshalb, da er die Beschäftigung von Nikolaus von Kues mit der Alchemie belegt. Dieser hatte den Codex während seiner naturwissenschaftlich-alchemistischen Studien mit Marginalien versehen.

[1143] Vgl. Telle (1987e) Sp. 1047

[1144] Vgl. Kurras (1987) Sp. 1128

Gold machen, indem man 1 Teil des erzeugten Goldes mit 4 Teilen natürlichem Gold mischt.[1145]

Über die Wirkung sowie über die Quellen und eine möglicherweise vorhandene Eigenständigkeit des Traktats „*Von silber unde von golde*“ des Nikolaus von Paris ist bisher nichts bekannt. Eine Edition sowie eine literatur- und quellengeschichtliche Untersuchung des Traktats stellen nach wie vor ein Desiderat der Fachprosa-Forschung dar.

4.3.22. „*Tractatus aureus*“ (deutsch)

Der „*Tractatus aureus de lapide philosophici secreto*“[1146] zählt seit dem 13. Jahrhundert zum lateinischen alchemistischen Schriftencorpus des Hermes Trismegistos. Der „*Tractatus aureus*“ gehört also nicht zum griechischen Corpus hermeticum, sondern zu einer Vielzahl lateinischer alchemistischer Fachschriften, die im Mittelalter dem Corpus hermeticum angegliedert wurden. Aus diesem Grunde sollte man bei diesen Schriften von einer Zughörigkeit zum Pseudo-Corpus hermeticum oder – wie hier – zum lateinischen Corpus hermeticum sprechen.[1147] Der „*Tractatus aureus*“ wurde seit 1566 mehrmals gedruckt. Die deutschsprachige Überlieferung beginnt spätestens im 15. Jahrhundert mit einer Exzerptensammlung,[1148] die sich durch eine deutsche Wappendichtung von der spätmittelalterlichen Fachliteratur der Alchemie abhebt.[1149]

Die Wappendichtung besteht aus zwei Teilen. Der erste Teil setzt sich aus zwei paarreimenden Vierzeilern zusammen, die wie folgt beginnen:

1. „*Der grün schilt vns bedewt*“ und
2. „*Durch den braun schilt sult yr erkennen*“.[1150]

Der zweite Teil ist ein Gedicht, das aus 16 Versen besteht und ebenfalls in Paarreimen abgefaßt ist. Gekennzeichnet wird es durch das Incipit:

„*Inn des edeln goldes plum*
Mit des silbers wol schmackenden rum“,

und das Explicit:

„*Die andern ding sint torheyt*
Aber diß elixir ist die warheit“.[1151]

[1145] Vgl. Kurras (1987) Sp. 1128
[1146] Auch bekannt unter dem Titel „*Septem tractatus seu capitula aurei*“.
[1147] Zum griechischen Corpus hermeticum vgl. Copenhaver (1992).
[1148] Zur Überlieferung des „*Tractatus aureus*“ vgl. im Anhang.
[1149] Vgl. Telle (1995d) Sp. 993f.
[1150] Vgl. Telle (1995d) Sp. 994

Die arkansprachliche anonyme Lehrdichtung ist geprägt von der Verwendung verdunkelnder Metaphorik und dem Gebrauch von Decknamen, wie z.B. 'Drache' als Deckname für den Ouroboros oder 'Adler' und 'Rabe'. Die zwei von der Wappendichtung beschriebenen bzw. ausgedeuteten farbig abgebildeten Wappen zeigen zum einen eine Helmzier und zum anderen Schildfiguren (vgl. Abbildung 16). Die Helmzier setzt sich aus einer nackten Frau, die als *„muter vnsers steins"* bezeichnet wird und eine Personifikation des Mercurius philosophorum darstellt, sowie einem König zusammen, der als *„vater vnsers steins"* bezeichnet wird. Als Schildfiguren sind Drache, Rabe, Adler und Ouroboros zu sehen. Die beiden Wappendarstellungen stehen aber jede für sich auch als Allegorie für das Opus alchemicum. In den Schildfiguren stehen Drache bzw. Ouroboros, Rabe und Adler für die notwendigen Prozeßschritte, nämlich prima materia (Putrefaktion), Destillation und Koagulation. Die Figuren der Helmzier verkörpern dann die beiden Endstufen des alchemischen Werkes. Die Nackte steht als Luna-Personifikation für das silbererzeugende Opus minus und der König steht für den goldererzeugenden Stein der Weisen (rote Tinktur) und damit für das Opus magnum. Zusammen verkörpern sie darüber hinaus den Lapis philosophorum, in dem die kosmologischen Gegensätze (dargestellt durch Mann und Frau) vereint werden. Die Gestaltung der farbigen Wappen leitet sich hauptsächlich aus ihrem Prosakontext ab. Dieser setzt sich aus *„Tractatus aureus"*-Exzerpten (Kap. 3 und 4) sowie einem anonymen Abschnitt aus dem *„Domus thesaurorum"* des Alphidius zusammen. Daneben scheint ein in der *„Aurora consurgens"* des Pseudo-Thomas von Aquin (14. Jahrhundert) überliefertes „Ouroboros/Adler/Rabe-Ikon"[1152] in die Gestaltung eingeflossen zu sein.[1153]

Im ganzen handelt es sich um ein Text-Bild-Geflecht, in dem die Verse der Wappendichtung, die zwei abgebildeten Wappen, die zwei den Wappen zugeordneten Bildbeschreibungen in Prosa und der deutschen *„Tractatus aureus"*-Fassung – beginnend mit dem Incipit: *„Platonis tochter rüft"* – in vielschichtige Beziehungen miteinander treten.[1154]

Der Autor bzw. Lehrdichter versuchte aus der Beziehung von Wappen und *„Tractatus aureus"* eine Alchemie zu beschreiben, deren Ziel die Gewinnung des *„elixir"* ist, also die Gewinnung des Lapis philosophorum. Der dazu notwendige alchemische Prozeß sollte dabei wohl von Sol (Gold) als dem männlichen Prinzip und Luna (Silber) als dem weiblichen Prinzip seinen Ausgang nehmen. Bei der arkansprachlichen Beschreibung des alchemischen Prozesses läßt der Verfasser dann auch noch die christlichen

1151 Vgl. Telle (1995d) Sp. 994
1152 Telle (1995d) Sp. 994
1153 Vgl. Buntz (1970) S. 159, Ott (1991) S. 59 und Telle (1995d) Sp. 994f.

Abbildung 16: Allegorische Wappendarstellungen aus dem deutschen „*Tractatus aureus*"

[1154] Vgl. Telle (1995d) Sp. 994

Lehren von der Heiligen Dreifaltigkeit und der unbefleckten Empfängnis einfließen.[1155]

4.3.23. Hans Vellnhamer

Hans Vellnhamer wird im „*Münchner Salbenbuch*" (cgm 3724) als Verfasser von zwei Listen genannt,[1156] die alchemisch-metallurgische Fachtermini aufzählen. Die ursprünglich selbständigen Blätter des cgm 3724 enthalten eine vermutlich von „*hanns felhamer*" verfaßte Aufzählung „*ettlicher sach namen latin vnd teutsch die zu dem saihen gehorent*". Darin werden die sieben Metalle (Gold, Silber, Quecksilber, Eisen, Blei, Kupfer, Zinn), sieben „Geister"[1157], die vier Elemente (Feuer, Wasser, Luft, Erde), verschiedene Salze, Öle und „*Wässer*" sowie Destillationsöfen und -gefäße genannt und teilweise erläutert.[1158]

Diese alchemistischen Beschreibungen Vellnhamers machen den ersten Teil des „*Münchner Salbenbuchs*" aus.[1159] Dabei beschränkt sich der Text vornehmlich auf die Aufzählung von Fachtermini, wie etwa bei den Metallen, für die Vellnhamer eine ganze Reihe von Synonymen angibt:

> „*Dy hernachgeschriben namen hayst man corpora oder metall: Sol, aurum oder suntag, das ist golt; Luna, argentum, silber. Montag; Mars, verrum, dinstag, eysen; Mercurius, argentum viuum, mitwoch ist quecksilber; Jupiter, stangnum Jouis zw* [d.i. Zinn, d.V.] *donerstag; Venus kupparum, freytag ist kuppfer; Saturnus, plumbum, sambstag ist pley.*"[1160]

Diese Begriffsauflistungen werden nur gelegentlich von kurzen Erklärungen unterbrochen, wie etwa bei der Beschreibung der Öfen und Gefäße, die im alchemistischen Laborbetrieb u.a. bei der Destillation zum Einsatz kommen:

> „*Dye namen der Öfen*
> *Fornus refaberacionis das ist ain ofen der ist schuch lang vnd hat drey bodem ob ainander vnd hat vorn drew löcher. In das mitter loch so leg man das feur von holtz vnd nicht kolen. Also lewft das fewr von vorn her hind, vnd hat hyndten ein loch, das es vber den mittlen boden wyder vorn heraus dy loh sleht. Dann, was man wil referberirn oder kalzinieren, das tut man in dysem ofen.*
> *Fornus venty das ist ein wyntofen. Der hat auf der erden ein luft loch vnd hat an der mitt ein poden mit löchern vnd ist oben offen. Darein setzt man, was man flüssig wil machen als kupfer oder solche hert corpora. Vnd das haist soluirt.*

[1155] Vgl. Telle (1995d) Sp. 995
[1156] München, cgm 3724, Bl. 1^r-3^v (15. Jahrhundert).
[1157] Buntz (1999) Sp. 203
[1158] Vgl. Brachvogel (1973) S. 26 und S. 34f. sowie Buntz (1999) Sp. 203
[1159] Vgl. Brachvogel (1973) S. 34
[1160] Brachvogel (1973) S. 77

Fornus sublimacionis vnd fornus distilacionis das sind dy gemain öfen, als dw vor wol wayst etc.
Dye namen der gleser
Kukurbita das sind dye koben gleser, darin man dye materj macht, dy man setzt in das stikapsel, vnd das sind dy scherben, darin dye selben gleser stehen.
Alenuik gleser hayssen hwet [d.h. Hut, d.V.]
Receptakel haysst man dye gleser, dye man vnter setzt, darein man dy wasser vecht.
Vas vitile hayssen dy gefes, dy die hafner machen.“[1161]

Der im Text genannte „*hanns felhamer*“ ist mit ziemlicher Sicherheit identisch mit dem zwischen 1450 und 1490 in München bezeugten Goldschmied Hans Vellnhamer, von dessen Werken noch heute einige erhalten sind.[1162]

4.3.24. Hanko Döbringer

Hanko Döbringer („*Hanko pfaffen Dobringers*“) gilt als Schreiber und Kompilator der um 1389 entstandenen Handschrift 3227a des Germanischen Nationalmuseums in Nürnberg. Die Handschrift zerfällt in zwei große Textgruppen. Auf der einen Seite ist sie geprägt von verschiedenen deutschen Fechtlehren, von denen vor allem Johann Liechtenauers „*Kunst des langen Schwertes*“ hervorsticht, und zum anderen enthält sie zahlreiche deutsche und lateinische technologische, medizinische und alchemistische Kleintexte sowie viele anonym verfaßte Rezepte.[1163]

Für diese anonymen Rezepte läßt sich eine Autorschaft Döbringers nicht gänzlich ausschließen. Eine vollständige Untersuchung der Handschrift in ihrem technologisch-alchemistischen Teil steht allerdings noch aus. Solange die Quellen dieser alchemistischen Texte nicht ermittelt sind, kann Döbringer also durchaus als alchemistischer Fachautor in Frage kommen. Aus diesem Grunde wurde er hier in das Verzeichnis der alchemistischen Fachautoren mit aufgenommen.

Über Döbringer selbst gibt es bisher keine näheren Informationen. Allerdings läßt sich aus der Zusammenstellung und der Sprache der Handschrift sowie der Namensnennung schließen, daß es sich bei ihm um einen gebildeten und zugleich technisch interessierten Kleriker („*pfaffe*“) handelt, der aus dem ostmitteldeutschen Sprachgebiet stammte.[1164]

[1161] Brachvogel (1973) S. 78
[1162] Vgl. Buntz (1999) Sp. 203. Bekannt sind ein Reliquienbehälter im Kloster Andechs, ein Kreuzreliquiar im Stift von Melk und zwei Medaillen im Münchener Stadtmuseum.
[1163] Vgl. Kurras (1980) S. 15ff. und Leng (2002) Sp. 372ff.
[1164] Vgl. Kurras (1980) S. 15 und Leng (2002) Sp. 372

Die Handschrift überliefert zahlreiche lateinische und deutsche Texte, die man der alchemistischen Fachliteratur zurechnen kann bzw. muß (vgl. Tabelle 5).[1165]

Blattzählung der Hs 3227a	**Beschreibung der Texte**
1^r-5^v	„*Liber ignium*“ des Marcus Graecus
6^r-10^v	Lateinische Rezepte, darunter Anweisungen zur Farbherstellung und alchemistische Rezepte
11^r-12^r	„*Vom Eisenhärten*“, ein deutscher Traktat mit lateinischen Einschüben
74^v-75^r	Farbrezepte
92^v-164^v	Rezepte (teilweise in lateinischer Sprache), von denen zahlreiche alchemistischen Inhalts sind

Tabelle 5: Die alchemistischen Texte der Nürnberger Hs. 3227a

Für die Erforschung der alchemistischen Fachliteratur ist Döbringers Handschrift auch deshalb interessant, da sie in ihrer Mischung aus Fechtbuch und einer hausbuchartigen technologisch-alchemistisch geprägten Textgruppe die enge Verbindung zwischen der Alchemie und dem Kriegswesen aufzeigt.

[1165] Vgl. Kurras (1980) S. 15ff.

5. Die Verflechtung der Alchemie mit anderen Wissensgebieten

Daß die alchemistische Literatur stark rezipiert wurde, zeigt sich auch an ihrer Wirkung auf andere Wissensgebiete. Neben dem Einfluß auf Medizin und Apothekertum, zeigt sich z.B. in der deutschen „*Ars Vitraria*“ Johann Kunckels von 1679 die „Nähe der Alchemie zum Glasbläserwesen“.[1166] Aber auch andere Fachbereiche wurden von der Alchemie beeinflußt.

5.1. Das Montanhandwerk (Bergbau und Metallurgie)

Obwohl seit dem frühen Mittelalter in Deutschland Bergbau betrieben wurde, entstehen die ersten deutschen 'Bergwerksbücher', die sich mit der Technik und Technologie des Bergbaus beschäftigen, erst sehr spät, nämlich an der Wende vom 15. zum 16. Jahrhundert. Davor bringt der Bergbau fast ausschließlich rechtliches Fachschrifttum hervor, die sogenannten Bergordnungen. Es hat also den Anschein, daß das technische Wissen der Bergleute durch mündliche Überlieferung weitergegeben werden konnte. Dies ändert sich unter dem Einfluß der Alchemie, die dem Bergbau ein größeres technisches und naturwissenschaftliches Wissen brachte und somit die Komplexität des bergmännischen Wissens zunahm, da man sich nun auch theoretisch-wissenschaftlich mit den Eigenschaften der geschürften Erze auseinandersetzte. Im Montanhandwerk, womit die Scheide- und Probierkunst untrennbar verbunden ist, integrieren sich in der Folge alchemistische Vorstellungen im Wissen der 'Montanhandwerker', wie die Schwefel-Quecksilber-Theorie oder die Vorstellung eines natürlichen Wachstums und Reifens der Metalle in der Erde. In Bezug auf das Theoriegebäude der Alchemie stellen somit die Theorien „von der Entstehung und Umwandlung der Metalle und Erzlagerstätten“[1167], also die Metallogenese- und Transmutationsvorstellungen, die Hauptberührungspunkte mit dem Montanwesen dar. Aus diesem Einfluß der Alchemie heraus erklärt sich die Genese der ersten Bergwerksbücher, die mit dem um 1500 gedruckten „*Bergbüchlein*“ Ulrich Rüleins von Calw einsetzen.[1168]

Ulrich Rülein von Calw (um 1465/69 – Ende 1523/Anfang 1524) war 'Doctor artium' und 'Doctor medicinae'. Er ist von 1497 bis 1523 als Stadtarzt und mehrmals als Bürgermeister der sächsischen Stadt Freiberg (Markgrafschaft Meißen) bezeugt.[1169] Rülein hat sich aber nicht nur als Arzt[1170] und Bergbauingenieur einen Namen ge-

[1166] Vgl. Barke (1991) S. 23f.
[1167] Suhling (1986) S. 294
[1168] Vgl. Assion (1973) S. 89f.; Suhling (1986) S. 294 und Barke (1991) S. 23f.
[1169] Vgl. Pieper (1955) S. 9, S. 11 und S. 17
[1170] Bekannt ist, neben seiner ärztlichen Tätigkeit, die von ihm stammende Pestschrift „*Ein underweysung wie man sich tzu der tzeit der pestilentz halten sol*“ aus dem Jahr 1521. Eine weitere, umfangrei-

macht, sondern auch als Stadtplaner. Dies bezeugt seine Berufung in diese Position durch die Herzöge von Sachsen, was ihn 1496 nach Annaberg und 1521 nach Marienberg führt.[1171] Außerdem scheint er an der Universität Leipzig als Professor für Mathematik gelehrt zu haben.[1172]

Rülein ist der Verfasser der bergbaukundlichen Schrift „*Ein nutzlich Bergbuchleyn*" (kurz: „*Bergbüchlein*"), der ersten gedruckten deutschsprachigen Fachschrift des Bergbauwesens. Das um 1500 entstandene „*Bergbüchlein*" war sehr wirkungsmächtig und zählt zu den ältesten Quellen der deutschen Bergmannsprache.[1173] Gleichzeitig handelt es sich dabei um die einzige bisher bekannte deutschsprachige mittelalterliche Fachschrift des Bergbaus.[1174]

Das „*Bergbüchlein*" unterteilt sich in zehn Kapitel. Das erste Kapitel handelt vom gemeinsamen Ursprung der Erze, nämlich Schwefel und Quecksilber. Hierin zeigt sich also der Einfluß der alchemistischen Schwefel-Quecksilber-Theorie auf Rüleins metallogenetische Vorstellungen. Aus Schwefel und Quecksilber werden dann, unter dem Einfluß von Himmel, Firmament und Planeten, die Metalle, die durch eine unterschiedliche Ausprägung der Primärqualitäten charakterisiert werden.[1175]

Kapitel zwei und drei handeln von der Beschaffenheit der Gebirge und wie man Stollen und Gänge in den Berg zu treiben und zu bauen hat. Anhand schematischer Darstellungen erläutert Rülein das „sogenannte Streichen, Fallen und Ausgehen der Gänge und Klüfte im Zusammenhang mit den Himmelsrichtungen"[1176], wobei letztere die Erzbildung beeinflussen sollen.[1177] Beide Kapitel dokumentieren Rüleins bergbaukundliche Praxiserfahrung.

Die Kapitel vier bis neun beschreiben die Zusammensetzung und Lagerstätten der Erze Silber, Gold, Zinn, Kupfer, Eisen sowie Blei und wie diese am besten abzubauen sind.[1178] Die von Rülein dabei entwickelte Lagerstättenkunde vereint „praktisches Er-

chere Pestschrift Rüleins, die ebenfalls 1521 entstanden sein soll, ist leider verschollen. (Vgl. hierzu auch Pieper (1955) S. 38ff.)

[1171] Vgl. Pieper (1955) S. 27

[1172] Vgl. Pieper (1955) S. 31-37

[1173] Vgl. Pieper (1955) S. 9 und S. 17. Pieper konnte zwar zeigen, daß das „*Bergbüchlein*" vor 1505 entstanden ist, schließt dann jedoch aufgrund der biographischen Daten Rüleins, daß dieser seinen ersten Kontakt mit dem Bergbauwesen wahrscheinlich während der Stadtplanungen in Annaberg 1496/97 hatte. Letzteres ist allerdings recht unsicher. Sollte diese Annahme Piepers jedoch zutreffen, dann ist von einer Drucklegung des „*Bergbüchleins*" zwischen 1497 und 1504 auszugehen. (Vgl. hierzu auch Pieper (1955) S. 142)

[1174] Vgl. Eis (1962) S. 16

[1175] Vgl. Pieper (1955) S. 117f.

[1176] Suhling (1986) S. 298

[1177] Vgl. Pieper (1955) S. 118-127 und Suhling (1986) S. 298

[1178] Vgl. Pieper (1955) S. 127-138

fahrungswissen mit philosophischen Erörterungen über das Wirken der erzbildenden Kräfte in den natürlichen Räumen der Erde."[1179]

Das zehnte Kapitel befaßt sich dann noch mit dem „*gemeinen quecksilber*", d.h. mit seiner Entstehung und wie es gefunden werden kann. Bemerkenswert ist jedoch, daß Rülein explizit auf das Expertenwissen der Alchemisten bzgl. des Quecksilbers verweist:

> „*Dises metal ist eyner wunderliche natur als dye alchimisten wol ein erfarung haben, die selbige wil ich auff diszmal von seyner natur ferner lassen tzancken.*"[1180]

Damit behandelt Rülein in seinem „*Bergbüchlein*" schwerpunktmäßig die sieben im Mittelalter bekannten Metalle, die er als Erze bezeichnet. Er bedient sich dabei der „*unghofelten worten*", denn er will den Leser durch den Inhalt seines Werks überzeugen, und nicht durch „*die süsze der wort*".[1181]

In Rüleins Beschreibung der Metalle , die durch die unterschiedlichen Reinheitsgrade von Schwefel und Quecksilber entstehen sollen, findet sich also die Schwefel-Quecksilber-Theorie. So beschreibt er das Golderz ganz in alchemistischem Sinne. Es soll aus dem allerreinsten, geläuterten Schwefel und dem allerbeständigsten Quecksilber bestehen, wobei dem geläuterten Schwefel vornehmlich eine färbende Eigenschaft zugeschrieben wird:

> „*Das goldertz nach meynung der weysen ist gewirkt ausz dem aller klersten vnd auszgeleustersten schweffel also ser gereyniged vnd geleutert in der erden durch die wirckung des hymels vornemlichen der sunnen / das keine festigkeit in im ist, die durch dz feuer vorbrandt vnd vortzert kundt werden. Auch kein vnbestendige wesserige feuchtnysz, die von dem feuer hynweck rauchen mocht. Vnd ausz dem aller bestendigisten quecksilber vff das hǒchste gereinigedt / alsoser dz sein lauter schweffel in der wirckung kein hindernysse in im findt. Sunder durchwirckt vnd ferbt von seynem auszwendigen bysz in den grundt alle teil tzugleych mit seyner bestendige citrine farb, vnd also die beide, also schweffel vnd quecksilber,* [...] *werden mit der aller sterckste vnd krefftige vorbindung voreinigedt tzu einem metallischen corper, welche vorbindung / die schorpfte vnd groszte wirckung des feuers nicht kann nach mag aufflosen.*"[1182]

Ein weiterer Beleg für Rüleins alchemistische Kenntnisse findet sich in einem „*Aqua vitae*"-Rezept, das Rülein in dem Arzneibuch „*Sechs Bücher auserlesener Arzneien und Kunststücke für alle des menschlichen Leibes Gebrechen und Krankheiten*" zugewiesen wird, das auf Veranlassung von Herzogin Eleonore Maria Rosalia von Jägern-

[1179] Suhling (1986) S. 297
[1180] Pieper (1955) S. 112, Urtext (der Fassung von 1500) S. 48
[1181] Vgl. Eis (1962) S. 16f.
[1182] Pieper (1955) S. 100f., Urtext S. 36f. Bei der Textwiedergabe wurden die gekennzeichneten Abbreviaturen des Originaltextes aufgelöst und zur besseren Lesbarkeit Kommata eingefügt.

dorf und Troppau zusammengestellt wurde und im Jahre 1600 in Wien erschien. Darin offenbart Rülein Kenntnisse der Destillation und iatrochemisches Gedankengut.[1183]

Zu den Quellen Rüleins ist bisher wenig zu sagen, auch wenn er explizit darauf hinweist, daß er „*ausz der alten weysen bucher vnd geeupten Bergkleuten erfarungk getzogen*"[1184] habe. In Ermangelung von fachliterarischen Vorläufern aus dem Bergbau, kann man hier in Bezug auf die „*alten weysen bucher*" nur naturkundliche Schriften annehmen. Welche dies gewesen sein könnten, ist bisher nicht näher untersucht worden.[1185]

Allerdings läßt sich festhalten, daß die von Rülein in seinem „*Bergbüchlein*" ausgebreiteten und in die Bergbaukunde eingeführten alchemistisch-astronomischen metallogenetischen Vorstellungen in der aufkommenden Fachliteratur des Montanwesens, was den Bergbau mit einschließt, auf große Resonanz stießen.[1186] Daraus erklärt sich dann auch die starke Wirkung des „*Bergbüchleins*".

Rüleins „*Bergbüchlein*" wurde mehrfach neu aufgelegt und beeinflußte bis ins 18. Jahrhundert hinein zahlreiche montanwissenschaftliche Lehrschriften.[1187] Ein Beispiel für Rüleins Nachwirkung im bergbaukundlichen Schrifttum ist Georg Meyers „*Bergwercks Geschöpff*" von 1595. Dieses Werk lehnt sich in mehreren Kapiteln an Rüleins „*Bergbüchlein*" an und zeigt gleichfalls eine starke Abhängigkeit von der Alchemie, aus der Meyer die Schwefel-Quecksilber-Theorie schöpft und der er ein umfassendes Wissen über die Nutzung der Metalle zuschreibt.[1188]

Obwohl Rülein – wie gesehen – aus der alchemistisch-metallurgischen Theorie schöpfte, verzichtet er auf eine Darstellung der Metalltransmutation, also der Verwandlung unedler Metalle in Silber oder Gold. Dies könnte mit der Vorstellung der Bergleute in Zusammenhang stehen, daß Gott als der oberste Wirker für die Entstehung der Metalle verantwortlich war. Nichtsdestotrotz drang die alchemistische Transmutationstheorie schließlich auch in das bergbaukundliche Schrifttum ein. Ein Beispiel hierfür ist das in den 20er Jahren des 16. Jahrhunderts entstandene „*Bergbuch*" des schwedischen Kanonikers Peder Månsson.[1189]

Die enge Verbindung zwischen dem Montanwesen und der Alchemie tritt auch deutlich in der alchemistischen-technischen Rezeptsammlung „*Alchimi und Bergwerck*" zutage,[1190] die sich spätestens in dem 1528 entstandenen Ms Mellon 30 der Univer-

---

[1183] Vgl. Eis (1971e) S. 297-301
[1184] Pieper (1955) S. 67, Urtext S. 3
[1185] Vgl. Suhling (1986) S. 297
[1186] Vgl. Suhling (1986) S. 299
[1187] Vgl. Assion (1973) S. 89f.
[1188] Vgl. Eis (1971f) S. 302f.
[1189] Vgl. Suhling (1986) S. 300
[1190] Vgl. Assion (1973) S. 90f.

sitätsbibliothek von Yale nachweisen läßt und einem Petrus Kertzenmacher zugeschrieben wird. Die Überlieferung von *„Alchimi und Bergwerck“* im Ms Mellon 30 (Bl. 88(70)^r-93(75)^v) ist Ferguson, Assion und auch Suhling entgangen, die als früheste Textzeugen die gedruckten Straßburger Ausgaben von 1539 bzw. 1534 angeben.[1191] Bei der handschriftlichen Überlieferung aus dem Ms. Mellon scheint es sich zudem um eine andere Fassung des Textes zu handeln. Dies deutet darauf hin, daß der Text deutlich älter ist, da er in mindestens zwei Fassungen umlief, von denen schließlich eine in Straßburg gedruckt wurde.

Näheren Aufschluß über das Verhältnis zwischen alchemistischer Theorie und praktischem Erfahrungswissen der Bergleute liefert *„Alchimi und Bergwerck“* jedoch nicht. Der kurzgefaßte Fachtext enthält, neben weit verbreiteten alchemistischen Vorstellungen, hauptsächlich chemisch-technische und metallurgische Rezepte,[1192] die gerade die enge Verbindung von Montanwesen und Alchemie dokumentieren.

In vielen alchemistischen Texten erscheinen Stellen, die von Fundorten edler Metalle und Mineralien handeln. Der kurfürstlich-brandenburgische Leibarzt Leonhard Thurneisser zum Thurn hat in seiner *„Magna Alchymia“* von 1583 diesem Thema das gesamte achte Buch seines Werkes gewidmet. Die Art, wie die Alchemisten ihre Wegweiser zu den Fundstellen formulieren, ähneln im Stil der mittelalterlichen Schatzsucherliteratur, den sogenannten 'Walenbüchern'. Die Walenbücher gehen auf welsche Schatzsucher (Walen) zurück. Sie treten seit dem 15. Jahrhundert u.a. in Tirol, Schlesien und Sachsen auf und geben Anweisungen, wie man zu bestimmten geographischen Punkten gelangt, wo Schätze im Boden zu finden seien.[1193] Da die alchemistische Literatur den Walenbüchern vorausgeht, könnten die Walenbücher durchaus ein Ableger der alchemistischen Fachliteratur sein.[1194]

5.2. Die Feuerwerks- und Büchsenmacherkunst

Neben dem Werk des Alchemisten Heinrich von Hall[1195] gibt es noch weitere Verbindungen zwischen der Alchemie und der Feuerwerks- und Büchsenmacherkunst. Ein Beispiel hierfür ist Merkln Gast.

[1191] Vgl. Ferguson (1954) Bd. 1, S. 19 und S. 459; Assion (1973) S. 91 und Suhling (1986) S. 300. Ein Beleg für die im Ms. Mellon 30 enthaltene Rezeptsammlung *„Alchimi und Bergwerck“* findet sich bei Witten/Pachella (1977) S. 192-197, kommentiert von Telle (1981a) S. 86f.

[1192] Vgl. Suhling (1986) S. 300

[1193] Vgl. Assion (1973) S. 89.

[1194] Ob dies tatsächlich der Fall ist, entzieht sich leider meiner Kenntnis, aber es wäre sicherlich interessant, dieser Frage einmal nachzugehen.

[1195] Vgl. oben in Kap. 4.3.12.

Der Büchsenmeister/-macher Merkln Gast bewarb sich 1390 um das Amt des Büchsenmeisters der Reichsstadt Frankfurt am Main. In einem von ihm selbst verfaßten Bewerbungsschreiben (Frankfurt/Main, Stadtarchiv, Reichssachen Nachträge 742) beschreibt er seine Kenntnisse und Fertigkeiten in der Büchsenmeisterkunst, die dem Stand seiner Zeit entsprachen:[1196]

> „*Merkln gast der bussenschütze kan daz nachgeschrieben / Primo virdorben pulver widder zu bringen in sin ersten materien daz die gut werde / Item salpeter und salcz zu scheiden und zu fynen / Item pulver zu machin daz 60 jare / Item er kan schiessen mit grossen und cleinen bussen / Item er kan clein handbussen zu jsen und andere bussen zu jsen gyeßen.*“[1197]

Er beherrschte also die Arbeitsgänge zur Wiederaufbereitung von unbrauchbar gewordenem Schießpulver und die Verfahren der Salpeterläuterung.[1198] Für solche relativ schwierige Arbeitsgänge mußte Gast über Kenntnisse verschiedener alchemistischer Arbeitsmethoden und Verfahren verfügen. Die Alchemie beeinflußte somit auch den Bereich der Feuerwerks- und Büchsenmacherliteratur und natürlich deren Kunst. Dies ist nicht weiter verwunderlich, wenn man bedenkt, daß das Schießpulver in Europa von den Alchemisten entdeckt wurde, und zwar unabhängig von möglichen chinesischen Vorläufern.

Daneben kann man Gasts Bewerbungsschreiben entnehmen, daß er über ein Rezept zur Herstellung von 60 Jahre haltbarem Schießpulver verfügte und im Einsatz kleiner wie großer Geschütze erfahren war. Besonders hervorzuheben ist jedoch seine Behauptung, daß er kleine Handbüchsen und wohl auch kleinere Geschütze aus Eisen gießen konnte. Dies ist die bislang früheste Erwähnung des Eisengießens als Herstellungsverfahren für die seit der Mitte des 14. Jahrhunderts aufkommenden Feuerwaffen, denn aus Eisen gegossene Feuerwaffen lassen sich erst ab der Mitte des 15. Jahrhunderts nachweisen. Davor wurden Feuerwaffen üblicherweise aus Eisen geschmiedet oder aus Bronze, in seltenen Fällen auch aus Kupfer, gegossen.[1199]

Das kurze Bewerbungsschreiben Gasts spiegelt den technologischen Stand seiner Zeit sowie die Anforderungen an die noch junge Berufsgruppe der Büchsenmeister wider.[1200]

Über die Person Gasts ist sonst nichts bekannt. Ob er vom Rat der Stadt eingestellt wurde ist unklar, da die Rechenbücher Frankfurts, die darüber hätten Auskunft geben können, im Zweiten Weltkrieg verbrannt sind.[1201]

1196 Vgl. Schmidtchen (1980) Sp. 1104
1197 Schmidtchen (1980) Sp. 1104
1198 Vgl. Schmidtchen (1980) Sp. 1104
1199 Vgl. Schmidtchen (1980) Sp. 1104f.
1200 Vgl. Schmidtchen (1980) Sp. 1105
1201 Vgl. Schmidtchen (1980) Sp. 1105

5.3. Die Rechtsliteratur

Einfluß hatte die Alchemie auch auf die Rechtsliteratur. Damit werden i.d.R. Alchemieverbote verbunden, die immer wieder von der kirchlichen oder weltlichen Obrigkeit ausgesprochen wurden, und die vor allem gegen betrügerische Goldmacher und Falschmünzer gerichtet waren, aber auch generell die Beschäftigung mit Alchemie verbieten konnten. Das älteste bekannte Alchemieverbot geht auf den römischen Kaiser Diocletian (245-313) zurück, der 303 n.Chr. ein Dekret gegen Münzfälschung erließ, in dessen Zusammenhang es auch zur Verbrennung alchemistischer Schriften kam. Das Dekret richtete sich allerdings vornehmlich gegen Falschmünzer und nicht speziell gegen Alchemisten. Zu den bekanntesten Alchemieverboten zählt sicherlich die Bulle „*Spondent quas non exhibent divitias pauperes alchymistae*" ('Die armen Alchemisten verheißen Reichtümer, die sie nicht verschaffen') die Papst Johannes XXII. 1317 verabschiedete. Aber genau wie alle anderen kirchlichen und weltlichen Verbote zeigte auch die Papstbulle von 1317 nur wenig Wirkung.[1202]

Neben den Alchemieverboten drückt sich der Einfluß der Alchemie auf die Rechtsliteratur meines Erachtens auch in den sogenannten Medizinalordnungen des Mittelalters aus, die das Zusammenwirken der drei mittelalterlichen Heilberufe (gelehrter Bucharzt (Physicus), einfacher Wundarzt und Apotheker) regeln. Durch diese Ordnungen werden die Berufe klar gegeneinander abgegrenzt und eine Vermischung der Berufe strengstens untersagt. Dies bedeutet jedoch für einen iatrochemisch tätigen Arzt, daß er seine Arzneien nicht mehr selbst auf alchemischem Wege herstellen darf, sondern dies einem Apotheker übertragen muß. Auf der anderen Seite hatte dies zur Folge, daß der im Umgang mit alchemischen Verfahren geübte Apotheker seine Kenntnisse über die Wirkungen der Arzneien nicht als medizinisch tätiger Fachmann zur Anwendung bringen konnte.

Die älteste deutsche Medizinalordnung findet sich im Breslauer „*Notatenbuch*" des Dietmar von Meckebach[1203] von 1352 unter dem Titel „*Satuta physicorum, apothecariorum et medicorum*". Der ostmitteldeutsche Text, der wahrscheinlich jedoch nicht von Dietmar selbst verfaßt wurde, sondern eher von dem Prämonstratenser[1204] Thomas († 1370), dem späteren Weihbischof von Sarepta, war maßgebend für die Konzeption der Gesundheitspolitik im Spätmittelalter. Inhaltlich regelt der Text – wie oben beschrieben – den Tätigkeitsbereich für Physicus,

[1202] Vgl. Figala (1998) S. 36; Figala (1998a) S. 39 sowie Schütt (2000) S. 13f., 31 und 550 (Anm. 20)

[1203] Breslau, Staatsarchiv, cod. Breslau VIII 1b, schlesisch (ostmitteldeutsch) um 1352 (nach dem Zweiten Weltkrieg verschollen).

[1204] Der Prämonstratenser-Orden ist der größte Chorherren-/Chorfrauenorden, der der Augustinerregel folgt.

Apotheker und Wundarzt im Herzogtum Breslau. Dabei dürfen nur solche Personen einen Heilberuf ausüben, die dazu auch bestellt wurden:[1205]

> „*Ouch sal kein kunstarczt* [d.i. der Physicus], *wundarczt und apotheker syne kunst vbin, her en sy denne des wirdig und habe gesworn vor den rathman[nen].*“[1206]

Darüber hinaus werden Verflechtungen zwischen den Berufen aufs schärfste unterbunden:

> „*Ouch sal kein aptecker einen arczt an syner kost noch in synem huze haldin.*“[1207]

Ebenfalls in diesen Bereich gehört ein Gutachten über die Apotheken der Stadt Basel, das der Basler Stadtarzt Dietrich von Wesel[1208] an den Rat der Stadt richtete. Der Text „*Meister Diether des artztes rat der appoteken halp*“ läßt sich auf das erste Viertel des 15. Jahrhunderts datieren und ist im Staatsarchiv Basel (Band 'Ordnungen und Verträge', Bl. 165^r-168^r) überliefert. Dietrich von Wesel schlägt darin dem Rat eine Reform des Apothekenwesens vor, wobei er die Rolle des Apothekers als Partner des Arztes – wie dies auch heute noch der Fall ist – unterstreicht:

> „*Wand kein artzet ward nye so gůt, der den lüten allwegen könne doer möge gůten rate getůn als si notdurftig werent, er habe dem einen gůten getrüwen appoteker.*“[1209]

Entsprechend dieser Aussage soll der Apotheker mit allen notwendigen Fachbüchern und Gerätschaften ausgestattet sein und über eine große Auswahl von Arzneistoffen verfügen. Daneben gibt der Text den Apothekern die Anweisung, die ärztlichen Rezepte genau zu befolgen, Medikamente zu gegebener Zeit zu erneuern, in dringenden Fällen die notwendige Arznei sofort zuzubereiten und bei der Abgabe gefährlicher Stoffe, wie Gifte, Abortiva[1210] oder Kontrazeptiva,[1211] äußerst vorsichtig zu sein. Daß Dietrichs von Wesel Gutachten beim Rat der Stadt Basel auf offene Ohren stieß, belegt eine Basler Apothekenordnung von 1493, in der sich große Teile von Dietrichs Text wiederfinden, zum Teil auch als Zitate.[1212]

[1205] Vgl. Keil (1980b) Sp. 99
[1206] Keil (1980b) Sp. 99
[1207] Keil (1980b) Sp. 99
[1208] Dietrich von Wesel hat den medizinischen Doktorgrad an der Universität Köln erworben und ist in Basel mit Unterbrechungen von 1423-1473 urkundlich nachweisbar.
[1209] Schmitt (1980) Sp. 151
[1210] Man unterscheidet in der Medizin zwei Arten von Abortiva: 1. Kann ein Abortivum ein Mittel sein, das den Verlauf einer Krankheit abkürzt oder ihren völligen Ausbruch verhindert und 2. kann es ein Mittel zum Herbeiführen einer Fehlgeburt sein.
[1211] Ein Kontrazeptivum ist ein empfängnisverhütendes Mittel.
[1212] Vgl. Schmitt (1980) Sp. 151f.

Zum Bereich der Medizinalordnungsliteratur gehört auch das „*Nördlinger Register*" von 1480 des Augsburger Stadtarztes Bartholomäus Metlinger[1213] (nach 1440-1491/92). Es handelt sich dabei um ein von Metlinger für den Nördlinger Rat verfaßtes Verzeichnis sämtlicher einfacher Arzneien und Arzneistoffe (Simplicia), die eine Apotheke führen sollte, ergänzt um diejenigen „*von vermischten stuckn*", d.h. zusammengesetzten Arzneien (Komposita), die „*gewonlichen dero geprauch am maysten ist*".[1214] Damit strebte Metlinger eine Normierung des Arzneiangebots der Apotheken an. Beeinflußt wurde er dabei sicherlich auch von seinem Bruder Matthäus Metlinger, der Apotheker in der Reichsstadt Frankfurt am Main war und dort mit großem Engagement versuchte, eine reichsstädtische Medizinalordnung zu implementieren.[1215]

5.4. Die Alchemie und die dunklen Künste

Hans Hartlieb[1216] (um 1400-1468), der wichtigste Vertreter der mittelalterlichen Literatur über die dunklen Künste, rechnet die Alchemie in seinem „*Puch aller verpoten kunst*", das auf Veranlassung des Markgrafen Johann des Alchemisten von Brandenburg-Kulmbach[1217] 1455/56 entstanden ist, nicht zu den verbotenen Künsten. Trotzdem kommt die Alchemie in seiner Gesamtdarstellung der magisch-mantischen Künste zur Sprache, so im zweiten Kapitel der Vorrede:[1218]

> „*Und darumb das alle cristenmenschen sich darvor wissen zu hütten und allain nachvolgen der künstigen kunst und maisterschaft, die dann in der natur verborgen, auch durch die cristenlich kirchen erlaubt ist.*"[1219]

Mit der „*künstigen kunst*" meint er wohl auch die Alchemie, in der dann – wenn überhaupt – eine magia naturalis zum Wirken kommt.[1220] In dem Ausspruch von der „*künstigen kunst*" die Alchemie zu erblicken, ist durchaus berechtigt, denn bereits Heinrich von Mügeln bezeichnet in „*Der meide kranz*" (s.u.) die Alchemie als „*kunste kunst*" (MK 571). Außerdem spricht Hartlieb von einer in der Natur verborgenen

---

1213 Bartholomäus Metlinger erscheint auch mit anderen Namensnennungen und zwar als Bartholomäus oder Bartel Mettlinger, Merlinger, Meltinger oder Mellinger.

1214 Eine Ausgabe des Textes findet sich bei Flückiger (1877), der einen Abdruck des Autographen aus dem Stadtarchiv Nördlingen bietet.

1215 Vgl. Keil (1987a) Sp. 460ff.

1216 Johannes Hartlieb ist Magister und trägt den Doktor der Medizin. Er war Leibarzt Herzog Albrechts III. von Bayern-München.

1217 Zu Markgraf Johann dem Alchemisten von Brandenburg-Kulmbach vgl. auch Wendehorst (1991) Sp. 508.

1218 Vgl. Grubmüller (1981) Sp. 488 und Haage (1996) S. 48

1219 Zitiert nach der Ausgabe von Eisermann/Graf (1998) S. 44ff.

1220 Vgl. Haage (1996) S. 48

Kunst, die von der Kirche erlaubt ist. Die Alchemie galt zwar als ars suspecta, wurde im allgemeinen aber von der christlichen Kirche geduldet und bisweilen sogar gefördert.

Daneben spricht Hartlieb von natürlichen Kräften und setzte „deren Gebrauch z.B. beim Ausziehen von medizinischen Wässern aus Heilkräutern“[1221], womit wir uns im Bereich der Iatrochemie befinden, von der Medicina magica ab, so im 65. Kapitel des „*Puch aller verpoten kunst*“:

> „*Es sind auch ettlich lewt, die segnent wasser und hailent damit die wunden und mainent, das die wund hinfür nit geswellen müg. Das ist alles ain rechter ungelaub, wann der segen gibt dem wasser kain craft dann allain als die hailig kirchen gesetzt hatt. Sunder andre wasser zu machen uß krewtern, us wurtzen und sunst von manigen dingen, das ist kain zweifel, die wasser haben craft und nemlich die craft, die die ding haben, daruß sy gemacht werden. Das ist aber alles natürlich und gåt nit zů mit segnen oder mit worten.*“[1222]

Der Arzt Dr. Johannes Hartlieb weiß also – man könnte sagen natürlich – von den natürlichen und nicht magischen Kräften der Heilpflanzen, die beispielsweise durch Destillation extrahiert werden und in den Arzneiwässern vorliegen. Er ist also ein Kenner der Iatrochemie und hebt sie und damit die Alchemie deutlich gegenüber den dunklen Künsten ab.

5.5. Die Färberliteratur

Die Färberliteratur wird hier ausschließlich unter dem Aspekt der Farbenherstellung betrachtet, da diese sehr eng mit der Alchemie verbunden ist. Für die Farbherstellung braucht man einerseits ein ausgeprägtes chemisches Wissen und andererseits werden dabei alchemistische Herstellungsmethoden und -verfahren angewendet.[1223] Daneben wird die Nähe zwischen Alchemie und Farbenherstellung durch die häufig anzutreffende Überlieferungsgemeinschaft von alchemistischen Fachtexten mit Farbrezepten dokumentiert.[1224]

Eine weitere Parallele zwischen der Färberliteratur und der Alchemie zeigt sich in der verwendeten Terminologie. Es wurden viele alchemistische Termini für Substanzen bei der Farbherstellung übernommen, wie bspw. der Begriff „*Nihilum album*“ bzw. „*Weißnichts*“, mit dem – wie in der Alchemie – ein gereinigtes Zinkoxid bezeichnet

[1221] Haage (1996) S. 49
[1222] Zitiert nach der Ausgabe von Eisermann/Graf (1998) S. 128
[1223] Vgl. Gebelein (2000) S. 267
[1224] Vgl. Roosen-Runge (1970) S. 49

wurde.[1225] Weiterhin wurden zum Schutz der Geheimnisse einer Farbenwerkstatt viele chemische Vorgänge verschlüsselt. Auch dies kommt aus der Alchemie, wo die Verschleierung des Wissens seit ihren frühesten Anfängen weit verbreitet war.[1226] Auffällig ist bei der Verschlüsselung innerhalb der Färberliteratur, daß dazu häufig auf die alchemistische Fachterminologie zurückgegriffen wurde.[1227]

Wie abhängig die Technologie der Farbherstellung von der Alchemie war, zumindest seit der Blüte der Alchemie im späten Mittelalter, zeigt sich an der Farbentechnologie selbst, die sich erst mit der Entwicklung der Alchemie hin zur modernen Chemie und dem damit verbundenen experimentellen Aufbruch weiterzuentwickeln beginnt.[1228]

Zum Bereich der Färberliteratur gehören im weitesten Sinne auch die sogenannten Musterbücher, die Anleitungen zur Buchillumination und Kalligraphie geben und i.d.R. auch Farbrezepte mit überliefern.[1229] Hierzu zählt auch das Musterbuch des Stephan Schriber,[1230] der als Schreibmeister, Kalligraph und Buchmaler in der Kanzlei des Grafen Eberhard im Bart von Württemberg (1445-1496) in Urach tätig war. Sein Musterbuch, das er möglicherweise zusammen mit seiner Schwester Brigitte in der zweiten Hälfte des 15. Jahrhunderts verfaßte, ist eine Sammlung von „Musterblättern mit Entwürfen für Kunstschriften und Buchilluminierung."[1231] Es unterscheidet sich von anderen Musterbüchern, wie etwa dem „*Göttinger Musterbuch*", dadurch daß es keine Farbrezepte mitüberliefert, soweit man das aufgrund des fragmentarischen Zustandes des einzigen Textzeugen[1232] sagen kann.[1233] Trotzdem ist es aufgrund der wenigen verstreuten Hinweise auf Farben für die Wirkungsgeschichte der Alchemie von Bedeutung. In einer Farbnotiz auf Bl. 5^r findet sich folgende Beschreibung:

> „*aurum musicum mit röslin abgesetzt mit gel verhöcht.*"[1234]

Bei „*aurum musicum*" handelt es sich um einen alchemistischen Goldersatz,[1235] der aus Zinn, Quecksilber und Schwefel bestand und dem gelegentlich auch Sal ammoniacum beigemischt wurde.[1236] Dieser Fachterminus, so bescheiden er sich ausnehmen

---

[1225] Zum „*Nihilum album*" vgl. Brachert (2001) S. 175
[1226] Zur alchemistischen Textverschlüsselung vgl. oben in Kap. 3.
[1227] Vgl. Brachert (2001) S. 6f.
[1228] Vgl. Brachert (2001) S. 7
[1229] Musterbücher wurden während des ganzen Mittelalters in Buchmalerwerkstätten als Grundlage zur Übermittlung von Form- und Farbüberlieferungen verwendet.
[1230] Auch bekannt unter den Namen Steffan scriptor de Urach, Stephan måler, Steffan schreiber von aurach.
[1231] Roosen-Runge-Mollwo (1992) Sp. 854
[1232] München, Bayerische Staatsbibliothek, cod. icon 420, Fragment von 27 Pergamentblättern (54 Seiten). Die ursprüngliche Sammlung enthielt mindestens 114 Blätter (228 Seiten).
[1233] Vgl. Roosen-Runge-Mollwo (1992) Sp. 854
[1234] Roosen-Runge-Mollwo (1992) Sp. 854
[1235] Vgl. Roosen-Runge-Mollwo (1992) Sp. 854
[1236] Vgl. Brachert (2001) S. 32

mag, zeigt deutlich den Einfluß, den die Alchemie und ihre technischen Verfahren auf die Färberliteratur hatten, so daß ein alchemistischer Goldersatz den Weg bis hin in die Literatur der Buchmalerwerkstätten finden konnte.

5.6. Die Medizin und Pharmazie (Iatrochemie)

Eine Verbindung zwischen Alchemie und Medizin ergibt sich bereits aus der antiken Elementenlehre. Bei den Alchemisten bilden die vier Elemente die Grundbestandteile aller Stoffe, und in der Medizin bildeten sie in Verbindung mit der Lehre von den Körpersäften (humores), denen sie zugeordnet wurden, die Grundlage für die Humoralpathologie. Und ebenso wie in der Humoralpathologie das Mischverhältnis der Elemente über Krankheit (Dyskrasie) und Gesundheit (Eukrasie) entscheidet, resultiert in der Alchemie der Grad der Edelheit der Metalle aus dem Mischverhältnis von Schwefel und Quecksilber, die als Prinzip jeweils zwei der vier Elemente verkörpern.[1237]

5.6.1. „*Eichenmisteltraktat*" und „*Eichentraktat*"

Der „*Eichenmisteltraktat*" wurde in der ersten Hälfte oder in der Mitte des 14. Jahrhunderts (jedoch nicht vor 1300) von einem anonym gebliebenen bairisch-österreichischen Laienarzt verfaßt und zählt zu den wirkungsmächtigsten Wunderdrogentexten des Spätmittelalters. Die Überlieferung des Textes setzt im 14. Jahrhundert ein, bleibt jedoch zunächst auf die hochdeutschen Sprachgebiete beschränkt. In den niederdeutschen Sprachraum dringt der Text nicht vor dem ausgehenden 15. Jahrhundert ein. Wie wirkungsmächtig der „*Eichenmisteltraktat*" war, zeigt eine um 1500 entstandene altfranzösische (burgundische) Übersetzung des Textes, die im cod. 626 (Bl. $297^{r/v}$) der Londoner Wellcome Bibliothek überliefert wird.[1238]

Der Verfasser des Textes richtet sich gleichermaßen an den Laienarzt und den Laien. Wichtig mit Bezug auf die Alchemie ist dabei, daß der Autor mit den modernsten pharmazeutischen bzw. iatrochemischen Methoden und Praktiken vertraut ist, was seine detaillierten Kenntnisse der Alkoholdestillation beweisen.[1239]

Aufgrund der Unterschiedlichkeit der einzelnen Textzeugen weist der „*Eichenmisteltraktat*" einen „ausgeprägten Gestaltwandel"[1240] auf, der durch Textersetzungen,

[1237] Der Schwefel als Prinzip des Brennbaren verkörpert die Elemente Feuer und Luft und Quecksilber als das Prinzip des Schmelzbaren die Elemente Erde und Wasser.
[1238] Vgl. Keil (1980) Sp. 392
[1239] Vgl. Keil (1980) Sp. 392
[1240] Keil (1980) Sp. 392

Schwell- und Schrumpfformen gekennzeichnet ist und auch Versatzstücke fremder Herkunft zeigt. Trotzdem scheint der Verfasser manches aus der „*Epistula de virtute quercus*" des Pseudo-Arnald von Villanova entnommen zu haben. Diese werden in Verbindung mit dem „*Eichenmisteltraktat*" von einem Kompilator des 15. Jahrhunderts zu einem neuen Wunderdrogentraktat zusammengesetzt, dem „*Eichentraktat*".[1241]

Der in zwei Handschriften erhaltene „*Eichentraktat*" stellt also eine Kompilation von „*Eichenmisteltraktat*" und der „*Epistula de virtute quercus*" des Pseudo-Arnald von Villanova dar und ist wahrscheinlich nicht vor 1400 entstanden.[1242]

Der Verfasser scheint ein pharmakologisch interessierter Laienarzt gewesen zu sein, der seinen Text drogenkundlich ausrichtet und nach pharmazeutischen Gesichtspunkten unterteilt. Die Eichenmistel (Riemenblume) ist bei ihm, gemäß mittelalterlicher Auffassung, die „*frucht des eichen pawms*". Auffällig ist sein Bestreben, sämtliche Drogen in Pulverform darzureichen.[1243]

Obwohl der „*Eichentraktat*" seinen Ausgangstexten, dem „*Eichenmisteltraktat*" und der „*Epistula*" stilistisch und im Aufbau überlegen ist, hat er sich ihnen gegenüber nicht durchsetzen können, wie die Zahl der Textzeugen deutlich belegt.[1244]

5.6.2. Albert von Erfurt

Albert von Erfurt ist der Autor eines kurzen mitteldeutschen Textes über die medizinischen Eigenschaften des Branntweins. Der Text findet sich im cod. I Folio 334 der Breslauer Universitätsbibliothek auf Blatt 276^{v} unter der Überschrift „*Proprietas et virtutes vini*". In dem Text aus dem 15. Jahrhundert wird der Branntwein als Panazee beschrieben. Obwohl die kurzgehaltenen Ausführungen eine gewisse Eigenständigkeit aufweisen, stehen sie doch in der Tradition der mittelalterlichen deutschen Bearbeitungen von Taddeo Alderottis „*Weingeist-Traktat*" (um 1280). Der einzige bekannte Hinweis auf Albert von Erfurt findet sich am Ende seines Textes:[1245]

> „*Dis sint dy togende des gebranten wines, bescreben von Alberto von Erfford, dem clugken meister.*"[1246]

[1241] Vgl. Keil (1980) Sp. 393
[1242] Vgl. Keil (1980c) Sp. 393f.
[1243] Vgl. Keil (1980c) Sp. 394
[1244] Vgl. Keil (1980c) Sp. 394
[1245] Vgl. Schmitt (1978) Sp. 123
[1246] Schmitt (1978) Sp. 123

5.6.3. Bartholomäus von Frankfurt

Der kleine Traktat aus dem Cod. 642 der Londoner Wellcome Library (Bl. 4r-5v) nennt als Autor einen „*Bartholomeus von Franckfort*“[1247]:

> „*Von dem lebendigen wasser, daz man nennet daz gůldin wasser, hat gelert der ersamm grosß meister Bartholomeus von Franckfort, ein bewerter meister der artzteney, vnd heißt auch das wasser der gesůntheit.*“[1248]

Der Traktat nennt die Ingredienzien des Heilmittels, beschreibt seine Zubereitung im Laboratorium, seine Wirkungen und seine Anwendung.[1249] Der Begriff ’goldenes Wasser’ bzw. sein Synonym ’Wasser der Gesundheit’ sind alchemistische Decknamen für das Allheilmittel, die Panazee. Es spiegelt sich darin also der alchemistische Panazeegedanke wider.

Art und Inhalt von Bartholomäus’ Traktat ähneln sehr stark einigen Rezepten für ’güldene Wässer’ im Arzneibuch „*Sechs Bücher auserlesener Arzneien und Kunststücke für alle des menschlichen Leibes Gebrechen und Krankheiten*“ der Herzogin Eleonore Maria Rosalie von Troppau und Jägerndorf. Aus diesem Grunde vermutet Eis, daß Bartholomäus von Frankfurt identisch ist mit Bartholomäus von Ethen, der von 1466 bis 1470 in Frankfurt tätig war und später Leibarzt des Landgrafen von Hessen wurde.[1250]

5.6.4. Thomas von Wasserburg

Bei Thomas von Wasserburg handelt es sich um einen oberdeutschen Wundarzt und Apotheker des 15. Jahrhunderts, der noch 1499 wahrscheinlich in Wasserburg am Inn tätig war und sich auch alchemistisch, genauer iatrochemisch betätigte. Von ihm stammen zahlreiche Rezepte und galenische Kurztraktate, deren Überlieferung um 1480 beginnt. Ein alchemistisches Verfahren aus der Feder von Thomas von Wasserburg ist überliefert in:[1251]

- New Haven, Yale University, Beinecke Library, Ms. Mellon 30, Bl. 287r (datiert auf das Jahr 1528 und von schwäbischen Dialektmerkmalen geprägt).[1252]

Thomas von Wasserburg scheint bei iatrochemisch tätigen Alchemisten in hohem Ansehen gestanden zu haben. Darauf deutet zum einen der Autorenvermerk „*Magistri Thomae*“ für den „Pars-cum-Parte“-Text des pseudo-paracelsischen „*Manuale*“ hin

---

[1247] Rudolf (1978b) Sp. 617
[1248] Rudolf (1978b) Sp. 617f.
[1249] Vgl. Rudolf (1978b) Sp. 618
[1250] Vgl. Eis (1971j) S. 385f. und Rudolf (1978b) Sp. 618
[1251] Vgl. Keil (1995d) Sp. 892

und zum anderen nennt ihn Andreas Libavius im „*Gegenbericht Von der Panacea Amwaldina*“ von 1595 einen „Lehrmeister Paracelsi“.[1253]

5.6.5. Gallus von Prag

Auch Gallus von Prag († nach 1378), der böhmische Leibarzt von Kaiser Karl IV., hat sich mit der Alkoholdestillation beschäftigt. Von ihm sind mehrere medizinische Kurztexte überliefert, die Gallus in lateinischer Sprache verfaßte. Sein Aquavit-Rezept, das sein Interesse an der Destillation belegt, wird von Sigmund Albich im Münchener clm 14526 auf Bl. 137^v-138^r überliefert. Es liegt allerdings, im Gegensatz zu den meisten Gallus-Schriften, auch in deutscher Sprache vor:

- Heidelberg, Universitätsbibliothek, cpg 807, Bl. 120^v und
- Donaueschingen, cod. E I 1, S. 51f.

Das Rezept weist nur eine geringe Eigenständigkeit auf. Destilliert werden verschiedene Ingredienzien, deren Endprodukt der Aquavit, also ein Aqua vitae, darstellt. Jeder der täglich eine Haselnußschale des Destillats morgens nüchtern trinkt, dem soll ein langes und gesundes Leben beschieden sein.[1254] Dies erinnert doch sehr stark an den alchemistischen Panazeegedanken, weshalb das Rezept auch hier bei den iatrochemischen Schriften eingeordnet wurde.

5.6.6. Taddeo (degli) Alderotti

Ebenfalls zur Wirkung der Alchemie auf die Medizin und Pharmazie im Bereich der Destillation gehört der Branntweintraktat von Taddeo Alderotti[1255] (1205/15 – 1295), der in Bologna als Arzt, akademischer Lehrer, Kaufmann, Bankier und Büchersammler tätig war. Seine naturwissenschaftlich-medizinischen Kenntnisse hatte er sich als Autodidakt erworben. Ab 1264 begann er in Bologna eine medizinisch-artistische Universität aufzubauen, die aufgrund von Alderottis hohem Ansehen als Arzt bald neben Padua und Paris zur gefragtesten medizinischen Hochschule des Abendlandes wurde.[1256]

Eine deutschsprachige Rezeption von Alderottis Werken ist bisher nur für seinen Traktat über „*aqua ardens*“ (Branntweintraktat) bekannt. Seine darin beschriebenen

[1252] Zur weiteren Überlieferung vgl. im Anhang
[1253] Vgl. Keil (1995d) Sp. 893
[1254] Vgl. Keil (1980d) Sp. 1065ff.
[1255] Auch bekannt als Taddeo degli Alderotti, Thaddeus Florentinus oder Thaddeus de Florentia.

Lehren und Anweisungen zur Alkohol-Destillation sind sehr wirkungsmächtig und werden seit dem 14. Jahrhundert und vor allem im 15. Jahrhundert vielfach in deutscher Sprache tradiert.[1257] Daß man durchaus einen direkten Einfluß der Alchemie auf Alderottis Kenntnisse von der Destillation annehmen kann, zeigt das von ihm verfaßte lateinische „*Gedicht vom Stein der Weisen*"[1258]. Darin zeigt er sich, unter Berufung auf Pseudo-Albertus Magnus, als kenntnisreicher Alchemist. Darüber hinaus erwähnt Taddeo ausdrücklich, daß er den Weingeist (spritus vini) durch einen alchemischen Prozeß („*opere alkimico*") gewonnen hat.[1259]

Der Branntwein, der von Taddeo als „*aqua ardens*" oder „*aqua vitae*" bezeichnet wird, trägt bei ihm Züge der alchemistischen Panazee, da er bei äußerlicher sowie innerlicher Anwendung in der Lage sein soll, alle körperlichen Leiden zu kurieren.[1260]

Taddeos Branntweintraktat war ziemlich wirkungsmächtig. Er fand u.a. auch Aufnahme ins „*Fränkische Arzneibuch*", einem deutschen medizinischen Kompendium, das im 14. Jahrhundert entstanden und seit 1398 nachweisbar ist,[1261] worauf der älteste überlieferte Textzeuge hindeutet.[1262] Der „*geprant wein*" aus dem „*Fränkischen Arzneibuch*" basiert auf Taddeo Alderottis Branntweintraktat, dessen älteste Textzeugen bisher in Würzburger und Heidelberger Handschriften gefunden wurden:

- Würzburg, Universitätsbibliothek, M. Ch. f. 79, Bl. 16vb-17vb (von 1398),
- Heidelberg, Universitätsbibliothek, cpg 213, Bl. 10^{r}-11^{v} (vor 1421) und
- Heidelberg, Universitätsbibliothek, cpg 558, Bl. 82^{rv}.[1263]

Wichtig wird Alderottis Branntweintraktat in seiner Wirkung auch auf das „*Wasserbüchlein*" des Michael Puff aus Schrick, der in 44 pharmakologischen Kurztraktaten, die die Kapitel seines Werkes bilden, Alderotti verarbeitet.[1264]

1256 Vgl. Keil (1995c) Sp. 569f.
1257 Zur Überlieferung vgl. im Anhang. (Keil (1995c) Sp. 571ff.).
1258 Keil (1995c) Sp. 570. Bisher ist keine deutsche Überlieferung dieses alchemistischen Lehrgedichtes bekannt.
1259 Vgl. Keil (1995c) Sp. 570ff. sowie Stille (2004) S. 56
1260 Vgl. Lippmann (1913) sowie Stille (2004) S. 56
1261 Überliefert in: Würzburg, Universitätsbibliothek, M. Ch. f. 79, Bl. 7ra-130vb (entstanden 1398 in Nürnberg); Heidelberg, Universitätsbibliothek, cpg 213, Bl. 1^{r}-97^{r} (entstanden vor 1421, ostfränkisch) und Heidelberg, Universitätsbibliothek, cpg 539, Bl. 10^{r}-64^{v} (entstanden in der 2. Hälfte des 15. Jahrhunderts).
1262 Vgl. Keil (2002a) Sp. 453
1263 Vgl. Keil (1960) S. 58ff. und Keil (1995c) Sp. 572
1264 Vgl. Keil (1995c) Sp. 572f.

5.6.7. Konrad Schreck von Aschaffenburg

Der Apotheker, Kaufmann und Politiker Konrad Schreck von Aschaffenburg († um 1523) stammte aus der Oberrheinebene. Seine Ausbildung erhielt er vermutlich in Straßburg, von wo er zuerst nach Nürnberg und dann nach Regensburg übersiedelte, wo er bis 1514 nachweisbar bleibt.[1265]

Für die Alchemie in ihrer iatrochemischen Ausrichtung ist Schreck wegen eines wundärztlich-pharmazeutischen Kompendiums von Bedeutung, und zwar aufgrund einer Bearbeitung des „*Buch vom fünften Wesen*" des Johannes de Rupescissa. Für diese deutsche Bearbeitung von Johannes' Quintessenz-Traktat „*Liber de consideratione quintae essentiae rerum omnium*", der hier verkürzt in zwei Büchern vorliegt, kommt Schreck dabei durchaus als selbständiger deutschsprachiger Bearbeiter in Frage. Der Text wurde 1472 in Nürnberg verfaßt und liegt noch heute als Autograph vor, nämlich in der Dombibliothek in Kalosca.[1266]

Der Text von Konrad Schrecks Kurzfassung des „*Liber de consideratione quintae essentiae rerum omnium*" beginnt wie folgt:

> „*Hie vechtt an das buch der Quinta essencia von dem dinst der philosopheÿ Jn dem Namen Gottes.*
> *Salomon hatt gesprochen: Jn dem andern capitel der weißheitt Got hatt mir geben kunst der ding die da sint das ich schicken kund den kreiß der erd vnd die krafft der element vnd ir anfang vnd end vnd irs mittels vnd ir wandlung vnd verwechslung der tzeitt vnd teillung des jars. Die leuff vnd gestalt der stern natur vnd thier vnd tzorn der uernúnfftigen [!] tier crafft der winde vnd der gedenk der menschen vnterscheid der zweig vnd crafft der wurtzeln vnd was verborgens ist das han ich gelernt wan der werckmeister aller ding hat gelernt die groß weißheitt.*"[1267]

Eine Parallelüberlieferung des iatrochemischen Textes findet sich im Cod. B. 32 (Bl. 252ra-265va) der Erlangener Universitätsbibliothek, einer ebenfalls medizinisch-alchemischen Sammelhandschrift aus der zweiten Hälfte des 15. Jahrhunderts (1484), die aus der Bibliothek des Klosters Heilsbronn stammt. Die Bücher beginnen ähnlich:[1268]

> „*Hie vacht an ein puch de quinta essencia von dem dinst der philosophen jn dem namen der geborn ist von einer junckfrawen.*
> *Salomon hat gesprochen in dem capitel der weyßhayt*".[1269]

[1265] Zum Leben Konrad Schrecks vgl. Habrich (1970) S. 19-24 u.ö.
[1266] Kalosca, Kathedralbibliothek, Ms. 376, Bl. 271^r-284^r. Zur Überlieferung vgl. im Anhang.
[1267] Zitiert nach Benzenhöfer (1989) S. 201
[1268] Vgl. Benzenhöfer (1989) S. 29
[1269] Benzenhöfer (1989) S. 29

Inhaltlich beschreibt der Schreck-Text Destillationsvorgänge und -verfahren, sowie die „*ausziehung*“ der „*quinta essencia*“, die Silber-Quintessenz und eine Gold-Silber-Scheidung.[1270]

Der Bearbeiter hat dabei zahlreiche Kapitel der Vorlage, des „*Liber de consideratione quintae essentiae rerum omnium*“ des Johannes de Rupescissa, ausgelassen und auch die erhaltenen Kapitel auf ihren inhaltlichen Kern reduziert. Durch die wundärztliche Orientierung von Schrecks Arzneibuch sind die Simplicia-Listen recht ausführlich dargestellt.[1271]

Schrecks iatrochemische Schrift ist somit geprägt von seinen pharmazeutischen Kenntnissen und Interessen. Dies zeigt sich neben der „Akzentuierung der Simplicia-Listen“[1272] vor allem in der Übernahme von lateinischen Fachtermini für die erwähnten Arzneistoffe, Spezialitäten und pharmazeutisch-alchemischen Technologien. Letzteres war für Apotheker-Fachtexte des 15. Jahrhunderts typisch.[1273]

5.6.8. Michael Puff aus Schrick

Der Wiener Arzt Michael Puff (um 1400-1473), der 1433 an der Universität Wien zum Doktor der Medizin promovierte und bis 1470 insgesamt elfmal als Dekan der medizinischen Fakultät der Universität Wien vorstand, ist als Autor zahlreicher medizinisch-pharmakologischer Fachschriften in Erscheinung getreten. Das auf ihn zurückgehenden Schriftencorpus weist eine beachtliche Vielfalt auf. Die in mehrere Gattungen einzuteilenden Texte (Traktat, Rede, Rezept) behandeln schwerpunktmäßig die Pharmakologie sowie die Seuchenbekämpfung und richten sich an Hochschullehrer, Studenten, Laienärzte und Patienten. Dabei bediente sich der Verfasser der lateinischen wie der deutschen Sprache.[1274]

Besondere Bedeutung kommt Michael Puffs „*Büchlein von den ausgebrannten Wässern*“ zu, das nicht nur die theoretische Grundlage für seine praxisbezogenen Schriften legt, sondern zugleich seine bekannteste Schrift darstellt, die darüber hinaus noch in Deutsch verfaßt wurde. Die Textgeschichte von Puffs Branntweintraktat verläuft zweistufig. Zunächst wurde von Puff selbst der in 12 Handschriften des ausgehenden 15. und des 16. Jahrhunderts überlieferte „*Traktat von Tugenden der ausgebrannten Wässer*“[1275] zusammengestellt („*zam gefüegt*“), dessen Erstfassung 1455 abgeschlossen

[1270] Vgl. Benzenhöfer (1989) S. 52f.
[1271] Vgl. Benzenhöfer (1989) S. 33
[1272] Keil (1992a) Sp. 848
[1273] Vgl. Keil (1992a) Sp. 847f.
[1274] Vgl. Walther/Keil (1989) Sp. 905f.
[1275] Auch bekannt unter dem Titel „*Tractatus de virtutibus aquarum*“.

war. Der Text wurde dann von Puff 1466 möglicherweise nochmals überarbeitet, worauf die Handschriften aus Donaueschingen und Melk hindeuten.[1276] Der Traktat besteht aus 44 Wässer-Kapiteln, einem Abschnitt über Rosenöl und einem diätetisch-medizinischen Anhang. Puff verarbeitet darin Gabriels von Lebenstein „*Büchlein von den gebrannten Wässern*" sowie Taddeo Alderottis Branntweintraktat.[1277] Er steht damit in der iatrochemischen Tradition der mittels Destillation hergestellten Arzneien.

Die zweite Stufe der Überlieferungsgeschichte von Puffs Branntweintraktat bildet dann das überaus wirkungsmächtige, oben erwähnte „*Büchlein von den ausgebrannten Wässern*" von 1476, das in 27 mittelalterlichen Wiegendrucken und 14 Handschriften des 15. und 16. Jahrhunderts vorliegt.[1278] Der Text wurde erst nach Puffs Tod in der Augsburger Apotheke des Hans Bämler, vermutlich von diesem selbst, zusammengestellt. Darin wurden ein anonymer Wässer-Traktat,[1279] der auch unter der Verfasserschaft Ortolfs von Baierland umlief, mit den 44 Wässer-Kapiteln und dem Rosenöl-Abschnitt aus Puffs „*Traktat von Tugenden der ausgebrannten Wässer*" kompiliert. Ergänzt wird der Text durch den Branntweintraktat Taddeo Alderottis und einer Bearbeitung des „*Kranewittbeer-Traktats*".[1280] Diese einzelnen Teile des Werkes lassen sich in seiner ältesten Ausgabe durch eine inhaltliche und buchbinderische Analyse noch deutlich herausarbeiten. Diese erste Auflage des Kompilats war noch anonym erschienen, doch bereits seit der zweiten Auflage wird das „*Büchlein von den gebrannten Wässern*" dem „*meyster Michel Schrick doctor*" zugeschrieben.[1281]

Durch die Aufnahme in das „*Büchlein von den gebrannten Wässern*" gewannen Puffs Lehren eine enorme Strahlkraft. Zusammen mit dem „*Büchlein von den gebrannten Wässern*" waren sie bis weit ins 17. Jh. hinein der maßgebliche Leitfaden für das Verordnen alkoholischer Destillate. Sie fanden Eingang in das „*Kleine Destillierbuch*" des Hieronymus Brunschwig (1505 u.ö.) und in Brunschwigs „*Apotheke für den gemeinen Mann*", die zwischen 1529 und 1619 in 20 selbständigen Ausgaben veröffentlicht wurde. Daneben wurden sie in die frühneuzeitlichen Drucke des „*Gart der Gesundheit*" aufgenommen (1533 u.ö.) und an das „*Kräuterbuch*" des Hieronymus Bock (1539 u.ö.) angelagert.[1282] Damit gehören Puffs Ausführungen über die gebrannten Wässer zu den wirkungsmächtigsten Destillationsvorschriften des Mittelalters. Ent-

---

1276 Zur Überlieferung vgl. im Anhang.
1277 Vgl. Walther/Keil (1989) Sp. 907f.
1278 Zur Überlieferung vgl. im Anhang (sowie bei Sudhoff (1908) Nr. 148-167, Welker (1988) S. 96-98, Walter (1968) und Senfelder (1898) S. 351a).
1279 Wie er bspw. überliefert wird in: Wolfenbüttel, Herzog-August-Bibliothek, cod. 86.3 Aug. fol., Bl. 168^r-170^v.
1280 Beim „*Kranewittbeer-Traktat*" handelt es sich um einen Wunderdrogentraktat.
1281 Vgl. Walther/Keil (1989) Sp. 908f. Eine niederdeutsche Ausgabe (Lübeck, Bartholomäus Gothan) von 1484 nennt einen Bartholomäus von Benevent als Autor und verarbeitet darüber hinaus einige Abschnitte des „*Promptuarium medicinae*".
1282 Vgl. Walther/Keil (1989) Sp. 909

sprechend muß man Michael Puff aus Schrick zu den wichtigsten deutschsprachigen Vertretern des iatrochemischen Fachschrifttums des Mittelalters zählen.

5.6.9. Anton Trutmann

Anton Trutmann[1283] war ein oberelsässischer Laienarzt, der Ende des 15. Jahrhunderts ein Arzneibuch verfaßte, das in einem handschriftlichen Textzeugen überliefert ist:

- Bern, Burgerbibliothek, Ms. Hist. Helv. XI 61 (um 1495, 141 Bll. Pergament und Papier).[1284]

Anton Trutmann war aber weder ein handwerklicher Wundarzt und schon gar kein gelehrter Bucharzt (Physicus) sondern ein chirurgisch und internistisch interessierter und bemühter Laienarzt oder möglicherweise sogar ein Apotheker, der sein Arzneibuch überwiegend auf Deutsch verfaßte, wobei immer wieder fließende Übergänge ins Latein auftreten.[1285]

Trutmann gliederte sein Arzneibuch nach Themengruppen. Dabei beachtete er neben medizinischen Aspekten, wie der Symptomatik, der Reihenfolge der Behandlungsschritte und der Arzneiform, auch den Ablauf pharmazeutisch-technologischer Prozesse, wie sie aus der Alchemie bzw. der Iatrochemie bekannt sind. Seine alchemischen Kenntnisse dokumentiert Trutmann an vielen Stellen seines Arzneibuchs.[1286] Er kennt alchemistische Verfahren zur Trennung der Elemente (Sgm 7-7a und 78-79c).[1287] Dabei dient als Ausgangsstoff Menschenblut, das durch Destillation in Wasser (aqua), Luft (aer) und Feuer (ignis) aufgespalten wird. Auffällig ist dabei, daß das Element Erde (terra) fehlt.[1288] Damit steht Trutmann in der Tradition alchemistischer Fachtexte über destilliertes Menschenblut, wie den Traktat „*Epistula de sanguine*" des Pseudo-Arnald von Villanova aus dem 14. Jahrhundert, den Trutmann auch benutzt und sogar überliefert hat (Sgm. 78-79c).[1289] Das Menschenblutdestillat zielt bei Trutmann auf das Erweichen von Glas und wurde in der Alchemie häufig zum Weichmachen von Steinen eingesetzt.[1290] Diese Vorstellungen resultieren aus dem im Mittelalter allgegenwärtigen Blutaberglauben.

[1283] Es existiert auch die Namensschreibweise Antoni Truotmann.
[1284] Eine Ausgabe des Textes findet sich bei Sutterer (1976)
[1285] Vgl. Keil/Mildenberger (1995) Sp. 1107
[1286] Vgl. Keil/Mildenberger (1995) Sp. 1107f.
[1287] Die 'Sgm'-Angaben beziehen sich auf die Segmentierung des Textes durch Gleinser. (Vgl. hierzu Gleinser (1996) sowie Tabelle 6)
[1288] Vgl. Gleinser (1996) S. 58
[1289] Vgl. zur alchemistischen Tradition von Menschenblutdestillationen bei Romswinkel (1974).
[1290] Vgl. Gleinser (1996) S. 98f. Analog dazu ist auch die steinerweichende Wirkung von Bocksblut zu sehen, wie sie im „*Parzival*" Wolframs von Eschenbach beschrieben wird, wo das Bocksblut Gah-

Trutmann kennt auch die alchemistische Vorstellung von der Panazee, die bei ihm als Aurum potabile, trinkbares Gold, erscheint, das im Mittelalter als Lebenselixier und Allheilmittel, also als Panazee galt. Das Gold, als die höchste und edelste Ausformung der Materie, sollte diese Wirkung auf den menschlichen Körper übertragen, ihn also veredeln und damit heilen. Dies bringt auch Trutmann zum Ausdruck, denn sein Aurum potabile *„dínt zů aller kranckheit*“, d.h. es kann alle Krankheiten einschließlich des als unheilbar geltenden Aussatzes heilen:

> *„Aurum potabile, daz zů machen mit denn / minsten kosten et cetera. / Nim honig ij pfund, distillier daz, saffran ij lot, gebrenten win j moß, geschlagen / gold bleter x: daz distillier v mol vnd / gib den vff ein mol eim menschen nit mer / den ij oder iij dropffen mit celidonien wasser. / Daz dínt zů aller kranckheit vnd ouch / zů der vssacz et cetera.*“ (Bl. 4v1-8)[1291]

Das hier vorliegende Rezept versucht die Panazee durch eine mehrfache Destillation des Branntweins unter Zugabe von Honig, Safran und Blattgold herzustellen. Um allerdings eine wirksame Goldfärbung zu erreichen, erfolgte die Applikation des Aurum potabile mit Schöllkrautwasser (*„celidonien wasser*“), das in der Alchemie aufgrund der gelbroten Färbung des Schöllkrautsaftes[1292] als geeignet angesehen wurde, um als Panazee zu fungieren. Aus dieser Geisteshaltung Trutmanns erklärt sich auch, warum er seinen Pestarzneien Gold beimengte.[1293]

Entsprechend offenbart Trutmann umfangreiche Kenntnis der klassischen, metallurgisch geprägten Transmutationsalchemie. Er beschreibt eine rote Tinktur, aus der das Gold gewonnen werden kann (Sgm. 183 und 484), wobei es sich um den Lapis philosophorum handelt. Ein solches alchemistisches Rezept zur Metalltransmutation bzw. Goldgewinnung findet sich bei Trutmann in Sgm. 183:

> *„Jtem ein scheidung vff dem kupffer, daz do golt / in jm hatt: so nim weideschen vnd kalch, ana / j pfund, vnd stoß yedes besunder vnd tů es zů / samen vnd guß wasser dar v̈ber iiij oder v moß / vnd guß die lougen v oder vj mol dor yber, / bitz daz die feces kein scherpffi me in in / hand, dan tů die loug in ein kessel / vnd nim j pfund salmiax vnd stoß den ouch / clein vnd tu es in die lougen vnd loß es / senfftiklichen in sieden, bitz es hert wirt; / so blipt do ein wiß salcz: daz truck hüb=/sclich ab vnd zerstoß es den clein. Vnd nim / j pfund anthimonium vnd stoß den ouch cleyn / vnd tů in vnder die geschriben materi. Dar / zů gehórt x pfund venus, daz vngeseigert / ist; den tů in ein gůtten tigel, der do / wol verlüttirrt ist, vnd wen er flüst, so / tů daz vor geschriben buluer dar in zů zweÿ / molenn vnd rúr es durch ein ander vnd /loß es kalt werden: so setzet es einen kü=/nig: den*

murets Diamanthelm weicher als einen Schwamm werden ließ (Pz. 105, 18-21). (Vgl. hierzu auch unten in Kap. 8.1.)

1291 Sutterer (1976) S. 72

1292 Das Schöllkraut wird aufgrund der Farbe seines Saftes auch als Blutkraut bezeichnet.

1293 Vgl. Romswinkel (1974) S. 42ff.; Jüttner (1980a) Sp. 1246 sowie Gleinser (1996) S. 59 und S. 106

> *selben trib ab vff einer capellen / mit plÿ, so findestu ij lot oder ij lott / fin gold et cetera.*" (Bl. 38r5-28)[1294]

Genauso verhält es sich mit der weißen Tinktur („*ein koestlich album*") zur Silbergewinnung (Sgm 748). Weitere Rezepte zur Silbergewinnung finden sich in den Sgm. 481-483 und 485. Daneben kennt er ein Scheide-Rezept, das den Adepten anleitet, „*Wie man gold von dem silber bringet*" (Sgm 411) und die klassische Zuordnung der Metalle zu den Planeten (Sgm 748).[1295]

Darüber hinaus enthält der Text einige Rezepte alchemisch-technologischen Inhalts. Zu ihnen zählt ein weiteres Rezept zur Goldgewinnung:

> „*Wie man gold von dem silber bringet: / Nim winsteyn vnd swebel, attrament vnd rib / si vnder ein ander mit starckem essig oder / mit harnn vnd netze den daz gold do mit / vnd leig es vff eyn glůt kolen vnd büge / es hin vnd here: so lett sich daz gold / von dem silber oder von dem kupffer et cetera.*" (Bl. 68r20-26)[1296]

Doch nicht nur die Goldgewinnung stand im Blick von Trutmanns Interessen, sondern auch die Silbergewinnung, die hier in engem Zusammenhang mit der alchemistischen Praxis steht:

> „*Jtem ein kőstlich album behend vnd snell et cetera / mit geringen kosten ϋber die moß: nim cerusa, / wÿssen vitriol, alun, salcz von bůchen eschen / lougen gemacht, salmiax, jeglichs j lot / und deß salmiax ij lot; den nim ij lot ve=/nus vnd ij lot luna vnd vnd zerloß wol durch / ein ander, vnd so es wallet oder blicket, / so würff den deß vorigen puluer j quint drin / vnd rűrs wol vnd loß den aber vff / wallen vnd wurf den j ander quintt drin: / daz tů also zům dritten mol, vnd wen es zům / letzsten aber wallet, so güß den vß: so hastu / gůt lunam, waz du druß lost machen et cetera.*" (Bl. 137v1-13)[1297]

Ein ebenfalls überliefertes Rezept zur Eisenhärtung empfiehlt den Einsatz von Pflanzensäften, um das Metall auszuhärten:

> „*Jtem wiltu ysen hert machen, so nim das / crut, heist esula maior, daz do milch git, vnd / stoß daz crut vnd mach daz ÿsen glĭgen / vnd lőschs es den in dem safft: so wirt / es hert et cetera.*" (Bl. 68v1-5)[1298]

Bei der von Trutmann empfohlenen Pflanze „*esula maior*" handelt es sich nach Gleinser entweder um die Sumpf-Wolfsmilch (Euphorbia palustris L.) oder die Spring-Wolfsmilch (Euphorbia lathyris L.).[1299]

[1294] Sutterer (1976) S. 121
[1295] Vgl. Gleinser (1996) S. 59
[1296] Sutterer (1976) S. 160f.
[1297] Sutterer (1976) S. 238
[1298] Sutterer (1976) S. 161
[1299] Vgl. Gleinser (1996) S. 182

Darüber hinaus bietet der Text noch ein Rezept zur Zinnober-Herstellung und eines zur Erweichung von Steinen:

> „*Jtem wiltu zinober ma=/chen, der fin rot wirt vnd aller best et cetera: / so rib in vff halber vnd leig in den in / eyn zigel vnd loß in dann wol gligend / werden vnd rib in den anderwerb volles / mit win oder mit essig oder mit gumi / wasser ab vnd mach kugel [druß, so vil du] wilt et cetera. / Jtem nota zům zinober: Nim eyer clor wol ge=/schlagen vnd tů daz zů dem zinober in eyn / hornn vnd tů dar zů edlen miren, eyn we=/nig, vnd ein wenig aloepaticum, ana las / groß als ein welschs erweiß: so ist der / zinober wol bereitt vnd fulet nit et cetera.*“ (Bl. 68^{v}5-16)[1300]

> „*Jtem wiltu allerley gestein weich machen, / daz man si snidet als keß vnd si in alli for=/men gissen magk oder trucken: so nim in demm / ougste einer geiß blůt vnd bocks blůt vnd / derre daz gar wol, bitz daz er hert wird: Daz / mag man also lang behalten, bitz daz man sin / bedarff. Vnd wen man stein oder cristal / weich will machen, so nim deß vorigen / gedörten blůt, ana, vnd stoß es zůbuluer / vnd güß an daz puluer starcki louge von / weideschi gemacht vnd zerloß daz in eym / hafen vnder ein ander vnd tů dar vnder ein / schüssel vol starcks essig. Vnd leig den / in den hafen waz gesteinß du wilt, vnd / loß es in der materien erwallen vnd formire vnd snide si, wie du wellest; / dar noch wurff si in ein kalt wasser / vnd loß es ein stund dar in ligen, so / werden si wider hert als vor et cetera.*“(Bl. 68^{r}1-19)[1301]

Auch beschreibt er die Gewinnung mehrerer Quintessenzen, u.a. der des Antimons (Sgm 383-386e), wobei es sich um eine Bearbeitung eines Ausschnitts aus Johannes' de Rupescissa „*Liber de consideratione quintae essentiae rerum omnium*“ handelt.[1302] Neben den Quintessenz-Passagen gibt Trutmann noch weitere Lehren in lateinischer Sprache wieder. Hierzu zählt ein Abschnitt über Elemententrennung, bei dem es sich um eine Überlieferung der „*Epistula de sanguine*“ des Pseudo-Arnald von Villanova handelt.[1303]

Neben der Destillation kannte Trutmann noch weitere alchemistische Verfahren, die er in Operationen mit Quecksilber zur Anwendung bringt (Sgm 473-480). Zu ihnen zählen die Putrefaktion („*mercurium zuo [...] toetten*“[1304] – Sgm 473), die Koagulation („*coagulatio mercury*“ – Sgm 474 u.ö.) und die Fixation des Quecksilbers („*mercurium sol man also fixieren*“[1305] – Sgm 480 – oder „*ein fixacio mercurÿ*“[1306] – Sgm 480).[1307]

1300 Sutterer (1976) S. 161

1301 Sutterer (1976) S. 160.

1302 Vgl. Gleinser (1996) S. 59f.

1303 Vgl. Gleinser (1996) S. 132f.

1304 Sutterer (1976) S. 174, Bl. 79^{r}1

1305 Sutterer (1976) S. 175, Bl. 79^{r}26-27

1306 Sutterer (1976) S. 176, Bl. 80r24

1307 Vgl. Gleinser (1996) S. 60f.

Darüber hinaus enthält Trutmanns Schrift zahlreiche technische Rezepte, die auch der Alchemie zugerechnet werden können oder sogar müssen. Die Anweisungen zum Guß von Edelmetallen (Sgm 486-487) befassen sich u.a. mit der Verflüssigung von Gold und Silber. Es gibt aber auch ganz klassische Vorschriften zur Transmutation von Edelmetallen (Sgm. 481-485).[1308]

In engem Zusammenhang mit der alchemistischen Praxis steht auch ein Rezept, das ein „*edel wasser zů behenden künsten*" liefert, bei dem es sich um ein Medizinalwasser handelt:

> „*Jtem dis jst ein edel wasser zů behenden / künsten, wan ir zů not bedarff, zů kupffer / vnd zů allen geschmiden zů reinigen vnd / zů lůteren, wann diß wasser hat die kraft: / wer den kupfer dar in lőschet oder sudet, der / wirt gereinigt von aller siner vntugend; ouch / hat es disse craft zů verdilcken alli bőße / mol vnd ist ouch gůt für fistelen vnd / krebs vnd ful fleisch; deß wurf ein / teil vff xv teil jn der smelczung, so louft / es lichtlich vnd fallet sanfft, war in man / es gůsset; mach es also et cetera: Nim weideschen / vnd stoß si gar wol, calcem viuam vnd stoß in / ouch wol vnd rede si bede wol durch eyn / eng sip; dar noch nim kindes harnn von xv joren / oder scharpffen essig: dat tů alles ze huff vnd / sud es bytz iij teil zů eim werden; dar noch / distillier es durch ein filcz, vt sufficiat: jn demm / selben wasser loß zergon sal armoniacum, sal alkali, / sal nitri, alaun, dar noch loß daz wasser / fallen ein ganczen tag vnd nacht; dar noch / so sihe es ab oben jn eyn rein glaß vnd ver=/stopff es wol mit wachs vnd behaltz, bitz / du sin bedarffest. Vnd wen du den wilt kupfer / reinigen, so smelcz es mit gepuluertem galß / vnd mit sal armoniacum, vnd es den vast vnder einander / rŕren; dar noch so löschs den kupffer jn demm / vorgenanten et cetera.*" (Bl. 137r1-28)[1309]

Aus medizinischer, wie aus metallurgischer Sicht ist das hier vorliegende „Kalkguß-Rezept" interessant, da es nach Trutmanns Angaben aufgrund seiner starken Ätzwirkung sowohl für medizinische Zwecke benutzt werden kann:

> „*ouch hat es disse craft zů verdilcken alli bőße mol vnd ist ouch gůt für fistelen vnd krebs vnd ful fleisch*",

als auch zur Reinigung für Metallgegenstände:

> „*zů kupffer vnd zů allen geschmiden zů reinigen*".

Ein weiterer Textabschnitt, der sich mit der Herstellung eines Medizinalwassers beschäftigt, beginnt auf Bl. 62r:

> „*Jtem aqua, das die vssetzikeit verdecket / vnd nemmet hin die vngerechten vssetzi=/keit vnd dilget die flecken vnter den ougen, // vt behaltet die juncheit. Aber ich weiß / für wor, daz es den flecken dilget vnd / machet hübschs ougen, vnd ich swig / von der heimlichkeit diß wassers, das / si ycht werden von hoffart*

[1308] Vgl. Gleinser (1996) S. 61

[1309] Sutterer (1976) S. 237

erhaben: Nim / silber, violat vnd ercz, jsen, bly, gold / vnd borraß nach dem richtům vnd ar=/můt deß sichen vnd leige die alli / jn eines knaben harnn, der eyn jungfrow / sig, der win trincke, den ersten tag vnd / nacht, den anderrn tag jn gůtten warmen / wissen win, den dritten tag in fenchel / safft, den vierden tag jn eiger clor, daz be=/reit sig, den fünfften tag jn frowen milch / die ein knaben seiget, den vj tag jn gůten / roten win, den vij tag leige es wider / in eiger clor, daz bereit sig: diß alles / setze mit ein ander jn einem vaß züeinem / senfften fur, vnd waz du do von distilliertz, / daz behalt: daz erst fur sich selb, daz / ander per se, daz dritt per se. Vnd behalt / daz jnn drigen amplen wol verstopffet mit / wachs. Das gib: das erst fur silber, / daz ander für gold, daz drit für balsam. / Vnd dem lobe diß werckiß jst zů / swigen, wann man mag es nit kouffen / noch bezalenn et cetera." (Bl. 62^r24-62^v27)[1310]

Bereits die Indikation weist die Arznei als Panazee oder Aqua vitae aus, denn es soll gegen „*vssetzikeit*" und „*flecken vnter den ougen*" helfen, und derjenige, der die Arznei einnimmt, „*behaltet die juncheit*". Über die Charakterisierung des Medizinalwassers als Panazee hinaus folgt der Text dem alchemistischen Geheimhaltungsgebot in Form von dunklen Anspielungen bzgl. der außerordentlichen Wirkung des 'Wassers'. Diese arkansparchliche Orientierung offenbart sich mehrfach:

- „*ich swig von der heimlichkeit diß wassers, das si ycht werden von hoffart erhaben*"
- „*Vnd dem lobe diß werckiß jst zů swigen*".

Es handelt sich um ein Medizinalwasser, das auf der Grundlage der Metalle Silber, Eisen, Blei, Gold und einem nicht näher bezeichneten „*ercz*", bei dem es sich um Kupfererz handeln könnte, hergestellt werden soll, dem Borax und „*violat*"[1311] beigefügt werden sollen. Interessant ist dabei, daß die Ingredienzien je nach Finanzkraft des Patienten in ihrer Menge variiert werden können:[1312]

„*Nim silber, violat vnd ercz, jsen, bly, gold vnd borraß nach dem richtům vnd armůt deß sichen*"

Hierdurch erhält der Text auch eine Aussagekraft in sozialgeschichtlicher Hinsicht, denn durch ein solches Vorgehen wurde die Leistung des Arztes oder Apothekers an den sozialen Stand des Kranken angepaßt. Entsprechend konnten zahlungskräftige Patienten mit potentiell wirkungsvolleren Arzneien rechnen – zumindest bei solchen, die teure Ingredienzien enthielten – als ärmere Patienten.

[1310] Sutterer (1976) S. 153

[1311] Der Terminus „*violat*" macht hier Probleme. Es könnte sich dabei – wie Gleinser vermutet – um eine Verschreibung von 'vitriol' handeln oder aber – wie Mildenberger glaubt – um einen Fehler in der Textausgabe von Sutterer. Sutterer schreibt, wie oben gesehen, „*silber, violat* ...", Mildenberger dagegen liest die Textstelle als „*silber-violat*", also Silber-Feilspäne. (Vgl. hierzu auch Gleinser (1996) S. 191 sowie Mildenberger (1995) s.v. „silber-vîolat" und „vîolat")

[1312] Vgl. Gleinser (1996) S. 190f.

Neben derartigen deutschsprachigen MedizinalwässerRezepturen bietet Trutmann auch drei Medizinalwässer in lateinischer Sprache (Sgm. 80-82), wie sie auch in den von Lindgren beschriebenen „*Medizinalwässern*" überliefert werden.[1313]

Es ergeben sich so nach Gleinser 97 alchemistische Einzelvorschriften, die etwa 8% des Gesamtumfangs von Trutmanns Arzneibuch ausmachen. Daraus läßt sich folgende Übersicht erstellen (Tabelle 6):[1314]

Segmentierung nach Gleinser	**Inhalt**	**Ortsbestimmung in der Ausgabe von Sutterer**	**benutzte Sprache bei Trutmann**
7-7a	Blutdestillation	Bl. VI^v29-31	Latein
14	Aurum potabile	Bl. 4^v1-9	Deutsch
78-79c	Elemententrennung	Bl. 17^r13-19^v12	Latein
80-82	Aquae medicatae	Bl. 19^v13-20^v27	Latein
183	Goldgewinnung	Bl. 38^r5-28	Deutsch
373-386d	Quinta essentia	Bl. 60^r1-62^r22	Latein
387-388d	Aqua medicata	Bl. 62^r24-62^v27	Deutsch
411	Goldgewinnung	Bl. 68^r20-26	Deutsch
473-480	alchemistische Operationen mit Quecksilber	Bl. 79^r1-80^v24	Deutsch/ Latein
481-485	Transmutation zur Gewinnung von Edelmetallen	Bl. 81^r1-82^v3	Deutsch
486-487	Edelmetallguß	Bl. 82^v4-82^v18	Deutsch
656	Metallreinigung	Bl. 113^v5-15	Latein
747-747b	Aqua medicata („*Wasser zu behenden künsten*")	Bl. 137^r1-28	Deutsch
748	Silbergewinnung	Bl. 137^v1-13	Deutsch

Tabelle 6: Übersicht der alchemistischen Abschnitte in Anton Trutmanns Arzneibuch

[1313] Vgl. Lindgren (1979) und Gleinser (1996) S. 133
[1314] Vgl. Gleinser (1996) S. 61f.

Welche Quellen Trutmann für seine alchemistischen Ausführungen verwendete, ist bisher weitgehend offen. Sicher ist bislang nur, daß er – wie oben gesehen – den „*Liber de consideratione*" des Johannes de Rupescissa, und zwar in einer lullifizierten Fassung wie sie auch Valentin Swende (s.o.) vorlag, und die „*Epistula de sanguine*" des Pseudo-Arnald von Villanova benutzte. Aus welchen anderen alchemistischen Quellen Trutmann möglicherweise schöpfte, ist unklar, doch hat er zumindest Taddeo Alderottis Branntweintraktat verarbeitet sowie zahlreiche medizinische Fachschriften, wie bspw. das „*Arzneibuch*" Ortolfs von Baierland, den „*Bartholomäus*" und eine Vielzahl medizinischer Kleintexte.[1315]

5.6.10. Gabriel von Lebenstein

Nach Ausweis der Überlieferung seines Werkes war Gabriel von Lebenstein sowohl Arzt („*maister in der ercznei*") als auch Theologe („*lerer der heilgen geschrifft*") und soll an der Universität Paris gelehrt haben, wofür es aber keine urkundlichen Belege gibt. Gabriel, dessen Herkunft unklar ist,[1316] hat vermutlich im 14. Jahrhundert gewirkt. Zumindest legt die Überlieferung seines Buchs „*Von den wassern, die man prent aus den creuttern vnd aus den plumen*", die im ersten Viertel des 15. Jahrhunderts einsetzt, es nahe, daß der Text noch im 14. Jahrhundert entstanden ist.[1317]

Der Traktat besteht ursprünglich aus 33 Kapiteln, die jeweils einem der gebrannten Wässer zugewiesen sind. Inhaltlich beschreiben sie die Herstellung von Kräuterdestillaten und deren Wirkungen. Von besonderem medizinhistorischem Interesse ist dabei das Kapitel über das Maiglöckchen (Convallaria majalis) – bei Gabriel als „*Lilium convallium*" bezeichnet – denn in diesem Traktat wird erstmals dessen Herz- und Kreislaufwirkung dargestellt:[1318]

> „*Es hat auch vnser libe fraw gesprochen in dem puch der libe* [d.i. das „*Puch cantica canticorum*", d.V.]: *Ich pin ein plvm des tals vnd auch des grvnen waldes. Das plvmlein hat die tugent, wan man es auß prent* [d.h. destilliert, d.V.], *das selb wasser ist ob allen wassern. Das wasser hat die tugendt, wer es des morgens nuchtern trinckt, den ist es behutten vor den hohen sichtung* [d.i.

[1315] Vgl. Keil/Mildenberger (1995) Sp. 1107f.

[1316] Gabriel könnte dem Geschlecht der württembergischen Grafen von Löwenstein oder einem anderen Adelsgeschlecht dieses Namens entstammen. Ebenso denkbar wäre es, daß die Herkunftsbezeichnung auf das bayerische Lobenstein oder das mährische Liebenstein verweist. Die handschriftliche Überlieferung seines Wässer-Buches deutet zwar auf den bayerischen Raum, doch sicher ist dies nicht. (Vgl. hierzu auch Eis/Vermeer (1965) S. 19f. und Schmitt (1980a) Sp. 1035)

[1317] Vgl. Eis/Vermeer (1965) S. 18ff.; Schmitt (1968) S. 433; Schmitt (1980a) Sp. 1035f. und Stille (2004) S. 59

[1318] Vgl. Eis/Vermeer (1965) S. 24ff.; Schmitt (1968) S. 439f.; Schmitt (1980a) Sp. 1036 und Stille (2004) S. 60

> Epilepsie, d.V.] *den selbigen tag.* [...] *Wer wasser suchtig ist, der trinck des wassers morgens nuchtern, so velt er von stunden zu* [...] *Es sterckt auch das hertz vnd macht den menschen frolich an allen seinen glidern.*"[1319]

Darüber hinaus soll es noch gegen eine Vielzahl anderer Krankheiten helfen, so etwa bei Hals-, Lungen- und Augenleiden, sowie bei Frauenkrankheiten und Aussatz.[1320]

Jedem der Kräuterdestillate ist eine Aufzählung der Krankheiten beigegeben, gegen die es wirksam sein soll. Die Applikation wechselt zwischen äußerlicher und innerlicher Anwendung, wobei die Wässer meist getrunken werden sollen. Daneben können sie auch aufs Haar gestrichen, zum Waschen benutzt, ins Auge oder ins Ohr getropft sowie zum Salben der Haut verwendet werden.[1321]

Oftmals sollen auch mehrere Wässer gemischt werden. Ein Beispiel hierfür ist das „*Prawnell wasser*"[1322] von dem es u.a. heißt:

> „*Welch fraw geprochen ist noch der purt, das sie des harms nicht gehalten mag, so nem sie das wasser, rosen wasser, lilgen wasser,*[1323] *gamilgen wasser,*[1324] *jsohp wasser,*[1325] *vnd misch die wasser vnter ein ander vnd gebs der frawen zu trinken: so wirt sie gesunt.*"[1326]

Daneben können noch viele weitere Ingredienzien mit den Kräuterwässern gemischt werden. Hierzu zählen Salz, Honig, Wein, Safran, Essig u.v.m.[1327]

Gabriels von Lebenstein Traktat ist die erste genuin deutsche Fachschrift, welche die Herstellung alkoholischer Destillate aus Heilkräutern beschreibt. Welche Quellen Gabriel dabei herangezogen hat, ist noch nicht näher untersucht worden. Allerdings läßt sich festhalten, daß der Text in der Tradition von Taddeo Alderottis Branntwein-Traktat steht.[1328] Fest steht ebenfalls, daß Gabriel von Lebenstein aus verschiedenen Quellen schöpfte, wobei er Galen und Plinius[1329] sogar namentlich erwähnt. Trotzdem weist Gabriels Traktat „*Von den gebrannten Wässern*" eine nicht unerhebliche Eigenständigkeit auf, weshalb man ihn auch als ersten genuin deutschen Fachtext seiner Art ansehen kann.[1330]

[1319] Eis/Vermeer (1965) S. 30, 32 und 34, zitiert nach der Handschrift W.
[1320] Vgl. Eis/Vermeer (1965) S. 32ff.
[1321] Vgl. Eis/Vermeer (1965) S. 26
[1322] „*Prwanell*" = kleine Braunelle (Prunella vulgaris L.).
[1323] „*lilgen*" = Lilie, hier speziell die weiße Lilie.
[1324] „*gamilgen*" = Kamille (Matricaria chamonilla L.).
[1325] „*jsohp*" = Ysop (Hyssopus officinalis L.).
[1326] Eis/Vermeer (1965) S. 36
[1327] Vgl. Eis/Vermeer (1965) S. 26
[1328] Vgl. Schmitt (1980a) Sp. 1036
[1329] Gemeint ist hier Plinius der Ältere († 79 n. Chr.) mit seiner Enzyklopädie „*Historia naturalis*".
[1330] Vgl. Eis/Vermeer (1965) S. 20

Die mit mindestens 20 handschriftlichen Textzeugen mengenmäßig recht umfangreiche Überlieferung läßt auf eine weite Verbreitung und damit auf eine große Wirkung des Traktats schließen. Bestätigt wird dies durch Aufschwellungen des ursprünglichen Textes durch Hinzufügen weiterer Wässer-Kapitel[1331] sowie durch Verbindungen zu Michael Puffs von Schrick „*Buch von den gebrannten Wässern*", mit dem Gabriels Traktat „*Von den gebrannten Wässern*" häufig in Überlieferungsgemeinschaft erscheint.[1332] Es ist sogar möglich, daß Michael Puff von Gabriels „*Wässer*"-Traktat beeinflußt wurde.[1333] Darüber hinaus wurde Gabriels von Lebenstein Buch „*Von den gebrannten Wässern*" häufig zitiert, woran man seine große Wirkungsmächtigkeit ablesen kann.[1334]

Die Wirkung von Gabriels Traktat „*Von den gebrannten Wässern*" zeigt sich deutlich am Kapitel über das Maiglöckchen (Convallaria majalis), denn der von Gabriel benutzte Name „*Lilium convallium*" ('Lilie der Täler') dringt in die in Gabriels Nachfolge entstehenden Kräuterbücher ein. Auch die Veterinärmedizin machte sich Gabriels „*Lilium convallium*" zu nutze.[1335] Dies zeigt sich bspw. daran, daß man das Maiglöckchen zum Aufputschen der Pferde bei Pferderennen im 15. Jahrhundert einsetzte.[1336]

5.6.11. Hieronymus Brunschwig

Der wahrscheinlich um 1450 geborene Hieronymus Brunschwig entstammte einem Straßburger Bürgergeschlecht. Nach Abschluß einer wundärztlichen Ausbildung begab sich Brunschwig für einige Jahre auf Wanderschaft.[1337] Nach seiner Rückkehr nach Straßburg ließ er sich als Stadtarzt nieder und entwickelte eine rege fachliterarische Tätigkeit bis zu seinem Tod 1512/13.[1338]

[1331] Vgl. zur Aufschwellung des Traktats „*Von den gebrannten Wässern*" die Handschrift L im Überlieferungsverzeichnis des Anhangs.

[1332] Vgl. Schmitt (1980a) Sp. 1036

[1333] Vgl. Eis/Vermeer (1965) S. 20

[1334] Vgl. Stille (2004) S. 59

[1335] Zur veterinärmedizinischen Anwendung von „*Lilium convallium*" vgl. Eis (1964) S. 137.

[1336] Vgl. Eis/Vermeer (1965) S. 20f. Zum Einsatz der Convallaria majalis bei mittelalterlichen Pferderennen vgl. Eis (1961a).

[1337] Aus einigen Textstellen seiner „*Chirurgia*" scheint hervorzugehen, daß er im Ausland studiert hat und an den burgundischen Kriegen (um 1475) teilgenommen hat. Dies läßt sich allerdings nicht zweifelsfrei beweisen.

[1338] Vgl. Frederiksen (1978) Sp. 1073

Seine vornehmlich medizinischen Fachschriften sind von mittelalterlichen Traditionen geprägt, so daß vom kritischen Geist des Renaissance-Humanismus nur wenig zu spüren ist.[1339]

Neben der „*Chirurgia*“ (1497) ist vor allem Brunschwigs Destillierbuch bekannt geworden, das in Bezug auf die Alchemie auch von Bedeutung ist. Das im Jahr 1500 von Brunschwig zusammengestellte kleine Destillierbuch („*Liber de arte Distillandi de Simplicibus*“) hat er 1508 zum großen Destillierbuch („*Liber de arte Distillandi de Compositis*“) umgearbeitet, das er 1512 mit dem „*Thesaurus pauperum*“[1340], einem medizinisch-pharmazeutischen Vademecum, vereinigte. Das so entstandene Buch gehört zu den „heilkundlichen Volksbüchern des 16. Jahrhunderts“.[1341]

Mit dem kleinen Destillierbuch, dem „*Liber de arte Distillandi de Simplicibus. Das buch der rechten kunst zü distilliren die eintzigen ding*“[1342], legte Brunschwig eine deutschsprachige Summa über die Destillierkunst und die medizinische Anwendung der hergestellten Destillate vor. Der „*Liber de arte Distillandi de Simplicibus*“ besteht aus drei Teilen:

- Der erste Teil umfaßt eine Einführung in die Destillierkunst, in der allgemeine Anweisungen gegeben werden, sowie das Instrumentarium und die Methoden der Destillation beschrieben werden.
- Der zweite Teil enthält ein „Kräuter-ABC“[1343], das als Arzneibuch für den medizinisch interessierten Laien gedacht war.
- Der dritte Teil enthält 31 Traktate über die Herstellung und Applikation von pflanzlichen Wässern, d.h. alkoholischen Pflanzenauszügen.[1344]

Die beiden ersten Teile des „*Liber de arte Distillandi de Simplicibus*“ von 1500 wurden von Brunschwig mit einer deutschen Übersetzung von Marsilio Ficinos „*Liber de vita*“ und einem Anhang, der den Titel „*fünffter Teil*“ trägt, zum „*Medicinarius*“ vereinigt der 1505 (u.ö.) gedruckt wurde. Mit dem „*Medicinarius*“ wollte Brunschwig aber kein weiteres Destillierbuch vorlegen, sondern vielmehr ein Arzneibuch für den „*gemeinen Mann*“, also für den medizinisch interessierten Laien. Erwähnenswert ist, daß

[1339] Vgl. Frederiksen (1978) Sp. 1073
[1340] Nicht zu verwechseln mit dem gleichnamigen Werk des Petrus Hispanus.
[1341] Vgl. Frederiksen (1978) Sp. 1074
[1342] In der Forschungsliteratur findet man häufig nur den Ausdruck 'kleines Destillierbuch', wobei meistens nur die beiden ersten Teile des „*Liber de arte Distillandi de Simplicibus*“ gemeint sind. Manchmal wird sogar Brunschwigs „*Medicinarius*“ als kleines Destillierbuch bezeichnet. Diese Bezeichnungen sind natürlich nur eingeschränkt zutreffend, weswegen ich mit Benzenhöfer konform gehe, daß der Terminus 'kleines Destillierbuch' zu Gunsten der tatsächlichen Werktitel „*Liber de arte Distillandi de Simplicibus*“ und „*Medicinarius*“ aufgegeben werden sollte. (Vgl. hierzu auch Benzenhöfer (1989) S. 59 Anmerkung 15)
[1343] Benzenhöfer (1989) S. 58
[1344] Vgl. Benzenhöfer (1989) S. 58f.

im *„fünfften Teil*" einige Quintessenz-Destillationen beschrieben werden, die nicht aus Johannes' de Rupescissa *„Liber de consideratione quintae essentiae rerum omnium*" stammen.[1345] Aus welcher Quelle Brunschwig hierfür schöpfte, ist unklar. Möglicherweise war ein Meister *„Conrad der stadt von Straßburgk arzet*", der als Verfasser eines Rezeptes zur Gewinnung einer Honigquintessenz genannt wird, auch der Urheber des gesamten *„fünfften Teil*", wie Hickel und Schneider glauben.[1346] Diese Annahme ist aber bislang unbewiesen, so daß die Quellenfrage für diesen Abschnitt von Brunschwigs *„Medicinarius*" weiterhin als ungeklärt gelten muß.

Im Jahr 1512 veröffentlichte Brunschwig mit dem *„Liber de arte Distillandi de Compositis*" ein weiteres Destillierbuch, das sich vor allem zusammengesetzten Medikamenten widmet und somit als Ergänzung zum *„Liber de arte Distillandi de Simplicibus*" zu sehen ist. Dieses Destillierbuch besteht aus fünf Büchern:

- Das erste Buch bietet, ähnlich dem *„Liber de arte Distillandi de Simplicibus*", eine allgemeine Destillationslehre, wobei Brunschwig zur Veranschaulichung auch graphische Darstellungen in den Text einfügte (vgl. Abbildung 17).
- Das zweite Buch gibt Auskunft über die *„virtutes / vnd crafft der Simplicia / vnd der Composita mit yrer wirckung / zů allen zůfallenden kranckheiten / von dem haupt biß zū den füssen*".
- Das dritte Buch beschreibt *„alle wasser der zůsamen vermischten Simplicia vnd Composita*" sowie ihre medizinische Anwendung.
- Das vierte Buch ist ein Arzneibuch, in dem *„Composita*" speziell für den wundärztlichen Bedarf beschrieben werden.
- Das fünfte Buch schließlich ist der *„Thesaurus pauperum / Der Schatz der Armen*", ein Arzneibuch, das den ärmeren Teilen der Bevölkerung *„die erfarniß der Artzney mit gar cleinen kosten*" zur Verfügung stellen wollte.[1347]

Auffällig ist, daß sich das erste Buch, im Gegensatz zum *„Liber de arte Distillandi de Simplicibus*", sehr stark am *„Liber de consideratione quintae essentiae rerum omnium*" des Johannes de Rupescissa orientiert und diesen sogar in Auszügen zitiert. Eine genaue Aufstellung der Übereinstimmung zwischen dem *„Liber de arte Distillandi de Compositis*" und dem *„Liber de consideratione quintae essentiae rerum omnium*" bringt Benzenhöfer.[1348] Etwa ein Drittel der 37 Kapitel des ersten Buches beziehen sich auf den *„Liber de consideratione*", dessen inhaltliche Bedeutung für das erste Buch von Brunschwigs *„Liber de arte Distillandi de Compositis*" jedoch weit

[1345] Vgl. Benzenhöfer (1989) S. 59
[1346] Vgl Hickel/Schneider (1964) S. 54
[1347] Vgl. Benzenhöfer (1989) S. 59f.
[1348] Vgl. Benzenhöfer (1989) S. 61

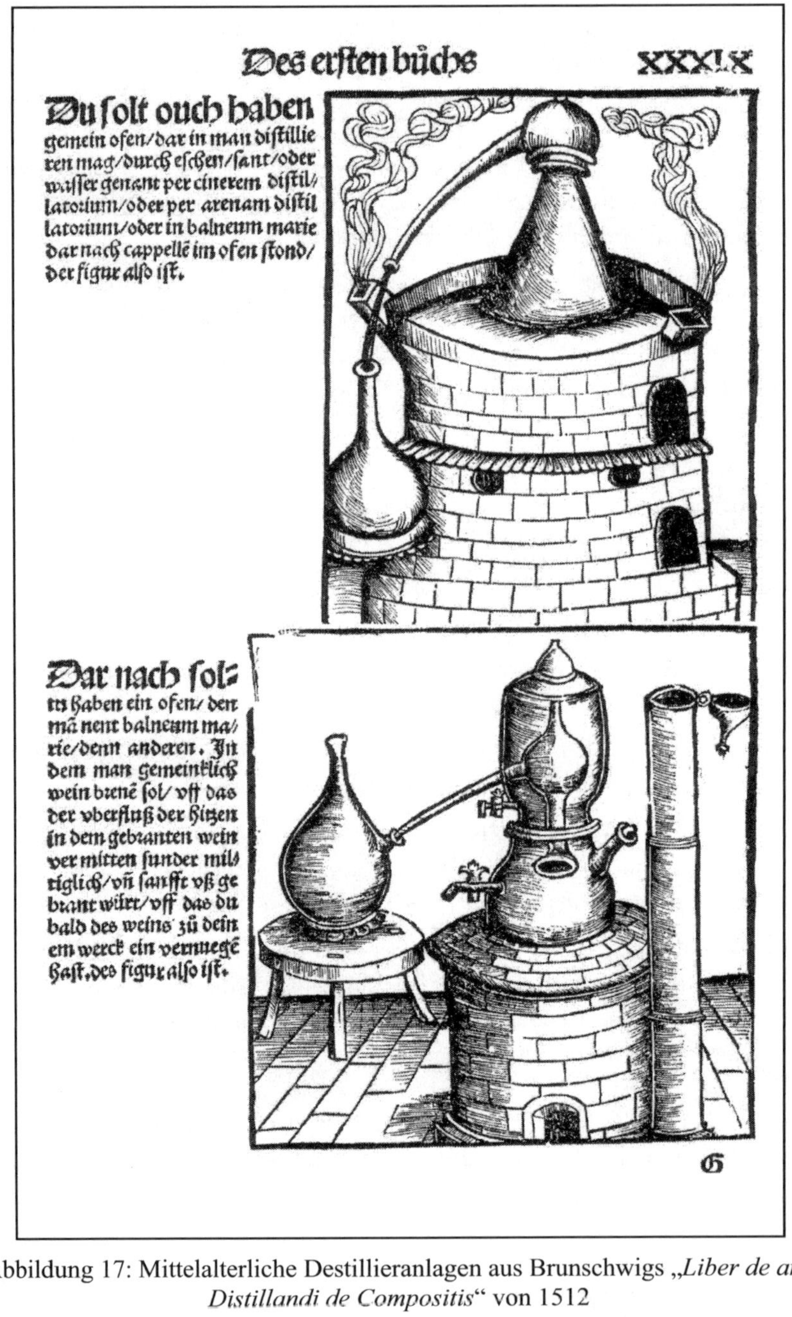

Des erſten bůchs XXXIX

Du ſolt ouch haben
gemein ofen/dar in man diſtillie
ren mag/durch eſchen/ſant/oder
waſſer genant per cinerem diſtil/
latorium/oder per arenam diſtil
latorium/oder in balneum marie
dar nach cappellē im ofen ſtond/
der figur alſo iſt.

Dar nach ſol=
tu haben ein ofen/ den
mā nent balneum ma/
rie/denn anderen. In
dem man gemeinklich
wein brenē ſol/ vff das
der vberfluß der hitzen
in dem gebranten wein
ver mitten ſunder mil/
tiglich/vñ ſanfft vß ge
brant würt/vff das du
bald des weins zů dein
em werck ein vermegē
haſt/des figur alſo iſt.

G

Abbildung 17: Mittelalterliche Destillieranlagen aus Brunschwigs „*Liber de arte Distillandi de Compositis*“ von 1512 höher anzusetzen ist, da die in Theorie und Praxis auf Johannes de Rupescissa zurückgehenden Kapitel über die Quintessenz im Zentrum der Ausführungen des ersten Buches stehen. Brunschwig betätigte sich aber nicht nur als Kopist des „*Liber de consideratione quintae essentiae rerum omnium*“, sondern vielmehr als Kompilator, der die Texte aus dem „*Liber de consideratione*“ meist mit Auszügen aus anderen Fachschriften umgab. Ein Beispiel für diese Vorgehensweise ist die Darstellung der Destillationsmethoden, die er nicht nur aus dem „*Liber de consideratione*“ übernahm, sondern gleichzeitig alternative Techniken beschreibt, wie er sie bereits im „*Liber de arte Distillandi de Simplicibus*“ ausgeführt hatte.[1349]

Es ist allerdings davon auszugehen – worin ich mit Benzenhöfer übereinstimme – daß Brunschwig aus einer deutschen Fassung des „*Liber de consideratione quintae essentiae rerum omnium*“ schöpfte und nicht selbst als Übersetzer einer lateinischen Vorlage tätig wurde.[1350]

5.6.12. Ulrich Ellenbog

Der um 1435 in Feldkirch (Voralberg) geborene und am 19.1.1499 in Memmingen verstorbene Arzt Ulrich Ellenbog studierte in Wien und Heidelberg an der Artistenfakultät (Magister artium in Heidelberg 1455) bevor er in Pavia Medizin studierte und dort auch 1459 zum Doktor promovierte. Nach einer Tätigkeit als Stadtarzt in Memmingen wurde er 1470 Arzt des Bischofs und des Domkapitels in Augsburg. Dort verfaßte er 1473 seine berühmte Gewerbehygieneschrift „*Von den gifftigen Besen Tempffen vnd Reuchen der Metal*“ für die Augsburger Goldschmiede. 1478 siedelte er nach Biberach über und kehrte 1481 als Stadtarzt nach Memmingen zurück, wo er bis zu seinem Tod im Jahr 1499 blieb.[1351]

Der Arzt Ulrich Ellenbog setzte sich intensiv mit der Alchemie auseinander, und zwar sowohl mit ihrer Theorie, als auch mit ihrer praktischen Laborarbeit. Erkennbar wird dies an zahlreichen Anmerkungen und Hinweisen in seinen Werken, u.a. im Codex Vadianus 429, der zu großen Teilen von Ellenbogs eigener Hand stammt, wie Schnitzlein zeigen konnte.[1352] Er erwähnt darin, daß er sich im Jahr 1467 neun Monate lang dem Opus alchemicum gewidmet und dann die Arbeit unterbrochen habe. Daneben fordert er im Codex Vadianus 429 explizit, daß die Ärzte sich Kenntnisse in der Zubereitung alkoholischer Pflanzenauszüge erwerben sollten. Die dafür notwendigen Laborverfahren, allen voran die für die Alkoholgewinnung unerläßliche Destilla-

[1349] Vgl. Benzenhöfer (1989) S. 60ff. und Bachmann/Hofmeier (1999) S. 143
[1350] Vgl. hierzu auch Benzenhöfer (1989) S. 62f.
[1351] Vgl. Assion (1980) Sp. 495f.
[1352] Zur Feststellung der Anteile Ellenbogs am Codex Vadianus 429 vgl. Schnitzlein (1984) S. 17f.

tion, sind Verfahren der alchemistischen Laborpraxis. Ellenbog stellte selbst alkoholische Extrakte her, wie eine Bemerkung aus dem für Herzog Siegmund von Tirol verfaßten „*Büchlein von den Harnleiden*"[1353] von 1490 belegt:

> „*Item wasser geprennt auß den rotten berin, der ich vormals geschickt han euren gnaden.*"[1354]

Daneben zeigt sich Ellenbogs alchemistische Praxiserfahrung in Zeichnungen von Laborgeräten sowie in Angaben zu labortechnischen Verfahren, die sich ebenfalls im Codex Vadianus 429 nachweisen lassen.[1355]

Seine intensive Beschäftigung mit der Alchemie zeigt sich nicht zuletzt auch an einer Aufzählung zeitgenössischer Alchemisten, die er in den Codex Vadianus 429 einfügte.[1356]

So ist Ellenbogs gewerbehygienische Schrift „*Von den gifftigen Besen Tempffen vnd Reuchen der Metal*" von 1473 als unmittelbares Ergebnis seiner Beschäftigung mit der Alchemie zu sehen, da seine eigenen laborpraktischen Erfahrungen sein Bewußtsein für die Gefahren beim Umgang mit Metallen und anderen chemischen Substanzen mit Sicherheit geschärft hatte.[1357] Entsprechend sollte Ellenbogs Gewerbehygieneschrift den Augsburger Goldschmieden als Anleitung dienen, sich vor den schädlichen Silber-, Quecksilber- und Bleidämpfen sowie dem Kohlenrauch zu schützen. „*Von den gifftigen Besen Tempffen vnd Reuchen der Metal*" ist damit als ein Ableger der alchemistischen Fachliteratur zu betrachten.[1358]

Der Text stellt von seiner Konzeption etwas völlig Neuartiges dar, nämlich die erste gewerbehygienische Schrift der Weltliteratur. Daran ändert auch der eher traditionell geprägte Inhalt nichts. Der Text scheint, auch über das Schmiedehandwerk hinaus, gute Dienste geleistet zu haben, und zwar vor allem bei den Alchemisten, die mit den gleichen Stoffen zu tun hatten. Darauf verweist die Aufnahme des Textes in spätere alchemistisch-technische Rezeptsammlungen.[1359]

Autoritäten, auf die sich Ulrich Ellenbog häufig bezog, sind auch alchemistische Autoritäten wie Rhazes und Avicenna.[1360]

[1353] Nach Assion ist das „*Büchlein von den Harnleiden*" zu den authentischen Werken Ellenbogs zu rechnen. Vgl. hierzu Assion (1980) Sp. 498f. und Assion (1982) S. 57-64.
[1354] Eis (1951) S. 44
[1355] Vgl. Schnitzlein (1984) S. 31f.
[1356] Vgl. Schnitzlein (1984) S. 29f.
[1357] Vgl. Schnitzlein (1984) S. 32f.
[1358] Vgl. Assion (1980) Sp. 499 und Haage (1988) S. 280
[1359] Vgl. Assion (1980) Sp. 499 und Haage (1988) S. 280
[1360] Vgl. Assion (1980) Sp. 500

5.6.13. Georg Hueth

Georg Hueth war spätmittelalterlicher Wund- oder Laienarzt. Unter seinem Namen ist eine Behandlungsanleitung gegen Krankheiten („*geseichte*") aller Art überliefert (Berlin, Staatsbibliothek Preußischer Kulturbesitz, mgf 8, Bl. 88rb), die um 1400 in bairischer Mundart niedergeschrieben wurde. Die Vorschriften empfehlen auftretende Krankheiten in einer „Zweischrittherapie"[1361] zu behandeln, wozu sie die Rezepte für eine Salbe und ein Bad liefern. Eingestreut ist das Ganze in ein technisch-alchemistisches Hausbuch,[1362] was einmal mehr die unmittelbare fachliche Nähe von Alchemie und Medizin im Mittelalter dokumentiert. Dies zeigt sich auch am Inhalt von Hueths Ausführungen, denn dadurch, daß er eine wundärztliche Behandlungsanweisung gegen 'Krankheiten aller Art' aufstellt, hat er bereits den iatrochemischen und damit alchemischen Gedanken von der Panazee verinnerlicht und versucht ihn auch anzuwenden.

5.6.14. Der „*Magdalenenbalsam*"

In den Bereich der Wirkung der Alchemie auf Medizin und Pharmazie gehört auch ein Rezept für „*Sant-Marien-Magdalenen-Salbe*" aus dem „*Buch von alten Schäden*" (Kap. 132), das man allerdings aufgrund seines Umfangs eher als Kurztraktat bezeichnen sollte. Im Vordergrund steht dabei die traumatologische Indikation, d.h. die Anwendung der Salbe zur Wundbehandlung, wobei sie „*zů allen wunden*" eingesetzt werden kann. Auffällig bei der Ausgestaltung ist der enzyklopädische Charakter des Kompositionsteils. Dieser folgt dem Aufbau des mittelalterlichen Weltbildes, der Imago mundi, indem er die gesamte belebte Natur, bestehend aus Pflanzen und Tieren (Vierbeiner, Vögel, Fische und Gewürm, wozu Lurche, Schlangen und Würmer zu zählen sind) zu erfassen sucht. Vom Inhalt her läßt sich der Text in sechs Abschnitte untergliedern:

1. Benennung des Textes und Abhandlung von Heilanzeigen,
2. Beschreibung der ersten Arzneimittelgruppe, den Heilkräutern,
3. Auflistung der tierischen Fette nach ihrer Konsistenz (Schmalz, Unschlitt, Knochenmark, öliger Absud) als zweiter Stoffgruppe,
4. Beschreibung von in- und ausländischen Harzen, die der dritten Gruppe von Ingredienzien für Arzneien angehören,

[1361] Keil (1983) Sp. 219
[1362] Vgl. Keil (1983) Sp. 219

5. Erklärung der pharmazeutischen Praktiken und Technologie, die zur Bereitung der Arznei notwendig sind und
6. eine alternative oder besser gesagt erweiterte Herstellungsvorschrift um den Wirkgrad der Salbe „*zuem höschten vnd zuem besten bringen*" zu können. Hierbei handelt es sich um die Anleitung für ein Destillationsverfahren, bei dem das Arzneimittel durch die wiederholte Destillation über drei Stufen der Vollendung zugeführt werden soll, um am Ende „*das aller herste*" zu gewinnen.[1363]

Der Verfasser des Textes ist mit dem Kompilator des „*Buchs von alten Schäden*" nicht identisch. Er war Alemanne und scheint vor 1400 im südwestlichen Raum, wahrscheinlich im Elsaß, gewirkt zu haben. Er zeigt sich als Wundarzt oder Apotheker, der mit der Herstellung von Arzneimitteln auf alchemischem Wege sehr vertraut war und über eine gute Kenntnis der chirurgischen und medizinischen Fachliteratur verfügte. Letzteres wird daran erkennbar, daß er sich in den auf Taddeo Alderotti zurückgehenden Branntweintraktaten auskannte.[1364]

5.6.15. Meister Michel

Wie weitreichend die Wirkung des in der Alchemie entwickelten Destillationsverfahrens im Mittelalter war, zeigt sich an einem Konsilium, das einem Meister Michel zugeschrieben wird („*Meister michelz recept des doctors*") und in einer Handschrift überliefert ist:

– Leipzig, Universitätsbibliothek, cod. 934, Bl. 194^r-195^r (ostmitteldeutsch, um 1450)

Das Konsilium wurde für einen Patienten verfaßt, der an Nierensteinen und Nierenkoliken litt:

> „*eyn bewert erczney wedir den reysenden steyn [...] wen euch der steyn ruret yn der syten*".[1365]

Die klar und einprägsam formulierten Anweisungen lassen den Schluß zu, daß der als akademischer Arzt erkennbare Meister Michel seine Vorschriften an den Haushalt des Patienten und nicht an die Offizin[1366] eines Apothekers richtete. In diesem Zusammenhang ist bemerkenswert, daß sich unter den Anweisungen auch eine Herstellungsanleitung für ein Pilzdestillat befindet. Keil zieht daraus richtigerweise den Schluß, daß

[1363] Vgl. Zimmermann/Keil (1985) Sp. 1122
[1364] Vgl. Peters (1973) S. 65-67 und S. 155-157 sowie Rohland (1982) S. 12-18 und S. 187f.
[1365] Keil (1987b) Sp. 513
[1366] Eine Offizin ist eine Apotheke.

„im frühen 15. Jahrhundert die Handhabung einfacher Destilliergeräte für bürgerliche Haushalte als bekannt vorausgesetzt werden konnte.“[1367] Daraus läßt sich wiederum ablesen, wie bedeutungsvoll ein von den Alchemisten entwickeltes Herstellungsverfahren bereits zu Beginn des 15. Jahrhunderts geworden war. Die Alchemie hatte also für das Leben der Menschen im Mittelalter eine hohe Bedeutung erlangt.

5.6.16. Stainer zu Matsee

Der iatrochemische Panazeegedanke ist in der Medizin – wie die bisherigen Ausführungen bereits gezeigt haben – häufig anzutreffen. So auch bei Stainer zu Matsee, einem aus dem bairisch-österreichischen Dialektgebiet stammenden Laienarzt, der in der Mitte des 15. Jahrhunderts wirkte. Von ihm stammt eine Neubearbeitung des Pesttraktats *„Sinn der höchsten Meister von Paris“*, den er aber dahingehend abwandelte, daß er die verschiedenen Behandlungsmethoden und Arzneien seiner Vorlage auf eine einzige Applikation reduzierte, von äußerlicher auf innerliche Anwendung umstellte und die Arznei von ihrer Wirkung her als Purgaz (Abführmittel) deklarierte. Mit der Verengung der Applikation verband Stainer aber gleichzeitig eine Erweiterung des Spektrums der kurierbaren Erkrankungen, die von einfachem Unwohlsein *„in dem magen oder in dem pauch“* bis zu den *„gross jnnwenndig geprechen in dem leychnam“* reichen. Die Arznei soll *„alle jnwendig geprechen“* heilen können und stellt somit eine Panazee dar.[1368]

Die Überlieferung des Textes ist allerdings auf bisher einen bekannten Textzeugen beschränkt – Wien, Österreichische Nationalbibliothek, cod. 2898, Bl. 102^{vab}, aus dem Jahr 1470 – so daß über die Wirkung des Panazeetraktats des Stainer zu Matsee keine gesicherten Aussagen zu machen sind, außer daß die geringe Verbreitung vermutlich auch auf eine schwache Wirkung hindeutet.

5.6.17. Die Alchemie und die gebrannten Wässer

Auf der Basis des alchemistischen Strebens nach dem Stein der Weisen in seiner Ausprägung als Panazee, entwickelte sich eine Sparte alchemistischer oder genauer iatrochemischer Schriften, die sich mit der Herstellung alkoholischer Arzneien mittels Destillation beschäftigte. Diese sogenannten gebrannten Wässer oder Medizinalwässer (Aquae medicatae) machen einen großen Teil des iatrochemischen Fachschrifttums

[1367] Vgl. Keil (1987b) Sp. 513f.
[1368] Vgl. Keil (1995e) Sp. 299

aus, wie die bisherigen Ausführungen bereits verdeutlicht haben. Neben den zuvor dargestellten bedeutenden Destillier- und Wässerbüchern enthalten auch herkömmliche Arzneibücher die gebrannten Wässer.

Ein Abschnitt über die gebrannten Wässer findet sich auch im Rezeptbuch des mittelniederländischen „*Boec van medicinen in Dietsche*" (Kap. 100-112) einem im 14. Jahrhundert entstandenen medizinischen Kompendium, das einen Querschnitt der medizinischen Lehren des Mittelalters bietet. Dieser läßt sich nach Keil in zehn Abschnitte untergliedern, von denen das Rezeptbuch einen bildet.[1369]

Heinrich Breyell, der vermutlich identisch ist mit dem 1465 an der Universität Köln eingeschriebenen „*Henricus Offermann de Breyl*", ergänzte sein handschriftliches Arzneibuch von 1511 auch um eine Abhandlung über gebrannte Wässer und Medizinalweine, die sich im Anhang des Arzneibuches befindet und einer genaueren Untersuchung harrt.[1370] Das Arzneibuch selbst stellt eine Bearbeitung des 1485 in Mainz gedruckten anonymen „*Gart der Gesundheit*" dar, aus dem Heinrich die für die Praxis relevanten Abschnitte herausgriff. Er schöpfte aber auch aus weiteren Quellen der medizinischen Fachliteratur, wie bspw. dem Arzneibuch des Pseudo-Apuleius.[1371]

Die mittelniederdeutschen „*Gothaer Medizinalwässer*" sind Teil des „*Gothaer Arzneibuches*", einer medizinischen Summa in der Tradition des „*Bartholomäus*". Darin behandelt sind die aquae medicinales, also die Medizinalwässer. Insgesamt werden 57 verschiedene gebrannte Wässer dargestellt, die sich in drei Gruppen unterteilen lassen:

1. einfache pflanzliche Drogen,
2. zusammengesetzte mineralische Drogen und
3. zusammengesetzte pflanzliche Drogen, inklusive einer einfachen tierischen Droge.[1372]

Die einzelnen Rezepte beginnen mit einem einleitenden Satz, der das Mittel empfiehlt oder seinen Namen erklärt oder beides miteinander verbindet. Dem schließt sich eine Herstellungsbeschreibung für das Wasser an, die teilweise durch Vorschriften für das Einsammeln der Heilkräuter und Beschreibungen ihrer Fund- bzw. Standorte ergänzt wird. Die Herstellung eines Wassers erfolgt stets mittels Destillation im Destillierkolben. Abgerundet wird das Rezept durch Anweisungen für das Verabreichen der Arznei und eine Beschreibung ihrer Wirkung.[1373]

1369 Vgl. Daems (1979) Sp. 907f.
1370 Das Arzneibuch wird zusammen mit dem Anhang überliefert im Cod. Ha. 3 des Botanischen Instituts der Universität Halle.
1371 Vgl. Bessler (1952) und Rudolf (1978d) Sp. 1034f.
1372 Vgl. Thorndike (1923-58), Bd. 2, S. 500ff.; Daems (1967) S. 47; Lindgren (1979) sowie Lindgren (1981) Sp. 114
1373 Vgl. Lindgren (1981) Sp. 114

Eine direkte Vorlage für die „*Gothaer Medizinalwässer*“ kann man nach Lindgren mit ziemlicher Sicherheit ausschließen. Der anonyme Verfasser scheint vielmehr aus verschiedenen medizinischen Quellen geschöpft und diese in seinem Werk verarbeitet zu haben. Es lassen sich für die erste Arzneigruppe das „*Circa instans*“, der „*Liber iste*“ und der „*Macer Floridus*“ als Quellen festmachen. Die komplexeren Arzneien der dritten Gruppe entstanden offenbar aus der bei Thorndike erwähnten *novem-aquae-philosophorum*-Tradition. Diese wird im lateinischen, aus dem 15. Jahrhundert stammenden cod. 5336 (Med. 96), Bl. 29^r der Österreichischen Nationalbibliothek in Wien greifbar. Dieser bildet wiederum die Vorlage für mittelniederländische Fassungen, wie bspw. in der Hs. 1272 der Universitätsbibliothek Gent, einer Papierhandschrift, die kurz nach 1450 entstanden ist. Aus dieser mittelniederländischen Tradition schöpfte der Verfasser der „*Gothaer Medizinalwässer*“, wie Lindgren zeigen konnte.[1374]

Die Wirkung der „*Gothaer Medizinalwässer*“ ist noch nicht näher untersucht worden. Allerdings vermutet Lindgren, daß sie teilweise Eingang in die niederdeutsche Inkunabel „*Etlike kraft vnde doghede der branden watere*“ eines sonst nicht näher bekannten „*Bartholomeus de Beneuento*“ gefunden haben könnte. Dabei handelt es sich um eine niederdeutsche Übersetzung von Michael Puffs „*Büchlin von den auszgeprennten wassern*“, die der Verfasser um 33 Rezepte erweiterte, von denen 16 sehr große Übereinstimmung mit den entsprechenden Rezepten der „*Gothaer Medizinalwässer*“ zeigen.[1375]

Hinrik Krummessen, ein norddeutscher Wundarzt des 14. Jahrhunderts, der möglicherweise identisch ist mit Heinrich Krumestl, ist ein weiterer Arzt des Mittelalters, der sich die Heilkraft der gebrannten Wässer zu nutze machte. Unter seinem Namen laufen zwei Kapitel (62 und 69) des „*Mittelniederdeutschen Bartholomäus*“, die sich in Mehrschrittherapie mit der Behandlung infizierter Geschwüre befassen. Hierbei kommen auch alkoholische Kräuter-Destillate zum Einsatz,[1376] also auf alchemischem Wege (mittels Destillation) hergestellte Arzneiwässer.

Der „*Juncker iacob von Liechtenperg*“ (Jakob von Liechtenberg), über den nichts näheres bekannt ist, ist der Autor von mindestens einem Goldwasser-Rezept, das zusammen mit anderen Rezepten für gebrannte Wässer im 8° cod. Ms. 339 der Universitätsbibliothek München überliefert wird. Die Texte befinden sich in einem Anhang eines Anfang des 16. Jahrhunderts eingetragenen deutschen Arzneibuchs (Bl. 79^r-92^r). Liechtenbergs „*gulden wasser Fur den schlag*“ (Bl. 87^v) ist eine innerlich anzuwendende Arznei, deren Hauptbestandteil aus, mittels Destillation hergestelltem, gebranntem Wein besteht. Dieser wird ergänzt durch Heilpflanzen, die in der Behandlung des

[1374] Vgl. Lindgren (1981) Sp. 115f.
[1375] Vgl. Lindgren (1981) Sp. 116
[1376] Vgl. Keil (1985) Sp. 394

Schlagflusses gängig waren, wie Wachholder, Safran und Salbei, und durch aufwendige Apothekenpräparate, wie das „*Pulvis diacastorei*".[1377] Der Text, der zu Beginn des 16. Jahrhundert niedergeschrieben wurde, steht also in einer spätmittelalterlichen Tradition und ist somit aufgrund seiner zeitlichen Nähe zum hier betrachteten Mittelalterzeitraum noch zur mittelalterlichen Fachliteratur zu rechnen.

5.6.18. Alchemistische Reminiszenzen in der medizinischen Fachliteratur des Mittelalters

Die Wirkung der Alchemie auf die Medizin und Pharmazie war sehr vielfältig. Sie reichte von der Übernahme alchemistischer Praktiken und Verfahren – wie bspw. der Destillation – für die Arzneimittelherstellung bis zur Aufnahme alchemistischer Theorien in das medizinische Lehrgebäude. So ist der genaue Einfluß der Alchemie häufig nicht genau beziffer- oder beschreibbar, sondern er ist oft nur als eine Tendenz oder als ein Denkansatz erkennbar.

Es gibt viele medizinische Fachschriften und Fachautoren, bei denen sich solche Reminiszenzen von alchemistischem Gedankengut finden. Zu diesem umfangreichen Schriftencorpus, das hier nur in Ausschnitten wiedergegeben werden kann, zählt bspw. ein Pulver-Rezept von Bartholomäus Etten,[1378] der die akademischen Titel „*artium magister et medicinae doctor*" trug. Er wirkte im letzten Drittel des 15. Jahrhunderts u.a. für den kurpfälzischen Hof in Heidelberg, für die Reichsstadt Frankfurt und als Leibarzt für Landgraf Heinrich von Hessen. Sein Wirken läßt sich für die Zeit von 1458-1484 festmachen. Bartholomäus Etten könnte, wie bereits Eis vermutete, mit Bartholomäus von Frankfurt (s.o.) identisch sein, worauf der wund- und laienärztliche Charakter der Schriften des Bartholomäus von Frankfurt verweist. Das Pulver-Rezept Ettens findet sich im Heidelberger cpg 272 auf Bl. 147^{r}:[1379]

> „*Ein köstlich bulluer von doctor Bartholomeo, so er etlichen gaistlichen vettern zu sunderer freundt schrieben, das mach also. Misch vnder ein ander, alles gestossen, jmber, wies kümmel, fenchell somen, enis, süsholtz, dryasandell vnd zucker, iedes j lot. Das nütze nach dem imbs vff einer dünnen schnitten brodts, durch wein gezogen, einer haselnüs gros, vnd fast zwo stund doruff. Dis bulluer hitzigt, thut den magen wol dawen, zeucht auch aus vnördenlich vnd vberflüssig feuchtickait ausser den lenden, es offent vnd lüfftet all odern, die anderst lufft sollen haben, besunder an der lungen, es sterckt die leber, scherpfft die vernunfft, es macht ein rechten natürlichen stulgang vnd wol harnen, verhüedt auch gros siechtagen vnd gebresten als geschwulscht, die so kümpt von feuchtickait vnd*

[1377] Vgl. Walther (1983) Sp. 476f.
[1378] Es finden sich auch die Namensschreibungen Bartholomäus Ethan und Bartholomäus von Etten.
[1379] Vgl. hierzu auch Keil (2002) Sp. 426

> *verstopffung der lungen, es rainigt das geblüet, das der schlage nit kümpt, es werdt geschwer vnd dreibt aus bös winde; wan es auch ein gesunder mensch braucht, so behelt es inen in ordenlicher gesunthaidt. Peter Herman, barbirer.*"[1380]

In der Beschreibungen der Wirkungen des Pulvers („*bulluer*") greift Etten möglicherweise den alchemistischen Panazee-Gedanken auf. Die Wirkeigenschaften des Pulvers sollen einen gesunden Menschen („*ein gesunder mensch*") bei „*ordenlicher gesunthaidt*" erhalten und eine stattliche Anzahl von Krankheiten verhindern, u.a. auch den „*schlage*".[1381] Der Panazeegedanke zeigt sich hier in der Variante der Gesundheitsvorsorge, denn dem alchemistischen Allheilmittel wird nicht nur die Fähigkeit zugeschrieben, jegliche Form von Krankheit zu heilen, sondern eben auch die Gesundheit in vorbeugender Art und Weise zu erhalten.

Berchtold Bloemensteins Traktat „*Practica receptarum convenientium*"[1382] scheint ebenfalls von alchemistischen Schriften bzw. Lehren beeinflußt zu sein. Es handelt sich dabei um eine praxisorientierte medizinische Fachschrift, die sich nach pharmakologischen Gesichtspunkten an den Lehren des arabischen Arztes und Alchemisten Rhazes orientiert und eine Vielzahl medizinischer Autoritäten zitiert, zu denen auch Avicenna und Taddeo Alderotti zählen,[1383] bei denen es sich um medizinische und alchemistische Autoritäten (Avicenna) oder um alchemistisch tätige Ärzte (Alderotti) handelt. Der wohl aus dem nordwestdeutschen Sprachgebiet stammende Zisterzienser und Arzt Bloemenstein, der nachweisbar zwischen 1433 und 1455 wirkte, zeigt in seinen medizinischen Traktaten nur eine geringe Eigenständigkeit. Bedeutung erlangte er hingegen als Rezeptautor, als der er häufig zitiert wird. Auf ihn geht mit hoher Wahrscheinlichkeit die wirkungsmächtige „*Species Berchtoldi*" zurück.[1384]

Zu den Autoren, deren Beeinflussung durch alchemistische Lehren nicht genau feststellbar, aber auch noch nicht näher untersucht ist, gehört Burkhard von Horneck (um 1440-1522). Er war ein bedeutender Arzt, Humanist und Theologe, der für seine medizinischen Schriften auch aus dem Avicenna- und Rhazes-Corpus schöpfte.[1385] Da unter dem Namen Avicenna im Mittelalter viele pseudoepigraphische Schriften alchemischen Inhalts umliefen und Rhazes selbst alchemistische bzw. iatrochemische Texte verfaßte, ist anzunehmen, daß Burkhard auf diesem Wege auch mit alchemistischem Gedankengut in Kontakt kam, das ihn beeinflußt haben könnte.

1380 Telle (1968a) S. 314f. Abdruck des Textes nach Heidelberg, Universitätsbibliothek, cpg 272, Bl. 147^r^.

1381 Vgl. Keil (2002) Sp. 427

1382 Überliefert in: Straßburg, Universitätsbibliothek, cod. 20, Bl. 52^r^-66^r^.

1383 Vgl. Keil (1978d) Sp. 899

1384 Vgl. Eis (1960a) S. 324f. und Keil (1978d) Sp. 898f.

1385 Vgl. Endres (1957); Nauck (1961) und Assion (1982)

Auch in einem medizinisch-urologischen Rezept, das von einem Autor mit Namen Fachner von München[1386] verfaßt wurde, findet sich ein Hinweis auf die Alchemie. Das Rezept „*wider das grieß*“[1387] (d.i. Harnsand) empfiehlt bei Harnsteinleiden prinzipiell das Verabreichen von pflanzlichen Destillaten.[1388] Auch hier tritt die Verbindung zwischen Medizin und Alchemie durch die Destillation zutage. Durch sie sind die iatrochemische Alchemie und die Medizin untrennbar miteinander verbunden.

Wie sich zeigt, gibt es schon lange vor Paracelsus iatrochemische Fachschriften, die es sich zum Ziel gesetzt haben, Heilmittel bzw. Arzneien auf alchemischem Wege herzustellen. Die Anfänge der mittelalterlichen Tradition der Verwendung des alchemistischen Elixiers zur Behandlung von menschlichen Krankheiten reicht sogar nachweislich bis ins Corpus Gabirianum und zu den Schriften des Rhazes zurück, was vor allem die Forschungen von Haage nachdrücklich gezeigt haben.[1389] Die Iatrochemie ist damit keineswegs erst mit Paracelsus entstanden – wie es auch in der neueren Literatur immer wieder fälschlicherweise zu lesen ist[1390] – sondern er greift eine bereits vorhandene Tradition auf, wobei er jedoch stark zur Popularisierung der Iatrochemie beiträgt.

[1386] Es könnte sich dabei um Siegmund Fachner handeln, der 1488 die Apotheken der Stadt München visitierte.

[1387] Überliefert in: Gotha, Forschungsbibliothek, cod. Chart. B 1238, Bl. 44r (Ende des 15. Jahrhunderts, bairisch).

[1388] Vgl. Telle (1980h) Sp. 703

[1389] Zu den iatrochemischen Ursprüngen vgl. vor allem Haage (1995); Haage (1996a) und Haage (1996) S. 56 sowie Diepgen (1951); Ullmann (1972) S. 259f. und Debus (1990) S. 53.

[1390] Vgl. z.B. Schmitz (1998) S. 256 oder Kieckhefer (1992) S. 160

6. Paracelsus und die Alchemie

Zwischen dem 15. und 16. Jahrhundert und damit zwischen Mittelalter und Neuzeit steht Paracelsus, d.i. Theophrastus Bombastus von Hohenheim (1493/94-1541),[1391] mit seiner Betonung der Iatrochemie oder Chemiatrie. Paracelsus war aber nicht der große Neuerer in der Medizin, für den man ihn lange Zeit hielt, was vor allem durch Haage mit Nachdruck verdeutlicht wurde.[1392] Er schöpfte aus früheren Traditionen und baute die Alchemie als eine der vier tragenden Säulen in sein System vom Haus der Medizin ein, nämlich neben Philosophie, Astronomie/Astrologie und Tugend/Redlichkeit des Arztes („*Virtus*"). Die Alchemie des Paracelsus, die „*Alchemia medica*", ist somit untrennbar mit der Medizin verbunden und ist scharf abgegrenzt von der „*Alchemia transmutatoria*".[1393] Man könnte sogar so weit gehen zu sagen, daß für Paracelsus die Alchemie nur aus Iatrochemie bestand, wenn er im „*Opus Paragranum*" sagt:

> „*nicht als sie sagen, alchimia mache gold, mache silber; hie ist das fürnemen: mach arcana und richte dieselbigen gegen die krankheiten* [...] *hierin ligt der weg der heilung und gsuntmachung. solchs alles bringt zum ende die alchimei, one welche die ding nicht beschehen mögen.*"[1394]

Das Zitat zeigt, daß Paracelsus unter „*alchimia*" stets die Herstellung von Arzneien verstand und nicht das Streben nach der transmutatio metallorum. Seine Schriften deuten an keiner Stelle darauf hin, daß er sich mit der Verwandlung unedler Metalle in Gold oder Silber beschäftigt hat. Er wendet sich sogar ausdrücklich gegen die Goldmacherei. Seiner Meinung nach soll die Alchemie ausschließlich dazu dienen, weitgehend reine Arzneien, sogenannte „*arcana*", auf (al-)chemischem Wege herzustellen.[1395]

Die alchemistische Herstellung von Arzneimitteln war jedoch schon lange vor Paracelsus bekannt, wie obige Ausführungen vor allem zu Johannes de Rupescissa und zur Wirkung der Alchemie auf die Medizin gezeigt haben.[1396] Der früheste bisher bekannte Beleg für eine alchemistische Heilmittelherstellung findet sich im Corpus Gabirianum des Geber arabicus und dort im „*Großen Buch der spezifischen Eigenschaften*".[1397]

1391 Zur bewegten Biographie des Paracelsus vgl. insbesondere Schipperges (1983), Meier (1993), Fellmeth/Kotheder (1993), Benzenhöfer (1993), Benzenhöfer (1997), Naber (1998) und Gantenbein (1998).

1392 Vgl. Haage (1995); Haage (1996); Haage (1996a); Haage (1999) sowie Haage (2002)

1393 Vgl. Müller-Jahncke (1998) S. 267f.

1394 Paracelsus-Werke, Bd. VIII, S. 185

1395 Vgl. Haage (1996a) S. 17; Haage (1999) S. 221 und Haage (2002) S. 21

1396 Vgl. oben in Kap. 4.2.13. und Kap. 5.6.

1397 Vgl. Haage (1999) S. 217 und Haage (2002) S. 14

Hinter der Forderung nach den reinen Heilmitteln, den „*arcana*", steht bei Paracelsus die Vorstellung, daß die unvollendeten Stoffe der Natur mit Hilfe des alchemischen Prozesses, den Paracelsus das „*Amt Vulcani*" nennt, zu vollenden, d.h. sie von der prima materia zur ultima materia emporzuläutern. Diesen Vorgang vergleicht er im „*Labyrinthus medicorum errantium*" mit der Zubereitung von Brot:[1398]

> „*es muß ein arzt betrachten, dieweil got nicht bis an das end beschaffen hat, das weiter den vulcanis befolen ist, dieselbigen ding bis zum end zu bringen und nit schlacken und eisen mit einander schmiden. dan merket ein exempel: brot ist uns beschaffen und geben von got, aber nit wie es von becker kompt, sonder die drei vulcani, der baur, der mülner und der beck die machen brot daraus. also muß es auch mit der erznei beschehen.*"[1399]

Auf der Grundlage seines alchemischen Wissens erklärt Paracelsus auch die Vorgänge im Körper des Menschen. Er beschreibt bspw. im fünften Kapitel des „*Labyrinthus medicorum errantium*" den menschlichen Verdauungsprozeß ebenfalls am Beispiel des Brotes. Das Brot als prima materia wird gekaut und wandert anschließend in den Magen. Dort sitzt der „*archaeus*", der Alchemist, der das zerkaute Brot dem (alchemistischen) Verdauungsprozeß unterzieht und es zu Blut und Fleisch als ultima materia verwandelt. Damit steht Paracelsus erneut in einer langen fachliterarischen Tradition, denn bereits Rhazes beschreibt die Umsetzung von verdauter Nahrung in Blut und Fleisch als Destillationsvorgang, wobei er den Magen mit einer Cucurbita, den Kopf mit einem Alembik und die Nase mit dem Schnabel des Alembiks gleichsetzt. Avicenna greift im „*Buch der Heilung*" auf die gleiche Metaphorik zurück, wenn er die Funktionsweise des menschlichen Körpers mit einem Destillationsapparat vergleicht. Aus dieser Sichtweise leitet Paracelsus seine Forderung ab, daß der Arzt ein Alchemist sein müsse, der ebenso wie der „*archaeus*" im Magen mit Hilfe des alchemischen Werks (der Kunst Vulcani) bei der Heilmittelherstellung die schädlichen Schlacken von der eigentlich wirksamen Substanz trennt,[1400] so wie er es im oben zitierten Beispiel vom Brot zu verdeutlichen suchte.

Die praktische Herstellung der paracelsischen „*arcana*" basiert also vollständig auf der Alchemie, wohingegen Paracelsus die Ingredienzien seiner Heilmittel aus seiner auf der 'magia naturalis' beruhenden Signaturenlehre ableitet. Die Arzneimittelherstellung selbst folgt dem alchemistischen Grundaxiom des 'solve et coagula', denn Paracelsus ist bestrebt, das Reine, also den eigentlichen Wirkstoff, vom Unreinen, den „*schlacken*", zu trennen. Diesen Vorgang nennt er „*Spagyrik*", was auf den griechischen Wörtern 'spáo' ('trennen') und 'ágiro' ('verbinden') beruht, und somit ein Äquivalent zum alchemistischen 'solve et coagula' darstellt. Aufgabe der Alchemie ist also

1398 Vgl. Haage (1999) S. 222
1399 Paracelsus-Werke, Bd. XI, S. 189f.
1400 Vgl. Haage (1996a) S. 17f.

die Trennung des Wirksamen von den Schlacken, um dadurch die Natur zu vollenden. Dazu heißt es im „*Labyrinthus medicorum errantium*“:[1401]

> „*also ists auch mit der erznei, die ist beschaffen von got, aber nicht bereit bis aufs ende sonder im schlacken verborgen. iezt ist es dem vulcano befolen den schlacken von der erznei zu tun*“[1402]

Die Alchemie sollte also die verborgenen Heilkräfte von Pflanzen, Tieren und Mineralien erschließen, d.h. sie sollte dem Arzt die „*tugent und kreft in der arznei*“[1403] erschließen. Dazu muß die Alchemie das „*unnüz vom nüzen*“[1404] tun, d.h. sie muß die wirksamen Bestandteile eines Arzneistoffes von unwirksamen oder sogar giftigen Komponenten trennen.[1405] Die Alchemie ist damit die Kunst, „*die da unnüz vom nüzen tut und bringts in sein letzte materiam und wesen*“[1406], d.h. es ist Aufgabe der Alchemie, alle Stoffe zu ihrer ultima materia emporzuläutern.

Neben der Grundmethodik stammen auch die von Paracelsus angewandten Verfahren aus der Alchemie. Es handelt sich dabei um die Extraktion, die Sublimation und vor allem die Destillation.[1407]

Grundsätzlich alle Pflanzen und Mineralien werden von Paracelsus dem Opus alchemicum unterworfen. Besondere Bedeutung kommt bei ihm der Verwendung mineralischer, also anorganischer Ingredienzien zu. Sie wurden zwar bereits zuvor in der medizinischen Therapie des Mittelalters eingesetzt, doch war ihre Bedeutung gegenüber den pflanzlichen Arzneistoffen eher unbedeutend. Mit Paracelsus ändert sich dies. Er wird zum großen Förderer mineralischer Arzneimittel und ging sogar erstmals dazu über, giftige Antimon- und Quecksilberarzneien für die innerliche Applikation einzusetzen, wenn auch in sorgfältiger Dosierung. Damit folgte er seinem eigenen Leitsatz, der sich in den „*Sieben Defensiones*“ findet:

> „*Alle ding sind gift und nichts ist on gift; alein die dosis macht das ein ding kein gift ist.*“[1408]

Trotz alledem sind die meisten paracelsischen Arznei-Rezepte eher konservativ und enthalten meist pflanzliche Ingredienzien,[1409] und auch die Forderung des Paracelsus

[1401] Vgl. Schott (1993) S. 34; Haage (1996a) S. 19 und Haage (1999) S. 223
[1402] Paracelsus-Werke, Bd. XI, S. 187
[1403] Paracelsus-Werke, Bd. VIII, S. 124
[1404] Paracelsus-Werke, Bd. XI, S. 189
[1405] Vgl. Gantenbein (1999) S. 13
[1406] Paracelsus-Werke, Bd. XI, S. 189
[1407] Vgl. Haage (1996a) S. 19 und Haage (1999) S. 223
[1408] Paracelsus-Werke, Bd. XI, S. 138
[1409] Vgl. Haage (1999) S. 229 und Stille (2004) S. 69-74

nach der innerlichen Applikation von Arzneimitteln aus anorganischen Substanzen ist nichts prinzipiell Neues.[1410]

Der Begriff „*arcanum*" als ein reines, auf alchemischem Wege hergestelltes Heilmittel nimmt somit im medizinischen Denken des Paracelsus eine zentrale Rolle ein. Er steht damit in der Panazee-Tradition der arabischen Alchemie, die über Johannes de Rupescissa bis zu Paracelsus und seinen Nachfolgern, den sogenannten Paracelsisten, reicht. Die Iatrochemie wird von Paracelsus von der Alchemie gelöst und entwickelte sich in der Folge zu einer selbständigen Wissenschaft, der Pharmazie. Das alchemistische Wissen, über das er verfügte, benutzte er nicht zur Transmutation, sondern um die Wirkungen der Stoffe kennenzulernen und aus ihnen Arzneien herzustellen, wie er es im „*Opus Paragranum*" beschreibt: [1411]

> „*Nun weiter zu dem dritten grund, darauf die arznei stehet, ist die alchimei* [...] *die natur ist so subtil und so scharpf in iren dingen, das sie on große kunst nicht will gebrauchet werden; dan sie gibt nichts an tag, das auf sein stat vollendet sei, sonder der mensch muß es vollenden. dise vollendung heißet alchimia* [...] *was aus der natur wachst dem menschen zu nuz, derselbige der es dahin bringt, dahin es verordnet wird von der natur, der ist ein alchimist.*"[1412]

Auch wenn Paracelsus die Alchemie vor allem als Iatrochemie verstand, so stritt er die Möglichkeit der Metalltransmutation nicht ab. Er behauptete gelegentlich sogar, im Besitz des Lapis philosophorum bzw. der Panazee zu sein. Die Transmutation wurde von ihm aber stets der Erzeugung alchemischer Heilmittel untergeordnet.[1413] Anzumerken ist jedoch, daß seit dem 16. Jahrhundert zahlreiche pseudo-paracelsische Fachschriften transmutationsalchemischen Inhalts in Handschriften und Drucken umliefen, die häufig von Paracelsus-Anhängern verfaßt wurden, den sogenannten Paracelsisten.[1414]

Neben seiner Betonung der Iatrochemie ist bei Paracelsus wichtig, daß er die beiden Prinzipien Mercurius (Quecksilber – Prinzip des Schmelzbaren) und Sulphur (Schwefel – Prinzip des Brennbaren) um das Prinzip Sal (Salz) ergänzte. Sämtliche Dinge, d.h. alle lebenden Körper, bestehen bei Paracelsus aus Sal, Sulphur und Mercurius.[1415] Somit ist die Sal-Sulfur-Mercurius-Lehre wohl das „zentralste Motiv im Menschen- und Naturbild des Paracelsus".[1416] Sal als Prinzip repräsentiert bei Paracelsus die unbrennbare, nichtflüssige Asche oder Erde (feste Substanz), die im Feuer des alchemischen Werkes übrigbleibt. Sal steht damit für das Prinzip des Festen (Corpus bzw.

1410 Vgl. Haage (1996a) S. 23
1411 Vgl. Buntz (1970) S. 193.
1412 Paracelsus-Werke, Bd. VIII, S. 181
1413 Vgl. Müller-Jahncke (1998) S. 268.
1414 Vgl. Telle (1993a) S. 38
1415 Vgl. Gantenbein (1999) S. 14
1416 Daems (1982) S. 190. Zur Sal-Sulfur-Mercurius-Lehre vgl. auch Daems (1982) S. 192-195.

Körper). Mercurius als das Flüchtige und Metallische sowie die Fähigkeit zur Sublimation verkörpert den Spiritus (Geist). Das Prinzip Sulphur ist wie in der traditionellen Alchemie das Prinzip des Brennbaren und steht für die Anima (Seele).[1417] Die Drei-Prinzipien-Lehre des Paracelsus ist also ebenfalls nichts Neues, denn er steht mit ihr in der Tradition der Körper-Geist-Seele-Lehre. Nur bestehen bei ihm die Materien bzw. Stoffe nicht aus Corpus, Anima und Spiritus, sondern eben aus den drei Prinzipien Sal, Sulphur und Mercurius, die aber ihrerseits Corpus, Anima und Spiritus repräsentieren.[1418] Sehr deutlich wird diese Analogie am Brennen des Holzes im „*Opus Paramirum*“:

> „*Nun die ding zu erfaren so nempt einen anfang vom holz. dasselbig ist ein leib; nun lass brinnen, so ist das do brint der sulphur, das da raucht der mercurius, das zu eschen* [d.i. Asche, d.V.] *wird sal*“.[1419]

Trotzdem wird in der jüngeren Paracelsus-Forschung die paracelsische Prinzipienlehre, bestehend aus den Prinzipien Seele, Geist und Sal, noch häufig als Neuschöpfung des Paracelsus angesehen – so bspw. bei Broszinski. Broszinski geht davon aus, daß Paracelsus den durch Schwefel und Quecksilber verkörperten Prinzipien des Brennbaren und Flüchtigen – häufig ausgedrückt als Geist und Seele – das „Prinzip des Salzes [Sal] als kristallisierender Kraft“[1420] hinzufügt.[1421] Broszinski übersieht dabei jedoch, daß diese 3-Prinzipienlehre spätestens seit den arabischen Alchemisten als Körper-Geist-Seele-Lehre bekannt und in der mittelalterlichen Alchemie weit verbreitet war. Paracelsus hat also nur eine bereits vorhandene Theorie aufgegriffen und teilweise mit eigenen Begrifflichkeiten in sein Theoriegebäude integriert.

Auch mit seiner Forderung, den Autoritäten nicht blind zu folgen, steht Paracelsus in einer mittelalterlichen Tradition. Denn der (induktive) Weg über Naturbeobachtung – bei Paracelsus erfolgt diese im ’Licht der Natur’ – zur Theoriebildung und zur Erkenntnis zu gelangen ist nicht neu, sondern findet sich bereits bei den Vertretern der Schule von Chartres (wie etwa Wilhelm von Conches, Alanus ab Insulis oder Adelard von Bath), in den Schriften von Albertus Magnus und Roger Bacon oder auch in der alchemistischen Fachliteratur (so in der „*Summa perfectionis magisterii*“ des Geber latinus oder dem „*Kitab al-asrar*“ des Rhazes).[1422]

[1417] Vgl. Haage (1996) S. 31 und Müller-Jahncke (1998) S. 268
[1418] Vgl. Haage (1996) S. 185f.; Haage (1999) S. 218 und Haage (2002) S. 13f.
[1419] Paracelsus-Werke, Bd. IX, S. 46
[1420] Broszinski (1994) S. 13
[1421] Vgl. Broszinski (1994) S. 11ff.
[1422] Vgl. Haage (1995) S. 116-120; Haage (1999) S. 219 und Haage (2002) S. 15

Diesem Prinzip der 'ratio dux' ist schon Wolfram von Eschenbach verpflichtet, wenn er im Prolog seines „*Willehalm*" davon spricht, daß er allein durch seine Vernunft in der Lage sei, „Gottes Wirken in der Schöpfung zu erkennen"[1423]:

> „*mîn sin dich kreftec merket:*
> *swaz an den buochen stêt geschriben,*
> *des bin ich künstelôs beliben.*
> *niht anders ich gelêret bin:*
> *wan hân ich kunst, die gît mir sin.*"(Wh. 2, 18-22)
>
> (Übersetzung: Meine Vernunft erkennt deine [d.i. der Heilige Geist] Macht. Von all dem, was in den Büchern geschrieben steht, habe ich nichts gelernt. Auf keine andere Weise bin ich gebildet: all mein Können gibt mir mein Verstand.)

Wolfram leitet sein Wissen damit nicht von dem her, was in den Büchern geschrieben steht, sondern von seiner „*kunst*", also von Können und dem Vermögen zu unterscheiden und daher zu erkennen, das auf seinem „*sin*", seiner Vernunft ('ratio') basiert, die Wolfram wiederum „aus dem Heiligen Geist fließen sieht."[1424] Ganz in diesem Sinne argumentiert auch Paracelsus, wenn er sich zu Beginn des „*Labyrinthus medicorum errantium*" gegen die „*papierischen bücher*" wendet:[1425]

> „*so wissent* [...], *das die bücher [so] an euch und an mich von den alten her gelangt haben, mich gnugsam zu sein nit gedeucht hat. dan sie nit volkomen sonder ein ungewisse geschrift die mer zu verfürung dienet dan zum rechten schlichtigen weg, welches mich auch geursacht, sie zu verlassen* [...] *so befindet sich, das die arznei one menschen meister wol mag gelernet werden* [...] *das ist der ganz grunt, zu wandlen in dem natürlichen liecht, das der mensch von ihm selbst und aus eigner vernunft nit geben kann.*"[1426]

Auch wenn Paracelsus mit seiner Forderung nach Naturbeobachtung mit dem eigenen Verstand nichts wirklich Neues propagierte, erzielte er damit doch eine große Wirkung.[1427]

Paracelsus war in seinen iatrochemischen Anschauungen also durchaus mittelalterlichen Traditionen verpflichtet. So schöpfte er bspw. aus einem iatrochemischen 'Standardwerk' des Mittelalters, dem „*Liber de consideratione quintae essentiae rerum omnium*" des Johannes de Rupescissa.

Doch wie muß man diese Beeinflussung durch rupescissanisches Gedankengut beurteilen, wo Paracelsus doch für Johannes de Rupescissa und seine Anhänger im siebten

---

1423 Haage (1995) S. 119
1424 Haage (1996) S. 183
1425 Vgl. Haage (1995) S. 119f. und Haage (1996) S. 180-183
1426 Paracelsus-Werke, Bd. XI, S. 163
1427 Vgl. Haage (1999) S. 221

Buch seines Traktates „*Von den Blattern, Lähme und Beulen der Franzosen*“ nichts als Spott übrig hat und Johannes sogar als ’Nichtsnutz’ beschimpft:

> „*Und der euch henkte, so ist es kein wissen bei euch, was quinta essentia seie, was celum seie, und rumplent im Raimundo und im Nequam Rubicissa und in praeparationibus, arcanis und dergleichen wie die sau im trog*“[1428].

Dennoch scheint sich Paracelsus intensiv mit den Lehren von Johannes de Rupescissa beschäftigt zu haben. Im Traktat „*Von den natürlichen Dingen*“ empfiehlt er Quintessenzen für heilkundliche Zwecke einzusetzen und in den „*Büchern der Arznei*“ geht er sogar davon aus, daß tartarische Krankheiten nur durch „*eine quinta essentia vom golde oder ihres gleichen*“ geheilt werden könnten, da diese den „*ganzen leib umbwente und denselbigen restaurirte und erneuerte, als ein junges kint, das erst geboren wirt.*“[1429] Hierin zeigen sich zweifelsohne Reminiszenzen einer „*Liber de consideratione*“-Rezeption bei Paracelsus.[1430]

Noch deutlicher wird ein solcher Rezeptionsprozeß in den „*Archidoxen*“ von 1525/26, die den Großteil seiner Arzneirezepte enthalten, was auch die „*arcana*“ einschließt, und in denen sich Paracelsus auf die Lehren Johannes’ de Rupescissa stützte, womit die Beeinflussung der paracelsischen Iatrochemie durch rupescissanisches Gedankengut offen zu tage tritt.[1431] Im vierten Buch der „*Archidoxen*“, mit dem Titel „*De mysteriis arcani*“[1432], gibt Paracelsus zunächst eine Definition der Quintessenz in rupescissanischem Sinne ab:

> „*Quinta essentia ist ein materien, die da corporalischen wird ausgezogen aus allen gewechsen und aus allem dem in dem das leben ist, gescheiden von aller unreinikeit und tötlikeit, gesubtilt auf das aller reinigste, gesondert von allen elementen. nun ist zuverstehen, das quinta essentia ist alein die natur, kraft, tugent und arznei, die dan in dem ding ist verfasset on ein herbrig und frembde incorporirung.*“[1433]

Die von Paracelsus hier gegebene Definition der Quinta essentia orientiert sich stark an der Quintessenzlehre des Johannes de Rupescissa. Wie bei Johannes:

- wird die Quintessenz als materielle Substanz aufgefaßt,
- kann die Quintessenz aus allen Naturstoffen gewonnen werden,

[1428] Paracelsus-Werke, Bd. VI, S. 422
[1429] Paracelsus-Werke, Bd. III, S. 369
[1430] Vgl. Benzenhöfer (1989) S. 73
[1431] Vgl. Haage (1999) S. 229
[1432] Benzenhöfer macht hier eine falsche Titelangabe. Bei ihm soll sich die angegebene Textstelle im dritten Buch, mit dem Titel „*De mysteriis quintae essentiae*“, befinden. Tatsächlich markiert der Text – in der Ausgabe von Sudhoff, auf die sich auch Benzenhöfer bezieht – den Beginn des „*Liber quartus, de mysteriis arcani*“ unter der Überschrift „*De quinta essentia*“. (Vgl. hierzu auch Benzenhöfer (1989) S. 74)
[1433] Paracelsus-Werke, Bd. III, S. 118

- liegt die Quintessenz nach ihrer Separation rein und „*untötlich*“ vor,
- ist die Quintessenz von den Elementen geschieden und
- ist die Quintessenz für die heilende Wirkung eines Stoffes verantwortlich.[1434]

Aber Paracelsus wäre nicht Paracelsus, wenn er nicht gleich im Anschluß an diese Definition Johannes' Quintessenzenlehre kritisieren würde, wodurch er deutlich von den rupescissanischen Lehren abweicht. Wo Johannes de Rupescissa explizit auf die heilende Wirkung der Quintessenz aus Menschenblut hinweist und diese für die medizinisch-therapeutische Anwendung empfiehlt, warnt Paracelsus vor der Quintessenz aus Menschenblut, denn die Quinta essentia:

> „*sei auch die farben, das leben und die eigenschaft des dings, und ist ein spiritus gleich dem spiritu vitae in der underscheit geteilt, das spiritu vitae des dings bleiblich ist und des menschen tötlich. darumb als da ein verstant ist, das aus menschlichem fleisch oder blut kein quinta essentia mag gezogen werden, dan das darumb das spiritus vitae, der dan auch spiritus virtutum ist, stirbt und das leben in der sêl ist, das ist als da in re nit.*“[1435]

Und doch schreibt Paracelsus kurz darauf, d.h. noch im vierten Buch der „*Archidoxen*“, dem Blut eine medizinische Wirkkraft zu, die aus einer „*abgestorbenen quinta essentia*“ resultiere:

> „*so mögen also diese abgestorbene in abgestorbene quintam essentiam gebracht werden. als das fleisch mag von im geben all sein tugent in ein sondern teil, gescheiden von seinem corpus. also auch das blut und die gedörrten kreuter. und wiewol das nit ein lebendige quinta essentia ist, so ist doch da ein anzeigung darzu, wie ein abgestorbene quinta essentia, die da mit etlichen tugenden sich erzeigt.*“[1436]

Daneben setzt er sich im dritten Buch der „*Archidoxen*“, mit dem Titel „*De mysteriis quinta essentia*“ intensiv mit der Gradus-Lehre von Johannes de Rupescissa auseinander, die er aufgrund ihrer Anlehnung an die galenische Humoralpathologie ablehnte, da Paracelsus die Humoralpathologie bekanntlich bekämpfte. Er konzipierte die Gradus-Lehre innerhalb der Quintessenzlehre neu, indem er das „*praedestinirte element*“ einführte, das die Gradierung der Quintessenz bestimmt:[1437]

> „*also merk, das die vili des gradus und quantitet in quinta essentia kompt aus dem praedestinirten element und die vile des gradus der corporischen elementen komet aus der gestalt der substanz, die ungleich seind.*“[1438]

[1434] Vgl. Benzenhöfer (1989) S. 74
[1435] Paracelsus-Werke, Bd. III, S. 118
[1436] Paracelsus-Werke, Bd. III, S. 122
[1437] Vgl. Benzenhöfer (1989) S. 75
[1438] Paracelsus-Werke, Bd. III, S. 105

Die Theorie der paracelsischen Quintessenzlehre speist sich also aus der kritischen Auseinandersetzung mit den Lehren von Johannes de Rupescissa. Dies kann man von der paracelsischen Praxis der Quintessenzgewinnung nicht sagen, denn in der Elemententrennung, der Extraktion der Quintessenz und der Herstellung der trinkbaren Metalle, läßt sich bei Paracelsus kein direkter Einfluß des „*Liber de consideratione quintae essentiae rerum omnium*“ nachweisen.[1439] So gesehen war Paracelsus von den Lehren des Johannes de Rupescissa beeinflußt, aber er hat sie nicht einfach in sein Lehrgebäude übernommen, sondern hat sich mit ihnen kritisch beschäftigt und sie, wo es nötig war, an seine Theorie angepaßt.

Nichtsdestotrotz stützt sich Paracelsus in den „*Archidoxen*“ auf den „*Liber de consideratione*“ des Johannes de Rupescissa. Er verschweigt allerdings diese Abhängigkeit, wohl um seine Abhängigkeit von Johannes' Lehren zu kaschieren.[1440]

Paracelsus stand mit seiner Iatrochemie also in einer mittelalterlichen Tradition, die spätestens mit dem arabischen Corpus Gabirianum einsetzt. Durch welche Autoren er beeinflußt war, ist offen, doch gibt es viele Möglichkeiten; neben Johannes de Rupescissa, dem eigentlichen Förderer der Iatrochemie im Mittelalter, mit dessen Werk sich Paracelsus – wie gesehen – intensiv auseinandersetzte, kommen noch zahlreiche weitere lateinische und deutsche Fachschriften in Frage.[1441] Daß Paracelsus zahlreiche alchemistische Fachtexte kannte, ist ohne Zweifel, da er einige berühmte alchemistische Autoritäten in seinen Werken erwähnt und auch aus ihren Schriften schöpfte. Zu nennen sind hier neben Johannes de Rupescissa vor allem Pseudo-Arnald von Villanova, Pseudo-Raimundus Lullus, Pseudo-Thomas von Aquin sowie die „*Tabula Smaragdina*“ des Hermes Trismegistos.[1442] Daneben scheint Paracelsus in seinen alchemistischen Ansichten noch von weiteren nicht erwähnten alchemistischen Fachschriften beeinflußt worden zu sein. Zu denken ist hierbei an das „*Buch der Heiligen Dreifaltigkeit*“ des Ulmannus, aus dem er möglicherweise die Trias Sal-Sulphur-Mercurius schöpfte,[1443] das „*Kitab al-asrar*“ des Rhazes, die „*Summa perfectionis magisterii*“ des Geber latinus oder die „*Turba philosophorum*“. Aber auch diverse iatrochemische Fachschriften wie Taddeo Alderottis Branntweintraktat, die Wässer-Traktate von Michael Puff aus Schrick und Gabriel von Lebenstein oder die Destillierbücher des Hieronymus Brunschwig könnten sein iatrochemisches Denken beeinflußt haben.[1444] Dar-

[1439] Vgl. Benzenhöfer (1989) S. 75f.
[1440] Vgl. Haage (1996a) S. 22
[1441] Vgl. Haage (1999) S. 228
[1442] Vgl. Stolle (1991) S. 34ff. Ich muß an dieser Stelle allerdings dazu raten, die Dissertation von Stolle äußerst kritisch zu lesen, da sie in der Summe viele kleine Fehler enthält, die schnell zu Mißverständnissen führen können.
[1443] Zur möglichen Beeinflussung von Paracelsus durch das „*Buch der Heiligen Dreifaltigkeit*“ vgl. Daems (1982).
[1444] Vgl. Haage (1999) S. 228

über hinaus ist es nicht unwahrscheinlich, daß die Schriften Siegmund Albichs (1374-1427)[1445] auf Paracelsus eingewirkt haben. Albich nahm viele paracelsische Gedanken vorweg und blieb gegenüber antiken und arabischen Autoritäten äußerst selbständig, wodurch er sich einen überragenden Ruf als Arzt und Denker erwarb.[1446] So ist es nicht weiter verwunderlich, daß sich Albichs lateinische Schriften, von denen mehrere ins Deutsche übersetzt wurden, über ganz Europa verbreiteten.[1447] Es wäre also durchaus nicht verwunderlich, wenn Paracelsus die Schriften Albichs gekannt und aus ihnen geschöpft hätte.

Obwohl Paracelsus also nicht als der Schöpfer der medizinisch ausgerichteten Alchemie, der Iatrochemie oder Chemiatrie, gelten kann, war er doch der wirkungsmächtigste Förderer (al-)chemischer bzw. spagyrischer Heilmittel aus mineralischen Substanzen, womit er im Übergang vom Mittelalter zur Neuzeit zum Wegbereiter für die Entwicklung der modernen naturwissenschaftlichen Pharmazie wurde.[1448] Begonnen hatte die wissenschaftliche Pharmazie aber bereits mit der Herstellung der ersten Elixiere zur medizinischen Anwendung, spätestens im Corpus Gabirianum, so daß sie als Zweig der Alchemie entstand, ohne am Ende selbst noch Alchemie zu sein.[1449] Für die Weiterentwicklung der Alchemie hin zur modernen Chemie spielte Paracelsus dagegen keine Rolle.[1450]

Wichtig für die Weiterentwicklung der Iatrochemie nach Paracelsus war der „*Thesaurus Evonymi*“ des humanistischen Arztes Conrad Gesner (1516-1565) und die „*Basilea Chymica*“ des Paracelsisten Oswald Croll (1560-1609). Erst im Zuge der seit Lavoisier etablierten naturwissenschaftlichen Chemie entwickelte sich die Iatrochemie zur naturwissenschaftlichen Pharmazie weiter, die aber bereits bei Rhazes und im „*Corpus Gabirianum*“ des Dschabir/Geber arabicus ihren Anfang nahm.

[1445] Siegmund Albich widmete sich vielseitigen Studien in Prag und Padua. So erlangte er den Baccalaureus an der Artistenfakultät sowie den Magister in Jurisprudenz und Medizin. In späteren Jahren widmete er sich verstärkt theologischen Studien. Er wurde Leibarzt König Wenzels IV. in Prag, 1411 Erzbischof von Prag und nach Wenzels Tod (1419) Leibarzt von König Sigismund. (Vgl. hierzu auch Rudolf (1978a) Sp. 154)

[1446] Vgl. Rudolf (1978a) Sp. 154

[1447] Vgl. Rudolf (1978a) Sp. 155

[1448] Vgl. Haage (1999) S. 230

[1449] Vgl. Haage (2002) S. 27

[1450] Vgl. Haage (1999) S. 221 und Haage (2002) S. 21

7. Der Übergang von der Alchemie zur neuzeitlichen Chemie: ein Ausblick

Der Übergang von der Alchemie zur naturwissenschaftlichen Chemie stellt keine kontinuierliche Entwicklung dar, sondern ist ein überaus vielschichtiges Phänomen. Diese Übergangsphase in all ihren wissenschaftshistorischen Aspekten nachzuzeichnen ist nicht die Zielsetzung dieses kurzen Ausblicks – auch deshalb, weil dies ein eigenständiges Projekt erfordern würde. Vielmehr sollen aus der Masse der im 16., 17. und der ersten Hälfte des 18. Jahrhunderts entstandenen Fachschriften alchemistischen, iatrochemischen sowie praktisch- bzw. naturwissenschaftlich-chemischen Inhalts einige Beispiele kurz skizziert werden. Diese sollen deutlich machen, daß sich der Übergang von der Alchemie zur naturwissenschaftlichen Chemie in vielfältiger Weise manifestiert, zugleich aber auch zeigen, daß viele Gelehrte an der traditionellen mittelalterlichen Alchemie festhielten.

Eines sollte man dabei jedoch stets berücksichtigen: Die Grenzen zwischen Chemie und Alchemie waren bis zum Beginn der naturwissenschaftlich-quantifizierenden Chemie im 18. Jahrhundert fließend. Ich würde sogar so weit gehen, zu sagen, daß bis weit ins 17. Jahrhundert hinein nicht von einer Grenze gesprochen werden kann.

Noch in der ersten Hälfte des 18. Jahrhunderts ist die Abgrenzung der Begriffe Alchemie und Chemie bzw. Chymie unscharf, wie es sich an den entsprechenden Begriffsdefinitionen aus Zedler „*Universal-Lexicon*“ von 1732-48 verdeutlichen läßt.[1451]

In der Nachfolge von Paracelsus entstehen zahlreiche alchemische und iatrochemische Fachschriften. Zu diesen zählt auch die alchemistische Schrift „*De transmutatione veneris in solem*“, die Leonhard Thurneisser zum Thurn im Jahre 1584 für Kurfürst Johann Georg von Brandenburg verfaßte, dessen Leibarzt er war. Der gelernte Goldschmied Thurneisser (1531-1596), der sich als metallurgischer Bergbauexperte in Aufbau und Leitung von Hüttenwerken einen Namen machte, verfügte auch über eine beachtliche medizinische und therapeutische Bildung, die er sich als Autodidakt erworben hatte. Dabei war er stark von Paracelsus beeinflußt, vor allem von dessen iatrochemischer Lehre, also der Arzneiherstellung mit Hilfe von Verfahren und Grundstoffen der zeitgenössischen Alchemie.[1452]

In „*De transmutatione veneris in solem*“ beschreibt Thurneisser – wenn auch vorsichtig und mit Einschränkungen – seine eigenen Erfahrungen mit den von ihm wiedergegebenen Transmutationsrezepten. Er hat sie ausprobiert und „*sovill den usum anlangt zum theil (wie woll ich mich dessen das man Reinisch nennt noch nicht Recht berumbt haben will) warhafft befunden.*“ Thurneisser stellt in 34 Kapiteln die Regeln

[1451] Vgl. Barke (1991) S. 43f.
[1452] Vgl. Morys (1986) S. 85f.

bzw. Vorschriften für den gesamten Transmutationsprozeß auf, die durch klare und präzise Anweisungen gekennzeichnet sind.[1453]

Nach Beendigung des Prozesses (nach einem Jahr!),

> „*wirdt sich ein Roth farbe Materia* [...] *sublimieren oder ansetzen Generirt unnd geberen. Und hiemit Wirdt die Proporation Lapidis durch göttliche gnad und der naturen trib ausgemacht fericht und ferttig.*“[1454]

Der so gewonnene 'blutrote Stein' (d.i. der Lapis philosophorum) ermöglicht dann die Transmutation von – in diesem Falle – Kupfer zu „*Reinisch Cronen*“, also Gold.[1455]

Was den handschriftlichen Traktat Thurneissers aus der Masse der alchemistischen Literatur heraushebt, ist der fast vollständige Verzicht auf die Arkansprache.[1456]

Neben „*De transmutatione veneris in solem*“ lassen sich von Thurneisser noch weitere alchemistische Fachtexte nachweisen. Die gedruckten „*Archidoxa*“ von 1569 enthalten neben kosmologischen und astrologischen Passagen auch metallurgisch-alchemistische Rezepte, die in Arkansprache abgefaßt sind. Die „*Quinta Essentia*“ von 1570 ist ein Beleg dafür, daß Thurneisser mehr an der (al-)chemischen Veredelung der Naturstoffe und ihrer iatrochemischen Nutzung interessiert war, als an Transmutationsfragen.[1457]

Die „*Rhythmi*“, ein aus 29 Strophen bestehendes Lehrgedicht von Christoph von Hirschenberg, sind in handschriftlicher und gedruckter Form überliefert. In der gedruckten Überlieferung wurde der Text fälschlicherweise Janus Lacinius zugeschrieben. Er stammt jedoch von Christoph von Hirschenberg, wie aus den beiden ältesten erhaltenen autobiographischen Handschriften von 1589/90[1458] und der verhüllten Dichternennung „*Ein hirslein hatt das lied gemacht*“ aus der Schlußstrophe hervorgeht.[1459]

Der Autor scheint zu den weniger bekannten Autoren der frühen Neuzeit zu zählen, doch war sein Gedicht durch Drucke zu Beginn des 17. Jahrhunderts, wenn auch unter falschem Namen, einer breiteren Leserschaft zugänglich. Über die Vita des vermutlich adlig geborenen und aus Meißen stammenden Christoph von Hirschenberg läßt sich nur sagen, daß er in Diensten des böhmischen Magnaten Wilhelm (Vok-Ursinus), Herr von Rosenberg (1535-1592), stand, einem der großen Förderer der Alchemie in der

---

[1453] Vgl. Morys (1986) S. 88f.
[1454] Morys (1986) S. 91, zitiert nach Berlin, Staatsbibliothek Preußischer Kulturbesitz, Ms. Germ. Oct. 5, Kapitel 11.
[1455] Vgl. Morys (1986) S. 91
[1456] Vgl. Morys (1986) S. 92
[1457] Vgl. Morys (1986) S. 86
[1458] Kassel, Murhardsche Bibliothek und Landesbibliothek, 4° Ms. chem. 11 und Donaueschingen, Fürstlich-Fürstenbergische Hofbibliothek, Hs. 812 (90).
[1459] Vgl. Telle (1977b) S. 283ff.

frühen Neuzeit. Hirschenberg, der sich selbst als einen studierten und gereisten Mann sowie kundigen Alchemisten bezeichnet, war zwischen 1574 und 1592 als praktizierender Alchemist für Wilhelm von Rosenberg tätig. In dieser Zeit ist der Verstext entstanden und war vermutlich in seiner Erstfassung Wilhelm von Rosenberg gewidmet. Wohl auf der Suche nach einem neuen Gönner ließ Christoph von Hirschenberg die „*Rhythmi*“ 1589 Landgraf Wilhelm IV. von Hessen-Kassel (1532-1592)[1460] und 1590 Graf Wilhelm von Zimmern (1549-1594)[1461] zukommen, jedoch ohne nachweisbaren Erfolg.[1462]

Das literarische Vorbild Christophs von Hirschenberg ist die Rosengarten-Allegorie, die auf den Vergleich der Sponsa mit einem „*hortus conclusus*“ im „*Hohen Lied Salomos*“ (4, 12) zurückgeht, und die seit dem Spätmittelalter als Motiv auch in der alchemistischen Fachliteratur zu finden ist. Er dürfte die Rosengarten-Allegorie wohl dem anonymen im 14. Jahrhundert entstandenen „*Rosarius minor*“ entnommen haben, der 1541 und 1561 in gedruckten Textsammlungen erschienen ist und somit leicht zugänglich war. Christoph von Hirschenberg beschreibt einen 'Rosengarten der Philosophen', den nur ein auserwählter Alchemist betreten kann, also der Alchemist, der den „*rechten schlussl*“ besitzt, um eine der „*sieben pfortten*“ zu öffnen, welche die sieben Metalle symbolisieren. Diese Beschreibung ist gegenüber dem „*Rosarius minor*“ nur geringfügig modifiziert worden.[1463]

Wie der unbekannte „*Rosarius*“-Autor ist Christoph von Hirschenberg ein Anhänger der Reinen Quecksilber-Theorie, die im 16. Jahrhundert jedoch im Schatten der mittelalterlichen Schwefel-Quecksilber-Theorie und der paracelsischen Trias der Stoffprinzipien Mercurius, Sulphur und Sal stand. Kennzeichen der Reinen Quecksilber-Theorie lassen sich schnell festmachen. Der „*rechte schlussl*“ zum Garten findet sich in einer als „*brunnen, wasser, aqua sicca sophorum*“ oder „*fontin der weisen*“ bezeichneten Arkansubstanz, die mit Mercurius identisch ist. Dieser Mercurius ist der „*anfang aller metall*“, aus dem der kundige Alchemist durch Hinzufügen von „*gold*“ den Lapis philosophorum bzw. die 'weiße Rose' („*elixier ad album*“, weiße Tinktur) und die 'rote Rose' („*elixier ad rubeum*“, rote Tinktur) gewinnen kann, mit deren Hilfe die Transmutation in Silber bzw. Gold zu realisieren ist. Die zentrale Rolle des Mercurius wird auch daran erkennbar, daß er als

---

1460 In der Kasseler Handschrift von 1589 leitet sich der Name aus einem aus den kalligraphisch hervorgehobenen Anfangsbuchstaben der ersten 28 Strophen bestehenden Akrostichon her: WILHELM LANDTGRAFF ZVV HESSENN.

1461 In der Donaueschinger Handschrift von 1590 ergibt sich der Name des Landesherren ebenfalls als Akrostichon der kalligraphisch hervorgehobenen und rot ausgeführten Anfangsbuchstaben der Strophen: WILHELM GRAF VND HERR ZV ZJMERN.

1462 Vgl. Telle (1977b) S. 286ff.

1463 Vgl. Telle (1977b) S. 296ff.

personifizierter Hüter des Gartens fungiert, wobei die Funktion des Rosengartenhüters aus dem „*Rosarius minor*“ stammt:[1464]

> „*Denn ich der hutter bin allein,*
> *Wer mich nicht kendt, kompt nicht hrein,*
> *Das haben ihr viel befunden.*“ (8, 3-5)[1465]

Eine weitere wichtige Quelle Christophs von Hirschenberg, die auch seine enge Bindung an die zu seiner Zeit aktuelle Fachliteratur zeigt, waren die „*Dicta de lapide philosophorum*“ des Alanus philosophus, die in einem Druck von 1567 mit dem Titel „*Hermetische Philosophia*“ fälschlicherweise Bernardus Trevisanus (d.i. Bernhard von der Mark und Trevis), zugeschrieben wurden.[1466] Christoph von Hirschenberg übernimmt in der 17. Strophe Alanus' Feuerlehre, wobei er sich sehr eng an den Wortlaut der „*Hermetischen Philosophia*“ hält:[1467]

> „*Rhythmi*“:
>
> „*Frey, lufftig, gdempfft, gantz sittiglich,*
> *Vnuorbrennlich, vorennderlich,*
> *Vaporisch thett ers nennen;*
> *Stettig vnd digerirent fein,*
> *Nicht zu gewaltig muß es sein,*
> *Sprach er, will mans recht kennen.*“ (17)[1468]
>
> „*Hermetische Philosophia*“:
>
> „[...] *mache vaporisch Feur / sittig / stettig di-gerierent / nit zuo gewaltig / sondern gantz subtil / verbringet / lüfftig / gedempfft / beschlossen / vnuerbrennlich / verenderlich.* [...] *ein Vaporisch feuer stettig / digeriert* [...] *nicht gewaltig / subtil / vnd bringet lüfftlich / dar / beschlossen / vnuerbrennlich / verendert / durchdringende / vnd eine einig* [...]“[1469]

Ebenfalls aus der „*Hermetischen Philosophia*“ stammt die „*fontin der weisen*“, die aus der „*Fontina*“-Parabel abgeleitet ist, deren Beschreibung sich in den Strophen 13 und 14 wiederum eng an die „*Hermetische Philosophia*“ anlehnt.[1470]

Christophs von Hirschenberg fachliterarische Tätigkeit erschöpfte sich aber nicht in den „*Rhythmi*“, sondern er verfaßte noch die „*Instructio*“, eine alchemistische Prosaschrift, und ein weiteres Lehrgedicht mit dem Titel „*De natura planetarum*“.[1471]

[1464] Vgl. Telle (1977b) S. 297ff.
[1465] Telle (1977b) S. 291
[1466] Vgl. zur fälschlichen Zuschreibung der „*Hermetischen Philosophia*“ an Bernhard von der Mark oben in Kap. 4.3.8. sowie im Überlieferungsverzeichnis des Anhangs s.v. Alanus philosophus.
[1467] Vgl. Telle (1977b) S. 301. Telle schreibt hier fälschlicherweise die „*Hermetische Philosophia*“ ebenfalls Bernhard von der Mark zu.
[1468] Telle (1977b) S. 292
[1469] Telle (1977b) S. 301, nach der Ausgabe von Michael Toxites von 1574.
[1470] Vgl. Telle (1977b) S. 302

Ganz in der mittelalterlichen Tradition befindet sich noch im 16. Jahrhundert Caspar Hartung mit seinem Hauptwerk „*Von der Bereitung des gebendeyten Philosophischen Steins*“, das in zwei Handschriften und mehreren Drucken vorliegt. Darin fordert er, daß die Kunst (d.i. die Alchemie) der Natur folgen müsse, denn „*Was die Natur nicht hat erschaffen / da kann die Kunst kein Wirckung haben*“. Der Weg zur Erkenntnis kann nur über ein gründliches Studium und die göttliche Offenbarung führen:

> „*Dann warlich die Kunst nit kann gelehrt vnd verstanden werden / dann durch Gott / oder einen gelehrten Meister vnd Philosophum.*“[1472]

Hartung beschreibt den Ursprung des Steins der Weisen und die Erschaffung der Dinge, wobei er die Bibel und alchemistische Texte in Einklang zu bringen versucht. So werden bspw. die Erschaffung Adams, die Paradiesflüsse und die Jungfrauengeburt als alchemistische Gleichnisse interpretiert. Sein alchemisches Fachwissen scheint er aber hauptsächlich aus Werken des Pseudo-Arnald von Villanova und der „*Turba philosophorum*“ zu schöpfen.[1473]

Ebenso wie Caspar Hartung ist Herbrandt Jamsthaler mit seinem auf deutsch gereimten „*Viatorium spagyricum*“ der mittelalterlichen Tradition verpflichtet. Das „*Viatorium spagyricum*“ wurde 1625 von dem Frankfurter Verleger Lucas Jennis gedruckt. Die hohe Qualität der Illustrationen hebt den Druck zusammen mit anderen Jennis-Drucken alchemistischen Inhalts aus dem Strom des alchemistischen Fachschrifttums des 17. Jahrhunderts heraus. Vor dem Jahre 1625 waren nur wenige anonym veröffentlichte Auszüge des Werkes gedruckt worden. Das „*Viatorium spagyricum*“ lag aber in einigen Handschriften vor,[1474] von denen eine die Grundlage des Druckes wurde.[1475]

Über den Verfasser kann man nur spekulieren. Der Name Herbrandt Jamsthaler ist nur im Jennis-Druck belegt. Aufschluß über den wirklichen Namen des Verfassers könnte vielleicht die Lösung eines Namensrätsels bringen, das in Ich-Erzählung vorgetragen wird:

> „*Mein Nam hat also vberall*
> *Tausent / hundert / eins funfftzig zall*
> *Sechs Silben / so viel Vocal drein*
> *Jetzt habt ihr recht den Namen mein*:“[1476]

[1471] Vgl. Telle (1977b) S. 305

[1472] Buntz (1970) S. 183

[1473] Vgl. Buntz (1970) S. 183. Vgl. hierzu auch die Edition von Caspar Hartungs „*Kunstbüchlein*“ bei Haage (1975).

[1474] So bspw. im Cod. Voss. Chym Q 43 der Universitätsbibliothek Leiden aus dem Ende des 16. Jahrhunderts.

[1475] Vgl. Telle (1977a) S. 427f.

[1476] Telle (1977a) S. 432, Anm. 36

Auf keinen Fall war der Name „*Altruad*", der in der Wendung „*ALtruad ein Track heisse ich*" erscheint. Der Name wird hier synonym für den Drachen („*Track*") verwendet, der als Deckname für eine gefährliche Substanz, vermutlich Quecksilber, benutzt wird.[1477]

Einige wichtige biographische Angaben liefert allerdings der Gedichtanfang. Der Ich-Erzähler erklärt darin, daß er in einer nicht genannten Stadt lesen und schreiben lernte, daß er während eines Reichstages in Augsburg dem Gefolge des Öttinger Grafen Friedrich angehörte (worüber sich für den Namen Herbrandt Jamsthaler jedoch keine Aufzeichnungen finden lassen), daß er in Diensten eines ungenannten Grafen nach Wien reiste und daß er auf einem nicht lokalisierten Schloß nekromantische Bücher kopierte.[1478]

Das „*Viatorium spagyricum*" ist in großen Teilen aus alchemistischen Fremdtexten zusammengesetzt, deren Entlehnungen anonym erfolgten. Eine Quelle waren Leonhart Thurneissers „*Archidoxa*" von 1569, aus denen u.a. folgende Stelle entnommen wurde:

„*Viatorium spagyricum*":

„Viel Künstler waren selbmals dar:
Die hatten Ofen mancher handt /
Mit Kesseln / Scherben / Aschen / Sandt /
Faulheintzen vnd Maria Bad
Reverber viel mit manchem Grad /
Nider / hoch / rund vnd auch gevierdt /
Darinn mancherley Glaß glutiert:
Einr wolt im Keller das soluiern /
Jens stund im Mist putrificiern /
Einr distillirt / zeucht ab vnd brent /
Der ander gradirt vnd Ciment /
Einer schmeltzt vnd khirnt / scheidt / treibt ab /
Der wigts / was geraubt hab /
Einr jubilirt / seudt / kocht vnd rüert /
Die haben mich in Waldt gefüert."[1479]

„*Archidoxa*":

„Also wir giengen jmer hin /
Inn ein groß gewelb / was ein Camin.
Dorunder öfen mancher hand /
Mit / Keslen / Glesern / Capellen / sand
Faul heintzen / vnd Mariabadt /

[1477] Vgl. Telle (1977a) S. 431f.
[1478] Vgl. Buntz (1970) S. 184 und Telle (1977a) S. 441f.
[1479] Telle (1977a) S. 433

Reuerberier öfen / auch da statt.
Zuem suplimieren / schmeltzen treyben /
Warn eschen / sandt / in scherb / auff scheyben.
Nider / hoch / rundt / vnd auch gefiert /
Dorin mancherley gleser glutiert.
In den öl / wasser schwimen sliessen /
Metall / auch do die stralen schiessen.
Der soll jm keller das soluieren /
Das stett jm mist / Sol Coagulieren.
Der distiliert / zeicht ab / vnd börnt /
Der probiert / Gradiert / schmeltzt vnd körnt
Der inbibiert / seit / kocht / vnd riert
Domit das es mit perentzent wiert [...]
Der Zimentiert / der schait / dreybt ab
Der wigts / waß jm geroubet hab."[1480]

Auch aus Thurneissers Lehrgedicht „*Quinta essentia*" lassen sich zahlreiche Entlehnungen nachweisen.[1481] Jamsthaler steht auch in der Tradition des „*Buchs der Heiligen Dreifaltigkeit*", da er Alchemie und Theosophie zu verknüpfen sucht, indem er den Prozeß der Lapis-Gewinnung mit dem Prozeß der seelischen „*Wiedergeburt in Christo*" bzw. den Lapis philosophorum als den irdischen „*chymischen König*" mit dem „*himmlischen Eckstein*" (d.i. Christus) analogisiert. Dies zeigt sich auch an den zahlreichen Entlehnungen „konfessionell-ethischen Inhalts"[1482] aus dem weitverbreiteten „*Zodiacus vitae*" von Pier Angelo Manzolli (d.i. Marcellus Palingenius Stellatus, 1501/03-1543), den Jamsthaler in der 1564 entstandenen Übersetzung des Augsburger Meistersingers Johannes Spreng (1524-1601) benutzte.[1483] Jamsthaler gehörte damit zu jenen frühneuzeitlichen Autoren, die Alchemie und Theosophie miteinander verbanden, um „abseits offizieller Kirchenlehre und in Opposition zur Schulwissenschaft ihrer Zeit zu Natur- und Gotteserkenntnis zu gelangen."[1484]

Jamsthaler dürfte noch weitere alchemistische Quellen benutzt haben, deren Lokalisierung allerdings auch deshalb schwierig ist, da einige alchemistische Passagen aus ursprünglich alchemiefremden Schriften stammen. Ein Beispiel dafür ist das sogenannte Eva-Rätsel:

„*VIrgo quaedam, war eins Tags alt*
Namb ein mann durch der Natur Gewalt /
Eh daß sie war eines Jahrs alt /
Gewans ein Kind durch Mannes Gwalt /

[1480] Telle (1977a) S. 433
[1481] Vgl. Telle (1977a) S. 433
[1482] Telle (1977a) S. 441
[1483] Vgl. Telle (1977a) S. 434ff.
[1484] Vgl. Telle (1977a) S. 442

Und starb / eh daß sie ward gebohren:
Rath recht / oder du hasts verlohren.“[1485]

Der Text des Eva-Rätsels liegt spätestens seit dem 15. Jahrhundert in deutscher Sprache vor, wie das Vorkommen in der „*Geschichte des Pfarrers von Kalenberg*“ (1473) und in einer Wolfenbütteler Priamelhandschrift (Cod. Guelf. 2.4. Aug. 2°) beweisen. Darüber hinaus erscheint es im „*Straßburger Rätselbuch*“, das um 1500 erstmals gedruckt wurde. Daß Jamsthaler es aber wahrscheinlich trotzdem aus der alchemistischen Literatur geschöpft hat, zeigt die weite Verbreitung des Eva-Rätsels innerhalb der Alchemie. Bei Alexander von Suchten (um 1520 bis um 1590) im Kommentar zur pseudoparacelsischen Schrift „*De tinctura physiocorum*“ beschreibt es die Geburt (also einen alchemischen Prozeß) eines „*spiritualischen Adlers*“ (d.i. Quecksilber) aus einer vom „*Geist*“ geschwängerten und „*Löwe*“ (d.i. Schwefel) genannten Substanz. Auch Caspar Hartung vom Hoff nahm es in sein „*Kunstbüchlein*“ und das „*Vademecum*“ auf. Im „*Kunstbüchlein*“ wird es Senior Zadith zugeschrieben:[1486]

„*Ein junckfraw nit ains tags alt,*
Die nam ain man mit gotts gewalt,
und ehe sie wardt ains jars alt
da gebar sie ain kindt mit mans gewalt,
und Ehe sie wardt geboren,
Ratt recht weys das du Nit habst verloren.“[1487]

Die Aufnahme von alchemiefremden Rätseln in die Alchemie ist ein Assimilationsprozeß. Die Rätsel wurden häufig ohne ihre Lösung tradiert, was zu einer Bedeutungsverdunkelung führte. Somit ließen sie sich leicht in die arkansprachliche Umwelt der Alchemie einfügen.[1488]

Aus der Verschiedenartigkeit der Quellenauszüge und ihrer oft mangelhaften „gedanklich-logischen Verknüpfung“ ergeben sich manche „inhaltliche Dunkelheiten, Widersprüche, Sprunghaftigkeiten und die metrische Uneinheitlichkeit“[1489] des „*Viatorium spagyricum*“.[1490]

Der promovierte Stralsunder Jurist Johann Grasse[1491] (nach 1560-1618) betätigte sich auch als alchemistischer Fachschriftsteller. Sein mit weitem Abstand bedeutendstes

---

[1485] Telle (1977a) S. 437
[1486] Zu Caspar Hartungs „*Kunstbüchlein*“ vgl. auch Haage (1975).
[1487] Haage (1975) S. 123
[1488] Vgl. Telle (1977a) S. 437ff.
[1489] Telle (1977a) S. 441
[1490] Vgl. Telle (1977a) S. 441
[1491] Aus der zu Grasses Lebzeiten gebräuchlichen lateinischen Namensform Grasseus wurde bei der Übertragung ins Deutsche fälschlicherweise die Form Grasshof(f), die sich bis heute erhalten hat – so bspw. auch bei Priesner (1998d). Daß aber Grasse die richtige Namensform ist, ergibt sich zweifelsfrei

Werk war der bis 1598 vollendete zweiteilige deutschsprachige Traktat *„Der Große und der Kleine Bauer“*. Dem ersten Druck des Werkes 1617 in Frankfurt am Main unter dem Titel *„Aperta arca arcani artificiosissimi“* folgten bis 1753 zwölf weitere Drucklegungen mit verschiedenen Titeln. Der Inhalt des Traktats *„Der Große und der Kleine Bauer“* umfaßt die theorica und practica. Der erste Traktat, der *„Große Bauer“* versucht weitgehend auf der Basis der seit dem Mittelalter tradierten Lehren die alchemistische Theorie zu systematisieren, wobei das Blei als geeigneter Ausgangsstoff zur Lapis-Herstellung präferiert wird.[1492]

Weitaus bedeutender ist jedoch der *„Kleine Bauer“*, der die alchemistische Praxis in verschlüsselter Rede schildert und häufig rezipiert wurde, worauf allein schon die große Zahl der Drucke verweist. Von nicht unerheblicher Bedeutung ist dabei die Allegorisierung des zumeist verachteten Bauern als Materie des Lapis philosophorum, die ebenso wie der Bauer unscheinbar und von allen geringgeschätzt sei.[1493] Auch das Opus magnum wird durch den Bauern symbolisiert. Die Farben seiner Kleidung stehen für die (Farb-) Stufen des alchemischen Werkes, den sogenannten Pfauenschwanz. Die rote Blüte repräsentiert das Gold als Ergebnis des Transmutationsprozesses und die weiße Blüte das Silber.[1494]

Wie wirkungsmächtig *„Der Große und der Kleine Bauer“* waren, zeigt sich auch daran, daß Clemens Brentano (*9.9.1778 †28.7.1842) im *„Märchen von dem Hause Starenberg“* aus dem *„Rheinmärchen“*-Zyklus (begonnen 1811) alchemistische Motive daraus benutzt. Noch im 20. Jahrhundert finden sich Motive des Werkes in Alexanders von Bernus (*6.2.1880 †6.3.1965) Gedicht *„Stunde des Saturn“*.[1495]

Die verbreitetsten deutschsprachigen alchemistischen Schriften der Neuzeit waren die des Berghauptmanns Johann Thoelde (Wende 16./17. Jh.), d.i. höchstwahrscheinlich der Alchemist Basilius Valentinus. Thoelde und Basilius gleichzusetzen scheint mehr als gerechtfertigt, wenn man bedenkt, daß Thoelde die Basilius-Schriften herausgegeben hat und darüber hinaus in *„Johann Thölden Proces Buch“* (1594), in der *„Haliographia“* (1603) und in seinem *„Bericht von der abschewlichen Krankheit der roten Ruhr“* (1599) sein umfangreiches Wissen im Salinen-, Salz- und Bergwesen, in der Chemie bzw. Alchemie sowie der Iatrochemie zeigt. Außerdem kann die Vermutung, daß Basilius Valentinus als historische Person (als Mönch aus dem 15. Jahrhundert) wirklich gelebt habe, heute als widerlegt angesehen werden. Gegen die historische Persönlichkeit des Basilius spricht u.a., daß er die 'Franzosenkrankheit' (d.i. die

aus der Nachlaßakte des Stralsunder Stadtarchivs von 1618-1621 (Rep. 3, Nr. 5086, Bl. 62r).
1492 Vgl. Lederer (1994) S. 230f.
1493 Vgl. Lederer (1994) S. 231ff.
1494 Vgl. Priesner (1998) S. 166.
1495 Vgl. Lederer (1994) S. 236f.

Syphilis)[1496] kennt und die Arbeiten des Paracelsus voraussetzt. Darüber hinaus findet sich in einem von Karl Sudhoff bearbeiteten Exemplar von Basilius *„Triumph-Wagen Antimonii“* eine handschriftliche Widmung Thoeldens an Georg Forberger vom 21.7.1604, in der er sich selbst als Verfasser bezeichnet. Thoelde besaß also nicht nur das für die Abfassung der Basilius-Schriften nötige Wissen, sondern er war auch der einzige, der die handschriftlichen Manuskripte veröffentlichte. Wenn man die Wirkungsmächtigkeit der Basilius-Schriften bedenkt, ist es ein sehr merkwürdiger Vorgang, daß sich keine Hinweise auf derart bedeutende Handschriften finden lassen, es sei denn Thoelde und Basilius waren ein und dieselbe Person. Zu den wichtigsten Werken des Basilius Valentinus zählt der Traktat *„Vom grossen Stein der uhralten Weisen“*, in dem auch die *„Zwölff Schlüssel Fratris Basilij Valentini“* (erstmals 1599 von Johann Thoelde herausgegeben) enthalten sind. Weitere Basilius-Schriften sind *„De occulta philosophia Oder Von der heimlichen Wundergeburt der sieben Planten und Metallen“*, *„Von den Natürlichen unnd ubernatürlichen Dingen“* beide aus dem Jahre 1603 und *„De Microcosmo – De Macrocosmo“* von 1602, worin Basilius das Verhältnis zwischen Mensch und Welt aus alchemistischer Perspektive beschreibt.[1497]

Im *„Triumph-Wagen Antimonii“* von 1604 (u.ö.) singt Basilius das Loblied des Antimons. Antimon (deutsch: Spießglas oder Spießglanz; in der heutigen Chemikersprache: Sb = Stibium) zählte spätestens seit Paracelsus zu den wichtigsten alchemistischen Stoffen bei der Herstellung von Heilmitteln[1498] sowie der Transmutation der Metalle. Außerdem war die Antimontherapie um 1600 eine der verbreitetsten iatrochemischen Therapien. Der erste, einleitende Teil des *„Triumph-Wagen Antimonii“* beschreibt allgemein die Grundsätze einer alchemistisch begründeten und orientierten Heilkunde und der zweite, weitaus umfangreichere Teil, besteht aus Anweisungen zur Heilmittelherstellung. Dabei mutet die von Basilius geforderte Vorgehensweise durchaus modern an. Die zugrundeliegende Theorie ist:

> *„was sichtbar und greifflich, auch ein zeitlich förmliches wesen hat, auszugründen, wie ihm fortzuhelfen ist durch seine Zerlegung, daß ein jeder Corpus seinen Nutzen von sich geben kann, was in ihm ist, gut oder böse, Gifft oder Artzney, wie das Ungesunde vom gesundenen zu scheiden ist, auch wie seine zerstörung und Zerbrechnung vorzunehmen, damit justo titulo ohne falsch und Sophisterey Purum ab impuro* [das Reine vom Unreinen, d.V.] *kann geschieden und separiert werden* [...] *welche Scheidung nur geschehen kann durch vielerley Handarbeit* [...] *felest du nun, daß die Natur nicht recht entbunden und*

[1496] Die Syphilis tritt in Europa erstmals 1493 auf. Die Bezeichnung ’Franzosenkrankheit’ bezieht sich auf die Erkrankung des französischen Invasionsheeres in Neapel 1494/95, das in der Folge wesentlich zur Verbreitung der Krankheit beitrug. (Vgl. Keil (1997) Sp. 380f.)

[1497] Vgl. Priesner (1986) S. 108 und S. 116f.; Scherer (1988) S. 96 und S. 278; Barke (1991) S. 54ff. sowie Haage (1996) S. 60

[1498] Die ersten Anfänge der Antimontherapie reichen allerdings zurück bis zu Johannes de Rupescissa. (Vgl. hierzu auch Kap. 4.2.13.)

> *losgemacht worden ihres leibes, darinnen sie gefänglich enthalten wird und angebunden, so lerne die Theoriam besser und trachte dem Handel gewisser nach.*“[1499]

Was Basilius damit aussagt, ist im Prinzip nichts anderes, als daß eine aufgestellte theoretische Hypothese im Experiment überprüft werden muß. Wird die Hypothese dabei falsifiziert, müssen sowohl die theoretischen Ansätze überprüft, als auch das Experiment korrigiert werden.[1500]

Auch der Leipziger Professor für Anatomie und Chirurgie Joachim Tancke bzw. latinisiert Tanckius verweist in „*Von der Alchimey würden und nutz*“, der Vorrede zum „*Promtuarium Alchymiae*“ ('Vorratskammer der Alchemie') von 1610, auf das Wechselverhältnis von alchemistischer Theorie und Praxis. Der Alchemist muß für die Theorie:

> „*jederzeit studieren und meditieren, auf die Natur sehen und ihre geheimen Wirckungen betrachten* [...] *Thut er solches nicht und weichet davon ab, so gebiert er monstra.* [...] *Doch muß daneben auch die Handarbeit im Schwange gehen und mit Verstand geübet werden, auf dass, wenn geirret worden, der Irrthumb aus der Practica billich corrigirt werden möge.*“[1501]

Die theorica muß also durch die nachfolgende practica überprüft und gegebenenfalls verbessert bzw. modifiziert werden. In diesem Sinne entspricht Tanckes Vorwort der Theorie und die folgenden Traktate des „*Promtuarium Alchymiae*“ der Praxis. Außerdem ist „*Von der Alchimey würden und nutz*“ eine Schrift zur Verteidigung der Alchemie gegen die Mysochymici, die die Alchemie für leeren Wahn halten, und den theologischen Vorwurf des Hochmutes. Die Alchemie ist für Tancke nicht nur eine erlaubte Kunst, sondern eine Gabe Gottes.[1502]

Das „*Novum Lumen Chymicum*“ ('Neues Chymisches Licht') des Michael Sendivogius (d.i. Michale Sedziwoju; geb. 60er/70er Jahre des 16. Jahrhunderts) erschien erstmals 1604 als anonyme lateinische Ausgabe unter dem Titel „*Tractatus Duodecim*“. Es folgte jedoch kurz darauf eine deutsche Version. Ob der Urtext deutsch oder lateinisch war, läßt sich nicht eindeutig sagen, es ist jedoch wahrscheinlicher von einem lateinischen Textursprung auszugehen. Das „*Novum Lumen Chymicum*“ unterteilt sich in „*Zwölf Tractätlein*“ die u.a. die prima materia der Metalle und deren Entstehen in der Erde nach der Schwefel-Quecksilber-Theorie erklären. Daneben geben sie Anleitung zur Herstellung des Lapis philosophorum und beschreiben seine Eigenschaften.[1503]

[1499] Scherer (1988) S. 35
[1500] Vgl. Scherer (1988) S. 35f. und S. 96.
[1501] Scherer (1988) S. 33
[1502] Vgl. Scherer (1988) S. 33 und S. 58.
[1503] Vgl. Scherer (1988) S. 116.

Der Straßburger Arzt Johann Nicolaus Furichius (1602-1633) widmete sich ebenfalls intensiv der Alchemie. Sein erstes alchemistisches Lehrgedicht „*Aurea Catena Sive Hermes Poeticus de Lapide Philosophorum*" erschien 1627 und war lange Zeit verschollen. Sein Hauptwerk war das Lehrgedicht „*Chyseidos Libri IIII*" von 1631, das die Summe seiner eigenen alchemistisch-hermetischen Philosophie enthält.[1504]

Furichius war ein Anhänger der Iatrochemie paracelsischer Tradition, für die das alchemistische Wissen ein unverzichtbarer Bestandteil der ärztlichen Kunst ist, was auch in seiner Betonung des medizinischen Nutzens des Lapis philosophorum zum Ausdruck kommt.[1505]

Wichtig für das Verständnis der alchemistischen Fachterminologie wurden die seit dem Ende des 16. Jahrhunderts herausgegebenen alchemistischen Wörterbücher, die vor allem dem Verständnis paracelsischer Schriften dienten. Den ersten Schritt in diese Richtung unternahm Hieronymus Reusner, der in der Einleitung seiner 1582 erschienenen Ausgabe „*Etlicher Tractate Philippi Theophrasti Paracelsi*" einige Erklärungen von paracelsischen Ausdrücken zusammenstellte. Das erste umfassende Wörterbuch legte aber erst Martin Ruland mit seinem „*Lexicon Alchimiae sive dictionarium alchemisticum*" von 1612 vor.[1506]

Die Übergangsstufe zwischen Alchemie und naturwissenschaftlicher Chemie ist die Chymie. Sie zeichnet sich gegenüber der Alchemie dadurch aus, daß sich die Naturerkenntnis langsam vom Streben nach dem Lapis philosophorum emanzipierte und somit an Eigenständigkeit gewinnt. Obwohl noch immer an einer möglichen Gewinnung des Lapis philosophorum festgehalten wurde, konnte dadurch der Weg zu fundierter naturwissenschaftlicher Erkenntnis und somit der Weg zur modernen Chemie geebnet werden, da nicht mehr der Stein der Weisen im Zentrum der Bestrebungen lag, sondern, wie es Johann Caspar Engelleder im Vorwort zu Johann Kunckels „*Laboratorium Chymicum*" von 1716 zum Ausdruck brachte:[1507]

> „*die Eigenschaften der Dinge* [...] *rechtschaffen erkennen / seine Arbeiten hinführo nach der Vernunfft einrichten / und sich so wohl von dem guten als übeln Effect und Ausgang eines Processes genugsame Rationes geben.*"[1508]

Die Chymie wird von der „*Alchemia*" des Andreas Libavius von 1597 markiert. Libavius bemühte sich darin, die Alchemie auf ihre chemischen Vorschriften und Arbeitsmethoden zu reduzieren. Dementsprechend stellt sich seine „*Alchimia*" auch als ein Handbuch für „laborpraktische Beobachtungen, Darstellungsvorschriften und Arbeits-

[1504] Vgl. Kühlmann (1984) S. 118f.
[1505] Vgl. Kühlmann (1984) S. 125ff.
[1506] Vgl. Eis (1965) S. 52f.
[1507] Vgl. Barke (1991) S. 47
[1508] Barke (1991) S. 47

anleitungen“[1509] dar.[1510] Die „*Alchimia*“ ist das erste Lehrbuch der naturwissenschaftlichen Chemie. Libavius stellte darin das chemische Wissen seiner Zeit zusammen und ordnete es nach methodischen Grundsätzen, wodurch das chemische Wissensgut vom Ende des 16. Jahrhunderts für Schüler, Studenten und Praktiker zugänglich wurde. Dazu unterteilt er sein Lehrbuch in zwei Teile: die „*Encheria*“, eine Geräte-, Verfahrens- und Feuerkunde, und die „*Chymia*“. In der „*Chymia*“ befaßte sich Libavius mit der aristotelischen Elementenlehre, der paracelsischen Trias Sal-Sulphur-Mercurius und mit der Herstellung medizinisch wirksamer Extrakte, Elixiere und Tinkturen, also mit Iatrochemie, sowie mit der Herstellung anorganischer Einzelverbindungen. Die „*Alchimia*“ weist Libavius als einen zu seiner Zeit führenden experimentierenden praktischen Chemiker aus, der eine Vielzahl von chemischen Verbindungen erstmals beschrieb, deren wichtigste sicherlich die Darstellung der Salzsäure ist.[1511] Das Neue ist also die Abkehr vom deduktiven Denkprozeß der alchemistischen Theorie hin zum induktiven Prozeß aus Einzelbeobachtungen im Experiment, mittels des Prinzips 'Messen und Wägen', auf eine Theorie zu schließen. Dieses induktive, moderne naturwissenschaftliche Prinzip zeigt sich erstmals in dem metallurgischen Werk „*De ortu et causis subterraneorum*“ des Georg Agricola von 1546. Endgültig durchgesetzt hat es sich mit dem „*Traité élémentaire de Chimie*“ des Antoine Laurent Lavoisier von 1789, womit die moderne naturwissenschaftliche Chemie anbricht.[1512]

Der Umschwung hin zur naturwissenschaftlichen Chemie wird von Robert Boyle (1627-1691) eingeleitet, der in „*The Sceptical Chemist*“ fordert, daß die Gültigkeit chemischer Theorien auf experimentellen Erfahrungen basieren müsse. Zum Abschluß kommt dieser Prozeß mit der Mathematisierung, Mechanisierung und quantitativen Analyse in der Chemie Lavoisiers.[1513] In diese Zeit der wissenschaftlichen Revolution des 17. Jahrhunderts gehören technologisch-praktische Chemiker wie Johann Rudolf Glauber (1604-1670) und Johann Kunckel (1631/32-1703), deren Schriften geprägt sind von einer rationalen und anwendungsorientierten wissenschaftlichen Arbeit und weniger von naturphilosophischem Denken, wie es für die mittelalterliche Alchemie prägend war.[1514]

Johann Kunckels (um 1630 bis um 1703) „*Nützliche Observationes oder Anmerckungen von den Fixen und flüchtigen Saltzen*“ von 1676 ist ein Werk, das weder der Al-

---

[1509] Clericuzio (1998) S. 29
[1510] Vgl. Clericuzio (1998) S. 29
[1511] Vgl. Müller-Jahncke (1998c) S. 222. Nicht zu den erstmals von Libavius beschriebenen Verbindungen gehört das Zinkchloridöl (Zink-IV-Chlorid ($SnCl_4$), „*Spiritus fumans Libavii*“) das bereits im „*Buch der Heiligen Dreifaltigkeit*“ beschrieben wird. (Vgl. hierzu auch in Kap. 4.3.1.)
[1512] Vgl. Scherer (1988) S. 31f.; Barke (1991) S. 47 und Haage (1996) S. 13ff.
[1513] Vgl. Haage (1996) S. 199
[1514] Vgl. Engel (1997) S. 138

chemie noch der Chemie zur Gänze zuzuordnen wäre. Es ist somit eine chymische Schrift. Dagegen war Andreas Sigismund Marggraf (1709-1782) ein Forscher, der sich bereits dem neuen, induktiven, naturwissenschaftlichen Prinzip verschrieben hatte und sich auf der Schwelle zur modernen Chemie befand, die mit Lavoisier beginnt. Dies beweist u.a. Marggrafs „*Abhandlung, wie man den Phosphorum aus dem Urin darstellen könne*". Der Text erschien 1743 zunächst in lateinischer Sprache, aber schon 1761 folgte eine deutsche Übersetzung.[1515]

Aber auch im 17. Jahrhundert, dem Zeitalter der beginnenden wissenschaftlichen Revolution, wurde die Möglichkeit einer transmutatio metallorum nicht ausgeschlossen, sondern sie wurde nun im Rahmen sich weiterentwickelnder atomistischer Materiemodelle erneut diskutiert.[1516] Das alchemistische Grundaxiom des 'solve et coagula', also das Auflösen der Materie in ihre Bestandteile und deren anschließende Wiedervereinigung, ließ sich leicht in korpuskulare Materiekonzepte, wie etwa das von Robert Boyle (1627-1691), einfügen.[1517]

So erklärt sich auch, daß sich die Alchemie noch in der ersten Hälfte des 18. Jahrhunderts großen Interesses erfreute, was nicht nur die anhaltende Publikation zahlreicher alchemistischer Fachschriften sondern auch die Veröffentlichung großer alchemistischer Sammelwerke dokumentiert.[1518] So entstehen seit dem Ende des 16. Jahrhunderts zahlreiche Drucke alchemistischer Textsammlungen, wie die „*Turba philosophorum*" des Phillip Morgenstern und die „*Bibliotheca chemica*" von Friedrich Roth-Scholtz. Die umfangreichsten Sammlungen sind das deutsche, ebenfalls von Friedrich Roth-Scholtz veröffentlichte, „*Theatrum chemicum*" mit 209 Texten und die von Jean Jaques Manget edierte „*Bibliotheca chemica curiosa*" mit 140 Traktaten in chronologischer Reihenfolge.[1519]

Einige Sammlungen von deutschen alchemistischen Texten veröffentlichte der Dichter und Theologe Benedictus Figulus. Zu seinen wichtigsten zählen die beiden 1608 in Frankfurt publizierten Sammlungen „*Thesaurinella Olympica Aurea Tripartita*" und „*Rosarium Novum Olympicum et Benedictum*".[1520]

[1515] Vgl. Barke (1991) S. 64ff. und S. 82.

[1516] Daß die Alchemisten fest an die Transmutation glaubten, vor allem wenn ihnen besonders stabile Goldlegierungen gelungen waren, ist kein Wunder, denn oftmals war es sehr schwierig, Verunreinigungen oder Legierungen nachzuweisen. Dies zeigt ein Bericht Alexanders von Suchten über die durchgeführten Proben mit dem künstlichen Gold eines Freundes. Suchten hatte große Mühe, das künstliche Gold als solches zu entlarven (vgl. hierzu Buntz (1970) S. 181f.). Die Beschreibung der von Alexander von Suchten durchgeführten Proben findet sich in: Alexander von Suchten (1613) S. 317ff.

[1517] Vgl. Clericuzio (1998) S. 32

[1518] Vgl. Clericuzio (1998) S. 33

[1519] Vgl. Barke (1991) S. 14 und Buntz (1970) S. 195.

[1520] Vgl. Buntz (1970) S. 195 und S. 208, Anm. 193.

Aber nicht nur die Texte, sondern auch die Bilder bzw. Illustrationen aus der alchemistischen Fachliteratur wurden gesammelt. Michael Maiers „*Atalanta fugiens*“ von 1617 enthält 50 Embleme, die jeweils mit einer Fuge, einem Epigramm und einer kurzen Erläuterung versehen sind. Im „*Chymischen Lustgärtlein*“ des Daniel Stoltzius von Stoltzenberg von 1624 sind 107 Bilder aus verschiedenen Werken zusammengetragen, z.B. aus den „*Zwölf Schlüssel Basilii Valentini*“. Das anonyme „*Hermetico-spagyrische Lustgärtlein*“ von 1625 ist mit 160 Medaillons, die jeweils zu einem Alchemisten und einem Zitat in Beziehung gesetzt werden, die umfangreichste alchemistische Bildersammlung.[1521]

Es zeigt sich also, daß erst mit dem Erfolg von Antoine Laurent Lavoisiers (1743-1794) quantitativer naturwissenschaftlicher Chemie, die Alchemie ihren Status als Wissenschaft einbüßte.[1522] Der Untergang der Alchemie wurde aber nicht allein durch den Fortschritt wissenschaftlicher Erkenntnis in der praktischen Chemie herbeigeführt, sondern auch durch die ständigen Mißerfolge im Streben nach der transmutatio metallorum und durch zunehmende Betrügereien.[1523]

Anzumerken bleibt noch, daß sich die Iatrochemie erst um 1800 endgültig von der Alchemie abspaltete, indem sie sich unter dem Einfluß der neu entstandenen naturwissenschaftlichen Chemie zur naturwissenschaftlichen Pharmazie weiterentwickelte.[1524] Dies bedeutete zugleich das Ende der wissenschaftlichen Alchemie. In der Folge verstärkte sich schließlich der esoterische Zug der Alchemie, wie man ihn noch heute im Rosenkreuzertum finden kann,[1525] und der somit bis in die Moderne gegenwärtig geblieben ist.

[1521] Vgl. Buntz (1970) S. 196.
[1522] Vgl. Clericuzio (1998) S. 34
[1523] Vgl. Haage (1996) S. 61
[1524] Vgl. Haage (1996) S. 198
[1525] Vgl. Haage (1996) S. 61

8. Die Alchemie in der deutschen Dichtung des Mittelalters

Die Alchemie stellt in ihrer Wirkung sowohl ein kultur- als auch ein mentalitätsgeschichtliches Phänomen dar. Dadurch trat die Alchemie auch in Wechselwirkung mit der mittelalterlichen Dichtung. Sie wirkte also nicht nur auf der Ebene der Fachliteratur, sondern auch auf der Ebene der fiktionalen Literatur. Doch berechtigt dieser Umstand nicht dazu, „Dichtung, Weisheit und Wissenschaft" im 13. Jahrhundert gleichzusetzen, wie Gebelein dies tut, indem er ein Beispiel aus dem altfranzösischen „*Rosenroman*" anführt.[1526] Eine solche Fehleinschätzung entspringt wohl einem falsch angewandten Kunstbegriff, denn man kann nicht mit dem modernen Kunstbegriff den mittelalterlichen Artes-Begriff in eins setzen. Die Künste des Mittelalters waren allesamt Artes und damit auch wissenschaftlich geprägt, wobei hier unter Künsten oder der Kunst Alchemie etwas anderes verstanden wurde, als wir heute unter dem Kunst-Begriff verstehen, nämlich die Erforschung oder Beherrschung eines bestimmten Wissensgebietes durch handwerklich-technische Erprobung oder theoretisch-wissenschaftliche Durchdringung.

Für die deutsche Dichtung des Mittelalters können hier nur exemplarisch einige Werke herausgegriffen werden, in denen sich eine Beziehung zur Alchemie aufzeigen läßt.

8.1. Wolfram von Eschenbach: „*Parzival*"

Wer Wolframs eigenen Aussagen über seine Bildung Glauben schenkt, läßt sich von ihm täuschen, wenn er im „*Parzival*" sagt:

> „*ichne kann deheinen buochstap*
> *dâ nement genuoge ir urhap:*
> *disiu âventiure*
> *vert âne der buoche stiure.*" (115, 27-30)
>
> (Übersetzung: Ich kann weder lesen noch schreiben. Für viele ist das der Ausgangspunkt. Meine Dichtung braucht nicht die Hilfe von Büchern)

oder im „*Willehalm*" ähnlich argumentiert:

> „*swaz an den buochen stât geschriben,*
> *des bin ich künstelôs beliben.*
> *niht anders ich gelêret bin:*
> *wan hân ich kunst, die gît mir sin.*" (Wh. 2, 19-22)

[1526] Vgl. Gebelein (2000) S. 230f.

(Übersetzung: Von all dem, was in den Büchern geschrieben steht, habe ich nichts gelernt. Auf keine andere Weise bin ich gebildet: all mein Können gibt mir mein Verstand.)

Hinter solchen Argumentationen verbirgt sich ein im Mittelalter gebräuchlicher Demutstopos aus der geistlichen Literatur, der auf das Psalmwort „*non cognovi litteraturam*" ('Ich weiß nichts von Buchstaben') zurückgeht, womit die „Nichtigkeit des weltlichen Wissens gegenüber der göttlichen Inspiration"[1527] ausgedrückt werden sollte. Wolframs Bekenntnis zur Unbildung verweist also darauf, daß er lateinisch gebildet gewesen sein muß.[1528]

Diese Annahme wird gestützt von der Tatsache, daß Wolfram umfangreiche, bis ins Detail gehende Fachkenntnisse auf den Gebieten der Medizin, Kosmologie, Astronomie, Naturkunde, Geographie und, wie noch zu sehen sein wird, der Alchemie besaß. Dies wird ersichtlich an den zahlreichen Bildungselementen in seiner Dichtung. So stammen bspw. die Schlangennamen, die Trevrizent im 9. Buch des „*Parzival*" (481, 8ff.) aufzählt, mit Sicherheit aus dem spätantiken lateinischen Arzneibuch des Pseudo-Apuleius, wie Groos zeigen konnte. Daneben finden sich Hinweise auf arabische Quellen, die Wolfram in lateinischen Übersetzungen vorlagen.[1529]

Außerdem verfügte Wolfram über ausgezeichnete Französischkenntnisse, was er im „*Willehalm*" anklingen läßt:

> „*'herbergen' ist 'loischiern' genant:*
> *sô vil hân ich der sprâche erkant.*
> *ein ungevüeger Tschampâneis*
> *kunde vil baz franzeis*
> *dann ich, swie ich franzois spreche.*" (Wh. 237, 3-7)
>
> (Übersetzung: „herbergen" heißt auf französisch „loschieren": so viel verstehe ich von dieser Sprache. Ein Bauer aus der Champagne kann viel besser Französisch als ich, obschon auch ich französisch spreche.)

Was Wolfram in Wirklichkeit damit aussagt ist nicht, daß er nur über mangelhafte Französischkenntnisse verfügte, sondern ganz im Gegenteil hervorragend französisch

---

[1527] Bumke (1997) S. 6

[1528] Vgl. Bumke (1997) S. 5f. Zum Demutstopos „*non cognovi litteraturam*" vgl. auch Eggers (1966) und Ohly (1966).

[1529] Vgl. Groos (1994) S. 135ff. und Bumke (1997) S. 6f. Wolfram benutzte Werke der arabischen Astronomie/Astrologie in lateinischer Übersetzung wie die „*Astronomie*" des al-Farġānī, die „*Tabulae Toletanae*" des Ibn Said al-Andalusi (beide übersetzt von Gerhard von Cremona) und das Buch „*De imaginibus*" des Tabit ibn Qurra – übersetzt von Juan von Sevilla (Vgl. hierzu Kunitzsch (1974a) S. 30f. und Schipperges (1964) S. 73). Darüber hinaus zeigt er sein umfassendes medizinisches Wissen u.a. durch die Benutzung der „*Chirugia*" des Abu l'Qasim für Urjans Heilung (Vgl. hierzu Haage [1992]). Daneben scheint er Kap. 19 („*De natura mercurii*") von Pseudo-Rhazes „*De aluminibus et salibus*" benutzt zu haben. (Vgl. dazu Schipperges (1956), Schipperges (1964), Bumke (1991, 1997 konnte. Die Bauern aus der Champagne, wo zu dieser Zeit das beste Französisch gesprochen wurde, beherrschen ihre Muttersprache natürlich besser als jeder Ausländer (und jeder andere Franzose). Dieser Vergleich soll nur Wolframs gutes Französisch hervorheben. Das Gegenteil anzunehmen wäre auch ziemlich sinnlos, denn wie sonst hätte er den „*Conte du Graal*“ von Chrétien de Troyes, seine altfranzösische Vorlage zum „*Parzival*“, bearbeiten können oder die französische „*Chanson de geste*“-Epik im „*Willehalm*“? Darüber hinaus hätte Landgraf Hermann von Thüringen (um 1155-1217), der zu den bedeutendsten Förderern und Mäzenen der deutschen Literatur des Mittelalters zählt, die französische Vorlage zum „*Willehalm*“ wohl kaum jemanden gegeben, der nicht mindestens über gute Französischkenntnisse und eine gute Allgemeinbildung verfügte.[1530]

Wenn man dies alles nun berücksichtigt, stellt sich doch die Frage, wie ein angeblich so ungebildeter Mann wie Wolfram von Eschenbach ein solches Wissen erlangen konnte.[1531] Es kann dafür nur eine logische Erklärung geben: Wolfram hat auf einer hohen Schule studiert, die wahrscheinlich ihren Sitz in Frankreich hatte, worauf seine ausgeprägten Französischkenntnisse verweisen. Wolfram war also kein Laiengelehrter, wie viele Forscher meinten und meinen,[1532] sondern mit großer Wahrscheinlichkeit ein hochgebildeter Magister, der sich u.a. auch mit der Alchemie auseinandersetzte.

Den „*Parzival*“ Wolframs von Eschenbach in seiner Gesamtheit als verschlüsselten alchemistischen Traktat aufzufassen, wie Palgen dies tut,[1533] würde aber sicherlich zu weit gehen. Parzivals Stufengang der Läuterung und Vervollkommnung zum 'homo novus et perfectus', wie er von der Schule von Chartres gefordert wird, entspricht zwar einem alchemistischen Prinzip, ist aber auch in der Mystik angelegt. Die Gesamtkonzeption des Werkes, also der innere Weg Parzivals, ist religiös zu sehen, denn „Gralsuche, Gottesferne, Erleuchtung, Gralskönigtum“[1534] sind analog zum mystischen Dreischritt angelegt, der sich in den Stufen der 'via purgativa' (Reinigung), 'via illuminativa' (Erleuchtung) und 'via unitiva' (Vereinigung mit Gott) widerspiegelt.[1535]

Unabhängig davon verfügte Wolfram über einen reichen alchemistischen Wissensschatz, was im folgenden verdeutlicht werden soll.

---

und 2004), Haage (1992) und Mandach (1995) S. 44f.)

[1530] Vgl. Bumke (1997) S. 8f.

[1531] Herbert Grundmann polemisiert noch 1967 gegen einen gebildeten Wolfram und postuliert weiterhin das – wie ich denke – als überholt anzusehende Bild des Analphabetentums der mittelalterlichen Dichter. Vgl. hierzu Grundmann (1967).

[1532] So zuletzt leider noch immer Joachim Bumke, der auch in der neuesten Auflage seines Wolfram-Buches daran festhält, daß Wolfram von Eschenbach kein litteratus, also Studierter, war. (Vgl. hierzu Bumke (2004) S. 6f.)

[1533] Vgl. Palgen (1922)

[1534] Haage (1983) S. 6

[1535] Vgl. Haage (1983) S. 6

Die Wolframs alchemistisches Wissen belegende Textstelle ist der letzte Versuch, den Gralskönig Anfortas zu heilen:

> „*wir gewunnen ein wurz heizt trachontê*
> *(wir hoeren von der würze sagen,*
> *swâ ein trache werde erslagen,*
> *sie wahse von dem bluote.*
> *der würze ist sô ze muote,*
> *si hât al des luftes art),*
> *ob uns des trachen umbevart*
> *dar zuo möhte iht gevromen,*
> *vür der sterne wider komen*
> *und vür des mânen wandeltac,*
> *dar an der wunden smerze lac.*
> *der [würze] edel hôch geslehte*
> *kom uns dâ vür niht rehte.*“ (483, 6-18)
>
> (Übersetzung: Wir beschafften uns ein Kraut namens Drachenkraut[1536] (man erzählt von diesem Kraut, daß, wo ein Drache erschlagen wird, sie von seinem Blute wächst. Das ist des Krautes Wesen: es hat vollständige Luft-Qualität), in der Hoffnung, daß uns der Kreislauf des Drachen irgendwie hilfreich sein könnte, bevor die Planeten zurückkehrten und vor dem Mondwechsel, denn daran lag der Wundschmerz. Doch auch die edle Art des Krautes konnte uns dazu nichts nützen.)

Was hier beschrieben wird, ist ein alchemischer Heilversuch. Der Schlüssel zu dieser These liegt in „*des trachen umbevart*“, der Kreisbewegung des Drachen. Was ist damit gemeint? Bereits Wilhelm Deinert hat eine, von Ernst Martin stammende, mögliche Erklärung mit dem 'Sternbild des Drachen' richtigerweise zurückgewiesen, da dieses zirkumpolar ist und somit keine „*umbevart*“, keine Bewegung zeigt. Deinert macht den Vorschlag, die Textstelle mit der Lehre von den Mondknoten zu erklären, die im lateinischen Abendland als Drachenkopf („*caput draconis*“) und Drachenschwanz („*cauda draconis*“) bezeichnet wurden. Die Mondknoten sind die Schnittpunkte der Mondbahn mit der Ekliptik, an denen Mondfinsternisse (die Mondbahn schneidet die Ekliptik von Nord nach Süd) bzw. Sonnenfinsternisse (die Mondbahn schneidet die Ekliptik von Süd nach Nord) entstehen, die sich somit „entgegen der Umlaufrichtung des Mondes“[1537] durch die Ekliptik bewegen. Dabei wird dem Kopf des Drachen (Sonnenfinsternis) ein aus der Astrologie abgeleiteter guter, Glück bringender,

[1536] In Pseudo-Apuleius-Handschriften, die im deutschen Sprachraum entstanden sind, steht explizit als deutscher Name zur „*dracontea*“ (d.i. die *trachontê*) die Bezeichnung „*drachenwurz*“, also Drachenkraut. Daß Wolfram von Eschenbach eine solche Handschrift verwendet hat, zeigt die bereits oben erwähnte Schlangenliste (481, 8ff.). Die Schlangennamen sind zweifelsfrei dem Pseudo-Apuleius entnommen und nur in Handschriften, die in Deutschland entstanden sind, findet sich der Name „*ecidemon*“. Vgl. hierzu Groos (1994).

[1537] Haage (1998) S. 118.

pseudo-planetarischer Einfluß zugeschrieben und dem Drachenschwanz (Mondfinsternis) ein schlechter, Unheil bringender. Es handelt sich hier aber um einen Heilversuch, weshalb die schlechte Wirkung ausgeschlossen werden muß. Dies hätte zur Folge, daß es sich um das Drehen eines halben Drachen handeln würde, da nur der Drachenkopf in die „*umbevart*" einzubeziehen wäre. Darüber hinaus muß man die Anwendung der Heilpflanze „*trachontê*" berücksichtigen. In Bezug darauf ist die Anwendung der Mondknotentheorie ebenfalls wenig sinnvoll, da „segensreiche Wirkungen der Mondknoten auf die Applikation von Heilpflanzen" bisher unbekannt sind.[1538]

Trotz dieser Widersprüche greift Arthur Groos die Mondknotentheorie wieder auf. Für ihn sind die Mondknoten „Antagonisten bestimmter Planeteneinflüsse und des Mondwechsels":

> „the final cure [...] thus consists of two parts, the use of 'dracontea' to counteract the poison of the wound and the nodes of the moon to counteract the effects of the planets on it."[1539]

Groos nimmt hier eine Aufspaltung in zwei Therapieversuche vor. Einen mittels der „*trachontê*" und einen zweiten iatromathematischen. Unabhängig davon, daß eine syntaktische Analyse der Textstelle, wie von Haage gezeigt,[1540] dies ausschließt, übersieht Groos, daß es sich um den letzten Heilversuch des Anfortas handelt. Groos stützt sich bei seiner Konstruktion des iatromathematischen Heilversuchs auf die vermeintliche Wolfram-Quelle Alcabitius. Danach hat der Drachenschwanz aber lediglich lindernde Wirkung auf den siderischen Schmerzverstärker:

> „further decreasing the influence of an unfortunate planetary aspect or phases of the moon."[1541]

Diese Mondknoten-Iatromathematik gehört somit eindeutig in den Bereich der Linderungsversuche, die aber im neunten Buch des „*Parzival*" nachweislich erst ab 484, 13 beginnen.[1542]

In „*des trachen umbevart*" kann – wie Haage zeigen konnte – sinnvollerweise nur das Ouroboros-Symbol gesehen werden und zwar in seiner praktisch-alchemistischen Bedeutung des alchemischen Prozesses, d.h. die ständige Wiederholung von Sublimation und Koagulation während des Läuterungsprozesses im Opus magnum, was sich im alchemistischen Grundaxiom des 'solve et coagula' manifestiert. Der Ouroboros steht somit für die Vereinigung von flügellosem Drachen (Koagulation) und geflügeltem

[1538] Vgl. Haage (1983) S. 8 und Haage (1998) S. 117f.
[1539] Groos (1993) S. 30.
[1540] Vgl. Haage (1998)
[1541] Groos (1993) S. 29.
[1542] Vgl. Haage (1998) S. 117ff.

Drachen (Sublimation) zum Kreissymbol der „Verwandelbarkeit aller Dinge ineinander", wie er bspw. im „*Kunstbüchlein*" des Caspar Hartung vom Hoff dargestellt wird.[1543] Nach dieser Interpretation folgt dann, daß die Heilpflanze „*trachontê*" im alchemischen Werk zur Panazee, dem Allheilmittel, emporgeläutert werden soll.[1544]

Es ist davon auszugehen, daß Wolfram von Eschenbach das Ouroboros-Symbol kannte. Wenn er nicht bereits zuvor damit vertraut war, so doch spätestens nach der Lektüre von Hartmanns von Aue „*Erec*". Da Wolfram von Eschenbach Hartmanns Werke („*Iwein*" und „*Erec*"), wie einige Verweise zeigen, gekannt hat, ist durchaus davon auszugehen, daß ihm auch Hartmanns Ouroboros-Beschreibung (innerhalb der Beschreibung des Wunderpferdes der Enite) nicht entgangen sein wird:

> „*beide guot und gemeit*
> *wâren die stegereife,*
> *breite goltreife,*
> *gebildest nâch zwein trachen.*
> *si kunde wol gemachen*
> *des goltsmiedes hant*
> *der sichs ze vlîze underwant.*
> *die zagele si ze munde bugen,*
> *ir vedern stuonden sam si vlugen,*
> *ir ougen wâren steine,*
> *vier jâchande kleine.*" („*Erec*", Verse 7669-7679)
>
> (Übersetzung: Vortrefflich und schön waren die Steigbügel, breite Goldringe in Gestalt von zwei Drachen. Die hatte der Goldschmied geschickt zu schmieden gewußt, der seine Sorgfalt darauf verwendet hatte. Die Schweife bogen sie zum Rachen, ihre Flügel waren wie zum Fluge ausgebreitet, ihre Augen waren Edelsteine, vier kostbare Hyazinthe.)

Die „*trachontê*", die identisch ist mit der „*dracontea*" aus dem Pseudo-Apuleius,[1545] soll also durch den Kreislauf „*solve et coagula*" des alchemischen Werkes (symbolisiert durch den Ouroboros) zur Panazee emporgeläutert werden. Um welche Heilpflanze es sich bei der „*trachontê*" aber in Wirklichkeit handelt, ist offen. Möglich sind nach dem heutigen Stand der Forschung entweder der Schlangenknöterich (Polygonum bistorta L.)[1546] oder Dracunculus vulgaris Schott.[1547] Es ist hier zu bedenken, daß die Iatrochemie, also die alchemistische Heilmittelherstellung durch

---

1543 Zur bildlichen Darstellung im „*Kunstbüchlein*" vgl. die Faksimile-Ausgabe bei Haage (1975).
1544 Vgl. Haage (1983) S. 9.
1545 Vgl. hierzu Kahane/Kahane (1965) S. 142 und Dubé (1981) S. 187 und S. 208.
1546 Folgt man einer Herleitung, die auf möglichen Namensgleichheiten in unterschiedlichen Herbarien beruht. Vgl. hierzu Dubé (1981) S. 207 sowie Haage (1992) S. 108 und Haage (1996) S. 107.
1547 Folgt man einer Interpretation ausgehend von der Pflanzendarstellung und -abbildung im Pseudo-Apuleius, aus dem Wolfram die „*trachontê*" bzw. „*dracontea*" entnommen hat. Vgl. hierzu Gunther (1925) S. 115.

Sublimation oder Destillation – wie bereits oben beschrieben –, lange vor Paracelsus einsetzt. Zu ihren Vertretern gehören z.B. Avicenna, den Wolfram aufgrund seines umfangreichen medizinischen Wissens durchaus gekannt haben könnte, oder nach Wolfram Johannes de Rupescissa. Sie war ein fester Bestandteil der arabischen und der abendländischen Alchemie. Dort wurden, analog zu Wolfram von Eschenbach, u.a. Pflanzen als Ausgangsstoffe für die alchemische Herstellung des Elixiers bzw. der Panazee verwendet. Es läßt sich also nicht nur nachweisen, daß die Iatrochemie lange vor Wolfram von Eschenbach praktiziert wurde, sondern auch, daß ihre Produkte, die sogenannten Elixiere, auch wirklich appliziert wurden, so u.a. als Antidote gegen Gift und zur Wundbehandlung in der Chirurgie. Welchen Sinn hätte ihre Herstellung auch sonst gehabt?[1548]

Es geht also um Iatrochemie. Man hat sich diesen Prozeß wahrscheinlich wie folgt vorzustellen: Aus der „*trachontê*" wurde durch wiederholte Destillation ein alkoholischer Auszug hergestellt, der „*der [würze] edel hôch geslehte*" in konzentrierter Form enthielt. Dieses so erzeugte Elixier sollte das gestörte Mischungsverhältnis der Elemente (Dyskrasie) in Anfortas' Körper wieder ins Gleichgewicht bringen, also Eukrasie herstellen, und noch vor den angegebenen, unheilvollen astralen Einflüssen (Mondwechsel und Eintreten bestimmter Planetenkonstellationen, besonders des Saturn) appliziert werden. Dadurch sollte Anfortas nach erfolgter Heilung die aus dem Astraleinfluß resultierende „dramatische Schmerzsteigerung"[1549] erspart werden.[1550]

Nach diesem alchemischen bzw. iatrochemischen Heilversuch enden die Heilversuche und die Gralgesellschaft geht dazu über, Anfortas' Leiden nur noch zu lindern. Dies sagt auch einiges über den Stellenwert der Alchemie aus, vor allem in ihrer iatrochemischen Ausprägung, und den Stellenwert, den Wolfram von Eschenbach ihr beimißt. Die Iatrochemie ist die letzte Hoffnung auf Heilung für Anfortas. Sie ist sozusagen das 'schwerste medizinische Geschütz', das die Gralgesellschaft aufbieten kann. Die Iatrochemie scheitert zwar, was aber für diese Betrachtungen belanglos ist, da Anfortas' Leiden als eine Strafe Gottes für seinen Ungehorsam zu verstehen sind. Solange Anfortas als Gralskönig fungiert, kann er nicht geheilt bzw. geläutert werden, da er, durch seinen Verstoß gegen die Gebote des Grals und damit gegen den Willen Gottes, des Gralskönigtums nicht mehr würdig ist. Erst nachdem Parzival an seine Stelle als Gralskönig tritt, kann er genesen, denn gegen den Willen bzw. die Macht Gottes kann selbst die Iatrochemie, also die Alchemie, nichts ausrichten.[1551]

Vernachlässigt man einmal die heute gängigen Interpretationen als Schlangenknöterich oder Dracunculus vulgaris Schott, so könnte sich in der Heilpflanze „*trachontê*"

[1548] Vgl. Haage (1994c) S. 160f. und Haage (1998) S. 125f.
[1549] Haage (1998) S. 118
[1550] Vgl. Haage (1998) S. 118f.

auch das Ouroboros-Symbol wiederholen. Vielleicht dachte Wolfram an die alchemistische Blume der Weisheit, „*flos sapientiae*“, die mit den Blüten des Opus minus (Mond, Silber) und des Opus magnum (Sonne, Gold) als Sinnbild für den alchemistischen Prozeß steht und aus dem getöteten und sich wieder erneuernden Drachen (d.i. der Ouroboros) herauswächst. Schließlich sagt Wolfram, daß die „*trachontê*“ aus dem Blut eines erschlagenen Drachen wachse.[1552]

Der Drache ist fester Bestandteil dieses alchemischen Prozesses, denn von diesem nimmt das Opus alchemicum seinen Ausgang. Dies läßt sich anhand der alchemistischen Fachsprache zeigen, wo der Drache häufig als Deckname für die unedle Ausgangssubstanz des alchemischen Werkes verwendet wird, hinter der sich häufig Quecksilber verbirgt. Für Quecksilber ist der Drache ebenfalls ein gängiger Deckname und zwar dann, wenn auf die Giftigkeit des Quecksilbers hingewiesen werden sollte. So erscheint der giftige Quecksilberdrache bspw. in dem von Wolfram wahrscheinlich benutzten alchemistischen Traktat „*De aluminibus et salibus*“ des Pseudo-Rhazes, wo sich im Kapitel über das Quecksilber folgende Textstelle findet:[1553]

> „*Et ipsum est serpens*[1554] *se ipsum luxurians et se ipsum impraegnans et una die parturiens. Et ipsum suo veneno cuncto interficit animalia. Et ignem fugit, et interficit omnia in longo vel in brevi tempore.*“[1555]
>
> (Übersetzung: „Und es [d.i. das Quecksilber, M.H.] ist die Schlange [bzw. der Drache, M.H.], die sich selbst begattet und sich selbst schwängert, und an einem Tage gebiert. Und mit seinem Gift tötet es alle Tiere, es flieht das Feuer und tötet alles in langer oder kurzer Zeit.“[1556])

Der Drache als die Ausgangsmaterie des Opus alchemicum wird nun getötet – „*ein trache werde erslagen*“ – was in diesem alchemistischen Bedeutungszusammenhang gleichbedeutend ist mit seiner Reduzierung zur prima materia. Das Blut des Drachen kann man nun als Lebenskraft, als pneuma des Drachen ansehen, das auf die „*trachontê*“ übertragen wird, wie Reichert dies tut, um dann daraus die Panazee zu gewinnen.[1557] Eine Alternative zu dieser Pneuma-Vorstellung wäre folgende: Der tote Drache, also die prima materia, wird dem alchemistischen Kreislauf des ’solve et coagula’ ausgesetzt , um so das Drachenblut zu gewinnen. Wichtig ist hierbei, daß sich der Terminus Drachenblut in der alchemistischen Fachsprache als Deckname für den Stein der Weisen findet. Dieser Drachenblut-Lapis philosophorum wird nun der Heilpflanze

[1551] Vgl. hierzu auch Reichert (2001) S. 174
[1552] Vgl. Haage (1983) S. 10f.
[1553] Vgl. hierzu auch Reichert (2001) S. 165
[1554] Ruskas Edition folgt hier der Handschrift G. In der Handschrift P steht allerdings „*draco*“ (’Drache’) anstatt „*serpens*“. (Vgl. Ruska (1935) S. 90 Anmerkung 10)
[1555] Ruska (1935) S. 59
[1556] Ruska (1935) S. 90f.
[1557] Vgl. Reichert (2001) S. 165ff.

„trachontê“ beigegeben, die daraufhin zur Panazee verwandelt wird, da sie *„von dem bluote“* des *„trachen“* wachsen soll. Es wäre hier aber auch denkbar, daß Wolfram den Namen *„trachontê“* synonym für die Panazee und somit als Decknamen für das alchemistische Allheilmittel verwendet. In dieser Sichtweise hätte *„des trachen umbevart“* eine doppelte Bedeutung. Zum einen steht der Ausdruck für den alchemischen Prozeß und andererseits für die Emporläuterung des Drachen zur ultima materia des Lapis philosophorum, die im Blut des Drachen vorliegt.

Vor diesem Hintergrund muß man feststellen, daß die Ablehnung von Arthur Groos gegenüber der alchemistischen Interpretation von *„des trachen umbevart“* mangelnder Kenntnis über die Geschichte der Iatrochemie entspringt, wenn er zu dem Schluß kommt:

> „The alchemical interpretation has no immediate relevance either to the general medicinal context of Wolfram's passage or the motions of the plantes and is based principally on a coincidence of vocabulary (the alchemical 'dragon') as well as the objection to the nodal theory as uncommon and infrequently documented.“[1558]

Der Ouroboros-Drache ist aber nicht nur ein Symbol für Läuterung und Vervollkommnung der Metalle und der *„materia medica“*, sondern auch für die des Menschen. Auf diese Weise kommt der Ouroboros in den Traum der Herzeloyde (103, 28ff.):

> *„si dûhte wunderlîcher site,*
> *wie si waere eins wurmes amme,*
> *der sît zervuorte ir wamme,*
> *und wie ein trache ir brüste süge,*
> *und daz der gâhes von ir vlüge,*
> *sô daz si in nimmer mêr gesach.*
> *daz herze er ir ûz dem lîbe brach:*“(104, 10-16)
>
> (Übersetzung: Seltsamerweise schien es ihr, daß sie die Amme eines Drachen wäre, der ihr nachher den Leib zerriß und daß der Drache an ihren Brüsten sog und dann jäh von ihr fortflöge, so daß sie ihn nicht wiedersah. Das Herz riß er ihr aus dem Leib.)

Der Drache ist Parzival, der das Zerstörerische und das Gute in sich vereinigt. Das Entscheidende ist hierbei das dem Ouroboros-Symbol innewohnende dynamische Prinzip, das den statischen Dualismus der Dichotomien in einem Prozeß der Läuterung auflöst. Parzivals Flug, sein Sich-in-die-Lüfte-Erheben und damit sein nach oben gerichteter Lebensweg kann dann nur für seinen Weg der Läuterung stehen. Dieser Weg der Läuterung führt in der Alchemie zum Lapis philosophorum und im *„Parzi-*

[1558] Groos (1995) S. 160.

val“ zum Gral. Der Ouroboros-Drache im Traum der Herzeloyde symbolisiert somit den „mystischen Kern der Gralsuche“.[1559]

Eine weitere Stelle mit alchemistischem Wissen findet sich in der Rede der Arnive im Rätsel vom Wasser und vom Eis, das auch in der alchemistischen Literatur weit verbreitet war:

> *„ein muoter ir vruht gebirt:*
> *die vruht sîner muoter muoter wirt.*
> *von dem wazzer kumt daz îs:*
> *daz laet dan niht deheinen wîs,*
> *daz wazzer kume ouch wider von im.*
> *swenn ich gedanke an mich nim*
> *daz ich ûz vröuden bin erborn,*
> *wirt vröude noch an mir erkorn,*
> *dâ gît ein vruht die andern vruht.*
> *diz sult ir vüegen, habt ir zuht.*“(659,23-660,2)
>
> (Übersetzung: Eine Mutter gebiert ihr Kind; das Kind wird die Mutter seiner Mutter. Von dem Wasser kommt das Eis und es läßt sich auf keine Weise verhindern, daß von ihm [dem Eis] auch wieder das Wasser komme wenn ich den Gedanken auf mich selbst anwende: da ich aus Freuden geboren bin, wird die Freude für immer in mir sein; so wird aus einer Frucht wieder Frucht; dies sollt ihr verbinden wenn ihr gebildet seid.)

Hierbei geht es Wolfram von Eschenbach erneut um die Darstellung einer Kreisbewegung, nämlich um die „Verwandelbarkeit aller Dinge ineinander bei Bewahrung der ’*art*’“[1560]: „*dâ gît ein vruht die andern vruht.*“ Zu dieser Kreisbewegung der ’*art*’ gibt es in der Alchemie eine analoge Vorstellung: „Der Lapis philosophorum enthält einen Geist (*pneuma*). Dieser Geist wird als ’*Mercurius*’ angesehen und seine Samen, in denen sich die ’*art*’ des Steins in verschiedenen Dingen fortpflanzt und entfaltet, symbolisiert [wiederum] der Ouroboros.“[1561]

Daß Wolfram von Eschenbach tatsächlich mit der „*ars nova*“ des Abendlandes, also der Alchemie, in Berührung gekommen sein muß, zeigen die Decknamen des Lapis philosophorum, die er auf den Gral überträgt, nämlich „*wurzeln unde rîs*“ („*radix et rami*“):

> *„bêde wurzeln unde rîs.*
> *daz was ein dinc, daz hiez der Grâl,*“ (235, 22f.)

[1559] Vgl. Haage (1983) S. 12f.
[1560] Haage (1983) S. 14
[1561] Vgl. Haage (1983) S. 14, Anm. 41.

(Übersetzung: Wurzel und Sproß in einem.[1562] Das war ein Ding, das hieß der Gral,)

Außerdem nennt er den Gral ein „*dinc*“, womit er in der Tradition von Zosimos von Panopolis steht, der den Lapis ebenfalls als ein ’Ding’ bezeichnet. Der Gral heißt bei Wolfram auch Stein, also Lapis, ebenso wird bei Zosimos der Stein der Weisen bezeichnet:[1563]

> „*Dâ wont ein werlîchiu schar.*
> *ich will iu künden umbe ir nar.*
> *si lebent von einem steine:*
> *des geslähte ist vil reine.*
> *hât ir des niht erkennet,*
> *der wirt iu hie genennet.*
> *er heizet lapsit exillîs.*
> *von des steines kraft der fênîs*
> *verbrinnet, daz er ze aschen wirt:*
> *diu asche im aber leben birt.*
> *sus rêrt der fênîs mûze sîn*
> *unt gît dar nâch vil liehten schîn,*
> *daz er schoene wirt als ê.*
> *ouch wart nie menschen sô wê,*
> *swelhes tages ez den stein gesiht,*
> *die wochen mac ez sterben niht,*
> *diu aller schierest dar nâch gestêt*
> *sîn varwe im nimmer ouch zergêt:*
> *man muoz im sölher varwe jehen,*
> *dâ mit ez hât den stein gesehen,*
> *ez sî maget oder man,*
> *als dô sîn bestiu zît huop an,*
> *saeh ez den stein zwei hundert jâr,*
> *im enwurde denne grâ sîn hâr.*
> *selhe kraft dem menschen gît der stein,*
> *daz im vleisch unde bein*
> *jugent enpfaehet al sunder twâl.*
> *der stein ist ouch genant der grâl.*“(469,1-28)

(Übersetzung: Dort wohnt eine kampferprobte Schar. Ich will euch erzählen von ihrer Nahrung. Sie leben von einem Stein, der ist von makelloser Art, wenn ihr ihn noch nicht kennt, dann nenne ich euch seinen Namen, er heißt lapsit exillîs. Dieselbe Kraft, die im Stein wohnt, verbrennt den Phönix zu Asche, die Asche gebiert ihm aber neues Leben. Auf solche Weise mausert sich der Phönix und erstrahlt danach in so hellem Glanz, daß er ebenso schön ist wie zuvor. Auch wird kein Mensch, sei er noch so krank, von dem Tage, da er den Stein erblickt, in der

[1562] D.i. der Ouroboros.
[1563] Vgl. Haage (1998) S. 127.

Woche nicht sterben können, die direkt danach folgt. Auch sein Aussehen verändert sich nicht; jeder wird bekennen, daß er die gleiche Farbe habe wie damals, als er den Stein zum erstenmal sah. Ob Jungfrau oder Mann, wenn sie zu Beginn ihrer besten Jahre den Stein zweihundert Jahre ansähen, würde lediglich ihr Haar ergrauen. Der Stein verleiht dem Menschen solche Lebenskraft, daß sein Fleisch und seine Knochen sogleich die Jugend empfangen. Der Stein wird auch der Gral genannt.)

Der Gral wirkt lebensverlängernd und verleiht ewige Jugend, so wie er auch Anfortas am Leben erhält. Auch der Lapis philosophorum hat diese Eigenschaften, obgleich im letzten Heilversuch die Panazee, deren Wirkung der des Lapis philosophorum entspricht, Anfortas nicht heilen kann. Zusätzlich läßt die Kraft, die im Gral wohnt, den Phönix zu Asche verbrennen, aus der dieser dann in neuem Glanz wieder aufsteigt. Dies erinnert doch sehr stark an das Ouroboros-Symbol. Der Lapis philosophorum kann nur aus der prima materia gewonnen werden, die nach dem Tod der Ausgangssubstanz in der Schwarzfärbung des alchemischen Werkes vorliegt (auch Asche hat eine schwärzliche Färbung). Außerdem wird der Lapis philosophorum in Pulverform im Opus magnum der zu läuternden Materie beigegeben, wodurch es zur transmutatio kommt. Dieser Läuterungsprozeß entspricht in der Alchemie – wie oben beschrieben – dem Ouroboros als Metapher für das alchemische Werk. Statt des Drachen finden sich in der alchemistischen Fachliteratur auch häufig Ouroboros-Darstellungen mit zwei Vögeln. Der Phönix ist ein Vogel, der aus sich selbst heraus entsteht. Der Lapis philosophorum verhilft der Materie im alchemischen Prozeß zur Emporläuterung durch die transmutatio zu neuem Glanz, ebenso wie die Kraft im Gral den Phönix emporläutert.

Ebenfalls von Bedeutung ist der Name, den Wolfram dem Gral gibt: „*lapsit exillîs*“ (Pz. 469,7). Wolfram von Eschenbach hatte bei der Beschreibung seines Grals ein reales Gefäß vor Augen, nämlich den Gralskelch von San Juan de la Peña, auf dessen Sockelstein sich eine schwer zu entziffernde kufisch-arabische Inschrift befindet.[1564] Wolfram weiß von dieser Inschrift, denn er erwähnt sie im neunten Buch des „*Parzival*“:

„die aber zem grâle sint benant,
hœrt wie die werdent bekant.
zende an des steines drum
von karacten ein epitafum
sagt sînen namen und sînen art,
swer dar tuon sol die sælden vart.
ez sî von meiden ode von knaben,
die schrift darf niemen danne schaben:

[1564] Zu den Beziehungen zwischen Wolframs „*Parzival*“ und dem Gralskelch von San Juan de la Peña vgl. Horchler (2004) S. 78-97.

sô man den namen gelesen hât,
vor ir ougen sî zergât.“ (470, 21-30)

(Übersetzung: Hört aber nun, wie es bekannt gemacht wird, wer zum Gral berufen ist. Das geschieht durch eine Schrift; ein Epitaph[1565] am Rand des Steins spricht den Namen des Glücklichen aus und sein Herkommen, der eingeladen ist zu dieser Reise – das gilt von Mädchen genauso wie von Knaben. Es ist nicht nötig, diese Schrift dann wieder abzukratzen: sobald man sie gelesen hat, zergeht sie vor aller Augen.)

Der Name „*lapsit exillîs*“, über dessen Bedeutung in der Germanistik immer noch diskutiert wird, könnte dabei auf die rätselhafte Inschrift des Sockelsteins verweisen. In diesem Sinne gebraucht Wolfram bewußt einen verschlüsselten Ausdruck, um darauf hinzuweisen, daß niemand die wahre Bedeutung der Inschrift kennt. Zu diesem Zweck könnte Wolfram möglicherweise bewußt einen alchemisch anmutenden Decknamen benutzt haben, um bei dieser Gelegenheit die Art und Weise zu demonstrieren, wie in der arkansprachlichen alchemistischen Fachliteratur Fachtermini verschlüsselt wurden. Man könnte den Namen des Grals – „*lapsit exillîs*“ – somit als einen Decknamen für den alchemistischen Lapis philosophorum ansehen, denn dieser Deckname könnte zwei Bezeichnungen für den Stein der Weisen enthalten: Lapis und Elixier. Diese stehen aber auch für die verschiedenen Ausprägungen des Steins der Weisen. Der Lapis steht für den Lapis philosophorum, der die Metalle transmutiert bzw. veredelt, und das Elixier für die Panazee, das Allheilmittel, welches die Menschen veredelt, indem es sie heilt bzw. ihre Gesundheit erhält.[1566]

Aufgrund dieser Parallelen scheint es nur legitim zu sein, Wolframs Gral mit dem Stein der Weisen der Alchemie zwar nicht gleichzusetzen, da er eine reale Entsprechung hat, aber doch wenigstens zu vergleichen. Die Ähnlichkeiten sind einfach zu auffällig, so daß man zu dem Schluß kommen muß, daß Wolfram von Eschenbach ein umfangreiches alchemistisches Wissen besessen haben muß.

Ein weiterer Hinweis darauf, daß Wolfram von Eschenbach alchemisch gebildet gewesen sein muß, ist die Art und Weise, wie er seine Fachkenntnisse in die Dichtung des „*Parzival*“ einfließen läßt. Sehr oft verweist er mit einer kurzen Bemerkung auf komplexes Hintergrundwissen, das nur demjenigen Zuhörer oder Leser offenbar wird, der sich auf der gleichen Bildungsstufe wie Wolfram selbst befindet. Er hat also die oben bereits beschriebene alchemistische Vorstellung verinnerlicht, daß nicht nur die Materien einem Emporläuterungsprozeß unterzogen werden müssen, sondern auch der Alchemist selbst; d.h. nur wer sich auf der gleichen Stufe befindet, ist des dargebote-

---

[1565] Ein Epitaph ist eigentlich eine Grabinschrift, wird aber hier im Sinne einer in den Stein geritzten Inschrift gebraucht.

[1566] Vgl. Horchler (2004) S. 87f.

nen Wissens auch würdig und wird es verstehen. Beispiele hierfür finden sich reichlich: neben „*des trachen umbevart*“ u.a. im Freundschaftsgleichnis im Prolog (2, 17-22) oder bei der Nennung der arabischen Planetennamen (782, 1-16).[1567]

Im Freundschaftsgleichnis verweisen die Zeilen

> „*sîn triuwe hât sô kurzen zagel,*
> *daz si den dritten biz niht galt,*
> *fuor si mit bremen in den walt.*“(2, 20-22)
>
> (Übersetzung: seine Treue hat einen allzu kurzen Schwanz, so daß sie nicht einmal jeden dritten Stich wehren konnte, als sie mit den Bremsen in den Wald rannte.)

auf die Geschichte der Kuh Bicornis[1568] aus dem lateinischen Lehrgedicht „*Brunellus*“ bzw. „*Speculum stultorum*“ (1179/80) des englischen Dichters Nigellus Wireker (um 1130 bis um 1200). Die Bicornis-Erzählung wurde im Schulbetrieb des Mittelalters im Lateinunterricht gelehrt. Sie war sehr weit verbreitet, ebenso wie das ganze „*Speculum stultorum*“, das im Mittelalter häufig zitiert wurde. Dies ist zum einen ein weiterer Beweis für Wolframs lateinische Bildung, und zum andern zeigt es, daß nur derjenige seine Anspielung verstand, der ebenfalls über eine lateinische Bildung verfügte.[1569]

Die Planten mit ihren arabischen Namen ordnet Wolfram nach dem ptolemäischen Sphärengebäude an:

> „*Siben sterne si dô nante*
> *heidensch. die namen bekante*
> *der rîche werde Feirefîz,*
> *der vor ir saz swarz und wîz.*
> *si sprach 'nu prüeve, Parzivâl.*
> *der hôhste plânête Zvâl,*
> *und der snelle Almustrî,*
> *almaret, [und] der liehte Samsî,*
> *erzeigent saelekeit an dir.*
> *der vünfte heizet Alligafir,*
> *unde der sehste Alkitêr,*
> *und uns der naehste Alkamêr.*

[1567] Ebenfalls in diesen Bereich der Detailrealismen gehören viele Aspekte des Gralsgeschehens im „*Parzival*“. Vgl. hierzu Horchler (2004).

[1568] Den Kühen Brunetta und Bicornis frieren auf der Weide über Nacht die Schwänze am Boden fest. Bicornis hört ihr Kälbchen schreien. Getrieben von (falscher) Mutterliebe, mißachtet sie Brunettas Warnung und reißt sich gewaltsam los. Dabei bricht ihr Schwanz ab. Im folgenden Sommer wird das Vieh auf der Waldweide von Bremsen und Stechmücken geplagt, gegen die sich Bicornis nicht mehr wehren kann, da ihr der Schwanz fehlt. Sie versucht sich durch eine wilde Flucht in den Wald vor den Bremsen zu retten. Doch es mißlingt. Dem Tode nahe erblickt sie Brunetta, hebt zum Abschied den Huf und ruft: „Bruna, vale!“ Dann stirbt sie.

[1569] Vgl. Klein (1966) S 175ff.

ich enspriche ez niht ûz eime troum:
die sint des firmamentes zoum,
die enthalden sîne snelheit:
ir kriec gein sîme loufte ie streit."(782, 1-16)

(Übersetzung: Sieben Sterne nannte sie dann bei ihren heidnischen Namen, die waren dem mächtigen, edlen Feirefîz vertraut, der schwarz und weiß vor ihr saß. Sie sprach: 'Nun Schau, Parzival. Der höchste der Planten, Saturn, und der schnelle Jupiter, Mars, [und] die strahlende Sonne, die alle zeigen dir Glück an. Der fünfte heißt Venus, und der sechste Merkur, und der uns am nächsten ist, ist der Mond. Ich sage dir das nicht aus einem Traum: Sie sind die Zügel des Firmaments, sie hemmen seinen schnellen Umlauf; In ewiger Feindschaft widerstreben sie seinem Gang.)

Der höchste Planet ist „*Zvâl*" (arab.: zuhal) also Saturn. Darauf folgen „*Almustrî*" (arab.: al-muštarî), d.i. Jupiter, „*Almaret*" (arab.: al-mirrîh), d.i. Mars, und der strahlende „*Samsî*" (arab.: [aš-] šams), d.i. die Sonne. Der fünfte Planet ist „*Alligafir*" (arab.: az-zuh[a]ra), die Venus, und der sechste heißt „*Alkitêr*" (arab.: al-kâtib), d.i. der Merkur. Schließlich noch „*Alkamêr*" (arab.: al-qamar), der uns am nächsten ist, also der Mond. Aufgrund der abweichenden Schreibweisen wird deutlich, daß Wolfram eine lateinische Abschrift einer arabischen Quelle benutzt hat.[1570] Dies ist ein weiterer Beleg für Wolframs sehr gute Lateinkenntnis, ohne die das Lesen und Verstehen astronomischer Fachliteratur in lateinischer Sprache wohl kaum möglich gewesen wäre.

Vor dem Hintergrund des soeben dargestellten alchemistischen Wissens Wolframs von Eschenbach, scheint es mir angebracht zu sein, den Konnex Bocksblut-Diamant aus dem zweiten Gahmuret-Buch des „*Parzival*" nochmals etwas genauer zu betrachten:

„*ein ritter hete bockes bluot*
genommen in ein langez glas:
daz sluoger ûf den adamas:
dô wart er weicher danne ein swamp." (105, 18-21)

(Übersetzung: Ein Ritter hatte Bocksblut in ein langes Glas getan, das schlug er auf Adamas [d.i. der Diamant in der Bedeutung von Gahmurets Diamanthelm, d.V.] entzwei: Da wurde der Diamant noch weicher als ein Schwamm.)

Die den Diamant erweichende Wirkung des Bocksblutes wird erstmals in Plinius' „*Historia naturalis*" greifbar. Ursprünglich scheint diese Lehre jedoch aus dem verschollenen Steinbuch des Xenokrates hervorgegangen zu sein. Von dort gelangte sie sowohl in die „*Historia naturalis*" als auch in den griechischen „*Physiologus*". Ausgehend von diesen beiden Werken breitete sich das 'Wissen' um das Verhältnis von Diamant und Bocksblut weiter aus. Es fand Eingang bei Solinus und in Isidors von Sevilla

[1570] Vgl. Schröder (1981) S. 145.

Enzyklopädie „*20 Bücher Etymologien*". Auf der Grundlage dieser Schriften drang der Konnex von Diamant und Bocksblut in weite Teile des naturkundlichen Schrifttums des Mittelalters ein. Es können hier nur einige bedeutende Beispiele genannt werden: Der „*Liber de lapidibus*" ('Steinbuch') des Marbod von Rennes vom Ende des 11. Jahrhunderts, die großen Enzyklopädien des 13. Jahrhunderts, vor allem „*De natura rerum*" des Thomas von Cantimpré sowie das „*Speculum naturale*" des Vinzenz von Beauvais, oder dann später im 14. Jahrhundert auch das „*Buch der Natur*" des Konrad von Megenberg, das um 1350 entstand.[1571] Man kann also bereits zu Beginn des 13. Jahrhunderts, der Entstehungszeit des „*Parzival*", bzgl. des Diamant-Bocksblut-Konnex von einem natur- bzw. steinkundlichen 'Allgemeinwissen' ausgehen.

Für die Erwähnung des Diamant-Bocksblut-Konnexes bei Wolfram ist der „*Liber de lapidibus*" des Marbod von Rennes von besonderer Bedeutung, da Wolfram aus diesem seinen Edelsteinkatalog entnommen hat,[1572] ebenso wie die Bedeutung des Diamanthelmes als Siegsteinsymbol, was Ohly verdeutlichen konnte.[1573] Wolfram von Eschenbach könnte sein Wissen über den Diamant und das Bocksblut also aus dem „*Liber de lapidibus*" des Marbod von Rennes bezogen haben. Es wäre aber genauso denkbar, daß er es direkt aus Solinus oder Plinius schöpfte, da sie wohl ebenfalls zu seinen Quellen zu rechnen sind.[1574]

Von Bedeutung ist Marbods „*Liber de lapidibus*" aber noch aus einem weiteren Grund. Er wird nämlich in alchemistischen Sammelhandschriften zusammen mit alchemistischen Fachschriften überliefert. Ein Beispiel hierfür ist Ms. 6 der Sammlung Mellon von 1435.[1575]

Zu beachten ist hier weiterhin, daß das Blut in der Alchemie eine weit verbreitete Substanz war und sich dessen Verwendung im alchemischen Prozeß bereits im Corpus Gabirianum und der „*Turba philosophorum*" nachweisen läßt.[1576] Daneben wurde Blut in der Alchemie auch zum Erweichen von Steinen (wozu auch Edelsteine zählen) eingesetzt, wie es sich bspw. in den „*Epistula de sanguine*" des Pseudo-Arnald von Villanova (14. Jahrhundert) und dem Arzneibuch des Anton Trutmann (Ende 15. Jahrhundert) zeigt.[1577]

Vor dem Hintergrund von Wolframs alchemistischem Wissen muß man also für die Herkunft des Diamant-Bocksblut-Konnexes auch die alchemistische Fachliteratur in Betracht ziehen, auch wenn es wahrscheinlicher ist, daß Wolfram sein Wissen über

[1571] Vgl. Ohly (1976) S. 9-30
[1572] Vgl. Bumke (1997) S. 7
[1573] Vgl. Ohly (1976) S. 34 und S. 53-58
[1574] Zu Wolframs lateinischen Quellen vgl. auch Bumke (1997) S. 163f. und Bumke (2004) S. 243f.
[1575] Zum Mellon Ms. 6 der Yale University Library vgl. Witten/Pachella (1977) S. 43-46.
[1576] Vgl. Romswinkel (1974) S. 28-33
[1577] Vgl. hierzu auch in Kap. 5.6.9.

Diamant und Bocksblut aus dem „*Liber de lapidibus*“ des Marbod von Rennes schöpfte.

Ausgehend von der Geschichte der abendländischen Alchemie, liegt Wolframs alchemistisches Wissen zeitlich gesehen sehr früh, vor allem wenn man bedenkt, daß die deutschsprachige Alchemie erst im 14. Jahrhundert mit der Übersetzung aus der arabisch-lateinischen Alchemie einsetzt. Der „*Parzival*“ dagegen wird im allgemeinen auf die Jahre 1200-1210 datiert. Die Vorstellungen, die Wolfram vertritt, liegen mitten in der Rezeption arabisch tradierten griechischen Wissens, der sogenannten Renaissance des 12. Jahrhunderts, in die Wolfram voll involviert war, wie die zahlreichen arabischen Reminiszenzen beweisen – so auch die oben beschriebenen arabischen Planetennamen.[1578] Weiterhin assoziiert Wolfram den Gral mit dem Lapis philosophorum der Alchemie, womit er bereits sehr früh christliche Metaphorik mit alchemistischen Vorstellungen verbindet. Wenn man bedenkt, daß sich um 1200 nur die Gelehrten mit der „*ars nova*“ des Abendlandes, also der Alchemie, beschäftigten, und Wolfram bereits in den Anfängen der abendländischen Alchemie eine Christus-Lapis-Analogie formuliert,[1579] so streicht dies einmal mehr den Status Wolframs als Gelehrten heraus.[1580]

8.2. Walther von der Vogelweide

Walther von der Vogelweide (um 1170 - um 1230) scheint mit seinen Liedern und Sprüchen auf den ersten Blick kaum in Frage zu kommen, wenn es um alchemistisches Gedankengut in der deutschen Dichtung des Mittelalters geht. Und doch sind in seinem zweiten Reichsspruch (Lachmann 8, 28) alchemische Lehren verarbeitet:

„Ich hôrte ein wazzer diezen
und sach die vische fliezen,
ich sach swaz in der welte was,
velt walt loup rôr und gras.
swaz kriuchet und fliuget
und bein zer erde biuget,
daz sach ich, unde sage iu daz:
der keinez lebet âne haz.
daz wilt und daz gewürme
die stîtent starke stürme,
sam tuont die vogel under in;
wan daz si habent einen sin:

[1578] Vgl. Haage (1983) S. 11.

[1579] Wirklich wirkungsmächtig wird die Christus-Lapis-Analogie in der Alchemie erst durch das „*Buch der Heiligen Dreifaltigkeit*“ des Franziskaners Ulmannus von 1415-1419. (Vgl. hierzu oben in Kap. 4.3.1.)

[1580] Vgl. Horchler (2004) S. 93f.

si dûhten sich ze nihte,
si enschüefen starc gerihte.
si kiesent künege unde reht,
si setzent hêrren unde kneht.
sô wê dir, tiuschiu zunge,
wie stêt dîn ordenunge!
daz nû diu mugge ir künec hât,
und daz dîn êre alsô zergât.
bekêrâ dich, bekêre.
die cirkel sint ze hêre,
die armen künege dringent dich:
Philippe setze den weisen ûf, und heiz si treten hinder sich.“ (L 8,28)[1581]

(Übersetzung: Die Wasser hörte ich rauschen, die Fische sah ich schwimmen, und sah alles was sonst in der Welt war: in Feld, Wald, Laub, Schilf und Gras; was kriecht und was fliegt und was seinen Fuß auf die Erde setzt, das erkannte ich, und ich künde euch dieses: Keines von ihnen lebt ohne Feindschaft. Die wilden Tiere, die Kriechtiere, die fechten harte Kämpfe untereinander, und ebenso die Vögel. Doch in einem haben sie sich noch Vernunft bewahrt: sie achteten sich für nichtig, hätten sie sich nicht ein starkes Regiment geschaffen: sie wählen Könige und Standesordnung, sie setzen den Herrn und setzen den Knecht. Dagegen: wehe dir, du deutsches Volk, wie steht es um deine Staatsordnung, daß jetzt die Biene ihren König hat, und deine Herrlichkeit so dahingeht. Wende, kehre dich um! Die Kronen fremder Herrscher recken sich schon empor, die Vasallenkönige[1582] wollen dich verdrängen: Philipp setze den Weisen aufs Haupt, und weise sie in ihre Schranken zurück!)[1583]

Die Beschreibung der Tierwelt am Sprucheingang ist nach der herrschenden Forschungsmeinung eine Darstellung einer dem Staatswesen vergleichbaren hierarchischen Ordnung der Natur.[1584] Die Forschung ging lange davon aus, daß auch die in diesem Spruch beschriebene Pflanzenwelt den Bereichen der Fauna zugeordnet ist, obwohl dies – wie Cramer zeigen konnte – nicht eben offensichtlich ist und sich die sich ergebende Zuordnung aufgrund von naturwissenschaftlichen Fachschriften des Mittelalters nicht stützen läßt.[1585] Die Tier- und Pflanzenwelt des Reichsspruches scheint vielmehr jede für sich das zentrale Ordnungsprinzip der antik-mittelalterlichen Naturwissenschaften widerzuspiegeln, nämlich die aristotelische Elementenlehre, mit der sich die (mittelalterliche) Auffassung verbindet, daß alle Dinge aus der unterschiedli-

[1581] Wapnewski (1962) S. 122
[1582] Gemeint sind hier die die ’reguli’, d.h. europäische Könige neben dem deutschen Kaiser.
[1583] Wapnewski (1962) S. 123
[1584] Vgl. hierzu Kienast (1950), Zitzmann (1951), Mohr (1953) sowie Schumacher (1962).
[1585] Vgl. Cramer (1985) S. 70f.

chen Komposition der vier Elemente hervorgegangen sind und ihnen auch wieder zuzuordnen sind.[1586]

Entsprechend läßt sich dann auch das Tierreich durch die Zuordnung der Tierarten zu den Elementen strukturieren:

- Wasser = Fische
- Luft = Vögel
- Erde = Landtiere
- Feuer = „*gewürme*", d.h. Salamander, Drachen und Schlangen, wobei die Schlangen auch zu den Erdtieren gerechnet werden können.[1587]

Die vier Tierarten stehen somit für die vier Elemente und dadurch auch für die Grundstruktur des Kosmos. Diese Deutung Cramers, daß die Tierarten für das kosmologische Ordnungsprinzip der vier Elemente stehen, zeigt sich auch in den von Walther dargestellten Pflanzenbereichen. Diese bilden nicht nur die Lebensräume der Tierarten, sondern repräsentieren ihrerseits die Ordnung der vier Elemente. Cramer weist zwar darauf hin, daß es mehrere Möglichkeiten gibt, die Pflanzenbereiche in Vierergruppen einzuteilen, doch zeigt die naheliegendste Variante (*velt – walt – loup – rôr und gras*) eine Übereinstimmung mit der Einteilung des Pflanzenreiches im „*Speculum naturale*" des Vinzenz von Beauvais von 1256-59, wo die vier Pflanzenbereiche ebenfalls den vier Elementen zugeordnet sind.[1588]

Somit stehen für Walther sowohl die Tier- als auch die Pflanzenarten für die vier Elemente und somit für den Aufbau der Welt, weshalb der Vers „*ich sach swaz in der welte was*" aus dem Reichsspruch durchaus wörtlich gemeint war.[1589]

Neben dem zweiten Reichsspruch Walthers von der Vogelweide finden sich noch weitere mittelalterliche Dichtwerke, in denen sich diese Einteilung nachweisen läßt. So bspw. bei Hugo von Trimberg im „*Renner*", der die gleiche Einteilung des Tierreiches kennt:

> „*tier, vische, würme und vogellîn*" (Vers 19947)[1590]

Im „*Welschen Gast*" des Thomasin von Zerklaere von 1215/16 stehen die vier Tierarten ebenfalls stellvertretend für die elementare Grundordnung des Makrokosmos und nur der Mensch läßt sich keinem der Elementarbereiche eindeutig zuordnen:[1591]

[1586] Vgl. Cramer (1985) S. 71f.
[1587] Vgl. Cramer (1985) S. 72
[1588] Vgl. Cramer (1985) S. 74ff.
[1589] Vgl. Cramer (1985) S. 77
[1590] Zitiert nach der Ausgabe von Ehrismann (1908-11).
[1591] Vgl. Cramer (1985) S. 75

„ein ieglîch dinc sîn orden hât,
daz ist von der natûre rât,
âne alters eine der man,
der sînen ordn niht halten kann.“ (Vers 2611-2614)

„diu salamandrâ niht enstrebet
ûzem viuwer dâ si lebet.
diu wazzer îlent hin zem mer.
ez ist in der werlde niht sô hêr
daz ûz sîm orden welle bestân
wan alterseine der toersche man.
die vogel vliegent imme luft;
daz wilde ist in des berges gruft
und in dem wald; die vische swebent
in dem wazzer, dâ si lebent.“ (Vers 2623-2632)[1592]

Ausgehend von der Elementenlehre ergeben sich für den zweiten Reichsspruch Walthers noch weitere Bedeutungsebenen, sowohl für die Verse 8,35ff., als auch für den Schluß des Spruchgedichtes. Die Elementenlehre ist geprägt von den Gegensätzen der Elemente Feuer und Wasser sowie Erde und Luft und darüber hinaus von den Gegensätzen ihrer Primärqualitäten heiß und kalt sowie feucht und trocken. Die natürliche Ordnung wird also vom Widerstreit der Gegensätze geprägt, wie dies bspw. im „*Welschen Gast*“ zum Ausdruck kommt:

„Viuwer, luft, wazzer, erde,
die vier natûr sind widerwerte.
diu erde ist trucken und kalt.
daz wazzer in sînem gewalt
kelte und ouch nezze hât.
der luft ouch des niht verlât
ern sî heiz und ouch naz.
so ist daz viuwer ave baz
heiz und trucken ouch.
nu merke swer niht sî ein gouch,
sît sich vereinent diese vier
an unserm lîp, daz danne wier
an unserm willn vereinen niht,
von grôzem nîde daz geschiht.
zwischen wazzer und erd
ist nihtes niht, der luft gert
ouch nihtes niht zwischen sî
unde dem wazzer, oben bî
dem lufte daz viuwer ist.
ez ziuhet hohe zaller vrist,
ez ensîget niht her abe baz:

[1592] Beide Textstellen zitiert nach der Ausgabe von Rückert 1865.

> *wizzet daz sîn ringe machet daz.*
> *seht, wie einz bî dem andern vert,*
> *swie sî halt sîn widerwert.*" (Vers 2285-2308)[1593]

Genau diese Struktur der widerstreitenden Prinzipien in der Welt greift Walther von der Vogelweide auf:

> „*daz sach ich, unde sage iu daz:*
> *der keinez lebet âne haz.*"

Die Versöhnung dieser Gegensatzpaare wird nun in der Alchemie angestrebt und dafür steht der Lapis philosophorum, der Stein der Weisen. In Verbindung mit dem Schlußvers „*Philippe setze den weisen ûf*" ergibt sich daraus neben derjenigen, die unbestreitbar pars pro toto den „*weisen*" für die Kaiserkrone nimmt, eine verblüffend konsistente zweite, übergeordnete Bedeutungsebene für Walthers zweiten Reichsspruch: Gott hat seine Schöpfung auf das durch die vier Elemente verkörperte Ordnungsprinzip der Welt aufgebaut. Diese Ordnung ist durch die grundsätzliche Feindschaft der Prinzipien geprägt, die durch den Stein der Weisen, die ultima materia, versöhnt werden.[1594]

In seinen Gedankengängen hat Cramer jedoch einen Aspekt des zweiten Reichsspruchs übersehen, der seine Thesen sogar noch stützt. Mit Bezug auf die „*ordenunge*" im deutschen Reich, die – wie oben gesehen – auch für die Ordnung der Welt steht, heißt es, daß die „*ordenunge*" sich bekehren soll („*bekêrâ dich, bekêre*"). Dies bedeutet mit Blick auf die vier Elemente, daß sie geläutert und damit zur prima materia zurückgeführt werden sollen, um ihre grundsätzliche Feindschaft zu überwinden. Diese prima materia wird dann zur ultima materia, dem Stein der Weisen emporgeläutert.

Cramers Interpretation des „*weisen*" als Stein der Weisen hat somit in meinen Augen ebensoviel Berechtigung wie die gängige Deutung des „*weisen*" als ominösen, verschollenen Edelstein der Kaiserkrone, worauf die politische Interpretation des Spruchgedichtes beruht.[1595] Dies vor allem auch deshalb, da sich zwischen den beiden Steinen durchaus Parallelen zeigen lassen. Die einzige halbwegs exakte Beschreibung des „*weisen*" aus der Kaiserkrone findet sich im zweiten Buch der „*Opera omnia*" des Albertus Magnus. Albert spricht hier von einem rötlichen Stein, dessen Farbe durch eine Mischung von Weiß und Rot entsteht.[1596] Vom Lapis philosophorum kann man das gleiche sagen. Er soll nach Aussage der meisten Alchemisten rot sein und darüber hinaus als weißes Elixier unedle Metalle in Silber und als rotes Elixier unedle Metalle in

---

[1593] Zitiert nach der Ausgabe von Rückert (1865).
[1594] Vgl. Cramer (1985) S. 78f. und S. 83
[1595] Der Legende nach soll Herzog Ernst den Stein aus dem Orient mitgebracht haben (Vgl. hierzu „*Herzog Ernst*", Verse 4456-4465). Zur Problematik des „*weisen*" in der Kaiserkrone und zur politischen Interpretation vgl. Nellmann (1978).
[1596] Vgl. Cramer (1985) S. 80f.

Gold transmutieren. Ein Beispiel für eine solche Beschreibung des Lapis philosophorum findet sich im „*Buch der Heiligen Dreifaltigkeit*“,[1597] wo der Lapis in seine Essenzen, nämlich das weiße und rote Elixier, verwandelt werden soll, die dann die Transmutation der unedlen Metalle in Silber und Gold bewirken.

Ich möchte hier nochmals betonen, daß die hier vorgestellte Interpretation Cramers, ergänzt um meine eigenen Beobachtungen zum alchemischen Werk, die bisherige politische Auslegung des zweiten Reichsspruches nicht ersetzen soll, was auch nicht Cramers – und meine – Absicht war. Vielmehr ist sie, in Ergänzung dazu, als eine übergeordnete Bedeutungsebene zu sehen, die der politischen Argumentationslinie durch ihre Analogie zu kosmischen Vorgängen ein zusätzliches Gewicht verleiht. Oder, um mit Thomas Cramer zu sprechen:

> „Es ist Walthers besondere Kunst, daß er die Bedeutungsebenen nicht zu Bildschichten einer Parabel oder Allegorie auseinanderlöst, sondern sie integriert zu einem gemeinsamen Assoziations-, Denk- und Verstehensvorgang.“[1598]

Walther von der Vogelweide verfügte also über naturkundlich-alchemistische Kenntnisse, die zu Beginn des 13. Jahrhunderts nur von einem Absolventen einer hohen Schule bzw. einem Buchgelehrten zu erwarten sind, da die Alchemie zu jener Zeit als ars nova des Abendlandes auf diese gesellschaftlichen Kreise beschränkt war.

Damit gibt Walther von der Vogelweide einen weiteren Hinweis darauf, daß er eben kein armer Fahrender war, wie viele namhafte Mediävisten meinten und meinen,[1599] sondern ein hochgebildeter Adeliger, der in diplomatischen Diensten stand, wie Hucker zeigen konnte.[1600]

8.3. Der gelehrte Spruchdichter Heinrich von Mügeln

Heinrich von Mügeln verfügte über eine Bildung, die man im 14. Jahrhundert nur bei einem Absolventen einer hohen klerikalen Schule erwarten kann. Darüber hinaus wird er in der Überlieferung gelegentlich als „*magister*“ bezeichnet, wobei die Frage zu klären bleibt, ob es sich dabei um den akademischen Titel oder um das lateinische Äquivalent eines deutschen „*meister*“ handelt.[1601]

[1597] Zum „*Buch der Heiligen Dreifaltigkeit*“ vgl. oben in Kapitel 4.3.1.
[1598] Cramer (1985) S. 84
[1599] Zwei neuere Arbeiten, die noch immer dem alten Walther-Bild vom armen fahrenden Sänger anhängen, sind die von Werner Goez und M.G. Scholz. (Vgl. hierzu Goez (1998) S. 421ff. und Scholz (1999) S. 10ff.)
[1600] Vgl. hierzu Hucker (1989)
[1601] Vgl. Stackmann (1981) S. 816

In „*Der meide kranz*" zeigt sich Heinrich von Mügeln, wenn er die wichtigsten Lehrgegenstände der Künste, also der Artes, vorträgt, sowohl als Kenner der artes liberales als auch von Alchemie und Medizin, die den artes mechanicae zuzuordnen sind. Er wendet sich den artes mechanicae nur dann zu, wenn sie nicht der „rohen Zweckmäßigkeit"[1602] dienen, sondern nur vom Rationalen her zugänglich sind und den Anspruch erheben können, in sich wahr zu sein. So sagt er über die Alchemie:

> „*ein ieglich kunst ist in ir war,*
> *ab sie der tore nicht erfar.*" (MK 573-574)[1603]

Mit der Personifikation der Künste durch Jungfrauen steht „*Der meide kranz*" in der Tradition des kanonischen Lehrgedichtes des Martianus Capella. Was Heinrich gegenüber den Sprüchen und Liedern anderer Dichter auszeichnet, ist die wiederholte Behandlung der 'Künste' in seinen Werken.[1604]

Heinrichs Bildung geht jedoch weit über die Kenntnisse hinaus, die er sich in den beiden Artesreihen erworben hat. Er verfügt über eine umfassende theologische Bildung, was er nicht nur in „*Der meide kranz*" zeigt, wo die Theologie im Wettstreit der Künste am Ende den Sieg davon trägt, sondern auch in einer deutschen Bearbeitung des Psalmenkommentars aus der „*Postilla*" des Franziskaners Nikolaus von Lyra. Auch scheut er sich nicht, über die mantischen Künste der artes magicae zu dichten, wie seine drei Sprüche über Nekromantie (293), Pyromantie (294) und Geomantie (295) beweisen. Dies und der Umfang seines weltlichen Wissens zeigen, daß Heinrich von Mügeln eine lateinische Bildung besaß und mit Sicherheit an einer hohen geistlichen Schule ausgebildet worden war. Es zeigt sich bei genauerem Hinsehen aber auch, daß Heinrich von Mügeln mit seinem Wissen die Spruchdichter und vor allem die Meistersänger des späten Mittelalters überragt.

Heinrichs von Mügeln Quellen alchemistischen Wissens sind in streng naturwissenschaftlichen Abhandlungen zu suchen und nicht in „hermetisch verschlüsselten Geheimtraditionen"[1605], wie der des Hermes Trismegistos, die bisweilen in Arkansprache verfaßt wurden. Heinrich ist also ein Vertreter der alchemistischen Tradition von Rhazes (ar-Razi), Geber arabicus (Dschabir, d.i. Ǧābir ibn Haiyān), (Pseudo-) Avicenna und Geber latinus. Die höchste Autorität der mittelalterlichen Alchemie war nicht Geber arabicus (Dschabir), wie Kibelka fälschlicherweise behauptet, sondern Geber latinus, der mit der „*Summa perfectionis magisterii*" vom Ausgang des 13. Jahrhunderts die theoretisch fundierteste und meistrezipierte alchemistische Lehrschrift des Mittelalters verfaßte, die gleichzeitig den Höhepunkt der mittelalterlichen Alchemie bildete.

[1602] Kibelka (1963) S. 33
[1603] Alle Zitate aus „*Der meide kranz*" (MK) entstammen der Ausgabe von Willy Jahr; vgl. Jahr (1908)
[1604] Vgl. Kibelka (1963) S. 19 und S. 36
[1605] Kibelka (1963) S. 196

Sie ist ein in Anlehnung an scholastische Literaturformen aufgestellter Überblick der gesamten „*Ars alchimiae*".[1606] Auch Heinrich von Mügeln kannte – wie es in Spruch 288 auch ganz deutlich gesagt wird – die höchste alchemistische Autorität des Mittelalters:

> „*alchimiam ich meine*
> *in der ich Geber herschen fant.*" (288, 11-12)[1607]

Ob Heinrich die „*Summa perfectionis magisterii*", das Hauptwerk des Geber latinus, tatsächlich gekannt bzw. gelesen hat, ist aber eher fraglich. Wahrscheinlicher ist, daß er sein alchemistisches Wissen aus zeitgenössischen Enzyklopädien bezog, wie etwa dem „*Speculum majus*" (um 1250) des Vinzenz von Beauvais.[1608]

Die Alchemie besteht immer aus Theorie und Praxis. Der theoretische Zweig versucht die Entstehung der Mineralien aus den Elementen anhand der Naturprinzipien zu erläutern (MK 571-590):

> „*sie sprach: 'ich bin der künste kunst,*
> *wie das mich flüt der toren gunst:*
> *ein iglich kunst ist in ir war,*
> *ab sie der tore nicht erfar:*
> *es ist kein dink, des sache nicht*
> *recht elich orden hab geticht:*
> *die kunst die ist unschuldik dran,*
> *ab Heinrich nicht wol tichten kann.*
> *in der naturen grunde nicht*
> *schelt kupfer, golt, nature spricht:*
> *ein iglich erz geboren wart*
> *uß swebels und queksilbers art:*
> *des himmels blik und ouch die stat*
> *zin unde golt gescheiden hat.*
> *das laß dir nicht ein wunder sin:*
> *kint, wer der sam des vaters din*
> *gegoßen in ein ander stat,*
> *ein ander form du hettst gehat:*
> *die stat gebürt ein anefank*
> *ist sam der vater ane wank.*" (MK, 571-590).

Der praktische Zweig beschäftigt sich mit der Herstellung von Edelmetallen (MK 599-618):

> „*du merkest warheit miner kunst,*
> *dempft dich nicht unvernünste dunst.*

[1606] Vgl. hierzu Haage (1996)
[1607] Alle Zitate aus dem Spruchkorpus entstammen, soweit nicht anders angegeben, der Ausgabe von Stackmann (1959).
[1608] Vgl. Buntz (1974) S. 145 und S. 145, Anmerkung 8

> *das silber wandel ich in golt*
> *uß miner richen künste solt:*
> *alun ich nem und minium,*
> *mit salze armoniacum,*
> *tutiam und dem grünspan,*
> *sal nitri muß ich darzu han.*
> *ich sag: das ist der ware wek,*
> *ab du kanst finden minen stek:*
> *(der esel bi dem brunn erdürst,*
> *des sin vernunst nicht hat gefürst).*
> *sust silber, gold ich machen kan,*
> *den alle kunst ist undertan;*
> *der werlde zir und ir gelit*
> *sich uß mir wirket unde smit.*
> *des mag ich in der kronen stan,*
> *sint ich das golt gemachet han*
> *der maget, in der herzen touf*
> *gots kint von einem worte trouf.'"* (MK 599-618)

und Farben (MK 591-598):

> „*die farben ler ich dich von erst,*
> *darnach zu den höchsten kerst.*
> *uß swebel und queksilber wirt*
> *zinober: daran nimant irt,*
> *ab ers kann malen in den topf;*
> *lasure flicht den selben zopf*
> *mit salze armoniaco:*
> *die farben ler ich alle so.*" (MK 591-598)

Die Alchemie folgt dabei immer den Grundsätzen der Natur, deren wichtigster lautet: Der Weg der Verwandlung einer species in eine andere geht nur über die prima materia. Auch Heinrich hat Kenntnis von der Lehre über die prima materia:

> „*In der naturen grunde, saget dir min ticht,*
> *da schelt der mensche, esel und der ochse nicht.*
> *sie sint uß einer masse gar gewirkelt.*
> *die erst materie, die ist aller libe grunt,*
> *uß der sich hat der mensche, vogel, fisch entzunt*
> *und alles, das der himmel hat bezirket.*" (41, 1-6)

Neben der Vorstellung von der prima materia, die allem aus Form und Materie Zusammengesetzten zugrunde liegt, kennt Heinrich auch die Schwefel-Quecksilber-Theorie, die besagt, daß alle Metalle aus Schwefel und Quecksilber entstanden und zusammengesetzt sind:

> „*ein iglich erz geboren wart*
> *uß swebels und queksilbers art:*" (MK 581-582)

„*uß swevel un quecksilber gan*
das silber, kupher, zin und ouch das isen.“ (41, 9-10)

Dies entspricht „griechisch-arabischer Lehre“[1609] innerhalb der alchemistischen Literatur. Die Schwefel-Quecksilber-Theorie geht auf die Elementenlehre der antik-hellenistischen Naturphilosophie (vor allem geprägt durch Aristoteles) zurück, deren Vorstellungen von den arabischen Alchemisten[1610] aufgegriffen und innerhalb der Transmutationsvorstellung zur Schwefel-Quecksilber-Theorie weiterentwickelt wurden. Der Schwefel verkörpert dabei das „Prinzip des Brennbaren“, bestehend aus den Elementen Feuer und Luft, und das Quecksilber steht für das „Prinzip des Schmelzbaren“ mit den Elementen Wasser und Erde. Das Mischverhältnis von beiden in den Metallen ist der Gradmesser der Edelheit der Metalle, so hat der Schwefel (als das Schlechte und Vergängliche) im Gold nur färbenden Charakter, weshalb dieses das edelste Metall ist.[1611]

Heinrich muß auch eine umfassende Theorie über die „*virtutes loci*“ gekannt haben:

„*des himmels blik und ouch die stat*
zin und golt geschieden hat.“ (MK 583-584)

Die Natur braucht also lange Zeit, um unter dem Einfluß von Sonne, Sternen und des bestimmten Ortes erst Quecksilber und Schwefel und daraufhin die Metalle entstehen zu lassen. Dabei bringen die unterschiedliche Qualität und die unterschiedlichen Anteile von Quecksilber und Schwefel die verschiedenen Metalle hervor. Den gleichen Vorgang beschreibt Aristoteles in seinen „*Meteorologica*“.[1612]

Ein großes Anliegen der Alchemie war die Transmutation unedler Metalle in Gold oder Silber. Die Alchemisten versuchten mit den unterschiedlichsten Methoden und Rezepten die Verwandlung durchzuführen. Dabei wurden oft sogenannte 'media' verwendet, die besonders gut geeignet sein sollten, die transmutatio metallorum herbeizuführen. Auch Heinrich von Mügeln kennt solche Stoffe:

„*(alun, sal nitri, minium,*
tuter, sal armoniacum,
grünspan ouch zu der lere zimt:
die geben kupher goldes farbe reine),“ (288, 6-9)

[1609] Kibelka (1963) S. 197f.

[1610] Wichtige Vertreter der arabischen Schwefel-Quecksilber-Theorie sind Rhazes, Avicenna und Geber arabicus (Dschabir).

[1611] Vgl. Ploss (1970) S. 37 sowie Haage (1996) S. 28 und S. 165. Neben der Schwefel-Quecksilber-Theorie kam im 14. Jahrhundert die reine Quecksilbertheorie auf, die sich aber nicht durchsetzen konnte und in Wirklichkeit nur eine Weiterentwicklung der Schwefel-Quecksilber-Theorie war. Als erster alchemistischer Text des Abendlandes enthält die „*Summa perfectionis magisterii*“ des Geber latinus die reine Quecksilbertheorie.

[1612] Vgl. Kibelka (1963) S. 198f.

Heinrich kennt also einige der wichtigsten Materialien, mit denen die Alchemie arbeitet: Alaun, Mennig, Salmiak, Tutia, Grünspan und Salpeter. Außerdem weiß er auf Ergebnisse des alchemischen Prozesses hinzuweisen, nämlich die Farbherstellung und die „*transmutatio*" in Silber und Gold. Auffällig ist bei diesem und anderen alchemistischen Rezepten, daß die Farbe der Metalle hervorgehoben wird. Die Alchemisten glaubten, aus der Farbe Rückschlüsse auf die „*essentia*" der Metalle gewinnen zu können. So galt Kupfer wegen seiner Farbe (und seiner essentia) als besonders geeignet, in Gold oder Silber verwandelt zu werden, da es genau zwischen beiden stehe. Der Farbe der Metalle kam deshalb eine so große Bedeutung zu, da sie das wichtigste Indiz dafür war, ob die Transmutation in Gold gelungen war oder nicht. Die wissenschaftliche Alchemie spricht in diesem Falle von tingieren.[1613]

Heinrich von Mügeln stattet in „*Der meide kranz*" die „*Alchimia*" mit einem alchemistischen Wissen aus, das ihm, obwohl es eher konventionell erscheinen mag, im alchemistischen Fachschrifttum einen Platz als Autorität gesichert hat.[1614]

Als alchemistische Autorität wird er vor allem in der Überlieferung der „*Alchimia*" aus „*Der meide kranz*" greifbar. In einer aus 22 Lagen bestehenden Handschrift von Hans Folz (Handschrift Q 566 der Thüringischen Landesbibliothek in Weimar), die größtenteils von diesem selbst geschrieben wurde, finden sich neben einer Abschrift von „*Der meide kranz*" (Lagen 9 und 10) auch drei Lagen (16, 21 und 22) mit deutschen und lateinischen alchemistischen Texten sowie der Entwurf eines alchemistischen Lehrgedichts. In Lage 16 wiederholt Folz einige Verse der „*Alchimia*" (MK 601-610) und nennt auch ihren Autor: „*heinricum mugelin*".

> „*Also ich silber wandel in golt*
> *mit meyner reichen kunsten sollt*
> *Allun ich nym vnd minium*
> *mit salc armoniacum*
> *Tutian vnd den grun span*
> *sal nitri mus ich dar zu han*
> *Jch sach das ist der wor weg*
> *ob jr kundt dreffen meynen steg*
> *Der esel pey dem prun erdorst*
> *das er dez sinß nit het geforscht*"[1615]

Da der Text stark vom Original abweicht, ist anzunehmen, daß er bereits außerhalb von „*Der meide kranz*" in alchemistischen Kreisen überliefert wurde, zumal es sehr viele alchemistische Sammelhandschriften gab und gibt. In zwei von ihnen begegnet man auch Heinrich von Mügeln und seiner „*Alchimia*", was die These der Streuüber-

[1613] Vgl. Kibelka (1963) S. 200f.
[1614] Vgl. Buntz (1974) S. 145.
[1615] Buntz (1974) S, 146.

lieferung stärkt. Die erste Handschrift, das Manuskript 5510 (Med. 116) der Nationalbibliothek in Wien, enthält die komplette „*Alchimia*". Es fehlt zwar der Titel, aber der Dichter wird genannt: „*heynrich mvgelen*". Die zweite alchemistische Sammelhandschrift, der Codex Vossianus Chemicus der Universitätsbibliothek Leiden, enthält ebenfalls die alchemistischen Verse aus „*Der meide kranz*". In dem vom Erfurter Bürger Valentin Hernworst zwischen 1522 und 1530 verfaßten Manuskript findet man zwischen zwei Rezepten zusätzlich noch folgende Verse:[1616]

> „*Silber wandel in golt*
> *aus meiner rechten kunst soldt /*
> *Ich nym alunn vnd minium /*
> *dar zue salarmoniacum*
> *Thutian / Grunspan*
> *muß ich auch han*
> *das ist der wahre wegk*
> *kanstu fynden meinen stegk /*
> *der Esell bey dem bronne vordorst zuvore /*
> *das ist seiner vnuernunnpfft schult gar /*
> *die kunst ist ahn öhr selber wahr*
> *ob sie schone ein thore*
> *nicht kann verstahn*
> *es leydt nicht macht der ahn*"[1617]

Wie hoch Heinrichs alchemistisches Wissen geschätzt wurde, zeigt sich daran, daß seine Zeilen als Arbeitsanweisung aufgefaßt wurden. Es folgt ein Rezept zur Herstellung eines Zementes, d.h. einer Mischung, mit der das Silber geglüht und dadurch gereinigt wird:

> „*Re(cipe) Alun j loth, Minium ij loth, Salarmoniac iij loth, Tuthian j loth, Spangrun j loth. Reybe ein jglichs woll jn sonderheit vnd mische sie woll alle durcheinander bys ein trocken puluer wirt. Dor nach mische sie woll alle durcheinander bys ein trocken puluer wirt. Dor nach cementier lunam do mit drey mall, ye ein mall sechs stunden.*"[1618]

Neben der Überlieferung seiner Verse wird Heinrich von Mügeln auch in Johann Sternhals „*Ritterkrieg*" von 1488 als alchemistische Autorität angeführt. Im Rechtsstreit zwischen Gold und Eisen führt das Gold eine Reihe von Autoritäten an, um seine Würde zu beweisen:

> „*so mag ich vmb mehrer bekrefftigung willen noch viel tapffere Vortreffliche Männer zum zeugnis haben / als nemlich / Geberum, Raymundum Lullium, Raymundum militem, de termino, Burelaeum, Albertum Magnum, Hortulanum,*

[1616] Vgl. Buntz (1974) S. 146ff.
[1617] Buntz (1974) S. 149.
[1618] Buntz (1974) S. 149.

Arnoldum, Algzelem Kalech, Ioannem de Rupescissa, Vlmannum, Eusebium, Mögleum, vnd Thomam de Aquino.“[1619]

Heinrich von Mügeln (denn er ist „*Mögleum*“) rückt damit in die Reihe der angesehensten Alchemisten auf, wie z.B. Geber latinus, Pseudo-Raimundus Lullus, Johannes de Rupescissa oder Albertus Magnus. Auch das Eisen beruft sich auf ihn, wenn es seine Behauptung zitiert, daß alle Metalle aus einem gemeinsamen „*Samen*“ entstanden sind:

> „*Es spricht auch der Hochgelahrte Doctor Heinricus Mögel / von Dünkelspül / von den Metallen also:*
>
> *'Deß Himmels blick / vnd seine wesentliche stadt /*
> *Die Metallen von einander gescheiden hat /*
> *Das Goldt / Goldt / vnd Zihn / Zihn worden ist.*
> *Machet Accidens zu aller frist.'*
>
> *Er spricht auch im Buch 'de Conceptione hominum': 'Kind / laß dir der Metallen vnterscheid an jhrer Geburt vnnd Ansehen kein wunder sein / das eins dem andern so gar vngleich sihet / dann were der väterliche Samen eingegossen in eine andere stat / so hette es auch eine andere Form bekommen'.*“[1620]

Die Zitate des Eisens stammen aus „*Der meide kranz*“:

> „*des himmels blik und ouch die stat*
> *zin unde golt gescheiden hat.*
> *das laß dir nicht ein wunder sin:*
> *kint, wer der sam des vaters din*
> *gegoßen in ein ander stat,*
> *ein ander form du hettst gehat:*“ (MK 583 - 588)

Der stark veränderte Text, der Namenzusatz „*von Dünkelspül*“ und der unbekannte Titel „*De Conceptione hominum*“ lassen darauf schließen, daß Sternhals, ebenso wie Folz, die Verse Heinrichs von Mügeln aus einer bereits existierenden alchemistischen Überlieferung von „*Der meide kranz*“ geschöpft hat.[1621]

Insgesamt ist es ein außergewöhnlicher Vorgang, daß eine Dichtung über die Alchemie „in den fachspezifischen Bereich zurückwirkt und dort tradiert und zitiert wird.“[1622] Noch verwunderlicher ist dieser Vorgang vor dem Hintergrund der Alchemiekritik, die Heinrich von Mügeln in „*Der meide kranz*“ zum Ausdruck bringt, indem er den Kaiser, der als oberste Instanz im Rangstreit der Jungfrauen fungiert, folgendes äußern läßt:

> „*die zende silber machen kann,*
> *golt, farben; doch ich selden han*

[1619] Buntz (1974) S. 150.
[1620] Buntz (1974) S. 150.
[1621] Vgl. Buntz (1974) S. 149f.
[1622] Buntz (1974) S. 151.

gesen der selben kinder rich:
die letzte zu dem schatze glich
des himmels füret mit der hant,
den man nie ane triuwe fant." (MK 847-852)[1623]

Die Kritik bezieht sich hierbei auf den für die Alchemie so elementaren Grundgedanken der Transmutation. Der Kaiser sieht in der Alchemie – speziell in ihrem Streben nach Gold – eine 'brotlose Kunst', der sogar die irdischen Reichtümer verschlossen bleiben, ganz im Gegensatz zur Theologie, die zu den höchsten, nämlich himmlischen Schätzen führt.

Wie es trotzdem zu diesem Hinübergleiten in die Fachliteratur kam, ist schwer zu erklären. Die Vermutung von Buntz, es könne „an der kurzen und präzisen Formulierung"[1624] gelegen haben, bleibt unbewiesen.

Meines Erachtens muß man dieses Phänomen auf Heinrichs Gelehrsamkeit selbst zurückführen, die sich nicht nur auf dem Gebiet der Alchemie ausdrückt, sondern auch in der Astronomie, den restlichen artes liberales, der Theologie oder der Medizin. In „*Der meide kranz*" inszeniert Heinrich von Mügeln nicht nur eine „enzyklopädische Revue"[1625] des Wissens, sondern er „verwebt die Teile zu einem geschlossenen allegorischen Instanzensystem, wie es das Erbe der Schule von Chartres stets neu diskutiert."[1626] Dieser Umstand verwundert nicht, wenn man bedenkt, daß Heinrich von Mügeln stark von Alanus' ab Insulis – einem der führenden Gelehrten der Schule von Chartres – „*Anticlaudianus*" und „*Planctus naturae*" beeinflußt war. Heinrich stand also – wie schon Wolfram von Eschenbach – in der Tradition der Schule von Chartres.

Heinrich ist aus seinen Quellen heraus aber nicht nur als poeta doctus anzusehen, sondern es ist bei ihm auch eine Auseinandersetzung mit den gelehrten Traditionen seiner Zeit festzustellen.[1627] So greift er bspw. kosmologisches Gedankengut der Schule von Chartres auf, wie es in Alanus' ab Insulis „*Planctus naturae*" tradiert wird, das er dann aber mit aristotelischer Kosmologie – die sich im 13. Jahrhundert durchsetzte – auffüllt. So gelingt es ihm, die philosophischen Vorgaben der Schule von Chartres bzw. des Alanus mit aktuellerem Material zu durchsetzen.[1628] Ein solches Vorgehen setzt nicht nur eine inhaltliche Durchdringung der behandelten Thematik voraus, sondern auch Kenntnisse über die aktuelle wissenschaftliche Diskussion zu dieser Thematik.

[1623] Übersetzung bei Volfing:„The tenth one can make silver, gold, pigments; and yet I have rarely seen her children become rich: the last maiden [d.i. die Theologie, M.H.] immediately leads one by the hand to that treasure in heaven, which was never found to be untrustworthy." (Volfing (1997) S. 186)
[1624] Buntz (1974) S. 151.
[1625] Huber (1988) S. 248
[1626] Huber (1988) S. 248
[1627] Vgl. Huber (1988) S. 248
[1628] Vgl. Huber (1988) S. 252

Heinrich sammelt also nicht nur sein im Rahmen einer lateinischen Bildung erworbenes Wissen und überträgt es in die Volkssprache – was bereits eine beachtenswerte gedankliche und stilistische Arbeit erfordert hätte – sondern er verbindet in „*Der meide kranz*“ dieses Wissen in einem Modell, das als Instanzensystem den „universalen Rahmen für alles Einzelwissen und für den Gang von Bildung selbst bereitstellt.“[1629] Dabei will er den Einzelnen über die Wissenschaft hinaus zu moralischer Perfektion führen, womit er den homo novus et perfectus der Humanisten anstrebt, wie er schon von der Schule von Chartres propagiert wurde.

Heinrich von Mügeln ist wohl bereits vom deutschen Frühhumanismus in Prag beeinflußt, jener auf Petrarca zurückgehenden Bildungsbewegung, die dem humanistischen Bildungsideal folgt, das den homo novus et perfectus zum Ziel hat. Durch die Auseinandersetzung mit sprachlich geformten fremden Gedanken, formt der Mensch seinen eigenen Geist bzw. Verstand und bildet sich dadurch zu einem sprachlich mündigen und moralisch verantwortlichen Menschen,[1630] d.h. daß der Weg zum homo novus nur über die Bildung und das Wissen – die sogenannten studia humanitatis – erfolgen kann.[1631] Die studia humanitatis mit dem Ziel, den Menschen zu vervollkommnen, beginnen sich in Deutschland jedoch erst um die Mitte des 15. Jahrhunderts zu etablieren.[1632]

Wie kann man Heinrich von Mügeln also in diese Tradition integrieren? Zum einen steht seine Bildung aufgrund seiner engen Bindung an die Schule von Chartres, von der die sogenannte Renaissance des 12. Jahrhunderts ausging und die einen Humanismus mit der Hinwendung zum Menschen, aber auch mit der Pflege des Latein und der Volkssprache[1633] darstellte, in eindeutig humanistischer Tradition. Dies zeigt sich sehr deutlich an seiner Nähe zu den Werken des Alanus ab Insulis, der zu den „Lieblingsschriftstellern Johannes von Neumarkt, des Kanzlers Karls IV.“[1634] zählte, welcher u.a. auch auf Johannes' von Tepl „*Ackermann aus Böhmen*“ wirkte. Zum anderen – und dies ist meines Erachtens vom ersten Punkt gar nicht zu trennen – gehörte Heinrich von Mügeln zum Umfeld des Prager Hofes von Kaiser Karl IV.

[1629] Huber (1988) S. 313
[1630] Vgl. Rüegg (1991) S. 187f.
[1631] Damit folgen die Humanisten übrigens einem Weg, den bereits Wolfram von Eschenbach eingeschlagen hat: Parzival wird vom tumben tor mit Hilfe der Erleuchtung, die er durch die Unterweisungen Trevrizents – also durch Wissen bzw. Bildung – erlangt, zum Gralskönig und damit zum homo novus.
[1632] Vgl. Worstbrock (1991) S. 193
[1633] Nur aus dieser humanistischen Geisteshaltung heraus, auch die Volkssprache zu fordern, ist der signifikante Aufschwung der volkssprachlichen Dichtung im 12. Jahrhundert zu erklären.
[1634] Huber (1988) S. 305

„*Der meide kranz*“ ist kurz nach der Kaiserkrönung Karls IV. (1355) entstanden.[1635] Dies und das Auftreten des Kaisers als ‚richtende Instanz’ über den Rang der Künste ist ein Hinweis darauf, daß Heinrich von Mügeln im Umkreis des Kaiserhofes in Prag etabliert war. Dies merkt man vor allem daran, daß er mit Bezug auf den Kaiser schreibt: „*sint mich sin gabe hat gericht*“ (MK 86), daß also der Kaiser selbst sein Gönner sei.

Die Bedeutung des Prager Hofes resultiert aus dem Umstand, daß dort ein deutscher Frühhumanismus italienischer Prägung existierte. Dieser wurde u.a. durch den Kontakt von Karls Kanzler Johannes von Neumarkt mit Cola di Rienzo und Petrarca geprägt, zwei Begründern der italienischen Renaissance bzw. des Humanismus des Spätmittelalters, die sich beide für längere Zeit in Prag aufhielten. Und es war eben dieser Johannes von Neumarkt, der den literarischen Umkreis des Prager Hofes geprägt hat,[1636] und damit auch Einfluß auf Heinrich von Mügeln nahm.

Neben Kaiser Karl IV. ist es also vor allem Johannes von Neumarkt, der den literarischen Geist des Prager Hofes prägte, in dem deutsches Spätmittelalter und italienischer Humanismus miteinander verschmelzen.[1637]

Ein Anzeichen dieses frühhumanistischen Einflusses auf Heinrich von Mügeln zeigt sich in seiner Rhetorik. Die *ars ornandi* – die dominierende Ausprägung der Rhetorik im späten Mittelalter –, der auch Heinrich verpflichtet ist, dient bei ihm trotz ihres blümenden, färbenden Stils bereits dazu, die „Werthöhe ihres thematisierten Gegenstandes“[1638] zum Ausdruck zu bringen, womit er einer Forderung der Rhetorik humanistischer Prägung – der ciceronischen *ars movendi* – folgt.

Es ist also das gelehrte Umfeld der Humanisten am Prager Hof, wo die Bildung sich als Teil der humanistischen Weltoffenheit darstellte, in dem Heinrich von Mügeln wirkte.

Der Geist dieser humanistischen Weltoffenheit des Prager Hofes ist auch in Heinrichs von Mügeln „*Der meide kranz*“ zu spüren und nur in einer solchen Umgebung, die alte Strukturen aufzubrechen suchte, ist seine Neueinteilung des Wissenschaftssystems denkbar, in das er die Alchemie als eigene scientia aufnimmt, und sie somit aufwertet. Dieser humanistische Geist wird es am ehesten gewesen sein, der ihm einen solchen Ruf als Gelehrten eingetragen hat, daß seine Dichtung in die alchemistische Fachliteratur zurückwirken konnte.

[1635] Vgl. Stolz (2002) S. 175
[1636] Vgl. Hahn (1984) S. 22f. und S. 101
[1637] Vgl. Hahn (1984) S. 107
[1638] Hahn (1984) S. 118

8.4. Alchemiekritik in der deutschen Dichtung des Mittelalters

Die Kritik an der Alchemie beginnt relativ früh, denn bereits einige angesehene arabische Gelehrte stehen ihr ablehnend gegenüber, wie bspw. Avicenna, der zwar die medizinische Alchemie (Iatrochemie) in Form der pharmazeutisch-alchemischen Arzneimittelherstellung mittels Destillation befürwortet, aber das Streben der Alchemisten nach der Metalltransmutation kritisiert. Daß diese Kritik jedoch zunächst kaum Beachtung fand, zeigt sich auch an der Tatsache, daß Avicenna als alchemistische Autorität galt und ihm einige alchemistische Fachschriften untergeschoben wurden. Auch im europäischen Mittelalter gab es kritische Stimmen, die aber erst seit dem Beginn des 14. Jahrhunderts verstärkt auftraten. Kritisiert wurde der Autoritätenglaube und die Geheimhaltung der Alchemisten. Die Kirche bewertete die Analogien der alchemistischen Tätigkeiten und Prozesse mit christlichen Lehren als Ketzerei. Doch bei aller Kritik gab es im Mittelalter aufgrund der herrschenden Lehren keine wissenschaftlich begründbare Beweisführung, die die Metalltransmutation und die Gewinnung des Steins der Weisen ausschließen konnte. Neben der wissenschaftlichen Kritik findet sich auch solche in der Fiktionalliteratur des Mittelalters. Dante Alighieri (1265-1321) verbannte in seiner „*Göttlichen Komödie*" die Alchemisten gemeinsam mit den Fälschern in den untersten Höllenkreis. Andere Autoren waren mehr moralkritisch ausgerichtet. Sie kritisierten vorrangig, daß die Alchemisten trotz all ihrer Bemühungen das Lebenselixier und den Lapis philosophorum noch nicht gefunden haben und sich durch das Verfolgen ihres phantastischen Traums selbst in den wirtschaftlichen Ruin treiben. Zu diesen moralkritischen Autoren gehören Francesco Petrarca (1304-1374) und Sebastian Brant (1458-1521) mit seinem „*Narrenschiff*" von 1494.[1639]

Sebastian Brant verspottet im „*Narrenschiff*" die Alchemisten wegen ihres Strebens nach der Transmutation der Metalle:

„Do mit ich nit vergeß hie by
Den grossen bschisß der alchemey
Die macht das sylber / golt / vff gan
Das vor ist jnn das ståcklin gtan
Sie goucklen / vnd verschlagen grob
Sie lont eyn sehen vor eyn prob
So würt dann bald eyn vncken druß
Der guckuß manchen tribt von huß
Der vor gar sanfft / vnd trucken saß
Der stoßt sin gůt jns affenglaß
Biß ers zů puluer so verbrent
Das er sich selber nit me kennt
Vil hant also verderbet sich

[1639] Vgl. Figala (1998) S. 36f.

Gar wenig sint syn worden rich
Dann Aristoteles der gycht
Die gstalt der ding wandeln sich nicht" (Narrenschiff 102, 49-64)[1640]

Er kritisiert damit die erfolglosen Goldmacher und zugleich die zur „Manie gewordene Alchemie".[1641] Der Alchemist tritt bei ihm in der Narrenkappe hinter dem Ofen auf (vgl. Abbildung 18). Entsprechend lästert er über die „*alchemey*" mit ihrem „*bschiß uff erden*", so daß der „*grosse bschisß der alchemey*" zum geflügelten Wort des Renaissancehumanismus sowie der Aufklärung wird.[1642]

Brant verurteilt nicht nur die betrügerischen Goldmacher, die z.B. „Gold in den Stöcklein verstecken, mit dem sie umrühren"[1643], um somit eine gelungene Metalltransmutation vorzutäuschen, sondern er verneint die Möglichkeit der Transmutation überhaupt, indem er sich auf Aristoteles beruft.

Zu den Alchemiegegnern zählt auch der Trierer Kanonikus Johannes de Livania mit seinem um 1374 entstandenen Buch „*Gegen die Nichtigkeit der Alchemisten*".[1644]

Gottfried von Straßburg bezieht ebenfalls Stellung gegen die Alchemie. In der sogenannten Dichterrevue seines „*Tristan*" (Vers 4621-4820) macht er folgende Aussagen über einen Dichter (Tristan 4638-4690), bei dem es sich mit an Sicherheit grenzender Wahrscheinlichkeit um Wolfram von Eschenbach handelt:[1645]

„*vindaere wilder maere,*
der maere wildenaere,
die mit den ketenen liegent
und stumpfe sinne triegent,
die golt von swachen sachen
den kinden kunnen machen
und ûz der bühsen giezen
stoubîne mergriezen:" (Tr. 4665-4672)

(Übersetzung: Die Dichter unkultivierter Geschichten, die Märenfänger, die mit Gauklerketten lügen, und naive Gemüter (be)trügen, die Gold aus unedlem Material [nur] den Kindern [gemeint sind leichtgläubige Menschen] machen können und aus Arzneibehältern gießen Perlen aus Staub.)

Diese Stelle verweist auf Wolframs alchemisches Fachwissen, sowohl bzgl. der Transmutation der Metalle als auch der Iatrochemie.

1640 Alle Zitate aus dem Narrenschiff sind der Ausgabe von Lemmer (1968) entnommen.
1641 Ploss (1970) S. 39
1642 Vgl. Schipperges (1970) S. 73
1643 Buntz (1970) S. 197
1644 Vgl. Schipperges (1970) S. 73
1645 Vgl. hierzu auch den Stellenkommentar von Rüdiger Krohn in der hier benutzten „*Tristan*"-Ausgabe.

Abbildung 18: Der Alchemist mit der Narrenkappe aus Sebastian Brants „*Narrenschiff*“[1646]

[1646] Auffällig ist, daß der Alchemist vor einem Destillationsapparat steht. Der Illustrator (Albrecht Dürer) wußte also sehr wohl, wie die Alchemisten arbeiteten und konnte somit die Destillation als ihre wichtigste Laboroperation in seine Illustration einarbeiten.

Mit dem „*golt von swachen sachen*" bezieht sich Gottfried wohl eindeutig auf sogenanntes Alchemistengold und mit den „*bühsen*", also mittelalterlichen Arzneibehältern, könnte er – wenn man die Textstelle alchemisch interpretiert – durchaus auf die Iatrochemie anspielen, also die Herstellung von Heilmitteln mit Hilfe alchemischer Methoden und Verfahren. Gottfried äußert hier eindeutig Kritik am Gewerbe betrügerischer Goldmacher und Alchemisten.[1647] Daß Gottfried von Straßburg mit dem „*golt von swachen sachen*" tatsächlich Falschgold meint, zeigt sich an seinem Vergleich zwischen Gold und Messing, in dem das Messing, als minderwertigeres Metall, für die Fälschung steht:[1648]

„*in dûhte wîp alse wîp.*
er vant ouch die vil schiere
von guoter maniere
ime was ein als ander
an ietwederre vander
golt unde messinc." (Tr. 12666-12671)

(Übersetzung: Ihm schien Frau gleich Frau. Auch an dieser fand er bald große Vorzüge. Ihm war eine wie die andere. An jeder von ihnen hatte er Gold und Messing.)

Dies zeigt sich auch in einer zweiten „*Tristan*"-Textstelle, in der aus Messing gefälschte Goldmünzen geschlagen werden:

„*ich wil mich ouch des wol versehen,*
daz ez ê selten sî geschehen,
daz ie sô schoene messinc
vür gulîniu teidinc
ze bettgelte würde gegeben.
deiswâr ich sazte es wol mîn leben,
daz sît Âdâmes tagen
als edel valsch nie wart geslagen" (Tr. 12605-12612)

(Übersetzung: Ich will auch bereitwillig glauben, daß es vorher nur selten vorgekommen ist, daß so schönes Messing anstelle von Gold als Bettgelt entrichtet wurde. Wahrlich, ich würde mein Leben verwetten, daß seit Adams Zeiten so kostbares Falschgeld nicht geprägt wurde.)

Gleiches gilt für die „*Tristan*"-Verse 6316f. in denen auf eine Transmutation von Messing in Gold angespielt wird:

„*ie noch möht unser messinc*
ze rôtem golde werden." (Tr. 6316f.)

[1647] Vgl. hierzu auch Okken (1984) S. 239f. und Müller-Kleimann (1990) S. 171-175
[1648] Vgl. Müller-Kleimann (1990) S. 171

(Übersetzung: Da könnte unser Messing sich noch in rotes Gold verwandeln.)

Gottfried hatte offenbar Kenntnisse von der Arbeit von Alchemisten und betrügerischen Goldmachern, denn er weiß vom wichtigsten Merkmal des auf alchemischem Wege hergestellten Goldes – der Farbe –, weshalb der letzte Arbeitsgang bei der alchemistischen Goldherstellung i.d.R. die Tingierung war. So kann Gottfried auch darauf bauen, daß seine goldene Täuschung, die König Marke besänftigt, von seinem Publikum verstanden wurde:

„*hie mite was aber der zwîvel dâ.*
'schulde?' sprach er 'triuwen jâ.'
'schulde?' sprach er 'triuwen nein.'
Diz treib er an mit disen zwein,
biz aber der wegelôse man
Marke zwîvelen began
umbe ir zweier minne.
Minne diu süenaerinne
diu kam dâ zuo geslichen,
gestreichet unde gestrichen
ze wunderlîchen vlîze
si truoc ûf daz wîze
geverwet under ougen
daz guldîne lougen,
ie allerbeste varwe: nein.
daz wort daz lûhte unde schein
dem künege in sîn herze.
der ander sîn smerze,
daz wort, daz ungenaeme jâ
daz ensach Marke niender dâ.
daz was mitalle hin getân,
dane was zwîvel noch wân.“ (Tr. 17529-17550)

(Übersetzung: Damit erwachten erneut die Zweifel: 'Schuld?' sagte er 'Gewiß ja.' 'Schuld?' sagte er 'Gewiß nicht.' Zwischen diesen beiden Möglichkeiten schwankte er, bis abermals der ratlose Mann, Marke, zu zweifeln begann an ihrer Liebe. Die Liebe, die Versöhnerin, kam sachte herbei, aufgemacht und aufgeputzt auf erstaunliche Weise. Sie hatte das Weiß ihres Gesichts überfärbt mit der goldenen Täuschung, ihrer besten Farbe: 'Nein'. Das Wort strahlte und glänzte dem König ins Herz. Das andere, seinen Schmerz, das widrige Wort 'Ja', sah Marke nicht mehr. Das war alles verschwunden, Zweifel und Verdacht waren ausgeräumt.)

Neben dieser kritischen Haltung, die Gottfried gegenüber der Alchemie einnimmt, finden sich bei ihm aber auch Gedankengänge, die parallel zu alchemistischen Vorgängen ablaufen. So im Läuterungsgedanken, den er mit der Goldläuterung vergleicht:

„*Nu dazdiu küniginne Îsôt*
Brangaenen in der endenôt
getriuwe unde staete
und an ir muote haete
durnehte in alle wîs bekant
und in dem tegele gebrant
unde geliutert alse ein golt,“ (Tr. 12935-12941)

(Übersetzung: Als nun die Königin Isolde Brangäne selbst in Todesgefahr aufrichtig und treu und in ihrer Einstellung völlig tadellos kennengelernt hatte und im Tiegel gebrannt und geläutert wie Gold.)

Eine Alchemiekritik ganz anderer Art findet sich im „*Ackermann aus Böhmen*“ des Johannes von Tepl. Darin sagt der Tod im 26. Kapitel folgendes über die Alchemie:

„[...] *Phisica, mit jren mancherley stewrenden trencken;* [...] *Alchimia mit der metalle selczame verwandlung;* [...] *Die vnd andern die vorgeschriben anhangend kunst helffen zumale nichts. Yeder mensche muß ie von vns vmbgesturczt, jn vnserm walcktrock gewalcken vnd jn vnserm rollfaß gefeget werden. Das glawbe, du vppiger gewknecht!*“

(Übersetzung: Physica [d.i. die Medizin, M.H.], mit ihren vielerlei bewirkenden Tränken; [...] Alchemie, mit der eigentümlichen Verwandlung der Metalle; [...] Diese und andere, an die aufgeführten anschließenden Künste helfen allesamt nichts. Jedes Menschenkind muß einmal von uns niedergeworfen, in unserem Walktrog gewalkt und in unserer Waschtrommel [eigentlich handelt es sich bei einem Rollfaß um ein Faß zur Reinigung von Metallgegenständen, M.H.] gereinigt werden. Das glaube nur, du eingebildeter Ackerknecht!)

Der Tod kritisiert damit das Streben der Alchemie bzw. der Iatrochemie – die „*Phisica*“ (Medizin) kann hier mit Bezug auf ihre „*trencke*“ durchaus als Iatrochemie verstanden werden – nach dem Lapis philosophorum bzw. der Panazee, die als Lebenselixiere ein langes oder gar unbegrenztes Leben versprechen. Letztlich kann aber auch die Panazee den Tod, als Teil der göttlichen Schöpfung, nicht überwinden, weshalb sich das Streben nach dem Lebenselixier in den Augen des Todes nach Johannes von Tepl von vornherein als ein sinnloses Unterfangen darstellt.

9. Erste Edition von drei kleinen deutschen alchemistischen Fachtexten

9.1. Editionsgrundsätze

Die Prinzipien der Edition wurden in Anlehnung an die 'Grundsätze für die Herausgabe und Anweisungen zur Druckeinrichtung der Deutschen Texte des Mittelalters' erstellt.[1649]

Die Edition folgt dem Prinzip der Leithandschrift. Aufgrund der schmalen Überlieferung – die Texte liegen nur in den beiden Nürnberger Handschriften 9715 und 198 353 vor – kann eine Rekonstruktion des Originals oder einer dem Original sehr nahestehenden Fassung im Lachmannschen Sinne nicht geleistet werden. Der Text wird nach der Hs. 198 353 wiedergegeben, da es sich bei der Hs. 9715 um eine Abschrift der Hs. 198 353 zu handeln scheint, die z.T. durch Wasserschäden unleserlich geworden und durch Textausfälle gekennzeichnet ist.

Auf die Erstellung eines textkritischen Apparats wurde daher verzichtet. Allerdings wird auf Problemfälle in den Anmerkungen verwiesen.

Der Textgestaltung liegen folgende Kriterien zugrunde:

1. Der Text wird nach der Hs. 198 353 buchstabengetreu wiedergegeben. Auch Streichungen des Schreibers sind aufgenommen und werden in runden Klammern an der entsprechenden Textstelle eingefügt. Ebenso verhält es sich mit Anmerkungen, die am Rand der Texte verzeichnet sind.
2. Abweichungen von der Hs. 198 353 oder Buchstabenergänzungen werden im Text kursiv gedruckt.
3. Der Beginn jeder neuen Seite in der Hs. 198 353 wird mit der entsprechenden Blattnumerierung in eckigen Klammern angegeben, und zwar vor dem ersten Wort der neuen Seite.
4. Capitulum-Zeichen in der Hs. 198 353 werden weitgehend durch Absetzen des Textes berücksichtigt. Dasselbe gilt auch für Überschriften u.ä.
5. Die Absatzformatierungen der Handschrift bleiben erhalten.
6. Alle Abkürzungen in der Hs. 198 353 werden im edierten Text aufgelöst. Problemfälle werden in den Anmerkungen angegeben.

[1649] Zur Fixierung dieser Editionsprinzipien wurde vor allem folgende Literatur herangezogen: Beckers/Bentzinger/Duijvestijn u.a. (1994); Bein (1990); Bein (1995); Bein (1998); Bentzinger (1985); Bentzinger (1995); Ganz/Schröder (1968); Haage (1983a) S. 11f.; Hubner (1995); Kirchner (1967); Kuhn/Stackmann/Wuttke (1968); Lutz-Hensel (1975); Martens/Zeller (1971); Moser/Tervooren (1995); Reichmann (1995); Seiffert (1969); Stackmann (1964).

7. Großschreibung wird ausschließlich für Satzanfänge und für Personennamen verwendet.
8. Die Wortabteilung wird möglichst beibehalten.
9. Die Interpunktion folgt heutigen Regeln. Im Vordergrund steht immer der Ausschluß von Fehldeutungen.
10. Es stehen i und u für die Vokale, j und v für die Konsonanten. Langes s und Schluß-s erscheinen als s, cz wird als cz wiedergegeben.
11. Diakritische Zeichen über Vokalen werden wiedergegeben, sofern sie Lautwert besitzen.
12. Die Vokalindices über ij werden erhalten, und wenn der Lautwert [i] oder [i:] gemeint ist, als ÿ transkribiert.
13. Eindeutige Schreibfehler in der Hs. 198 353 werden gebessert, und der Fehler des Schreibers erscheint dann in den Anmerkungen.

9.2. Hans Kluge: Das Rezept „*vixacio ac coagulatio mercurij pro vixacione lune*"

Der Text der Hs. 198 353:

> [Bl. 116r] Vixacio mercurij[1650] Hansen Cluge ac coagulacio ipsius dedit rudia andrea[1651] pro vixacione lune[1652] superius preperata.[1653]
>
> Nim cupp*er*[1654] wasser[1655] und solvir das in wasser und mache ein spatel von kine und rure den mercurium dar inne, das er wirt als ein teigk. So dringe en dan durch einen percham[1656] und behald das und sydet das oberige fort, bys sichs gar hertet.
>
> So nemet dan den herten und menge ein wenig weinstein dar under, unde nemit ij teile ander weinstein und j teile sal preperatum und j teil gestossen glas und habit das bereÿt.
>
> Unde seczt den in geringe fiure als man thut unszerm zcÿment wol ein stunde von ferreus,[1657] und wan ir sehit, das er wil roüchen, so schutt dÿ gemachte pulver dar uff. Und uber lange gebit ÿm ein gut fiure, so flewsset is wol. So nemet dan zcu hulffe unsz fixacio von andrea.[1658] Also nemet kupper unde lad es flÿssen und nemet ein lot smelcz glas, swartzes sal gemme[1659] ij lot, (gestrichen:) vitrum bleÿ, bel vitrum,[1660] das do gele ist, ij lot, arszenici ij lot und gereynigetten kuppers ij lot, des mit ein ander uff ein marck. Dÿ zcweÿ lot gewsz

---

1650 Kurras deutete die in der Handschrift an dieser Stelle erscheinende Abbreviatur in dem von ihr wiedergegebenen Incipit fälschlicherweise mit dem Wort 'magistri' (vgl. hierzu auch Kurras (1980) S. 76). Daß der richtige Terminus aber 'mercurij' lauten muß, ergibt sich aus dem Textzusammenhang.

1651 Bei dem Ausdruck 'rudia andrea' scheint es sich um einen Namen zu handeln. Es wäre in diesem Zusammenhang denkbar, daß 'rudia' aus einer Verlesung oder Verschreibung von 'judaea' oder 'iudaea' (d.h. die Jüdin) entstanden ist. Der zweite Teil des Namens – 'andrea' – könnte auf ähnliche Weise aus 'maria' entstanden sein. Hinter dem Namen 'rudia andrea' könnte sich also die berühmte Alchemistin Maria die Jüdin verbergen. Denkbar wäre auch, daß es sich bei 'andrea' um eine der zahlreichen Abwandlungen des Namens Maria handelt, die in der alchemistischen Fachliteratur umliefen.

1652 Der Terminus 'lune' steht hier entweder für Silber (luna) oder Quecksilber.

1653 Aufgrund des Sinnzusammenhangs erlaubt der Text nur die Lesung 'preperata'. Der lateinische Passus 'pro vixacione lune superius preperata' ergibt somit folgenden Sinn: '... für die Fixation des Silbers, wurde weiter oben hergestellt'.

1654 Die Handschrift zeigt hier die Schreibung 'cupp' mit Abbreviaturzeichen, also 'cupper'.

1655 In der Handschrift findet sich an dieser Stelle die Schreibung 'wassz', die der Verfasser offensichtlich als Abbreviatur für 'wasser' verwendet und die hier sowie im gesamten Text aufgelöst wurde.

1656 'percham' = Pergament

1657 Der Terminus 'ferreus', wie ich ihn aus der Handschrift lese, konnte nicht näher bestimmt werden, so daß seine Bedeutung leider unklar bleibt. Der Terminus deutet allerdings auf eine Bedeutung hin, die etwas mit Eisen ('ferrum') zu tun hat.

1658 Zur möglichen Bedeutung des Terminus 'andrea' siehe oben in Anmerkung 1651.

1659 'sal gemme' = 'sal gemmae' = Steinsalz

1660 'vitrum' = Glas, vgl. hierzu auch Schneider (1962) S. 58 und Lüdy-Tenger (1981) S. 57.

mit dem mercurio. Zcu las vor das kopper und secze dan den mercurium dar czu unde blech ader korne unde secze stratum super stratum[1661] und lasse is steen als unsz zcyment, unde lasse is flyssen. Also hastu Reÿnigung unde fixirung des koppers. Wan es flewsset, so schute dar uff von dem pulver.

(am rechten Rand:) fixacio ac purgatio veneris[1662]

Nim j teil ungeleschten kalk, ij teile tartarum[1663], ij teile sal gemme, vel sal jovis,[1664] iiij teile vitrum gestossen. Von disem pulver offte schute dar uff, und das wirt zcu einer slacken. Dy slacken nym abe und tu frische pulver dar uff.

[1661] Der lateinische Ausdruck 'stratum super stratum' bedeutet 'Schicht über Schicht'.
[1662] D.h. die Verfestigung des Kupfers.
[1663] 'tartarum' = Weinstein
[1664] 'sal jovis' = Zinn

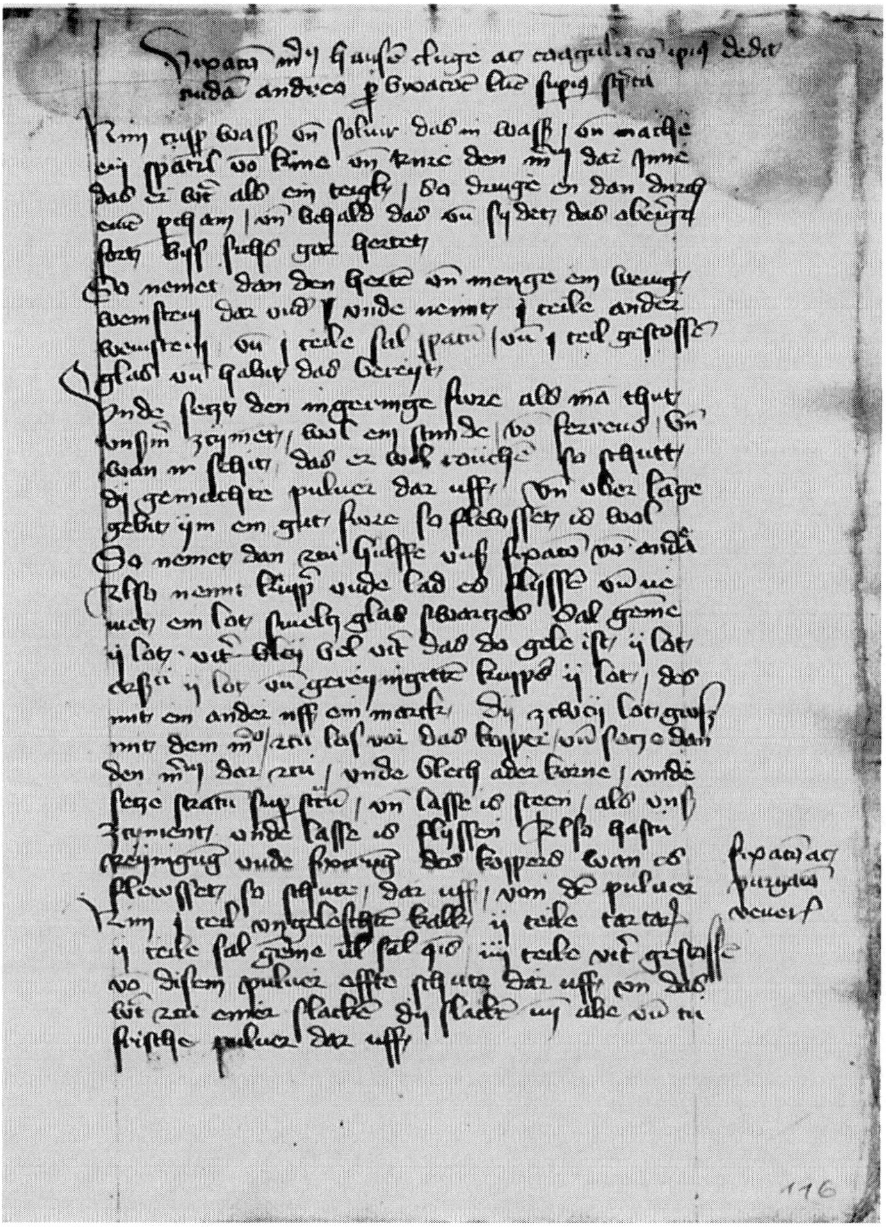

Abbildung 19: Blatt 116r der Nürnberger Handschrift 198 353

9.3. Johann Bock: Das „*Augmentum*“

Der Text der Hs. 198 353:

[Bl. 84^{v}] Nr. 52 Augmentum

Item augmentum magistri Johannis Bock quam tam (?)[1665]: Nym ein lot silbers und iij lot mercurij und mache ein amalgama, und der mercurius sal gereyniget sein, und secze es dar noch in ein vorstopte glas[1666] uff ein senffte fuer in einen sand, so das daz glas warm wirt, daz du dein hand dar an irleÿden magest unde ÿo[1667] uber drÿ tage, nym es eins us und reybe es mit salcze und wasche es der noch von deme salcze und secze es wider ein. Das tu zcu drÿen malen mit salcz reiben und waschen und wider ein gesaczt. So wirt daz amalgam gar reyne.

Dan fange unde wege das amalgam und nym uff v lot amalgam, j lot usgeczogend swefils und miste es durch ein ander und secze es wider ein, so wirt das amalgam wachszen als ein boume, des gestate ÿm nicht.

Suudid[1668] uff drÿ ader vier ader fünff tage. Nym es alle wege usz unde ribe es zcu pulver und secze es alle wege wider ein unde lasse es steen uff dem senfften füre nho[1669] vor uff xix tage, so wirt es vix. So nym es dan und ribe es besunder clein unde nym ein quentin[1670] dar von unde secze ein wenig pleÿ uff einem teste[1671] und lasse das pleÿ an geen. Ist des pulvers ein quentin, so secze dem pleÿ uff dem teste ein virtel von einem quentin fein silber zcu und lasse es an geen. Und wanne es an gegangen ist, so schute daz vorgenante gewogen pulver dar zcu. Ist dan daz es volkomen ist und besteet, so sint dy forderichen pulver gerecht. Ist es aber das es nicht besteet, sundern zcu der helfft ader zcu dem dritten ader zcu dem virden, so secze dÿ vorgenanten pulver wider ein als vor und lasse sÿ steen uff dem fuer so lange bis du mit der vorplichung[1672] befindest, das si vix sint.

[Bl. 85^{r}] So nym dan mercurium annamasatum[1673] j teil und des forderichen amalgam iij teÿle und reÿbe es durch ein ander und secze es wider in ein glas in

---

[1665] 'quam tam' (eigentlich 'tam ... quam') = so ... wie, ebenso

[1666] 'vorstopte glas' = ein mittels eines heremtischen Verschlusses verschlossenes Glasgefäß.

[1667] 'ÿo' (weiter unten auch in der Schreibweise 'yo') wird hier in der Bedeutung von 'weiterhin' gebraucht.

[1668] 'suudid' = siede es.

[1669] Bei 'nho' scheint es sich um einen Schreibfehler zu handeln. Wahrscheinlich sollte an dieser Stelle 'noch' stehen, was auch im Textzusammenhang einen Sinn ergeben würde.

[1670] 'quentin' = usprünglich Fünftellot, später Viertellot (Maßeinheit für Edelmetalle; 1 q. = 1/64 Mark) oder Drachme (Gewichtseinheit, ca. 4 Gramm). (Vgl. hierzu bei Baufeld (1996) die Stichworte „quant, quaentein, quantat, quantein“ sowie „quinte“, „quintlin“ u.a.)

[1671] 'teste' = Schmelztiegel (Vgl. test, testt bei Baufeld (1996) S. 50).

[1672] 'vorplichung' = Verbleichen.

[1673] Die Deutung von 'mercurium annamasatum' ist schwierig, doch scheint sich der lateinische Auseinem sand als vor und lasse es steen in deme sande uf deme fure sechsz ader acht ader ix tage, und wan du syest, daz der mercurius uff stiget in den hals des glases, so uffen das glas und strich den mercurius wider nider mit einer feder und tu das glas wider zcu. Das tu so lange bis du syhest, das der mercurius an dem boden blybet und das glas beginnet zcu lichten, so ist dy materia vix.

So nym dan dy materia us unde reibe sy und thu sy in vier ader sechs glesz ader mere und secze ij deiner glas noch siner quantiteten zcu. Mercurius annamasatum ye j teil uf iij teyl pulvers.

No dÿ pulver werden ouch wol so starck, daz man en wol mag zcu seczen dy helfft mercurii annamasati.

Du salt ouch[1674] ydem glas, wan es ist ein wenigk uber dy helfft gemerit und fol, so saltu ym unden und auch oben fuer geben. Oben den sand uff deme glas nider drucken und em ein kol fuere geben, ÿe lenger ye nehir uff daz leczte, bis das glas oben an dem hals begynnet zcu gluen. So nym dan ein gluende zcange und drucke deme glase den hals zcu, daz heisset sigillum Hermetis, und lasse das glas in deme fure so steen vier ader funff tage oben und unden mit fure.

Und wan der forderichen materien wilt gebruchen, so saltu ÿo den ply uff dem teste, darnoch du der pulver zcu silber wilt machen, vor ein wenig feins silbers seczen, uff daz das plÿ dÿ pulver icht zcu sere raube.

druck 'anamasatum' auf 'mās' (= männliches Geschlecht), also den Schwefel zu beziehen. Gemeint wäre dann der Mercurius, der ja hermaphroditisch ist, ohne sein männliches Geschlecht, d.h. ein Mercurius, dem sein Schwefel bereits ausgezogen wurde. Dies würde auch zu dem weiter oben erwähnten 'usgeczogend swefil' passen.

[1674] Möglich wäre auch die Lesart 'auch'.

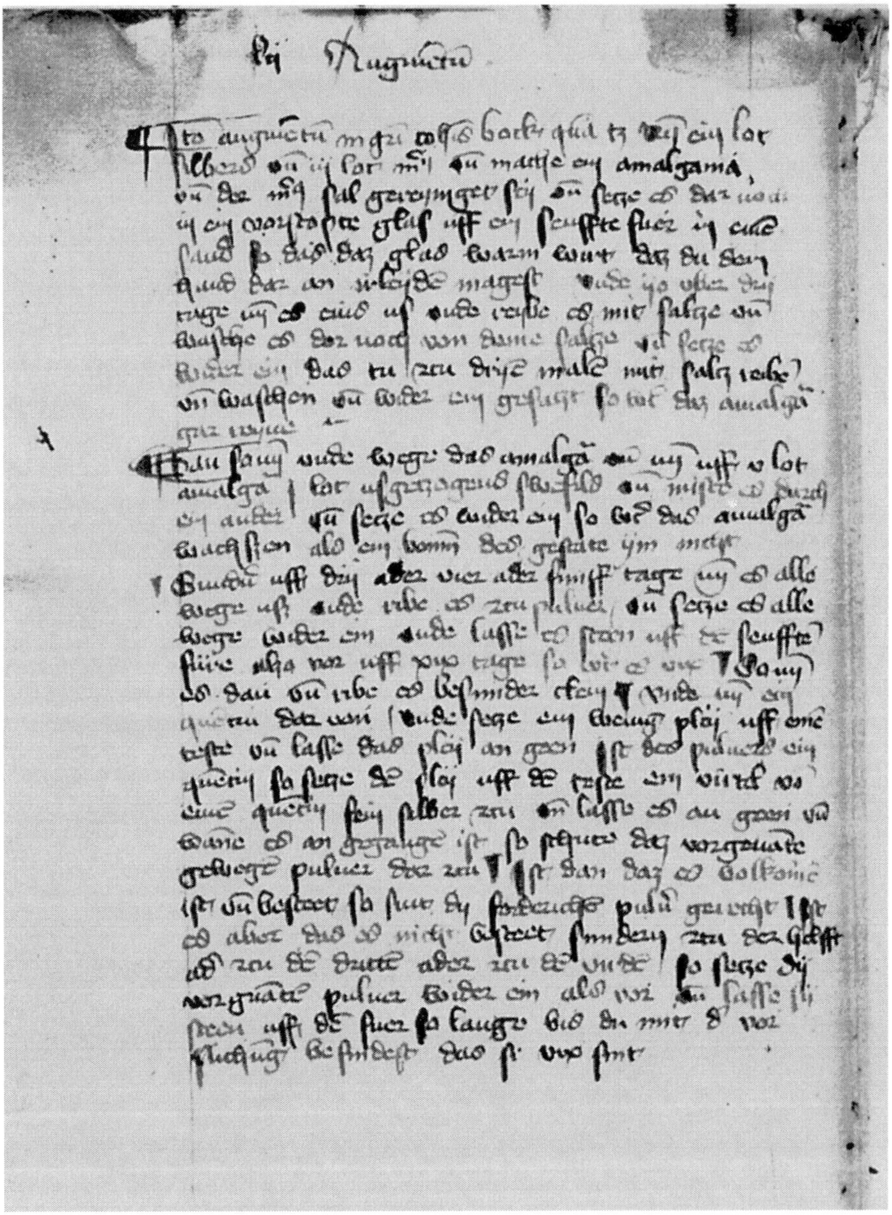

Abbildung 20: Blatt 84^{v} der Nürnberger Handschrift 198 353

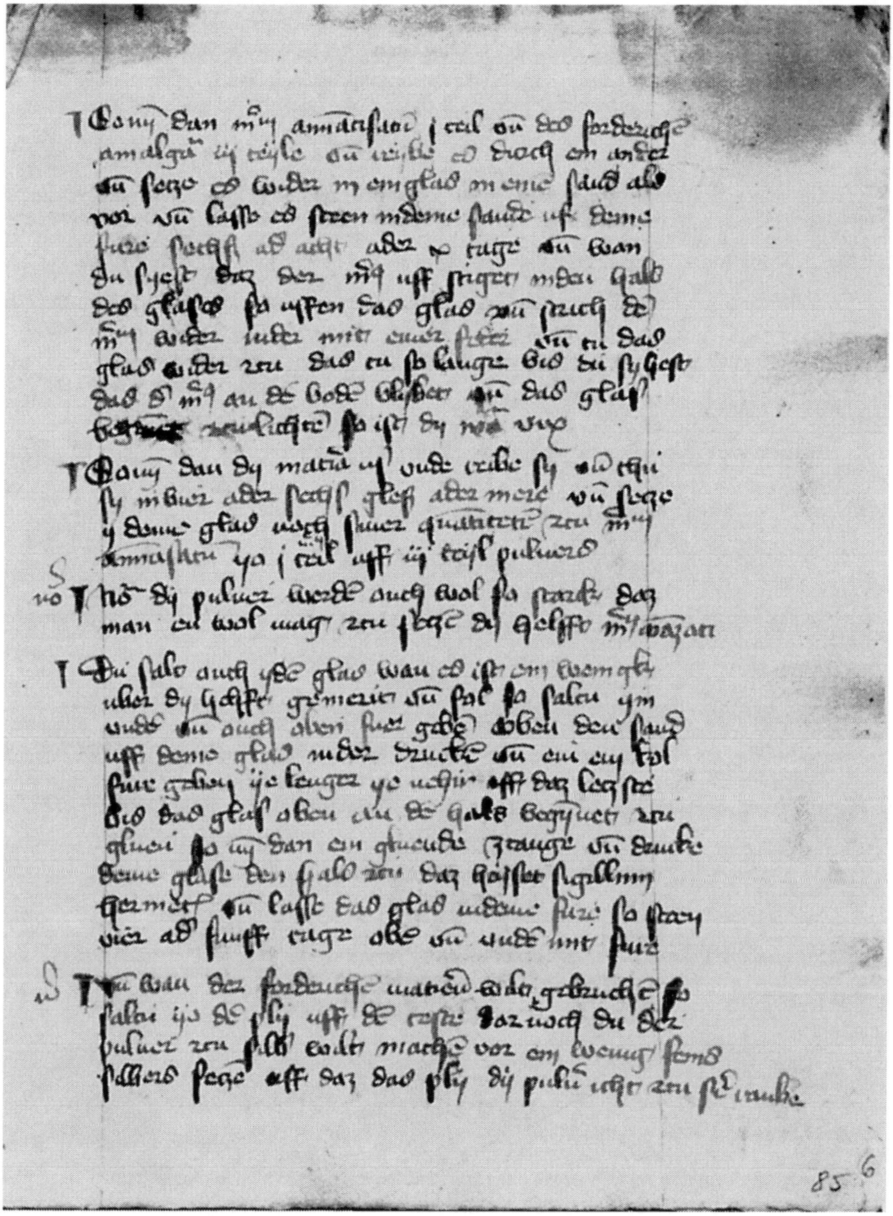

Abbildung 21: Blatt 85r der Nürnberger Handschrift 198 353

9.4. Johann Bock: Alchemistisches „*fixacio*"-Rezept

Der Text der Hs. 198 353:

[Bl. 154r] Fixacio armoniaci magistri Johannis Bock.

Nym armoniacum und reibe den clein und tu den in tuchelin und mache nodeln dar us also grosz als haselnücze, wÿ vil du wilt figiren, und nym ungelesc*h*ten[1675] kalk wol gerÿben und lege den unden in einen tigil eins fingers dicke ader dicker, und lege dÿ nodeln von dem armoniacum in dem tuchlin in den kalk eins bÿ das ander, doch so, das eins das ander nicht an rüre. Unde schüte ungeleschten wol gerÿben kalk oben uff dÿ nodel ader puschelgin[1676] aber eins fingers dick ader dicker, und also stratum super stratum[1677] den tigil vol, und secze en dan in einem wint offen zcwÿschen koln ein stunde ader zcwu, so figirt sich der armoniacum in dem kalke.

Dor noch so nym dÿ puschelgin mit dem armoniacum her us us dem kalke und reÿbe en rÿsche.[1678] So secze thu[1679] en uff einen stein, so solvirt er sich in ein wasser und leth sich nymmer coaguliren.

[1675] Das h in 'ungelesc*h*tin' fehlt in der Handschrift, weshalb es hier kursiv gedruckt wird.

[1676] Der Terminus 'puschelgin' entspricht den neuhochdeutschen Wörtern 'Büschel' bzw. 'Büschelchen'.

[1677] Der lateinische Ausdruck 'stratum super stratum' bedeutet 'Schicht über Schicht'.

[1678] Der Ausdruck 'rysche' entspricht dem mittelhochdeutschen Adverb 'rische' bzw. 'risch' – hurtig, schnell, vgl. hierzu auch Lexer (1992).

[1679] 'thu' = du.

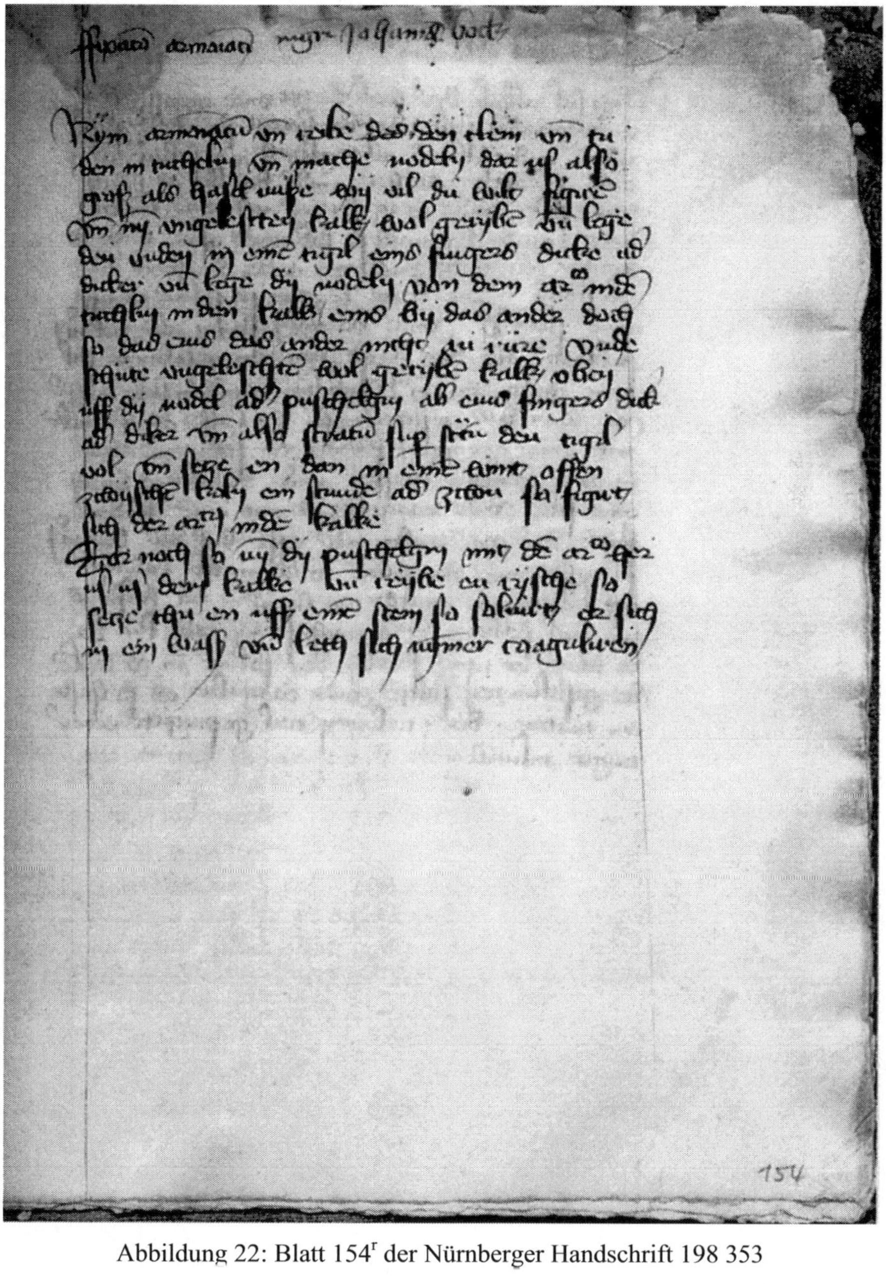

Abbildung 22: Blatt 154^{r} der Nürnberger Handschrift 198 353

10. Schlußbemerkung

Die mittelalterliche Alchemie war eine unauflösliche Verbindung von antiker Naturphilosophie und Praxis. Ihr Ziel war die Herstellung des Lapis philosophorum (Stein der Weisen) oder der Panazee (Allheilmittel), also des Elixiers, mit dem die Unvergänglichkeit für Metalle und den menschlichen Körper erreicht werden sollte. Die von den Alchemisten angestrebte Transmutation unedler Metalle in Gold oder Silber ist nicht so abwegig, als daß man die Alchemie deshalb als Hokuspokus, Scharlatanerei, Zauberei oder Taschenspielerei abtun könnte. Die Transmutation ist möglich, wenn auch nicht in der von den Alchemisten angestrebten Form, und sie ist in der modernen Chemie selbstverständlich, wo ständig ein Stoff in einen anderen überführt bzw. transmutiert wird. Das Hindernis für die Alchemisten war, daß sie weder über die erforderlichen naturwissenschaftlichen Kenntnisse noch über die nötigen technischen Voraussetzungen verfügten, um eine Transmutation durchführen zu können.

Diese Abhandlung verschafft einen Eindruck von der Stellung der Alchemie mit ihrem philosophisch-theoretischen Überbau und ihrem handwerklich-praktischen Unterbau im Wissenschaftssystem des Mittelalters und von dem Einfallsreichtum der Alchemisten bei der Verschlüsselung ihrer Sprache. Es dürfte aber auch deutlich geworden sein, daß mit dem bemerkenswerten sozialethischen Verantwortungsgefühl der Alchemisten als einer der Hauptursachen der Geheimhaltung alchemistischen Wissens, ein weiterer Beleg dafür erbracht werden kann, daß das Mittelalter nicht so dunkel war, wie immer noch häufig behauptet wird. Mit einem solchen sozialethischen Verantwortungsgefühl können sich die Alchemisten sehr gut neben den modernen Naturwissenschaftlern von heute sehen lassen, vielleicht kann man sogar so weit gehen zu sagen, daß die Alchemisten ihren modernen Wissenschaftskollegen in punkto Verantwortungsbewußtsein für das eigene Tun voraus waren.

Die hier vorgenommene Darstellung der deutschsprachigen Fachliteratur der Alchemie mit ihrer Zweiteilung in Übersetzungstexte und genuin deutsche Schriften, kann aber nur ein Baustein und ein Anstoß für eine weiterführende systematische Erforschung der mittelalterlichen Alchemie sein. Eines ist dabei deutlich zutage getreten: der eklatante Mangel an Editionen alchemistischer Fachtexte. Die hier beigesteuerten drei kleinen Editionen sind angesichts der Vielzahl an Texten, die einer editorischen Bearbeitung harren, nur ein Tropfen auf den heißen Stein.

Das wahre Ausmaß der im Mittelalter produzierten deutschsprachigen Alchemieliteratur ließ sich hier nur in Umrissen abbilden. Was aufgrund der Konzeption dieser Abhandlung als Forschungsbericht unberücksichtigt blieb, sind die in Masse vorliegenden und bisher fast völlig unbearbeiteten anonymen deutschsprachigen Alchemica. Zu diesen zählen, neben einer Vielzahl alchemistischer Rezepte, bspw. das „*Buchlein von denn wessen der metall*“ aus dem Münchener Cgm 309 und ein anonymer mitteldeutscher Alchemietraktat aus dem Wolfenbütteler Cod. Guelf. 80.4. Aug 8°.[1680] Darüber hinaus ist davon auszugehen, daß noch viele unentdeckte Alchemica in Handschriften schlummern und auf ihre Entdeckung warten.

Was diese Abhandlung aber leisten konnte, war das Bemühen, der künftigen Forschung ein Hilfsmittel an die Hand zu geben, mit dem die wissenschaftliche Aufarbeitung der deutschsprachigen Alchemie des Mittelalters, also vor allem ihrer Fachliteratur und Fachsprache, vorangetrieben werden kann.

Die hier vorgenommene Zweiteilung der alchemischen deutschsprachigen Fachliteratur in Übersetzungen lateinischer Vorlagen und in genuin deutsche Texte, schien mir sinnvoll zu sein, weil dadurch auch die Genese der deutschen Alchemieliteratur deutlich wird, die ihre Ursprünge in der lateinischen Fachliteratur hat. In der Vorstellung der vorhandenen Forschungsergebnisse über die verschiedenen Alchemisten und ihre Werke läßt sich am Umfang der einzelnen Kapitel auch eine große Diskrepanz bzgl. der Menge der gesammelten Erkenntnisse ablesen. Dies wird besonders deutlich an bereits edierten Werken, die i.d.R. eine weitaus umfangreichere Erforschung aufzuweisen haben, was einmal mehr das große Problem der Alchemieforschung dokumentiert, den Mangel an erschlossenen Texten. Die Unterschiedlichkeit der Erkenntnislage offenbart aber gleichzeitig eine Chance für künftige Forscher, die in vielen Fällen fast unberührten Boden vorfinden, den sie bearbeiten können und der reiche Ergebnisse verspricht.

Ähnliches gilt für die Wirkung der Alchemie auf andere Wissensgebiete des Mittelalters, die hier an einigen Beispielen angerissen wurde. Für den bedeutendsten Wirkungsaspekt, die Medizin, erfolgte eine etwas ausführlichere Darstellung, da dort die Iatrochemie zu einem wichtigen Bestandteil der ärztlichen Tätigkeit avancierte. Auch hier liegen noch viele Beziehungsstränge im Dunkeln und die Wissensgebiete selbst bieten noch breiten Raum für Forschungen, da auch hier viele Texte noch nicht erschlossen sind. Trotzdem konnte der kurze Abriß des Wirkungsaspektes die Bedeutung der Alchemie für die mittelalterliche Naturphilosophie hervorheben. Die alchemistisch geprägte Naturphilosophie wirkte noch bis weit in die Neuzeit hinein nach. Sie beeinflußte nicht nur das Denken von Paracelsus, sondern blieb auch in der Übergangsphase zu den modernen Naturwissenschaften noch lange bestimmend.

Die Alchemie war also mehr als nur Vor- und Frühgeschichte der heutigen Chemie und Pharmazie. Es sind vor allem ihre „naturphilosophischen und naturmystischen Komponenten“[1681], die einen wichtigen Beitrag zum mittelalterlichen Weltbild leisteten. So gibt die Fachliteratur der Alchemie u.a. auch Aufschlüsse über die „Geistesge-

[1680] Vgl. zu diesen beiden anonymen Alchemietraktaten das Überlieferungsverzeichnis im Anhang (Kap. I.4.).
[1681] Buntz (1974) S. 144

schichte und die seelische Haltung“[1682] des Mittelalters und der frühen Neuzeit. Nur aus dieser heraus läßt sich erklären, was die Dichter dazu bewegte, ihre Werke mit Wissen jeglicher Art, auch mit alchemistischem Wissen zu füllen.

Die große Wirkung der Fachliteratur und der damit verbundenen Fachterminologie auf die Dichtung macht ihre Erforschung unumgänglich, denn ohne einen fachliterarischen und fachsprachlichen Hintergrund würden sonst viele Stellen bei unseren großen mittelalterlichen Dichtern dunkel bleiben. Dies gilt vor allem für Wolfram von Eschenbach (sowohl im „*Parzival*“ als auch im „*Willehalm*“), aber auch für Hartmann von Aue und Gottfried von Straßburg. Auch bei ihnen läßt sich alchemistisches Wissen nachweisen, wie am Beispiel von Wolframs „*Parzival*“ gezeigt wurde. Selbst der eher als Minnesänger und politischer Dichter bekannte Walther von der Vogelweide läßt seine außergewöhnliche Bildung aufscheinen, indem er in seinen zweiten Reichsspruch alchemistisches Wissen einfließen ließ. Der gelehrte Spruchdichter Heinrich von Mügeln hat die Alchemie in „*Der meide kranz*“ der Physica zugerechnet und sie somit in sein System der Wissenschaften integriert. Darüber hinaus konnte er sogar als alchemistische Autorität in die Fachliteratur hinübergleiten. Dies ist nicht zuletzt Heinrichs umfassender Bildung zu verdanken, der er in seinen Werken Ausdruck verleiht und die in langer humanistischer Tradition vom Prager Frühhumanismus bis zu Alanus ab Insulis und damit zur Schule von Chartres zurückreicht. Der Einfluß der Alchemie auf die deutsche Dichtung des Mittelalters manifestiert sich auf vielfältige Weise, wie es die kritische Haltung Sebastian Brants und Gottfrieds von Straßburg dokumentiert. Sie zeigt sich aber noch bei anderen Dichtern, die hier nicht betrachtet wurden, da dies einerseits den Umfang dieser Abhandlung gesprengt hätte und ich dazu andererseits eine separate Veröffentlichung plane. Zu denken ist hier vor allem an Heinrich Frauenlob (d.i. Heinrich von Meißen, *2. Hälfte des 13. Jahrhunderts †29.11.1318), der in seinem „*Minneleich*“ mit der Kenntnis des alchemistischen Hermaphroditen und weiterer alchemistischer Begriffe sein alchemisches Wissen offenbart.[1683]

Solche spätmittelalterliche Dichtung, wie die Heinrichs von Mügeln oder auch die Frauenlobs, ist Propagierung naturkundlicher Bildung der Enzyklopädien von Laien für Laien. Sie steht mit ihrer Vermittlung von Gelehrsamkeit in der Tradition des großen Vorbildes Wolfram von Eschenbach. Die spätmittelalterlichen Dichter tragen also Wolframs Wertschätzung umfassenden Wissens weiter und versuchen es einer breiteren Bevölkerungsschicht zugänglich zu machen. Allerdings wird aus dieser Wertschätzung bei ihnen oft Bildungsdünkel und Prahlerei, so wie etwa bei Frauenlob, der von sich behauptet, daß seine Gelehrsamkeit die Reinmars von Hagenau, Walthers von der

[1682] Hartlaub (1959) S. 14

[1683] Zur Alchemie in Frauenlobs „*Minneleich*“ vgl. Bein (1988), Steinmetz (1994), Fritsch-Staar

Vogelweide und Wolframs von Eschenbach übertreffe, da diese nur den Schaum abschöpften, wohingegen er auf den Grund des Kessels greife, wie er es in seinem Spruch 165 formuliert:[1684]

> *„Swaȥ ie gesanc Reinmâr unt der von Eschenbach,*
> *swaȥ ie gesprach*
> *der von der Vogelweide*
> *zuo vergoltem kleide:*
> *ich Frouwenlop vergulde ir sanc, als ich iuch bescheide:*
> *si hânt gesungen von dem veim, den grunt hânt sî verlâȥen. –*
> *Ûȥ keȥȥels grunde gôt mîn kunst, sô giht mîn munt,*
> *ich tuon iu kunt*
> *mit worten unt mit dœnen*
> *gar ân sunderhœnen:*
> *noch sollte man mîns sanges schrîn gar rîlîchen krœnen;*
> *si hânt gevarn den smalen stîc bî künsterîchen strâȥen.*
> *Swer ie gesanc unt singet noch*
> *bî grûenem holze ein vûleȥ bloch,*
> *so bin ichȥ doch*
> *ir meister noch.*
> *der sinne trage ouch ich ein joch*
> *dô zuo ich der künste ein koch*
> *mîn wort mîn dœne trâten nie ûȥ rehter sinne saȥen.“*[1685]

Sich mit der Alchemie, ihrer Fachliteratur und Fachsprache zu beschäftigen, ist auch deshalb sinn- und zweckvoll, da manche Stelle in der neuzeitlichen deutschen Dichtung ohne ein Verständnis alchemistischer Zusammenhänge dunkel bleiben würde. Anklänge an die Alchemie und deren dunkle und bilderreiche Sprache, die die Dichter faszinierte, finden sich bei Heinrich von Kleist (1777-1811), E.T.A. Hoffmann (1776-1822), Ludwig Tieck (1773-1853), Rainer Maria Rilke (1875-1926) und bei Gustav Meyrink (eigentlich Gustav Meyer, 1868-1932). Die stärkste Wirkung hatte sie jedoch auf Goethe (1749-1832) und Novalis (d.i. Georg Philipp Friedrich Freiherr von Hardenberg, 1772-1801).

Goethe hat nicht nur alchemistische Bücher studiert, sondern auch selbst alchemistische Versuche durchgeführt. Dies zeigen auch die zahlreichen alchemistischen Vorstellungen in seinem Werk, so u.a. in der „*Farbenlehre*“ und der „*Metamorphose der Pflanzen*“. In „*Unbegrenzt*“ im „*Buch Hafis*“ des „*West-östlichen Divan*“ beweist er seine Kenntnis des Ouroboros-Symbols:

(1999) und Haage (2003a).

[1684] Vgl. hierzu auch Haage (1986a) S. 219f.

[1685] Ettmüller (1843) S. 114f.

„Daß du nicht enden kannst, das macht dich groß
Und daß du nie beginnst, das ist dein Los.
Dein Lied ist drehend wie das Sterngewölbe,
Anfang und Ende immerfort dasselbe,
Und was die Mitte bringt, ist offenbar
Das, was zu Ende bleibt und anfangs war.“[1686]

Am bekanntesten sind aber sicherlich die Verse, die Faust spricht:

„Mein Vater war ein dunkler Ehrenmann,
Der über die Natur und ihre heil'gen Kreise,
In Redlichkeit, jedoch auf seine Weise,
Mit grillenhafter Mühe sann;
Der, in Gesellschaft von Adepten,
Sich in die schwarze Küche schloß
Und, nach unendlichen Rezepten,
Das widrige zusammengoß.
Da war ein roter Leu [d.i. Quecksilber, d.V.], *ein kühner Freier,*
Im lauen Bad der Lilie [d.i. Salzsäure, d.V.] *vermählt,* [d.i. die Conjunctio, d.V.]
Und beide dann mit offenem Flammenfeuer
Aus einem Brautgemach ins andere gequält. [d.i. die Läuterung durch Feuer, d.V.]
Erschien darauf mit bunten Farben [d.i. der Pfauenschwanz des opus, d.V.]
Die junge Königin im Glas, [d.i. möglicherweise die Panazee, d.V.]
Hier war die Arzenei, die Patienten starben,
Und niemand fragte: wer genas?“ (1034-1049)

Wohin die Unkenntnis der Alchemie führen kann, zeigt „*Das Märchen*“ in Goethes „*Unterhaltungen deutscher Ausgewanderter*“. Das Ignorieren von Goethes alchemistischer Tradition führte dazu, daß „*Das Märchen*“ als „Allegorie auf die franz. Revolution gedeutet wurde“[1687], obwohl der Text stark an die Schriften von Zosimos von Panopolis erinnert.

Novalis besaß ebenfalls sehr gute Kenntnisse der alchemistischen Fachliteratur. In einem Brief an Friedrich Schlegel schreibt er:

„Daß wir uns sehen könnten! Meine und Deine Papiere gegenseitig auszuwechseln! Du würdest viel Theosophie und Alchymie finden.“[1688]

So ist es nicht überraschend, in den „*Lehrlingen zu Sais*“ von einem „*Alkahest*“, einem Universallösungsmittel, zu lesen, oder in den Fragmenten zum „*Heinrich von Ofterdingen*“:

[1686] Goethe, Berliner Ausgabe, Bd. 3, S. 28
[1687] Gebelein (1991) S. 222
[1688] Buntz (1970) S. 202

> *„Dreieiniges Mädchen* [...] *Übergang in die höhere Natur. Magie etc. Heinr(ichs) Ahndungen des Todes. Stein der Weisen.*"[1689]

Der zentrale Begriff des *„Heinrich von Ofterdingen*" ist die *„blaue Blume*", die zum Symbol der Romantik wurde. Dieses Bild stammt mit Sicherheit aus der Alchemie, denn die „Umstände, unter denen Heinrich sie im Traum sieht – der Weg in den Berg, das Bad im Brunnen – erinnern an alchemistische Allegorien"[1690] und die *„himmelblaue Blume*" bzw. die *„saphirische Blume*" ist ein beliebtes alchemistisches Bild. So heißt es bei Pseudo-Raimundus Lullus im *„Tractatus de praeparatione Lapidis Philosophici*" wie folgt:

> *„Auch wächst in dieser Insel das Philosphische Gold. Es wächst auch darinn ein Kraut / das hat grüne Smaragdische Blätter* [...] *Dieses Krauts Blum ist himmelblaw / alle Farben sind darin beschlossen / dieser Glantz ist so klar / als der klare blaw Himmel.*"[1691]

Daneben findet sich bspw. im *„Alchimistischen Manuskript*" (Ms. L IV 1 der Universitätsbibliothek Basel), einer Handschrift von 1550, folgendes Bild: Im hermetischen Ei liegt der Drache Ouroboros, aus dem drei Blumen wachsen, nämlich die rote Blume des Goldes, die weiße des Silbers und dazwischen die blaue *„flos sapientium*", die alchemistische Blume der Weisen bzw. der Weisheit (vgl. Abbildung 23). Diese, oder eine ähnliche Darstellung der alchemistischen Blume der Weisheit, könnte Novalis durchaus zu seiner blauen Blume inspiriert haben.[1692]

Ohne Kenntnisse der Alchemie und ihrem Fachschrifttum bleibt also manche Stelle in der deutschen Dichtung vom Mittelalter bis in die Moderne hinein verschlossen. Dabei gehört die Erforschung des Fachschrifttums der Alchemie und der Arkansprache mit Sicherheit zu den interessantesten, aber leider auch zu den schwierigsten Teilgebieten der Fachprosaforschung. Es ist noch viel zu tun und so bleibt nur zu hoffen, daß sich die Erkenntnis von der Wichtigkeit der Fachprosaforschung noch weiter durchsetzt, damit die Forschung schneller die großen noch vorhandenen Defizite verkleinern kann.

Abschließend kann festgehalten werden, daß die Erforschung des alchemistischen Fachschrifttums und die damit verbundene Erforschung der alchemistischen Arkansprache und überhaupt die Erforschung der gesamten Artesliteratur und ihrer Fachsprachen noch immer am Anfang steht. So ist man von einer Gesamtübersicht des alchemistischen Fachschrifttums noch weit entfernt, und von einer Gesamtedition der

[1689] Buntz (1970) S. 202
[1690] Buntz (1970) S. 202
[1691] Buntz (1970) S. 202, zitiert nach der Übersetzung in Figulus' *„Thesaurinella Olympica Aurea Tripartita*" (1608).
[1692] Zu diesem Bild der *„flos sapientium*" vgl. auch Buntz (1970) S. 202f.

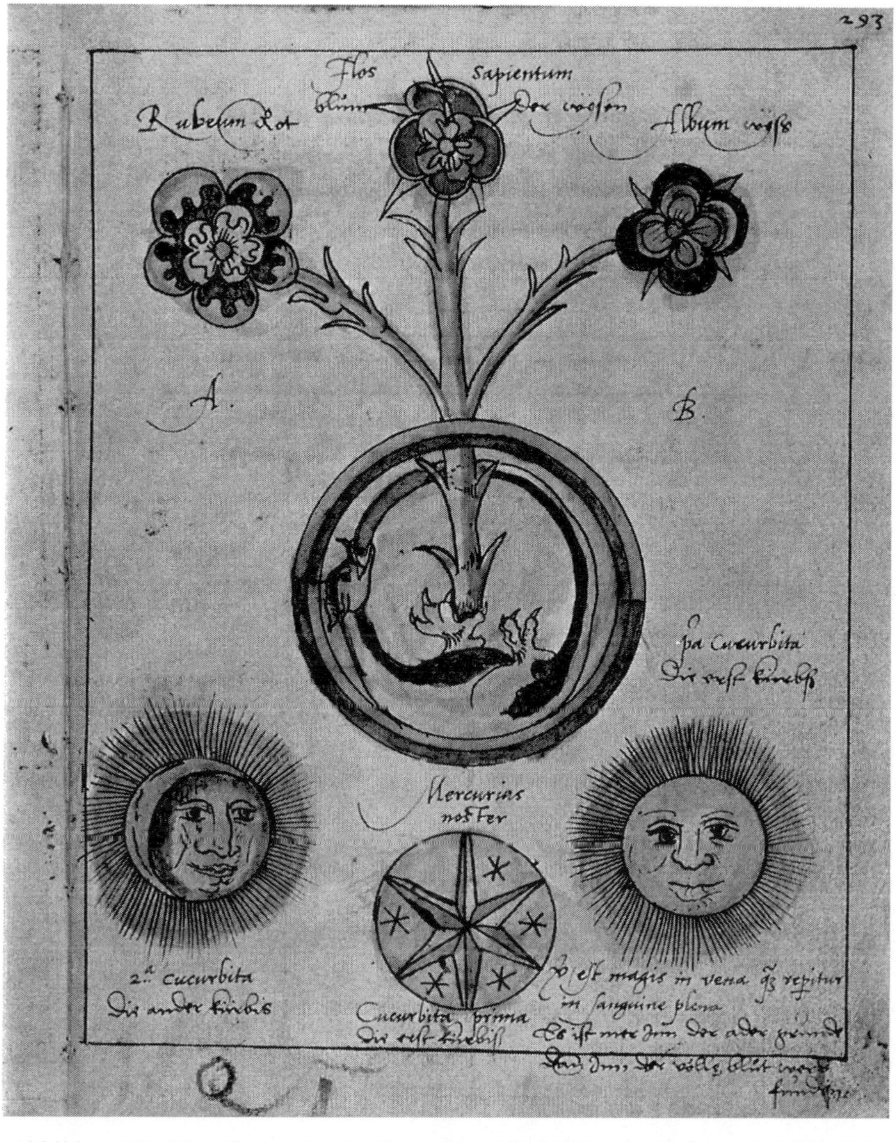

Abbildung 23: Die „*flos sapientium*“ aus dem Ms. L IV 1 der Universitätsbibliothek Basel

Werke darf im Moment nur geträumt werden. Gleiches gilt für ein dringend erforderliches Wörterbuch alchemistischer Fachtermini. Doch langsam aber stetig setzt sich in der Germanistik die Erkenntnis durch, wie wichtig die Erforschung der Fachliteratur und ihrer zugehörigen Fachsprachen vor allem, aber nicht nur, für das Frühneuhochdeutsche ist.

Literaturverzeichnis

Abbri (1980): Abbri, Ferdinando: Elementi, principi e particelle. Le teorie chimiche de Paracelso a Stahl. Storia della scienza, 20. Torino 1980.

Abraham (1998): Abraham, Lyndy: A Dictionary of Alchemical Imagery. Cambridge 1998.

Achelis (1943): Achelis, Johann D.: Die Überwindung der Alchemie in der paracelsischen Medizin. Sitzungsberichte der Heidelberger Akademie der Wissenschaften, Jg. 1942, Bd. 3. Heidelberg 1943.

Adams/Lindon (1998): Adams, Alison; Lindon, Stanton J. (Hrsg): Emblems and Alchemy. Glasgow 1998.

Adelung (1785-89): Adelung, Johann C.: Geschichte der menschlichen Narrheit oder Lebensbeschreibung berühmter Schwarzkünsteler, Goldmacher, Wahrsager, Teufelsbanner, Zeichen- und Liniendeuter, Schwärmer und anderer philosophischer Unholden, 7 Bde. Leipzig 1785-89.

Aletophilo (1706): Aletophilo (Hrsg.): Hermetis Trismegisti Erkänntnüß der Natur [...], übersetzt von Aletophilo. Hamburg 1706. (Neuausgabe: München 1964)

Alexander von Suchten (1613): D. Alexandri von Suchten Mysteria Gemina Antimonii, das ist: von den großen Geheimnüssen deß Antimonii [...], hrsg. von Johann Thölde, Gera 1613.

Alleau (1975): Alleau, René: Splendor solis. Étude iconographique du manuscrit de Berlin. In: Salomon Trismosin: La toison d'or ou la fleur des trésors. Texte de l'édition française de 1612. Introduction, traduction inédite du texte allemand de 1598. Commentaires des illustrations par Bernard Husson. Paris 1975, S. 265-285.

Ambelain (1965): Ambelain, R.: Scala philosophorum ou la symbolique des outils dans l'art royal. Paris 1965.

Anawati (1971) Anawati, G. C.: Avicenne et l'alchimie. In: Oriente e Occidente nel Medioevo. Rom 1971, S. 285-341.

Ankermann (2000): Ankermann, Maren: Mystik und Naturwissenschaft: Parallelen zwischen den Weltbildern von Quantenphysikern und mystischen Konzepten. Ansätze und Probleme der Forschung. In: Hartmann, Sieglinde; Müller, Ulrich (Hrsg.): Jahrbuch der Oswald von Wolkenstein Gesellschaft, Bd. 12. Frankfurt/Main 2000, S. 339-351.

Armour (1997): Armour, Peter: Greifen. In: John Cherry (Hrsg.): Fabeltiere. Von Drachen, Einhörnern und anderen mythischen Wesen. Stuttgart 1997, S. 112-164.

Assion (1973): Assion, Peter: Altdeutsche Fachliteratur. Grundlagen der Germanistik, Bd. 13. Berlin 1973.

Assion (1978): Assion, Peter: Burkhard von Horneck. In: Kurt Ruh; Gundolf Keil; Werner Schröder u.a. (Hrsg.): Die deutsche Literatur des Mittelalters. Verfasserlexikon, Bd. 1. Berlin, New York, 2. völlig neu bearb. Aufl. 1978, Sp. 1137-1139.

Assion (1980): Assion, Peter: Ellenbog, Ulrich. In: Kurt Ruh; Gundolf Keil; Werner Schröder u.a. (Hrsg.): Die deutsche Literatur des Mittelalters. Verfasserlexikon, Bd. 2. Berlin, New York, 2. völlig neu bearb. Aufl. 1980, Sp. 495-501.

Assion (1982): Assion, Peter: Der Hof Herzog Siegmunds von Tirol als Zentrum spätmittelalterlicher Fachliteratur. In: Keil (1982), S. 37-75.

Assion (1987): Assion, Peter: Fachliteratur. In: Glier, Ingeborg (Hrsg.): Die deutsche Literatur im späten Mittelalter: 1250-1370. Teil 2: Reimpaargedichte, Drama, Prosa.

Die deutsche Literatur von den Anfängen bis zur Gegenwart, Bd. 3. München 1987, S. 371-395.

Aurnhammer (1986): Aurnhammer, Achim: Zum Hermaphroditen in der Sinnbildkunst der Alchemisten. In: Meinel (1986), S. 179-200.

Aurnhammer (1986a): Aurnhammer, Achim: Androgyne. Studien zu einem Motiv in der europäischen Literatur. Köln, Wien 1986.

Baader (1974): Baader, Gerhard: Mathematische und alchemistische Traktate, angeblich von Ricardus Anglicus. In: XIIIe Congrès International d'Histoire des Sciences (Moskau 1971), Actes, Sect. III/IV, Moskau 1974, S. 185-189.

Baader (1982): Baader, Gerhard: Mittelalterliche Medizin im italienischen Frühhumanismus. In: Keil (1982), S. 204-254.

Baader (1984): Baader, Gerhard: Die Antikerezeption in der Entwicklung der medizinischen Wissenschaft während der Renaissance. In: Schmitz, Rudolf; Keil, Gundolf (Hrsg.): Humanismus und Medizin. Mitteilung der Kommission für Humanismusforschung, 11. Weinheim 1984, S. 51-66.

Baader (1987): Baader, Gerhard: Medizinische Theorie und Praxis zwischen Arabismus und Renaissancehumanismus. In: Keil/Moeller/Trusen (1987), S. 185-214.

Bachmann (1999): Bachmann, Manuel: Das mehrdimensionale Symbolsystem der Alchemie im Barock. In: Hofmeier, Thomas; Gantenbein, Urs L.; Gamper, Rudolf u.a.: Alchemie in St. Gallen. St. Gallen 1999, S. 32-38.

Bachmann (2003): Bachmann, Manuel: Wiedergeburt der Alchemie aus philosophischer Sicht. In: Figala, Karin; Gebelein, Helmut (Hrsg.): Hermetik & Alchemie. Betrachtungen am Ende des 20. Jahrhunderts. Gaggenau 2003, S. 63-81.

Bachmann/Hofmeier (1999): Bachmann, Manuel; Hofmeier, Thomas: Geheimnisse der Alchemie. Basel 1999.

Baldwin (1998): Baldwin, Martha: Albertus Magnus. In: Priesner/Figala (1998), S. 20-22.

Barke (1991): Barke, Jörg: Die Sprache der Chymie. Am Beispiel von vier Drucken aus der Zeit zwischen 1574-1761. Reihe Germanistische Linguistik, 111. Tübingen 1991.

Barone (1986): Barone, Giulia: Elias von Assisi. In: Lexikon des Mittelalters, Bd. 3. München, Zürich 1986, Sp. 1826-1827.

Bauer (1883): Bauer, A.: Chemie und Alchymie in Österreich. Wien 1883.

Bauer (1951): Bauer, Konrad: Deutung der Glaszeichen aus der alchemistischen Zeichenschrift. In: Glastechnische Berichte 24 (1951), S. 191f.

Bauer (1952): Bauer, Konrad: Beiträge zur Geschichte der alchemistischen Zeichenschrift. In: Gutenberg-Jahrbuch 27 (1952), S. 9-13.

Baufeld (1990): Baufeld, Christa: Spätmittelalterliche Artesliteratur aus dem Gebiet des Handwerks und der Alchemie. In: Wissenschaftliche Beiträge der Ernst-Moritz-Arndt-Universität Greifswald (1990), S. 76-86.

Baufeld (1994): Baufeld, Christa: 'Ik lerde kunst dor lust'. Everhards van Wampen 'Spegel der naturen'. In: Christa Baufeld (Hrsg.): Die Funktion außer- und innerliterarischer Faktoren für die Entstehung deutscher Literatur des Mittelalters und der frühen Neuzeit. GAG 603. Göppingen 1994, S. 9-25.

Baufeld (1996): Baufeld, Christa: Kleines Frühneuhochdeutsches Wörterbuch. Lexik aus Dichtung und Fachliteratur des Frühneuhochdeutschen. Tübingen 1996.

Baum (2000): Baum, Wilhelm: Die Erweiterung des europäischen Weltbildes durch Kontakte mit dem Orient, Indien und China vom 12. bis zum 15. Jahrhundert. In: Hartmann, Sieglinde; Müller, Ulrich (Hrsg.): Jahrbuch der Oswald von Wolkenstein Gesellschaft, Bd. 12. Frankfurt/Main 2000, S. 423-437.

Becher (1726): Becher, J.J.: Chymischer Glücks-Hafen, oder Grosse Chymische Concordanz und Collection (erneute Ausg.), Halle: E.G. Krug 1726 ([1]1682), T. 3 ('Mecurial-Arbeiten'), S. 399.

Bechtel (1970): Bechtel, Guy: Paracelse et la naissance de la médecine alchimique. Histoire des personnages mystérieux et des sociétés secrètes. Paris 1970.

Beck (1939): Beck, C.: Studien über Gestalt und Ursprung des „Circa instans". Diss. Berlin 1939.

Becker (1987): Becker, Hans-Jürgen: Die Entwicklung der juristischen Fakultät in Köln bis zum Jahre 1600. In: Keil/Moeller/Trusen (1987), S. 43-64.

Beckers/Bentzinger/Duijvestijn u.a. (1994): Beckers, Hartmut; Bentzinger, Rudolf; Duijvestijn, Bob u.a.: Probleme und Aufgaben der DTM-Edition. 'Der deutsche „Malagis"'. Gabriele Schieb zum 75. Geburtstag am 18.11.1994. In: ZfdPh 113 (1994), S. 393-407.

Beierwaltes (1978): Beierwaltes, Werner: Neuplatonisches Denken als Substanz der Renaissance. In: Magia naturalis und die Entstehung der modernen Naturwissenschaften. Symposion der Leibniz-Gesellschaft, Hannover 14. und 15. November 1975. Wiesbaden 1978, S. 1-18.

Beierwaltes (1985): Beierwaltes, Werner: Denken des Einen. Studien zur neuplatonischen Philosophie und ihrer Wirkungsgeschichte. Frankfurt/Main 1985.

Bein (1988): Bein, Thomas: „Sus hup sich ganzer liebe vrevel". Studien zu Frauenlobs Minneleich. Frankfurt/Main 1988.

Bein (1990): Bein, Thomas: Textkritik. Eine Einführung in Grundlagen der Edition altdeutscher Dichtung. GAG 519. Göppingen 1990.

Bein (1995): Bein, Thomas (Hrsg.): Altgermanistische Editionswissenschaft. Dokumentation Germanischer Forschung, 1. Frankfurt/Main 1995.

Bein (1998): Bein, Thomas: Editionsprinzipien für deutsche Texte des späten Mittelalters und der frühen Neuzeit. In: Besch, Werner; Betten, Anne; Reichmann, Oskar u.a. (Hrsg.): Sprachgeschichte. Ein Handbuch zur Geschichte der deutschen Sprache und ihrer Erforschung, 1. Teilband. Berlin, New York, 2. Aufl. 1998, S. 923-931.

Bengrazi (1993): Bengrazi, Alfio: Iatrochimica, spagiria e alchimia. In: Il medico, l'arte, la scienza, la virtù. Materiali per una ricerca bibliografica e iconografica su Paracelso nella Biblioteca Casanatense. Roma 1993, S. 236-254.

Bentzinger (1985): Bentzinger, Rudolf: Die „Deutschen Texte des Mittelalters". Traditionen, Probleme, Aufgaben. In: Zeitschrift für Germanistik 6 (1985), S. 199-203.

Bentzinger (1995): Bentzinger, Rudolf: Die Deutschen Texte des Mittelalters in Vergangenheit, Gegenwart und Zukunft. In: Bein (1995), S. 306-318.

Benzenhöfer (1989): Benzenhöfer, Udo: Johannes' de Rupescissa „Liber de consideratione quintae essentiae omnium rerum" deutsch. Studien zur Alchemia medica des 15. bis 17. Jahrhunderts mit kritischer Edition des Textes. Heidelberger Studien zur Naturkunde der frühen Neuzeit, Bd. 1. Stuttgart 1989.

Benzenhöfer (1993): Benzenhöfer, Udo: Paracelsus: Leben – Werk – Aspekte der Wirkung. In: Udo Benzenhöfer (Hrsg.): Paracelsus. Darmstadt 1993, S. 7-23.

Benzenhöfer (1997): Benzenhöfer, Udo: Paracelsus. Hamburg 1997.

Benzenhöfer/Triebs (1991): Benzenhöfer, Udo; Triebs, Michaela: Zu Theophrast von Hohenheims Auslegungen der „Aphorismen" des Hippokrates. In: Telle (1991), S. 27-38.

Benzing (1968): Benzing, Josef: Bibliographie der Schriften Hieronymus Brunschwigs. In: Philobiblon 12 (1968), S. 113-141.

Bergier (1988): Bergier, Jean-François (Hrsg.): Zwischen Wahn, Glaube und Wissenschaft. Magie, Astrologie, Alchemie und Wissenschaftsgeschichte. Zürich 1988.

Bernhart (1922): Bernhart, J.: Die philosophische Mystik des Mittelalters von ihren antiken Ursprüngen bis zur Renaissance. München 1922.

Bernoulli (1995): Bernoulli, René: Über die Sozialethik des Arztes Paracelsus. In: Zimmermann (1995), S. 137-146.

Bernt (1930): Bernt, Alois: Forschungen zum Ackermann aus Böhmen. In: ZfdPh 55 (1930), S. 160-208 und S. 301-337.

Bertau (1979): Bertau, Karl: Die Spur im Spiegel. Über die Spiegelschrift des Leonardo da Vinci als Selbstdarstellung. In: Huschenbett, Dietrich; Matzel, Klaus; Steer, Georg u.a. (Hrsg.): Medium aevum deutsch. Beiträge zur deutschen Literatur des hohen und späten Mittelalters. Festschrift für Kurt Ruh zum 65. Geburtstag. Tübingen 1979, S. 1-14.

Bertelsen (1974): Bertelsen, J.: Ouroboros. Viborg 1974.

Bertelsmeier-Kierst/Wolf (2000): Bertelsmeier-Kierst, Christa; Wolf, Jürgen: 'Man schreibt Deutsch'. Volkssprachliche Schriftlichkeit im 13. Jahrhundert. Erträge des ‚Marburger Repertoriums deutschsprachiger Handschriften des 13. Jahrhunderts'. In: Hartmann, Sieglinde; Müller, Ulrich (Hrsg.): Jahrbuch der Oswald von Wolkenstein Gesellschaft, Bd. 12. Frankfurt/Main 2000, S. 21-34.

Berthelot (1885): Berthelot, Marcellin: Introduction à l'étude de la chimie des anciens et du moyen-âge. Paris 1885.

Berthelot (1885a): Berthelot, Marcellin: Les Origines de l'Alchimie. Paris 1885.

Berthelot (1887-88): Berthelot, Marcellin: Collection des anciens alchimistes grecs, 3 Bde. Paris 1887-88.

Berthelot (1906): Berthelot, Marcellin (Hrsg.): Geber – le livre des soixante-dix. In: Mémoires de l'académie des Sciences 49 (1906), S. 310-363.

Berthelot (1906a): Berthelot, Marcellin: Adalard de Bath et la Mappae Clavicula. In: Journal des Savants, N. S. 4 (1906), S. 61-66.

Berthelot (1906b): Berthelot, Marcellin: Archéologie et histoire des sciences. Paris 1906.

Berthelot (1967): Berthelot, Marcellin: La chimie du moyen âge, 3 Bde. Paris 1893. Reprographischer Neudruck Osnabrück 1967.

Berthelot (1970): Berthelot, Marcellin: Die Chemie im Altertum und im Mittelalter. Aus dem Französischen übertragen von E. Kalliwoda. Durchgesehen, eingeleitet und mit Anmerkungen von F. Strunz. Leipzig/Wien 1909. Repograph. Nachdruck. Mit einem Vorwort von R. Schmitz. Hildesheim, New York 1970.

Berthelot/Ruelle (1888-89): Berthelot, Marcellin; Ruelle, C.E.: Collection des anciens alchimistes grecs. 3 Bde. Paris 1888-89. Neudruck Osnabrück 1967.

Bessler (1952): Bessler, Otto: Das deutsche Hortus-Manuskript des Heinricus Breyell. In: Nova Acta Leopoldina, NF 15, Nr. 107 (1952), S. 189-266.

Bessler (1959): Bessler, Otto: Prinzipien der Drogenkunde im Mittelalter. Aussage und Inhalt des 'Circa instans' und Mainzer Gart. Habilitationsschrift (masch.). Halle 1959.

Beutin (2000): Beutin, Wolfgang: Die Mystik und die moderne Naturwissenschaft. Auf dem Wege zu einem einheitlichen „Bild von Geist, Materie und Leben"? In: Hartmann, Sieglinde; Müller, Ulrich (Hrsg.): Jahrbuch der Oswald von Wolkenstein Gesellschaft, Bd. 12. Frankfurt/Main 2000, S. 353-363.

Bianchi (1989): Bianchi, Massimo L.: Il visible e l'invisible. Dall'alchimia a Paracelso. In: Nouvelles de la République des Lettres, Heft 1/2 (1989), S. 23-60.

Bianchi (1994): Bianchi, Massimo L.: The Visible and the Invisible. From Alchemy to Paracelsus. In: Rattansi, Piyo; Clericuzio, Antonio (Hrsg.): Alchemy and Chemistry in the 16th and 17th Centuries. Archives Internationales d'Historie des Idées, 140. Dordrecht, Boston, London 1994, S. 17-50.

Biedermann (1973): Biedermann, Hans: Materia prima. Eine Bildersammlung zur Ideengeschichte der Alchemie. Graz 1973.

Biedermann (1986): Biedermann, Hans: Das Androgyn-Symbol in der Alchemie. In: Prinz, Ursula (Hrsg.): Androgyn. Sehnsucht nach Vollkommenheit. Ausstellungskatalog des Neuen Berliner Kunstvereins. Berlin 1986, S. 57-74.

Biedermann (1998): Biedermann, Hans: Lexikon der magischen Künste. Alchemie – Sterndeutung – Hexenglaube – Geheimlehren – Mantik – Zauberkunst. Lizenzausgabe der 3. verbesserten und erweiterten Aufl. des 'Handlexikon der magischen Künste von der Spätantike bis zum 19. Jahrhundert'. Wiesbaden 1998.

Bignami-Odier (1952): Bignami-Odier, Jeanne: Etudes sur Jean de Roquetaillade (Johannes de Rupescissa). Paris 1952.

Binding (1993): Binding, Günther: Ein Beitrag zum Verständnis von usus und ars im 11./12. Jahrhundert. In: Craemer-Ruegenberg/Speer (1993), S. 967-980.

Birkhan (1986): Birkhan, Helmut: Zu den ältesten volkssprachigen alchemistischen Traktaten. In: Birkhan, Helmut (Hrsg.): Deutsche Literatur des Spätmittelalters. Ergebnisse, Probleme und Perspektiven der Forschung. Wissenschaftliche Beiträge der Ernst-Moritz-Arndt-Universität Greifswald. Deutsche Literatur des Mittelalters, 3. Greifswald 1986, S. 275-283.

Birkhan (1992): Birkhan, Helmut (Hrsg.): Daniel von dem blühenden Tal vom Stricker. Aus dem Mittelhochdeutschen übertragen, mit einer Einführung und Anmerkungen versehen von Helmut Birkhan. Erzählungen des Mittelalters, 5. Kettwig 1992.

Birkhan (1992a): Birkhan, Helmut: Die alchemistische Lehrdichtung des Gratheus filius philosophi im Cod. Vind. 2372, 2 Bde. Wien 1992.

Blank (1971): Blank, Walter: Mittelalterliche Dichtung oder Theologie? Zur Schuld Parzivals. In: ZfdA 100 (1971), S. 133-148.

Blank (1989): Blank, Walter: Der Zauberer Clinschor in Wolframs 'Parzival'. In: Gärtner, Kurt; Heinzle, Joachim (Hrsg.): Studien zu Wolfram von Eschenbach. Festschrift für Werner Schröder zum 75. Geburtstag. Tübingen 1989, S. 321-332.

Blümlein (1992): Blümlein, Kilian: Naturerfahrung und Welterkenntnis. Der Beitrag des Paracelsus zur Entwicklung des neuzeitlichen, naturwissenschaftlichen Denkens. Frankfurt/Main, Bern, New York u.a. 1992.

Boas (1950): Boas, G.: The hieroglyphics of Horapollo. Translated. New York 1950.

Boeren (1975): Boeren, Petrus C.: Codices Vossiani Chymici. Bibliotheca Universitatis Leidensis, Codices manuscripti XVII. Leiden 1975.

Boiadjiev (1993): Boiadjiev, Tzotcho: Die Naturwissenschaft als Metaphysik der Natur bei Wilhelm von Conches. In: Craemer-Ruegenberg/Speer (1993), S. 369-380.

Bonner (1950): Bonner, C.: Studies in magical amulets, chiefly Graeco-Egyptian. Ann Arbor 1950.

Boone (1995): Boone, Marc: Schöffe, -ngericht, -nbank. II. Stadtgeschichte. In: Lexikon des Mittelalters, Bd. 7. München, Zürich 1995, Sp. 1516-1517.

Borellius (1656/1969): Borellius, P.: Bibliotheca chimica. Seu catalogus librorum philosophicorum hermeticorum. Heidelberg 1656 (Neudruck 1969).

Brachert (2001): Brachert, Thomas: Lexikon historischer Maltechniken. Quellen – Handwerk – Technologie – Alchemie. Veröffentlichungen des Instituts für Kunsttechnik und Konservierung im Germanischen Nationalmuseum, Bd. 5. München 2001.

Brachvogel (1973): Brachvogel, Günter: Das 'Münchner Salbenbuch'. Eine spätmittelalterliche Rezeptsammlung vom Ende der 15. Jahrhunderts. Diss. München 1973.

Brandenburg (1975): Brandenburg, Dietrich: Medizin und Magie. Heilkunde und Geheimlehre des islamischen Zeitalters. Medizingeschichtliche Miniaturen, Bd. 1. Berlin 1975.

Brandt/Fröhlich (1995): Brandt, Rüdiger; Fröhlich, Jürgen: Bisam, „Dreck“ und „Unflat“. Pharmakologisch-poetologische Implikationen eines Motivs in den 'Wahrsagebeeren' von Hans Folz und Historie 35 des 'Eulenspiegel'. In: ZfdA 124 (1995), S. 76-91.

Braun (1979): Braun, Lucien: Nature et alchimie chez Paraclese. In: L'humanisme allemand (1480-1540). o.O. 1979, S. 203-209. (Humanistische Bibliothek. Abhandlungen – Texte – Skripten, Reihe I: Abhandlungen, 38)

Braun (1993): Braun, Lucien: Paracelse el l'alchimie. In: Alchimie et philosophie à la Renaissance. Actes du colloque international de Tours (4-7 décembre 1991). Réunies sous la direction de Jean-Claude Margolin et Sylvain Matton. Paris 1993, S. 205-213. (De Pétarque à Descartes, 57)

Braunfels (1983): Braunfels, Sigrid: Der Vermessene Mensch. In: Buck/Heitmann (1983), S. 51-74.

Braunfels-Esche (1984): Braunfels-Esche, Sigrid: Leonardo als Begründer der wissenschaftlichen Demonstrationszeichnung. In: Schmitz, Rudolf; Keil, Gundolf (Hrsg.): Humanismus und Medizin. Mitteilung der Kommission für Humanismusforschung, 11. Weinheim 1984, S. 23-50.

Braekman (1968): Braekman, W.L.: A Middle Dutch Version of Arnald of Villanova's “Liber de Vinis”. In: Janus 55 (1968), S. 96-133.

Braekman (1974): Braekman, W.L.: Het 'Liber de vinis' van Arnald de Villanova in het Mnl. In: Verslagen en mededelingen der Koninklijke Academie voor Nederlandse Taal- en Letterkunde (1974), S. 275-318.

Breher (1942): Breher, Anton: Der Memminger Stadtarzt Ulrich Ellenbog und seine Pestschriften. Dissertation. Berlin 1942 (zugleich: Allgäuer Heimatbücher 36, 1942).

Brinkhus (1978): Brinkhus, G.: Eine bayerische Fürstenspiegelkompilation des 15. Jahrhunderts: Untersuchungen und Textausgaben. Müchener Texte und Untersuchungen zur deutschen Literatur des Mittelalters, 66. München 1978.

Broszinski (1981): Broszinski, Hartmut: Goer, Georg. In: Kurt Ruh; Gundolf Keil; Werner Schröder u.a. (Hrsg.): Die deutsche Literatur des Mittelalters. Verfasserlexikon, Bd. 3. Berlin, New York, 2. völlig neu bearb. Aufl. 1981, Sp. 99.

Broszinski (1986): Broszinski, Hartmut: Die Katalogisierung der Kasseler alchemistischen Handschriften. Ein Bericht. In: Meinel (1986), S. 19-31.

Broszinski (1994): Broszinski, Hartmut: Lux lucens in tenebris Splendor solis oder Sonnenglanz. Zur alchemistischen Handschrift 2° Ms. chem. 21 der alten Kasseler Landesbibliothek. Fulda 1994.

Broszinski/Keil (1983): Broszinski, Hartmut; Keil, Gundolf: „Kasseler Arzneibuch“. In: Kurt Ruh; Gundolf Keil; Werner Schröder u.a. (Hrsg.): Die deutsche Literatur des Mittelalters. Verfasserlexikon, Bd. 4. Berlin, New York, 2. völlig neu bearb. Aufl. 1983, Sp. 1048-1050.

Brummer (1976): Brummer, Rudolf: Bibliographia Lulliana. Ramon-Lull-Schrifttum 1870 bis 1973, o.O. 1976.

Brunner (1983): Brunner, Helmut: Grundzüge der altägyptischen Religion. Darmstadt 1983.

Buck (1975): Buck, August: Der italienische Humanismus. In: DFG (1975), S. 11-40.

Buck (1984): Buck, August: Die Medizin im Verständnis des Renaissancehumanismus. In: Schmitz, Rudolf; Keil, Gundolf (Hrsg.): Humanismus und Medizin. Mitteilung der Kommission für Humanismusforschung, 11. Weinheim 1984, S. 181-198.

Buck (1987): Buck, August: Die Rezeption des Humanismus in den juristischen und medizinischen Fakultäten der italienischen Universitäten. In: Keil/Moeller/Trusen (1987), S. 267-284.

Buck (1992): Buck, August (Hrsg.): Die okkulten Wissenschaften in der Renaissance. Wolfenbütteler Abhandlungen zur Renaissanceforschung, Bd. 12. Wiesbaden 1992.

Buck/Heitmann (1983): Buck, August; Heitmann, Klaus (Hrsg.): Die Antike-Rezeption in den Wissenschaften während der Renaissance. Mitteilung der Kommission für Humanismusforschung, 10. Weinheim 1983.

Bugge (1984): Bugge, Günther (Hrsg.): Das Buch der großen Chemiker. Bd. 1. Von Zosimos bis Schönbein. Weinheim, 6. unveränderte Aufl. 1984.

Bumke (1977): Bumke, Joachim: Studien zum Ritterbegriff im 12. und 13. Jahrhundert. 2. Aufl. mit einem Anhang: Zum Stand der Ritterforschung 1976. Heidelberg 1977.

Bumke (1979): Bumke, Joachim: Mäzene im Mittelalter. Die Gönner und Auftraggeber der höfischen Literatur in Deutschland 1150-1300. München 1979.

Bumke (1982): Bumke, Joachim: Die Rolle der Frau im höfischen Literaturbetrieb. In: Bumke, Joachim (Hrsg.): Literarisches Mäzenatentum. Ausgewählte Forschungen zur Rolle des Gönners und Auftraggebers in der Mittelalterlichen Literatur. Wege der Forschung, 598. Darmstadt 1982, S. 371-404.

Bumke (1991): Bumke, Joachim: Wolfram von Eschenbach. Sammlung Metzler, Bd. 36. Stuttgart, 6. neu bearbeitete Aufl. 1991.

Bumke (1992): Bumke, Joachim: Walther von der Vogelweide. In: Kindlers Neues Literaturlexikon, Bd. 17. München 1992, Sp. 398-403.

Bumke (1997): Bumke, Joachim: Wolfram von Eschenbach. Sammlung Metzler, Bd. 36. Stuttgart, Weimar, 7. völlig neu bearbeitete Aufl. 1997.

Bumke (2001): Bumke, Joachim: Die Blutstropfen im Schnee. Über Wahrnehmung und Erkenntnis im „Parzival“ Wolframs von Eschenbach. Hermaea. Germanistische Forschungen, NF 94. Tübingen 2001.

Bumke (2004): Bumke, Joachim: Wolfram von Eschenbach. Sammlung Metzler, Bd. 36. Stuttgart, Weimar, 8. völlig neu bearbeitete Aufl. 2004.

Buntz (1968): Buntz, Herwig: Deutsche alchemistische Traktate des 15. und 16. Jahrhunderts. Dissertation. München 1968.

Buntz (1970): Buntz, Herwig: Die europäische Alchimie vom 13. bis zum 18. Jahrhundert. In: Ploss/Roosen-Runge/Schipperges u.a. (1970), S. 119-210.

Buntz (1972): Buntz, Herwig: Das „Buch der heiligen Dreifaltigkeit“. Sein Autor und seine Überlieferung. In: ZfdA 101 (1972), S. 150-160.

Buntz (1973): Buntz, Herwig: Der Wortschatz der Alchemisten vor Paracelsus. In: Archiv für das Studium der neueren Sprachen und Literaturen, Jg. 125, Bd. 210 (1973), S. 322-327.

Buntz (1974): Buntz, Herwig: Heinrich von Mügeln als alchemistische Autorität. In: ZfdA 103 (1974), S. 144-152.

Buntz (1975): Buntz, Herwig: 'Der Stein der Weisen'. Eine zweite Handschrift des Lehrgedichtes von Hans Folz. In: ZfdPh 94 (1975), S. 407-434.

Buntz (1986): Buntz, Herwig: Alchemie und Aufklärung. Die Diskussion in der Zeitschrift 'Parnassus Boicus' (1722-1740). In: Meinel (1986), S. 327-344.

Buntz (1989): Buntz, Herwig: Prapach, Michael. In: Kurt Ruh; Gundolf Keil; Werner Schröder u.a. (Hrsg.): Die deutsche Literatur des Mittelalters. Verfasserlexikon, Bd. 7. Berlin, New York, 2. völlig neu bearb. Aufl. 1989, Sp. 809.

Buntz (1999): Buntz, Herwig: Vellnhamer, Hans. In: Kurt Ruh; Gundolf Keil; Werner Schröder u.a. (Hrsg.): Die deutsche Literatur des Mittelalters. Verfasserlexikon, Bd. 10. Berlin, New York, 2. völlig neu bearb. Aufl. 1999, Sp. 203.

Buntz (2002): Buntz, Herwig: Paracelsus in Sage, Literatur, Musik und bildender Kunst. In: Bayerische Chemieverbände (Hrsg.): Paracelsus: Leben – Werk – Wirkung. Nürnberg 2002, S. 46-71.

Burckhardt (1960): Burckhardt, Titus: Alchemie. Sinn und Weltbild. Freiburg/Br. 1960.

Burdach (1926/1978): Burdach, Konrad: Reformation, Renaissance, Humanismus. 2 Abhandlungen über die Grundlage moderner Bildung und Sprachkunst. 2. Aufl. Darmstadt 1978. (unveränderter reprographischer Nachdruck der Ausgabe Berlin, Leipzig 1926)

Burger (1969): Burger, Heinz O.: Renaissance, Humanismus, Reformation. Deutsche Literatur im europäischen Kontext. Frankfurter Beiträge zur Germanistik, Bd. 7. Bad Homburg, Berlin, Zürich 1969.

Burland (1967): Burland, Cottie A.: The Arts of the Alchemists. London 1967.

Burmeister (1987): Burmeister, Karl H.: Einflüsse des Humanismus auf das Rechtsstudium am Beispiel der Wiener Juristenfakultät. In: Keil/Moeller/Trusen (1987), S. 159-172.

Burnett (1998): Burnett, Charles: Arkanum. In: Priesner/Figala (1998), S. 61-62.

Burnett (1998a): Burnett, Charles: Astroalchemie. In: Priesner/Figala (1998), S. 65-66.

Bütler (1992): Bütler, R.: Die Mystik der Welt. Darmstadt 1992.

Butor (1984): Butor, Michel: Die Alchemie und ihre Sprache. Frankfurt/Main, Paris 1984.

Butterworth/Kessel (1994): Butterworth, Ch.; Kessel, B.A. (Hrsg.): The introduction of Arabic philosophy into Europe. Leiden, New York, Köln 1994.

Butzmann (1966): Butzmann, Hans: Die Blankenburger Handschriften. Kataloge der Herzog August Bibliothek Wolfenbüttel: Neue Reihe, Bd. 11. Frankfurt/Main 1966.

Butzmann (1972): Butzmann, Hans: Die mittelalterlichen Handschriften der Gruppen Extravagantes, Novi und Novissimi. Handschriften. Kataloge der Herzog August Bibliothek Wolfenbüttel: Neue Reihe, Bd. 15. Frankfurt/Main 1972.

Canby (1997): Canby, Sheila R.: Drachen. In: John Cherry (Hrsg.): Fabeltiere. Von Drachen, Einhörnern und anderen mythischen Wesen. Stuttgart 1997, S. 19-67.

Canseliet (1964): Canseliet, Eugène: Alchimie. Etudes divers de symbolisme hermétique et de practique philosophale. Paris 1964.

Capesius (1943): Capesius, Bernhard: Deutsche Forschungen im Südosten II, 1943, S. 477-480.

Cappelli (1928): Capelli, Adriano: Lexicon abbreviaturum. Wörterbuch lateinischer und italienischer Abkürzungen, wie sie in Urkunden und Handschriften besonders des Mittelalters gebräuchlich sind, dargestellt in über 14000 Holzschnittzeichen. Leipzig, 2. verbesserte Aufl. 1928.

Carbonelli (1925): Carbonelli, Giovanni: Sulle fonti storiche della chimica e dell'alchimia in Italia. Rom 1925.

Cessari (2000): Cessari, Michela F.: Der Erwählte, das Licht und der Teufel. Eine literarhistorisch-philosophische Studie zur Lichtmetaphorik in Wolframs „Parzival". Frankfurter Beiträge zur Germanistik, Bd. 32. Heidelberg 2000.

Chenu (1968): Chenu, M.-D.: Natur, Man and Society in the Twelfth Century. Essays [...]. Selected, Edited and Translated by J. Taylor and L.K. Little. Chicago, London 1968.

Cherry (1997): Cherry, John: Einhörner. In: John Cherry (Hrsg.): Fabeltiere. Von Drachen, Einhörnern und anderen mythischen Wesen. Stuttgart 1997, S. 68-111.

Chrétien de Troyes: Der Percevalroman (Le Conte du Graal). Übersetzt und eingeleitet von Monica Schöler-Beinhauer. Klassische Texte des Romanischen Mittelalters in zweisprachigen Ausgaben, 23. München 1991.

Chwolsohn (1965): Chwolsohn, D.: Die Ssabier und der Ssabismus. 2 Bde. St. Petersburg 1856. Nachdruck Amsterdam 1965.

Claren/Huber (1992): Claren, Lutz; Huber, Joachim: Das „Rosarium philosophorum" in deutscher Übersetzung. In: Telle (1992a) Bd. 2, S. 7-160.

Clark (1959): Clark, Rundle R.T.: Myth and symbol in ancient Egypt. London 1959.

Clark/Wassermann (1977): Clark, Susan L.; Wassermann, Julian N.: The Poetics of Conversion. Number Symbolism and Alchemy in Gottfried's „Tristan". Bern 1977.

Clasen (1976): Clasen, Sophronius: Der Studiengang an der Kölner Artistenfakultät. In: Koch (1976), S. 124-136.

Cléret (1994): Cléret, N.: Paracelse, l'alchimie et les stoïciens. Quelques aspects des conceptions stoïcienne et paracelsienne du feu. In: Cahiers de Philosophie Politique et Juridique 25 (1994), S. 25-36.

Clericuzio (1998): Clericuzio, Antonio: Alchemie, neuzeitliche. In: Priesner/Figala (1998), S. 29-36.

Clericuzio (1998a): Clericuzio, Antonio: Lullus, Raimundus. In: Priesner/Figala (1998), S. 224-227.

Cooper (1984): Cooper, J.C.: Chinese alchemy. The Taoist Quest for immortality. Wellingborough, Northhamptonshire 1984.

Copenhaver (1992): Copenhaver, Brian P.: Hermetica. The Greek 'Corpus Hermeticum' and the Latin 'Asclepius' in a new English translation, with notes and introduction. Cambridge 1992.

Corbett (1939): Corbett, James: Catalogue des manusrits alchimiques latins, Bd. 1. Manuscrits des bibliothèques publiques de Paris antérieurs au XVIIe siècle. Brüssel 1939.

Corbett (1951): Corbett, James: Catalogue des manusrits alchimiques latins, Bd. 2. Manuscrits des bibliothèques publiques des Départements Français antérieurs au XVIIe siècle. Brüssel 1951.

Cordier (1928): Cordier, Victor: Die chemische Zeichensprache einst und jetzt. Graz 1928.

Cosanne (1991): Cosanne, Annette: Krantz, Albert. In: Lexikon des Mittelalters, Bd. 5. München, Zürich 1991, Sp. 1475.

Coudert (1992): Coudert, Allison: Der Stein der Weisen. Die geheime Kunst der Alchemisten. Herrsching 1992.

Councell (1925): Councell, R.W.: Apologia alchymiae. A restatement of alchemy. London 1925.

Craemer-Ruegenberg/Speer (1993): Craemer-Ruegenberg, Ingrid; Speer, Andreas (Hrsg.): Scientia und ars im Hoch- und Spätmittelalter, 2 Bde. Berlin, New York 1993.

Cramer (1985): Cramer, Thomas: Ich sach swaz in der welte was. Die Ordnung des Kosmos in Walthers zweitem Reichsspruch. In: ZfdPh 104 (1985), S. 70-85.

Creutz (1936): Creutz, R.: Die medizinisch-naturphilosophischen Aphorismen und Kommentare des Magister Urso Salernitanus. In: Quellen und Studien zur Geschichte der Naturwissenschaften und der Medizin 5 (1936), S. 1-192.

Crisciani/Paravicini-Bagliani (2003): Crisciani, Chiara; Paravicini-Bagliani, Agostino: Alchimia e medicina nel Medioevo. Firenze (Florenz) 2003.

Crosland (1962): Crosland, Maurice P.: Historical studies in the language of chemistry. London, Melbourne, Toronto 1962.

Crossgrove (1985): Crossgrove, William: Konrad von Butzbach. In: Kurt Ruh; Gundolf Keil; Werner Schröder u.a. (Hrsg.): Die deutsche Literatur des Mittelalters. Verfasserlexikon, Bd. 5. Berlin, New York, 2. völlig neu bearb. Aufl. 1985, Sp. 153-155.

Cumont (1929): Cumont, F.: De dracone caelesti. In: Catalogus Codicum astrolog. Graecorum. VIII. Brüssel 1929, S. 194-209.

Daems (1958): Daems, Willem F.: Ein mittelniederdeutsches Fragment des „Liber de vinis“ des Arnald von Villanova. In: Janus 47 (1958), S. 87-100.

Daems (1965): Daems, Willem F.: Der Misteltraktat des Wiener Kodex 3811. In: Sudhoffs Archiv 49 (1965), S. 90-93.

Daems (1967): Daems, Willem F.: „Boec van medicinen“. Dissertation. Leiden 1967. (= Janus, Beiheft 7)

Daems (1978): Daems, Willem F.: „Boec van medicinen“ In: Kurt Ruh; Gundolf Keil; Werner Schröder u.a. (Hrsg.): Die deutsche Literatur des Mittelalters. Verfasserlexikon, Bd. 1. Berlin, New York, 2. völlig neu bearb. Aufl. 1978, Sp. 907-908.

Daems (1982): Daems, Willem F.: „Sal-Merkur-Sulfur“ bei Paracelsus und das 'Buch der heiligen Dreifaltigkeit'. In: Nova Acta Paracelsica, 10 (1982), S. 189-207.

Daems (1993): Daems, Willem F.: Die Idee der Heilpflanze bei Paracelsus. In: Dopsch/Goldammer/Kramml (1993), S. 133-139.

Daems (1994): Daems, Willem F.: Der Chaos-Begriff bei Paracelsus. In: Domes/Gerabek/Haage u.a. (1994), S. 65-76.

Daentler (1984): Daentler, Barbara: Die Buchmalerei Albrecht Glockendons und die Rahmengestaltung der Dürernachfolge. München 1984.

Dalby (1961): Dalby, David: Der maere wildenaere. In: Euphorion 55 (1961), S. 77-84.

Darmstaedter (1922): Darmstaedter, Ernst: Die Alchemie des Geber. Übersetzt und erklärt. Berlin 1922.

Darmstaedter (1924): Darmstaedter, Ernst: Geber-Handschriften. In: Chemiker-Zeitung, 48 (1924), S. 441f.

Darmstaedter (1924a): Darmstaedter, Ernst: Zur Geschichte des Aurum Potabile. Köthen 1924.

Darmstaedter (1925): Darmstaedter, Ernst: Die 'Geber'-Inkunabel Hain 7504. In: Sudhoffs Archiv 16 (1925), S. 214-217.

Darmstaedter (1925a): Darmstaedter, Ernst: Liber Misericordiae Geber. Eine lateinische Übersetzung des größten Kitâb alrahma. In: Archiv für Geschichte der Medizin 17 (1925), S. 181-197.

Darmstaedter (1926): Darmstaedter, Ernst: Berg-, Probier- und Kunstbüchlein. In: Münchner Beiträge zur Geschichte und Literatur der Naturwissenschaften (1926), S. 101-207.

Darmstaedter (1931): Darmstaedter, Ernst: Arznei und Alchemie. Paracelsusstudien. Studien zur Geschichte der Medizin, 20. Leipzig 1931.

Darmstaedter (1932): Darmstaedter, Ernst: Goethe und die Alchemisten. In: Forschungen und Fortschritte, Heft 8 (1932), S. 90-92.

Davis (1926): Davis, T. L.: The Emerald Table of Hermes Trismegistus. Three Latin Versions [...]. In: Journal of Chemical Education 3 (1926), S. 863-875.

Daxelmüller (1993): Daxelmüller, Ch.: Zauberpraktiken. Zürich 1993.

De Jong (1969): De Jong, H. M. E.: Michael Maier's Atalanta fugiens. Janus Supplement-Band 8. Leiden 1969.

Debus (1974): Debus, Allen G.: The chemical Philosophers: chemical medicine from Paracelsus to Van Helmont. In: History of Science 12 (1974), S. 235-239.

Debus (1977): Debus, Allen G.: The chemical philosophy. Paracelsian science and medicine in the sixteenth and seventeenth centuries. 2 Bde. London, New York 1977.

Debus (1987): Debus, Allen G.: Cemistry, alchemy and the new philosophy, 1550-1700. Studies in the history of science and medicine. London 1987.

Debus (1987a): Debus, Allen G.: The Paracelsian chemical philosophy. In: Burke, J. G. (Hrsg.): Science & culture in the western tradition. Scottsdale/Arizona 1987, S. 55-57.

Debus (1990): Debus, Allen G.: Iatrochemistry and the Chemical Revolution. In: Martels (1990), S. 51-66.

Decke-Cornill (2002): Decke-Cornill, Renate: Wolfram-Bibliographie 1999/2000 und Nachträge 1984-1998. In: Haubrichs, Wolfgang; Lutz, Eckhart C.; Ridder, Klaus (Hrsg.): Wolfram von Eschenbach – Bilanzen und Perspektiven. Eichstätter Kolloquium 2000. Wolfram-Studien, 17. Berlin 2002, S. 387-414.

Deinert (1960): Deinert, Wilhelm: Ritter und Kosmos im Parzival. Eine Untersuchung der Sternenkunde Wolframs von Eschenbach. Münchener Texte und Untersuchungen zur deutschen Literatur des Mittelalters, 2. München 1960.

Deonna (1952): Deonna, W.: Ouroboros. In: Artibus Asiae, 15 (1952), S. 163-170.

DFG (1975): Deutsche Forschungsgemeinschaft (Hrsg.): Humanismusforschung seit 1945. Ein Bericht aus interdisziplinärer Sicht. Mitteilung der Kommission für Humanismusforschung, 2. Boppard 1975.

Di Prima (1983): Di Prima, Diane: Paracelsus: An Appreciation. In: Grossinger, Richard (Hrsg.): The Alchemical Tradition in the Late Twentieth Century. Berkeley 1983, S. 26-33.

Diekmann-Müller (1994): Diekmann-Müller, A.: Spagyrik von Paracelsus über Mattei zur JSO-Komplex-Heilweise. In: Pharmazeutische Rundschau, Heft 7/8 (1994), S. 36-37.

Diepgen (1910): Diepgen, Paul: Studien zu Arnald von Villanova. In: Archiv für Geschichte der Medizin, 3 (1910), S. 115-130; S. 188-196 und S. 369-396.

Diepgen (1938): Diepgen, Paul: Studien zu Arnald von Villanova. In: Diepgen, Paul: Medizin und Kultur, hrsg. von Walter Artelt und Edith Heischkel. Stuttgart 1938, S. 108-185.

Diepgen (1951): Diepgen, Paul: Das Elixier, die köstlichste der Arzneien. Ingelheim 1951.

Dijksterhuis (1950/1983): Dijksterhuis, E.J.: Die Mechanisierung des Weltbildes (Deutsche Übersetzung von H. Habicht). Berlin, Heidelberg, New York 1983. Reprint der Ausgabe 1956; De mechanisering van het wereldbeeld. Amsterdam 1950.

Dilg (1980): Dilg, Peter: Die Pflanzenkunde im Humanismus – Der Humanismus in der Pflanzenkunde. In: Schmitz/Krafft (1980), S. 113-134.

Dilg (1982): Dilg, Peter: Das Theriakbüchlein des Euricius Cordus. In: Keil (1982), S. 417-447.

Dilg (1993): Dilg, Peter: Paracelsus-Forschung gestern und heute: Grundlegende Ergebnisse, gescheiterte Versuche, neue Ansätze. In: Dilg/Rudolph (1993), S. 9-24.

Dilg (1993a): Dilg, Peter: Zur Arzneimittellehre des Paracelsus. In: Fellmeth/Kotheder (1993), S. 45-48.

Dilg/Rudolph (1993): Dilg, Peter; Rudolph, Hartmut (Hrsg.): Resultate und Desiderate der Paracelsus Forschung. Sudhoffs Archiv, Beihefte 31. Stuttgart 1993.

Dinzelbacher (1989): Dinzelbacher, Peter (Hrsg.): Wörterbuch der Mystik. Stuttgart 1989.

Dinzelbacher (1993): Dinzelbacher, Peter: Mittelalterliche Frauenmystik. Paderborn 1993.

Dittus/Mayer (1992): Dittus, Sabrina; Mayer, Matthias: Bibliographie Chemie und Geisteswissenschaften. In: Mittelstraß, Jürgen; Stock, Günter (Hrsg.): Chemie und Geisteswissenschaften. Versuch einer Annäherung. Berlin 1992, S. 217-334.

Doberer (1987): Doberer, Kurt K.: Die Goldmacher. Zehntausend Jahre Alchemie. München 1987.

Doblhofer (1993): Doblhofer, Ernst: Die Entzifferung alter Schriften und Sprachen. Stuttgart 1993.

Domes/Gerabek/Haage u.a. (1994): Domes, Josef; Gerabek, Werner C.; Haage, Bernhard D. u.a. (Hrsg.): Licht der Natur. Medizin in Fachliteratur und Dichtung. Festschrift für Gundolf Keil zum 60. Geburtstag. GAG 585. Göppingen 1994.

Donati (1993): Donati, Silvia: Wissenschaft und Glaube bei der Frage nach dem Ursprung der Materie in einigen ungedruckten Physikkommentaren aus dem 13. bis zum Anfang des 14. Jahrhunderts. In: Craemer-Ruegenberg/Speer (1993), S. 399-420.

Dopsch/Goldammer/Kramml (1993): Dopsch, Heinz; Goldammer, Kurt; Kramml, Peter F. (Hrsg.): Paracelsus (1493-1541). Salzburg 1993.

Dreyer (1993): Dreyer, Mechthild: Regularmethode und Axiomatik. Wissenschaftliche Methodik im Horizont der artes-Tradition des 12. Jahrhunderts. In: Craemer-Ruegenberg/Speer (1993), S. 145-157.

Dronke (1984): Dronke, P.: L'amor che move il sole e l'altre stelle. In: Dronke, P. (Hrsg.): The medieval poet and his world. Rom 1984, S. 439-475. (Zuerst in: Studi medievali, 3a Serie VI (1965), S. 389-422)

Drux (1988): Drux, R. (Hrsg.): Menschen aus Menschenhand. Stuttgart 1988.

Dubé (1981): Dubé, Waltraud F.: Medieval Medicine in Middle High German Epics. Phil. Diss. Indiana University 1981.

Duncan (1942): Duncan, E.H.: The yeoman's Canon's „Silver Citrinacioun". In: Modern Philology 37 (1942), S. 241-262.

Duncan (1946): Duncan, E.H.: Jonson's 'Alchemist' and the literature of alchemy. In: Publications of the Modern Language Association of America 61 (1946), S. 699-710.

Durling (1980): Durling, Richard J.: Konrad Gesners Briefwechsel. In: Schmitz/Krafft (1980), S. 101-112.

Duval (1979): Duval, Paulette: La Pensée alchimique et le Conte du Graal. Recherches sur les structures de la pensée alchimique, leurs correspondances dans le Conte du Graal de Chrétien de Troyes et l'influence de l'Espagne mozarabe de l'ebre sur la pensée symbolique de l'œuvre. Champion, Paris 1979.

Duveen (1947): Duveen, Denis: Notes on some alchemical books. In: The Library, Serie V (1947), S. 56-59.

Duveen (1948): Duveen, Denis: Le livre de la très sainte trinité. In: Ambix 2, Heft 1/2 (1948), S. 26-32.

Duveen (1948a): Duveen, Denis: Some symbols used by the alchemists. In: Endeavour 7 (1948), S. 116-121.

Edinger (1990): Edinger, E.F.: Der Weg der Seele. Der psychotherapeutische Prozeß im Spiegel der Alchemie. München 1990. (Amerikanische Originalausgabe: 'Anatomy of Psyche. Alchemical Symbolism in Psychotherapy'. La Salle, Ill. 1985).

Eggers (1966): Eggers, Hans: Non cognovi litteraturam (zu 'Parzival' 115,27). In: Rupp (1966), S. 533-548.

Ehlers (1981): Ehlers, Joachim: Die hohen Schulen. In: Weimar, Peter (Hrsg.): Die Renaissance der Wissenschaften im 12. Jahrhundert. Zürich 1981, S. 57-85.

Ehlers (1986): Ehlers, Joachim: Deutsche Scholaren in Frankreich während des 12. Jahrhunderts. In: Fried, Johannes: Schulen und Studium im sozialen Wandel des hohen und späten Mittelalters. Sigmaringen 1986, S. 97-120.

Ehlert (1989): Ehlert, Trude: Deutschsprachige Alexanderdichtung des Mittelalters. Zum Verhältnis von Literatur und Geschichte. Europäische Hochschulschriften. Reihe I Deutsche Sprache und Literatur, 1174. Frankfurt/Main, Bern, New York u.a. 1989.

Ehrenfeuchter/Ehlen (2000): Ehrenfeuchter, Martin; Ehlen, Thomas (Hrsg.): Als das wissend die meister wol. Beiträge zur Darstellung und Vermittlung von Wissen in Fachliteratur und Dichtung des Mittelalters und der frühen Neuzeit. Festschrift für Walter Blank zum 65. Geburtstag. Frankfurt/Main, Berlin, Bern u.a. 2000.

Ehrismann (1908-11): Ehrismann, Gustav (Hrsg.): Der Renner von Hugo von Trimberg, 4 Bde. Tübingen 1908-1911. (Nachdruck Berlin 1970).

Eichhorn (1944): Eichhorn, Hans: Alchemie und Heilkunde des Paracelsus. Diss. München. 1944.

Eis (1939): Eis, Gerhard: Das Deutschtum des Arztes Albich. In: ZfdPh 64 (1939), S. 174-209.

Eis (1941): Eis, Gerhard: Aus Andreas Jeßners „Kunstkammer, darin man findet die Theophrastische Geheimnüss der Goldschmiede". In: Beiträge zur Geschichte der Veterinärmedizin 3 (1941), S. 371.

Eis (1941a): Eis, Gerhard: Zur Paracelsus-Nachfolge im Sudetenraum. In: Südostdeutsche Forschungen 6 (1941), S. 441-460.

Eis (1948): Eis, Gerhard: Thomas von Wasserburg, ein deutscher medizinischer Schriftsteller des 15. Jahrhunderts. In: Medizinische Monatsschrift 2 (1948), S. 260.

Eis (1951): Eis, Gerhard: Herzog Siegmunds Büchlein von den Harnleiden. In: Eis, Gerhard (Hrsg.): Studien zur altdeutschen Fachprosa. Germanische Bibliothek, Reihe 3. Heidelberg 1951, S. 30-46.

Eis (1953): Eis, Gerhard: Basilius Valentinus. In: NDB, Bd. 1. Berlin 1953, S. 620.

Eis (1954): Eis, Gerhard: Mittelalterliche Fachprosa der Artes. In: Stammler, Wolfgang (Hrsg.): Deutsche Philologie im Aufriß, Bd. 2. Berlin, Bielefeld 1954, Sp. 1633-1688.

Eis (1955): Eis, Gerhard: Späte Paracelsus-Exzerpte aus unbekannten Handschriften. In: Centaurus 4 (1955), S. 148-162.

Eis (1955a): Eis, Gerhard: Jankowitz, Niklas. In: Langosch, Karl (Hrsg.): Die deutsche Literatur des Mittelalters. Verfasserlexikon, Bd. 5. Berlin, 1. Aufl. 1955, Sp. 444-445.

Eis (1955b): Eis, Gerhard: Prapach, Michael. In: Langosch, Karl (Hrsg.): Die deutsche Literatur des Mittelalters. Verfasserlexikon, Bd. 5. Berlin, 1. Aufl. 1955, Sp. 917.

Eis (1955c): Eis, Gerhard: Wülfing, Michel. In: Langosch, Karl (Hrsg.): Die deutsche Literatur des Mittelalters. Verfasserlexikon, Bd. 5. Berlin, 1. Aufl. 1955, Sp. 1139.

Eis (1958): Eis, Gerhard: Nachricht über zwei medizinische Sammelhandschriften aus Augsburg. In Sudhoffs Archiv 42 (1958), S. 149-160.

Eis (1960): Eis, Gerhard: Mittelalterliche Fachprosa der Artes. In: Stammler, Wolfgang (Hrsg.): Deutsche Philologie im Aufriß, Bd. 2. Berlin, Bielefeld, 2. Auflage 1960, Sp. 1103-1216.

Eis (1960a): Eis, Gerhard: Nachrichten zur Heidelberger Medizingeschichte des 15. und 16. Jahrhunderts aus Handschriften und Frühdrucken. In: Medizinische Monatsschrift 14 (1960), S. 325-327.

Eis (1961): Eis, Gerhard: Nachricht über eine altdeutsche Sammelhandschrift aus Villingen. In: Medizinische Monatschrift 15 (1961), S. 474-478.

Eis (1961a): Eis, Gerhard: Zu den zeitgenössischen Aufzeichnungen über die süddeutschen Pferderennen im 15. Jahrhundert. In: Tierärztliche Umschau 16 (1961), S. 353-356.

Eis (1962): Eis, Gerhard: Mittelalterliche Fachliteratur. Sammlung Metzler, Realienbücher für Germanisten. Stuttgart 1962.

Eis (1962a): Eis, Gerhard: Das sozialethische Verantwortungsgefühl der Alchemisten. In: Institut International de Sociologie (Hrsg.): Actes du XVIIIe Congress International de Sociologie, Bd. 2. Meisenheim 1962, S. 244-253.

Eis (1963): Eis, Gerhard: Zum deutschen Wortschatz des Paracelsus. In: Zeitschrift für deutsche Wortforschung 19/NF 4 (1963), S. 146-152.

Eis (1964): Eis, Gerhard: Zur Roßaventüre. In: Eis, Gerhard (Hrsg.): Altdeutsche Zaubersprüche. Berlin u.a. 1964, S. 130-144.

Eis (1965): Eis, Gerhard: Von der Rede und vom Schweigen der Alchemisten. In: Eis, Gerhard: Vor und nach Paracelsus. Untersuchungen über Hohenheims Traditionsverbundenheit und Nachrichten über seine Anhänger. Medizin in Geschichte und Kultur, Bd. 8. Stuttgart 1965. S. 51-73.

Eis (1971): Eis, Gerhard: Forschungen zur Fachprosa. Ausgewählte Beiträge. Bern, München 1971.

Eis (1971a): Eis, Gerhard: Zur Geschichte des Künstlichen Heilfiebers. In: Eis (1971), S. 49.

Eis (1971b): Eis, Gerhard: Überschätzung der klassischen Antike? In: Eis (1971), S. 63-72.

Eis (1971c): Eis, Gerhard: Das sozialethische Verantwortungsgefühl der Alchemisten. In: Eis (1971), S. 241-247.

Eis (1971d): Eis, Gerhard: Die Stellung der Jagd im mittelalterlichen System der Wissenschaften. In: Eis (1971), S. 260-264.

Eis (1971e): Eis, Gerhard: Ulrich Rüleins Aquavit. In: Eis (1971), S. 297-301.

Eis (1971f): Eis, Gerhard: Georg Meyers „Bergwercks Geschoepff". In: Eis (1971), S. 302-308.

Eis (1971g): Eis, Gerhard: Ein handschriftliches Verzeichnis von Edelstein-Fundstätten in Sachsen. In: Eis (1971), S. 312-314.

Eis (1971h): Eis, Gerhard: Mantische Miszellen. In: Eis (1971), S. 333-338.

Eis (1971i): Eis, Gerhard: Martin, Wilhelm. In: Eis, Gerhard; Keil, Gundolf: Nachträge zum Verfasserlexikon. In: Studia Neophilologica 43 (1971), S. 408.

Eis (1971j): Eis, Gerhard: Bartholomäus von Frankfurt. In: Eis, Gerhard; Keil, Gundolf: Nachträge zum Verfasserlexikon. In: Studia Neophilologica 43 (1971), S. 385-386.

Eis (1971k): Eis, Gerhard: Munich von Ochsenfurt, Johannes. In: Eis, Gerhard; Keil, Gundolf: Nachträge zum Verfasserlexikon. In: Studia Neophilologica 43 (1971), S. 412.

Eis (1979): Eis, Gerhard: Kleine Schriften zur altdeutschen weltlichen Dichtung. Amsterdamer Publikationen zur Sprache und Literatur, 38. Amsterdam 1979.

Eis (1979a): Eis, Gerhard: Die Todeszeichen im Nibelungenlied. In: Eis (1979), S. 125-134.

Eis (1979b): Eis, Gerhard: Salernitanisches und Unsalernitanisches im 'Armen Heinrich' des Hartmann von Aue. In: Eis (1979), S. 179-194.

Eis (1979c): Eis, Gerhard: Der Seuchenspruch des Armen Heinrich. In: Eis (1979), S. 195-199.

Eis (1979d): Eis, Gerhard: Das Lob des Wassers in Wolframs 'Parzival'. In: Eis (1979), S. 207-211.

Eis (1979e): Eis, Gerhard: Zu 'Parzival' 644,1. In: Eis (1979), S. 213-217.

Eis (1979f): Eis, Gerhard: Die überlange Pferdemähne (Zu Wolframs 'Parzival' 256,22). In: Eis (1979), S. 219-230.

Eis (1979g): Eis, Gerhard: Das alchemistische Rätselgedicht des Londoner Cod. Wellcome 450. In: Eis (1979), S. 479-481.

Eis (1982): Eis, Gerhard: Alchymey teuczsch. In: Eis, Gerhard: Medizinische Fachprosa des späten Mittelalters und der frühen Neuzeit. Amsterdam 1982, S. 307-315. (Zuerst erschienen in: Ostbairische Grenzmarken. Passauer Jahrbuch für Geschichte, Kunst und Volkskunde, 1 (1957), S. 11-16.)

Eis, H. (1969): Eis, Helko: Das Wasser der Gesundheit des Bartholomäus von Frankfurt. In: Medizinische Monatsschrift, 23 (1969), S. 271-272.

Eis/Keil (1971): Eis, Gerhard; Keil, Gundolf: Nachträge zum Verfasserlexikon. In: Studia Neophilologica 43 (1971), S. 377-429.

Eis/Rudolf (1960): Eis, Gerhard; Rudolf, Rainer: Altdeutsches Schrifttum im Nordkarpatenraum. Veröffentlichungen des Südostdeutschen Kulturwerks, Reihe B, Bd. 12. München 1960.

Eis/Vermeer (1965): Eis, Gerhard; Vermeer, Hans J. (Hrsg.): Gabriel von Lebensteins Büchlein 'Von den gebrannten Wässern'. Veröffentlichungen der internationalen Gesellschaft für Geschichte der Pharmazie, N.F. 27. Stuttgart 1965.

Eisenecker (1994): Eisenecker, Ulrich: Einflüsse des 'Lucidarius' im 'Parzival' Wolframs von Eschenbach. In: Haage (1994), S. 149-165.

Eisermann/Graf (1998): Eisermann, Falk; Graf, Eckhard (Hrsg.): Hartlieb, Johannes: Das Buch aller verbotenen Künste. Aberglaube und Zauberei des Mittelalters. Aus dem Mittelhochdeutschen übersetzt, kommentiert und mit einem Glossar versehen von Falk Eisermann und Eckhard Graf. München 1998.

Eisler (1925): Eisler, Robert: Der babylonische Ursprung der Alchemie. In: Chemiker-Zeitung 49 (1925), S. 577-578 und 602-603.

Eisler (1926): Eisler, Robert: Zur Terminologie und Geschichte der jüdischen Alchemie. In: Monatsschrift für Geschichte und Wissenschaft des Judentums, NF 26 (1926), S. 194-201.

Eliade (1935): Eliade, Mircea: Alchimia Asiatica. Bukarest 1935.

Eliade (1937): Eliade, Mircea: Cosmologie si Alchimie babilonia. Bukarest 1937.

Eliade (1992): Eliade, Mircea: Schmiede und Alchemisten. Mythos und Magie der Machbarkeit. Freiburg im Breisgau, 2. Aufl. 1992.

Eliade (1992a): Eliade, Mircea: Schamanen, Götter und Mysterien. Freiburg, Basel, Wien, 2. Aufl. 1992 (1. Aufl. 1976/78)

Endres (1957): Endres, Heinrich: Johannes Trithemius und Burkhard von Horneck – eine theologische Gelehrtenfreundschaft – Bausteine zur Geschichte des Frühhumanismus in Würzburg. In: Mainfränkisches Jahrbuch 9 (1957), S. 159-169.

Engel (1997): Engel, Michael: Auf dem Wege zur modernen Chemie – Chemie und Alchemie 1550 bis 1725. Innovation, Repräsentation, Diffusion. In: Lindgren (1997), S. 131-156.

Engelhardt (1994): Engelhardt, D. von: Paracelsus im Urteil der Naturforschung und Medizin der Romantik. In: NTM, N.S. 2 (1994), S. 97-116.

Engler (1889): Engler, C.: Der Stein der Weisen. Festrede zum Direktoratswechsel der Technischen Hochschule Karlsruhe. Karlsruhe 1889.

Epp (1993): Epp, Verena: „Ars" und „scientia" in der Geschichtsschreibung des 12. Jahrhunderts. In: Craemer-Ruegenberg/Speer (1993), S. 829-845.

Ettmüller (1843): Ettmüller, Ludwig (Hrsg.): Heinrichs von Meissen, des Frauenlobs Leiche, Sprüche, Streitgedichte und Lieder. Bibliothek der gesamten deutschen National-Literatur von der älteren bis auf die neuere Zeit. Bd. 16, Quedlinburg, Leipzig 1843 (Nachdruck: Amsterdam 1966)

Evola (1931): Evola, Guilio C. A.: La traditiona ermetica, nei suoi simboli, nella sua dottrina et nella sua „Arte regia". Bari 1931.

Evola (1989): Evola, Julius: Die hermetische Tradition. Von der alchemistischen Umwandlung der Metalle und des Menschen in Gold. Interlaken 1989.

Eyssenhardt (1890): Eyssenhardt, Franz: Arzneikunst und Alchemie im 17. Jahrhundert. In: Virchow, Rud.; Wattenbach, Wilhelm (Hrsg.): Sammlung gemeinverständlicher wissenschaftlicher Vorträge, NF 4, Heft 79-96. Hamburg 1890, S. 951-982.

Fabricius (1971): Fabricius, Johannes: The Individuation Process as Reflected by 'the Rosary of the philosophers' (1550). In: Journal of analytical psychology 16 (1971), S. 31-47.

Fabricius (1975): Fabricius, Johannes: Alchemy. The Medieval Alchemists and their Royal Art. Kopenhagen 1975.

Faivre (1973): Faivre, Antoine: Mystische Alchemie und geistige Hermeneutik. In: Eranos-Jahrbuch 42 (1973), S. 323-360.

Federmann (1964): Federmann, Reinhart: Die königliche Kunst. Eine Geschichte der Alchemie. Wien 1964.

Fehlmann (1982): Fehlmann, Hans-Rudolf: Deutsche Heilpflanzennamen in St. Galler Handschriften (9. bis 11. Jahrhundert). In: Keil (1982), S. 469-478.

Fellerer (1976): Fellerer, Karl G.: Die Musica in den artes liberales. In: Koch (1976), S. 33-49.

Fellmeth/Kotheder (1993): Fellmeth, Ulrich; Kotheder, Andreas (Hrsg.): Paracelsus, Theophrast von Hohenheim. Naturforscher, Arzt, Theologe. Stuttgart 1993.

Ferdinand (1886): Ferdinand, Franz: Cuno von Falkenstein als Erzbischof von Trier, Koadjutor und Administrator von Köln bis zur Beendigung seiner Streitigkeiten mit der Stadt Trier 1377. Münsterrische Beiträge zur Geschichtsforschung, Heft 9. Paderborn, Münster 1886 (zugleich Diss. phil. Münster 1885).

Ferguson (1954): Ferguson, John: Bibliotheca chemica. A catalogue of alchemical, chemical an pharmaceutical books in the collection of the late James Young of Kelly and Durris Esq., 2 Bde. Glasgow 1906. (Nachdruck: London 1954; Hildesheim 1968).

Fernando (2002): Fernando, Diana: The dictionary of alchemy. An A-Z of history, people and definitions. London 2002.

Festugiere (1938): Festugiere, André-Jean: Hermetica. In: The Harvard Theological Review, Bd. XXXI, 1 (1938).

Festugiere (1950-54): Festugiere, André-Jean: La révélation d'Hermès Trismégiste, 4 Bde. Paris 1950-54.

Fierz (1971): Fierz, H.K.: The Lamspring figures. In: Kirsch, Hilde (Hrsg.): The well-tended tree. Essays into the spirit of our time. A volume presented to James Kirsch on the occasion of his 70th birthday. New York 1971, S. 143-158.

Fierz-David (1945): Fierz-David, Hans E.: Die Entwicklungsgeschichte der Chemie. Eine Studie. Wissenschaft und Kultur, Bd. 2. Basel 1945.

Figala (1969): Figala, Karin: Mainfränkische Zeitgenossen 'Ortolfs von Baierland'. Ein Beitrag zum frühesten Gesundheitswesen in den Bistümern Würzburg und Bamberg. Dissertation. München 1969.

Figala (1998): Figala, Karin: Alchemiekritik. In: Priesner/Figala (1998), S. 36-39.

Figala (1998a): Figala, Karin: Alchemieverbot(e). In: Priesner/Figala (1998), S. 39-40.

Figala (1998b): Figala, Karin: Edelsteine. In: Priesner/Figala (1998), S. 118-120.

Figala (1998c): Figala, Karin: Gärung (syn. Fermentierung). In: Priesner/Figala (1998), S. 143-144.

Figala (1998d): Figala, Karin: Goldmacherei. In: Priesner/Figala (1998), S. 161-165.

Figala (1998e): Figala, Karin: Materia prima. In: Priesner/Figala (1998), S. 237-240.

Figala (1998f): Figala, Karin: Materie. In: Priesner/Figala (1998), S. 240-241.

Figala (1998g): Figala, Karin: Opus magnum. In: Priesner/Figala (1998), S. 261-263.

Figala (1998h): Figala, Karin: Quecksilber. In: Priesner/Figala (1998), S. 295-300.

Figala (1998i): Figala, Karin: Quintessenz. In: Priesner/Figala (1998), S. 300-302.

Figala/Keil (1983): Figala, Karin; Keil, Gundolf: Johann von Göttingen. In: Kurt Ruh; Gundolf Keil; Werner Schröder u.a. (Hrsg.): Die deutsche Literatur des Mittelalters. Verfasserlexikon, Bd. 4. Berlin, New York, 2. völlig neu bearb. Aufl. 1983, Sp. 632-635.

Figala/Priesner (2003): Figala, Karin; Priesner, Claus: Ein Lexikon der Alchemie – Inhalte und Zielsetzungen. In: Figala, Karin; Gebelein, Helmut (Hrsg.): Hermetik & Alchemie. Betrachtungen am Ende des 20. Jahrhunderts. Gaggenau 2003, S. 121-140.

Figuier (1854): Figuier, Louis: L'Alchimie et les Alchimistes ou essai historique et critique sur la Phil. hermetique. Paris 1854.

Fisch (1952): Fisch, H.: Alchemy and Englich Literature. In: Proceedings of the Leeds Philosophical and Literary Society 7 (1952), S. 123-136.

Fischer (1929): Fischer, Hermann: Mittelalterliche Pflanzenkunde. In: Geschichte der Botanik, Bd. 2. München 1929, S. 109-113.

Fischer (1967): Fischer, Hanns: „Der Stein der Weisen". Ein unveröffentlichter Gedichtentwurf von Hans Folz. In: ZfdPh. Sonderheft zum 86. Band. Spätes Mittelalter. Wolfgang Stammler zum Gedenken (1967), S. 99-119.

Flasch (1986): Flasch, Kurt: Das philosophische Denken im Mittelalter. Stuttgart 1986.

Flood (1994): Flood, John L.: Die Syphilis und der deutsche Humanismus. In: Christa Baufeld (Hrsg.): Die Funktion außer- und innerliterarischer Faktoren für die Entstehung deutscher Literatur des Mittelalters und der frühen Neuzeit. GAG 603. Göppingen 1994, S. 217-247.

Fluck (1991): Fluck, Hans-Rüdiger: Fachsprachen. Einführung und Bibliographie. Uni Taschenbücher 483. Tübingen, 4. unveränderte Aufl. 1991.

Flückiger (1877): Flückiger, Friedrich A.: Das Nördlinger Register. In: Archiv der Pharmacie 211 (1877), S. 97-115.

Forbes (1936): Forbes, Robert J.: Bitumen and Petroleum in Antiquity. Leiden 1936.

Forbes (1953): Forbes, Robert J.: On the Origin of Alchemy. In: Chymia, 4 (1953), S. 1-11.

Forbes (1961): Forbes, Robert J.: Chemie und Alchemie. In: CIBA-Rundschau, Heft 5 (1961), S. 2-16.

Forbes (1961a): Forbes, Robert J.: Alchemie, Farbe und Farbstoffe. In: CIBA-Rundschau, Heft 5 (1961), S. 17-22.

Forbes (1961b): Forbes, Robert J.: Der Alchemist und das Laborgerät. In: CIBA-Rundschau, Heft 5 (1961), S. 23-33.

Forbes (1970): Forbes, Robert J.: A short history of the art of destillation from the beginnings up to the death of Cellier Blumenthal. Leiden 1970.

Förster (1888): Förster, R.: De Aristotelis quae ferentur Secretis secretorum commentatio, 1888.

Förster (1889): Förster, R.: Handschriften und Ausgaben des pseudo-aristotelischen 'Secretum secretorum'. In: Zentralblatt für Bibliothekswesen 6 (1889), S. 1-22, S. 57-76, und S. 218f.

Förster (1893): Förster, R.: Scriptores physiognomici graeci et latini, I-II, 1893.

Frankenburger (1912): Frankenburger, M.: Die Alt-Münchner Goldschmiede und ihre Kunst, 1912.

Franz (1957): Franz, Marie-Luise von: Aurora consurgens. Ein dem Thomas von Aquin zugeschriebenes Dokument der alchemistischen Gegensatzproblematik. Stuttgart, Zürich 1957.

Frederiksen (1978): Frederiksen, Jan: Brunschwig, Hieronymus. In: Kurt Ruh; Gundolf Keil; Werner Schröder u.a. (Hrsg.): Die deutsche Literatur des Mittelalters. Verfasserlexikon, Bd. 1. Berlin, New York, 2. völlig neu bearb. Aufl. 1978, Sp. 1073-1075.

Frick (1959): Frick, Karl: The rediscovered original manuscript „Ehrenrettung der Alchymie" of the Tübinger alchemist Johann Conrad Creiling. In: Ambix 7 (1959), S. 164-167.

Frick (1960): Frick, Karl: Der Tübinger Alchemist und Professor der Mathematik Johann Conrad Creiling. In: Sudhoffs Archiv 44 (1960), S. 223-228.

Frick (1961): Frick, Karl: Einführung in die alchemiegeschichtliche Literatur. In: Sudhoffs Archiv 45 (1961), S. 147-163.

Frick (1976): Frick, K. R. H.: Einleitung. In: Tanckius, Joachim: Promtuarium Alchemiae (Fontes Artis Chymicae, Bd. 4). Graz 1976, S. V-XXXI.

Friedlein (1980): Friedlein, C.: Geschichte der Philosophie. 13. Aufl. Berlin 1980.

Friedrich (1894): Friedrich, C.: De libro 'peri physeos anthropou' pseudippocrateo. Phil. Diss. Göttingen 1894.

Friedrich (2002): Friedrich, Horst: Alchemie. Was ist das? Peiting 2002.

Friedrich (2003): Friedrich, Horst: Ist die Alchemie eine Pseudowissenschaft? In: Figala, Karin; Gebelein, Helmut (Hrsg.): Hermetik & Alchemie. Betrachtungen am Ende des 20. Jahrhunderts. Gaggenau 2003, S. 103-120.

Fritsch-Rößler (1991): Fritsch-Rößler, Waltraut (Hrsg.): Uf der mâze pfat. Festschrift für Werner Hoffmann zum 60. Geburtstag. GAG 555. Göppingen 1991.

Fritsch-Rößler (1994): Fritsch-Rößler, Waltraud: Kann denn Wortlust Sünde sein? Zur Darstellung Johannes Geilers von Kaysersberg in deutschen Literaturgeschichten. In: Haage (1994), S. 187-205.

Fritsch-Rößler (2002): Fritsch-Rößler, Waltraut (Hrsg.): Frauenblicke Männerblicke Frauenzimmer. Studien zu Blick, Geschlecht und Raum. Mannheimer Studien zur Literatur- und Kulturwissenschaft, Bd. 26. St. Ingbert 2002.

Fritsch-Rößler (2002a): Fritsch-Rößler, Waltraut: Kastriert, blind, sprachlos. Das (männliche) Geschlecht und der Blick in Wolframs Parzival. In: Fritsch-Rößler (2002), S. 111-163.

Fritsch-Rößler (2003): Fritsch-Rößler, Waltraud: Multiple Memorialisierung in Gottfrieds von Straßburg. 'Tristan'. In: Ernst, Ulrich; Ridder, Klaus (Hrsg.): Kunst und Erinnerung. Memoriale Konzepte in der Erzählliteratur des Mittelalters. ORDO Studien zur Literatur und Gesellschaft des Mittelalters und der frühen Neuzeit, Bd. 8. Köln, Weimar, Wien 2003, S. 159-197.

Fritsch-Staar (1999): Fritsch-Staar, Susanne: Androgynie und Geschlechterdifferenz. Zu Frauenlobs Minneleich. In: Zeitschrift für Germanistik, NF 9 (1999), S. 57-71.

Fromm (1969): Fromm, H.: Doppelweg. In: Werk – Typ – Situation. Festschrift für Hugo Kuhn. Stuttgart 1969, S. 64-79.

Frühmorgen-Voss/Ott (1991): Frühmorgen-Voss, Hella; Ott, Norbert H.: Katalog der deutschsprachigen illustrierten Handschriften des Mittelalters. Band 1: Ackermann aus Böhmen - Astrologie/Astronomie. Veröffentlichungen der Kommission für deutsche Literatur des Mittelalters der Bayerischen Akademie der Wissenschaften. München 1991.

Fürbeth (1992): Fürbeth, Frank: Johannes Hartlieb. Untersuchungen zu Leben und Werk. Hermaea. Germanistische Forschungen, N.F. 64. Tübingen 1992.

Fürbeth (2000): Fürbeth, Frank: Zum Begriff und Gegenstand von Magie im Spätmittelalter. Ein Forschungsproblem oder ein Problem der Forschung? In: Hartmann, Sieglinde; Müller, Ulrich (Hrsg.): Jahrbuch der Oswald von Wolkenstein Gesellschaft, Bd. 12. Frankfurt/Main 2000, S. 411-422.

Gamper (1999): Gamper, Rudolf: Die St. Galler Alchemisten. In: Hofmeier, Thomas; Gantenbein, Urs L.; Gamper, Rudolf u.a.: Alchemie in St. Gallen. St. Gallen 1999, S. 19-24.

Gamper/Hofmeier (2002): Gamper, Rudolf; Hofmeier, Thomas: Das Alchemiehandbuch des Appenzeller Wundarztes Ulrich Ruosch. Basel 2002.

Gantenbein (1998): Gantenbein, Urs L.: „Medicus ex Deo“: Die ärztliche Ethik des Paracelsus im Licht antiker und mittelalterlicher Traditionen. In: Nova Acta Paracelsica, NF 12 (1998), S. 221-262.

Gantenbein (1999): Gantenbein, Urs L.: Paracelsus und seine physiologische Alchemie in St. Gallen. In: Hofmeier, Thomas; Gantenbein, Urs L.; Gamper, Rudolf u.a.: Alchemie in St. Gallen. St. Gallen 1999, S. 13-18.

Gantenbein (2000): Gantenbein, Urs L.: Die Beziehungen zwischen Alchemie und Hüttenwesen im frühen 16. Jahrhundert, insbesondere bei Paracelsus und Georgius Agricola. In: Mitteilungen der Fachgruppe „Geschichte der Chemie“ 15 (2000), S. 11-31.

Gantenbein (2000a): Gantenbein, Urs L.: Das Kunstbuch des Michael Cochem (Ms. Vadiana 407) aus dem Jahr 1522. Seine Bedeutung für die medizinische Alchemie. In: Mitteilungen der Fachgruppe „Geschichte der Chemie“ 15 (2000), S. 32-61.

Gantenbein (2001): Gantenbein, Urs L.: Handschriftenfunde zur Alchemie im alten Zürich. In: Gesnerus 58 (2001), S. 240-248.

Ganz (1967): Ganz, Peter: Polemisiert Gottfried gegen Wolfram? (Zu 'Tristan' Z. 4638f.). In: Beiträge zur Geschichte der deutschen Sprache und Literatur 88 (1967), S. 68-85.

Ganz/Schröder (1968): Ganz, Peter F.; Schröder, Werner (Hrsg.): Probleme mittelalterlicher Überlieferung und Textkritik. Oxforder Colloquium 1966. Berlin 1968.

Ganzenmüller (1938): Ganzenmüller, Wilhelm: Die Alchemie im Mittelalter. Paderborn 1938. (Reprographischer Nachdruck. Hildesheim 1967)

Ganzenmüller (1939): Ganzenmüller, Wilhelm: Das Buch der heiligen Dreifaltigkeit. In: Archiv für Kulturgeschichte 29 (1939), S. 93-146.

Ganzenmüller (1956): Ganzenmüller, Wilhelm: Beiträge zur Geschichte der Technologie und der Alchemie. Weinheim 1956.

Ganzenmüller (1993): Ganzenmüller, Wilhelm: Paracelsus und die Alchemie des Mittelalters. In: Udo Benzenhöfer (Hrsg.): Paracelsus. Darmstadt 1993, S. 137-156.

Garbers/Weyer (1980): Garbers, K.; Weyer, Jost (Hrsg.): Quellengeschichtliches Lesebuch zur Chemie und Alchemie der Araber im Mittelalter. Hamburg 1980.

Gebelein (1991): Gebelein, Helmut: Alchemie. München 1991.

Gebelein (1994): Gebelein, Helmut: Die Alchemie des Paracelsus. In: Erfahrungsheilkunde 1 (1994), S. 19-23.

Gebelein (1994a): Gebelein, Helmut: Alchemistisches im Roman Iwein, der Ritter mit dem Löwen, von Hartmann von Aue. In: Ertzdorff, Xenja von (Hrsg.): Die Romane von dem Ritter mit dem Löwen. Chloe, Beihefte zum Daphnis, Bd. 20. Amsterdam, Atlanta 1994, S. 313-330.

Gebelein (2000): Gebelein Helmut: Alchemie. Diederichs Gelbe Reihe, Bd. 165. Kreuzlingen, München 2000.

Gebelein (2003): Gebelein Helmut: Theorien der Alchemie. In: Figala, Karin; Gebelein, Helmut (Hrsg.): Hermetik & Alchemie. Betrachtungen am Ende des 20. Jahrhunderts. Gaggenau 2003, S. 83-101.

Geerk (1992): Geerk, F.: Paracelsus – Arzt unserer Zeit. Leben, Werk und Wirkungsgeschichte des Theophrastus von Hohenheim. Zürich 1992.

Gessmann (1922): Gessmann, Gustav W.: Die Geheimsymbole der Alchymie, Arzneikunde und Astrologie des Mittelalters. Eine Zusammenstellung der von den Mystikern und Alchymisten gebrauchten geheimen Zeichenschrift; nebst einem kurzgefaßten geheimwissenschaftlichen Lexikon. Berlin, 2. durchges. und erg. Aufl. 1922.

Giebel (1990): Giebel, Marion: Das Geheimnis der Mysterien. Antike Kulte in Griechenland, Rom und Ägypten. Zürich, München 1990.

Giloy-Hirtz (1991): Giloy-Hirtz, Petra: Begegnung mit dem Ungeheuer. In: Kaiser (1991), S. 167-209.

Giordani (1993): Giordani, Francesco: Paracelso e l'alchimia: il Labirinto dei medici. In: Atti e memorie [della] Accademia Italiana di Storia della Farmacia 10 (1993), S. 145-152.

Giua (1946): Giua, Michele: Storia della chimica dall'alchimia alle dottrine moderne. Turin 1946.

Givry (1929): Givry, Guillot de: Le musée des sorciers, mages et alchimistes. Paris 1929.

Gleinser (1996): Gleinser, Thomas: Anton Trutmanns 'Arzneibuch'. Medizin- und sozialgeschichtlicher Kommentar. Diss. Würzburg 1996.

Glier (1987): Glier, I.: Kleine Reimpaargedichte und verwandte Großformen. In: Glier, I. (Hrsg.): De Boor, Literaturgeschichte III, 2 (1987), S. 18-141.

Gmelin (1797-99): Gmelin, Johann F.: Geschichte der Chemie, 3 Bde. Göttingen 1797-99.

Goethe, Johann Wolfgang: Berliner Ausgabe, Poetische Werke, Bd. 1-16. Hrsg. von Siegfried Seidel. Berlin 1960ff.

Goethe, Johann Wolfgang: Faust. Der Tragödie erster Teil. Universal-Bibliothek, Nr. 1. Stuttgart 1971.

Goez (1998): Goez, Werner: Lebensbilder aus dem Mittelalter. Die Zeit der Ottonen, Salier und Staufer. Darmstadt, 2. überarbeitete und erweiterte Aufl. 1998.

Goldammer (1964): Goldammer, Kurt (Hrsg.): Das Buch der Erkanntnus des Theophrast von Hohenheim gen. Paracelsus. Texte des späten Mittelalters und der frühen Neuzeit, 18. Berlin 1964.

Goldammer (1978): Goldammer, Kurt: Magie bei Paracelsus. Mit besonderer Berücksichtigung des Begriffs einer „natürlichen Magie". In: Magia naturalis und die Entstehung der modernen Naturwissenschaften. Symposion der Leibniz-Gesellschaft, Hannover 14. und 15. November 1975. Wiesbaden 1978, S. 30-55.

Goldammer (1991): Goldammer, Kurt: Der Göttliche Magier und die Magierin Natur. Religion, Naturmagie und die Anfänge der Naturwissenschaft vom Spätmittelalter bis zur Renaissance. Mit Beiträgen zum Magie-Verständnis des Paracelsus. Stuttgart 1991.

Goldschmidt (1923): Goldschmidt, Günther: Heliodori carmina quattuor ad fidem Codicis Casselani. Religionsgeschichtliche Vorarbeiten 19, Heft 2. Gießen 1923.

Goldschmidt (1938): Goldschmidt, Günther: Der Ursprung der Alchimie. In: CIBA-Zeitschrift 5, Heft 57, Basel 1938.

Goldschmidt (1939): Goldschmidt, Günther: Die mittelalterliche Alchimie. In: CIBA-Zeitschrift 6, Heft 65, Basel 1939.

Goldschmidt (1945): Goldschmidt, Günther: Katalogisierung der mittelalterlichen medizinischen und alchemistischen Handschriften der Zentralbibliothek Zürich. In: Gesnerus 2, Heft 3 (1945), S. 151-162.

Goltz (1968): Goltz, Dietlinde: Versuch einer Grenzziehung zwischen „Chemie" und „Alchemie". In: Sudhoffs Archiv 52 (1968), S. 30-47.

Goltz (1972): Goltz, Dietlinde: Studien zur Geschichte der Mineralnamen in Pharmazie, Chemie und Medizin von den Anfängen bis Paracelsus. Sudhoffs Archiv Beihefte, 14. Wiesbaden 1972.

Goltz/Telle/Vermeer (1977): Goltz, Dietlinde; Telle, Joachim; Vermeer, Hans J.: Der alchemistische Traktat „Von der Multiplikation“ von Pseudo-Thomas von Aquin. Untersuchungen und Texte. Sudhoffs Archiv Beihefte, 19. Wiesbaden 1977.

Gorceix (1980): Gorceix, B.: Alchimie. Traités allemands du XIVème siècle traduits. Paris 1980.

Gottfried von Straßburg: Tristan, 3 Bde. Nach dem Text von Friedrich Ranke neu herausgegeben, ins Neuhochdeutsche übersetzt, mit einem Stellenkommentar und einem Nachwort von Rüdiger Krohn. Universal-Bibliothek Nr. 4471-4473. Stuttgart 1996.

Grabert (1943): Grabert, Karl-Wilhelm: Die Nomina Anatomica bei den deutschen Wundärzten Hieronymus Brunschwig und Hans von Gersdorff ihre Beziehung zu Guy de Chauliac und ihr Verhältnis zu den Jenenser Nomica anatomica des Jahres 1935: ein Beitrag zur Geschichte der anatomischen Nomenklatur; mit einer Skizze über das Leben, das Werk und die Stellung der drei Autoren in der deutschen Anatomie und Chirurgie des Mittelalters. Dissertation. Leipzig 1943.

Grabmann (1909-11): Grabmann, M.: Die Geschichte der scholastischen Methode, 2 Bde. Freiburg/Br. 1909-1911.

Grabmann (1949): Grabmann, Martin: Die Werke des heiligen Thomas von Aquin. Münster, 3. Aufl. 1949.

Grane (1987): Grane, Leif: Studia humanitatis und Theologie an den Universitäten Wittenberg und Kopenhagen im 16. Jahrhundert: komparative Überlegungen. In: Keil/Moeller/Trusen (1987), S. 65-114.

Grant (1974): Grant, E. (Hrsg.) A Source Book in Medieval Science. Cambridge, Mass. 1974.

Gray (1952): Gray, Ronald D.: Goethe the alchemist. A study of alchemical symbolism in Goethe's literary and scientific works. Cambridge 1952.

Greenberg (2003): Greenberg, Arthur: The art of chemistry. Myths, medicines and materials. Hoboken, New York 2003.

Grignaschi (1981): Grignaschi, Mario: La diffusion du „Secretum Secretorum“ (Sirr al-Çasrâr) dans l'Europe occidentale. Archives d'histoire doctrinale et littéraire du moyen âge, Bd. 47. Paris 1981.

Grochol (1988): Grochol, Werner: Magie, Alchimie, Astrologie und die Heilkunde. Ein Beitrag zur Geschichte des Aberglaubens. Frankfurt/Main 1988.

Groos (1993): Groos, Arthur: 'trachontê' and 'des trachen umbevart' (Parzival 483). In: Anthony Bushell (Hrsg.): Essays in Germanic Studies. Carl Lofmark Memorial Volume, Trivium 28 (1993), S. 23-37.

Groos (1994): Groos, Arthur: Wolframs Schlangenliste ('Parzival' 481) und Pseudo-Apuleius. In: Domes/Gerabek/Haage u.a. (1994), S. 129-148.

Groos (1995): Groos, Arthur: Romancing the Grail. Genre, Science and Quest in Wolfram's Parzival. Ithaca, London 1995.

Grosse (1978): Grosse, Siegfried: Heinrich von Mügeln. In: Seibt (1978), S. 199-212.

Grössing (1980): Grössing, Helmuth: Der Humanist Regiomontanus und sein Verhältnis zu Georg von Peuerbach. In: Schmitz/Krafft (1980), S. 69-82.

Grubmüller (1979): Grubmüller, Klaus: Ein Arzt als Literat: Hans Hartlieb. In: Honemann, Volker; Ruh, Kurt; Schnell, Bernhard u.a. (Hrsg.): Poesie und Gebrauchsliteratur im deutschen Mittelalter. Würzburger Colloquium 1978. Tübingen 1979, S. 14-36.

Grubmüller (1981): Grubmüller, Klaus: Hartlieb, Johannes. In: Kurt Ruh; Gundolf Keil; Werner Schröder u.a. (Hrsg.): Die deutsche Literatur des Mittelalters. Verfasserlexikon, Bd. 3. Berlin, New York, 2. völlig neu bearb. Aufl. 1981, Sp. 480-496.

Gründel (1924): Gründel, Elfriede: Über das Carmen de ingenio sanitatis des Arztes und Doktor der Medizin Burkhard von Horneck. Dissertation. Leipzig 1924.

Grundmann (1928): Grundmann, Herbert: Mystik und Aufklärung im Mittelalter. In: Zeitschrift für Deutsche Bildung 9 (1928), S. 449-455. (Wieder in: Grundmann (1976), S. 269-277)

Grundmann (1934): Grundmann, Herbert: Die geschichtlichen Grundlagen der Deutschen Mystik. In: Deutsche Vierteljahresschrift für Literaturwissenschaft und Geistesgeschichte 12 (1934), S. 400-428. (Wieder in: Grundmann (1976), S. 243-268)

Grundmann (1936): Grundmann, Herbert: Die Frauen und die Literatur im Mittelalter. Ein Beitrag zur Frage nach der Entstehung des Schrifttums in der Volkssprache. In: Archiv für Kulturgeschichte 26 (1936), S. 129-161. (Wieder in: Grundmann (1978), S. 67-95)

Grundmann (1941): Grundmann, Herbert: Deutsches Schrifttum im Deutschen Orden. In: Altpreußische Forschungen 18 (1941), S. 21-49. (Wieder in: Grundmann (1978), S. 96-129)

Grundmann (1952): Grundmann, Herbert: Sacerdotium – Regnum – Studium. Zur Wertung der Wissenschaft im 13. Jahrhundert. In: Archiv für Kulturgeschichte 34 (1952), S. 5-21. (Wieder in: Grundmann (1978), S. 275-291)

Grundmann (1955): Grundmann, Herbert: Neue Beiträge zur Geschichte der religiösen Bewegungen im Mittelalter. In: Archiv für Kulturgeschichte 37 (1955), S. 129-182. (Wieder in: Grundmann (1976), S. 38-92)

Grundmann (1958): Grundmann, Herbert: Litteratus – illiteratus. Der Wandel einer Bildungsnorm vom Altertum zum Mittelalter. In: Archiv für Kulturgeschichte 40 (1958), S. 1-65. (Wieder in: Grundmann (1978), S. 1-66)

Grundmann (1960): Grundmann, Herbert: Vom Ursprung der Universität im Mittelalter. In: Berichte über die Verhandlungen der Sächsischen Akademie der Wissenschaften zu Leipzig. Phil.-hist. Klasse 103, 2. Darmstadt, 2. mit einem Nachwort versehene Aufl. 1960, S. 3-68. (Wieder in: Grundmann (1978), S. 292-342)

Grundmann (1960a): Grundmann, Herbert: Naturwissenschaft und Medizin in mittelalterlichen Schulen und Universitäten. In: Deutsches Museum. Abhandlungen und Berichte 28, Heft 2. München, Düsseldorf 1960, S. 5-36. (Wieder in: Grundmann (1978), S. 343-367)

Grundmann (1967): Grundmann, Herbert: Dichtete Wolfram von Eschenbach am Schreibtisch? In: Archiv für Kulturgeschichte 49 (1967), S. 391-405.

Grundmann (1976): Grundmann, Herbert: Ausgewählte Aufsätze. Teil 1: Religiöse Bewegungen. Schriften der Monumenta Germaniae Historica, Bd. 25. Stuttgart 1976.

Grundmann (1978): Grundmann, Herbert: Ausgewählte Aufsätze. Teil 3: Bildung und Sprache. Schriften der Monumenta Germaniae Historica, Bd. 25. Stuttgart 1978.

Gundel (1936): Gundel, Wilhelm: Dekane und Dekansternbilder. Mit einer Untersuchung über die ägyptischen Sternbilder und Dekane von S. Schott. Glückstadt, Hamburg 1936.

Gundel (1966): Gundel, Wilhelm: Alchemie. In: Klauser, Theodor (Hrsg.): Reallexikon für Antike und Christentum, Bd. 1. Stuttgart 1950, Sp. 239-260.

Gundel (1966a): Gundel, Wilhelm: Astrologumena. Die astrologische Literatur der Antike und ihre Geschichte. Wiesbaden 1966.

Guthmüller (1983): Guthmüller, Bodo: Der Mythos zwischen Theologie und Poetik. In: Buck/Heitmann (1983), S. 129-148.

Haage (1974): Haage, Bernhard D.: Germanistische Wortforschung auf dem Gebiet der altdeutschen Fachliteratur der Artes. In: Keil, Gundolf; Assion, Peter (Hrsg.): Fachprosaforschung. Acht Vorträge zur mittelalterlichen Artesliteratur. Berlin 1974, S. 124-139.

Haage (1975): Haage, Bernhard. D. (Hrsg.): Das „Kunstbüchlein" des Alchemisten Caspar Hartung vom Hoff. In Abbildung und Transkription. Litterae 39. Göppingen 1975.

Haage (1981): Haage, Bernhard, D.: Das Heidelberger Schicksalsbuch. Das 'Astrolabium planum' deutsch aus CPG 832 der Universitätsbibliothek Heidelberg. Kommentar. Frankfurt/Main 1981.

Haage (1982): Haage, Bernhard D.: Das alchemistische Bildgedicht vom „Nackten Weib" in seiner bisher ältesten Überlieferung. In: Centaurus 26 (1982), S. 204-214.

Haage (1982a): Haage, Bernhard D.: Zum hypothetischen Rezepteingang im Arzneibuch des Erhart Hesel. In: Keil (1982), S. 363-370.

Haage (1982b): Haage, Bernhard, D.: Sternzeichen aus einem alten Schicksalsbuch, 12 Bde. Frankfurt/Main 1982.

Haage (1983): Haage, Bernhard D.: Das Ouroboros-Symbol im 'Parzival'. In: Würzburger medizinhistorische Mitteilungen 1 (1983), S. 5-22.

Haage (1983a): 'Von der minnenden Seele'. Drei Predigten Heinrich Kalteisens O.P. Die deutschen Predigten Heinrich Kalteisens O.P., I. GAG 373. Göppingen 1983.

Haage (1985): Haage, Bernhard, D.: Der Harmoniegedanke in mittelalterlicher Dichtung und Diätetik als Therapeutikum. Das mystische Leben in der Welt ohne die Welt im 'Armen Heinrich' Hartmanns von Aue. In: Kühnel, J. u.a. (Hrsg.): Psychologie in der Mediävistik. Gesammelte Beiträge des Steinheimer Symposions. Göppingen 1985, S. 171-196.

Haage (1986): Haage, Bernhard D.: Naturkundliche Thematik deutscher Dichtung im Paradigmenwandel um 1250. In: Leuvense Bijdragen, 75 (1986), S. 495-516.

Haage (1986a): Haage, Bernhard D.: Die Wertschätzung von Naturwissenschaft und Medizin in der deutschen Dichtung des Mittelalters. In: Sudhoffs Archiv 70, Heft 2 (1986), S. 206-220.

Haage (1988): Haage, Bernhard D.: Deutsche Fachliteratur und deutsche Fachsprache der Artes in der mittelalterlichen und frühneuzeitlichen Stadt. In: Bauer, Gerhard (Hrsg.): Stadtsprachenforschung. GAG 488. Göppingen 1988. S. 271-325.

Haage (1988a): Haage, Bernhard D.: Heilkunde im 'Tristan' Gottfrieds von Straßburg. In: Okken, Lambertus: Kommentar zum Tristan-Roman Gottfrieds von Straßburg, Bd. 3. Amsterdamer Publikationen zur Sprache und Literatur, Bd. 81. Amsterdam 1988, S. 185-220.

Haage (1989): Haage, Bernhard D.: Alchemie. In: Dinzelbacher, Peter (Hrsg.) Wörterbuch der Mystik. Stuttgart 1989, S. 8-10.

Haage (1989a): Haage, Bernhard D.: Medizinisches bei Gottfried von Straßburg. In: Würzburger Medizinhistorische Mitteilungen 7 (1989), S. 55-69.

Haage (1990): Haage, Bernhard D.: Wissenschafts- und bildungstheoretische Reminiszenzen nordfranzösischer Schulen bei Gottfried von Straßburg und Wolfram von Eschenbach. In Würzburger medizinhistorische Mitteilungen 8 (1990), S. 91-135.

Haage (1990a): Haage, Bernhard D.: Hartmann, Gottfried, Wolfram und die Medizin. In: Leuvense Bijdragen 79 (1990), S. 301-315.

Haage (1991): Haage, Bernhard D.: Prolegomena zum Einfluß der 'Schule von Chartres' auf Wolfram von Eschenbach. In: Fritsch-Rößler (1991), S. 149-169.

Haage (1992): Haage, Bernhard D.: Studien zur Heilkunde im „Parzival" Wolframs von Eschenbach. GAG 565. Göppingen 1992.

Haage (1992a): Haage, Bernhard D.: Methodisches zur Interpretation von Urjans' Heilung (Parzival 505,21-506,19). In: ZfdPh 111 (1992), S. 387-392.

Haage (1993): Haage, Bernhard D.: Die Heilkunde und Der Ouroboros bei Hartmann von Aue. In: Okken, Lambertus: Kommentar zur Artusepik Hartmanns von Aue. Amsterdamer Publikationen zur Sprache und Literatur, Bd. 103. Amsterdam, Atlanta 1993, S. 519-564.

Haage (1993a): Haage, Bernhard D.: Wissenstradierende und gesellschaftliche Konstituenten mittelalterlicher deutscher Fachsprache. In: Bungarten, Theo (Hrsg.): Fachsprachentheorie. Bd. 1. Fachsprachliche Terminologie, Begriffs- und Sachsysteme, Methodologie. Tostedt 1993, S. 228-268.

Haage (1994): Haage, Bernhard D. (Hrsg.): Granatapfel. Festschrift für Gerhard Bauer zum 65. Geburtstag. GAG 580. Göppingen 1994.

Haage (1994a): Haage, Bernhard D.: Der Ritter Gawan als Wundarzt ('Parzival' 506,5ff). In: Baufeld, Christa (Hrsg.): Die Funktion außer- und innerliterarischer Faktoren für die Entstehung deutscher Literatur des Mittelalters und der frühen Neuzeit. GAG 603. Göppingen 1994, S. 193-216.

Haage (1994b): Haage, Bernhard D.: Kyklos im 'Parzival' Wolframs von Eschenbach. In: Haage (1994), S. 167-186.

Haage (1994c): Haage, Bernhard D.: Ouroboros – und kein Ende. In: Domes/Gerabek/Haage u.a. (1994), S. 149-169.

Haage (1994d): Haage, Bernhard D.: Die Korpuskulartheorie bei Geber latinus. In: Würzburger medizinhistorische Mitteilungen 12 (1994), S. 19-28.

Haage (1995): Haage, Bernhard D.: Paracelsus kein Luther der Medizin. In: Zimmermann (1995), S. 113-120.

Haage (1996): Haage, Bernhard D.: Alchemie im Mittelalter. Ideen und Bilder – von Zosimos bis Paracelsus. Zürich, Düsseldorf 1996.

Haage (1996a): Haage, Bernhard D.: Iatrochemie vor Paracelsus. In: Würzburger medizinhistorische Mitteilungen 14 (1996), S. 17-27.

Haage (1997): Haage, Bernhard D.: Die Schlange 'Ecidemon' im Parzival Wolframs von Eschenbach. In: Chocheyras, Jacques (Hrsg.): De l'aventure épique à l'aventure romanesque. Festschrift für André de Mandach. Bern 1997, S. 257-268.

Haage (1998): Haage, Bernhard D.: „Romancing the Dragon" zu Parzival 483,12. In: Krause, Burkhardt (Hrsg.): Verstehen durch Vernunft. Festschrift für Werner Hoffmann. Philologica Germanica, 19. Wien 1998, S. 113-127.

Haage (1998a): Haage, Bernhard D.: Anwendungsmöglichkeiten und bisherige Anwendung von philologisch-historischen Methoden bei der Erforschung der Fachsprache der Artes. In: Hoffmann, Lothar; Kalverkämper, Hartwig; Wiegand, Herbert E. (Hrsg.): Fachsprachen. Languages for Special Purposes. Berlin, New York 1998, S. 269-277.

Haage (1999): Haage, Bernhard D.: Alchemische Heilmittelherstellung vor Paracelsus. In: Nova Acta Paracelsica. Beiträge zur Paracelsusforschung, NF 13 (1999), S. 217-236.

Haage (2000): Haage, Bernhard D.: ... curatio aut ex contrariis, aut ex similibus ... (Isidor, Etymologien IV, IX,5). Zu 'Parzival' 489,22-490,30. In: Ehrenfeuchter/Ehlen (2000), S. 163-168.

Haage (2000a): Haage, Bernhard D.: Rezension zu Dirk Matejovski „Das Motiv des Wahnsinns in der mittelalterlichen Dichtung." (1996). In: ZfdPh 119 (2000), S. 460-463.

Haage (2000b): Haage, Bernhard D.: Volkssprachige Abulcasis-Rezeption im 13. Jahrhundert. In: Würzburger medizinhistorische Mitteilungen 19 (2000), S. 525-527.

Haage (2001): Haage, Bernhard D.: Beobachtungen zur Thematisierung der Medizin in mittelhochdeutscher Dichtung. In: Fürnkäs, Josef u.a. (Hrsg.): Zwischenzeiten – Zwischenwelten. Festschrift für Kozo Hirao. Frankfurt/Main, Berlin, Bern u.a. 2001, S. 159-172.

Haage (2001a): Haage, Bernhard D.: Bonatti (Bonatus), Guido. In: Kurt Ruh; Gundolf Keil; Werner Schröder u.a. (Hrsg.): Die deutsche Literatur des Mittelalters. Verfasserlexikon, Bd. 11. Nachtragsband, 1. Lieferung. Berlin, New York, 2. völlig neu bearb. Aufl. 2001, Sp. 269-270.

Haage (2002): Die Bedeutung von Paracelsus für Medizin und Pharmazie. In: Bayerische Chemieverbände (Hrsg.): Paracelsus: Leben – Werk – Wirkung. Nürnberg 2002, S. 11-31.

Haage (2002a): Haage, Bernhard D.: Der 'böse Blick'. Beobachtungen zu einem Motiv in der deutschen Literatur des Mittelalters. In: Fritsch-Rößler (2002), S. 51-67.

Haage (2002b): Haage Bernhard D.: Rezension zu Sabine Heimann-Seelbach: Ars und scientia. Genese, Überlieferung und Funktion der mnemotechnischen Traktatliteratur im 15. Jahrhundert (2000). In: Mittellateinisches Jahrbuch 37 (2002), S. 159-162.

Haage (2003): Haage, Bernhard D.: Latein und Volkssprache in der deutschen Artesliteratur des Mittelalters und der frühen Neuzeit. In: Ureland, Sture (Hrsg.): Convergence and Divergence of European Languages. Studies in Eurolinguistics, Bd. 1. Berlin 2003, S. 81-94.

Haage (2003a): Haage, Bernhard D.: Selvons 'visio'. In: Groß, Dominik; Reininger, Monika (Hrsg.): Medizin in Geschichte, Philologie und Ethnologie. Festschrift für Gundolf Keil. Würzburg 2003, S. 245-255.

Haage/Keil (1989): Haage, Bernhard D.; Keil, Gundolf: Zum künstlich erzeugten Heilfieber in Wolframs 'Parzival'. In: Gärtner, Kurt; Heinzle, Joachim (Hrsg.): Studien zu Wolfram von Eschenbach. Festschrift für Werner Schröder zum 75. Geburtstag. Tübingen 1989, S. 343-358.

Haage/Keil (2001): Haage, Bernhard D.; Keil, Gundolf: Astrolabium planum. In: Kurt Ruh; Gundolf Keil; Werner Schröder u.a. (Hrsg.): Die deutsche Literatur des Mittelalters. Verfasserlexikon, Bd. 11. Nachtragsband, 1. Lieferung. Berlin, New York, 2. völlig neu bearb. Aufl. 2001, Sp. 165-168.

Habiger-Tuczay (1992): Habiger-Tuczay, Ch.: Magie und Magier im Mittelalter. München 1992.

Habrich (1970): Habrich, Christa: Apothekengeschichte Regensburgs in reichsstädtischer Zeit. Neue Münchner Beiträge zur Geschichte der Medizin und Naturwissenschaften, Medizinhistorische Reihe, Bd. 1. München 1970.

Haferlach (1991): Haferlach, Torsten: Die Darstellung von Verletzungen und Krankheiten und ihrer Therapie in mittelalterlicher deutscher Literatur unter gattungsspezifischen Aspekten. Heidelberg 1991.

Hagenmeyer (1972): Hagenmeyer, Christa: Die 'Ordnung der Gesundheit' für Rudolf von Hohenburg. Untersuchungen zur diätetischen Fachprosa des Spätmittelalters mit kritischer Textausgabe. Inaugural-Dissertation. Heidelberg 1972.

Hagenmeyer (1982): Hagenmeyer, Christa: Die Entstehung des 'Zwölfbändigen Buches der Medizin' zu Heidelberg. In: Keil (1982), S. 538-544.

Hahn (1984): Hahn, Gerhard: Der Ackermann aus Böhmen des Johannes von Tepl. Erträge der Forschung, Bd. 215. Darmstadt 1984.

Hallauer (1982): Hallauer, Hermann J.: Kritisches Verzeichnis der Londoner Handschriften aus dem Besitz des Nikolaus von Kues. Cod. Harl. 5403. In: Mitteilungen und Forschungsbeiträge der Cusanus-Gesellschaft 15 (1982), S. 43-56.

Halleux (1979): Halleux, Robert: Les textes alchimique. Typologie des sources du moyen âge occidental, 32. Turnhout 1979.

Halleux (1980): Halleux, Robert: La controverse sur les origines de la chimie, de Paracelse à Borrichius. In: Margolin, Jean-Claude (Hrsg.): Acta Conventus neo-latini Turonensis, Bd. 2. De Pétarque à Descartes, 38. Paris 1980, S. 807-819.

Halleux (1981): Halleux, Robert: Les ouverages alchimiques de Jean de Rupescissa. In: Histoire Littérataire de la France, Bd. 41. Paris 1981, S. 241-284.

Halleux (1988): Halleux, Robert: Pratique de laboratoire et expérience de pensée chez les alchimistes. In: Bergier (1988), S. 115-126.

Hamann (1980): Hamann, Günther: Karthographisches und wirkliches Weltbild in der Renaissancezeit. Zum wechselseitigen Verhältnis von Theorie und Praxis im Zeitalter der großen Entdeckungsfahrten. In: Schmitz/Krafft (1980), S. 155-180.

Hamarneh (1963): Hamarneh, S.: Climax of chemical therapy in 10th century arabic medicine. In: Der Islam 38 (1963), S. 283-288.

Hammer-Jensen (1921): Hammer-Jensen, Ingeborg: Die älteste Alchemie. Det kgl. Danske Videnskabernes Selskab. Historisk-filologiske Meddelelser 4,2. Kopenhagen 1921.

Harder (1977): Harder, H.: Lexikon der Mineralien- und Gesteinsfunde. Luzern 1977.

Häring (1974): Häring, N.M.: Chartres and Paris Revisited. In: O'Donnell, R. (Hrsg.): Essays in Honour of Anton Charles Pegis. Toronto 1974, S. 268-329.

Harmening (1979): Harmening, Dieter: Superstitio. Überlieferungs- und theoriegeschichtliche Untersuchungen zur kirchlich-theologischen Aberglaubensliteratur des Mittelalters. Berlin 1979.

Hartlaub (1937): Hartlaub, Gustav F.: Arcana artis. Spuren alchemistischer Symbolik in der Kunst des 16. Jahrhunderts. In: Zeitschrift für Kunstgeschichte 6 (1937), S. 289-324.

Hartlaub (1937a): Hartlaub, Gustav F.: Signa hermetis. In: Zeitschrift des deutschen Vereins für Kunstwissenschaft 4 (1937), S. 93-112 und S. 144-162.

Hartlaub (1947): Hartlaub, Gustav F.: Alchemisten und Rosenkreuzer. Der Kunstspiegel 2. Heilbronn 1947.

Hartlaub (1952): Hartlaub, Gustav F.: Von der Alchemie in der Dichtung. In: Die BASF 2 (1952), S. 127-133.

Hartlaub (1953): Hartlaub, Gustav F.: Destillieren und Sublimieren im alten Florenz. In: Die BASF 3 (1953), S. 8-11.

Hartlaub (1954): Hartlaub, Gustav F.: Ronals D. Gray, Goethe the alchemist, Rezension. In: Euphorion 48 (1954), S. 116-118.

Hartlaub (1954a): Hartlaub, Gustav F.: Goethe als Alchemist. In: Euphorion 48 (1954), S. 19-40.

Hartlaub (1954b): Hartlaub, Gustav F.: Chymische Märchen. Naturphilosophische Sinnbilder aus einer alchemistischen Prunkhandschrift der deutschen Renaissance. In: Die BASF 4 (1954), S.47-51.

Hartlaub (1954c): Hartlaub, Gustav F.: Die „Königliche Kunst“ und ihre Bilderwelt. In: Die BASF 4 (1954), S. 103-107.

Hartlaub (1955): Hartlaub, Gustav F.: Sternglauben und Stein der Weisen. In: Die BASF 5 (1955), S. 4-9.

Hartlaub (1955a): Hartlaub, Gustav F.: Merkur. In: Die BASF 5 (1955), S. 266-271.

Hartlaub (1959): Hartlaub, Gustav F.: Der Stein der Weisen. Wesen und Bildwelt der Alchemie. Bibliothek des Germanischen National-Museums zur deutschen Kunst- und Kulturgeschichte, Bd. 12. München 1959.

Hartlaub (1959a): Hartlaub, Gustav F.: Prima materia. Das Geheimnis eines Gemäldes von Giorgione. In: Die BASF 9 (1959), S. 50-54.

Hartlaub (1959b): Hartlaub, Gustav F.: Symbole der Wandlung. Eine frühe Bilderhandschrift der Alchemie. In: Die BASF 9 (1959), S. 123-128.

Hartlaub (1960): Hartlaub, Gustav F.: Opera chemica. Eine unbekannte Bilderhandschrift der italienischen Frührenaissance. In: Die BASF 10 (1960), S. 97-102.

Hartlaub (1963): Hartlaub, Gustav F.: „Die fliehende Atalante“. Aus Matthäus Merians Bilderbuch der Alchemie. In: Die BASF 13 (1963), S. 3-7.

Hartmann (1977): Hartmann, Sven S.: Alchemie. I. Religionsgeschichtlich. In: Krause, Gerhard; Müller, Gerhard (Hrsg.): Theologische Realenzyklopädie, Bd. 2. Berlin, New York 1977, S. 195-199.

Hartmann (2002): Hartmann, Heiko: Heraldische Motive und ihre narrative Funktion in den Werken Wolframs von Eschenbach. In: Haubrichs, Wolfgang; Lutz, Eckhart C.; Ridder, Klaus (Hrsg.): Wolfram von Eschenbach – Bilanzen und Perspektiven. Eichstätter Kolloquium 2000. Wolfram-Studien, 17. Berlin 2002, S. 157-181.

Hartmann von Aue: Erec. Mittelhochdeutscher Text und Übertragung. Frankfurt/Main 1972.

Hartmann/Müller (2000): Hartmann, Sieglinde; Müller, Ulrich (Hrsg.): Jahrbuch der Oswald von Wolkenstein Gesellschaft, Bd. 12. Frankfurt/Main 2000.

Hartweg/Wegera (1989): Hartweg, Frédéric; Wegera, Klaus-Peter: Frühneuhochdeutsch. Eine Einführung in die deutsche Sprache des Spätmittelalters und der frühen Neuzeit. Germanistische Arbeitshefte, Bd. 33. Tübingen 1989.

Haskins (1928): Haskins, Charles H.: The 'Alchemy' ascribed to Michael Scot. In: Isis 10 (1928), S. 350-359.

Hassenstein (1941): Hassenstein, W.: Das Feuerwerksbuch von 1420. 600 Jahre deutsche Pulverwaffen und Büchsenmeisterei. Neudruck des Erstdrucks aus dem Jahre 1529 mit Übertragung ins Hochdeutsche und Erläuterungen. 1941.

Hasty (1999): Hasty, Will: A Companion to Wolfram's Parzival. Studies in German literature, linguistics and culture. Columbia, SC (USA) 1999.

Hauke (1975): Hauke, Hermann: Katalog der lateinischen Handschriften der Bayerischen Staatsbibliothek München: Clm 27270-27499. Wiesbaden 1975.

Haupt (1991): Haupt, Barbara: Heilung von Wunden. In: Kaiser (1991), S. 77-113.

Haustein/Steinmetz (2002): Haustein, Jens; Steinmetz, Ralf-Henning (Hrsg.): Studien zu Frauenlob und Heinrich von Mügeln. Festschrift für Karl Stackmann zum 80. Geburtstag. Scrinium Friburgense, Bd. 15. Freiburg/Schweiz 2002.

Hein (1955): Hein, Wolfgang-Hagen: Hinweise zur pharmaziehistorischen Bildinterpretation. In: Pharmazeutische Zeitung (1955), S. 91-100 und S. 1416-1419.

Hein (1959): Hein, Wolfgang-Hagen: Zur pharmaziegeschichtlichen Bildinterpretation. In: Veröffentlichungen der Internationalen Gesellschaft für Geschichte der Pharmazie, NF 15 (1959), S. 60-73.

Heinemann (1900/1966): Heinemann, O. von: Die Handschriften der herzoglichen Bibliothek zu Wolfenbüttel. Abteilung II: Die Augustinschen Handschriften IV, 1900. (Nachdruck 1966).

Heines (1958): Heines, V. (Übers.): Libellus de alchimia, ascribed to Albertus Magnus. Berkeley 1958.

Heintze (1910): Heintze, Oberbergrat Dr.: Geschichte der Erfindung des Porzellans durch Johann Friedrich Böttger. In: Archiv für die Geschichte der Naturwissenschaften und der Technik 2 (1910), S. 183-200.

Helmond (1994): Helmond, Johannes: Die entschleierte Alchemie. Das Geheimnis des Steins der Weisen erstmalig offen erklärt. Bietigheim 1994.

Helmstädter (1990): Helmstädter, Axel: Spagyrische Arzneimittel: Pharmazie und Alchemie der Neuzeit. Heidelberger Schriften zur Pharmazie- und Naturwissenschaftsgeschichte. Stuttgart 1990.

Henzen (1966): Henzen, Walter: Das IX. Buch des 'Parzival'. Überlegungen zum Aufbau. In: Rupp (1966), S. 125-157.

Herding (1975): Herding, Otto: Über einige Richtungen in der Erforschung des deutschen Humanismus seit etwa 1950. In: DFG (1975), S. 59-110.

Herkommer (1983): Herkommer, Hubert: Johannes de Rupescissa (Jean de Roquetaillade). In: Kurt Ruh; Gundolf Keil; Werner Schröder u.a. (Hrsg.): Die deutsche Literatur des Mittelalters. Verfasserlexikon, Bd. 4. Berlin, New York, 2. völlig neu bearb. Aufl. 1983, Sp. 724-729

Hershbell (1987): Hershbell, J.P.: Democritus and the beginnings of Greek alchemy. In: Ambix 34 (1987), S. 5-20.

Herzog Ernst: Herzog Ernst. Ein mittelalterliches Abenteuerbuch. In der mittelhochdeutschen Fassung B nach der Ausgabe von Karl Bartsch mit den Bruchstücken der Fassung A herausgegeben, übersetzt, mit Anmerkungen und einem Nachwort versehen von Bernhard Sowinski. Stuttgart 1970.

Heym (1938): Heym, G.: Al Rāzī and Alchemy. In: Ambix 1 (1938), S. 184-191.

Hickel/Schneider (1964): Hickel, Erika; Schneider, Wolfgang: Quellen zur Geschichte der pharmazeutischen Chemie im 16. Jahrhundert. In: Pharmazeutische Zeitung 109 (1964), S. 51-57.

Hild (1998): Hild, Heike: Demokrit, pseudo-Demokrit. In: Priesner/Figala (1998), S. 108-110.

Hild (1998a): Hild, Heike: Ei, philosophisches (Ei der Philosophen). In: Priesner/Figala (1998), S. 120.

Hild (1998b): Hild, Heike: Geist (syn. spiritus, pneuma, nous). In: Priesner/Figala (1998), S. 147-148.

Hild (1998c): Hild, Heike: Gnosis. In: Priesner/Figala (1998), S. 152-154.

Hild (1998d): Hild, Heike: Hermaphrodit. In: Priesner/Figala (1998), S. 172-173.

Hild (1998e): Hild, Heike: Khalid ibn Yazid. In: Priesner/Figala (1998), S. 193-194.

Hild (1998f): Hild, Heike: Maria. In: Priesner/Figala (1998), S. 235-236.

Hild (1998g): Hild, Heike: Morienus. In: Priesner/Figala (1998), S. 242-243.

Hild (1998h): Hild, Heike: Mystik, alchemische. In: Priesner/Figala (1998), S. 245-247.

Hild (1998i): Hild, Heike: Zosimos von Panopolis. In: Priesner/Figala (1998), S. 380-381.

Hild (1998j): Hild, Heike: Papyrus Leiden (Papyrus Leidensis). In: Priesner/Figala (1998), S. 265.

Hild (1998k): Hild, Heike: Papyrus Stockholm (Papyrus Holmensis). In: Priesner/Figala (1998), S. 265-266.

Hilka/Steffens (1979): Hilka, A.; Steffens K. (Hrsg.): Historia Alexandri Magni (Historia de preliis). Rezension J_I. Meisenheim/Glan 1979.

Hillgarth (1971): Hillgarth, J.N.: Ramon Lull and Lullism in Fourteenth-Century France. Oxford 1971.

Hirsch (1950): Hirsch, Rudolf: The inventio of printing and the diffusion of alchemical an chemical knowledge. In: Chymia 3 (1950), S. 115-141.

Hirth (1966): Hirth, Wolfgang: Zu den deutschen Bearbeitungen der Secreta Secretorum des Mittelalters. In: Leuvense Bijdragen 55 (1966), S. 40-70.

Hirth (1969): Hirth, Wolfgang: Studien zu den Gesundheitslehren des sogenannten 'Secretum secretorum' unter besonderer Berücksichtigung der Prosaüberlieferungen. Diss. Heidelberg 1969.

Hirth (1974): Hirth, Wolfgang: Die älteste deutsche „Sirr-al-Asrār"-Überlieferung. Zur hoch- und spätmittelalterlichen Tradierung arabischer Diätetik. In: Medizinische Monatsschrift 28 (1974), S. 495-501.

Hirth (1976): Hirth, Wolfgang: Die Textschleppe der altdeutschen 'Secretum secretorum'-Fassung G/H_1. In: Antall, J.; Buzinkai, G.; Némethy, F. (Hrsg.): Acta Congressus internationalis XXIV historiae artis medicinae, 25-31. Aug. 1974 Budapestini, Bd. 2. Budapest 1976, S. 1393-1400.

Hoefer (1866/69): Hoefer, F.: Histoire de la chimie depuis les temps les plus reculés jusqu'à notre époque. 2 Bde. Paris, 2. vermehrte und verbesserte Aufl. Bd. 1, 1866; Bd. 2, 1869. ([1]Bd. 1, 1842; Bd. 2, 1843).

Hoffmann (1995): Hoffmann, Werner: Die vindaere wilder maere. In: Euphorion 89 (1995), S. 129-150.

Hofmann (1955): Hofmann, J.: Ein fränkisches Arzneibuch von 1398 mit Ortolfs von Bayerland 'Mark aller Erzneien'. In: Mainfränkisches Jahrbuch für Geschichte und Kunst 7 (1955), S. 119-142.

Hofmann (1977): Hofmann, W. (Hrsg.): Runge in seiner Zeit. München 1977.

Hofmeier (1999): Hofmeier, Thomas: Alchemie – Einheit in der Vielfalt. In: Hofmeier, Thomas; Gantenbein, Urs L.; Gamper, Rudolf u.a.: Alchemie in St. Gallen. St. Gallen 1999, S. 7-12.

Högemann (1981): Högemann, Annelore: Der altdeutsche „Eichenmisteltraktat". Untersuchungen zu einer bairischen Drogenmonographie des 14. Jahrhunderts. Mittelalterliche Wunderdrogentraktate, 2 und Würzburger medizinhistorische Forschungen, 19. (zugleich Dissertation Würzburg 1979). Pattensen/Han. 1981.

Hoheisel (1986): Hoheisel, Karl: Christus und der philosophische Stein. Alchemie als über- und nichtchristlicher Heilsweg. In: Meinel (1986), S. 61-84.

Höhle (1972): Höhle, Gisela (Hrsg.): Das gegenwertige Büchlein wird genandt Splendor solis oder Sonnenglantz. Faksimile des cod. germ. fol. 42 der Staatsbibliothek Preußischer Kulturbesitz Berlin. Wiesbaden 1972.

Holler (1941): Holler, Fritz-Heinz: Das Arzneidrogenbuch in der Salernitanischen Handschrift der Breslauer Stadtbibliothek (Nr. 1302). Texte und Untersuchungen zur Geschichte der Naturwissenschaften, 5. Würzburg 1941.

Holmyard (1923): Holmyard, Eric J.: The Emerald Table. In: Nature 112 (1923), S. 525f.

Holmyard (1925): Holmyard, Eric J.: Chapters in the history of science. London 1925

Holmyard (1931): Holmyard, Eric J.: Makers of chemistry. Oxford 1931.

Holmyard (1955): Holmyard, Eric J.: Alchemy in medieval Islam. In: Endeavour 14 (1955), S. 117-125.

Holmyard (1968): Holmyard, Eric J.: Alchemy. Harmondsworth 1968 (1. Aufl. 1957).

Holmyard/Mandeville (1927): Holmyard, Eric J.; Mandeville, D.C.: 'De congelatione et conglutinatione lapidum' being sections of the Kitab al Shifa. Paris 1927.

Holste (1977): Holste, Thomas: Vom Dosisproblem zum Arzneimittelbegleitschein. Wege der Vulgarisierung bei der Theriak-Diskussion. In: Medizinhistorisches Journal 12 (1977).

Holste/Keil (1999): Holste, Thomas; Keil, Gundolf: „Wiener Theriak-Arzneimittelbegleitschein". In: Kurt Ruh; Gundolf Keil; Werner Schröder u.a. (Hrsg.): Die deutsche Literatur des Mittelalters. Verfasserlexikon, Bd. 10. Berlin, New York, 2. völlig neu bearb. Aufl. 1999, Sp. 1044-1045.

Hommel (1927): Hommel, F.: Zum Leben des Hieronymus Brunschwig. In: Archiv für Geschichte der Mathematik und Naturwissenschaften 10 (1927), S. 155-157.

Hooykaas (1949): Hooykaas, R.: Chemical trichotomy before Paracelsus? In: Archives internationales d'Histoire des Sciences 2 (1949), S. 1063-1074.

Hooykaas (1980): Hooykaas, R.: Von der „physica" zur Physik. In: Schmitz/Krafft (1980), S. 9-38.

Hopkins (1925): Hopkins, Arthur J.: A modern theory of alchemy. In: Isis 7 (1925), S. 58-76.

Hopkins (1934): Hopkins, Arthur J.: Alchemy, child of Greek philosophy. New York 1934.

Horacek (1954): Horacek, Blanka: „Ichne kan deheinen buochstap". In: Festschrift für Dietrich Kralik. Horn 1954, S. 129-145.

Horchler (2004): Horchler, Michael: Wolfram von Eschenbach und der Jakobsweg. Eine Untersuchung zu Detailrealismen im Parzival. GAG 716. Göppingen 2004.

Hörner (1998): Hörner, Petra (Hrsg.): Hartmann von Aue. Mit einer Bibliographie 1976-1997. Frankfurt/Main, Berlin, Bern u.a. 1998.

Hornfisher (1998): Hornfisher, Daniel: Löwe und Phönix. Das große Handbuch der praktischen Spagyrik und Alchemie. Braunschweig 1998.

Hornung (1991): Hornung, Erik: Die Nachtfahrt der Sonne. Zürich, München 1991.

Hornung (2003): Hornung, Erik: Das geheime Wissen der Ägypter und sein Einfluß auf das Abendland. München 2003.

Howey (1926): Howey, Oldfield M.: The Encircled Serpent. A study of serpent symbolism in all countries and ages. London 1926. (Reprint: 1990)

Hubay (1966): Hubay, Ilona: Incunabula der Universitätsbibliothek Würzburg. Wiesbaden 1966.

Hubay (1970): Hubay, Ilona: Incunabula aus der staatlichen Bibliothek Neuburg/Donau in der Benediktinerabtei Ottobeuren. Wiesbaden 1970.

Huber (1986): Huber, Christoph: Höfischer Roman als Integumentum? Das Votum Thomasins von Zerklaere. In: ZfdA 115 (1986), S. 79-100.

Huber (1988): Huber, Christoph: Die Aufnahme und Verarbeitung des Alanus ab Insulis in mittelhochdeutschen Dichtungen. Untersuchungen zu Thomasin von Zerklære, Gottfried von Straßburg, Frauenlob, Heinrich von Neustadt, Heinrich von St. Gallen, Heinrich von Mügeln und Johannes von Tepl. Münchner Texte und Untersuchungen zur deutschen Literatur des Mittelalters, Bd. 89. Zürich, München 1988.

Huber/Millet (2002): Huber, Christoph; Millet, Victor (Hrsg.): Der „Tristan" Gottfrieds von Straßburg. Symposion Santiago de Compostela, 5. bis 8. April 2000. Tübingen 2002.

Hubicki (1955): Hubicki, Wlodzimierz: Chemie und Alchemie des 16. Jahrhunderts in Polen. In: Annales Universitatis Mariae Curie-Sklodowska, Polonia-Lublin, Sectio AA, 10 (1955), S. 61-100 und S. I-XV.

Hubicki (1956): Hubicki, Wlodzimierz: O Wincentym Koffskim i jego traktacie. Kwartalnik Historii Nauki i Techniki, Nr. 2. Warschau 1956, S. 259-281.

Hubicki (1960): Hubicki, Wlodzimierz: Alexander von Suchten. In: Sudhoffs Archiv 44 (1960), S. 54-63.

Hübner (1980): Hübner, Wolfgang: Die Rezeption des aristotelischen Lehrgedichts des Manilius in der italienischen Renaissance. In: Schmitz/Krafft (1980), S. 39-68.

Hübner (1983): Hübner, Kurt: Der Begriff des Naturgesetzes in der Antike und in der Renaissance. In: Buck/Heitmann (1983), S. 7-28.

Hübner (1988): Hübner, Wolfgang: Religion und Wissenschaft in der antiken Astrologie. In: Bergier (1988), S. 9-50.

Hübner (1995): Hübner, Arthur: Grundsätze für die Herausgabe und Anweisungen zur Druckeinrichtung der Deutschen Texte des Mittelalters. Neue Fassung. In: Bein (1995), S. 94-98.

Hucker (1989): Hucker, Bernd U.: Ein zweites Lebenszeugnis Walthers? In: Hans- Mück, Dieter (Hrsg.): Walther von der Vogelweide. Beiträge zu Leben und Werk. Stuttgart 1989. S. 1-30.

Hucker (1990): Hucker, Bernd U.: Kaiser Otto IV. Monumenta Germaniae Historica, Bd. 34. Hannover 1990.

Hüning (2000): Hüning, Heinrich: Würfelwörter und Rätselbilder im Parzivalprolog Wolframs von Eschenbach. Europäische Hochschulschriften: Reihe 1, Deutsche Sprache und Literatur, Bd. 1767. Frankfurt/Main, Berlin, Bern u.a. 2000.

Jacobi (1993): Jacobi, Klaus: Diale<c>tica est ars artium, scientia scientiarum. In: Craemer-Ruegenberg/Speer (1993), S. 307-328.

Jacquart (1979): Jacquart, D.: Supplément, Genf 1979, S. 256f. (Zu: Wickersheimer, E.: Dictionaire biographique des médecins en France au moyen âge, I-II, Paris 1936, S. 694-698)

Jahr (1908): Jahr, Willy (Hrsg.): Heinrich von Mügeln. Der meide kranz. Inaugural-Dissertation. Borna-Leipzig 1908.

Janota (1980): Janota, Johannes: Hans Folz. In: Kurt Ruh/Gundolf Keil/Werner Schröder/Burghart Wachinger/Franz Josef Worstbrock (Hrsg.): Die deutsche Literatur des Mittelalters: Verfasserlexikon, Bd. 2. Berlin, New York, 2. völlig neu bearb. Aufl. 1980, S. 769-793.

Jansen-Sieben (1968): Jansen-Sieben, Ria: De Natuurkunde van het geheelal, Bd. 1. Brüssel 1968.

Jansen-Sieben (1987): Jansen-Sieben, Ria: „Medizinalwässer“. In: Kurt Ruh; Gundolf Keil; Werner Schröder u.a. (Hrsg.): Die deutsche Literatur des Mittelalters. Verfasserlexikon, Bd. 6. Berlin, New York, 2. völlig neu bearb. Aufl. 1987, Sp. 291-293.

Jansen-Sieben (1989): Jansen-Sieben, Ria: De artes mechanicae. In: Jansen-Sieben, Ria (Hrsg.): Artes mechanicae in middeleeuws Europa. Handelingen van het colloquium van 15 Oktober 1987. Brüssel 1989, S. 7-15.

Jeanneau (1973): Jeanneau, E.: 'Lectio philosophorum'. Recherches sur l'Ecole de Chartres. Amsterdam 1973.

Jecht (1892): Jecht, R.: Urkundliche Nachrichten über Georg Emerich. In: Neues Lausitzisches Magazin 68 (1892), S. 85-164.

Jecht (1902): Jecht, R.: Die Pilzläuben, Jüden-, Rosen und Hellegasse, sowie ein neu aufgedecktes Wandgemälde in Görlitz. In: Neues Lausitzisches Magazin 78 (1902), S. 204-216.

Johannes von Tepl: Der Ackermann. Frühneuhochdeutsch/Neuhochdeutsch. Hrsg., übersetzt und kommentiert von Christian Kiening. Universal-Bibliothek Nr. 18075. Stuttgart, durchgesehene und verbesserte Ausgabe 2002.

Johannsen (1953): Johannsen, O.: Geschichte des Eisens. 3. Auflage 1953.

Joines (1974): Joines, K.R.: Serpant Symbolism in the Old Testament. Haddonfield/New Jersey 1974.

Jolly (1912): Jolly, Julius: Der Stein der Weisen. In: Festschrift für Ernst Windisch zum 70. Geburtstag. Leipzig 1912, S. 98-106.

Joly (1998): Joly, Bernard: Aristoteles. In: Priesner/Figala (1998), S. 58-59.

Joly (1998a): Joly, Bernard: Ficinus, Marsilius. In: Priesner/Figala (1998), S. 135-136.

Joly (1998b): Joly, Bernard: Plato(n). In: Priesner/Figala (1998), S. 279-280.

Joly (1998c): Joly, Bernard: Platonismus, Neuplatonismus. In: Priesner/Figala (1998), S. 280-284.

Joly (1998d): Joly, Bernard: Rhazes. In: Priesner/Figala (1998), S. 302-304.

Joly (1998e): Joly, Bernard: Seele. In: Priesner/Figala (1998), S. 329-330.

Jonas (1958): Jonas, H.: The Gnostic religion. Boston 1958.

Jung (1937): Jung, Carl G.: Die Erlösungsvorstellungen in der Alchemie. In: Eranos-Jahrbuch 4 (1937), S. 13-111.

Jung (1938): Jung, Carl G.: Die Visionen des Zosimos. In: Eranos-Jahrbuch 5 (1938), S. 15-54.

Jung (1938/46): Jung, Carl G.: The Bologna enigma. In: Ambix 2 (1938/46), S. 182-191.

Jung (1942): Jung, Carl G.: Der Geist Mercurius. In: Eranos-Jahrbuch 9 (1942), S. 179-236.

Jung (1944): Jung, Carl G.: Psychologie und Alchemie. Psychologische Abhandlungen, 5. Zürich 1944.

Jung (1948): Jung, Carl G.: De sulphere. In: Nova Acta Paracelsica, 5 (1948), S. 27-40.

Jung (1948a): Jung, Carl G.: Symbolik des Geistes. Psychologische Abhandlungen 6. Zürich 1948.

Jung (1951): Jung, Carl G.: Der Fisch in der Alchemie. In: Aion. Untersuchungen zur Symbolgeschichte. Psychologische Abhandlungen, 8. Zürich 1951, S. 184-266.

Jung (1952): Jung, Carl G.: Symbole der Wandlung. Zürich 1952.

Jung (1954): Jung, Carl G.: Beiträge zur Geschichte und Deutung des Baumsymbols. Von den Wurzeln des Bewußtsein. Studien über den Archetypus. Psychologische Abhandlungen, 9. Zürich 1954.

Jung (1955/56): Jung, Carl G.: Mysterium coniunctionis. Untersuchung über die Trennung und Zusammensetzung der seelischen Gegensätze in der Alchemie. Psychologische Abhandlungen, 10/11. Zürich 1955/56.

Jung (1973): Jung, Carl G.: Die Psychologie der Übertragung. Erläutert anhand einer alchemistischen Bilderserie, 1973 (^{1}1946).

Jung (1980) Jung, Carl G.: Psychologie und Alchemie. Gesammelte Werke, Bd. 12. Olten, Freiburg/Br. 3. Aufl. 1980.

Jung (1981): Jung, Carl G.: Über das 'Rosarium philosophorum'. In: Jung, Carl G.: Das symbolische Leben. Gesammelte Werke, Bd. 18/II, 1981, S. 859-862.

Junker (1986): Junker, Uwe: Das „Buch der heiligen Dreifaltigkeit" in seiner zweiten alchemistischen Fassung (Kadolzburg 1433). Köln 1986.

Jütte (1993): Jütte, Robert: Valentin Rösswurm: Zur Sozialgeschichte des Paracelsismus im 16. Jahrhundert. In: Dilg/Rudolph (1993), S. 99-112.

Jüttner (1980): Jüttner, Guido: Alchemie. In: Lexikon des Mittelalters, Bd. 1. München, Zürich 1980, Sp. 329-335.

Jüttner (1980a): Jüttner, Guido: Aurum potabile. In: Lexikon des Mittelalters, Bd. 1. München, Zürich 1980, Sp. 1246.

Jüttner (1980b): Jüttner, Guido: Arnald von Villanova, III. Alchemie. In: Lexikon des Mittelalters, Bd. 1. München, Zürich 1980, Sp. 996.

Jüttner (1993): Jüttner, Guido: Marcus Graecus. In: Lexikon des Mittelalters, Bd. 4. München, Zürich 1993. Sp. 228

Kahane/Kahane (1965): Kahane, Henry; Kahane, Renée: The Krater and the Grail. Hermetic sources of the 'Parzival'. In collaboration with Angelina Pietrangeli. Illinois Studies in Language and Literature, 56. Urbana 1965.

Kahle (1978): Kahle, Erhart: Bodenze, Conrad. In: Kurt Ruh; Gundolf Keil; Werner Schröder u.a. (Hrsg.): Die deutsche Literatur des Mittelalters. Verfasserlexikon, Bd. 1. Berlin, New York, 2. völlig neu bearb. Aufl. 1978, Sp. 906.

Kahle (1982): Kahle, Erhart: Der Traktat über das Zusammenwirken der Naturen des Qustā Ibn Lūqā. In: Keil (1982), S. 133-142.

Kahn (1994): Kahn, Didier (Hrsg.): Hermès Trismégiste. La 'Table d'Emeraude' et sa tradition alchimique. Paris 1994.

Kahn/Matton (1995): Kahn, Didier; Matton, Sylvain (Hrsg.): Alchimie. Art, histoire et mythes. Actes du 1er colloque international de la Société d'Étude de l'Histoire de l'Alchemie à Paris 1991. Paris 1995.

Kaiser (1925): Kaiser, Rudolf: Deutsche und lateinische Texte des 14. und 15. Jahrhunderts über die Heilwirkungen des Weingeistes. Medizinische Dissertation. Leipzig 1925.

Kaiser (1964): Kaiser, Erich: Das Thema der unheilbaren Krankheit im „Armen Heinrich" Hartmanns von Aue und im „Engelhard" Konrads von Würzburg und weiteren mittelhochdeutschen Gedichten. Inaugural-Dissertation. Ulm 1964.

Kaiser (1991): Kaiser, Gert (Hrsg.): An den Grenzen höfischer Kultur. Anfechtungen der Lebensordnung in der deutschen Erzähldichtung des hohen Mittelalters. Forschungen zur Geschichte der älteren deutschen Literatur, 12. München 1991.

Kämmerer (1971): Kämmerer, Ernst W.: Das Leib-Seele-Geist-Problem bei Paracelsus und einigen Autoren des 17. Jahrhunderts. Kosmosophie. Forschungen und Texte zur Geschichte des Weltbildes, der Naturphilosophie, der Mystik und des Spiritualismus vom Spätmittelalter bis zur Romantik, Bd. 3. Wiesbaden 1971.

Kann (1993): Kann, Christoph: Wissenschaftstheoretische Differenzierungen zur Logik bei Johannes Buridan. In: Craemer-Ruegenberg/Speer (1993), S. 329-342.

Karbe (1925): Karbe, Bernhard: Der Alchemistentraum des Zosimos. Diss. Freiburg 1925.

Karbe (1927): Karbe, Bernhard: Alchemie; Goldmachen. In: Bächtold-Stäubli, Hanns (Hrsg.): Handwörterbuch des deutschen Aberglaubens, Bd. 1. Berlin, Leipzig 1927, S. 244-254;

Karbe (1930/31): Karbe, Bernhard: Alchemie; Goldmachen. In: Bächtold-Stäubli, Hanns (Hrsg.): Handwörterbuch des deutschen Aberglaubens, Bd. 2. Berlin, Leipzig 1930/31, S. 933-938.

Karpenko (1998): Karpenko, Vladimir: Planetensymbole. In: Priesner/Figala (1998), S. 276-279.

Karpenko (1998a): Karpenko, Vladimir: Schwarzpulver. In: Priesner/Figala (1998), S. 325-326.

Kästner/Schirok (2000): Kästner, Hannes; Schirok, Bernd: Ine kann deheinen buochstap. / Dâ nement genuoge ir urhap. Wolfram von Eschenbach und 'die Bücher'. In: Ehrenfeuchter/Ehlen (2000), S. 61-152.

Keezer (1964/65): Keezer, W. S.: Historical and philosophical aspects of iatrochemistry and iatromechanics. In: Texas State Journal of Medicine 60 (1964), S. 1008-1012; 61 (1965), S. 526.

Keil (1959): Keil, Gundolf: Das Arzneibuch des Ortolfs von Baierland. Sein Umfang und sein Einfluß auf die 'Cirugia magistri Petri de Ulma'. In: Sudhoffs Archiv 43 (1959), S. 20-60.

Keil (1960): Keil, Gundolf: Der deutsche Branntweintraktat des Mittelalters. In: Centaurus 7 (1960), S. 53-100.

Keil (1961): Keil, Gundolf: Die 'Cirurgia' Peters von Ulm. 1961.

Keil (1965): Keil, Gundolf: über Menhardt, H.: Verzeichnis der altdeutschen literarischen Handschriften der österreichischen Nationalbibliothek, Bd. 1-3, 1960-1961. In: AfdA 76 (1965), S. 100-143.

Keil (1966): Keil, Gundolf: Zum Geltungsbereich der 'gebrannten Wässer' Gabriels von Lebenstein. In: Sudhoffs Archiv 50 (1966), S. 418-422.

Keil (1968): Keil, Gundolf: Zauberpflanzen- und Wunderdrogentraktate. In: Leuvense Bijdragen 57 (1968), S. 165-175.

Keil (1968a): Keil, Gundolf: Kritik zu der Ausgabe von Daems (1967). In: Niederdeutsche Mitteilungen 24 (1968), S. 141-168.

Keil (1969): Keil, Gundolf: Ortolfs Arzneibuch. Ergänzungen zu James Follans Ausgabe. In: Sudhoffs Archiv 53 (1969), S. 119-152.

Keil (1977): Keil, Gundolf: 'ich meister Ortolf von Baierlant geborn, ein arzet in Wirzeburc': Zur Wirkungsgeschichte Würzburger Medizin des 13. Jahrhunderts. Würzburger Universitätsreden, 56. Würzburg 1977.

Keil (1978): Keil, Gundolf: Bartholomäus. In: Kurt Ruh; Gundolf Keil; Werner Schröder u.a. (Hrsg.): Die deutsche Literatur des Mittelalters: Verfasserlexikon, Bd. 1. Berlin, New York, 2. völlig neu bearb. Aufl. 1978, S. 609-615.

Keil (1978a): Keil, Gundolf: Arnald von Villanova. In: Kurt Ruh; Gundolf Keil; Werner Schröder u.a. (Hrsg.): Die deutsche Literatur des Mittelalters. Verfasserlexikon, Bd. 1. Berlin, New York, 2. völlig neu bearb. Aufl. 1978, Sp. 455-458.

Keil (1978b): Keil, Gundolf: Avicenna. In: Kurt Ruh; Gundolf Keil; Werner Schröder u.a. (Hrsg.): Die deutsche Literatur des Mittelalters. Verfasserlexikon, Bd. 1. Berlin, New York, 2. völlig neu bearb. Aufl. 1978, Sp. 572-573.

Keil (1978c): Keil, Gundolf: „Circa instans“. In: Kurt Ruh; Gundolf Keil; Werner Schröder u.a. (Hrsg.): Die deutsche Literatur des Mittelalters. Verfasserlexikon, Bd. 1. Berlin, New York, 2. völlig neu bearb. Aufl. 1978, Sp. 1282-1285.

Keil (1978d): Keil, Gundolf: Bloemenstein, Berchtold. In: Kurt Ruh; Gundolf Keil; Werner Schröder u.a. (Hrsg.): Die deutsche Literatur des Mittelalters. Verfasserlexikon, Bd. 1. Berlin, New York, 2. völlig neu bearb. Aufl. 1978, Sp. 898-900.

Keil (1978e): Keil, Gundolf: Blumentrost, Berthold. In: Kurt Ruh; Gundolf Keil; Werner Schröder u.a. (Hrsg.): Die deutsche Literatur des Mittelalters. Verfasserlexikon, Bd. 1. Berlin, New York, 2. völlig neu bearb. Aufl. 1978, Sp. 904-906.

Keil (1979): Keil, Gundolf: Prosa und gebundene Rede im medizinischen Kurztraktat des Hoch- und Spätmittelalters. In: Honemann, Volker; Ruh, Kurt; Schnell, Bernhard u.a. (Hrsg.): Poesie und Gebrauchsliteratur im deutschen Mittelalter. Würzburger Colloquium 1978. Tübingen 1979, S. 76-94.

Keil (1980): Keil, Gundolf: „Eichenmisteltraktat“. In: Kurt Ruh; Gundolf Keil; Werner Schröder u.a. (Hrsg.): Die deutsche Literatur des Mittelalters. Verfasserlexikon, Bd. 2. Berlin, New York, 2. völlig neu bearb. Aufl. 1980, Sp. 392-393.

Keil (1980a): Keil, Gundolf: „Deutsch salernitanisches Arzneibuch“. In: Kurt Ruh; Gundolf Keil; Werner Schröder u.a. (Hrsg.): Die deutsche Literatur des Mittelalters. Verfasserlexikon, Bd. 2. Berlin, New York, 2. völlig neu bearb. Aufl. 1980, Sp. 69-71.

Keil (1980b): Keil, Gundolf: Dietmar von Meckenbach. In: Kurt Ruh; Gundolf Keil; Werner Schröder u.a. (Hrsg.): Die deutsche Literatur des Mittelalters. Verfasserlexikon, Bd. 2. Berlin, New York, 2. völlig neu bearb. Aufl. 1980, Sp. 98-100.

Keil (1980c): Keil, Gundolf: „Eichentraktat“. In: Kurt Ruh; Gundolf Keil; Werner Schröder u.a. (Hrsg.): Die deutsche Literatur des Mittelalters. Verfasserlexikon, Bd. 2. Berlin, New York, 2. völlig neu bearb. Aufl. 1980, Sp. 393-394.

Keil (1980d): Keil, Gundolf: Gallus von Prag. In: Kurt Ruh; Gundolf Keil; Werner Schröder u.a. (Hrsg.): Die deutsche Literatur des Mittelalters. Verfasserlexikon, Bd. 2. Berlin, New York, 2. völlig neu bearb. Aufl. 1980, Sp. 1065-1069.

Keil (1982): Keil, Gundolf (Hrsg.): Fachprosa-Studien. Beiträge zur mittelalterlichen Wissenschafts- und Geistesgeschichte. Berlin 1982.

Keil (1983): Keil, Gundolf: Hueth, Georg. In: Kurt Ruh; Gundolf Keil; Werner Schröder u.a. (Hrsg.): Die deutsche Literatur des Mittelalters. Verfasserlexikon, Bd. 4. Berlin, New York, 2. völlig neu bearb. Aufl. 1983, Sp. 219.

Keil (1983a): Keil, Gundolf: Hündler (Hüendler), Veit. In: Kurt Ruh; Gundolf Keil; Werner Schröder u.a. (Hrsg.): Die deutsche Literatur des Mittelalters. Verfasserlexikon, Bd. 4. Berlin, New York, 2. völlig neu bearb. Aufl. 1983, Sp. 308-311.

Keil (1983b): Keil, Gundolf: Johann von Schönbrunn. In: Kurt Ruh; Gundolf Keil; Werner Schröder u.a. (Hrsg.): Die deutsche Literatur des Mittelalters. Verfasserlexikon, Bd. 4. Berlin, New York, 2. völlig neu bearb. Aufl. 1983, Sp. 737

Keil (1985): Keil, Gundolf: Krummessen, Hinrik. In: Kurt Ruh; Gundolf Keil; Werner Schröder u.a. (Hrsg.): Die deutsche Literatur des Mittelalters. Verfasserlexikon, Bd. 5. Berlin, New York, 2. völlig neu bearb. Aufl. 1985, Sp. 394-395.

Keil (1987): Keil, Gundolf: Messinger (Maessinger). In: Kurt Ruh; Gundolf Keil; Werner Schröder u.a. (Hrsg.): Die deutsche Literatur des Mittelalters. Verfasserlexikon, Bd. 6. Berlin, New York, 2. völlig neu bearb. Aufl. 1987, Sp. 451.

Keil (1987a): Keil, Gundolf: Metlinger (Mettlinger, Merlinger, Meltinger, Mellinger), Bartholomäus (Bartel). In: Kurt Ruh; Gundolf Keil; Werner Schröder u.a. (Hrsg.): Die deutsche Literatur des Mittelalters. Verfasserlexikon, Bd. 6. Berlin, New York, 2. völlig neu bearb. Aufl. 1987, Sp. 460-461.

Keil (1987b): Keil, Gundolf: Meister Michel. In: Kurt Ruh; Gundolf Keil; Werner Schröder u.a. (Hrsg.): Die deutsche Literatur des Mittelalters. Verfasserlexikon, Bd. 6. Berlin, New York, 2. völlig neu bearb. Aufl. 1987, Sp. 513.

Keil (1987c): Keil, Gundolf: Nicolaus Salernitanus. In: Kurt Ruh; Gundolf Keil; Werner Schröder u.a. (Hrsg.): Die deutsche Literatur des Mittelalters. Verfasserlexikon, Bd. 6. Berlin, New York, 2. völlig neu bearb. Aufl. 1987, Sp. 1134-1151.

Keil (1989): Keil, Gundolf: Die frag ist, ob der arczet schuldig sey oder nit. Eine ortolfhaltige Bearbeitung der 'Quaestiones de medicorum statu' aus dem spätmittelalterlichen Schlesien. In: Kunze, Konrad; Mayer, Johannes G.; Schnell, Bernhard (Hrsg.): Überlieferungsgeschichtliche Editionen und Studien zur deutschen Literatur des Mittelalters. Kurt Ruh zum 75. Geburtstag. Tübingen 1989, S. 189-209.

Keil (1992): Keil, Gundolf: „Secretum secretorum". In: Kurt Ruh; Gundolf Keil; Werner Schröder u.a. (Hrsg.): Die deutsche Literatur des Mittelalters. Verfasserlexikon, Bd. 8. Berlin, New York, 2. völlig neu bearb. Aufl. 1992, Sp. 993-1013.

Keil (1992a): Keil, Gundolf: Schreck, Konrad, von Aschaffenburg. In: Kurt Ruh; Gundolf Keil; Werner Schröder u.a. (Hrsg.): Die deutsche Literatur des Mittelalters. Verfasserlexikon, Bd. 8. Berlin, New York, 2. völlig neu bearb. Aufl. 1992, Sp. 846-848.

Keil (1992b): Keil, Gundolf: Schweidnitz, Andreas. In: Kurt Ruh; Gundolf Keil; Werner Schröder u.a. (Hrsg.): Die deutsche Literatur des Mittelalters. Verfasserlexikon, Bd. 8. Berlin, New York, 2. völlig neu bearb. Aufl. 1992, Sp. 928-929.

Keil (1995): Keil, Gundolf: Secretum secretorum. A. Allgemein. In: Lexikon des Mittelalters, Bd. 7. München, Zürich 1995, Sp. 1662-1663.

Keil (1995a): Keil, Gundolf: Paracelsus und die neuen Krankheiten. In: Zimmermann (1995), S. 17-46.

Keil (1995b): Keil, Gundolf: Mittelalterliche Konzepte in der Medizin des Paracelsus. In: Zimmermann (1995), S. 173-194.

Keil (1995c): Keil, Gundolf: Die medizinische Versorgung durch Bader und Wundärzte zur Zeit des Paracelsus. In: Zimmermann (1995), S. 195-218.

Keil (1995c): Keil, Gundolf: Taddeo (degli) Alderotti (Thaddeus Florentinus/de Florentia). In: Kurt Ruh; Gundolf Keil; Werner Schröder u.a. (Hrsg.): Die deutsche Literatur des Mittelalters. Verfasserlexikon, Bd. 9. Berlin, New York, 2. völlig neu bearb. Aufl. 1995, Sp. 569-574.

Keil (1995d): Keil, Gundolf: Thomas von Wasserburg. In: Kurt Ruh; Gundolf Keil; Werner Schröder u.a. (Hrsg.): Die deutsche Literatur des Mittelalters. Verfasserlexikon, Bd. 9. Berlin, New York, 2. völlig neu bearb. Aufl. 1995, Sp. 892-893.

Keil (1995e): Keil, Gundolf: Stainer zu Matsee. In: Kurt Ruh; Gundolf Keil; Werner Schröder u.a. (Hrsg.): Die deutsche Literatur des Mittelalters. Verfasserlexikon, Bd. 9. Berlin, New York, 2. völlig neu bearb. Aufl. 1995, Sp. 229-230.

Keil (1995f): Keil, Gundolf: „Straßburger Eichentraktat“. In: Kurt Ruh; Gundolf Keil; Werner Schröder u.a. (Hrsg.): Die deutsche Literatur des Mittelalters. Verfasserlexikon, Bd. 9. Berlin, New York, 2. völlig neu bearb. Aufl. 1995, Sp. 377.

Keil (1995g): Keil, Gundolf: „Straßburger Theriaktraktat“. In: Kurt Ruh; Gundolf Keil; Werner Schröder u.a. (Hrsg.): Die deutsche Literatur des Mittelalters. Verfasserlexikon, Bd. 9. Berlin, New York, 2. völlig neu bearb. Aufl. 1995, Sp. 384-385.

Keil (1995h): Keil, Gundolf: Swende, Valentin. In: Kurt Ruh; Gundolf Keil; Werner Schröder u.a. (Hrsg.): Die deutsche Literatur des Mittelalters. Verfasserlexikon, Bd. 9. Berlin, New York, 2. völlig neu bearb. Aufl. 1995, Sp. 555-556.

Keil (1997): Keil, Gundolf: Syphilis. In: Lexikon des Mittelalters, Bd. 8. München, Zürich 1997, Sp. 380-381.

Keil (1998): Keil, Gundolf: Arnald von Villanova. In: Priesner/Figala (1998), S. 62-63.

Keil (1999): Keil, Gundolf: „Was (Waz) du verwen wilt von sîden oder zendel“. In: Kurt Ruh; Gundolf Keil; Werner Schröder u.a. (Hrsg.): Die deutsche Literatur des Mittelalters. Verfasserlexikon, Bd. 10. Berlin, New York, 2. völlig neu bearb. Aufl. 1999, Sp. 770-771.

Keil (1999a): Keil, Gundolf: „Würzburger deutsch-lateinisches Gesundheitsregimen“. In: Kurt Ruh; Gundolf Keil; Werner Schröder u.a. (Hrsg.): Die deutsche Literatur des Mittelalters. Verfasserlexikon, Bd. 10. Berlin, New York, 2. völlig neu bearb. Aufl. 1999, Sp. 1454-1455.

Keil (2001): Keil, Gundolf: Pseudo-Apuleius. In: Kurt Ruh; Gundolf Keil; Werner Schröder u.a. (Hrsg.): Die deutsche Literatur des Mittelalters. Verfasserlexikon, Bd. 11. Nachtragsband, 1. Lieferung. Berlin, New York, 2. völlig neu bearb. Aufl. 2001, Sp. 122-125.

Keil (2002): Keil, Gundolf: Etten, Bartholomäus (Ethan, von Etten). In: Kurt Ruh; Gundolf Keil; Werner Schröder u.a. (Hrsg.): Die deutsche Literatur des Mittelalters. Verfasserlexikon, Bd. 11. Nachtragsband, 2. Lieferung. Berlin, New York, 2. völlig neu bearb. Aufl. 2002, Sp. 426-427.

Keil (2002a): Keil, Gundolf: Fränkisches Arzneibuch. In: Kurt Ruh; Gundolf Keil; Werner Schröder u.a. (Hrsg.): Die deutsche Literatur des Mittelalters. Verfasserlexikon, Bd. 11. Nachtragsband, 2. Lieferung. Berlin, New York, 2. völlig neu bearb. Aufl. 2002, Sp. 453-454.

Keil/Mildenberger (1995): Keil, Gundolf; Mildenberger, Jörg: Trutmann, Anton (Truotmann, Antoni). In: Kurt Ruh; Gundolf Keil; Werner Schröder u.a. (Hrsg.): Die deutsche Literatur des Mittelalters. Verfasserlexikon, Bd. 9. Berlin, New York, 2. völlig neu bearb. Aufl. 1995, Sp. 1107-1109.

Keil/Moeller/Trusen (1987): Keil, Gundolf; Moeller, Bernd; Trusen, Winfried (Hrsg.): Der Humanismus und die oberen Fakultäten. Mitteilung der Kommission für Humanismusforschung, 14. Weinheim 1987.

Keil/Müller (1971): Keil, Gundolf; Müller, R.: Deutsche Lanfrank-Übersetzungen des 14. und 15. Jahrhunderts. In: Eulner, Hans-Heinz (Hrsg.): Medizingeschichte in unserer Zeit. Festschrift für Edith Heischkel-Artelt und Walter Artelt zum 65. Geburtstag. Stuttgart 1971, S. 90-110.

Keil/Peitz (1987): Keil, Gundolf; Peitz, Rudolf: 'Decem quaestiones de medicorum statu'. Beobachtungen zum Fakultätenstreit und zum mittelalterlichen Unterrichtsplan Ingolstadts. In: Keil/Moeller/Trusen (1987), S. 215-238.

Keil/Reinecke (1973): Keil, Gundolf; Reinecke, Hans: Der Kranewitber-Traktat des 'Doktor Hubertus'. Untersuchungen zur spätmittelalterlichen Pharmakologie der Baccae Juniperi. In: Sudhoffs Archiv 57 (1973), S. 361-415.

Keil/Schmitt (1967): Keil, Gundolf; Schmitt, Wolfram: Nachträge zum Verfasserlexikon. In: Studia Neophilologica 39 (1967), S. 80-107.

Kemp (1960): Kemp, Friedhelm: Spiegel der Alchemie. In: Occulta. Alchemie, Hexen- und Aberglauben, Folklore, Alte Naturwissenschaften, Alte Chemie. Antiquariatsanzeiger 24, hrsg. von Robert Wölfle. München 1960.

Kerschagl (1973): Kerschagl, Richard: Die Jagd nach dem künstlichen Gold. Der Weg der Alchemie. Berlin 1973.

Keßler (1983): Keßler, Eckhard: Die Ausbildung der Theorie der Geschichtsschreibung im Humanismus und in der Renaissance unter dem Einfluß der wiederentdeckten Antike. In: Buck/Heitmann (1983), S. 29-50.

Kettmann (1985): Kettmann, Gerhard (Hrsg.): Frühneuhochdeutsche Texte. Ausgewählt und eingeleitet von Gerhard Kettmann. Leipzig, 2. unveränderte Aufl. 1985.

Kibelka (1963): Kibelka, Johannes: der ware meister. Denkstile und Bauformen in der Dichtung Heinrichs von Mügeln. Philologische Studien und Quellen, Heft 13. Berlin 1963.

Kieckhefer (1992): Kieckhefer, Robert: Magie im Mittelalter. München 1992.

Kienast (1950): Kienast, Richard: Walthers von der Vogelweide ältester Spruch im „Reichston": ich hort ein wazzer diezzen. In: Gymnasium 57 (1950), S. 201-218.

King (1997): King, Helen: Halbmenschliche Wesen. In: John Cherry (Hrsg.): Fabeltiere. Von Drachen, Einhörnern und anderen mythischen Wesen. Stuttgart 1997, S. 219-268.

Kingsley (1994): Kingsley, Peter: From Pythagoras to the Turba philosophorum. Egypt and Pythagorean Tradition. In: Journal of the Warburg and Courtauld Institutes 57 (1994), S. 1-13.

Kintzinger (1997): Kintzinger, Martin: Stadtschreiber, -syndicus. In: Lexikon des Mittelalters, Bd. 8. München, Zürich 1997, Sp. 27.

Kirchner (1967): Kirchner, Joachim: Germanistische Handschriftenpraxis. München, 2. Aufl. 1967.

Kirchvogel (1954): Kirchvogel, Paul A.: Der chemische Prunkofen des Landgrafen Moritz von Hessen-Kassel. In: Die BASF 4 (1954), S. 20-22.

Kist (1965): Kist, J.: Die Matrikel der Geistlichkeit des Bistums Bamberg 1400-1556. Veröffentlichungen der Gesellschaft für fränkische Geschichte, Reihe IV, Bd. 7, 1965.

Klebs (1938): Klebs, A.C.: Incunabula scientifica et medica. In: Osiris 4 (1938), S. 1-359.

Kleiber (1989): Kleiber, Wolfgang: Dialektale Bestandteile in Wolframs Wortschatz. Beiträge zur Erschließung des historischen fränkischen Winzerlexikons (mit einer Karte). In: Gärtner, Kurt; Heinzle, Joachim (Hrsg.): Studien zu Wolfram von Eschenbach. Festschrift für Werner Schröder zum 75. Geburtstag. Tübingen 1989. S. 51-66.

Klein (1930): Klein, K. K.: Veit Hündler, Klingsor. In: Siebenbürgen Zeitschrift 7 (1930), S. 213f.

Klein (1954): Klein, Karl K.: Gottfried und Wolfram. Zum Bogengleichnis 'Pz.' 241,1-30. In: Festschrift für Dietrich Kralik. Horn 1954, S. 145-154.

Klein (1966): Klein, Karl K.: Das Freundschaftsgleichnis im Parzivalprolog. Ein Beitrag zur Klärung der Beziehungen zwischen Wolfram von Eschenbach und Gottfried von Straßburg. In: Rupp (1966), S. 173-206.

Klein (1989): Klein, Dorothea: Ad memoriam firmiorem. Merkverse in lateinisch-deutscher Lexikographie des späten Mittelalters. In: Kunze, Konrad; Mayer, Johannes G.; Schnell, Bernhard (Hrsg.): Überlieferungsgeschichtliche Editionen und Studien zur deutschen Literatur des Mittelalters. Kurt Ruh zum 75. Geburtstag. Tübingen 1989, S. 131-153.

Klein (1998): Klein, Andrea: Der Literaturbetrieb am Münchner Hof im 15. Jahrhundert. GAG 652. Göppingen 1998.

Klemmt (1965): Klemmt, R.: Zwei neu aufgefundene Rezepte des mittelalterlichen Wundarztes Thomas von Wasserburg. In: Neuphilologische Mitteilungen 66 (1965), S. 313-321.

Kliebansky/Panofsky/Saxl (1990): Kliebansky, Raymond; Panofsky, Erwin; Saxl, Fritz: Saturn und Melancholie. Studien zur Geschichte der Naturphilosophie und Medizin, der Religion und der Kunst. Frankfurt/Main 1990.

Klinkenberg (1976): Klinkenberg, Hans M.: Der Verfall des Quadriviums im frühen Mittelalter. In: Koch (1976), S. 1-32.

Klinkenberg (1993): Klinkenberg, Hans M.: Divisio philosophiae. In: Craemer-Ruegenberg/Speer (1993), S. 3-19.

Klossowski de Rola (1974): Klossowski de Rola, Stanislas: Alchemie. München 1974.

Knapp (1954): Knapp, August: Thomas von Wasserburg, ein oberdeutscher Wundarzt und Apotheker des 15. Jahrhunderts. Dissertation (masch.). München 1954.

Knorr von Rosenroth, Christian: Conjugium Phoebi & Palladis oder Die erfundene Fortpflantzung des Goldes, chymische Allegorie, hrsg. von Battafarano, Italo Michele. Bern, Berlin, Brüssel u.a. 2000.

Koch (1972): Koch, Manfred P.: Horneck, Burkhard von. In: NDB, Bd. 9. Berlin 1972, Sp. 636-637.

Koch (1976): Koch, Josef (Hrsg.): Artes liberales von der antiken Bildung zur Wissenschaft des Mittelalters. Studien und Texte zur Geistesgeschichte des Mittelalters, Bd. 5. Leiden, Köln 1976.

Koch (1982): Koch, Manfred P.: Zur Quellenanalyse von Laufenbergs 'Versehung des Leibs'. In: Keil (1982), S. 272-277.

Koch/Keil (1966): Koch, Manfred P.; Keil, Gundolf: Die spätmittelalterliche Gesundheitslehre des 'Herrn Arnaldus von Mumpelier'. In: Sudhoffs Archiv 50 (1966), S. 361-374.

Koelsch/Zoepel (1927): Koelsch, Franz; Zoepel, Friedrich: Ulrich Ellenbog Von den giftigen besen Tempffen und Reuchen. Eine gewerbe-hygienische Schrift des 15. Jahrhunderts. Münchener Beiträge zu Geschichte und Literatur der Naturwissenschaften und Medizin, Sonderheft 2. München 1927.

Kolb (1979): Kolb, Herbert: Ars venandi im 'Tristan'. In: Huschenbett, Dietrich; Matzel, Klaus; Steer, Georg u.a. (Hrsg.): Medium aevum deutsch. Beiträge zur deutschen Literatur des hohen und späten Mittelalters. Festschrift für Kurt Ruh zum 65. Geburtstag. Tübingen 1979, S. 175-198.

Kolb (1989): Kolb, Herbert: Lexikalische Noten zu Wolframs 'Parzival'. In: Gärtner, Kurt; Heinzle, Joachim (Hrsg.): Studien zu Wolfram von Eschenbach. Festschrift für Werner Schröder zum 75. Geburtstag. Tübingen 1989. S. 235-242.

Koller (1796): Koller, Joseph: Viti Huendler proverbia germanica. In: Koller Joseph: Historia episcopatus quinque ecclesiarum, Bd. IV, Preßburg (Posonium) 1796, S. 295f.

Kopp (1845): Kopp, Hermann: Über den Verfall der Alchemie und die hermetische Gesellschaft. Denkschriften der Gesellschaft für Wissenschaft und Kunst in Gießen, Heft 1. Gießen 1845.

Kopp (1869): Kopp, Hermann: Über den Zustand der Naturwissenschaften im Mittelalter. Heidelberg 1869.

Kopp (1869-75): Kopp, Hermann: Beiträge zur Geschichte der Chemie, 3 Bde. Braunschweig 1869-75.

Kopp (1875): Kopp, Hermann: Ansichten über die Aufgabe der Chemie und über die Grundbestandteile der Körper bei den bedeutenderen Chemikern von Geber bis G.E. Stahl. Beiträge zur Geschichte der Chemie, 3. Stück, 1875.

Kopp (1880): Kopp, Hermann: Aurea catena Homeri. Braunschweig 1880.

Kopp (1886): Kopp, Hermann: Die Alchemie in älterer und neuerer Zeit. Ein Beitrag zur Culturgeschichte. Erster Theil: Die Alchemie bis zum letzten Viertel des 18. Jahrhunderts. Heidelberg 1886.

Kopp (1886a): Kopp, Hermann: Die Alchemie in älterer und neuerer Zeit. Ein Beitrag zur Kulturgeschichte. Zweiter Teil: Die Alchemie vom letzten Viertel des 18. Jahrhunderts an. Heidelberg 1886 (Neudruck: Hildesheim 1962).

Kopp (1931): Kopp, Hermann: Geschichte der Chemie, 4 Bde. Braunschweig 1843-47. Nachdruck Leipzig 1931.

Kopp (1966): Kopp, Hermann: Die Entwicklung der Chemie in der neueren Zeit. Geschichte der Wissenschaften in Deutschland, Bd. 10. München 1871. (Nachdruck Hildesheim 1966)

Kornrumpf/Völker (1968): Kornrumpf, Gisela; Völker, Paul-Gerhard: Die deutschen mittelalterlichen Handschriften der Universitätsbibliothek München. Die Handschriften der Universitätsbibliothek München, Bd. 1. Wiesbaden 1968.

Krafft (1975): Krafft, Fritz: Renaissance der Naturwissenschaften – Naturwissenschaften der Renaissance. Ein Überblick über die Nachkriegsliteratur. In: DFG (1975), S. 111-184.

Krafft (1988): Krafft, Fritz: Aristoteles aus christlicher Sicht. Umformungen aristotelischer Bewegungslehren durch Johannes Philoponos. In: Bergier (1988), S. 51-85.

Krätz (1999): Krätz, Otto: 7000 Jahre Chemie: Alchemie, die schwarze Kunst - Schwarzpulver - Sprengstoffe - Teerchemie - Farben - Kunststoffe - Biochemie und mehr. Von den Anfängen im alten Orient bis zu den neuesten Entwicklungen im 20. Jahrhundert. Hamburg 1999.

Krautter (1983): Krautter, Konrad: Der 'Grammaticus' Poliziano in der Auseinandersetzung mit zeitgenössischen Humanisten. Zur Entwicklung der Philologie aus den 'studia humanitatis'. In: Buck/Heitmann (1983), S. 103-116.

Kriegk (1868): Kriegk, G.L.: Deutsches Bürgerthum im Mittelalter, 1868, S. 46f.

Kriesten (1907): Kriesten, G.: Über eine deutsche Übersetzung des pseudo-aristotelischen 'Secretum secretorum' aus dem 13. Jahrhundert. Diss. Berlin 1907.

Kristeller (1976): Kristeller, Paul O.: Beitrag der Schule von Salerno zur Entwicklung der scholastischen Wissenschaft im 12. Jahrhundert. In: Koch (1976), S. 84-90.

Kristeller (1987): Kristeller, Paul O.: Scholastik und Humanismus an der Universität Heidelberg. In: Keil/Moeller/Trusen (1987), S. 1-20.

Kristeller (1989): Kristeller, Paul O.: Iter Italicum. Accedunt alia itinera. A Finding List of Uncatalogued or Incompletely Catalogued Humanistic Manuscripts of the Renaissance in Italian and other Libraries, Bd. 4: Alia Itinera II. Great Britain to Spain. London, Leiden 1989.

Krüger (1968): Krüger, Mechthild: Zur Geschichte der Elixiere, Essenzen und Tinkturen. Diss. Braunschweig 1968.

Kubbinga (1990): Kubbinga, H.H.: La Théorie de la matière de 'Geber'. In: Martels (1990), S. 133-138.

Kube (1932): Kube, Ulrich: Vier Meistergesänge von Heinrich von Mügeln. Der tum. Von allen frien künsten. Der guldin schillinc. Von der kunst Astronomie. Germanische Studien, 112. Berlin 1932.

Kühlmann (1984): Kühlmann, Wilhelm: Alchemie und späthumanistische Formkultur. Der Straßburger Dichter Johann Nicolaus Furichius (1602-1633) ein Freund Moscheroschs. In: Daphnis. Zeitschrift für Mittlere Deutsche Literatur 13, Heft 1-2 (1984), S. 101-135.

Kühlmann (1991): Kühlmann, Wilhelm: Poeta, Chymicus, Mathematicus – Das Stammbuch des böhmischen Paracelsisten Daniel Stoltzius von Stoltzenberg. In: Telle (1991), S. 277-300.

Kühlmann (1992): Kühlmann, Wilhelm: Oswald Crollius und seine Signaturenlehre. Zum Profil hermetischer Naturphilosophie in der Ära Rudolphs II. In: Buck (1992), S. 103-123.

Kuhn/Stackmann/Wuttke (1968): Kuhn, Hugo; Stackmann, Karl; Wuttke, Dieter (Hrsg.): Kolloquium über Probleme altgermanistischer Editionen. Marbach am Neckar, 26./27.4.1966. Wiesbaden 1968.

Kühnel (1958): Kühnel, Harry: Die Leibärzte der Habsburger. In: Mitteilungen des österreichischen Staatsarchivs 11 (1958), S. 31.

Kühnel (1965): Kühnel, Harry: Mittelalterliche Heilkunde in Wien. Studien zur Geschichte der Universität Wien, Bd. 5. Graz 1965.

Kümmel (1984): Kümmel, Werner F.: Der Homo litteratus und die Kunst, gesund zu leben. Zur Entfaltung des Zweiges der Diätetik im Humanismus. In: Schmitz, Rudolf; Keil, Gundolf (Hrsg.): Humanismus und Medizin. Mitteilung der Kommission für Humanismusforschung, 11. Weinheim 1984, S. 67-86.

Kunitzsch (1969): Kunitzsch, Paul: Besprechung von H. Goetz, Der Orient der Kreuzzüge in Wolframs Parzival. In: Zeitschrift der Deutschen Morgenländischen Gesellschaft 119 (1969), S. 193-206.

Kunitzsch (1969a): Kunitzsch, Paul: Die Planetennamen im „Parzival". In: ZfdSpr 25 (1969), S. 169-174.

Kunitzsch (1974): Kunitzsch, Paul: Die orientalischen Ländernamen bei Wolfram (Wh. 74,3 ff.). In: Wolfram-Studien 2 (1974), S. 152-173.

Kunitzsch (1974a): Kunitzsch, Paul: Die Arabica im 'Parzival' Wolframs von Eschenbach. In: Wolfram-Studien 2 (1974), S. 9-35.

Kunitzsch (1975): Kunitzsch, Paul: Quellenkritische Bemerkungen zu einigen Wolframschen Orientalia. In: Wolfram-Studien 3 (1975), S. 263-275.

Kunitzsch (1975a): Kunitzsch, Paul: Caldeis und Côatî (Wolfram, Willehalm 192,8). In: Deutsche Vierteljahreschrift für Literaturwissenschaft und Geistesgeschichte 49 (1975), S. 372-377.

Kunitzsch (1980): Kunitzsch, Paul: Noch einmal: Mauduit de Rames. Bemerkungen zur Echtheit der Sarazenennamen in der mittelalterlichen europäischen Literatur. In: Germanisch-romanische Monatsschrift 67/NF 30 (1980), S. 350-354.

Kunitzsch (1984): Kunitzsch, Paul: Erneut: Der Orient in Wolframs 'Parzival'. In: ZfdA 113 (1984), S. 79-111.

Kunitzsch (1985): Kunitzsch, Paul: Der Orient bei Wolfram von Eschenbach - Phantasie und Wirklichkeit. In: Zimmermann, Albert; Craemer-Ruegenberg, Ingrid (Hrsg.): Orientalische Kultur und europäisches Mittelalter. Miscellanea Mediaevalia, 17. Berlin, New York 1985, S. 112-122.

Kunitzsch (1989): Kunitzsch, Paul: Zur Typologie orientalischer Namen in der mittelalterlichen deutschen und europäischen Literatur. In: Debus, F.; Pütz, H. (Hrsg.): Namen in deutschen literarischen Texten des Mittelalters. Vorträge des Symposion Kiel, 9.-12.9.1987. Kieler Beiträge zur deutschen Sprachgeschichte, 12. Neumünster 1989, S. 43-56.

Kunitzsch (1989a): Kunitzsch, Paul: Algorismus und Abacus im „Jüngeren Titurel". In: Gärtner, Kurt; Heinzle, Joachim (Hrsg.): Studien zu Wolfram von Eschenbach. Festschrift für Werner Schröder zum 75. Geburtstag. Tübingen 1989, S. 529-532.

Kunitzsch (1996): Kunitzsch, Paul: Reflexe des Orients im Namengut mittelalterlicher europäischer Literatur. Gesammelte Aufsätze. Hildesheim 1996.

Kurras (1980): Kurras, Lotte: Die deutschen mittelalterlichen Handschriften, Teil 2. Die naturkundlichen und historischen Handschriften, Rechtshandschriften – Varia. Kataloge des Germanischen Nationalmuseums Nürnberg, 1,2. Wiesbaden 1980.

Kurras (1983): Kurras, Lotte: Kluge, Hans. In: Kurt Ruh; Gundolf Keil; Werner Schröder u.a. (Hrsg.): Die deutsche Literatur des Mittelalters. Verfasserlexikon, Bd. 4. Berlin, New York, 2. völlig neu bearb. Aufl. 1983, Sp. 1264.

Kurras (1985): Kurras, Lotte: Magister Konradus Tonsor. In: Kurt Ruh; Gundolf Keil; Werner Schröder u.a. (Hrsg.): Die deutsche Literatur des Mittelalters. Verfasserlexikon, Bd. 5. Berlin, New York, 2. völlig neu bearb. Aufl. 1985, Sp. 256.

Kurras (1985a): Kurras, Lotte: Konrad von der Weyden. In: Kurt Ruh; Gundolf Keil; Werner Schröder u.a. (Hrsg.): Die deutsche Literatur des Mittelalters. Verfasserlexikon, Bd. 5. Berlin, New York, 2. völlig neu bearb. Aufl. 1985, Sp. 271-272.

Kurras (1987): Kurras, Lotte: Nikolaus von Paris. In: Kurt Ruh; Gundolf Keil; Werner Schröder u.a. (Hrsg.): Die deutsche Literatur des Mittelalters. Verfasserlexikon, Bd. 6. Berlin, New York, 2. völlig neu bearb. Aufl. 1987, Sp. 1128.

Kürten (1931): Kürten, H.: 'De ptisi'. Ein Consilium des Memminger Stadtarztes Dr. Ulrich Ellenbog. In: Sudhoffs Archiv 24 (1931), S. 245-257.

Kurzmann (2000): Kurzmann, Peter: Die Destillation im Mittelalter. Archäologische Funde und Alchemie. Schloß Hohentübingen 2000.

Lagercrantz (1913): Lagercrantz, Otto: Papyrus graecus Holmiensis. Recepte für Silber, Steine und Purpur. Uppsala, Leipzig 1913.

Lagercrantz (1925): Lagercrantz, Otto: Rezepte des späten Mittelalters. Aus dem Griechischen übersetzt. Berlin 1925.

Landwehr von Pragenau (1976): Landwehr von Pragenau, Moritz: Geschichte der Stadt Teschen. Quellen und Darstellungen zur schlesischen Geschichte, 18. Würzburg 1976.

Latz (1990): Latz, Gottlieb: Die Alchemie. Das ist die Lehre von den großen Geheimmitteln der Alchemisten und den Spekulationen, welche man an sie knüpfte. Ein Buch, welches zunächst für Ärzte geschrieben ist, zugleich aber auch jedem gebildeten Denker geboten wird. Wiesbaden 1990. (Erstdruck 1869).

Lederer (1991): Lederer, Thomas: Zu dem Bild „Transformatio Paracelsi". In: Telle (1991), S. 411-414.

Lederer (1994): Lederer, Thomas: Leben, Werk und Wirkung des Stralsunder Fachschriftstellers Johann Grasse (nach 1560-1618). In: Kühlmann, Wilhelm; Langer, Horst (Hrsg.): Pommern in der frühen Neuzeit. Literatur und Kultur in Stadt und Region. Vorträge und Referate des Interdisziplinären Symposions in Greifswald vom 29.9. bis 2.10.1992. Frühe Neuzeit, Bd. 19. Tübingen 1994. S. 227-237.

Lederer (1994a): Lederer, Thomas: Zum Leben und Werk des Alchemikers Franz Krell. In: Telle (1994b), S. 149-166.

Leene (1975): Leene, Henk: Die Alchemie der Metalle. Die Transplantation bei Paracelsus. Kassel 1975.

Lehmann (1932): Lehmann, Paul: Mitteilungen aus Handschriften, Bd. 3. Sitzungsberichte der Bayerischen Akademie der Wissenschaften, München, Phil.-historische Klasse, 1931/32, 6. München 1932. S. 13f.

Leisegang (1939): Leisegang, Hans: Das Mysterium der Schlange. Ein Beitrag zur Erforschung des griechischen Mysterienkultes und seines Fortlebens in der christlichen Welt. In: Eranos-Jahrbuch 7 (1939).

Lemmer (1968): Lemmer, Manfred (Hrsg.): Sebastian Brant: Das Narrenschiff. Nach der Erstausgabe (Basel 1494) mit den Zusätzen der Ausgaben von 1495 und 1499 sowie den Holzschnitten der deutschen Originalausgaben. Tübingen, 2. erweiterte Aufl. 1968.

Leng (2000): Leng, Rainer: Kriegstechnische und -taktische Bilderhandschriften und Traktate im 15. und 16. Jahrhundert. Habil.-Schrift. Würzburg 2000, Bd. 1.

Leng (2002): Leng, Rainer: Döbringer, Hanko. In: Kurt Ruh; Gundolf Keil; Werner Schröder u.a. (Hrsg.): Die deutsche Literatur des Mittelalters. Verfasserlexikon, Bd. 11. Nachtragsband, 2. Lieferung. Berlin, New York, 2. völlig neu bearb. Aufl. 2002, Sp. 372-375.

Lenglet-Dufresnoy (1742): Lenglet-Dufresnoy, Nicolas: Histoire de la Philosophie Hermetique. Accompagnée d'un Catalogue raisonné des Ecrivains de cette Science, 3 Bde. Paris 1742.

Lennep (1985): Lennep, Jacques van: Alchimie. Constribution à l'histoire de l'art alchimique. Duexième édition revue et augmentée. Brüssel 1985.

Lenoch/Koelbing (1969): Lenoch, Frantisek; Koelbing, Huldrych M.: Das 'Regimen contra reumata' des Sigismund Albicus (ca. 1358-1427). Basel 1969.

Lenz (1981): Lenz, Hans G.: Johann Thoelde. Ein Paracelsist und „Chymicus" und seine Beziehungen zu Landgraf Moritz von Hessen-Kassel. Inaugural-Dissertation. Marburg 1981.

Lewis (1974): Lewis, Gertrud J.: Das Tier und seine dichterische Funktion in Erec, Iwein, Parzival und Tristan. Bern 1974.

Lexer (1992): Lexer, Matthias: Mittelhochdeutsches Taschenwörterbuch. Mit Nachträgen von Ulrich Pretzel. Stuttgart, 38. Aufl. 1992.

Lichtenthaeler (1975): Lichtenthaeler, Charles: Grundsätzliche Schwierigkeiten in der medizinischen Humanismusforschung (Statt eines Forschungsberichtes). In: DFG (1975), S. 193-198.

Linden (2003): Linden, Stanton J.: The alchemy reader. From Hermes Trismegistus to Isaac Newton. Cambridge 2003.

Lindgren (1979): Lindgren, Agi: Die 'aquae medicinales' des mittelniederdeutschen Gothaer Arzneibuches. Acta Universitatis Stockholmiensis, Stockholmer Germanistische Forschungen, 24. Stockholm 1979.

Lindgren (1981): Lindgren, Agi: „Gothaer Medizinalwässer". In: Kurt Ruh; Gundolf Keil; Werner Schröder u.a. (Hrsg.): Die deutsche Literatur des Mittelalters. Verfasserlexikon, Bd. 3. Berlin, New York, 2. völlig neu bearb. Aufl. 1981, Sp. 114-116.

Lindgren (1997): Lindgren, Uta (Hrsg.): Naturwissenschaft und Technik im Barock. Innovation, Repräsentation, Diffusion. Bayreuther Historische Kolloquien, Bd. 11. Köln, Weimar, Wien 1997.

Lindner (1956): Lindner, Waltraut: Claus von Metry und Thomas von Wasserburg. In: Medizinische Monatsschrift 10 (1956), S. 814-816.

Lindsay (1970): Lindsay, Jack: The Origins of Alchemy in Graeco-Roman Egypt. London 1970.

Lintzel (1982): Lintzel, Martin: Die Mäzene der deutschen Literatur im 12. und 13. Jahrhundert. In: Bumke, Joachim (Hrsg.): Literarisches Mäzenatentum. Ausgewählte Forschungen zur Rolle des Gönners und Auftraggebers in der Mittelalterlichen Literatur. Wege der Forschung, 598. Darmstadt 1982, S. 33-67.

Lippmann (1906): Lippmann, Edmund O. von: Wie ist der Ausdruck „Caput mortuum" für Eisenoxyd zu erklären? In: Chemiker-Zeitung 30, Heft 29 (1906), S. 232f. und S. 370.

Lippmann (1906-13): Lippmann, Edmund O. von: Abhandlungen und Vorträge zur Geschichte der Naturwissenschaften, 2 Bde. Leipzig 1906-13.

Lippmann (1907): Lippmann, Edmund O. von: Chemisches und Physikalisches aus Platon. In: Journal für praktische Chemie, NF 76 (1907), S. 513-544.

Lippmann (1909): Lippmann, Edmund O. von: Zur Geschichte des Wasserbades. In: Diergart, Paul (Hrsg.): Beiträge zur Geschichte der Chemie. Festschrift für Georg W.A. Kahlbaum. Leipzig, Wien 1909.

Lippmann (1910): Lippmann, Edmund O. von: Chemisches und Alchemisches aus Aristoteles. Herrn Staatsrat Prof. Dr. Rudolf Kobert zu Rostock in aufrichtiger Verehrung dargebracht. In: Archiv für die Geschichte der Naturwissenschaften und der Technik 2 (1910), S. 233-300.

Lippmann (1914): Lippmann, Edmund O. von: Thaddäus Florentinus (Taddeo Alderotti): Über den Weingeist. In: Archiv für Geschichte der Medizin 7 (1914), S. 379-389.

Lippmann (1919): Lippmann, Edmund O. von: Entstehung und Ausbreitung der Alchemie. Mit einem Anhange: Zur älteren Geschichte der Metalle. Hildesheim, New York 1978. (Nachdruck der Ausgabe Berlin 1919).

Lippmann (1923): Lippmann, Edmund O. von: Beiträge zur Geschichte der Naturwissenschaft und der Technik, Bd. 1. Berlin 1923.

Lippmann (1953): Lippmann, Edmund O. von: Beiträge zur Geschichte der Naturwissenschaft und der Technik, Bd. 2, hrsg. von Richard von Lippmann. Weinheim 1953.

Lösel-Wieland-Engelmann (1981): Lösel-Wieland-Engelmann, Berta: Ein Beitrag zur 'Fehde' zwischen Wolfram und Gottfried. Galt Gottfrieds Tadel tatsächlich dem Wolframschen Werk? In: Amsterdamer Beiträge zur älteren Germanistik 16 (1981), S. 79-89.

Lüdy-Tenger (1981): Lüdy-Tenger, Fritz: Alchemistische und chemische Zeichen. Vaduz 1981.

Luff (1999): Luff, Robert: Wissensvermittlung im europäischen Mittelalter. „Imago mundi"-Werke und ihre Prologe. Texte und Textgeschichte, 47. Tübingen 1999.

Lutz (2002): Lutz, Eckhart C.: lesen – unmüezec wesen. Überlegungen zu lese- und erkenntnistheoretischen Implikationen von Gottfrieds Schreiben. In: Huber/Millet (2002), S. 295-316.

Lutz-Hensel (1975): Lutz-Hensel, Magdalene: Prinzipien der ersten textkritischen Editionen mittelhochdeutscher Dichtung. Brüder Grimm – Benecke – Lachmann. Philologische Studien und Quellen, 77. Berlin 1975.

Maier (1972): Maier, Michael: Symbola aureae mensae duodecim nationeum, Frankfurt a.M. 1617 (Neudruck Graz 1972), S. 259-262.

Mandach (1995): Mandach, André de: Auf den Spuren des heiligen Gral. Die gemeinsame Vorlage im pyrenäischen Geheimcode von Chrétien de Troyes und Wolfram von Eschenbach. GAG 596. Göppingen 1995.

Manselli/Wolter/Batte (1980): Manselli, Raoul; Wolter, Heinz; Batte, Columba: Arnald von Villanova, I. Leben, Theologische Werke. In: Lexikon des Mittelalters, Bd. 1. München, Zürich 1980, Sp. 995.

Marchand (1847): Marchand, R. F.: Über die Alchemie. Ein Vortrag im wissenschaftlichen Vereine zu Berlin am 20. Februar 1847. Halle 1847.

Marcovich (1986): Marcovich, Miroslav: Hippolyt von Rom. In: Krause, Gerhard; Müller, Gerhard (Hrsg.): Theologische Realenzyklopädie, Bd. 15. Berlin, New York 1986, S. 381-387.

Marié (1989): Marié, Eric: Précis de médecine alchimique à partir des XIV livres des Paragraphes de Paracelse. Vitré 1989.

Marinovic-Vogg (1990): Marinovic-Vogg, M.: The 'Son of Heaven'. The Middle Netherlands Translation of the Latin 'Tabula Chemica'. In: Martels (1990), S. 171-174.

Markowski (1993): Markowski, Mieczyslaw: Von den mittelalterlichen Ansätzen eines Wandels zum kopernikanischen Umbruch im Wissenschaftsverständnis. In: Craemer-Ruegenberg/Speer (1993), S. 79-94.

Martels (1990): Martels, Z. R. von (Hrsg.): Alchemy revisted. Proceedings of the international conference on the history of alchemy at the University of Groningen 17.-19.4.1989. Leiden, New York. Kopenhagen u.a. 1990.

Martens/Zeller (1971): Martens, Gunter; Zeller, Hans (Hrsg.): Texte und Varianten. München 1971.

Marzell (1934/35): Marzell, H.: Mistel. In: Bächtold-Stäubli, Hanns (Hrsg.): Handwörterbuch des deutschen Aberglaubens, Bd. 4. Berlin, Leipzig 1934/35, S. 381-393.

Matejovski (1996): Matejovski, Dirk: Das Motiv des Wahnsinns in der mittelalterlichen Dichtung. Frankfurt/Main 1996.

Matzel (1979): Matzel, Klaus: Ein Bücherverzeichnis eines bayerischen Ritters aus dem 14. Jahrhundert. In: Huschenbett, Dietrich; Matzel, Klaus; Steer, Georg u.a. (Hrsg.): Medium aevum deutsch. Beiträge zur deutschen Literatur des hohen und späten Mittelalters. Festschrift für Kurt Ruh zum 65. Geburtstag. Tübingen 1979, S. 237-246.

Maurer (1966): Maurer, Friedrich: Parzivals Sünden. Erwägungen zur Frage nach Parzivals „Schuld". In: Rupp (1966), S. 49-103.

Maus/Bahn/Thode (1941-42): Maus, Rudi; Bahn, Gerhard; Thode, Werner (Hrsg.): Das Lexicon plantarum (Handschrift 604 der Münchener Universitäts-Bibliothek). Ein Vorläufer der deutschen Kräuterbuch-Inkunabeln. Texte und Untersuchungen zur Geschichte der Naturwissenschaften, 2-4. Würzburg 1941-42.

Mazal/Unterkircher/Hilmar (1963-1997): Mazal, Otto; Unterkircher, Franz; Hilmar, Rosemary: Katalog der abendländischen Handschriften der Österreichischen Nationalbibliothek: „Series Nova" (Neuerwerbungen), Teil 1-5. Wien 1963-1997.

Mazucco (1956): Mazucco, Romolo: Gli alchimisti fiorentini del mille cinque cento. La data del primo ricettario fiorentino. In: Actes du VIII. Congrès International d'Histoire des Scientes. Florenz 1956, S. 477-485.

McCall (1997): McCall, Henrietta: Sphingen. In: John Cherry (Hrsg.): Fabeltiere. Von Drachen, Einhörnern und anderen mythischen Wesen. Stuttgart 1997, S. 165-218.

McConnell (1999): McConnell, Winder: Otherworlds, Alchemy, Pythagoras, and Jung: Symbols of Transformation in Parzival. In: Hasty (1999), S. 201-222.

McLean (1980): McLean, A. (Hrsg.): The Rosary of the Philosophers. Magnum Opus Hermetic Sourceworks, Series 6. Edinburgh 1980.

Meier (1993): Meier, Pirmin: Paracelsus, Arzt und Prophet. Zürich 1993.

Meinel (1986): Meinel, Christoph (Hrsg.): Die Alchemie in der europäischen Kultur- und Wissenschaftsgeschichte. Vorträge des 16. Wolfenbütteler Symposions vom 2.-5. April 1984 in der Herzog August Bibliothek. Wolfenbütteler Forschungen, Bd. 32. Wiesbaden 1986.

Meinel (1986a): Meinel, Christoph: Alchemie und Musik. In: Meinel (1986), S. 201-227.

Meinel (1992): Meinel, Christoph: Okkulte und exakte Wissenschaften. In: Buck (1992), S. 21-43.

Menhardt (1960-61): Menhardt, Hermann: Verzeichnis der altdeutschen literarischen Handschriften der österreichischen Nationalbibliothek, 3 Bde. Berlin 1960-1961.

Mensching (1993): Mensching, Günther: Kontemplation und Konstruktion. Zum Verhältnis von Mystik und Wissenschaft bei Hugo von St. Viktor. In: Craemer-Ruegenberg/Speer (1993), S. 589-604.

Mercer (1921): Mercer, J.E.: Alchemy, its science and romance. New York 1921.

Merkl (1999): Merkl, Ulrich: Buchmalerei in Bayern in der ersten Hälfte des 16. Jahrhunderts. Spätblüte und Endzeit einer Gattung. Regensburg 1999.

Mildenberger (1995): Mildenberger, Jörg: Anton Trutmanns Arzneibuch, Teil 2: Wörterbuch. Würzburger medizinhistorische Forschungen, 56. Würzburg 1995.

Milt (1946): Milt, B.: Carl Gustav Jung, Psychologie und Alchemie, Rezension. In: Gesnerus 3, Heft 1 (1946), S. 30-32.

Mittelstraß/Stock (1992): Mittelstraß, Jürgen; Stock, Günter (Hrsg.): Chemie und Geisteswissenschaften. Versuch einer Annäherung. Berlin 1992.

Mödersheim (1996): Mödersheim, Sabine: Mater et Matrix. Michael Maiers alchimistische Sinnbilder der Mutter. In: Roebling, Irmgard; Mauser, Wolfram (Hrsg.): Mutter und Mütterlichkeit. Wandel einer Phantasie in der deutschen Literatur. Festschrift für Verena Ehrich-Haefeli. Würzburg 1996, S. 31-56.

Mohr (1953): Mohr, Wolfgang: Der Reichston Walthers von der Vogelweide. In: Der Deutschunterricht 5 (1953), S. 45-56.

Mohr (1966): Mohr, Wolfgang: Parzival und Gawan. In: Rupp (1966), S. 287-318.

Mohr (1978): Mohr, Wolfgang (Hrsg.): Wolfram von Eschenbach: Titurel. Lieder. Mittelhochdeutscher Text und Übertragung. GAG 250. Göppingen 1978.

Mohr (1979): Wolfgang Mohr: Wolfram von Eschenbach. Aufsätze. GAG 275. Göppingen 1979.

Mohr (1979a): Mohr, Wolfgang: Parzivals ritterliche Schuld. In: Mohr (1979), S. 14-36.

Mohr (1979b): Mohr, Wolfgang: Hilfe und Rat in Wolframs 'Parzival'. In: Mohr (1979), S. 37-61.

Mohr (1979c): Mohr, Wolfgang: Wolframs Kyot und Guiot de Provins. In: Mohr (1979), S. 152-169.

Möhren (2000); Möhren, Markus: der snê dem bluote wîze bôt. Die Blutstropfenszene als Besipiel symbolisch-verdichtenden Erzählens in Wolframs 'Parzival'. In: Ehrenfeuchter/Ehlen (2000), S. 153-162.

Molland (1993): Molland, George: The Quadrivium in the Universtities: Four Questions. In: Craemer-Ruegenberg/Speer (1993), S. 66-78.

Moorat (1962): Moorat, Samuel A. J.: Catalogue of Western Mss. on Medicine and Science in the Wellcome Historical Medical Library, Bd. 1. Mss. writen before 1650 A.D. London 1962.

Moritz (1996): Moritz, Johanna: Schwarze und weiße Magie. Die Erforschung der paracelsischen und der pansophischen Schriften des 15.-17. Jahrhunderts als Beitrag W.-E. Peuckerts zu einer volkskundlichen Geistesgeschichte. In: Bönisch-Brednich, Brigitte; Brednich, Rolf W. (Hrsg.): „Volkskunde ist Nachricht von jedem Teil des Volkes". Will-Erich Peuckert zum 100. Geburtstag. Beiträge zur Volkskunde in Niedersachsen, Bd. 12. Göttingen 1996, S. 83-92.

Morys (1986): Morys, Peter: Leonhard Thurneissers 'De transmutatione veneris in solem'. In: Meinel (1986), S. 85-97.

Moser (1979): Moser, Hugo: Noch einmal: Mittelhochdeutsche „Spruchdichtung". In: Huschenbett, Dietrich; Matzel, Klaus; Steer, Georg u.a. (Hrsg.): Medium aevum deutsch. Beiträge zur deutschen Literatur des hohen und späten Mittelalters. Festschrift für Kurt Ruh zum 65. Geburtstag. Tübingen 1979, S. 247-250.

Moser/Tervooren (1995): Moser, Hugo; Tervooren, Helmut: Editionsprinzipien. In: Bein (1995), S. 167-193.

Mühlbacher-Parzer (1993): Mühlbacher-Parzer, Alfred: Heilpflanzen und ihre Darstellung. Von der Spätantike bis zur Zeit des Paracelsus. In: Dopsch/Goldammer/Kramml (1993), S. 141-148.

Mühlherr (2002): Mühlherr, Anna: Unstimmigkeit als Kalkül. Gottfrieds Rühmen und Schelten zu Beginn des poetologischen Exkurses. In: Huber/Millet (2002), S. 317-326.

Muir (1918): Muir, Pattison: The story of alchemy. London 1918.

Müller (1942): Müller, Erwin: Der Traktat Liber iste (die sogenannte Glossae Platearii) aus dem Breslauer Codex Salernitanus. Texte und Untersuchungen zur Geschichte der Naturwissenschaften, Bd. 7. Würzburg 1942.

Müller (1992): Müller, Jan-Dirk: Bild – Vers – Prosakommentar am Beispiel von Fechtbüchern. In: Keller, H. u.a. (Hrsg.): Pragmatische Schriftlichkeit im Mittelalter. Münsterische Mittelalter-Schriften, Bd. 65. Münster 1992, S. 263-279.

Müller (1994): Müller, Jan-Dirk: Hans Lecküchners Messerfechtlehre und die Tradition. In: Müller, Jan-Dirk (Hrsg.): Wissen für den Hof. Der spätmittelalterliche Verschriftlichungsprozeß am Beispiel Heidelberg im 15. Jahrhundert. Münsterische Mittelalter-Schriften, Bd. 67. München 1994, S. 357-367.

Müller (1996): Müller, Ulrich: Wirkungs- und Rezeptionsgeschichte Walthers von der Vogelweide vom Mittelalter bis zum Zweiten Weltkrieg. In: Brunner, Horst; Hahn, Gerhard; Müller, Ulrich u.a. (Hrsg.): Walther von der Vogelweide: Epoche, Werk, Wirkung. München 1996, S. 230-235.

Müller-Jahncke (1978): Müller-Jahncke, Wolf-Dieter: Agrippa von Nettesheim: „De occulta philosophia". Ein „Magisches System". In: Magia naturalis und die Entstehung der modernen Naturwissenschaften. Symposion der Leibniz-Gesellschaft, Hannover 14. und 15. November 1975. Wiesbaden 1978, S. 19-29.

Müller-Jahncke (1984): Müller-Jahncke, Wolf-Dieter: Zum Magie-Begriff in der Renaissance-Medizin und -Pharmazie. In: Schmitz/Keil (1984), S. 99-116.

Müller-Jahncke (1988): Müller-Jahncke, Wolf-Dieter: Die Renaissance-Magie zwischen Wissenschaft und Dämonologie. In: Bergier (1988), S. 127-140.

Müller-Jahncke (1993): Müller-Jahncke, Wolf-Dieter: Magische Medizin bei Paracelsus und den Paracelsisten: Die Waffensalbe. In: Dilg/Rudolph (1993), S. 43-56.

Müller-Jahncke (1993a): Müller-Jahncke, Wolf-Dieter: Die Signaturenlehre des Paracelsus. In: Dopsch/Goldammer/Kramml (1993), S. 167-170.

Müller-Jahncke (1994): Müller-Jahncke, Wolf-Dieter: Georg am Wald (1554-1616). Arzt und Unternehmer. In: Telle (1994b), S. 213-304.

Müller-Jahncke (1994a): Müller-Jahncke, Wolf-Dieter: Naturwissenschaften, Naturphilosophie und Alchemie bei Paracelsus. In: Atti del convegno internazionale su Paracelso. Un esame critico del pensiero di Paracelso collocato nella sua dimensione storica (Roma 17-18 dicembre 1993). Roma 1994, S. 69-77.

Müller-Jahncke (1995): Müller-Jahncke, Wolf-Dieter: Makrokosmos und Mikrokosmos bei Paracelsus. In: Zimmermann (1995), S. 59-66.

Müller-Jahncke (1998): Müller-Jahncke, Wolf-Dieter: Paracelsus. In: Priesner/Figala (1998), S. 267-270.

Müller-Jahncke (1998a): Müller-Jahncke, Wolf-Dieter: Agrippa von Nettesheim. In: Priesner/Figala (1998), S. 17-18.

Müller-Jahncke (1998b): Müller-Jahncke, Wolf-Dieter: Chemiatrie. In: Priesner/Figala (1998), S. 98-100.

Müller-Jahncke (1998c): Müller-Jahncke, Wolf-Dieter: Libavius, Andreas. In: Priesner/Figala (1998), S. 221-223.

Müller-Jahncke (2003): Müller-Jahncke, Wolf-Dieter: Astrologie – Sympathie – Signatur: Esoterische Wissenschaften in der Naturkunde der frühen Neuzeit. In: Figala, Karin; Gebelein, Helmut (Hrsg.): Hermetik & Alchemie. Betrachtungen am Ende des 20. Jahrhunderts. Gaggenau 2003, S. 141-154.

Müller-Jahncke/Friedrich (1996): Müller-Jahncke, Wolf-Dieter; Friedrich, Christoph: Geschichte der Arzneimitteltherapie. Unter Mitarbeit von Julian Paulus. Stuttgart 1996.

Müller-Jahncke/Paulus (1993): Müller-Jahncke, Wolf-Dieter; Paulus, Julian: Die Stellung des Paracelsus in der Alchemie. In: Dopsch/Goldammer/Kramml (1993), S. 149-154.

Müller-Kleimann (1990): Müller-Kleimann, Sigrid: Gottfrieds Urteil über den zeitgenössischen Roman. Ein Kommentar zu den Tristanversen 4619-4748. Stuttgart 1990.

Multhauf (1954): Multhauf, Robert P.: John of Rupescissa and the origin of medical chemistry. In: Isis 45 (1954), S. 359-367.

Multhauf (1964): Multhauf, Robert P.: The origins of chemistry. London 1964.

Murr (1803): Murr, Christoph G. von: Über den wahren Ursprung der Rosenkreuzer. Sulzbach 1803.

Murr (1805): Murr, Christoph G. von: Literarische Nachrichten zu der Geschichte des sogenannten Goldmachens. Leipzig 1805.

Mützenberg (1966): Mützenberg, Gabriel: Oecuménisme, alchimie et poésie. Figures du XVIe siècle: Travers – Paracelse – Calvin. Genève 1966. (S. 77-112: ‚Un vagabond de la médevine. Théophraste Paracelse')

Naber (1998): Naber, Helga: Probleme einer Paracelsus-Biographie: sein Leben im Spiegel seiner Werke. GAG 653. Göppingen 1998.

Nadler (1954): Nadler, Josef: Goldhort, Rosengarten, Gral. In: Festschrift für Dietrich Kralik. Horn 1954, S. 111-129.

Nellmann (1978): Nellmann, Eberhard: Philippe setze en weisen ûf. Zur Parteinahme Walthers für Philipp von Schwaben. In: Krohn, Rüdiger; Thum, Bernd; Wapnewski, Peter (Hrsg.): Stauferzeit. Geschichte, Literatur, Kunst. Stuttgart 1978, S. 87-104.

Nellmann (1988): Nellmann, Eberhard: Wolfram und Kyot als vindaere wilder maere. Überlegungen zu 'Tristan' 4619-88 und Parzival 453,1-17. In: ZfdA 117 (1988), S. 31-67.

Neumüller (1923): Neumüller, Kurt: Ärzte und Sanitätswesen in Memmingen vom 15.-17. Jahrhundert. Diss. Leipzig 1923.

Neusser-Hromatka (1961): Neusser-Hromatka, Maria: Das kosmische Ei, ein alchimistisches Symbol. In: Beer, Ellen J.; Hofer, Paul; Mojon, Luc (Hrsg.): Festschrift Hans R. Hahnloser zum 60. Geburtstag 1959. Basel 1961, S. 381-392.

Newman (1986): Newman, William R.: The Summa perfectionis and Late Medieval Alchemy. Dissertation. Harward 1986.

Newman (1989): Newman, William R.: Technology and Alchemical Debate in the Late Middle Ages. In: Isis 80 (1989), S. 423-445.

Newman (1991): Newman, William R.: The „Summa perfectionis" of Pseudo-Geber. A critical Edition, Translation and Study. Leiden, New York, Kopenhagen u.a. 1991.

Newman (1998): Newman, William R.: Alchemie, mittelalterliche/arabische. In: Priesner/Figala (1998), S. 26-29.

Newman (1998a): Newman, William R.: Avicenna. In: Priesner/Figala (1998), S. 66.

Newman (1998b): Newman, William R.: Bacon, Roger. In: Priesner/Figala (1998), S. 68-70.

Newman (1998c): Newman, William R.: Bernardus Trevirensis. In: Priesner/Figala (1998), S. 78.

Newman (1998d): Newman, William R.: Geber. In: Priesner/Figala (1998), S. 145-147.

Newman (1998e): Newman, William R.: Prinzipien. In: Priesner/Figala (1998), S. 288-290.

Newman (1998f): Newman, William R.: Thomas von Aquin. In: Priesner/Figala (1998), S. 359-360.

Newman (1998g): Newman, William R.: Trithemius, Johannes. In: Priesner/Figala (1998), S. 362-363.

Nowotny (1958): Nowotny, O.: Alchemistische Bildsymbolik. In: Vitolo, Antonio Esposito (Hrsg.): Atti del II. Congresso Internationale di Storia della Farmacia. Pisa 1958, S. 338-358.

Nutton (1987): Nutton, Vivian: „Qui magni Galeni doctrinam in re medica primus revocavit". Matteo Corti und der Galenismus im medizinischen Unterricht der Renaissance. In: Keil/Moeller/Trusen (1987), S. 173-184.

Nutton (1995): Nutton, Vivian: Der Luther der Medizin: ein paracelsisches Paradoxon. In: Zimmermann (1995), S. 105-112.

Obrist (1982): Obrist, Barbara: Les débuts de l'imagerie alchimique (XIVe-XVe siècles), Paris 1982.

Obrist (1986): Obrist, Barbara: Die Alchemie in der mittelalterlichen Gesellschaft. In: Meinel (1986), S. 33-59.

Obrist (1993): Obrist, Barbara: Alchemie und Medizin im 13. Jahrhundert. In: Archives internationales d'histoire des sciences 43 (1993), S. 209-246.

Ohly (1966): Ohly, Friedrich: Wolframs Gebet an den Heiligen Geist im Eingang des 'Willehalm'. In: Rupp (1966), S. 455-518.

Ohly (1976): Ohly, Friedrich: Diamant und Bocksblut. Zur Traditions- und Auslegungsgeschichte eines Naturvorgangs von der Antike bis in die Moderne. Berlin 1976.

Okken (1984): Okken, Lambertus: Kommentar zum Tristan-Roman Gottfrieds von Strassburg, Bd. 1. Amsterdammer Publikationen zur Sprache und Literatur, 57. Amsterdam 1984.

Ortwein (1936): Ortwein, Margarete: Der Innsbrucker Hof zur Zeit Erzherzog Sigmunds des Münzreichen. Ein Beitrag zur Geschichte der materiellen Kultur. Diss. (masch.). Innsbruck 1936.

Ott (1991): Ott, Norbert H.: Alchemie. In: Frühmorgen-Voss, Hella; Ott, Norbert H.: Katalog der deutschsprachigen illustrierten Handschriften des Mittelalters. Band 1: Ackermann aus Böhmen - Astrologie/Astronomie. Veröffentlichungen der Kommission für deutsche Literatur des Mittelalters der Bayerischen Akademie der Wissenschaften. München 1991, S. 27-99.

Pabst (1994): Pabst, Bernhard: Atomtheorien des lateinischen Mittelalters. Darmstadt 1994.

Pächt/Alexander (1966): Pächt, O.; Alexander, J.J.G.: Illuminated Mss. in the Bodleian Library Oxford, Bd. 1. Oxford 1966.

Pagel (1962): Pagel, Walter: Das medizinische Weltbild des Paracelsus. Seine Zusammenhänge mit Neuplatonismus und Gnosis. Kosmosophie, Bd. 1. Wiesbaden 1962.

Pagel (1981): Pagel, Walter: The Paracelsian Elias Artista and the alchemical tradition. In: Medizinhistorisches Journal 16 (1981), S. 6-19.

Pagel (1982): Pagel, Walter: Paracelsus. An Introduction to Philosophical Medicine in the Era of the Renaissance, Basel 1982 ([1]1958), S. 241-247 ('Paracelsus and Ramon Lull').

Pagel (1982a): Pagel, Walter: Rezension zu Telle (1980b). In: Sudhoffs Archiv 66 (1982), S. 95-99

Paisey (1980): Paisey, D.L.: Some sources of the 'Kunstbüchlein' of 1535. In: Gutenberg-Jahrbuch (1980), S. 113-117.

Palgen (1922): Palgen, Rudolf: Der Stein der Weisen. Quellenstudien zum Parzival. Breslau 1922.

Palmer (1992): Palmer, Nigel F.: Scotus, Michael. In: Kurt Ruh; Gundolf Keil; Werner Schröder u.a. (Hrsg.): Die deutsche Literatur des Mittelalters. Verfasserlexikon, Bd. 8. Berlin, New York, 2. völlig neu bearb. Aufl. 1992, Sp. 966-971.

Paniagua (1962): Paniagua, Juan A.: Estudios y notas sobre Arnau de Vilanova. Madrid 1962.

Paniagua/Manselli/Jüttner (1980): Paniagua, Juan A.; Manselli, Raoul; Jüttner, Guido: Arnald von Villanova, II. Medizinische und pharmazeutische Leistung. In: Lexikon des Mittelalters, Bd. 1. München, Zürich 1980, Sp. 995-996.

Paracelsus: Astronomia Magna oder die ganze Philosophia sagax der großen und kleinen Welt. Herausgegeben, bearbeitet und mit einem Nachwort versehen von Norbert Winkler. Frankfurt/Main, Berlin, Bern u.a. 1999.

Paracelsus: Der andere Arzt. Das Buch Paragranum. Eingeleitet und übertragen von Gunhild Pörksen. Frankfurt/Main 1990.

Paracelsus: Vom eigenen Vermögen der Natur. Frühe Schriften zur Heilmittellehre. Ausgewählt, eingeleitet und übertragen von Gunhild Pörksen. Frankfurt/Main 1988.

Paracelsus-Werke: Paracelsus. Theophrast von Hohenheim. Sämtliche Werke. I. Abt.: Medizinische, naturwissenschaftliche und philosophische Schriften, Bd. I-XIV, hrsg. von Karl Sudhoff. München, Berlin 1922-33.

Parisius (1910): Parisius, Georg: Erzbischof Kuno II. von Trier in seinen späteren Jahren. 1376-1388. Inaugural-Dissertation. Halle 1910.

Partington (1927): Partington, James R.: Chinese alchemy. In: Nature 119 (1927), S. 1ff.

Partington (1935): Partington, James R.: Origins and development of applied chemistry. London 1935.

Partington (1938): Partington, James R.: Trithemius and Alchemy. In: Ambix 2 (1938), S. 53-59.

Partington (1938a): Partington, James R.: The chemistry of Râzî. In: Ambix 1 (1938), S. 192-196.

Partington (1947): Partington, James R.: History of alchemy and early chemistry. In: Nature 159 (1947), S. 81-85.

Partington (1961-64): Partington, James R.: A history of chemistry, Bd. 2-4. London 1961-64.

Paulus (1994): Paulus, Julian: Alchemie und Paracelsismus um 1600. Siebzig Porträts. In: Telle (1994b), S. 335-406.

Paulus (1997): Paulus, Julian: Das Donum Dei. Zur Edition eines frühneuzeitlichen alchemistischen Traktats. In: Roloff (1997), S. 795-803.

Paulus (1997a): Paulus, Julian: Paracelsus-Bibliographie 1961-1996. Heidelberg 1997.

Paulus (1998): Paulus, Julian: Donum Dei. In: Priesner/Figala (1998), S. 111f.

Paulus (1998a): Paulus, Julian: Johannes de Rupescissa. In: Priesner/Figala (1998), S. 185-187.

Pauly (1969): Pauly, Ferdinand: Aus der Geschichte des Bistums Trier. Teil 2: Die Bischöfe bis zum Ende des Mittelalters. Veröffentlichungen des Bistumsarchivs Trier, Bd. 18. Trier 1969.

Payen (1959): Payen, A.: „Flos florum“ et „Semita semite“. Deux traités d’alchimie attribués à Arnaud de villeneuve. In: Revue Histoire Sciences 12 (1959), S. 289-300.

Payne (1903): Payne, J.F.: Arnald de Villanova on the Therapeutic Use of Human Blood. In: Janus 8 (1903), S. 432-435 und 477-483.

Pelzer (1919): Pelzer, A.: Une source inconnue de Roger Bacon, Alfred de Sareshel, commentateur des Météorogiques d’Aristote. In: Archivum Franciscanum Historicum 12 (1919), S. 44-67.

Pereira (1989): Pereira, Michaela: The Alchemical Corpus Attributed to Raymond Lull. Warburg Institute Surveys and Texts, 18. London 1989.

Pereira (1994): Pereira, Michaela: Medicina in the Alchemical Writings Attributed to Raimond Lull (14th-17th Centuries). In: Rattansi, Piyo; Clericuzio, Antonio (Hrsg.): Alchemy and Chemistry in the 16th and 17th Centuries. Dordrecht, Boston, London 1994, S. 1-15.

Pereira/Spaggiari (1999): Pereira, Michaela; Spaggiari, Barbara: Il „Testamentum“ alchemico attribuito a Raimundo Lullo. Edizione del testo latino e catalano dal manoscritto Oxford, Corpus Christi College, 244. Florenz 1999.

Perez-Bustamente (1995): Perez-Bustamente, J. A.: De la cosmosofia panvitalista paracelsica a la autofirmación de la química como nueva ciencia. In: Llull 18 (1995), S. 183-212.

Perino (1957): Perino, Werner: Die Pferdearzneibücher des ausgehenden Mittelalters und der beginnenden Neuzeit. Eine geschichtliche Studie über ihre Entwicklung und Entfaltung. Diss. München 1957.

Perrot (1973): Perrot, E. (Hrsg.): Le Rosaire des Philosophes. Paris 1973.

Perry (1984): Perry, Whitall N.: The alchemy in homoeopathy. In: Studies in Comparative Religion 16 (1984), S. 21-56.

Peters (1893): Peters, Hermann: Die Chemie des Markgrafen Friedrich I. von Brandenburg. In: Mitteilungen aus dem Germanischen National-Museum. Nürnberg 1893, S. 98-108.

Peters (1906): Peters, Hermann: Franz Strunz, Über die Vorgeschichte und die Anfänge der Chemie, Rezension. In: Chemiker-Zeitung 30, Nr. 31 (1906), S. 362.

Peters (1973): Peters, H.-J.: Das 'Buch von alten Schäden'. Teil 1: Text. Dissertation. Bonn 1973.

Peuckert (1928): Peuckert, Will-Erich: Die Rosenkreuzer. Zur Geschichte einer Reformation. Jena 1928.

Peuckert (1941): Peuckert, Will-Erich: Theophrastus Paracelsus. Stuttgart, Berlin 1941.

Peuckert (1951): Peuckert, Will-Erich: Geheimkulte. Heidelberg 1951.

Peuckert (1956): Peuckert, Will-Erich: Der Alchymist und sein Weib. Gauner- und Ehescheidungsprozesse des Alchymisten Thurneysser. Stuttgart 1956.

Peuckert (1956a): Peuckert, Will-Erich: Pansophie. Ein Versuch zur Geschichte der weißen und schwarzen Magie. Berlin, 2. Aufl. 1956.

Peuckert (1960): Peuckert, Will-Erich: Astrologie. Geschichte der Geheimwissenschaften, Bd. 1. Stuttgart 1960.

Peuckert (1960a): Peuckert, Will-Erich: Die Alchemie. In: Occulta. Antiquariatsanzeiger, Nr. 23, hrsg. von Robert Wölfle. München 1960.

Pfeiffer (1999): Pfeiffer, Jens: Macht der Sterne oder Miasmen der Erde: Heinrich von Mügeln und Konrad von Megenburg über die Pest von 1348. In: Schaefer (1999), S. 110-123.

Pfister (1997): Pfister, Kathrin: Das Buch vom Firmament – eine astronomisch-astrologische Textkompilation aus dem späten Mittelalter. In: Roloff (1997), S. 805-809.

Philipp (1980): Philipp, Gerhard: Einführung ins Frühneuhochdeutsche. Sprachgeschichte, Grammatik, Texte. Uni-Taschenbücher, Bd. 822. Heidelberg 1980.

Pieper (1955): Pieper, Wilhelm: Ulrich Rülein von Calw und sein Bergbüchlein. Mit Urtext-Faksimile und Übertragung des Bergbüchleins von etwa 1500 und Faksimile der Pestschrift von 1521. Freiberger Forschungshefte, Kultur und Technik, D 7. Berlin 1955.

Piirainen (1997): Piirainen, Ilpo T.: Deutsche Fachprosa des 14.-17. Jahrhunderts in Schlesien und der Slowakei. In: Schwarz, Alexander; Abplanalp, Laure (Hrsg.): Text im Kontext. Anleitung zur Lektüre deutscher Texte der frühen Neuzeit. Bern, Berlin, Frankfurt/Main u.a. 1997, S. 201-217.

Platzeck (1962): Platzeck, Erhard W.: Raimund Lull. Sein Leben – seine Werke. Bibliotheca Franciscana, Bd. 5. Düsseldorf 1962.

Platzeck (1964): Platzeck, Erhard W.: Raimund Lull. Die Grundlagen seines Denkens (Prinzipienlehre). Bibliotheca Franciscana, Bd. 6. Düsseldorf 1964.

Plessner (1927): Plessner, Martin: Neue Materialien zur Geschichte der Tabula Smaragdina. In: Der Islam 16 (1927), S. 77-113.

Plessner (1954): Plessner, Martin: The place of the Turba philosophorum in the Development of Alchemy. In: Isis 45 (1954), S. 331-338.

Plessner (1959): Plessner, Martin: The Turba philosophorum. A Preliminary Report on Three Cambridge MSS. In: Ambix 7 (1959), S. 159-163.

Plessner (1969): Plessner, Martin: Geber and Jābir ibn Ḥayyān: An Authentic Sixteenth-Century Quotation from Jābir. In: Ambix 16 (1969), S. 113-118.

Plessner (1973): Plessner, Martin: Jābir ibn Hayyān. In: Dictionary of Scientific Biography, 7 (1973), S. 39-43.

Plessner (1975): Plessner, Martin: Vorsokratische Philosophie und griechische Alchemie in arabisch-lateinischer Überlieferung. Studien zu Text und Inhalt der Turba philosophorum. Boethius, Bd. 4. Wiesbaden 1975.

Ploss (1956): Ploss, Emil E.: Zur Geschichte des Wortes „Salmiak". In: Die BASF 6 (1956), S. 4-7.

Ploss (1959): Ploss, Emil E.: Kunststoffe – ein alter Traum. In: Die BASF 9 (1959), S. 185-188.

Ploss (1962): Ploss, Emil E.: Ein Buch von alten Farben, 1962.

Ploss (1967): Ploss, Emil E.: Die Sprache der Alchemisten. In: Heilfurth, Gerhard; Weber-Kellermann, Ingeborg (Hrsg.): Arbeit und Volksleben. Deutscher Volkskundekongreß 1965 in Marburg. Veröffentlichungen des Instituts für mitteleuropäische Volksforschung an der Philipps-Universität Marburg-Lahn, Bd. 4. Göttingen 1967, S. 240-249.

Ploss (1970): Ploss, Emil E.: Die Alchimie – Versuch einer Charakteristik. In: Ploss/Roosen-Runge/Schipperges u.a. (1970), S. 9-46.

Ploss/Roosen-Runge/Schipperges u.a. (1970): Ploss, Emil E.; Roosen-Runge, Heinz; Schipperges, Heinrich; Buntz, Herwig (Hrsg.): Alchimia. Ideologie und Technologie. München 1970.

Poncé (1983): Poncé, Charles: The Alchemical Light. In: Grossinger, Richard (Hrsg.): The Alchemical Tradition in the Late Twentieth Century. Berkeley 1983, S. 172-182.

Pörksen (1983): Pörksen, Uwe: Der Übergang vom Gelehrtenlatein zur deutschen Wissenschaftssprache. Zur frühen deutschen Fachliteratur und Fachsprache in den naturwissenschaftlichen und mathematischen Fächern (ca. 1500-1800). In: LiLi 13, Heft 51-52 (1983), S. 227-258.

Pörksen (1994): Pörksen, Gunhild: Ein Ort im Makrokosmos: Paracelsus in Bad Pfäfers. In: Schweizerische Rundschau für Medizin (Praxis) 83, Heft 13 (1994), S. 1-8.

Pörksen (1996): Pörksen, Gunhild: Luft, Feuer, Wasser, Erde. Zur Alchemie und Elementenlehre des Paracelsus. Vättis 1996.

Poulle (1993): Poulle, Emmanuel: Planeten, Planetenbewegung. In: Lexikon des Mittelalters, Bd. 6. München, Zürich 1993, Sp. 2200-2204.

Powell (1980): Powell, Neil: Die Wissenschaft der Alchemisten. Frankfurt/Main 1980.

Prandtl (1953): Prandtl, Wilhelm: Zur Vorgeschichte des Meissner Porzellans. In: Chymia 4 (1953), S. 115-127.

Preisendanz (1940): Preisendanz, Karl: Aus der Geschichte des Uroboros. In: Ferdinand Herrmann, Wolfgang Treutlein (Hgg.): Brauch und Sinnbild. Eugen Ehrle zum 60. Geburtstag gewidmet von seinen Schülern und Freunden. Karlsruhe 1940, S. 194-209.

Pretzel/Bachofer (1968): Pretzel, Ulrich; Bachofer, Wolfgang: Bibliographie zu Wolfram von Eschenbach. Bibliographien zur deutschen Literatur des Mittelalters, Bd. 2. Berlin, 2. stark erweiterte Aufl. 1968.

Priebsch (1896): Priebsch, Robert: Deutsche Handschriften in England, Bd. 1. Erlangen 1896.

Priebsch (1901): Priebsch, Robert: Deutsche Handschriften in England, Bd. 2. Erlangen 1901.

Priesner (1986): Priesner, Claus: Johann Thoelde und die Schriften des Basilius Valentinus. In: Meinel (1986), S. 107-118.

Priesner (1998): Priesner, Claus: Basilius Valentinus. In: Priesner/Figala (1998), S. 70-75.

Priesner (1998a): Priesner, Claus: Farben. In: Priesner/Figala (1998), S. 131-133.

Priesner (1998b): Priesner, Claus: Panacea. In: Priesner/Figala (1998), S. 263-264.

Priesner (1998c): Priesner, Claus: Zinnober. In: Priesner/Figala (1998), S. 378-379.

Priesner (1998d): Priesner, Claus: Johannes Grashof(f). In: Priesner/Figala (1998), S. 165-166.

Priesner/Figala (1998): Priesner, Claus; Figala, Karin (Hrsg.): Alchemie. Lexikon einer hermetischen Wissenschaft. München 1998.

Principe (1998): Principe, Lawrence M.: Alkohol. In: Priesner/Figala (1998), S. 42-44.

Principe (1998a): Principe, Lawrence M.: Arbeitsmethoden. In: Priesner/Figala (1998), S. 51-57.

Principe (1998b): Principe, Lawrence M.: Caput mortuum. In: Priesner/Figala (1998), S. 96-97.

Principe (1998c): Principe, Lawrence M.: Decknamen. In: Priesner/Figala (1998), S. 104-106.

Principe (1998d): Principe, Lawrence M.: Gold. In: Priesner/Figala (1998), S. 157-160.

Principe (1998e): Principe, Lawrence M.: Laborgeräte. In: Priesner/Figala (1998), S. 211-215.

Principe (1998f): Principe, Lawrence M.: Lapis philosophorum. In: Priesner/Figala (1998), S. 215-220.

Principe (1998g): Principe, Lawrence M.: Salamander. In: Priesner/Figala (1998), S. 316-317.

Pring-Mill (1973): Pring-Mill, R.D.F.: Lull. In: Gillispie, Charles C. (Hrsg.): Dictionary of Scientific Biography, VIII, New York 1973, S. 547-551.

Probst (1967): Probst, C.: Brunschwig und sein „Buch der Cirurgia“. Gertenbach 1967.

Procter (1905): Procter, R.: Bibliographical Essays, o.O. 1905, S. 73-88.

Pukánszky (1931): Pukánszky, Béla von: Geschichte des deutschen Schrifttums in Ungarn, Bd. 1. Von der ältesten Zeit bis um die Mitte des 18. Jahrhunderts. Deutschtum und Ausland, Bd. 34/36. Münster in Westfalen 1931.

Putscher (1973): Putscher, Marielene: Pneuma, Spiritus, Geist. Wiesbaden 1973.

Putscher (1986): Putscher, Marielene: Das 'Buch der heiligen Dreifaltigkeit' und seine Bilder in den Handschriften des 15. Jahrhunderts. In: Meinel (1986), S. 151-178.

Quade (2001): Quade, Randolf: Literatur als hermetische Tradition. Eine rezeptionsgeschichtliche Untersuchung frühneuzeitlicher Texte zur Erschließung des Welt- und Menschenbildes in der Literatur des 17. Jahrhunderts. Bochumer Schriften zur deutschen Literatur, 58. Frankfurt/Main, Berlin, Bern u.a. 2001.

Ranke (1966): Ranke, Friedrich: Zur Symbolik des Grals bei Wolfram von Eschenbach. In: Rupp (1966), S. 38-48.

Rathgen (1920): Rathgen, B.: Der deutsche Büchsenmeister Merkln Gast, der erste urkundlich erwähnte Eisengießer. In: Stahl und Eisen, 5 (1920), S. 148ff.

Rausch (1977): Rausch, Hans-Henning: Methoden und Bedeutung naturkundlicher Rezeption und Kompilation im „Jüngeren Titurel". Mikrokosmos, Beiträge zur Literaturwissenschaft und Bedeutungsforschung, 2. Frankfurt/Main; Bern; Las Vegas 1977.

Read (1947): Read, John: The alchemist in life, literature and art. Edinburgh, London 1947.

Read (1952): Read, John: Alchemy and art. In: Nature 169 (1952), S. 479-481.

Read (1957): Read, John: Through alchemy to chemistry. A procession of ideas and personalities. London 1957.

Read (1966): Read, John: Prelude to chemistry. An outline of alchemy, its literature and relationships. Cambridge/Mass.-London 1966 (^{1}1936), S. 214-221.

Redgrove (1922): Redgrove, H. S.: Alchemy ancient and modern. London 1922.

Reetz (1951): Reetz, Hans: Von der Alchemie in der Kunst. In: Die BASF 1 (1951), S. 240-245.

Reichert (2001): Reichert, Joachim: 'Slaying the Dragon'. Der letzte Heilversuch an Anfortas im „Parzival" Wolframs von Eschenbach (483,6-18). In: Mediaevistik. Internationale Zeitschrift für interdisziplinäre Mittelalterforschung 14 (2001), S. 149-178.

Reichmann (1993): Reichmann, Oskar: Möglichkeiten der lexikographischen Erschließung der Texte des Paracelsus. In: Dilg/Rudolph (1993), S. 183-198.

Reichmann (1995): Reichmann, Oskar: Zur Edition frühneuhochdeutscher Texte. Sprachgeschichtliche Perspektiven. In: Bein (1995), S. 254-280.

Reidy (1957): Reidy, J.: Thomas Norton and the „Ordinall of Alchimy". In: Ambix 6 (1957), S. 59-85.

Reinhardt (1921): Reinhardt, H.: Ein Traktat über Arzneiwässer, nach ihren Wirkungen zusammengestellt. Med. Diss. Leipzig 1921.

Reininger (1992): Reininger, Monika: Schober, Hans. In: Kurt Ruh; Gundolf Keil; Werner Schröder u.a. (Hrsg.): Die deutsche Literatur des Mittelalters. Verfasserlexikon, Bd. 8. Berlin, New York, 2. völlig neu bearb. Aufl. 1992, Sp. 799-800.

Reiter (1987): Reiter, Raimond: Die „Dunkelheit" der Sprache der Alchemisten. In: Muttersprache. Zeitschrift zur Pflege und Erforschung der deutschen Sprache 97 (1987), S. 323-326.

Reitzenstein (1904): Reitzenstein, Richard: Poimandres. Studien zur griechisch-ägyptischen und frühchristlichen Literatur. Leipzig 1904.

Reitzenstein (1916): Reitzenstein, Richard: Himmelswanderung und Drachenkampf in der alchemistischen und frühchristlichen Literatur. In: Festschrift für Friedrich Carl Andreas. Leipzig 1916, S. 33-50.

Reitzenstein (1919): Reitzenstein, Richard: Zur Geschichte der Alchemie und des Mystizismus. Nachrichten von der königlichen Akademie der Wissenschaften zu Göttingen, phil.-historische Klasse 1919.

Reitzenstein (1923): Reitzenstein, Richard: Alchemistische Lehrschriften und Märchen bei den Arabern. In: Religionsgeschichtliche Versuche und Vorarbeiten 12, Heft 2 (1923), S. 61-86.

Remak-Honnef/Hauke (1991): Remak-Honnef, Elisabeth; Hauke, Hermann: Katalog der lateinischen Handschriften der Bayerischen Staatsbibliothek München: Die Handschriften der ehem. Mannheimer HB Clm 10001-10930. Wiesbaden 1991.

Remy (1929): Remy, M.: Die Buchmalerwerkstatt des Trierer Erzbischofs Cuno von Falkenstein. In: Trierer Zeitschrift 4 (1929), S. 49-74.

Retschlag (1921): Retschlag, Max: Das Gold der Alchimie. Leipzig 1921.

Retschlag (1934): Retschlag, Max: Die Alchemie und ihr großes Meisterwerk, der Stein der Weisen. Leipzig 1934.

Rettelbach (2000): Rettelbach, Johannes: Späte Sangspruchdichtung – früher Meistergesang. Bilanz der jüngeren Forschung. In: Hartmann, Sieglinde; Müller, Ulrich (Hrsg.): Jahrbuch der Oswald von Wolkenstein Gesellschaft, Bd. 12. Frankfurt/Main 2000, S. 185-201.

Rettelbach (2002): Rettelbach, Johannes: Sangspruchdichtung zwischen Frauenlob und Heinrich von Mügeln – eine Skizze. In: Haustein, Jens; Steinmetz, Ralf-Henning (Hrsg.): Studien zu Frauenlob und Heinrich von Mügeln. Festschrift für Karl Stackmann zum 80. Geburtstag. Scrinium Friburgense, Bd. 15. Freiburg/Schweiz 2002, S. 145-174.

Rex (1962): Rex, Friedemann: Chemiegeschichte im Gmelin-Institut. In: Kotowski, A. (Hrsg.): Dokumentation im Gmelin-Institut. Festschrift für E. Pietsch zum 60. Geburtstag. Frankfurt 1962, S. 33-36.

Rex (1964): Rex, Friedemann: Die Alchemie des Andreas Libavius. Ein Lehrbuch der Chemie aus dem Jahre 1597. Weinheim 1964.

Rhein (1995): Rhein, Stefan: „mein bart hat mer erfaren dan alle euer hohe schulen“. Ein Zwischenruf zur Quellenfrage bei Paracelsus. In: Zimmermann (1995), S. 99-104.

Ridder (2002): Ridder, Klaus: Narrheit und Heiligkeit. Komik im ’Parzival’ Wolframs von Eschenbach. In: Haubrichs, Wolfgang; Lutz, Eckhart C.; Ridder, Klaus (Hrsg.): Wolfram von Eschenbach – Bilanzen und Perspektiven. Eichstätter Kolloquium 2000. Wolfram-Studien, 17. Berlin 2002, S. 136-156.

Rieck (1963): Rieck, Wilhelm: Materialien zur Viscum-album-Forschung. In: Medizinische Monatsschrift 17 (1963), S. 515-521.

Rivière (1986): Rivière, Patrick: Alchimie et spagyrie, du Grand Oeuvre à la médecine de Paraselse. Préface de André Pajault. Caen 1986.

Rivière (1994): Rivière, Patrick: La médecine spagyrique. Préface de Jean-Louis Garillon. Edition revue et corrigée. Bruxelles 1994.

Rocke (1985): Rocke, Alan J.: Agricola, Paracelsus, and „chymia“. In: Ambix 32 (1985), S. 38-45.

Roethe (1893): Roethe, G.: Sternhals. In: Allgemeine Deutsche Biographie, Bd. 36, 1893, S. 122f.

Rohde (1923): Rohde, O.: Ueber eine noch unbekannte spätmittelhochdeutsche Prosaübersetzung des pseudo-aristotelischen ’Secretum secretorum’. Diss. (masch.). Hamburg 1923.

Rohland (1982): Rohland, I.: Das ’Buch von alten Schäden’. Teil 2: Kommentar und Wörterverzeichnis. Würzburger medizinhistorische Forschungen, 23. Würzburg 1982.

Roloff (1997): Roloff, Hans-Gert (Hrsg.): Editionsdesiderate zur frühen Neuzeit, Bd. 2. Beiträge zur Tagung der Kommission für die Edition von Texten der frühen Neuzeit. Amsterdam, Atlanta 1997.

Romswinkel (1974): Romswinkel, Hans-Joachim: „De sanguine humano destillatio". Medizinisch-alchemistische Texte des 14. Jahrhunderts über destilliertes Menschenblut. Dissertation. Bonn 1974.

Roob (1996): Roob, Alexander: Alchemie und Mystik. Das hermetische Museum. Köln, Lissabon, London u.a. 1996.

Roos (1976): Roos, Heinrich: Die Stellung der Grammatik im Lehrbetrieb des 13. Jahrhunderts. In: Koch (1976), S. 94-106.

Roosen-Runge (1970): Roosen-Runge, Heinz: Farben- und Malrezepte in frühmittelalterlichen technologischen Handschriften. In: Ploss/Roosen-Runge/Schipperges u.a. (1970), S. 47-66.

Roosen-Runge (1981): Roosen-Runge, Heinz: Das spätgotische Musterbuch des Stephan Schriber in der Bayerischen Staatsbibliothek München cod. icon. 420/1. Ausgabe und Kommentar, 3 Bde. München 1981.

Roosen-Runge-Mollwo (1992): Roosen-Runge-Mollwo, Marie: Schriber, Stephan (Steffan scriptor de Urach, Stephan mäler, Steffan schreiber von aurach). In: Kurt Ruh; Gundolf Keil; Werner Schröder u.a. (Hrsg.): Die deutsche Literatur des Mittelalters. Verfasserlexikon, Bd. 8. Berlin, New York, 2. völlig neu bearb. Aufl. 1992, Sp. 854-856.

Rosner (1954): Rosner, Edwin: Ulrich Ellenbog und die Anfänge der Gewerbehygiene. In: Sudhoffs Archiv 38 (1954), S. 104-110.

Rosner (1993): Rosner, Edwin: Die medizinischen Schriften des Paracelsus. In: Dopsch/Goldammer/Kramml (1993), S. 81-88.

Ross (1978): Ross, George M.: Leibniz and Alchemy. In: Magia naturalis und die Entstehung der modernen Naturwissenschaften. Symposion der Leibniz-Gesellschaft, Hannover 14. und 15. November 1975. Wiesbaden 1978.

RSM: Brunner, Horst; Wachinger, Burghart (Hrsg.): Repertorium der Sangsprüche und Meisterlieder des 12. bis 18. Jahrhunderts. 16 Bde. Tübingen 1986-1994.

Rücker (1980): Rücker, Elisabeth: Nürnberger Frühhumanisten und ihre Beschäftigung mit Geographie. Zur Frage einer Mitarbeit von Hieronymus Münzer und Conrad Celtis am Text der Schedelschen Weltchronik. In: Schmitz/Krafft (1980), S. 181-192.

Rückert (1852): Rückert, Heinrich (Hrsg.): Der Wälsche Gast des Thomasin von Zirclaria. Mit einer Einleitung und einem Register von Friedrich Neumann. Quedlinburg, Leipzig 1852 (Nachdruck Berlin 1965).

Rudolf (1978): Rudolf, Rainer P.: Alchymey teuczsch. In: Kurt Ruh; Gundolf Keil; Werner Schröder u.a. (Hrsg.): Die deutsche Literatur des Mittelalters: Verfasserlexikon, Bd. 1. Berlin, New York, 2. völlig neu bearb. Aufl. 1978, S. 209.

Rudolf (1978a): Rudolf, Rainer P.: Albich, Siegmund. In: Kurt Ruh; Gundolf Keil; Werner Schröder u.a. (Hrsg.): Die deutsche Literatur des Mittelalters. Verfasserlexikon, Bd. 1. Berlin, New York, 2. völlig neu bearb. Aufl. 1978, Sp. 154-155.

Rudolf (1978b): Rudolf, Rainer P.: Bartholomäus von Frankfurt. In: Kurt Ruh; Gundolf Keil; Werner Schröder u.a. (Hrsg.): Die deutsche Literatur des Mittelalters. Verfasserlexikon, Bd. 1. Berlin, New York, 2. völlig neu bearb. Aufl. 1978, Sp. 617-618.

Rudolf (1978c): Rudolf, Rainer P.: Bernhard von der Mark und Trevis. In: Kurt Ruh; Gundolf Keil; Werner Schröder u.a. (Hrsg.): Die deutsche Literatur des Mittelalters. Verfasserlexikon, Bd. 1. Berlin, New York, 2. völlig neu bearb. Aufl. 1978, Sp. 771-772.

Rudolf (1978d): Rudolf, Rainer P.: Breyell, Heinrich. In: Kurt Ruh; Gundolf Keil; Werner Schröder u.a. (Hrsg.): Die deutsche Literatur des Mittelalters. Verfasserlexikon, Bd. 1. Berlin, New York, 2. völlig neu bearb. Aufl. 1978, Sp. 1034-1035.

Rudolph (1990/92): Rudolph, U.: Christliche Theologie und vorsokratische Lehren in der 'Turba philosophorum'. In: Oriens 32/33 (1990/1992), S. 97-123.

Rudolph (2002): Rudolph, Hartmut: Paracelsus: Kosmologie, Anthropologie, Ethik. In: Bayerische Chemieverbände (Hrsg.): Paracelsus: Leben – Werk – Wirkung. Nürnberg 2002, S. 32-45.

Ruh (1979): Ruh, Kurt: Poesie und Gebrauchsliteratur. In: Honemann, Volker; Ruh, Kurt; Schnell, Bernhard u.a. (Hrsg.): Poesie und Gebrauchsliteratur im deutschen Mittelalter. Würzburger Colloquium 1978. Tübingen 1979, S. 1-13.

Ruland (1612): Ruland, Martin: Lexicon Alchimiae. Frankfurt 1612. (Reprint: Hildesheim 1964)

Rupp (1966): Rupp, Heinz (Hrsg.): Wolfram von Eschenbach. Wege der Forschung, Bd. 57. Darmstadt 1966.

Rupprich (1954): Rupprich, Hans: Das Wiener Schrifttum des ausgehenden Mittelalters. Sitzungsberichte der Österreichischen Akademie der Wissenschaften, Philosophisch-historische Klasse, Bd. 228. Wien 1954.

Ruska (1913): Ruska, Julius: Ein neuer Beitrag zur Geschichte des Alkohols. In: Der Islam 4 (1913), S. 320-324.

Ruska (1913a): Ruska, Julius: Wem verdankt man die erste Darstellung des Weingeists? In: Der Islam 4 (1913), S. 162-163.

Ruska (1913/14): Ruska, Julius: Alkohol und Al-kohl. Zur Geschichte der Entdeckung des Namens. In: Aus der Natur 10 (1913/14), S. 97-111.

Ruska (1923): Ruska, Julius: Sal ammonium, Nušādir und Salmiak. Sitzungsberichte der Heidelberger Akademie der Wissenschaften, phil.-historische Klasse, 5. Heidelberg 1923.

Ruska (1924): Ruska, Julius: Arabische Alchimisten. Arbeiten aus dem Institut für Geschichte der Naturwissenschaften I/II. Heidelberg 1924.

Ruska (1925): Ruska, Julius: Der Urtext der Tabula Smaragdina. In: Orientalistische Literatur-Zeitung 28 (1925), S. 349-351.

Ruska (1926): Ruska, Julius: Tabula Smaragdina. Ein Beitrag zur Geschichte der hermetischen Literatur. Heidelberg 1926.

Ruska (1927): Ruska, Julius: Studien zur Geschichte der Chemie. Festschrift für E.O. von Lippmann zum 70. Geburtstag. Berlin 1927.

Ruska (1927a): Ruska, Julius: Die siebzig Bücher des Gābir ibn Hajjān. In: Ruska (1927), S. 38-47.

Ruska (1928): Ruska, Julius: Chemie in Iraq und Persien im 10. Jahrhundert nach Christus. In: Der Islam 17 (1928), S. 280-293.

Ruska (1928a): Ruska, Julius: Der Salmiak in der Geschichte der Alchimie. In: Zeitschrift für angewandte Chemie 41 (1928), S. 1321-1324.

Ruska (1929): Ruska, Julius: Aufgaben der Chemiegeschichte. In: Jahresberichte des Forschungs-Instituts für Geschichte der Naturwissenschaften in Berlin, 2 (1929), S. 11-38.

Ruska (1930): Ruska, Julius: Die Turba Philosophorum. Ein Grundwerk der Alchemie des Mittelalters. In: Forschungen und Fortschritte 6 (1930), S. 4f.

Ruska (1930a): Ruska, Julius: Die bisherigen Versuche das Dschābirproblem zu lösen. In: Jahresberichte des Forschungs-Instituts für Geschichte der Naturwissenschaften in Berlin, 3 (1930), S. 9-22.

Ruska (1930b): Ruska, Julius: Bericht über die Umschrift der Eigennahmen bei Sprachen, die nicht das lateinische Alphabet benützen. In: Archeion 12 (1930), S. 193-195.

Ruska (1931): Ruska, Julius: Turba Philosophorum. Ein Beitrag zur Geschichte der Alchemie. Quellen und Studien zur Geschichte der Naturwissenschaften und der Medizin. Berlin 1931. (Reprint: Berlin, Heidelberg, New York 1970)

Ruska (1932): Ruska, Julius: Arabische Alchemie. In: Archeion 14 (1932), S. 425-435.

Ruska (1934): Ruska, Julius: Die Alchemie des Avicenna. In: Isis 21 (1934), S. 14-51.

Ruska (1934a): Ruska, Julius: Der Urtext der Tabula Chemica. In: Archeion 16 (1934), S. 273-283.

Ruska (1934b): Ruska, Julius: Über die Quellen des Liber Claritatis. In: Archeion 16 (1934), S. 145-167.

Ruska (1935): Ruska, Julius: Das Buch der Alaune und Salze. Ein Grundlagenwerk der spätlateinischen Alchemie, herausgegeben, übersetzt und erläutert von Julius Ruska. Berlin 1935.

Ruska (1935a): Ruska, Julius: Die Alchemie ar-Razi's. In: Der Islam 22 (1935), S. 281-319.

Ruska (1935b): Ruska, Julius: Übersetzung und Bearbeitungen von Al-Rāzī's Buch Geheimnis der Geheimnisse. Quellen und Studien zur Geschichte der Naturwissenschaften und der Medizin, Bd. 4. Berlin 1935.

Ruska (1936): Ruska, Julius: Studien zu Muhammad Ibn Umail al-Tamīmī's Kitāb al-Mā' al-Waraqī wa'l-Ard an-Najmīyah. In: Isis 24 (1936), S. 310-342.

Ruska (1937): Ruska, Julius: Al-Razi's Buch der Geheimnisse. Mit Einleitung und Erläuterungen in deutscher Übersetzung. Quellen und Studien zur Geschichte der Naturwissenschaften und der Medizin, Bd. 6. Berlin 1937.

Ruska (1937a): Ruska, Julius: Chaucer und das Buch Senior. In: Anglia. Zeitschrift für englische Philologie 61/NF 49 (1937), S. 136f.

Ruska (1939): Ruska, Julius: Pseudepigraphe Rasis-Schriften. In: Osiris 7 (1939), S. 31-94.

Ruska (1977): Ruska, Julius: Arabische Alchemisten. Wiesbaden 1977.

Ruska (1984): Ruska, Julius: Zosimos. In: Bugge (1984), S. 1-17.

Ruska (1984a): Ruska, Julius: Dschābir. In: Bugge (1984), S. 18-31.

Ruska (1984b): Ruska, Julius: Pseudo-Geber. In: Bugge (1984), S. 60-99.

Ruska/Wiedemann (1924): Ruska, Julius; Wiedemann, Eilhard: Alchemistische Decknamen. Beiträge zur Geschichte der Naturwissenschaften 67. In: Sitzungsberichte der physikalisch-medizinischen Sozietät Erlangen 56 (1924), S. 17-36.

Sachtleben (1954): Sachtleben, Rudolf: Alchemie des Mittelalters. Aus den neuen Räumen der Abteilung Chemie des Deutschen Museums. In: Die BASF 4 (1954), S. 12-16.

Sarton (1927-48): Sarton, George A.L.: Introduction to the history of science, 3 Bde. Baltimore 1927-48.

Sarton (1952): Sarton, George A.L.: A guide to the history of science. Waltham/Mass. 1952.

Schaefer (1999): Schaefer, Ursula (Hrsg.): Artes im Mittelalter. Berlin 1999.

Schäfer (1887): Schäfer, H.W.: Die Alchemie. Ihr ägyptisch-griechischer Ursprung und ihre weitere historische Entwicklung. Programm des Gymnasiums Flensburg, 1887.

Schäfer (1968): Schäfer, Hans-Wilhelm: Die Planetennamen in Wolframs Parzival. In: ZfdSpr 21 (1968), S. 60-68.

Schäfer (1983): Schäfer, Hans-Wilhelm: Kelch und Stein. Untersuchungen zum Werk Wolframs von Eschenbach. Europäische Hochschulschriften, Reihe 1, Deutsche Sprache und Literatur, Bd. 565. Frankfurt/Main, Bern 1983.

Schäfer (1984): Schäfer, Hans-Wilhelm: Wolframs Calix Lapideus. In: ZfdPh 103 (1984), S. 370-377.

Schalk (1976): Schalk, Fritz: Zur Entwicklung der Artes in Frankreich und Italien. In: Koch (1976), S. 137-148.

Schefer (1995): Schefer, Hubert: Das ärztliche Ethos bei Paracelsus. In: Zimmermann (1995), S. 121-136.

Schelenz (1904): Schelenz, Hermann: Geschichte der Pharmazie. Berlin 1904. (Reprint: Hildesheim 1962)

Schelenz (1911): Schelenz, Hermann: Zur Geschichte der pharmazeutisch-chemischen Destillier-Geräte. Berlin 1911.

Schenkel (2003): Schenkel, Elmar: Die Elixiere der Schrift. Alchemie und Literatur. Eggingen 2003.

Scherer (1988): Scherer, Richard (Hrsg.): Alchymia. Die Jungfrau im blauen Gewande. Alchemistische Texte des 16. und 17. Jahrhunderts. Mössingen-Talheim 1988.

Scherf (1963): Scherf, Karl: Alchimie in Goethes Faust. In: Die BASF 13 (1963), S. 202-206.

Scherf (1965): Scherf, Karl: Vom Schlangensymbol. In: Die BASF 15 (1965), S. 170-178.

Scherschnik (1810): Scherschnik, Leopold J.: Nachrichten von Schriftstellern und Künstlern aus dem Teschner Fürstenthum. Teschen 1810.

Schipperges (1956): Schipperges, Heinrich: Assimilations-Zentren arabischer Wissenschaft im 12. Jahrhundert. In: Centaurus 4 (1956), S. 325-350.

Schipperges (1964): Schipperges, Heinrich: Die Assimilation der arabischen Medizin durch das lateinische Mittelalter. Sudhoffs Archiv Beihefte, 3. Wiesbaden 1964.

Schipperges (1970): Schipperges, Heinrich: Strukturen und Prozesse alchimistischer Überlieferungen. In: Ploss/Roosen-Runge/Schipperges u.a. (1970), S. 67-118.

Schipperges (1979): Schipperges, Heinrich: Alchimia. Auf der Suche nach vergessenen Wissenschaften. In: Eleusis 34 (1979), S. 104-119.

Schipperges (1980): Schipperges, Heinrich: Das alchymische Denken und Handeln bei Alexander von Bernus. In: Heidelberger Jahrbücher, 24. Berlin, Heidelberg, New York 1980, S. 107-124.

Schipperges (1981): Schipperges, Heinrich: Die Rezeption arabisch-griechischer Medizin und ihr Einfluß auf die abendländische Heilkunde. In: Weimar, Peter (Hrsg.): Die Renaissance der Wissenschaften im 12. Jahrhundert. Zürich 1981, S. 173-196.

Schipperges (1982): Schipperges, Heinrich: Zum Topos von „ratio et experimentum" in der älteren Wissenschaftsgeschichte. In: Keil (1982), S. 25-36.

Schipperges (1983): Schipperges, Heinrich: Paracelsus. Das Abenteuer einer sokratischen Existenz. Sokratische Weisheit, Bd. 3. Freiburg/Breisgau 1983.

Schipperges (1993): Schipperges, Heinrich: Die therapeutischen Systeme. In: Udo Benzenhöfer (Hrsg.): Paracelsus. Darmstadt 1993, S. 247-270.

Schipperges (1993a): Schipperges, Heinrich: Die Medizin zur Zeit des Paracelsus. In: Dopsch/Goldammer/Kramml (1993), S. 73-80.

Schipperges (1993b): Schipperges, Heinrich: Paracelsus als Arzt und Heilmeister. In: Dopsch/Goldammer/Kramml (1993), S. 89-94.

Schipperges (1993c): Schipperges, Heinrich: Die Krankheitslehre des Paracelsus. In: Dopsch/Goldammer/Kramml (1993), S. 95-100.

Schirok (1982): Schirok, Bernd: Parzivalrezeption im Mittelalter. Erträge der Forschung, Bd. 174. Darmstadt 1982.

Schittny (1999): Schittny, Hans R.: Begegnung mit dem Stein der Weisen. Eine Bilder-Reise durch die Alchemie. Gütersloh 1999.

Schmauderer (1973): Schmauderer, Eberhard: Chemiatriker, Scheidekünstler und Chemisten der Barock- und der frühen Aufklärungszeit. In: Schmauderer, Eberhard (Hrsg.): Der Chemiker im Wandel der Zeiten. Weinheim 1973, S. 101-205.

Schmid (1947): Schmid, Alfred: Conrad Türsts iatro-mathematisches Gesundheitsbüchlein für den Berner Schultheißen Rudolf von Erlach. Berner Beiträge zur Geschichte der Medizin und Naturwissenschaften, Bd. 7. Bern 1947.

Schmid (2002): Schmid, Elisabeth: Der maere wildenaere. Oder die Angst des Dichters vor der Vorlage. In: Haubrichs, Wolfgang; Lutz, Eckhart C.; Ridder, Klaus (Hrsg.): Wolfram von Eschenbach – Bilanzen und Perspektiven. Eichstätter Kolloquium 2000. Wolfram-Studien, 17. Berlin 2002, S. 95-113.

Schmidt (1983): Schmidt, Paul G.: Kritische Philologie und pseudoantike Literatur. In: Buck/Heitmann (1983), S. 117-128.

Schmidt/Dickmann (1956): Schmidt, Hans; Dickmann, Herbert: Bronze und Eisenguß. Bilder aus dem Werden der Gießtechnik. Ein Bericht über die historische Sonderschau der Internationalen Gießereifachmesse 1956. Düsseldorf 1958.

Schmidt/Schmidt (1989): Schmidt, Heinrich und Margarethe: Die vergessene Bildersprache christlicher Kunst. Ein Führer zum Verständnis der Tier-, Engel- und Mariensymbolik. München, 4. durchgesehene Aufl. 1989.

Schmidtchen (1977): Schmidtchen, Volker: Bombarden, Befestigungen, Büchsenmeister. Von den ersten Mauerbrechern des Spätmittelalters zur Belagerungsartillerie der Renaissance. Eine Studie zur Entwicklung der Militärtechnik. Düsseldorf 1977.

Schmidtchen (1980): Schmidtchen, Volker: Gast, Merkln. In: Kurt Ruh; Gundolf Keil; Werner Schröder u.a. (Hrsg.): Die deutsche Literatur des Mittelalters. Verfasserlexikon, Bd. 2. Berlin, New York, 2. völlig neu bearb. Aufl. 1980, Sp. 1104-1105.

Schmidtke (1995): Schmidtke, Dietrich: Thomas von Aquin deutsch. In: Kurt Ruh; Gundolf Keil; Werner Schröder u.a. (Hrsg.): Die deutsche Literatur des Mittelalters. Verfasserlexikon, Bd. 9. Berlin, New York, 2. völlig neu bearb. Aufl. 1995, Sp. 822-838.

Schmidt-Wiegand (1989): Schmidt-Wiegand, Ruth: hantgemaelde (Parzival 6,19): Rechtswort und Rechtssinn bei Wolfram von Eschenbach. In: Gärtner, Kurt; Heinzle, Joachim (Hrsg.): Studien zu Wolfram von Eschenbach. Festschrift für Werner Schröder zum 75. Geburtstag. Tübingen 1989, S. 333-342.

Schmieder (1959): Schmieder, Karl C.: Geschichte der Alchemie. Halle 1832. (Nachdruck: München-Planee 1927; Ulm 1959).

Schmitt (1962): Schmitt, Wolfram: Eine handschriftliche Sammlung alchemistischer Traktate aus Böhmen. In: Stifter-Jahrbuch 7 (1962), S. 177-195.

Schmitt (1967): Schmitt, Wolfram: Stainer von Matsee. In: Studia Neophilologica 39 (1967), S. 103f.

Schmitt (1968): Schmitt, Wolfram: Zwei weitere Überlieferungen des Büchleins 'Von den gebrannten Wässern' Gabriel von Lebensteins. In: Keil, Gundolf; Rudolf, Rainer; Schmitt, Wolfram u.a. (Hrsg.): Fachliteratur des Mittelalters. Festschrift für Gerhard Eis. Stuttgart 1968, S. 433-447.

Schmitt (1974): Schmitt, Wolfram: Zur Literatur der Geheimwissenschaften im späten Mittelalter. In: Keil, Gundolf; Assion, Peter (Hrsg.): Fachprosaforschung. Acht Vorträge zur mittelalterlichen Artesliteratur. Berlin 1974, S. 167-182.

Schmitt (1978): Schmitt, Wolfram: Albert von Erfurt. In: Kurt Ruh; Gundolf Keil; Werner Schröder u.a. (Hrsg.): Die deutsche Literatur des Mittelalters. Verfasserlexikon, Bd. 1. Berlin, New York, 2. völlig neu bearb. Aufl. 1978, Sp. 123.

Schmitt (1980): Schmitt, Wolfram: Dietrich von Wesel. In: Kurt Ruh; Gundolf Keil; Werner Schröder u.a. (Hrsg.): Die deutsche Literatur des Mittelalters. Verfasserlexikon, Bd. 2. Berlin, New York, 2. völlig neu bearb. Aufl. 1980, Sp. 151-152.

Schmitt (1980a): Schmitt, Wolfram: Gabriel von Lebenstein. In: Kurt Ruh; Gundolf Keil; Werner Schröder u.a. (Hrsg.): Die deutsche Literatur des Mittelalters. Verfasserlexikon, Bd. 2. Berlin, New York, 2. völlig neu bearb. Aufl. 1980, Sp. 1035-1037.

Schmitt (1982): Schmitt, Wolfram: Bio-bibliographische Bemerkungen zu Hans Hartlieb. In: Keil (1982), S. 255-271.

Schmitt, C. (1983): Schmitt, Christian: Zur Rezeption antiken Sprachdenkens in der Renaissancephilologie. In: Buck/Heitmann (1983), S. 75-102.

Schmitt, C.B. (1984): Schmitt, Charles B.: William Harvey and Renaissance Aristolelianism. A Consideration of the Praefatio to 'De generatione animalium' (1651). In: Schmitz, Rudolf; Keil, Gundolf (Hrsg.): Humanismus und Medizin. Mitteilung der Kommission für Humanismusforschung, 11. Weinheim 1984, S. 117-138.

Schmitt, C.B. (1987): Schmitt, Charles B.: Aristoteles bei den Ärzten. In: Keil/Moeller/Trusen (1987), S. 239-266.

Schmitz (1958): Schmitz, Rudolf: Alchemie und Pharmazie in der Renaissance. In: Pharmazeutische Zeitung 103 (1958), S. 329-333.

Schmitz (1966): Schmitz, Rudolf: Arnald von Villanova. In: Dumesnil, René; Schadewaldt, Hans (Hrsg.): Die berühmten Ärzte. Köln 1966, S. 46-49.

Schmitz (1975): Schmitz, Rudolf: Pharmazie und angewandte Naturwissenschaften in ihrer Beziehung zum Renaissance-Humanismus. In: DFG (1975), S. 185-192.

Schmitz (1984): Schmitz, Rudolf: Der Arzneimittelbegriff der Renaissance. In: Schmitz/Keil (1984), S. 1-21.

Schmitz (1988): Schmitz, Rudolf: Medizin und Pharmazie in der Kosmologie Leonhard Thurneissers zum Thurn. In: Bergier (1988), S. 141-166.

Schmitz (1992): Schmitz, Rudolf: Okkulte Wissenschaften und die moderne Pharmazie. In: Buck (1992), S. 5-19.

Schmitz (1998): Schmitz, Rudolf: Geschichte der Pharmazie, Bd. 1. Von den Anfängen bis zum Ausgang des Mittelalters. Unter Mitarbeit von Franz-Josef Kuhlen. Eschborn 1998.

Schmitz/Keil (1984): Schmitz, Rudolf; Keil, Gundolf (Hrsg.): Humanismus und Medizin. Mitteilung der Kommission für Humanismusforschung, 11. Weinheim 1984.

Schmitz/Krafft (1980): Schmitz, Rudolf; Krafft, Fritz (Hrsg.): Humanismus und Naturwissenschaften. Beiträge zur Humanismusforschung, Bd. 6. Boppard 1980.

Schmitz/Overhamm (1982): Schmitz, Rudolf; Overhamm, Heidi: Einige Bemerkungen zur Geschichte des Roten Fingerhuts (Digitalis purpurea L.). In: Keil (1982), S. 497-511.

Schmitz/Winkelmann (1961): Schmitz, Rudolf; Winkelmann, Adolf: Über die alchemistischen Geheimschriften im Briefwechsel des Landgrafen Moritz von Hessen-Kassel (1592-1627). In: Pharmazeutische Zeitung 106 (1961), S. 374-378.

Schmitz/Winkelmann (1966): Schmitz, Rudolf; Winkelmann, Adolf: Johannes Hartmann (1568-1631). Doctor, Medicus et Chymiatriae Professor Publicus. Eine biographische Skizze. In: Pharmazeutische Zeitung 111 (1966), S. 1233-1241.

Schmitz-Cliever (1982): Schmitz-Cliever, Egon: Die Brücke als Symbol beim mittelalterlichen Heiltanz. In: Keil (1982), S. 582-537.

Schneider (1957): Schneider, Wolfgang: Von der Alchemistenküche zur pharmazeutische Fabrik. In: Pharmazeutische Industrie 19 (1957), S. 328-330; S. 478-481; S. 518-521.

Schneider (1959): Schneider, Wolfgang: „Alkohol“ bei Paracelsus. In: Pharmazeutische Zeitung 104 (1959), S. 547.

Schneider (1959a): Schneider, Wolfgang: Grundfragen der Pharmaziegeschichte. Veröffentlichungen der Internationalen Gesellschaft für Geschichte der Pharmazie, NF 15. Stuttgart 1959.

Schneider (1959b): Schneider, Wolfgang: Über den Ursprung des Wortes „Chemie“. In: Pharmazeutische Industrie 21 (1959), S. 79-81.

Schneider (1960): Schneider, Wolfgang: Arzneitaxen und Pharmakopöen, hrsg. anläßlich des Deutschen Apothekertages. Heidenheim 1960.

Schneider (1960a): Schneider, Wolfgang: Untersuchungen über den Arzneischatz der Vergangenheit, 5. Mitteilung. Die wichtigsten pharmazeutisch-chemischen Produkte der alchemistischen und vorchemiatrischen Zeit. In: Arzneimittel-Forschung 10 (1960), S. 509-513.

Schneider (1960b): Schneider, Wolfgang: Untersuchungen über die Geschichte der pharmazeutischen Chemie. In: Chemiker-Zeitung 84 (1960), S. 135-140.

Schneider (1961): Schneider, Wolfgang: Der Wandel des Arzneischatzes im 17. Jahrhundert und Paracelsus. In: Sudhoffs Archiv 45 (1961), S. 201-215.

Schneider (1962): Schneider, Wolfgang: Lexikon alchemistisch-pharmazeutischer Symbole. Weinheim 1962.

Schneider (1966): Schneider, Wolfgang: Die geschichtlichen Beziehungen der Metallurgie zur Alchemie und Pharmazie. In: Archiv für das Hüttenwesen 37 (1966), S. 533-538.

Schneider (1966a): Schneider, Wolfgang: Paracelsus und die Entwicklung der pharmazeutischen Chemie. In: Archiv für Pharmazie 299, Heft 9 (1966), S. 737-746. (Wieder in: Schneider (1982), S. 152-158).

Schneider (1972): Schneider, Wolfgang: Geschichte der pharmazeutischen Chemie. Weinheim 1972.

Schneider (1982): Schneider, Wolfgang: Mein Umgang mit Paracelsus und Paracelsisten. Beiträge zur Paracelsus-Forschung, besonders auf arzneimittelgeschichtlichem Gebiet. Frankfurt/Main 1982.

Schneider (1982a): Schneider, Wolfgang: Über die Signaturenlehre in Medizin und Chemie. In: Schneider (1982), S. 32-40.

Schneider (1982b): Schneider, Wolfgang: Paracelsus und die Apotheker. In: Schneider (1982), S. 41-48.

Schneider (1982c): Schneider, Wolfgang: Über Ursprung und Entwicklung der Chemiatrie. In: Schneider (1982), S. 49-57.

Schneider (1982d): Schneider, Wolfgang: Die deutschen Pharmakopöen des 16. Jahrhunderts und Paracelsus. In: Schneider (1982), S. 58-65.

Schneider (1982e): Schneider, Wolfgang: „Alkohol" bei Paracelsus. In: Schneider (1982), S. 66-70.

Schneider (1982f): Schneider, Wolfgang: Paracelsus und das Antimon. In: Schneider (1982), S. 71-76.

Schneider (1982g): Schneider, Wolfgang: Zur frühen Geschichte der pharmazeutischen Tinkturen. In: Schneider (1982), S. 130-134.

Schneider (1982h): Schneider, Wolfgang: Die Paracelsus-Rezepte Oswald Crolls. In: Schneider (1982), S. 135-144.

Schneider (1982i): Schneider, Wolfgang: Grundlagen für Paracelsus' Arzneitherapie. In: Schneider (1982), S. 145-151.

Schneider (1982j): Schneider, Wolfgang: Die Erfinder neuer Arzneimittel in der Nachfolge von Paracelsus. In: Schneider (1982), S. 159-170.

Schneider (1982k): Schneider, Wolfgang: Arzneirezepte von Paracelsus. In: Schneider (1982), S. 171-184.

Schneider (1982l): Schneider, Wolfgang: Mittelalterliche Arzneidrogen und Paracelsus. In: Schneider (1982), S. 185-192.

Schneider (1993): Schneider, Wolfgang: Chemische Arzneimittel. In: Dopsch/Goldammer/Kramml (1993), S. 155-160.

Schneider (1993a): Schneider, Wolfgang: Paracelsus als Pharmazeut. In: Dopsch/Goldammer/Kramml (1993), S. 161-166.

Schneider, K. (1970): Schneider, Karin: Die deutschen Handschriften der Bayerischen Staatsbibliothek München. Cgm 201-350. Catalogus codicum manu scriptorum Bibliothecae Monacensis; T. 5, Ps. 2. Wiesbaden 1970.

Schneider, K. (1973): Schneider, Karin: Die deutschen Handschriften der Bayerischen Staatsbibliothek München. Cgm 351-500. Catalogus codicum manu scriptorum Bibliothecae Monacensis; T. 5, Ps. 3. Wiesbaden 1973.

Schneider, K. (1978): Schneider, Karin: Die deutschen Handschriften der Bayerischen Staatsbibliothek München. Cgm 501-690. Catalogus codicum manu scriptorum Bibliothecae Monacensis; T. 5, Ps. 4. Wiesbaden 1978.

Schneider, K. (1984): Schneider, Karin: Die deutschen Handschriften der Bayerischen Staatsbibliothek München. Cgm 691-867. Catalogus codicum manu scriptorum Bibliothecae Monacensis; T. 5, Ps. 5. Wiesbaden 1984.

Schneider, K. (1991): Schneider, Karin: Die deutschen Handschriften der Bayerischen Staatsbibliothek München. Cgm 4001-5247. Catalogus codicum manu scriptorum Bibliothecae Monacensis; T. 5, Ps. 6. Wiesbaden 1991.

Schneider, K. (1996): Schneider, Karin: Die deutschen Handschriften der Bayerischen Staatsbibliothek München. Cgm 888-4000. Catalogus codicum manu scriptorum Bibliothecae Monacensis; T. 5, Ps. 7. Wiesbaden 1996.

Schneider, N. (1993): Schneider, Notker: Experientia – ars – scientia – sapientia. Zu Wissen und Arten des Wissens im Anschluß an Aristoteles und Thomas von Aquin. In: Craemer-Ruegenberg/Speer (1993), S. 171-188.

Schnell (2000): Schnell, Bernhard: Die deutschsprachige Medizinliteratur des Mittelalters. Stand der Forschung. Aufgaben für die Zukunft. In: Hartmann, Sieglinde; Müller, Ulrich (Hrsg.): Jahrbuch der Oswald von Wolkenstein Gesellschaft, Bd. 12. Frankfurt/Main 2000, S. 397-409.

Schnitzlein (1984): Schnitzlein, Georg: Der Codex Vadiana 429 und Ulrich Ellenbog (1435-1499). Diss. München 1984.

Scholz (1999): Scholz, Manfred G.: Walther von der Vogelweide. Sammlung Metzler, Bd. 316. Stuttgart, Weimar 1999.

Schönberger (1993) Schönberger, Rolf: Zur Funktion der aristotelischen Ursachenlehre in der Scholastik. In: Craemer-Ruegenberg/Speer (1993), S. 421-439.

Schott (1993): Schott, Heinz: Die Heilkunde des Paracelsus im Schnittpunkt von Naturphilosophie, Alchemie und Psychologie. In: Dilg/Rudolph (1993), S. 25-42.

Schott (1993a): Schott, Heinz: Paracelsus und die neuzeitliche Medizin. In: Fellmeth/Kotheder (1993), S. 52-54.

Schramm (1981): Schramm, Matthias: Roger Bacons Begriff vom Naturgesetz. In: Weimar, Peter (Hrsg.): Die Renaissance der Wissenschaften im 12. Jahrhundert. Zürich 1981, S. 197-209.

Schröder (1981): Schröder, Werner: Die Namen im 'Parzival' und im 'Titurel' Wolframs von Eschenbach. Berlin, New York 1981.

Schröder, F.R. (1966): Schröder, Franz R.: Parzivals Schuld. In: Rupp (1966), S. 341-368.

Schröder, W.J. (1966): Schröder, Walter J.: Vindaere wilder maere. Zum Literaturstreit zwischen Gottfried von Straßburg und Wolfram. In: Rupp (1966), S. 319-340.

Schroeter (1945): Schroeter, Joachim: Der Schwefel in der Alchemie und in der älteren Chemie. In: CIBA-Zeitschrift 9 (1945), S. 3497-3502.

Schuba (1981): Schuba, L.: Die medizinischen Cod. Pal. Lat. in der Vatikanischen Bibliothek. Kataloge der Universitätsbibliothek Heidelberg, 1. 1981.

Schumacher (1962): Schumacher, Theo: Walthers zweiter Spruch im Reichston. In: Deutsche Vierteljahresschrift für Literaturwissenschaft und Geistesgeschichte 36 (1962), S. 179-189.

Schuster (1926): Schuster, Julius: Secreta Salernitana und Gart der Gesundheit. Eine Studie zur Geschichte der Naturwissenschaften und Medizin des Mittelalters. In: Bömer, Alois; Kirchner, Joachim (Hrsg.): Mittelalterliche Handschriften. Paläographische, kunsthistorische, literarische und bibliotheksgeschichtliche Untersuchungen. Festgabe zum 60. Geburtstage von Hermann Degering. Leipzig 1926, S. 203-237.

Schütt (1994): Schütt, Hans-Werner: Sprachschichten der Alchemie. In: Berichte zur Wissenschaftsgeschichte 17 (1994), S. 89-99.

Schütt (1997): Schütt, Hans-Werner: Alchemie als Nichtchemie zu Beginn der Neuzeit. Zentrum für höhere Studien der Universität Leipzig. Leipzig 1997.

Schütt (1998): Schütt, Hans-Werner: Silber. In: Priesner/Figala (1998), S. 336-338.

Schütt (1998a): Schütt, Hans-Werner: Sprache der Alchemie. In: Priesner/Figala (1998), S. 340-342.

Schütt (1998b): Schütt, Hans-Werner: Symbol. In: Priesner/Figala (1998), S. 352-354.

Schütt (2000): Schütt, Hans-Werner: Auf der Suche nach dem Stein der Weisen. Die Geschichte der Alchemie. München 2000.

Schütt (2000a): Schütt, Hans-Werner: Alchemie im Zeitalter der Aufklärung. In: Berichte zur Wissenschaftsgeschichte 23 (2000), S. 157-166.

Schütze (1991): Schütze, Ingo: Zur Ficino-Rezeption bei Paracelsus. In: Telle (1991), S. 39-44.

Schwartz-Salant (1988): Schwartz-Salant, N.: Archetypal Foundations of Projective Identification. In: Journal of analytical psychology 33 (1988), S. 39-64.

Schwarz (1907): Schwarz, Ignaz: Die medizinischen Handschriften der königlichen Universitätsbibliothek in Würzburg. Beschreibendes Verzeichnis mit literarhistorischen Anmerkungen; nebst 2 Anhängen (Anatomia Cophonis, Anatomia Richardi Salernitani). Dissertation. Würzburg 1907.

Schwarz (1917): Schwarz, Ignaz: Geschichte des Wiener Apothekerwesens im Mittelalter. Geschichte der Apotheken und des Apothekerwesens in Wien, Bd. 1. Wien 1917.

Schwedt (2002): Schwedt, Georg: Paracelsus – Mensch und Werk. In: Bayerische Chemieverbände (Hrsg.): Paracelsus: Leben – Werk – Wirkung. Nürnberg 2002, S. 3-10.

Schwietering (1969): Schwietering, Julius: Parzivals Schuld. In: Ohly, Friedrich; Wehrli, Max (Hrsg.): Julius Schwietering: Philologische Schriften. München 1969. S. 362-384.

Schwietering (1969a): Schwietering, Julius: Wolframs Parzival. In Ohly, Friedrich; Wehrli, Max (Hrsg.): Julius Schwietering: Philologische Schriften. München 1969. S. 314-325.

Schwietering (1969b): Schwietering, Julius: Natur und 'art'. In: Ohly, Friedrich; Wehrli, Max (Hrsg.): Julius Schwietering: Philologische Schriften. München 1969. S. 450-478.

Seibt (1978): Seibt, Ferdinand (Hrsg.): Karl IV. und sein Kreis. Lebensbilder zur Geschichte der böhmischen Länder, Bd. 3. München, Wien 1978.

Seibt (2000): Seibt, Ferdinand: Karl IV. Ein Kaiser in Europa 1346 bis 1378. München 2000.

Seiffert (1969): Seiffert. Hans-Werner: Untersuchungen zur Methode der Herausgabe deutscher Texte. Berlin, 2. Aufl. 1969.

Senfelder (1897/98): Senfelder, Leopold: Streiflichter auf dic Litterarische Thätigkeit der ältesten Wiener Medizinischen Schule. In: Janus 2 (1897/98), S. 343-354.

Senfelder (1898): Senfelder, Leopold: Michael Puff aus Schrick. In: Wiener Klinische Rundschau 12 (1898), S. 334-336, S. 350f., S. 381-383, S. 397-399, S. 414f., S. 443-446, S. 460-462, S. 477-479, S. 494f. (Teilabdruck in: Senfelder (1897/98), S. 343-354).

Sezgin (1971): Sezgin, Fuat: Geschichte des arabischen Schrifttums, Bd. 4. Alchimie, Chemie, Botanik, Agrikultur – bis ca. 430 H. Leiden 1971.

Sezgin (2003): Sezgin, Fuat: Chemistry and Alchemy. Texts and studies. Frankfurt/Main 2003.

Sheppard (1957/58): Sheppard, Harry J.: Egg Symbolism in Alchemy. In: Ambix 6 (1957/58), S. 140-148.

Sheppard (1962): Sheppard, Harry J.: The Ouroboros and the Unity of Matter in Alchemy. In: Ambix 10 (1962), S. 83-96.

Shumaker (1973): Shumaker, Wayne: The Occult Sciences in the Renaissance. A Study in Intellectual Patterns. Berkeley, Los Angeles, London, 2. Aufl. 1973.

Sigerist (1920): Sigerist, Henry E.: Meister Blumentrosts Arzneibuch. In: Sudhoffs Archiv 12 (1920), S. 70-73.

Sigerist (1943): Sigerist, Henry E. (Hrsg.): The Earliest Printed Book on Wine, by Arnald of Villanova. New York 1943.

Siewerts (1998): Siewerts, Ute: sam daz holz under der rinden, alsam sît ir verborgen. Verborgenheit und Erkenntnis in Hartmanns „Iwein“. In: Hörner (1998), S. 91-122.

Siggel (1951): Siggel, Alfred: Decknamen in der arabischen alchemistischen Literatur. Berlin 1951.

Siggel (1951a): Siggel, Alfred: Arabisch-deutsches Wörterbuch der Stoffe aus den drei Naturreichen, die in arabischen alchemistischen Handschriften vorkommen. Deutsche Akademie der Wissenschaften zu Berlin, Institut für Orientforschung 5. Berlin 1951.

Silbernagl (1885): Silbernagl, Isidor: Johannes Trithemius. Eine Monographie. Regensburg, Mainz, 2. mit einem Anhang versehene Aufl. 1885.

Simmet (1955): Simmet, L.: Veit Hündlers Roßarzneibuch. Ein Beitrag zur Geschichte der deutschen Pferdeheilkunde des 15. Jahrhunderts in Südosteuropa. Dissertation. München 1955.

Simrock (1857): Simrock, Karl: Parzival und Titurel. Rittergedichte von Wolfram von Eschenbach. Übersetzt und erläutert von Dr. K. Simrock. Stuttgart, Augsburg, 3. wohlfeilere Ausgabe 1857.

Singer (1928): Singer, Dorothea W.: The alchemical Testament attributed to Raymund Lull. In: Archeion 9 (1928), S. 43-52.

Singer (1928-31): Singer, Dorothea W.: Catalogue of Latin and Vernacular Alchemical Manuscripts in Great Britain and Ireland dating from before XVIth Century, 3 Bde. Brüssel 1928-31.

Singer, B. (1981): Singer, B.: Die Fürstenspiegel in Deutschland im Zeitalter des Humanismus und der Reformation, 1981.

Skála (1994): Skála, Emil: Zum Prager Deutsch des 14. Jahrhunderts. In: Haage (1994), S. 13-27.

Skerro (1992): Skerro, Heiko: Alchemie. Der Stein der Weisen. Das Geheimnis der Goldherstellung. Lathen 1992.

Smith (1998): Smith, Pamela H.: Fürstenalchemie. In: Priesner/Figala (1998), S. 140-143.

Smith (1998a): Smith, Pamela H.: Hermetik. In: Priesner/Figala (1998), S. 176-177.

Smolinsky (1987): Smolinsky, Heribert: Der Humanismus an Theologischen Fakultäten des katholischen Deutschland. In: Keil/Moeller/Trusen (1987), S. 21-42.

Soukup/Mayer (1997): Soukup, Rudolf W.; Mayer, Helmut: Alchemistisches Gold – Paracelsistische Pharmaka. Laboratoriumstechnik im 16. Jahrhundert. Chemiegeschichtliche und archäometrische Untersuchungen am Inventar des Laboratoriums von Oberstockstall/Kirchberg am Wagram. Perspektiven der Wissenschaftsgeschichte, Bd. 10. Wien, Köln, Weimar 1997.

Speckenbach (1976): Speckenbach, Klaus: Von den troimen. Über den Traum in Theorie und Dichtung. In: Rücker, Helmut; Seidel, Kurt O. (Hrsg.): Sagen mit Sinne. Festschrift für Marie-Luise Dittrich zum 65. Geburtsatg. GAG 180. Göppingen 1976, S. 169-204.

Speckenbach (1991): Speckenbach, Klaus: Der Traum als bildhafte Rede. In: Fritsch-Rößler (1991), S. 421-442.

Speckenbach (2000): Speckenbach, Klaus: Zwischen pragmatischer Wissensvermittlung und Traumbuch. Zur Überlieferung von Konrads von Megenberg lere Rasis von den traymen. In: Ehrenfeuchter/Ehlen (2000), S. 261-274.

Speer (1995): Speer, Andreas: Die entdeckte Natur. Untersuchungen zu Begründungsversuchen einer „scientia naturalis“ im 12. Jahrhundert. Studien und Texte zur Geistesgeschichte des Mittelalters, Bd. 45. Leiden, New York, Köln 1995.

Srigley (1994): Srigley, M.: Alchemical Regeneration. Paracelsus, Dorn and Donne. In: Studies in Spirituality 4 (1994), S. 146ff.

Stackmann (1958): Stackmann, Karl: Der Spruchdichter Heinrich von Mügeln. Vorstudien zur Erkenntnis seiner Individualität. Probleme der Dichtung: Studien zur deutschen Literaturgeschichte, 3. Heidelberg 1958.

Stackmann (1959): Stackmann, Karl (Hrsg.): Die kleineren Dichtungen Heinrichs von Mügeln. Erste Abteilung: Die Spruchsammlung des Göttinger Cod. Philos. 21. Teilbände 1-3. Deutsche Texte des Mittelalters, Bd. 50-52. Berlin 1959.

Stackmann (1964): Stackmann, Karl: Mittelalterliche Texte als Aufgabe. In: Foerste, William; Borck, Karl-Heinz (Hrsg.): Festschrift für Jost Trier zum 70. Geburtstag. Köln, Graz 1964, S. 241-267. (Zum Teil wieder in: Bein (1995), S. 99-105).

Stackmann (1979): Stackmann, Karl: Frauenlob, Ettmüller und das Mittelhochdeutsche Wörterbuch. In: Huschenbett, Dietrich; Matzel, Klaus; Steer, Georg u.a. (Hrsg.): Medium aevum deutsch. Beiträge zur deutschen Literatur des hohen und späten Mittelalters. Festschrift für Kurt Ruh zum 65. Geburtstag. Tübingen 1979, S. 335-348.

Stackmann (1981): Stackmann, Karl: Heinrich von Mügeln. In: Ruh, Kurt; Keil, Gundolf; Schröder, Werner u.a. (Hrsg.): Die deutsche Literatur des Mittelalters: Verfasserlexikon, Bd. 3. Berlin, New York, 2. völlig neu bearb. Aufl. 1981, S. 815-827.

Stackmann (2002): Stackmann, Karl: Magd und Königin. In: Stackmann/Haustein (2002), S. 9-33.

Stackmann (2002a): Stackmann, Karl: Frauenlob (Heinrich von Meissen) – eine Bilanz. In: Stackmann/Haustein (2002), S. 34-89.

Stackmann (2002b): Stackmann, Karl: O her, du edels krut. Heinrichs von Mügeln Varianten über eine Strophe Frauenlobs. In: Stackmann/Haustein (2002), S. 90-100.

Stackmann (2002c): Stackmann, Karl: Rat, was ist das? Ein ungelöstes Rätsel aus dem Cpg 355. In: Stackmann/Haustein (2002), S. 101-110.

Stackmann (2002d): Stackmann, Karl: Wiederverwerteter Frauenlob. Nichts ungewöhnliches und was man daraus lernen kann. In: Stackmann/Haustein (2002), S. 111-121.

Stackmann (2002e): Stackmann, Karl: Varianz der Worte, der Form und des Sinnes. In: Stackmann/Haustein (2002), S. 122-142.

Stackmann (2002f): Stackmann, Karl: Minne als Thema der Sangspruch- und Lieddichtung Heinrichs von Mügeln. In: Stackmann/Haustein (2002), S. 143-157.

Stackmann (2002g): Stackmann, Karl: Exempel nach Valerius Maximus im Traumton Heinrichs von Mügeln. In: Stackmann/Haustein (2002), S. 158-181.

Stackmann (2002h): Stackmann, Karl: Das anonyme meisterliche Lied. Versuch über ein Problem der spätmittelalterlichen deutschen Literatur. In: Stackmann/Haustein (2002), S. 182-200.

Stackmann (2002i): Stackmann, Karl: Quedam Poetica. Die meisterliche Dichtung Deutschlands im zeitgenössischen Verständnis. In: Stackmann/Haustein (2002), S. 201-233.

Stackmann/Haustein (2002): Stackmann, Karl; Haustein, Jens (Hrsg.): Frauenlob, Heinrich von Mügeln und ihre Nachfolger. Göttingen 2002.

Stammler (1933): Stammler, Wolfgang: Heinrich Domar. In: Stammler, Wolfgang (Hrsg.): Die deutsche Literatur des Mittelalters. Verfasserlexikon, Bd. 1, Berlin, Leipzig, 1. Aufl. 1933, Sp. 442.

Stammler (1933a): Stammler, Wolfgang: Heinrich Ediling. In: Stammler, Wolfgang (Hrsg.): Die deutsche Literatur des Mittelalters. Verfasserlexikon, Bd. 1, Berlin, Leipzig, 1. Aufl. 1933, Sp. 503.

Stapleton (1949): Stapleton, H. E.; Lewis, G. L.; Taylor, F. S.: The sayings of Hermes quoted in the Mā' al-Waraqī of Ibn Umail. In: Ambix 3 (1949), S. 69-90.

Stapleton/Husain (1932): Stapleton, H. E.; Hidayat Husain, M.: Report on the Mâ'al-Waraqî. In: Archeion 14 (1932), S. 74-75.

Steele (1920): Steele, Robert: Secretum Secretorum cum glossis et notulis. Tractatus brevis et utilis ad declarandum quaedam obscure dicta Fratris Rogeri (Opera hactenus inedita Rogeri Baconi). Oxford 1920.

Steele (1929): Steele, Robert: Practical Chemistry in the Twelfth Century. Rasis de aluminibus et salibus. Translated by Gerhard of Cremona. In: Isis 12 (1929), S. 10-46.

Steele/Singer (1927/28): Steele, Robert; Singer, Dorothea W.: The Emerald Table. In: Proceedings of the Royal Society of Medicine (Section: History of Medicine) 21 (1927/28), S. 485-501.

Steinmetz (1994): Steinmetz, Ralf-Henning: Liebe als universales Prinzip bei Frauenlob. Ein volkssprachlicher Weltentwurf in der europäischen Dichtung um 1300. Münchener Texte und Untersuchungen zur deutschen Literatur des Mittelalters, Bd. 106. Tübingen 1994.

Stenzel/Telle (1991): Stenzel, Jürgen; Telle, Joachim: „Vom Wunderwerk“. Ein alchemoparacelsischer Text-Bild-Traktat des 16. Jahrhunderts. In: Telle (1991), S. 149-158.

Steudel (1948): Steudel, J.: Brunschwigs Anatomie. In: Grenzgebiete der Medizin, 1 (1948), S. 249f.

Stille (2004): Stille, Günther: Kräuter, Geister, Rezepturen. Eine Kulturgeschichte der Arznei. Darmstadt 2004.

Stillmann (1960): Stillmann, J. M.: The Story of Alchemy and Early Chemistry. New York 1960 ([1]1924).

Stohl (2000): Stohl, Alfred: Der Narrenturm oder die dunkle Seite der Wissenschaft. Wien, Köln, Weimar 2000.

Stolle (1991): Stolle, Falk: Die Alchemie des Paracelsus und ihre Bedeutung für seine Heilkunde. Ulm 1991.

Stoltzius von Stoltzenberg, Daniel: Chymisches Lustgärtlein. Repografischer Nachdruck der Ausgabe Frankfurt: Jennis, 1624. Im Anhang: Einführung in die Alchemie des „Chymischen Lustgärtleins“ und ihre Symbolik von Ferdinand Weinhandl. Darmstadt 1987.

Stolz (2002): Stolz, Michael: Die Artes-Dichtungen Heinrichs von Mügeln. Bezüge zwischen „Der meide kranz“ und dem Spruchwerk. Mit Texteditionen. In: Haustein, Jens; Steinmetz, Ralf-Henning (Hrsg.): Studien zu Frauenlob und Heinrich von Mügeln. Festschrift für Karl Stackmann zum 80. Geburtstag. Scrinium Friburgense, Bd. 15. Freiburg/Schweiz 2002, S. 175-210.

Strahlmann (1973): Strahlmann, Bernd: Chymisten in der Renaissance (16. Jahrhundert). In: Schmauderer, Eberhard (Hrsg.): Der Chemiker im Wandel der Zeiten. Weinheim 1973, S. 43-99.

Strauss (1963/65): Strauss, Peter: Arnald von Villanova deutsch unter besonderer Berücksichtigung der „Regel der Gesundheit“. Dissertation. Heidelberg 1963 (1965).

Strube (1980): Strube, Wilhelm: Der historische Weg der Chemie, Bd. 1. Von der Urzeit bis zur industriellen Revolution. Leipzig, 3. überarbeitete Aufl. 1980.

Strunz (1904): Strunz, Franz: Naturbetrachtung und Naturerkenntnis im Altertum. Eine Entwicklungsgeschichte der antiken Naturwissenschaften. Hamburg 1904.

Strunz (1905): Strunz, Franz: Die Chemie im klassischen Altertum. Beitrag zur Geschichte der Chemie. Vorträge und Abhandlungen hrsg. von der Leo-Gesellschaft, Nr. 23. Wien 1905.

Strunz (1906): Strunz, Franz: Über die Vorgeschichte und die Anfänge der Chemie. Eine Einleitung in die Geschichte der Chemie des Altertums. Leipzig, Wien 1906.

Strunz (1909): Strunz, Franz: Beiträge und Skizzen zur Geschichte der Naturwissenschaften. Hamburg, Leipzig 1909.

Strunz (1910): Strunz, Franz: Geschichte der Naturwissenschaften im Mittelalter. Im Grundriß dargestellt. Stuttgart 1910.

Strunz (1913): Strunz, Franz: Die Vergangenheit der Naturforschung. Jena 1913.

Strunz (1924): Strunz, Franz: Paracelsus. Eine Studie. Die Schweiz im Geistesleben, 27. Leipzig 1924.

Strunz (1926): Strunz, Franz: Albertus Magnus. Weisheit und Naturforschung im Mittelalter. Wien, Leipzig 1926.

Strunz (1928): Strunz, Franz: Astrologie, Alchemie, Mystik. Ein Beitrag zur Geschichte der Naturwissenschaften. München-Planegg 1928.

Strunz (1932): Strunz, Franz: Die Alchemie und das alchemistische Weltbild bei Theophrastus Paracelsus. In: Archeion 14 (1932), S. 76-87 und 183-197.

Strunz (1948): Strunz, Franz: Die Sprache der Alchemisten. In: Die Warte (= Die Furche 6) vom 7.2.1948, S. 2.

Strunz (1984): Strunz, Franz: Raymundus Lullus. In: Bugge (1984).

Stupperich (1975): Stupperich, Robert: Humanismus und Reformation in ihren gegenseitigen Beziehungen. In: DFG (1975), S. 41-58.

Sudhoff (1898): Sudhoff, Karl: Paracelsus-Handschriften. Gesammelt und besprochen von Karl Sudhoff. Berlin 1898.

Sudhoff (1908): Sudhoff, Karl: Deutsche medizinische Inkunabeln. Bibliographisch-literarische Untersuchungen. Studien zur Geschichte der Medizin 2/3. Leipzig 1908.

Sudhoff (1909): Sudhoff, Karl: Dr. Ulrich Ellenbog. In: Sudhoffs Archiv 2 (1909), S. 70f.

Sudhoff (1910): Sudhoff, Karl: Die gedruckten mittelalterlichen medizinischen Texte in germanischen Sprachen. In: Archiv für Geschichte der Medizin 3 (1910), S. 273-303.

Sudhoff (1910a): Sudhoff, Karl: Zwei deutsche Reklamezettel zur Empfehlung von Arzneimitteln – Petroleum und Eichenmistel – gedruckt um 1500. In: Sudhoffs Archiv 3 (1910), S. 397-402.

Sudhoff (1914): Sudhoff, Karl: Beiträge zur Geschichte der Chirurgie im Mittelalter. Graphische und textile Untersuchungen in mittelalterlichen Handschriften, Bd. 1. Leipzig 1914.

Sudhoff (1914a): Sudhoff, Karl: Pestschriften aus den ersten 150 Jahren nach der Epidemie des 'schwarzen Todes' 1348, VI, 64. In: Sudhoffs Archiv 7 (1914), S. 89-96.

Sudhoff (1918): Sudhoff, Karl: Beiträge zur Geschichte der Chirurgie im Mittelalter. Graphische und textile Untersuchungen in mittelalterlichen Handschriften, Bd. 2. Leipzig 1918.

Sudhoff (1927): Sudhoff, Karl: Hat wirklich Paracelsus die Tabula Smaragdina ins Deutsche übersetzt? In: Mitteilungen zur Geschichte der Medizin und Naturwissenschaften 26 (1927), S. 163.

Sudhoff (1927a): Sudhoff, Karl: Zur Lebensgeschichte Burkhards von Horneck. In: Sudhoffs Archiv 19 (1927), S. 299f.

Sudhoff (1933): Sudhoff, Karl: Die Schriften des sogenannten Basilius Valentinus. Ein Beitrag zur Bibliographie der Alchemie. In: Philobiblon 6 (1933), S. 163-170.

Sudhoff (1933a): Sudhoff, Karl: Basilius Valentinus. In: Stammler, Wolfgang (Hrsg.): Die deutsche Literatur des Mittelalters. Verfasserlexikon, Bd. 1, Berlin, Leipzig, 1. Aufl. 1933, Sp. 176f.

Suhling (1983): Suhling, Lothar: Georgius Agricola und der Bergbau. Zur Rolle der Antike im montanistischen Werk der Humanisten. In: Buck/Heitmann (1983), S. 149-166.

Suhling (1986): Suhling, Lothar: „Philosophisches" in der frühneuzeitlichen Berg- und Hüttenkunde – Metallogenese und Transmutation aus der Sicht montanistischen Erfahrungswissens. In: Meinel (1986), S. 293-313.

Suhling (1998): Suhling, Lothar: Feuer, griechisches. In: Priesner/Figala (1998), S. 134.

Sutterer (1976): Sutterer, Rainer: Anton Trutmanns „Arzneibuch". Teil 1: Text. Dissertation. Bonn 1976.

Szulakowska (2000): Szulakowska, Urszula: The Alchemy of Light. Geometry and Optics in Late Renaissance Alchemical Illustration. Symbola et Emblemata, Bd. 10. Leiden, Boston, Köln 2000.

Szydlo (1998): Szydlo, Zbigniew: Hermes Trismegistos. In: Priesner/Figala (1998), S. 173-176.

Talbot/Hammond (1965): Talbot, C. H.; Hammond, E. A.: The medical practitioners in medieval England. Publications of the Welcome Historical Medical Library, New Series 8. London 1965.

Taylor (1937): Taylor, Sherwood F.: A survey of Greek alchemy. In: Ambix 1 (1937), S. 88-92.

Taylor (1937a): Taylor, Sherwood F.: The origins of Greek alchemy. In: Ambix 1 (1937), S. 30-47.

Taylor (1937b): Taylor, Sherwood F.: The visions of Zosimos. In: Ambix 1 (1937), S. 88-92.

Taylor (1937c): Taylor, Sherwood F.: The alchemical works of Stephanos of Alexandria. In: Ambix 1 (1937), S. 116-139; Ambix 2 (1948), S. 39-49.

Taylor (1939): Taylor, Sherwood F.: A short history of science. London, Toronto 1939.

Taylor (1949): Taylor, Sherwood F.: The Alchemists. Founders of modern chemistry. New York 1949. (2. Auflage ebd. 1953).

Telle (1968): Telle, Joachim: Altdeutsche Eichentraktate aus medizinischen Handschriften. In: Centaurus 13 (1968), S. 37-61.

Telle (1968a): Telle, Joachim: Mitteilungen aus dem „Zwölfbändigen Buch der Medizin" zu Heidelberg. In: Sudhoffs Archiv 52 (1968), S. 310-340.

Telle (1972): Telle, Joachim: Petrus Hispanus in der altdeutschen Medizinliteratur. Untersuchungen und Texte unter besonderer Berücksichtigung des „Thesaurus pauperum". Dissertation. Heidelberg 1972.

Telle (1972a): Telle, Joachim: Textnachweise zu den spätmittelalterlichen Fachautoren Jakob von Stockstall, Georg Tannstetter, Paulus Ricius und Thomas von Wasserburg. In: Medizinische Monatsschrift 26 (1972), S. 564-571.

Telle (1973): Telle, Joachim: Chymische Pflanzen in der deutschen Literatur. In: Medizinhistorisches Journal 8 (1973), S. 1-34.

Telle (1976): Telle, Joachim: Ein altdeutsches Spruchgedicht nach der 'Turba philosophorum'. In: ZfdPh 95 (1976), S. 416-443.

Telle (1977): Telle, Joachim: Alchemie. II. Historisch. In: Krause, Gerhard; Müller, Gerhard (Hrsg.): Theologische Realenzyklopädie, Bd. 2. Berlin, New York 1977, S. 199-227.

Telle (1977a): Telle, Joachim: Bemerkungen zum 'Viatorium spagyricum' von Herbrandt Jamsthaler und seinen Quellen. In: Anton, Herbert; Gajek, Bernhard; Pfaff, Peter (Hrsg.): Geist und Zeichen. Festschrift für Arthur Henkel zu seinem 60. Geburtstag dargebracht von Freunden und Schülern. Heidelberg 1977, S. 427-442.

Telle (1977b): Telle, Joachim: Der Alchemist im Rosengarten. Ein Gedicht von Christoph von Hirschenberg für Landgraf Wilhelm IV von Hessen-Kassel und Graf Wilhelm von Zimmern. In: Euphorion. Zeitschrift für Literaturgeschichte 71 (1977), S. 283-305.

Telle (1978): Telle, Joachim: Archilaus: „Von der kunst alchimi". In: Kurt Ruh; Gundolf Keil; Werner Schröder u.a. (Hrsg.): Die deutsche Literatur des Mittelalters. Verfasserlexikon, Bd. 1. Berlin, New York, 2. völlig neu bearb. Aufl. 1978, Sp. 423.

Telle (1980): Telle, Joachim: Alchymey teuczsch. In: Lexikon des Mittelalters, Bd. 1. München, Zürich 1980, Sp. 343.

Telle (1980a): Telle, Joachim: Alchemie. In: Lexikon des Mittelalters, Bd. 1. München, Zürich 1980, Sp. 335-340.

Telle (1980b): Telle, Joachim: Sol und Luna. Literar- und alchemiegeschichtliche Studien zu einem altdeutschen Bildgedicht. Hürtgenwald 1980.

Telle (1980c): Telle, Joachim: Mythologie und Alchemie. Zum Fortleben der antiken Götter in der frühneuzeitlichen Alchemieliteratur. In: Schmitz/Krafft (1980), S. 135-154.

Telle (1980d): Telle, Joachim: Aurora consurgens. In: Lexikon des Mittelalters, Bd. 1. München, Zürich 1980, Sp. 1245-1246.

Telle (1980e): Telle, Joachim: Domar, Heinrich. In: Kurt Ruh; Gundolf Keil; Werner Schröder u.a. (Hrsg.): Die deutsche Literatur des Mittelalters. Verfasserlexikon, Bd. 2. Berlin, New York, 2. völlig neu bearb. Aufl. 1980, Sp. 185.

Telle (1980f): Telle, Joachim: Johannes Ediling. In: Kurt Ruh; Gundolf Keil; Werner Schröder u.a. (Hrsg.): Die deutsche Literatur des Mittelalters. Verfasserlexikon, Bd. 2. Berlin, New York, 2. völlig neu bearb. Aufl. 1980, Sp. 356-357.

Telle (1980g): Telle, Joachim: Geber. In: Kurt Ruh; Gundolf Keil; Werner Schröder u.a. (Hrsg.): Die deutsche Literatur des Mittelalters. Verfasserlexikon, Bd. 2. Berlin, New York, 2. völlig neu bearb. Aufl. 1979, Sp. 1105-1109.

Telle (1980h): Telle, Joachim: Fachner. In: Kurt Ruh; Gundolf Keil; Werner Schröder u.a. (Hrsg.): Die deutsche Literatur des Mittelalters. Verfasserlexikon, Bd. 2. Berlin, New York, 2. völlig neu bearb. Aufl. 1979, Sp. 703.

Telle (1981): Telle, Joachim: Heinrich von Hall. In: Kurt Ruh; Gundolf Keil; Werner Schröder u.a. (Hrsg.): Die deutsche Literatur des Mittelalters. Verfasserlexikon, Bd. 3. Berlin, New York, 2. völlig neu bearb. Aufl. 1981, Sp. 744-745.

Telle (1981a): Telle, Joachim: Manuscripta alchemica der Sammlung Mellon. In: Sudhoffs Archiv 65 (1981), S. 77-96.

Telle (1982): Telle, Joachim: Paracelsus im Gedicht. In: Keil (1982), S. 552-573.

Telle (1983): Telle, Joachim: Isaak. In: Kurt Ruh; Gundolf Keil; Werner Schröder u.a. (Hrsg.): Die deutsche Literatur des Mittelalters. Verfasserlexikon, Bd. 4. Berlin, New York, 2. völlig neu bearb. Aufl. 1983, Sp. 423-424.

Telle (1983a): Telle, Joachim: Jankowitz, Niklas. In: Kurt Ruh; Gundolf Keil; Werner Schröder u.a. (Hrsg.): Die deutsche Literatur des Mittelalters. Verfasserlexikon, Bd. 4. Berlin, New York, 2. völlig neu bearb. Aufl. 1983, Sp. 510.

Telle (1983b): Telle, Joachim: Johann von Kassel. In: Kurt Ruh; Gundolf Keil; Werner Schröder u.a. (Hrsg.): Die deutsche Literatur des Mittelalters. Verfasserlexikon, Bd. 4. Berlin, New York, 2. völlig neu bearb. Aufl. 1983, Sp. 651-652.

Telle (1983c): Telle, Joachim: Johannes von Teschen. In: Kurt Ruh; Gundolf Keil; Werner Schröder u.a. (Hrsg.): Die deutsche Literatur des Mittelalters. Verfasserlexikon, Bd. 4. Berlin, New York, 2. völlig neu bearb. Aufl. 1983, Sp. 774-776.

Telle (1983d): Telle, Joachim: Karpf, Johannes. In: Kurt Ruh; Gundolf Keil; Werner Schröder u.a. (Hrsg.): Die deutsche Literatur des Mittelalters. Verfasserlexikon, Bd. 4. Berlin, New York, 2. völlig neu bearb. Aufl. 1983, Sp. 1046.

Telle (1983e): Telle, Joachim: Klet, Georg. In: Kurt Ruh; Gundolf Keil; Werner Schröder u.a. (Hrsg.): Die deutsche Literatur des Mittelalters. Verfasserlexikon, Bd. 4. Berlin, New York, 2. völlig neu bearb. Aufl. 1983, Sp. 1215-1218.

Telle (1983f): Telle, Joachim: Buch der Heiligen Dreifaltigkeit. In: Lexikon des Mittelalters, Bd. 2. München, Zürich 1983, Sp. 812-813.

Telle (1984): Telle, Joachim: Zur spätmittelalterlichen und frühneuzeitlichen Alchemia medica unter besonderer Berücksichtigung von Joachim Tanck. In: Schmitz/Keil (1984), S. 139-157.

Telle (1985): Telle, Joachim: Kofski, Vinzenz. In: Kurt Ruh; Gundolf Keil; Werner Schröder u.a. (Hrsg.): Die deutsche Literatur des Mittelalters. Verfasserlexikon, Bd. 5. Berlin, New York, 2. völlig neu bearb. Aufl. 1985, Sp. 10-14.

Telle (1985a): Telle, Joachim: Kudorfer (Kudorff), Heinrich. In: Kurt Ruh; Gundolf Keil; Werner Schröder u.a. (Hrsg.): Die deutsche Literatur des Mittelalters. Verfasserlexikon, Bd. 5. Berlin, New York, 2. völlig neu bearb. Aufl. 1985, Sp. 409-410.

Telle (1985b): Telle, Joachim: Kuno von Falkenstein. In: Kurt Ruh; Gundolf Keil; Werner Schröder u.a. (Hrsg.): Die deutsche Literatur des Mittelalters. Verfasserlexikon, Bd. 5. Berlin, New York, 2. völlig neu bearb. Aufl. 1985, Sp. 439.

Telle (1985c): Telle, Joachim: Lamspring. In: Kurt Ruh; Gundolf Keil; Werner Schröder u.a. (Hrsg.): Die deutsche Literatur des Mittelalters. Verfasserlexikon, Bd. 5. Berlin, New York, 2. völlig neu bearb. Aufl. 1985, Sp. 524-530.

Telle (1985d): Telle, Joachim: Pseudo-Lull(us), Raimund(us). In: Kurt Ruh; Gundolf Keil; Werner Schröder u.a. (Hrsg.): Die deutsche Literatur des Mittelalters. Verfasserlexikon, Bd. 5. Berlin, New York, 2. völlig neu bearb. Aufl. 1985, Sp. 1046-1049.

Telle (1986): Telle, Joachim: Zum „Filius Sendivogii“ Johann Hartprecht. In: Meinel (1986), S. 119-136.

Telle (1986a): Telle, Joachim: Donum Dei. In: Lexikon des Mittelalters, Bd. 3. München, Zürich 1986, Sp. 1252-1253.

Telle (1987): Telle, Joachim: Martin. In: Kurt Ruh; Gundolf Keil; Werner Schröder u.a. (Hrsg.): Die deutsche Literatur des Mittelalters. Verfasserlexikon, Bd. 6. Berlin, New York, 2. völlig neu bearb. Aufl. 1987, Sp. 141-143.

Telle (1987a): Telle, Joachim: Maximilian von Eger. In: Kurt Ruh; Gundolf Keil; Werner Schröder u.a. (Hrsg.): Die deutsche Literatur des Mittelalters. Verfasserlexikon, Bd. 6. Berlin, New York, 2. völlig neu bearb. Aufl. 1987, Sp. 236-238.

Telle (1987b): Telle, Joachim: Moeynen, Johannes. In: Kurt Ruh; Gundolf Keil; Werner Schröder u.a. (Hrsg.): Die deutsche Literatur des Mittelalters. Verfasserlexikon, Bd. 6. Berlin, New York, 2. völlig neu bearb. Aufl. 1987, Sp. 712-713.

Telle (1987c): Telle, Joachim: Münich, Johannes, von Ochsenfurt. In: Kurt Ruh; Gundolf Keil; Werner Schröder u.a. (Hrsg.): Die deutsche Literatur des Mittelalters. Verfasserlexikon, Bd. 6. Berlin, New York, 2. völlig neu bearb. Aufl. 1987, Sp. 778-779.

Telle (1987d): Telle, Joachim: „Das nackte Weib". In: Kurt Ruh; Gundolf Keil; Werner Schröder u.a. (Hrsg.): Die deutsche Literatur des Mittelalters. Verfasserlexikon, Bd. 6. Berlin, New York, 2. völlig neu bearb. Aufl. 1987, Sp. 849-852.

Telle (1987e): Telle, Joachim: Nikolaus von Birkenfeld. In: Kurt Ruh; Gundolf Keil; Werner Schröder u.a. (Hrsg.): Die deutsche Literatur des Mittelalters. Verfasserlexikon, Bd. 6. Berlin, New York, 2. völlig neu bearb. Aufl. 1987, Sp. 1046-1047.

Telle (1988): Telle, Joachim: L'art symbolique paracelsien. Remarques concernant une pseudo-'Tabula smaragdina' du XVIe siècle. In: Présence d'Hermès Trismégiste. Paris 1988, S. 184-208.

Telle (1989): Telle, Joachim: „Rätselgedicht vom Stein der Weisen". In: Kurt Ruh; Gundolf Keil; Werner Schröder u.a. (Hrsg.): Die deutsche Literatur des Mittelalters. Verfasserlexikon, Bd. 7. Berlin, New York, 2. völlig neu bearb. Aufl. 1989, Sp. 1044-1046.

Telle (1991): Telle, Joachim (Hrsg.): Parerga Paracelsica. Paracelsus in Vergangenheit und Gegenwart. Heidelberger Studien zur Naturkunde der frühen Neuzeit, Bd. 3. Stuttgart 1991.

Telle (1991a): Telle, Joachim: Splendor solis. In: Killy, Walther (Hrsg.): Literaturlexikon. Autoren und Werke deutscher Sprache, Bd. 11. Gütersloh, München 1991, S. 116.

Telle (1992): Telle, Joachim: Zur Spruchdichtung 'Der Stein der Weisen' von Hans Folz. In: Hardin, James; Jungmayr, Jörg (Hrsg.): „Der Buchstab tödt – der Geist macht lebendig". Festschrift zum 60. Geburtstag von Hans-Gert Roloff von Freunden, Schülern und Kollegen, Bd. 1. Bern, Berlin, Frankfurt/Main u.a. 1992, S. 459-484.

Telle (1992a): Telle, Joachim (Hrsg.): Rosarium Philosophorum. Ein alchemisches Florilegium des Spätmittelalters. 2 Bde. Weinheim 1992.

Telle (1992b): Telle, Joachim: Astrologie und Alchemie im 16. Jahrhundert. Zu den astroalchemischen Lehrdichtungen von Christoph von Hirschenberg und Basilius Valentinus. In: Buck (1992), S. 227-253.

Telle (1992c): Telle, Joachim: Ricardus Anglicus. In: Kurt Ruh; Gundolf Keil; Werner Schröder u.a. (Hrsg.): Die deutsche Literatur des Mittelalters. Verfasserlexikon, Bd. 8. Berlin, New York, 2. völlig neu bearb. Aufl. 1992, Sp. 38-41.

Telle (1992d): Telle, Joachim: „Rosarium philosophorum". In: Kurt Ruh; Gundolf Keil; Werner Schröder u.a. (Hrsg.): Die deutsche Literatur des Mittelalters. Verfasserlexikon, Bd. 8. Berlin, New York, 2. völlig neu bearb. Aufl. 1992, Sp. 172-176.

Telle (1992e): Telle, Joachim: Senior Zadith. In: Kurt Ruh; Gundolf Keil; Werner Schröder u.a. (Hrsg.): Die deutsche Literatur des Mittelalters. Verfasserlexikon, Bd. 8. Berlin, New York, 2. völlig neu bearb. Aufl. 1992, Sp. 1100-1102.

Telle (1993): Telle, Joachim: „Von der Wahrheit der alchemischen Kunst". Der pseudoparacelsische Brieftraktat „Vom Wunderstein" in einer frühneuzeitlichen Versfassung. In: Dilg/Rudolph (1993), S. 57-78.

Telle (1993a): Telle, Joachim: Paracelsus und die Alchemie. In: Fellmeth/Kotheder (1993), S. 37-40.

Telle (1994): Telle, Joachim: „Vom Stein der Weisen". Eine alchemoparacelsistische Lehrdichtung des 16. Jahrhunderts. In: Telle (1994b), S. 167-212.

Telle (1994a): Telle, Joachim: Aristoteles an Alexander über den Philosophischen Stein. Die alchemischen Lehren des pseudo-aristotelischen 'Secretum secretorum' in einer deutschen Versübersetzung des 15. Jahrhunderts. In: Domes/Gerabek/Haage u.a. (1994), S. 455-483.

Telle (1994b): Telle, Joachim (Hrsg.): Analecta Paracelsica. Studien zum Nachleben Theophrast von Hohenheims im deutschen Kulturgebiet der frühen Neuzeit. Heidelberger Studien zur Naturkunde der frühen Neuzeit, Bd. 4. Stuttgart 1994.

Telle (1995): Telle, Joachim: Sternhals, Johann. In: Kurt Ruh; Gundolf Keil; Werner Schröder u.a. (Hrsg.): Die deutsche Literatur des Mittelalters. Verfasserlexikon, Bd. 9. Berlin, New York, 2. völlig neu bearb. Aufl. 1995, Sp. 310-313.

Telle (1995a): Telle, Joachim: „Sol und Luna". In: Kurt Ruh; Gundolf Keil; Werner Schröder u.a. (Hrsg.): Die deutsche Literatur des Mittelalters. Verfasserlexikon, Bd. 9. Berlin, New York, 2. völlig neu bearb. Aufl. 1995, Sp. 19-22.

Telle (1995b): Telle, Joachim: „Vom Stein der Weisen". In: Kurt Ruh; Gundolf Keil; Werner Schröder u.a. (Hrsg.): Die deutsche Literatur des Mittelalters. Verfasserlexikon, Bd. 9. Berlin, New York, 2. völlig neu bearb. Aufl. 1995, Sp. 245-247.

Telle (1995c): Telle, Joachim: „Tabula Smaragdina". In: Kurt Ruh; Gundolf Keil; Werner Schröder u.a. (Hrsg.): Die deutsche Literatur des Mittelalters. Verfasserlexikon, Bd. 9. Berlin, New York, 2. völlig neu bearb. Aufl. 1995, Sp. 567-569.

Telle (1995d): Telle, Joachim: „Tractatus aureus" (deutsch). In: Kurt Ruh; Gundolf Keil; Werner Schröder u.a. (Hrsg.): Die deutsche Literatur des Mittelalters. Verfasserlexikon, Bd. 9. Berlin, New York, 2. völlig neu bearb. Aufl. 1995, Sp. 993-995.

Telle (1995e): Telle, Joachim: „Turba philosophorum". In: Kurt Ruh; Gundolf Keil; Werner Schröder u.a. (Hrsg.): Die deutsche Literatur des Mittelalters. Verfasserlexikon, Bd. 9. Berlin, New York, 2. völlig neu bearb. Aufl. 1995, Sp. 1151-1157.

Telle (1995f): Telle, Joachim: Splendor solis. In: Lexikon des Mittelalters, Bd. 7. München, Zürich 1995, Sp. 2126-2127.

Telle (1995g): Telle, Joachim: Rosarium philosophorum. In: Lexikon des Mittelalters, Bd. 7. München, Zürich 1995, Sp. 1098.

Telle (1997): Telle, Joachim: Bartholomäus Carrichter. Zu Leben und Werk eines deutschen Fachschriftstellers des 16. Jahrhunderts. In: Daphnis. Zeitschrift für Mittlere Deutsche Literatur 26 (1997), S. 715-751.

Telle (1998): Telle, Joachim: Splendor solis. In: Priesner/Figala (1998), S. 339-340.

Telle (1999): Telle, Joachim: „Vera scientia alchimiae". In: Kurt Ruh; Gundolf Keil; Werner Schröder u.a. (Hrsg.): Die deutsche Literatur des Mittelalters. Verfasserlexikon, Bd. 10. Berlin, New York, 2. völlig neu bearb. Aufl. 1999, Sp. 238-240.

Telle (1999a): Telle, Joachim: „Versepistel des Aristoteles an Alexander über den philosophischen Stein". In: Kurt Ruh; Gundolf Keil; Werner Schröder u.a. (Hrsg.): Die deutsche

Literatur des Mittelalters. Verfasserlexikon, Bd. 10. Berlin, New York, 2. völlig neu bearb. Aufl. 1999, Sp. 301-302.

Telle (1999b): Telle, Joachim: Winand vom Roten Schild. In: Kurt Ruh; Gundolf Keil; Werner Schröder u.a. (Hrsg.): Die deutsche Literatur des Mittelalters. Verfasserlexikon, Bd. 10. Berlin, New York, 2. völlig neu bearb. Aufl. 1999, Sp. 1178-1181.

Telle (1999c): Telle, Joachim: Wulfing, Michael. In: Kurt Ruh; Gundolf Keil; Werner Schröder u.a. (Hrsg.): Die deutsche Literatur des Mittelalters. Verfasserlexikon, Bd. 10. Berlin, New York, 2. völlig neu bearb. Aufl. 1999, Sp. 1424-1425.

Telle (2001): Telle, Joachim: Alanus. In: Kurt Ruh; Gundolf Keil; Werner Schröder u.a. (Hrsg.): Die deutsche Literatur des Mittelalters. Verfasserlexikon, Bd. 11. Nachtragsband, 1. Lieferung. Berlin, New York, 2. völlig neu bearb. Aufl. 2001, Sp. 30-34.

Telle (2001a): Telle, Joachim: Alphidius. In: Kurt Ruh; Gundolf Keil; Werner Schröder u.a. (Hrsg.): Die deutsche Literatur des Mittelalters. Verfasserlexikon, Bd. 11. Nachtragsband, 1. Lieferung. Berlin, New York, 2. völlig neu bearb. Aufl. 2001, Sp. 72-75.

Telle (2001b): Telle, Joachim: Bock, Johann. In: Kurt Ruh; Gundolf Keil; Werner Schröder u.a. (Hrsg.): Die deutsche Literatur des Mittelalters. Verfasserlexikon, Bd. 11. Nachtragsband, 1. Lieferung. Berlin, New York, 2. völlig neu bearb. Aufl. 2001, Sp. 266.

Telle (2002): Telle, Joachim: Domar, Heinrich (Nachtr.). In: Kurt Ruh; Gundolf Keil; Werner Schröder u.a. (Hrsg.): Die deutsche Literatur des Mittelalters. Verfasserlexikon, Bd. 11. Nachtragsband, 2. Lieferung. Berlin, New York, 2. völlig neu bearb. Aufl. 2002, Sp. 375-376.

Telle (2002a): Telle, Joachim: Donum Dei. In: Kurt Ruh; Gundolf Keil; Werner Schröder u.a. (Hrsg.): Die deutsche Literatur des Mittelalters. Verfasserlexikon, Bd. 11. Nachtragsband, 2. Lieferung. Berlin, New York, 2. völlig neu bearb. Aufl. 2002, Sp. 376-379.

Terzioğlu (1982): Terzioğlu, Arslan: Islamische Leprosorien im Mittelalter. In: Keil (1982), S. 305-312.

Testi (1940): Testi, Gino: Storia della chimica con particulare riguardo all'opera degli Italiani. Rom 1940.

Testi (1950): Testi, Gino: Dizionare di alchimiae e di chimica antiquaria. Rom 1950.

Thiel (1993): Thiel, Detlef: Scientia signorum und Ars scribendi. Zur Zeichentheorie des Nikolaus von Kues. In: Craemer-Ruegenberg/Speer (1993), S. 107-125.

Thorndike (1923-58): Thorndike, Lynn: A History of Magic and Experimental Science during the first thirteen centuries of our era, 8 Bde. New York 1923-1958.

Thorndike (1929): Thorndike, Lynn.: Science and thought in the fifteenth century. Studies in the history of medicine and surgery, natural and mathematical science, philosophy and politics. New York 1929.

Thorndike (1936): Thorndike, Lynn: Another manuscript of Leonhard of Bertipaglia and John de Tracia. In: Bulletin of the history of medicine 4 (1936), S. 257-260.

Thorndike (1953): Thorndike, Lynn: More manuscripts of Leonhard of Bertipaglia and John de Tracia. In: Bulletin of the history of medicine 27 (1953), S. 124-127.

Thorndike/Benjamin (1945): Thorndike, Lynn; Benjamin, F.S. jr. (Hrsg.): The herbal of Rufinus. Chicago 1945.

Thorndike/Kibre (1939): Thorndike, Lynn; Kibre, Pearl: More incipits of medieval scientific writings in Latin. In: Speculum 14 (1939), S. 93-105; Speculum 17 (1942), S. 342-366.

Thorndike/Kibre (1963): Thorndike, Lynn; Kibre, Pearl: A Catalogue of Incipits of Medieval Scientific Writings in Latin. The Medieval Academy of America, Publ. 29. London 1963.

Thyrion/Blay/Valmer (1994): Thyrion, Françoise; Blay, Michel; Valmer, Michel: Le Grand livre de l'alchimie de l'infini et l'anamorphose. Paracelse, Holbein, Bruno. Nice 1994.

Toellner (1984): Toellner, Richard: Zum Begriff der Autorität in der Medizin der Renaissance. In: Schmitz/Keil (1984), S. 159-179.

Toischer (1884): Toischer, W.: Die altdeutschen Bearbeitungen des pseudo-aristotelischen Secretum secretorum. In: Jahrbuch des kaiserlich-königlichen Staats-Ober-Gymnasium Prag-Neustadt (1884). Prag 1884, S. 1-36.

Trense (1985): Trense, Ulrich: Das Antimon und seine Verbindungen, ihre medizinische Bedeutung im 16. und 17. Jahrhundert. Arbeiten der Forschungsstelle des Instituts für Geschichte der Medizin der Universität Köln, 34. Diss. Köln 1985.

Trusen (1987): Trusen, Winfried: Johannes Reuchlin und die Fakultäten. Voraussetzungen und Hintergründe des Prozesses gegen den 'Augenspiegel'. In: Keil/Moeller/Trusen (1987), S. 115-158.

Ullmann (1970): Ullmann, Manfred: Die Medizin im Islam. 1970.

Ullmann (1972): Ullmann, Manfred: Die Natur- und Geheimwissenschaften im Islam. Leiden 1972.

Valentin (1951): Valentin, H.: Über Bedeutung und Probleme pharmazie- und chemiehistorischer Forschung. In: Die Pharmazie 6, Heft 7 (1951), S. 342-346.

Vanderwiele (1980): Vanderwiele, L. J.: Van chemiatrie to iatrochemie – van Paracelsus (1493-1541) to Van Helmont (1579?-1644). In: Farmaceutisch Tijdschrift voor België 57 (1980), S. 25-30.

Vermeer (1961): Vermeer, Hans J.: Eine altdeutsche Sammlung medizinischer Rezepte in Geheimschrift. In: Sudhoffs Archiv 45 (1961), S. 235-246.

Vickers (1988): Vickers, Brian: Kritische Reaktionen auf die okkulten Wissenschaften in der Renaissance. In: Bergier (1988), S. 167-239

Vickers (1990): Vickers, Brian: The Discrepancy between Res and Verba in Greek Alchemy. In: Martels (1990), S. 21-33.

Vickers (1992): Vickers, Brian: Alchemie als verbale Kunst: die Anfänge. In: Mittelstraß/Stock (1992), S. 17-34.

Vogg (1989): Vogg, M.: Codex 2372, 1ra-29rb der Österreichischen Nationalbibliothek. Die mittelniederländische Übersetzung der lateinischen „Tabula chemica" des Senior Zadith ibn Umail. Dissertation. Wien 1989.

Voigt (1991): Voigt, Hans H.: Abriß der Astronomie. Mannheim, Wien, Zürich, 5. überarb. Aufl. 1991.

Volfing (1997): Volfing, Annette: Heinrich von Mügeln „Der meide kranz". A Commentary. Münchener Texte und Untersuchungen zur deutschen Literatur des Mittelalters, Bd. 111. Tübingen 1997.

Völlnagel (2004): Völlnagel, Jörg: Splendor Solis oder Sonnenglanz. Studien zu einer alchemistischen Bilderhandschrift. München, Berlin 2004.

Voss (1990): Voss, K.: The Heierosgamos Theme in the Images of the 'Rosarium philosophorum'. In: Martels (1990), S. 145-153.

Voswinckel (1994): Voswinckel, Peter: Der dänisch-lübeckische Arzt und Chymicus Johannes Scerbecius (1553-1633). In: Telle (1994b), S. 305-334.

Wachinger (1973): Wachinger, Burghart: Sängerkrieg. Untersuchungen zur Spruchdichtung des 13. Jahrhunderts. Münchener Texte und Untersuchungen zur deutschen Literatur des Mittelalters, 42. München 1973.

Wachinger (1992): Wachinger, Burghart: Wolfram von Eschenbach am Schreibpult. In: Wolfram-Studien, 12 (1992), S. 9-14 (+Abb. 1).

Wachinger (2002): Wachinger, Burghart: Geistliche Motive und geistliche Denkformen in Gottfrieds „Tristan". In: Huber/Millet (2002), S. 243-256.

Wackenroder (1898/39): Wackenroder, Heinrich W.F.: Historische Skizze der Alchemie. In: Archiv der Pharmazie 15, Heft 1.2 (1838/39).

Waite (1926): Waite, Arthur E.: The secret tradition in alchemy. Its development and records. London 1926.

Waite (1970): Waite, Arthur E.: Alchemists through the ages. Lives of the famous alchemistical philosophers from the year 850 to theclose of the 18th century, together with a study of the principles and practice of alchemy, incl. a bibliography of alchemical and hermetic philosophy. New York 1970 ([1]1888).

Walden (1932): Walden, Paul: Goethe als Chemiker und Techniker. Berlin 1932.

Walden (1933): Walden, Paul: Goethe und die Naturwissenschaft. Bremer Beiträge zur Naturwissenschaft 1,1. Bremen, Leipzig 1933.

Walden (1942): Walden, Paul: Zur Geschichte der Antimonpräparate und des Basilius Valentinus. In: Scienta Pharmazeutica 13 (Beilage zur Wiener Pharmazeutischen Wochenschrift), Heft 2 (1942).

Walden (1948): Walden, Paul: Zur Problematik der Alchemie und ihrer Ausstrahlung auf die modernen Naturwissenschaften. In: Naturwissenschaft 35 (1948), S. 225-230.

Walter (1993): Walter, Wolfgang: Paracelsus als Vorläufer. Chemie und Naturwissenschaften. In: Weigel, Harald (Hrsg.): Festschrift für Horst Gronemeyer zum 60. Geburtstag. Bibliothemata, 10. Herzberg 1993, S. 217-229.

Walter (1994): Walter, Wolfgang: Chemie und Naturwissenschaften. In: Jütte, Robert (Hrsg.): Paracelsus heute – im Lichte der Natur. Heidelberg 1994, S. 73-84.

Walther (1968): Walther, Helmut: Acht Heidelberger und Münchner Handschriftenfunde zu den „gebrannten Wässern" Gabriels von Lebenstein. In: Sudhoffs Archiv 52 (1968), S. 289-309.

Walther (1983): Walther, Helmut: Jakob von Liechtenberg. In: Kurt Ruh; Gundolf Keil; Werner Schröder u.a. (Hrsg.): Die deutsche Literatur des Mittelalters. Verfasserlexikon, Bd. 4. Berlin, New York, 2. völlig neu bearb. Aufl. 1983, Sp. 476-477.

Walther (1993): Walther, Helmut G.: Canonica sapientia und civilis scientia: Die Nutzung des aristotelischen Wissenschaftsbegriffs durch den Kanonisten Johannes von Legnano (1320-1393) im Kampf der Disziplinen. In: Craemer-Ruegenberg/Speer (1993), S. 863-876.

Walther/Keil (1989): Walther, Helmut; Keil, Gundolf: Puff, Michael, aus Schrick. In: Kurt Ruh; Gundolf Keil; Werner Schröder u.a. (Hrsg.): Die deutsche Literatur des Mittelalters. Verfasserlexikon, Bd. 7. Berlin, New York, 2. völlig neu bearb. Aufl. 1989, Sp. 905-910.

Wapnewski (1962): Wapnewski, Peter (Hrsg.): Walther von der Vogelweide, Gedichte. Mittelhochdeutscher Text und Übertragung. Frankfurt/Main 1962.

Warlick (1998): Warlick, M. E.: The Domestic Alchemist: Women as Housewives in Alchemical Emblems. In: Adams, Alison; Lindon, Stanton J. (Hrsg): Emblems and Alchemy. Glasgow 1998, S. 25-47.

Wartburgkrieg (1858): Der Wartburgkrieg. Herausgegeben, geordnet, übersetzt und erläutert von Karl Simrock. Stuttgart, Augsburg 1858.

Wattenbach (1869): Wattenbach, Wilhelm: Alchymey teuczsch. In: Anzeiger für Kunde der deutschen Vorzeit, NF 16, Heft 9 (1869), S. 264-268.

Wegner (1996): Wegner, Wolfgang: Albrecht, ein poeta doctus rerum naturae? Zu Umfang und Funktionalisierung naturkundlicher Realien im Jüngeren Titurel. Europäische Hochschulschriften: Reihe I, Deutsche Sprache und Literatur, 1562. Frankfurt/Main, Berlin, Bern u.a. 1996.

Wehrli (1966): Wehrli, Max: Wolframs Humor. In: Rupp (1966), S. 104-124.

Weick (1994): Weick, Reiner: Naturkundliche Kompetenz in der deutschen Dichtung des Mittelalters. Anspruch und Umsetzung am Beispiel der Beizjagd. In: Baufeld, Christa (Hrsg.): Die Funktion außer- und innerliterarischer Faktoren für die Entstehung deutscher Literatur des Mittelalters und der frühen Neuzeit. GAG 603. Göppingen 1994, S. 249-256.

Weimann (1963): Weimann, Karl-Heinz: Paracelsus und der deutsche Wortschatz. In: Schmitt, Ludwig E. (Hrsg.): Deutsche Wortforschung in europäischen Bezügen, 2. Gießen 1963, S. 359-408.

Weimann (1978): Weimann, Karl-Heinz: Leibniz und die medizinischen Strömungen seiner Zeit. In: Magia naturalis und die Entstehung der modernen Naturwissenschaften. Symposion der Leibniz-Gesellschaft, Hannover 14. und 15. November 1975. Wiesbaden 1978, S. 155-165.

Weiss (1953): Weiss, Bernhard: Aus dem ältesten deutschen Destillierbuch. In: Die BASF 3 (1953), S. 3-7.

Weisser (1980): Weisser, Ursula: Das 'Buch über das Geheimnis der Schöpfung' von Pseudo-Apollonios von Tyana. Ars Medica, 3. Abt. Arabische Medizin, Bd. 2. Berlin, New York 1980.

Weitz (1971): Weitz, Hans-Joachim: Albich von Prag. Eine Untersuchung seiner Schriften. Dissertation. Heidelberg 1971.

Welker (1988): Welker, Lorenz: Das 'iatromathematische Corpus'. Untersuchungen zu einem alemannischen astrologisch-medizinischen Kompendium des Spätmittelalters mit Textausgaben und einem Anhang: Michael Puffs von Schrick Traktat „Von den ausgebrannten Wässern“ in der handschriftlichen Fassung des Codex Zürich, Ze. Züricher medizingeschichtliche Abhandlungen, Bd. 196. Dissertation. Zürich 1988.

Wendehorst (1986): Wendehorst, Alfred: Wer konnte im Mittelalter lesen und schreiben? In: Fried, Johannes: Schulen und Studium im sozialen Wandel des hohen und späten Mittelalters. Sigmaringen 1986, S. 9-33.

Wendehorst (1991): Wendehorst, Alfred: Johann der Alchimist, In: Lexikon des Mittelalters, Bd. 5. München, Zürich 1991, Sp. 508.

Wentscher (1928): Wentscher, Erich (Hrsg.): Codex diplomaticus Lusatiae superioris V. Die Görlitzer Bürgerrechtlisten 1379-1600. Görlitz 1928.

Wenzel (1998): Wenzel, Horst: Artes und Repräsentation. Zur doppelten Lesbarkeit volkssprachlicher Lehrdichtung im Spannungsverhältnis von Mündlichkeit und Schriftlichkeit. In: Das Mittelalter. Perspektiven mediävistischer Forschung 3 (1998), S. 73-94.

Westman (1980): Westman, Robert S.: Humanism and Scientific Roles in the Sixteenth Century. In: Schmitz/Krafft (1980), S. 83-100.

Weyer (1973): Weyer, Jost: Der Alchemist im lateinischen Mittelalter (13. bis 15. Jahrhundert). In: Schmauderer, Eberhard (Hrsg.): Der Chemiker im Wandel der Zeiten. Weinheim 1973, S. 11-42.

Weyer (1992): Weyer, Jost: Graf Wolfgang II von Hohenlohe und die Alchemie. Alchemistische Studien in Schloß Weikersheim 1587-1610. Forschungen aus Württembergisch Franken, Bd. 39. Sigmaringen 1992.

Weyer (1993): Weyer, Jost: Ärzte, Gelehrte und Alchemisten. Autoren chemischer Werke im 16. Jahrhundert. Rastatt 1993.

Weyer (1998): Weyer, Jost: Alchemie, antike. In: Priesner/Figala (1998), S. 22-25.

Weyer (1998a): Weyer, Jost: Schwefel. In: Priesner/Figala (1998), S. 327-329.

Wiberg (1957): Wiberg, Egon: Vom Stein der Weisen. Münchener Universitätsreden, NF 21. München 1957.

Wickersheimer (1926): Wickersheimer, E.: La médicine chez les Cisterciens de Maulbronn au XVe siècle. In: Janus 30 (1926), S. 79-85.

Wickersheimer (1936): Wickersheimer, E.: Dictionaire biographique des médecins en France au moyen âge, 2 Bde. Paris 1936.

Wickersheimer (1953): Wickersheimer, E.: Berchtold Bloemensteyn, Cistercien de Maulbronn, et les écrits médicaux sous son nom. In: Sudhoffs Archiv 37 (1953), S. 427-431.

Wiedemann (1907): Wiedemann, Eilhart: Zur Alchemie bei den Arabern. In: Journal praktischer Chemie 76 (1907), S. 65-87.

Wiedemann (1909): Wiedemann, Eilhart: Über chemische Apparate bei den Arabern. In: Diergart, Paul (Hrsg.): Beiträge zur Geschichte der Chemie. Festschrift für Georg W.A. Kahlbaum. Wien 1909, S. 234-252.

Wiedemann (1922): Wiedemann, Eilhard: Zur Alchemie bei den Arabern. Abhandlungen zur Geschichte der Naturwissenschaften und der Medizin, Heft 5. Erlangen 1922.

Wieder (1978): Wieder, Joachim: Cola di Rienzo. In: Seibt (1978), S. 111-144.

Wieglieb (1793): Wieglieb, Johann C.: Historisch-kritische Untersuchungen der Alchemie oder der eingebildeten Goldmacherkunst; von ihrem Ursprunge sowohl als Fortgange, und was nun von ihr zu halten sey. Weimar, 2. Aufl. 1793 ([1]1777).

Wieland (1993): Wieland, Georg: Theologie zwischen Weisheit und Wissenschaft. In: Craemer-Ruegenberg/Speer (1993), S. 517-527.

Wild (1841): Wild, J.R. jun.: Versuch einer Charakteristik des Verhältnisses der Alchemie zur Magie, Astrologie und verwandten ähnlichen Wissenschaften, mit besonderer Berücksichtigung der alchemischen Zeichen. Kassel 1841.

Wilsdorf (1959): Wilsdorf, Helmut: Über Ulrich Ellenbogs gewerbemedizinische Schriften. In: Jahrbuch des Städtischen Museums für Mineralogie und Geologie Dresden (1959), S. 112ff.

Wilsdorf (1966): Wilsdorf, Helmut: Alchimi und Bergwerck. Zur Entstehungsgeschichte einiger Elemente aus bergmännischen Produkten. In: Abhandlungen des Staatlichen Museums für Mineralogie und Geologie zu Dresden 11 (1966), S. 315-376.

Wilson (1939): Wilson, William J.: Catalogue of Latin and Vernacular Alchmeical Manuscripts in the United States and Canada. In: Osiris 6 (1939). (Neudruck Amsterdam 1969).

Wilson (1940): Wilson, William J.: The background of Chinese alchemy. In: CIBA-Symposia 2 (1940), S. 595-617 und S. 623f.

Wilson (1941): Wilson, William J.: The origin and development of Greco-Egyptian alchemy. In: CIBA-Symposia 3 (1941), S. 926-960.

Wisniewski (1993): Wisniewski, Roswitha: Deutsche theologische Literatur des 12. Jahrhunderts und der Umbruch des Wissenschaftsverständnisses. In: Craemer-Ruegenberg/Speer (1993), S. 895-899.

Witten/Pachella (1977): Witten, Lawrence C.; Pachella, Richard: Alchemy and the occult. A Catalogue of books and manuscripts from the collection of Paul and Mary Mellon given to the Yale University Library, Bd. III: Manuscripts 1225-1671. New Haven 1977.

Wöhler (1993): Wöhler, Hans-Ulrich: Die Naturphilosophie als „scientia realis“ bei Wilhelm von Ockham. In: Craemer-Ruegenberg/Speer (1993), S. 440-448.

Wolf (1950): Wolf, Werner: Der Vogel Phönix und der Gral. In: Richard Kienast (Hrsg.): Studien zur deutschen Philologie des Mittelalters. Festschrift für Friedrich Panzer. Heidelberg 1950, S. 73-95.

Wolf (2002): Wolf, Jürgen: Wolfram und das mittelalterliche Buch. Beobachtungen zur literatur- und buchgeschichtlichen Relevanz eines großen Autornamens. In: Haubrichs, Wolfgang; Lutz, Eckhart C.; Ridder, Klaus (Hrsg.): Wolfram von Eschenbach – Bilanzen und Perspektiven. Eichstätter Kolloquium 2000. Wolfram-Studien, 17. Berlin 2002, S. 322-346.

Wölfel (1939): Wölfel, Hans: Das Arzneidrogenbuch „Circa instans“ in einer Fassung des 13. Jahrhunderts aus der Universitätsbibliothek Erlangen. Text und Kommentar als Beitrag zur Pflanzen- und Drogenkunde des Mittelalters. Dissertation. Berlin, Hamburg 1939.

Wolfram von Eschenbach: Parzival. Studienausgabe. Mittelhochdeutscher Text nach der sechsten Ausgabe von Karl Lachmann. Übersetzung von Peter Knecht. Einführung zum Text von Bernd Schirok. Berlin, New York 1998.

Wolfram von Eschenbach: Titurel. Herausgegeben, übersetzt und mit einem Kommentar und Materialien versehen von Helmut Brackert und Stephan Fuchs-Jolie. Berlin, New York 2002.

Wolfram von Eschenbach: Willehalm. Nach der Handschrift 857 der Stiftsbibliothek St. Gallen. Altdeutsche Textbibliothek, Nr. 108. Studienausgabe. Tübingen 1994.

Wolfram von Eschenbach: Willehalm. Text der Ausgabe von Werner Schröder. Völlig neubearbeitete Übersetzung, Vorwort und Register von Dieter Kartschoke. Berlin, New York 1989.

Wollgast (1993): Wollgast, Siegfried: Zur Wirkungsgeschichte des Paracelsus im 16. und 17. Jahrhundert. In: Dilg/Rudolph (1993), S. 113-144.

Wolter (1976): Wolter, Hans: Geschichtliche Bildung im Rahmen der artes liberales. In: Koch (1976), S. 50-83.

Wunderlich (1948): Wunderlich, R.: Das Zeitalter der Alchemie. In: Angewandte Chemie 60 (1948), S. 273-279.

Wurms (1970): Wurms, Friedrich: Studien zu den deutschen und lateinischen Prosafassungen des pseudo-aristotelischen 'Secretum secretorum'. Diss. Hamburg 1970.

Wüthrich (1964): Wüthrich, Lucas H.: Nachwort zur Faksimile-Ausgabe von Michael Maier, Atalanta fugiens. Kassel, Basel 1964.

Wüthrich (1972): Wüthrich, Lucas H.: Das druckgraphische Werk von Matthaeus Merian dem Älteren, Bd. II: Die weniger bekannten Bücher und Buchillustrationen, Basel 1972.

Wyss (2002): Wyss, Ulrich: Tristan und die 'Nachtigallen'. In: Huber/Millet (2002), S. 327-338.

Yates (1979): Yates, D.: Unbekannte frühnhd. Verse aus einer alchemistischen Handschrift des 16. Jahrhunderts in der Stiftsbibliothek Neukloster. In: Codices manuscripti 5 (1979), S. 97-100.

Yates (1982): Yates, Frances A.: The art of Ramon Lull. An aproach to it through Lull's theory of the elements (1954). In: Yates, Frances A.: Lull and Bruno. Collected Essays, 1. London 1982, S. 9-77.

Zahlten (1993): Zahlten, Johannes: Humana inventa. Zur künstlerischen Dartsellung der artes mechanicae. In: Craemer-Ruegenberg/Speer (1993), S. 1008-1022.

Zastrau (1961): Zastrau, Alfred: Alchemie. In: Goethe-Handbuch, Bd. 1. Stuttgart 1961, S. 116-120.

Zekert (1927): Zekert, O.: Probleme aus der Geschichte der Chemie. Pharmazeutische Monatshefte. Beiblatt der Wochenschrift Pharmazeutische Post 18 (1927).

Ziegler (1999): Ziegler, Ernst: Alchemie in der Stadt St. Gallen. In: Hofmeier, Thomas; Gantenbein, Urs L.; Gamper, Rudolf u.a.: Alchemie in St. Gallen. St. Gallen 1999, S. 25-31.

Zimmermann (1975): Zimmermann, B.: Das Hausarzneibuch. Dissertation. Marburg/Lahn 1975.

Zimmermann (1981): Zimmermann, Volker: Gotz. In: Kurt Ruh; Gundolf Keil; Werner Schröder u.a. (Hrsg.): Die deutsche Literatur des Mittelalters. Verfasserlexikon, Bd. 3. Berlin, New York, 2. völlig neu bearb. Aufl. 1981, Sp. 201-202.

Zimmermann (1995): Zimmermann, Volker (Hrsg.): Paracelsus. Das Werk – die Rezeption. Beiträge des Symposiums zum 500. Geburtstag von Theophrastus Bombastus von Hohenheim, genannt Paracelsus (1493-1541) an der Universität Basel am 3. und 4. Dezember 1993. Stuttgart 1995.

Zimmermann/Keil (1985): Zimmermann, Volker; Keil, Gundolf: „Magdalenenbalsam". In: Kurt Ruh; Gundolf Keil; Werner Schröder u.a. (Hrsg.): Die deutsche Literatur des Mittelalters. Verfasserlexikon, Bd. 5. Berlin, New York, 2. völlig neu bearb. Aufl. 1985, Sp. 1121-1125.

Zitzmann (1951): Zitzmann, Rudolf: Der ordo-Gedanke des mittelalterlichen Weltbildes und Walthers Sprüche im ersten Reichston. In: Deutsche Vierteljahresschrift für Literaturwissenschaft und Geistesgeschichte 25 (1951), S. 40-53.

Zoepfl (1916/19): Zoepfl, F.: Der Arzt Ulrich Ellenbog. In: Archiv für die Geschichte des Hochstifts Augsburg 5 (1916/19), S. 111-164.

Zutt (2000): Zutt, Herta: Das 'Kräuterbuch' von Adam Lonitzer. Entstehung und Erneuerung, Intention und Wirkung. In: Ehrenfeuchter/Ehlen (2000), S. 275-304.

Anhang I: Verzeichnis der Überlieferung und der Ausgaben mittelalterlicher deutscher Fachliterartur der Alchemie

Das nachfolgende Verzeichnis faßt die mir bekannte Überlieferung der deutschen Fachliteratur der Alchemie des Mittelalters zusammen. Es werden sowohl die handschriftliche wie gedruckte Überlieferung aufgelistet als auch eventuell bereits veröffentlichte Textausgaben.

Übersicht:

I.1. Deutschsprachige Übersetzungen

I.1.1. Arnald von Villanova

„*Epistula de sanguine*" (lat. und deutsche Überlieferung):

- Bern, Burgerbibliothek, Pgt.-Hs. XI 61 in 8°, Bl. 17^{r}-19^{v} (frühes 15. Jahrhundert)
- Bologna, Universitätsbibliothek, Hs. 169 (181), Textabschnitt 6
- Kopenhagen, Königliche Bibliothek, GKS, Hs. 1713 in 4°, Bl. 1
- London, British Museum, Ms. Sloane 75, Bl. 183^{v}-184^{r}
- London, British Museum, Ms. Sloane 3124, Bl. 187^{v}-191^{v}
- London, British Museum, Ms. Sloane 3661, Bl. 246^{v}-547^{v}
- London, British Museum, Additional-Ms. 27584, Bl. 83^{r}-85^{r}
- Oxford, Bodleian Library, Ms. Digby 164, Bl. 21^{r}-24^{v} (nach Romswinkel handelt es sich hierbei aber nicht um eine „*Epistula*"-Fassung, sondern um einen alchemistischen Bluttraktat, der unabhängig von der „*Epistula de sanguine*" überliefert wurde. Vgl. hierzu Romswinkel (1974) S. 15, Anmerkung 4)
- Oxford, Bodleian Library, Canonici Misc. 334, Bl. 57^{v}-58^{v}
- Oxford, Bodleian Library, Canonici Misc. 480, Bl. 56^{v}-57^{r}
- Venedig, San-Marco-Bibliothek, Hs. VI, 214, Bl. 52^{v}-55^{v} (vom Jahr 1472)
- Wolfenbüttel, Herzog-August-Bibliothek, Hs. 3070, Bl. 228^{r}-229^{r} (diese auf Thorndike zurückgehende Sigantur ist falsch, worauf bereits Romswinkel hingewiesen hat. Vgl. hierzu Romswinkel (1974) S. 15, Anmerkung 5)

„*Epistula ad Ricardum de virtute quercus*"

Deutsche Übersetzungen in Handschriften:

- Hamburg, Universitätsbibliothek, cod. med. 801, S. 273-278 (1500, nordalemannisch)
- Göttingen, Staatsbibliothek, cod hist. nat. 42, Bl. 40^{r}-43^{v} (um 1500, nürnbergisch)
- Leipzig, Universitätsbibliothek, C. 278, Bl. 229^{v}-230^{v} (1. Hälfte 15. Jahrhundert, hochdeutsch)
- Utrecht, Universitätsbibliothek, 237 (olim 1 H 14), Bl. 35^{rv} (2. Hälfte 14. Jahrhundert, nordniedersächsisch mit niederfränkischem Einschlag)
- Kassel, Murhardsche Bibliothek und Landesbibliothek, cod. med. 8° 2, Bl. 29^{v}-31^{v} (um 1510, Kröpelin)
- Deventer, Stadtbibliothek, Hs. I, 107 (olim 111 E 5), Bl. 258^{v}-259^{r} (1474, Deventer; es handelt sich hierbei um eine Bearbeitung)

Ausgaben:

- Knapp (1954) S. 40-45 (nach Hamburg, cod. med. 801)
- Telle (1986) S. 44-50 (nach Göttingen, cod hist. nat. 42)

„Liber de vinis"

Deutsche Handschriften:

- London, British Museum, Loan 29/332 (2. Hälfte 14. Jahrhundert, nordniedersächsisch mit niederfränkischem Einschlag)
- Leiden, Universitätsbibliothek, Bibl. publica lat. 2557 (um 1425, Zutphen; niederfränkisch)
- Gent, Universitätsbibliothek, Hs. 1457, Bl. 172^{v}-177^{v} (2. Hälfte 15. Jahrhundert; südwestgelderländisch)

Zu den Druckausgaben vgl.:

- Sudhoff (1908) S. 134-138
- Klebs (1938) S. 57f.

Ausgaben:

- Daems (1958) S. 94-99 (nach Leiden, Bibl. publica lat. 2557)
- Braekman (1968) S. 105-133 (nach Gent, Hs. 1457)
- Braekman (1974) S. 283-318 (nach London, Loan 29/332)
- Sigerist (1943) bietet ein Faksimile des Eßlinger Erstdrucks von 1478.

Daneben finden sich Texte von Pseudo-Arnald von Villanova in:

- Basel, Universitätsbibliothek, Ms. L IV 1 von 1550

I.1.2. Geber (latinus)

Deutsche Handschriften:

- Bamberg, Staatsbibliothek, Ms. HJ. VI. 26, Bl. 38^{r}-66^{v} („*Liber divinitatis*" (Dschabir), 17. Jahrhundert)
- Bamberg, Staatsbibliothek, Ms. L. III. 40, Bl. 48^{v}-56^{r} und Bl. 213^{v}-216^{v}. (16. Jahrhundert)
- Berlin, Staatsbibliothek Preußischer Kulturbesitz, mgq 848, Bl. 82^{v}-85^{v} („*Buch von der Erfahrung*", 16. Jahrhundert)
- Dresden, Landesbibliothek, Mscr. N 123 („*Buch von den Wirkungen und Operationen*", 18. Jahrhundert)
- Frankfurt, Freies Deutsches Hochstift, Hs. B/67, Bl. 29^{r}-30^{v} (Auszug aus der „*Summa perfectionis*", 15. Jahrhundert)
- Gotha, Forschungsbibliothek, cod. Chart. B 361, Bl. 30^{r}-41^{v} („*Buch der Gottheit*" (Dschabir), um 1600)
- Gotha, Forschungsbibliothek, cod. Chart. B 368, Bl. 1^{r}-15^{v} (noch zu bestimmender und abzugrenzender Text, 16. Jahrhundert)
- Gotha, Forschungsbibliothek, cod. Chart. B 1233, Bl. 86^{v}-87^{r} (17. Jahrhundert)
- Heidelberg, Universitätsbibliothek, cpg 467, Bl. 188^{v}-192^{r} („*Buch der Vollkommenheit*", 16. Jahrhundert)
- Kassel, Murhardsche Bibliothek und Landesbibliothek, 4° Ms. chem. 48, unfoliert („*Buch der Gottheit*", um 1600)

- Kassel, Murhardsche Bibliothek und Landesbibliothek, 8° Ms. chem. 32, Bl. 43^v-44^r („*Ersuchung der Kunst*", 16. Jahrhundert)
- Leiden, Universitätsbibliothek, cod. Voss. chem. F. 6, Bl. 317^r-318^v („*Buch des Reichs*" (Dschabir ?), 16. Jahrhundert)
- Leiden, Universitätsbibliothek, cod. Voss. chem. Q. 6, Bl. 28^r-30^r („*Von der Erfahrung der Wahrheit*", 16. Jahrhundert)
- Leiden, Universitätsbibliothek, cod. Voss. chem. Q. 51, Bl. 125^r-134^r („*Testament*", 16. Jahrhundert)
- London, Wellcome Historical Medical Library, Ms. 526, Bl. 390^v-394^r („*Liber radicum*" (Dschabir), 16. Jahrhundert)
- New Haven/Connecticut, Yale University Library, Mellon Ms. 38, Bl. 6^r-19^v („*Buch der Heiligkeit oder Heimlichkeit*", 16. Jahrhundert)
- Nürnberg, Germanisches Nationalmuseum, Hs. 16752, Bl. 22^r-38^v („*Buch der Gottheit*"), Bl. 39^r-42^v („*Testamentum*", 16. Jahrhundert)
- Weimar, Zentralbibliothek der deutschen Klassik, Ms. Q 456, S. 69-141 (noch zu bestimmendes „*Buch König Gebers*", 17. Jahrhundert)

Deutsche Drucke

- Vonn der verborgenheyt der Alchimia, Straßburg: J. Grüninger, 1530.
- Buch der Heyligkeyt (Secretum), in: Correctorium alchymiae Ricardi Anglici, Straßburg: B. Jobin, 1581, S. 137-151 (erneut: Straßburg 1596).
- Gebri Summa perfectio. Das ist / Deß (...) Geber Bůchlin / von der (...) Vollkommenheit / der Allgemainen Artzeney, Straßburg: L. Zetzners Erben, 1625.
- Curieuse vollständige Chymische Schrifften, hrsg. von Phileletha, Frankfurt, Leipzig: H. Ph. Ritschel, 1710 (erneut: Wien 1751, Wien 1753, Wien 1792 [„Commentaria über Gebers Werke"])

I.1.3. Johannes von Teschen

Deutsche Handschriften:

- Kassel, Murhardsche Bibliothek und Landesbibliothek, 4° Ms. chem. 32, unfoliert (2. Hälfte 16. Jahrhundert; „*Lumen secretorum*", ein mit kommentierenden Fremdzusätzen versehener Auszug)
- Kassel, Murhardsche Bibliothek und Landesbibliothek, 4° Ms. chem. 33, Heft 6, Bl. 12^v-20^v (2. Hälfte 16. Jahrhundert; „*Lumen secretorum*")
- Gotha, Forschungsbibliothek, cod. Chart. B 1233, Bl. 79^v-81^v (17. Jahrhundert; „*Lumen secretorum*")

Deutsche Drucke:

- Drey Vortreffliche (...) Chymische Bücher, Hamburg: J. Naumann 1670, S. 42-82 (lat. „*Processus*" und deutsche Reimübersetzung, angeblich nach einer Handschrift aus dem Jahr 1412; lat.-dt. Prosa-„*Aenigma*")

Dieselben Texte befinden sich auch in:

- Johannis Ticinensis, eines Böhmischen Priesters / (...) vortreffliche und außführliche Chymische Bücher, Hamburg: G. Liebezeit 1691, S. 42-84
- Deutsches Theatrum Chemicum, hrsg. von F. Rothg-Scholtz, Teil III, Nürnberg: A. J. Felßecker 1732 (Neudruck: Hildesheim, New York 1976), S. 607-649 (S. 608-636/637: „*Processus*"; S. 636/637-649: Prosa-„*Aenigma*")

I.1.4. Konrad von der Weyden

Deutsche Handschriften:

- Nürnberg, Germanisches Nationalmuseum, Hs. 198353, Bl. 85^{v}-88^{v} (aus der Mitte des 15. Jahrhunderts) und
- Nürnberg, Germanisches Nationalmuseum, Hs. 9715, Bl. 160^{r}-166^{v} (aus der 2. Hälfte des 15. Jahrhunderts).

I.1.5. Kuno von Falkenstein

Deutsche Handschriften:

- Berlin, Staatsbibliothek Preußischer Kulturbesitz, mgf 172, Bl. 157^{v}-158^{v} (16. Jahrhundert; ein Text mit Anweisungen zur Goldherstellung; der mit der Überschrift „*Wiltu edell guett goldt machenn*" beginnende Fachtext enthält den Autorenvermerk „*Conradus de Falckenstein*")
- Der cod. germ. 36 der Budapester Széchényi-Nationalbibliothek aus dem 15. Jahrhundert enthält ein Aurum-potabile-Rezept (Bl. 36^{v}-37^{v}), das „*ein ertzbischoue zu Trijer, Cuno genannt, gemacht hat*".
- Im cod. Voss. chem. O. 4 der Leidener Universitätsbibliothek findet sich in einem alchemischen Fachtext aus dem 15. Jh. (Bl. $16^{r-(?)v}$) der Vermerk: „*maister Kunratz von Falkenstein des Bischofs von Trier operacio*".
- London, British Library, Ms. Harley 5403, Bl. 73^{r}-74^{v} (15. Jahrhundert enthält eine deutsche (?) „*Practica domini Cunonis Treverensis Archiepiscopi qui emit pro 2000 florinis*")
- Wolfenbüttel, Herzog-August-Bibliothek, cod. 531 Nov., unpaginiert (17. Jahrhundert, Autorennennung: „*Herrn Conrat von Falckenstein, des Bischoffs von Trirs*").

I.1.6. Pseudo-Raimundus Lullus

1. „*Testamentum*":

- Berlin, Staatsbibliothek Preußischer Kulturbesitz, mgf 179, Bl. 221^{r}-249^{v};
- Leiden, Universitätsbibliothek, cod. Voss. chem. F. 9, Bl. 39^{r}(?)-283^{r};
- Leiden, Universitätsbibliothek, cod. Voss. chem. F. 20, Bl. 205^{r}-294^{v};
- Leiden, Universitätsbibliothek, cod. Voss. chem. F. 23, Bl. 1^{r}-16^{r} („*Alphabetum*"), Bl. 326^{v}-364^{v};

- London, Wellcome Historical Medical Library, cod. 524, Bl. 56^{r}-66^{v} („*Alphabetum*“);
- Wolfenbüttel, Herzog-August-Bibliothek, cod. 74 Blank., ab Bl. 206r und Bl. 346^{r}.(Der Umfang der Texte ist noch nicht genau bestimmt worden.)

2. „*Elucidatio Testamenti*“:

- Darmstadt, Landesbibliothek, cod. 1582, Bl. 30^{v}-33^{v};
- Leiden, Universitätsbibliothek, cod. Voss. chem. F. 20, Bl. 395^{v}-397^{v}.

3. „*Summa Testamenti*“:

- Kassel, Murhardsche Bibliothek und Landesbibliothek, 2° Ms. chem. 13, Bl. 157^{v}-164^{r}.

4. „*Testamentum novissimum*“:

- Leiden, Universitätsbibliothek, cod. Voss. chem. F. 20, Bl. 352^{r}-395^{v}.

5. „*Codicillus*“:

- Kassel, Murhardsche Bibliothek und Landesbibliothek, 4° Ms. chem. 48, ohne Blattzählung
- Leiden, Universitätsbibliothek, cod. Voss. chem. F. 20, Bl. 295^{r}-336^{r}.

6. „*Apertorium*“:

- Prag, Universitätsbibliothek, cod. Lobk. 491, ab Bl. 386^{r}. (Der Umfang des Textes ist bisher noch nicht genau bestimmt worden.)

7. „*Epistel an König Robert*“:

- Kassel, Murhardsche Bibliothek und Landesbibliothek, 4° Ms. chem. 20, Bl. 87^{r}-94^{v};
- London, Wellcome Historical Medical Library, cod. 450, Bl. 3^{rv}.

8. „*Epistola accurtationis*“:

- Leiden, Universitätsbibliothek, cod. Voss. chem. Q. 21, Bl. 130^{r}-148^{r}.

9. „*Anima artis transmutationis*“:

- Leiden, Universitätsbibliothek, cod. Voss. chem. F. 20, Bl. 337^{r}-351^{r}.

10. „*Lux mercuriorum*“:

- Leiden, Universitätsbibliothek, cod. Voss. chem. F. 20, Bl. 398^{r}-400^{r}.

11. „*Ars operatoria*“:

- London, Wellcome Historical Medical Library, cod. 538, Bl. 87^{r}-103^{v}.

12. „*Destillierkunst*“:

- St. Gallen, Stadtbibliothek (Vadiana), cod. 398, 34 Bll.

13. Daneben finden sich noch Auszüge aus bislang noch nicht identifizierten Pseudo-Lullus-Schriften in:

- Leiden, Universitätsbibliothek, cod. Voss. chem. F. 22, Bl. 178^{r}-224^{r};

- Leiden, Universitätsbibliothek, cod. Voss. chem. Q. 17, Bl. 317ᵛ-326ʳ.

Zusätzlich:

Ebenfalls bereits im 15. Jahrhundert gibt es eine deutsche Übertragung des „*Liber lucis*" des Johannes de Rupescissa, der in der deutschen Fassung allerdings Raimundus Lullus zugeschrieben wird:

- Unter dem Titel „*Magisterium Mercurii*" findet sich der Text im cod. Voss. chem. F. 6, Bl. 397ʳ-403ᵛ, der Universitätsbibliothek Leiden und
- als „*Puech des lichts*" wird er im Ms. 7, Bl. 97ʳ-101ᵛ, der Catholic University of America in Washington überliefert.

Darüber hinaus enthält die Handschrift Basel, Universitätsbibliothek, Ms. L IV 1 von 1550 auch Werke von Pseudo-Raimundus Lullus.

I.1.7. Archilaus: „*Von der kunst alchimi*"

Deutsche Handschriften:

- München, Bayerische Staatsbibliothek, cgm. 309, Bl. 43ʳ-102ʳ (1. Hälfte 15. Jahrhundert, Niederschrift im Rahmen einer „*Translacio multorum documentorum*")

I.1.8. Ricardus Anglicus

Deutsche Handschriften:

- Washington, D.C., The Catholic University of America, Ms. No. 129, Bl. 3ʳ-34ᵛ (15. Jahrhundert, anonym, Titel: „*Corrector fatuorum, ain straff der toren*")

Deutsche Drucke:

- Correctorivm alchymiae Richardi Anglici. Das ist Reformierte Alchimy / oder Alchimeibesserung / vnd Straffung der Alchimistischen Mißpräuch, Straßburg: B. Jobin 1581, 30 S. (eine vom Nürnberger Stadtarzt H. Wolf (1520-81) dem Paracelsisten M. Schütz (um 1515-81) zur Verfügung gestellte und von J. Fischart hrsg. Übersetzung der lat. Fassung I von I. Pomisius, 1559); erneut: Straßburg: B. Jobins Erben 1596.
- Die reformierte Alchimij oder straffung der falschen Alchimisten, in: Turba philosophorum; Das ist / Das Buch von der gůldenen Kunst, hrsg. v. Ph. Morgenstern, Basel: J. Schröter für L. König 1613, Bd. I, S. 475-503 (Übersetzung der lat. Fassung II); erneut: Wien: J.P. Krauß 1750, Bd. 1, S. 578-612.

I.1.9. „*Rosarium philosophorum*"

Deutsche Handschriften:

- Darmstadt, Hessische Landesbibliothek und Hochschulbibliothek, Ms. 1049, Bl. 1^r-141^r (16. Jahrhundert)
- Dresden, Landesbibliothek, Ms. N 174, Bl. 33^r-49^v (aus dem Jahr 1529)
- Gotha, Forschungsbibliothek, cod. Chart. A 1153, Bl. 57^r-87^r (17. Jahrhundert)
- Kassel, Murhardsche Bibliothek und Landesbibliothek, 8° Ms. chem. 21, Bl. 60-?, Bl. 81-83 (16. Jahrhundert, überliefert nur nur einen Auszug des vollständigen Textes)
- Leiden, Universitätsbibliothek, cod. Voss. chem. F. 27, Bl. 13^r-26^r (16. Jahrhundert, Übersetzung der lat. Fassung A eines Andreas Peltzer von 1407)
- Leiden, Universitätsbibliothek, cod. Voss. chem. F. 12, Bl. 123^r-195^v (ca. 1570/75)
- Marburg, Universitätsbibliothek, Ms. 101, Bl. 3^r-44^v (um 1600, es handelt sich hierbei um eine Bearbeitung)
- St. Gallen, Stadtbibliothek (Vadiana), cod. Vad. 394b (um 1600).

Deutsche Drucke:

- Turba philosophorum; Das ist / Das Buch von der gůldenen Kunst, hrsg. v. Ph. Morgenstern, Basel 1613, Bd. II, S. 185-368 (eine mit Zusätzen versehene Ausgabe, ergänzt wurden: das Spruchgedicht nach der „*Turba philosophorum*", die Lehrdichtung „*Vom Stein der Weisen*" und Johann Sternbergs Prosakommentar zum Bildgedicht „*Das nackte Weib*") auch: Wien 1750, Bd. II, S. 235-447.

Ausgabe:

- Telle (1992a)

I.1.10. Das pseudo-aristotelische „*Secretum secretorum*"

Zur weitverzweigten Überlieferung des „*Secretum secretorum*" vgl. Keil (1992) Sp. 1002-1010.

Zur deutschen Überlieferung der alchemistischen Teile der „*Epistula ad Alexandrum*" („*Versepistel des Aristoteles an Alexander über den philosophischen Stein*") des „*Secretum secretorum*" vgl. unten in I.2.5.9.

I.1.11. Senior Zadith

Deutsche Handschriften der „*Tabula chemica*":

- Wien, Österreichische Nationalbibliothek, cod. 2372 (Med. 98), Bl. 1^r-29^r (2. Hälfte 14. Jahrhundert, mittelniederländisch)
- Halle, Universitätsbibliothek und Landesbibliothek, Ms. 1/C a/2, Bl. 455^r(?)-458^r (15. Jahrhundert)

- Leiden, Universitätsbibliothek, cod. Voss. chem. F. 6, Bl. 12^r-34^v (16. Jahrhundert)
- Leiden, Universitätsbibliothek, cod. Voss. chem. F. 12, Bl. 6^r-27^v (16. Jahrhundert)

Darüber hinaus finden sich Senior Zadith-Exzerpte in deutschen Fassungen des „*Rosarium philosophorum*" und in der „*Aurora consurgens*" des Pseudo-Thomas von Aquin.

I.1.12. Die „*Tabula Smaragdina*"

Deutsche „*Tabula Smaragdina*"-Handschriften:

- Basel, Universitätsbibliothek, Ms K II 8 (vom Jahr 1597; Titel: „*Taffel Hermetis*"; der deutsche „*Tabula Smaragdina*"-Text ist Teil des deutschen Werkes „*De Humido Radicali*" des Martin Sturtz von Geyer)
- München, Bayerische Staatsbibliothek, clm 25110, Bl. 262^r-265^r (15./16. Jahrhundert)
- Wien, Österreichische Nationalbibliothek, cod. 3001, Bl. 100^v-101^r (um 1480)

Die Überlieferung der deutschen „*Tabula Smaragdina*" mit dem Kommetar des Hortulanus in Abschriften aus dem 16. Jahrhundert:

- Hamburg, Staatsbibliothek und Universitätsbibliothek, cod. alch. 656, Bl. 109-137
- Heidelberg, Universitätsbibliothek, cpg 467, Bl. 176^r-188^r
- Heidelberg, Universitätsbibliothek, cpg 598, Bl. 115^r-122^v
- Kassel, Murhardsche Bibliothek und Landesbibliothek, 2° Ms. chem. 2, Bl. 27^v-42^v
- Kassel, Murhardsche Bibliothek und Landesbibliothek, 4° Ms. chem. 43 (unfoliert), Abschnitt Nr. 2
- Kassel, Murhardsche Bibliothek und Landesbibliothek, 4° Ms. chem. 60/II, Bl. 19^r-29^v
- Kopenhagen, Königliche Bibliothek, GKS 1719, 4°, ab folio 219
- Leiden, Universitätsbibliothek, cod. Voss. chem. F. 5, Bl. 215^r-223^v
- Leiden, Universitätsbibliothek, cod. Voss. chem. F. 6, Bl. 350^r-360^r
- Leiden, Universitätsbibliothek, cod. Voss. chem. F. 27, Bl. 217^v-231^r
- Leiden, Universitätsbibliothek, cod. Voss. chem. Q. 6, Bl. 22^r-27^v

Deutsche Drucke:

- Kurtzer Bericht Von dem Fundament der [...] Kunst Voarchadumiae, hrsg. von J. Schaubert, Magdeburg 1600, S. F 3f. (mit Hortulanus-Kommentar)
- Johann von Padua, Consummata sapientia seu philosophica sacra, hrsg. von J. Schaubert, Magdeburg 1602, S. M 2
- Occulta Philosophia Von den verborgenen [...] Geheimnussen [...] sampt Der Smaragd Taffel [...] Hermetis Trismegisti, Frankfurt 1613, S. 50f.
- Prodomus rhodo-stauroticus, Parergi Philosophici, o.O. 1620, S. 4f.

Zur Überlieferung bei Caspar Hartung vom Hoff vgl. Haage (1975) S. 7 + 120f. sowie Telle (1980b) S. 126f.

I.1.13. Johannes de Rupescissa

„Liber de consideratione quintae essentiae rerum omnium"

Deutsche Handschriften:

- Bamberg, Staatsbibliothek, Ms. nat. 8, Bl. 2-7 (2. Hälfte 16. Jahrhundert, um 1570)
- Basel, Universitätsbibliothek, cod. L. IV. 1, Bl. 4-22 und Bl. 122/123 (um 1550)
- Basel, Universitätsbibliothek, cod. D. II. 24, Bl. 1^{r}-46^{v} (2. Hälfte 16. Jahrhundert, um 1570)
- Erlangen, Universitätsbibliothek, cod. B. 32, Bl. 252ra-266va (vom Jahr 1484, oberdeutsch)
- Erlangen, Universitätsbibliothek, cod. B. 38, Bl. 1^{r}-12^{v} (2. Hälfte 15. Jahrhundert, oberdeutsch-schwäbisch)
- Frankfurt, Freies Deutsches Hochstift, cod. B/67, Bl. 3^{r}-5^{v} und Bl. 120^{r}-127^{v} (2. Hälfte 15. Jahrhundert, westmitteldeustch)
- Gotha, Forschungsbibliothek, cod. A 519, Bl. 237^{v}-239^{v} (um 1600)
- Gotha, Forschungsbibliothek, cod. A 520, Bl. 266^{v}-^{303v} (1. Hälfte 17. Jahrhundert)
- Gotha, Forschungsbibliothek, cod. Chart. B 368, Bl. 34^{r}-38^{v} und Bl. 71^{r}-86^{v} (2. Hälfte 16. Jahrhundert)
- Hamburg, Staatsbibliothek und Universitätsbibliothek, Ms. alchem. 656, Bl. 1-46 (die Richtigkeit dieser Angabe ist zu überprüfen, da Herkommer sie nennt, Benzenhöfer aber nicht)
- Heidelberg, Universitätsbibliothek, cpg 233, Bl. 1^{r}-31^{r} (2. Hälfte 15. Jahrhun dert, rheinfränkisch)
- Kalocsa, Kathedralbibliothek, Ms. 376, Bl. 271^{r}-284^{r} (vom Jahr 1472, ostmitteldeutsch-bairisch)
- Kassel, Murhardsche Bibliothek und Landesbibliothek, 4° Ms. chem. 32 (die Richtigkeit dieser Angabe ist zu überprüfen, da Herkommer sie nennt, Benzenhöfer aber nicht)
- Kassel, Murhardsche Bibliothek und Landesbibliothek, 4° Ms. chem. 48 (die Richtigkeit dieser Angabe ist zu überprüfen, da Herkommer sie nennt, Benzenhöfer aber nicht)
- Kassel, Murhardsche Bibliothek und Landesbibliothek, 4° Ms. chem. 73 (die Richtigkeit dieser Angabe ist zu überprüfen, da Herkommer sie nennt, Benzenhöfer aber nicht)
- Kassel, Murhardsche Bibliothek und Landesbibliothek, 8° Ms. chem. 32, Bl. 9^{v}-12^{r} und Bl. 27^{r}-30^{r} (Mitte 16. Jahrhundert; Zur Ausgabe des hier vorliegenden „*Kunstbüchleins*" des Alchemisten Caspar Hartung vom Hoff, vgl. Haage (1975), allerdings ohne Identifizierung der „*Consideratio*"-Auszüge auf Bl. 9^{v}-10^{r}, 11^{v}, 12^{r} und 27^{r}-30^{r})

- Leiden, Universitätsbibliothek, cod. Voss. chem. F. 5, Bl. 299^{v}-300^{v} (2. Hälfte 16. Jahrhundert, vor 1587)
- Leiden, Universitätsbibliothek, cod. Voss. chem. Q. 45, Bl. 45^{r}-46^{v} (2. Hälfte 16. Jahrhundert, vor 1574)
- Leiden, Universitätsbibliothek, cod. Voss. chem. Q. 52, Bl. 184^{r}-185^{r} (2. Hälfte 16. Jahrhundert, um 1580)
- Leiden, Universitätsbibliothek, cod. Voss. chem. Q. 54, Bl. 124^{r}-128^{v} (2. Hälfte 16. Jahrhundert)
- München, Bayerische Staatsbibliothek, cgm 33, Bl. 31^{r}-91^{r} (2. Hälfte 15. Jahrhundert, bairisch-österreichisch)
- München, Bayerische Staatsbibliothek, cgm 3741, Bl. 215^{r}-217^{v} und Bl. 335^{r}-337^{r} (um 1550)
- New Haven/Connecticut, Yale University Library, Mellon Ms. 16, Bl. 1-158 (um 1475, bairisch-schwäbisch)
- New Haven/Connecticut, Yale University Library, Mellon Ms. 30, Bl. 128^{r}-179^{v} (vom Jahr 1528)
- Nürnberg, Stadtbibliothek, cod. Cent. VI, 5, Bl. 1^{r}-101^{r} (1. Hälfte 16. Jahrhundert, nach 1512)
- Salzburg, Universitätsbibliothek, cod. M II 180, Bl. 72^{r}-105rb (um 1440, rheinfränkisch)
- Salzburg, Universitätsbibliothek, cod. M III 3, Bl. 458ra-488vb (3. Viertel 15. Jahrhundert, rheinfränkisch)
- St. Florian, Stiftsbibliothek, Hs. XI 624, Bl. 14^{r} (16. Jahrhundert, nach 1580)
- Stuttgart, Landesbibliothek, cod. HB XI 12, Bl. 1^{r}-66^{v} (vom Jahr 1485, südwestdeutsch)
- Wien, Österreichische Nationalbibliothek, cod. 2818, Bl. 96ra-129vb (2. Hälfte 15. Jahrhundert, mittelniederländisch)
- Wien, Österreichische Nationalbibliothek, cod. 11319, Bl. 1^{r}-99^{r} (17. Jahrhundert)
- Wolfenbüttel, Herzog-August-Bibliothek, cod. Guelf. 185 Blank., Bl. 119^{r-v} (vom Jahr 1629)

Deutsche Drucke:

- Raimundus Lullus, Künstliche eröffnung aller verborgenhayten vnnd gehaymnussen der natur [...], Augsburg 1546 (auch: Augsburg 1532 und 1533) – lullifizierte Fassung
- Raimundus Lullus, Von außziehung der fünfften Wesenheit / Quinta Essentia [...], in: Paracelsus, Wundt- vnnd Leibartnei, Frankfurt 1549, S. 94^{b}-112^{a} (auch: Frankfurt 1555, S. 162^{b}-191^{b}; Frankfurt 1561, S. 162^{b}-191^{b})
- Anonymus: Wunder Artzney [...], Wie man [...] die Quintam essentiam [...] möge außziehen vnd erkennen, Basel 1573 (gedruckt nach Basel, Universitätsbibliothek, cod. D. II. 24; zweite Ausgabe unter dem Namen des Paracelsus: Basel o.J. [1586]; mit Zuschreibung an Johannes de Rupescissa wieder abgedruckt in: Magnalia medico chymica [...], hrsg. von J.H. Cardilucius, Nürnberg 1676)
- Pandora, Das ist / die Edleste Gab Gottes / oder der Werde vnnd Heilsamme Stein der Weisen, hrsg. von Hieronymus Reusner, Basel: S. Apiarius, 1582, S.

176-205 (auch: Basel 1588, Basel 1598, Frankfurt-Leipzig 1706 [unter dem Titel „*Compendium Alchymisticum Novum*", hrsg. von J.M. Faust] und Hamburg 1727 [„*Compendium*"-Titelausgabe])
- weitere Druckausgaben sind bei Benzenhöfer (1989) S. 43-50 verzeichnet.

Ausgabe:

- Benzenhöfer (1989)

„*Liber lucis*"

Deutsche Handschriften:

- Bamberg, Staatsbibliothek, Ms. hist. nat. 6 (olim L. III. 33), Bl. 6^r-18^v (Bl. 19^r-21^r lateinisch)
- Gotha, Forschungsbibliothek, cod. Chart. B 368, Bl. 16^r-24^v
- Gotha, Forschungsbibliothek, cod. Chart. B 1233, Bl. 75^v-79^r
- Hamburg, Staatsbibliothek und Universitätsbibliothek, cod. alchem. 656, Bl. 1-36
- Kassel, Murhardsche Bibliothek und Landesbibliothek, 4° Ms. chem. 32, ohne Paginierung
- Kassel, Murhardsche Bibliothek und Landesbibliothek, 4° Ms. chem. 33, Heft VI, Bl. 1^r-12^v
- Kassel, Murhardsche Bibliothek und Landesbibliothek, 4° Ms. chem. 48, Bl. 11^r-13^v
- Kassel, Murhardsche Bibliothek und Landesbibliothek, 4° Ms. chem. 73, ohne Paginierung
- Leiden, Universitätsbibliothek, cod. Voss. chem. F. 6, Bl. 397^r-403^v
- Leiden, Universitätsbibliothek, cod. Voss. chem. F. 27, Bl. 239^r-249^v
- Leiden, Universitätsbibliothek, cod. Voss. chem. Q. 54, Bl. 128^v-131^r (die Richtigkeit dieser Angabe ist zu überprüfen, da Herkommer sie nennt, Benzenhöfer aber nicht)
- London, British Library, Ms. Sloane 2701, Bl. 142^v-146^v und Bl. 148^r-151^r
- München, Bayerische Staatsbibliothek, cgm 3741, Bl. 200^r-205^v
- Washington, Catholic University of America, Ms. 129, Bl. 97^r-101^v (der Text mit dem Titel „*Liber lucis*" wird hier allerdings Pseudo-Raimundus Lullus zugeschrieben, weshalb seine Zugehörigkeit zum Schriftencorpus des Johannes de Rupescissa noch zu überprüfen ist)
- Wolfenbüttel, Herzog-August-Bibliothek, cod. 185 Blankenburg, Bl. 124^v-130^v
- Wolfenbüttel, Herzog-August-Bibliothek, cod. 187 Blankenburg, Bl. 164^r-173^v
- Wolfenbüttel, Herzog-August-Bibliothek, cod. 306.1 Extrav., Bl. 1^r-7^v

Deutsche Drucke:

- Thesaurus mundi, in: Heptas Alchymica, hrsg. von Theophil Neander, Hall 1621, S. 294-320.

I.1.14. Die „*Turba philosophorum*"

Deutsche Prosaübersetzungen:

- Bamberg, Staatsbibliothek, Ms. nat. 9, Bl. 144^v-207^r (1536, Titel: 'Buch der Schar der Liebhaber der Weisheit')
- Glasgow, Universitätsbibliothek, Ferguson Ms. 6, Bl. 13-30 (16. Jahrhundert, Titel: „*Lielium*")
- Halle, Universitätsbibliothek und Landesbibliothek, Ms. 1/C a/2, Bl. 1^r-102^r (15. Jahrhundert, beginnend mit dem Incipit: „*Der anefangk des puchs der schar philozophorum das gehaissen wirt das puch der warheit jn der verporgen kunste*"; dem Text folgt die „*Visio Arislei*" (Bl. 102r-106v), die Ruska zur „Turbaliteratur im weiteren Sinne" rechnet)[1693]
- Heidelberg, Universitätsbibliothek, cpg 635, Bl. 35^r-292^r (16. Jahrhundert, Titel: „*Buch der schare der Philosophen*")
- Kassel, Murhardsche Bibliothek und Landesbibliothek, 2° Ms. chem. 2, T. 4, Bl. 1^r-10^v (16. Jahrhundert, Titel: „*Etliche Spruch aus der Turba philosophorum*").

Florilegien und Dictasammlungen mit deutschen „*Turba philosophorum*"-Texten:

- München, Bayerische Staatsbibliothek, cgm 3738 (16. Jahrhundert, Zitatkollektanee mit vielen „*Turba philosophorum*"-Dicta)
- „*Gloria mundi*" (16. Jahrhundert, gedruckt seit 1620), in: Deutsches Theatrum Chemicum, Bd. 3, hrsg. von F. Roth-Scholtz, Nürnberg 1732, Traktat 3, S. 450-536: „*Von der Schaar der Philosophen*" (mit einer Auslegung der Sprüche der Philosophen).

Zur Überlieferung des Spruchgedichts nach der „*Turba philosophorum*" und des Bildgedichts nach der „*Turba philosophorum*" vgl. unten in den Kapiteln I.2.5.10. und I.2.5.11.

I.1.15. Winand vom Roten Schild

Deutsche Handschriften:

- Bamberg, Staatsbibliothek, Msc. Nat. 6 (olim L.III. 33), Bl. 70-91 (16. Jahrhundert; „*Practica*" bzw. „*Ere der welt*")
- Hamburg, Staats- und Universitätsbibliothek, cod. alchim. 597, Bl. 23-27 (17. Jahrhundert)
- Heidelberg, Universitätsbibliothek, cpg 467, Bl. 380^v-390^v (16. Jahrhundert; 'Licht der Lichter' bzw. 'Ehre der Welt')
- Kassel, Murhardsche Bibliothek und Landesbibliothek, 8° Ms. chem. 32, Bl. 92^r-123^v (16. Jahrhundert; „*Lumen luminum*")
- Leiden, Universitätsbibliothek, cod. Voss. chem. Q. 51, Bl. 49^v-50^r (16. Jahrhundert; Auszug aus dem „*Lumen luminum*")
- London, Wellcome Historical Medical Library, Ms. 800, Bl. 14^r-15^v (17. Jahrhundert; ein Auszug)

[1693] Vgl. hierzu auch Ruska (1931) S. 323-328

- München, Bayerische Staatsbibliothek, cgm 5443, Bl. 223-234 (16. Jahrhundert; Verfasser: „*Wigandus*"; Titel: „*Lumen luminum Rasis*")
- Venedig, Markusbibliothek, cod. San Marco fondo antico 323, Bl. 201^{v}-206^{v} (15. Jahrhundert; mit lateinischen Abschnitten)

Deutsche Drucke:

- Philaletha, Drey [...] Tractätlein Von Verwandelung der Metallen, übersetzt von Johann Lange, Hamburg 1675; auch: Wien 1748 (darin enthalten ist eine deutsche „*Gloria mundi*"-Fassung, deren Verfasser den Namen „*Wigand vom rothen Schilde*" trägt)

I.1.16. Alanus (philosophus)

Die „*Lehre vom metallischen Wasser*":

Deutsche Handschriften:

- Coburg, Landesbibliothek, Ms. Cas. 26, Bl. 192^{r}-193^{r} (15. Jahrhundert; Incipit wie Ms. Rom)
- Dresden, Landesbibliothek, Ms. N 175, Bl. 2^{r}-7^{v} (16. Jahrhundert; Vollfassung, Incipit wie Ms. Halle)
- Halle, Landesbibliothek, ms. 1/C a/2, Bl. 380^{v}-383^{r} (15. Jahrhundert, bairisch; Incipit: „*Ir aller liebsten brüder sucht mit ganczem fleiß vnd der forschent das wasser der metallen*")
- Heidelberg, Universitätsbibliothek, cpg 635 (16 Jahrhundert; enthält auf Bl. 293 folgenden Autorenvermerk: „*geticht vnd lere des meisters Albani*")
- Rom, Bibliotheca Apostolica Vaticana, cod. Vat. lat. 1329, Bl. 140^{r}-143^{v} (1430, Schlesien; Incipit: „*Eyn dinck czu dirwelen aws allen dingen, das ist eyner bleichen varbe*")

Die „*Dicta de lapide philosophorum*":

Deutsche Handschriften:

- Amsterdam, Bibliotheca Philosophica Hermetica, Ms. M 104, Bl. 21-28 (1614; Druckabschrift)
- Kassel, Murhardsche Bibliothek und Landesbibliothek, 4° Ms. chem. 34, Fasz. 3, Bl. 1^{r}-8^{v}, Bl. 35^{v} (Exzerpt; Ende 16. Jahrhundert)
- Kassel, Murhardsche Bibliothek und Landesbibliothek, 4° Ms. chem. 41, nicht foliert (1598, überarbeitet von Daniel Struve)
- Kassel, Murhardsche Bibliothek und Landesbibliothek, 4° Ms. chem. 60, Fasz. 3, Bl. 87^{r}-93^{r} (Ende 16. Jahrhundert)
- Leiden, Universitätsbibliothek, cod. Voss. chem. Q. 1, Bl. 45^{r}-47^{r} (um 1600).

Deutsche Drucke:

- Bernardus Trevisanus, Von der Hermetischenn Philsophia [...] Item/Dicta Alani, hrsg. von Michael Toxites, Straßburg: Ch. Müller, 1574, nicht paginiert (Editio princeps; Vorlage: Abschrift aus dem Besitz des Nürnberger Paracelsisten Heinrich Wolff); weitere Ausgaben: Straßburg: Ch. Müllers Erben, 1582; Straßburg: A. Bertram, 1586, 1597 und 1601

- Elucidatio Secretorum, Frankfurt/Main: W. Richter für N. Stein, 1602, S. 335-338 (auch: Frankfurt/Main: N. Stein, 1610)
- Opuscula chemica, hrsg. von Joachim Tanckius, Leipzig: J. Rose 1605, S. 189-214
- Bernhardus innovatus, hrsg. von C. Horn, Nürnberg: W. Endter o.J. (1643), S. 475-500; weitere Ausgaben: Nürnberg: J.D. Taubers Erben, 1717, S. 303-319 (S. 320: A. Cranzius, „*Epitaphium Alani*"); Nürnberg: J.P. Krauß, 1746 und 1747 (S. 307: „*Dicta Alani/Von* [...] *Alano de Insulis*")
- Radix chimiae, o.O. 1680, S. 84-107
- Der Hermetische Philosophus, Frankfurt-Leipzig: J.G. Grahl (Wien), 1709, S. 304-319
- Chymisch-Unterirdischer Sonnen-Glantz, Frankfurt-Leipzig 1728, S. 152-168.

Ausgabe:

- Barke (1991) S. 434-442 (teilweise fehlerhafte Wiedergabe des deutschen Erstdrucks von 1574)

Lehrbrief „*Von der Elementenwandlung*":

Deutsche Handschriften:

- Halle, Landesbibliothek, Ms. 1/C a/2, Bl. 358-364 (15. Jahrhundert, bairisch)
- Kassel, Murhardsche Bibliothek und Landesbibliothek, 4° Ms chem. 34, Fasz. 3, Bl. 37^{v}-(?) 39^{v} (Ende 16. Jahrhundert)

Deutscher Druck:

- Rotatio elementorum. Vmbkehrung der Element, in: Promtuarium Alchimiae Ander Buch, Leipzig: H. Grosse, 1614, S. 1-18.

I.1.17. Alphidius

1. „*Domus thesaurorum*"

Deutsche Handschriften:

- Leiden, Universitätsbibliothek, cod. Voss. chem. F. 6, Bl. 100^{r}-174^{v} (16. Jahrhundert; umfängliche Übersetzung)
- daneben finden sich Exzerpte in deutschen „*Rosarium philosophorum*" (z.B. in Leiden, Universitätsbibliothek, cod. Voss. chem. F. 27, Bl. 13^{r}-26^{r}) und in der „*Vera scientia alchimiae*".

2. „*Von Körper, Seele und Geist*"

Deutsche Handschriften:

- München, Bayerische Staatsbibliothek, cgm 309, Bl. 123^{r-v} (15. Jahrhundert)

- Kassel, Murhardsche Bibliothek und Landesbibliothek, 4° Ms chem. 33, Heft IV, Bl. 1r-2v (16. Jahrhundert; Titel: „*Eine geleichnis von dem steyne der philosophenn*")

Deutsche Drucke:

- Thesaurinella Olympica aurea tripartitia, hrsg. von B. Figulus, Frankfurt/Main: W. Richter für N. Stein, 1608, S. 55f. (mit Kommentar); weitere Ausgaben: Frankfurt/Main: J. Görlin für G. Wolff (Hamburg), 1682, hier S. 66-68.
- Trinum Chymicum, Straßburg: J.A. Dolhopff, 1699, S. 19-21
- Fasciculus Unterschiedlicher [...] Philosophischen Schrifften Vom Stein der Weisen, hrsg. von Ch. von Hellwig, Leipzig, Bremen: J.A. Grimm, 1719, S. 140-142 (anonym).

Ausgabe:

- Buntz (1968) S. 160-164 (Wiedergabe von München, cgm 309, und der Drucke von 1608 und 1719)

3. „*Sermo*"

Deutsche Handschriften:

- Wien, Österreichische Nationalbibliothek, cod. 11338, Bl. 52v-54v (16. Jahrhundert; Titel: „*Allfidius der Maister sppricht*"; möglicherweise Streuüberlieferung)

I.1.18. Das „*Donum Dei*"

Deutsche Handschriften des 16. Jahrhunderts:

- Basel, Universitätsbibliothek, cod. L IV 1, S. 39-74 (1. Hälfte 16. Jahrhundert/ um 1550)
- Budapest, Országos Széchényi Könyvtár, cod. Germ. 314, Bl. 10r-31v (1599)
- Darmstadt, Landesbibliothek und Hochschulbibliothek, Hs. 1049, Bl. 35-60 (2. Hälfte 16. Jahrhundert)
- Dresden, Landesbibliothek, Mscr. J 190, Bl. 617-638 (2. Hälfte 16. Jahrhundert)
- Dresden, Landesbibliothek, Mscr. N 174, Tl. 2, Bl. 2r-48v (1541)
- Glasgow, University Library, Ferguson Ms. 6, Bl. 129-147
- Hamburg, Staatsbibliothek und Universitätsbibliothek, cod. alchim. 778, Bl. 67r-75v (1594, Druckabschrift)
- Heidelberg, Universitätsbibliothek, cpg 295, Bl. 92r-100r
- Kassel, Murhardsche Bibliothek und Landesbibliothek, 4° Ms. chem. 72, Bl. 264r-268v (um 1600)
- Kassel, Murhardsche Bibliothek und Landesbibliothek, 4° Ms. chem. 35, Fasz. 2, 43 Bll. (vor 1587)
- Leiden, Universitätsbibliothek, cod. Voss. chem. F. 5, Bl. 5r-39v (um 1580/85)
- Leiden, Universitätsbibliothek, cod. Voss. chem. F. 15, Bl. 285r-345v (Ende 16. Jahrhundert; Textabgrenzung unsicher)
- Leiden, Universitätsbibliothek, cod. Voss. chem. F. 22, Bl. 139r-152r (1586)

- Leiden, Universitätsbibliothek, cod. Voss. chem. F. 27, Bl. 136^{v}-152^{r} (Ende 16. Jahrhundert)
- Leiden, Universitätsbibliothek, cod. Voss. chem. F. 29, Bl. 101^{r}-113^{v} (1525)
- Leiden, Universitätsbibliothek, cod. Voss. chem. Q. 8, Bl. 1^{r}-30^{r} (1564)
- Leiden, Universitätsbibliothek, cod. Voss. chem. Q. 17, Bl. 74^{v}-90^{v} (um 1588)
- Leiden, Universitätsbibliothek, cod. Voss. chem. Q. 51, Bl. 81^{v}-100^{v} (1563)
- London, Wellcome Historical Medical Library, Ms. 524, Bl. 2^{v}-38^{v} (1543; Textabgrenzung unsicher)
- München, Bayerischen Staatsbibliothek, cgm 4227, Bl. 26vb-31^{v} (1563)
- München, Bayerischen Staatsbibliothek, cgm 4228, Bl. 111^{r}-132^{r} und Bl. 136^{r}-144^{v} (um 1578)
- Nürnberg, Germanisches Nationalmuseum, Hs. 16752, Bl. 4^{v}-18^{r} (um 1578)
- Prag, Archiv Pražkeho Hradu, Ms. O LXXIX, Bl. 78^{r}-88^{v} (1569)
- Wien, Österreichische Nationalbibliothek, cod. 11338, Bl. 12^{r}-50^{r} (1555)
- Wolfenbüttel, Herzog-August-Bibliothek, cod. Guelf. 74 Blankenburg, Bl. 798^{v}-811^{r} (2. Hälfte 16. Jahrhundert)

Deutsche Erstdrucke:

- Pandora, Das ist / die Edleste Gab Gottes / oder der Werde vnnd Heilsamme Stein der Weisen, hrsg. von Hieronymus Reusner, Basel: S. Apiarius, 1582, S. 1-59; auch: Basel 1588, 1598, Frankfurt-Leipzig 1706 und Hamburg 1727
- Aurei velleris [...] Tractatus Quintus, Basel 1605, S. 244-278; auch Basel 1614, Hamburg 1708 und Hamburg 1718

I.1.19. Pseudo-Thomas von Aquin

Der Traktat „*Von der Multiplikation*"

Deutsche Handschriften:

- E – Schriesheim, Sammlung Eis, cod. 145, Bl. 77^{r}-92^{v} (um 1540/60)
- E^{1} – Wolfenbüttel, Herzog-August-Bibliothek, cod. Guelf. 284.1 Extrav., Bl. 9^{r}-19^{v} (Ende 16./Anfang 17. Jahrhundert; Parallelüberlieferung zu E)
- E^{2} – Wolfenbüttel, Herzog-August-Bibliothek, cod. Guelf. 531 Nov., Bl. 75^{r}-77^{v} (erste Hälfte 17. Jahrhundert, Fragment, das E nahezustehen scheint)
- D – Basel, Universitätsbibliothek, Ms. L. IV. 1, Bl. 131-138 (erste Hälfte 16. Jahrhundert; Incipit: „*O du allerliebster bruder diner flyssiger bitt so du lang gethon hast bistu mich überkommen.*"; Explicit: „*so wirdt das grab gemede vnd das licht schwer das scharpff weich vnnd das süsse pitter durch die verwandlung der natur vnd durch die tugend des füwers heimlichen vollbracht oder erfüllet*")
- G – Leiden, Universitätsbibliothek, cod. Voss. chem. F. 6, Bl. 305^{r}-312^{r} (Ende 16. Jahrhundert; Incipit: „*Freundtlicher Lieber Bruder durch dein viellfelttig Schreyben vndt Bitten Bin ich vorvrsacht dir diesen Tractat vonn vnser Vunser Kunst zu zuschreiben.*"; Explicit: „*derhalben soltu denn Geistlichen güttern mit ganzem Ernst nach trachten vnd Lassen die Zeittlichen Vor Vber streichenn. FINIS.*")

- K – Kassel, Murhardsche Bibliothek und Landesbibliothek, 4° Ms. chem. 33, Heft X, Bl. 11^r-17^v (Anfang des 17. Jahrhundert)

Deutsche Drucke:

- Re – Pandora, Das ist / die Edleste Gab Gottes / oder der Werde vnnd Heilsamme Stein der Weisen, hrsg. von Hieronymus Reusner, Basel: S. Apiarius, 1582, S. 122 (Hiiij^v)-134 (Jij^v); auch: Basel 1588, Basel 1598,
- Compendium Alchymisticum Vovum, Sive Pandora Explicata & Figuris Illustrata, Das ist / die Edelste Gabe Gottes / Oder ein Güldener Schatz / Mit welchem die alten und neuen Philosophi / die unvollkommene Metall / durch Gewalt des Feuers verbessert / und allerhand schäfliche und unheylsama Kranckheiten innerlich und äusserlich / durch deren Würckung / vertrieben haben, hrsg. von Johann Michael Faust, Frankfurt/Leipzig: J. Zieger 1706, S. 685-731.

Ausgaben:

- Goltz/Telle/Vermeer (1977) S. 124-136, nach der Handschrift E
- Goltz/Telle/Vermeer (1977) S. 137-143, nach der Handschrift K

Die „*Aurora consurgens*"

Deutsche Handschriften:

- Berlin, Staatsbibliothek Preußischer Kulturbesitz, cod. germ. qu 848, Bl. 1-50 (entstanden um 1520)

Die weitere deutsche Überlieferung ist bisher nicht näher untersucht worden.

I.2. Genuin deutsche Texte

I.2.1. Das „*Buch der Heiligen Dreifaltigkeit*"

Überlieferung vollständiger Handschriften:

- Berlin, Staatliche Museen Preußischer Kulturbesitz, Kupferstichkabinett, cod. 78 A 11, Bl. 1ra-201rb (Anfang 15. Jahrhundert, bairisch)
- Bremen, Staatsbibliothek, Ms. a 127 (17. Jahrhundert, die Bilder sind eng verwandt mit denen des Münchener Cgm 598)
- Donaueschingen, Fürstlich Fürstenbergische Hofbibliothek, cod. 811, Bl. 1^r-89^r (Mitte 15. Jahrhundert, bairisch)
- Dresden, Sächsische Landesbibliothek, MScr. Dresd. N 110, Bl. 1^r-153^v (1492, ostfränkisch)
- Gotha, Landesbibliothek, cod. Chart. B. 254
- Hamburg, Staats- und Universitätsbibliothek, cod. alchem. 186a (17. Jahrhundert, die Bilder sind eng verwandt mit denen des Londoner Ms. 164; eine zweite Handschrift cod. alchem. 186 ist verschollen)
- Kopenhagen, Königliche Bibliothek, GKS 2° 238

- London, Wellcome Historical Medical Library, 1760 Ulmannus Ms. (18. Jahrhundert, enthält freigelassene Bildräume)
- London, Wellcome Historical Medical Library, Ms. 164, Bl. 22^{v}-208^{v} (1416-1419, nach Moorat handelt es sich bei dieser Schrift um einen Autographen)
- München, Bayerische Staatsbibliothek, cgm 598, Bl. 1ra-176ra (2. Hälfte 15. Jahrhundert (nicht vor 1467), ostfränkisch)
- Nürnberg, Germanisches Nationalmuseum, Hs. 80061, Bl. 2ra-155vb (um 1430, mitteldeutsch; auf Bl. 1va befindet sich eine Vorbemerkung von anderer, jedoch gleichzeitiger Hand und auf Bl. 156^{r}-160^{r} finden sich Zusätze zum „*Buch der Heiligen Dreifaltigkeit*", die in späteren Handschriften in den Text integriert wurden, wie bspw. im Münchener cgm 598)
- St. Gallen, Stadtbibliothek (Vadiana), cod. 397
- St. Gallen, Stadtbibliothek (Vadiana), cod. 428
- Wolfenbüttel, Herzog August Bibliothek, cod. Guelf. 188 Blankenburg, Bl. 1^{r}-151^{v} (1471, ostmitteldeutsch)
- Wolfenbüttel, Herzog August Bibliothek, cod. Guelf. 433 Helmst., Bl. 3^{r}-171^{v} (1. Hälfte 15. Jahrhundert, bairisch)

Überlieferung von Fragmenten:

- Bamberg, Staatsbibliothek, Ms. Hist. nat. 8 (L.III.16), Bl. 214^{r}
- Darmstadt, Hessische Landesbibliothek, Nr. 299, Bl. 77^{r}-81^{v} und Bl. 120^{r}-123^{v}
- Gotha, Landesbibliothek, cod. Chart. A. 520, Bl. 309^{r}-320^{v}
- Heidelberg, Universitätsbibliothek, cpg 544, Bl. 147^{r}
- Heidelberg, Universitätsbibliothek, cpg 843 Fasc. 3, Bl. 1^{r}-12^{v} (Fragment, 16. Jahrhundert)
- Kassel, Murhardsche Bibliothek und Landesbibliothek, 2° Ms. chem. 3, Bl. 336^{r}-336^{v}
- München, Bayerische Staatsbibliothek, cgm. 4226, Bl. 9^{r} und Bl. 41^{r}.

Ausgabe:

- Junker (1986) S. 91-301 (nach der Handschrift Wolfenbüttel, cod. Guelf. 188 Blankenburg – teilweise fehlerhaft)

I.2.2. Die „*Alchymey teuczsch*"

Handschriften:

- Heidelberg, Universitätsbibliothek, cpg 597 (1426, bairisch)

I.2.3. Johann Sternhals: „*Der Ritterkrieg*"

Handschriften:

- Göttingen, Niedersächsische Staats- und Universitätsbibliothek, cod. Asch. 206
- Heidelberg, Universitätsbibliothek, cod. Salem. 8, 96, Bd. VII, Bl. 1^{r}-26^{v}
- Kassel, Murhardsche Bibliothek und Landesbibliothek, 2° Ms. chem. 3, Bl. 172^{r}-180^{r}

- Kassel, Murhardsche Bibliothek und Landesbibliothek, 2° Ms. chem. 11/1, Bl. 75^{rv} (um 1615, Auszug)
- Kassel, Murhardsche Bibliothek und Landesbibliothek, 4° Ms. chem. 35,1 (1570)
- Kassel, Murhardsche Bibliothek und Landesbibliothek, 4° Ms. chem. 96,15
- Leiden, Universitätsbibliothek, cod. Voss. chem. F. 5, Bl. 344^{r}-368^{r} (16. Jahrhundert)
- Leiden, Universitätsbibliothek, cod. Voss. chem. F. 15, Bl. 226^{r}-240^{v} (16. Jahrhundert)
- Leiden, Universitätsbibliothek, cod. Voss. chem. Q. 46, Bl. 262^{r}-286^{r} (16. Jahrhundert)
- München, Bayerische Staatsbibliothek, clm 26728, Bl. 35^{r}-64^{v} (1568-71)
- Nürnberg, Germanisches Nationalmuseum, Hs. 16752, Bl. 77^{r}-114^{v}
- Prag, Staatsbibliothek und Universitätsbibliothek (Clementinum), Ms. Lobkovitz VI Fg. 12, Bl. 1-171 (16. Jahrhundert)
- Straßburg, Universitätsbibliothek, cod. L. germ. 4°222 (2153), Bl. 60^{r}-111^{v}
- Wien, Österreichische Nationalbibliothek, cod. 11347 (Rec. 1387), Bl. 78^{r}-91^{r}.

Drucke:

- Ritter Krieg / das ist Ein Philosophisch gedicht / in Form eines Gerichtlichen Process / Wie zwey Metallen / nemlich / SOL vnd MARS durch Klag / Antwort / vnd Beweiß / jegliches natur vnd Eygenschafft von jrem natürlichen Gott vnd Richter Mercurio gehöret / vnd entlich durch ein wolgegründtes Vrtel / mit ewigwerender Freundtschafft einig zusamen verbunden werden, hrsg. von Johann Schaubert, Erfurt 1595; Zweitausgabe: Hamburg 1680.

I.2.4. Der „*Splendor solis*"

Handschriften:

- Amsterdam, Bibliotheca Philosophica Hermetica, BPH M304, Bl. 1-41 (undatiert, vermutlich im 17. Jahrhundert entstanden)
- Berlin, Staatliche Museen Preußischer Kulturbesitz, Kupferstichkabinett, cod. 78 D 3, Bl. 1^{v}-40^{v} (um 1532-1535, ostfränkisch)
- Berlin, Staatsbibliothek Preußischer Kulturbesitz, Ms. germ. fol. 42, Bl. 1^{r}-67^{v} (letztes Drittel 16. Jahrhundert, schwäbisch)
- Kassel, Murhardsche Bibliothek und Landesbibliothek, 2° Ms. chem. 21, Bl. 63^{r}-116^{r} sowie unter dem Titel „*Lux lucens in tenebris*" auf Bl. 1^{r}-51^{v} (1584-1588, bairisch-österreichisch)
- Leiden, Universitätsbibliothek, cod. Voss. chem. Q. 17, Bl. 99^{v}-125 (1588-1595, nicht illustriert, Zuschreibung an Ulrich Poysel (Bl. 99^{v}): „*Vlricus Poissel Canonicus*")
- London, British Library, Ms. Harley 3469, Bl. 2^{r}-66^{r} (1582, in Süddeutschland entstanden)
- Nürnberg, Germanisches Nationalmuseum, Hs. 146766, Bl. 2^{r}-48^{v} (um 1550, wahrscheinlich in Augsburg oder Nürnberg entstanden)

- Paris, Bibliothèque Nationale, ms. allem. 113, Bl. 3^r-50^r (1577, in Süddeutschland entstanden)
- Prag, Archiv des Hradschin, Ms. 1663, O. 79, Bl. 176-194^v (datiert zwischen 1522 und 1722, vermutlich Ende des 16. Jahrhunderts entstanden, nicht illustriert, Zuschreibung an Ulrich Poysel)
- Wolfenbüttel, Herzog-August-Bibliothek, cod. Guelf. 43 Aug. 4°, Bl. 35-76 (1578, nicht illustriert, allerdings mit Vermerken an welchen Stellen die Bilder zu stehen hätten)
- über eine weitere, auf 1582 datierte „*Splendor solis*"-Handschrift, die sich nach Aussage von Hartlaub in Schweizer Privatbesitz befindet, sind nach Ott keine näheren Angaben zu gewinnen.[1694]

Drucke:

- „*Aureum vellus oder guldin Schatz und Kunstkammer*", Teil 3. Rorschach 1598, ohne Ortsangabe 1600, Basel 1604 und Hamburg 1708.
- „*Eröffnete Geheimnisse Des Steins der Weisen*", Hamburg 1718.

Bildaufnahmen in der Emblembuchliteratur:

- „*Emblemata*", Frankfurt/Main 1618.
- „*Hermetico-Spagyrisches Lustgärtlein*", Frankfurt/Main 1625.
- „*Hortulus hermeticus*", hrsg. von Daniel Stolcius. Frankfurt/Main 1627.

Ausgaben:

- Höhle (1972): Faksimile-Ausgabe der Handschrift Berlin, Staatsbibliothek Preußischer Kulturbesitz, Ms. germ. fol. 42
- Völlnagel (2004) S. 151-165: Texttranskription der Handschrift Berlin, Staatliche Museen Preußischer Kulturbesitz, Kupferstichkabinett, cod. 78 D 3.

I.2.5. Alchemistische Bild-, Lehr- und Rätselgedichte

I.2.5.1. „*Sol und Luna*"

Handschriften:

- Bamberg, Staatsbibliothek, Ms. nat. 7 (olim cod. L. III. 28), Bl. 79^v-82^v und Bl. 82^v-84^r (Ende 16. Jahrhundert)
- Berlin, Staatsbibliothek Preußischer Kulturbesitz, Ms. germ. fol. 179, Bl. 267^v-269^{r31} (Ende 16. Jahrhundert)
- D – Darmstadt, Landes- und Hochschulbibliothek, Ms. 1049 (Ende 16. Jahrhundert; „*Sol und Luna*" ist Teil einer deutschen „*Rosarium philosophorum*"-Übersetzung auf Bl. 1^r-141^r)
- Darmstadt, Landes- und Hochschulbibliothek, Ms. 1582, Bl. 49^v-51^r (2. Hälfte 16. Jahrhundert)
- Dresden, Landesbibliothek, Mscr. N 159, Bl. 122^r-123^{v59} (nach 1700)
- Frankfurt, Freies Deutsches Hochstift, Hs. B/67, Bl. 39^v-40^v (erste Hälfte 16. Jahrhundert)

[1694] Vgl. Hartlaub (1937a) S. 148 und Ott (1991) S. 55

- Gotha, Forschungsbibliothek, cod. Chart. A 1153 (17. Jahrhundert; „*Sol und Luna*“ ist Teil einer deutschen „*Rosarium philosophorum*“-Übersetzung auf Bl. 57^{r}-87^{r})
- Gotha, Forschungsbibliothek, cod. Chart. B 365, Bl. 205r (Ende 16. Jahrhundert; überliefert werden die „*Sol und Luna*“-Verse 67-78, als Teil des Traktates „*Wunderwergk der gottlichen geheimbten Kunst vnd Praeparation Lapidis philosophici oder Tincturae physicorum*“ auf den Bl. 180^{r}-211^{r})
- Gotha, Forschungsbibliothek, cod. Chart. B 366, Bl. 121^{r-v}
- Glasgow, Universitätsbibliothek, Ferguson Ms. 6 (22 Bll., 16. Jahrhundert)
- B – Heidelberg, Universitätsbibliothek, cpg 467, Bl. 472^{v}-473^{v}[11] (vom Jahr 1550)
- Kassel, Murhardsche Bibliothek und Landesbibliothek, 2° Ms. chem. 15, Bl. 241^{r}-242^{r} (Ende 16. Jahrhundert)
- Kassel, Murhardsche Bibliothek und Landesbibliothek, 4° Ms. chem. 35, Fasz. 3, Bl. 1^{r}-3^{v} (um 1600)
- Kassel, Murhardsche Bibliothek und Landesbibliothek, 4° Ms. chem. 52, Bl. 70^{v}-72^{r} (Ende 16. Jahrhundert)
- Kassel, Murhardsche Bibliothek und Landesbibliothek, 4° Ms. chem. 60 VIII, Fasz. I, unfoliert (Anfang 17. Jahrhundert)
- Kassel, Murhardsche Bibliothek und Landesbibliothek, 4° Ms. chem. 72, Bl. 258^{rb-vb} (Ende 16. Jahrhundert)
- Kassel, Murhardsche Bibliothek und Landesbibliothek, 4° Ms. chem. 84, Bl. 7^{r}-10^{r} (um 1600)
- K – Kassel, Murhardsche Bibliothek und Landesbibliothek, 8° Ms. chem. 32, Bl. 30^{v}-43^{r} (16. Jahrhundert; das Bildgedicht bildet den Abschluß des „*Philosophisch piechel*“ des Caspar Hartung vom Hoff, das auf den Bl. 6^{r}-43^{r} eingetragen ist)
- Kopenhagen, Königliche Bibliothek, GKS 1721, 4°, Bl. 283 285 (um 1600) und Bl. 339-349 (Anfang 17. Jahrhundert)
- Leiden, Universitätsbibliothek, cod. Voss. chem. F. 9, Bl. 299^{v}-301^{r}[32] (vom Jahr 1582)
- Leiden, Universitätsbibliothek, cod. Voss. chem. F. 12 (um 1570/75; „*Sol und Luna*“ ist Teil einer deutschen „*Rosarium philosophorum*“-Übersetzung auf Bl. 123^{r}-195^{v})
- Leiden, Universitätsbibliothek, cod. Voss. chem. F. 15, Bl. 160^{r}-161^{r}[34] (Ende 16. Jahrhundert)
- Leiden, Universitätsbibliothek, cod. Voss. chem. F. 18, Bl. 357^{v}-359^{r}[35] (Ende 16. Jahrhundert)
- Leiden, Universitätsbibliothek, cod. Voss. chem. F. 23, Bl. 324^{r}-325^{v}[33] (Ende 16. Jahrhundert)
- L – Leiden, Universitätsbibliothek, cod. Voss. chem. F. 27, Bl. 2^{r}-26^{r} (zweite Hälfte 16. Jahrhundert; „*Sol und Luna*“ dient als Aufbauelement einer Sammlung thematisch gruppierter Lehrsätze von „*Andreas Peltzerus Carinthus*“, die auf das Jahr 1407 datiert ist)
- H – Leiden, Universitätsbibliothek, cod. Voss. chem. F. 29, Bl. 35^{r-v}[7] (vom Jahr 1526)

- Leiden, Universitätsbibliothek, cod. Voss. chem. F. 39, Bl. 199^{r}-200^{r24} (vom Jahr 1574, Verskopie von L. Zatzer aus Nürnberg)
- Leiden, Universitätsbibliothek, cod. Voss. chem. Q. 22 (2. Hälfte 16. Jahrhundert; auf Bl. 1^{v}-33^{v} findet sich eine Parallelüberlieferung des Pariser cod. lat. 7171)
- Leiden, Universitätsbibliothek, cod. Voss. chem. Q. 51 (2. Hälfte 16. Jahrhundert; der Text erscheint in deiner deutschen „*Donum Dei*"-Fassung (Bl. 81^{v}-100^{v}) und beginnt auf Bl. 82^{r} mit dem Incipit „*Der könig sprach zu der königin*")
- Leiden, Universitätsbibliothek, cod. Voss. chem. Q. 58, Bl. 210^{r-v} (Ende 16. Jahrhundert)
- Leiden, Universitätsbibliothek, cod. Voss. chem. Q. 59, Bl. 102^{r} (2. Hälfte 16. Jahrhundert; Parallelüberlieferung des Traktats „*Vom Wunderwerk*" (Bl. 89^{r}-103^{v}) des Gothaer cod. Chart. B 365)
- London, Wellcome Historical Medical Library, Ms. 359, Bl. 2^{r}-3^{v15} (um 1563)
- W – London, Wellcome Historical Medical Library, Ms. 524, Bl. 40^{r}-41^{v10} (um 1543)
- M – Marburg, Universitätsbibliothek, Ms. 101 (um 1600; „*Sol und Luna*" verteilt sich über den ersten Teil einer deutschen „*Rosarium philosophorum*"-Bearbeitung, die sich auf den Bl. 3^{r}-44^{v} findet)
- A – München, Bayerische Staatsbibliothek, clm 2848, Bl. 98^{r}-99^{r8} (vom Jahr 1531)
- New Haven/Connecticut, Yale University Library, Mellon Ms. 38 (olim 39), Bl. 74^{v}-76^{r14} (16. Jahrhundert; Abschrift von Caspar Hartungs vom Hoff „*Vademecum*" aus dem Jahr 1557, das auch „*Sol und Luna*" enthält)
- Nürnberg, Germanisches Nationalmuseum, Hs. 16752 (Ende 16. Jahrhundert; überliefert werden die Verse 67-78 innerhalb einer „*Donum Dei*"-Bilderserie auf den Bl. 4^{v}-18^{r})
- P – Paris, Bibliothèque Nationale, cod. lat. 7171, Bl. 1^{r}-30^{v} (2. Hälfte 16. Jahrhundert; „*Sol und Luna*" ist Teil eines lateinischen Florilegiums, bei dem es sich um eine „*Rosarium philosophorum*"-Fassung handelt)
- Prag, Státní knihovna (olim Bibliothek des Metropolitankapitels), Ms. 1663, Bl. 22^{v}-24^{r30} (Ende 16. Jahrhundert)
- Schlierbach, Stiftsbibliothek, cod. 85, Bl. 73^{r}-74^{v} (um 1550)
- Schriesheim, Sammlung Eis, cod. 145, Bl. 103^{r}-104^{v9} (um 1540/60)
- S – St. Gallen, Stadtbibliothek (Vadiana), Ms. 394a (um 1600; „*Sol und Luna*" ist Teil einer lateinischen „*Rosarium philosophorum*"-Fassung, die dem Druck R von 1550 nahe steht)
- S^{1} – St. Gallen, Stadtbibliothek (Vadiana), Ms. 394b (um 1600; „*Sol und Luna*" ist Teil einer lateinischen „*Rosarium philosophorum*"-Fassung, der der Druck R von 1550 zugrunde liegt)
- Straßburg, Bibliothèque Nationale et Université, Ms. 2563 (olim L. germ. 536), Bl. 388-389 (17. Jahrhundert)
- Ü – Überlingen, Leopold-Sophien-Bibliothek, Ms. 176, Bl. 55^{r}-63^{r} (18. Jahrhundert);

- Überlingen, Leopold-Sophien-Bibliothek, Ms. 184, Bl. 2^{r-v} (17/18. Jahrhundert; überliefert werden nur die Verse 9-20);
- Werl, Stadtarchiv, Bestand Familienarchiv von Papen-Lohe, A 111 g 1, Kasten 215, Bl. 17r-18r (16. Jahrhundert)
- V – Wien, Österreichische Nationalbibliothek, cod. 3001 (Med. 213), Bl. 130^{v}-$130a^{v}$ (um 1480)
- Wiener Neustadt, Stift Neukloster, Stiftsbibliothek, Hs. C 3, Bl. 187^{r}-188^{r} (1560/65)
- G – Wolfenbüttel, Herzog-August-Bibliothek, cod. Guelf. 123 Blank., Bl. 41^{r} (Mitte 16. Jahrhundert)
- Wolfenbüttel, Herzog-August-Bibliothek, cod. Guelf. 179 Blank., Bl. 172^{v}-179^{r}[44] (1. Drittel 17. Jahrhundert)

Drucke:

- R – Rosarium philosophorum. Secunda pars alchimiae de lapide philosophico vero modo praeparando, continens exactam eius scientiae progreßionem. Cum Figuris rei perfectionem ostendentibus (De alchimia opuscula complura veterum philosophorum. Teil II). Frankfurt: C. Jakob 1550 (Exemplar vorhanden: München, Bayerische Staatsbibliothek) – Editio princeps.
- R^1 – Rosarium philosophorum. In: Auriferae artis, quam chemiam vocant, volumen Secundum. Basel: P. Perna 1572, S. 220-418. (Druck nach der Editio princeps – Exemplar vorhanden: Heidelberg, Universitätsbibliothek); erneute Ausgabe: Basel: C. Waldkirch (für Cl. de Marne und J. Aubrey) 1593, S. 204-384 (Exemplar vorhanden: Freiburg, Universitätsbibliothek)

Zur weiteren Drucküberlieferung vgl. Telle (1980b) S. 16-28

Kritische Ausgabe:

- Telle (1980b) S. 39-43; vgl. auch Telle (1992a)

I.2.5.2. Lamspring: „*Tractatus de lapide philosophorum*"

Handschriften:

- Admont, Stiftsbibliothek, cod. 829, Bl. 9^{v}-11^{r} und Bl. 34^{r}-48^{v} (17. Jahrhundert)
- Hamburg, Staatsbibliothek und Universitätsbibliothek, cod. alch. 565, Bl. 2^{r-v} (18. Jahrhundert)
- Kassel, Murhardsche Bibliothek und Landesbibliothek, 2° Ms. chem. 2, Fasz. IV, Bl. 11^{r-v} (2. Hälfte 16. Jahrhundert)
- Kassel, Murhardsche Bibliothek und Landesbibliothek, 2° Ms. chem. 11, Fasz. IV, Bl. 366-382 (16. Jahrhundert)
- Nürnberg, Germanisches Nationalmuseum, Hs. 16752, Bl. 51^{r}-67^{r} (Ende 16. Jahrhundert)
- Salzburg, Universitätsbibliothek, cod. M I 92 (vom Jahr 1607)
- Wien, Österreichische Nationalbibliothek, cod. 10102, Bl. 1^{r}-8^{v} (16. Jahrhundert)

- Wien, Österreichische Nationalbibliothek, cod. 11347, Bl. 67r-77r (Ende 16. Jahrhundert)
- Wolfenbüttel, Herzog-August-Bibliothek, cod. 284.1 Extrav., Bl. 32v-48r (2. Hälfte 16./17. Jahrhundert)
- Zürich, Zentralbibliothek, Ms. P 2177, 17 Bll. (16. Jahrhundert)

Druck:

- Lamspring. Das ist: ein herrlicher Teutscher Tractat vom Philosophischen Steine / welchen fůr jahren ein Adelicher Teutscher Philosophus so Lampert Spring geheißen / mit schönen figuren beschrieben hat, in: Dyas chymica tripartita [...], hrsg. von H(ermannus). C(ondeesyanus). D(octor). Frankfurt 1625, S. 83-117 (textlich geglättet; mit Stichen M. Merians; Textprobe bei Buntz (1968) S. 169)

Ausgabe:

- Buntz (1968) S. 111-149

I.2.5.3. Maximilian von Eger

Handschrift:

- A – Frankfurt/Main, Freies Deutsches Hochstift, Hs. B/67, Bl. 39v-40v (entstanden um 1525/50) beginnend mit dem Incipit „*Wellicher will seyn eyn rechter alchimist / Der schaw auff wy der natur wirkung ist*" und abschließend mit dem Explicit „*Dar yn ich's werde schawhen nach disem leben / Ewigk yn der heyligen dreyfaltigkeit segen*".

Druck:

- B – Gebri Summa perfectio. Das ist / Deß Königlichen / weitberühmbten / Arabischen Philosphi / GEBER Büchlin / von der Gebenedeyten / vnd aller höchsten Vollkomenheit / der Allgemainen Artzeney: so wol für die Metallischen / als auch Menschlichen Cörper / in jhr höchstes wesen / vnd vollkommenen grad zubringen. Straßburg: L. Zetzners Erben, 1625, S. 281-283.

Ausgabe:

- Telle (1980b) S. 159-161 (nach der Handschrift A)

I.2.5.4. Hans Folz: „*Der Stein der Weisen*"

Handschriften:

- H – Heidelberg, Universitätsbibliothek, cpg. 598, Bl. 124r-129r (vom Jahr 1574; Titel: „*Compendium Diuinae artis Alchymiae domini 1574 die 12 Martij*" (Bl. 123r); Incipit: „*O gott jhnn deines thrones sahll*"; Explicit: „*Da mahnn es wieder wandellt ein*"; enthält die in K und W fehlenden einleitenden Verse)
- S – Kassel, Murhardsche Bibliothek und Landesbibliothek, 8° Ms. chem. 24 (5), Fasz. 3, Bl. 1r (Streuüberlieferung aus dem letzten Jahrzehnt des 16. Jahrhunderts, die den Versbereich 203-216 in einer textlich zersetzten Fassung bietet)

- K – Köln, Stadtarchiv, Ms. W. 4° 321*, Bl. 5r-13v (alte Zählung; frühes 16. Jahrhundert; Incipit: „*Das einer mit eim kreutlein ye*"; Explicit „*Darumb so zimpt noch eins darbey*")
- W – Weimar, Zentralbibliothek der deutschen Klassik und Landesbibliothek, Ms. Q. 566, Bl. 29r-35r (von 1479/95; Incipit: „*Plut harm und menstruum*"; Explicit: „*Dovon auch spricht Reimondez*")
- A – Wolfenbüttel, Herzog-August-Bibliothek, cod. Guelf. 74 Blank., Bl. 199r-202r (2. Hälfte 16. Jahrhundert; Incipit: „*O gott in deines trones sal*"; Explicit: „*Da man es wider verwandelt ein*"; enthält die in K und W fehlenden einleitenden Verse)

Ausgaben:

- Buntz (1975) – nach Köln, Ms. W. 4° 321*
- Fischer (1967) – nach Weimar, Ms. Q. 566

I.2.5.5. Das Bildgedicht „*Das nackte Weib*"

Handschriften:

- B – Basel, Universitätsbibliothek, Ms. L. IV. 1, Bl. 195-196 (Gedicht), Bl. 262 (Prosaerläuterung), Bl. 263 (Bild; 1. Hälfte 16. Jahrhundert; eng verwandt mit der 1582 gedruckten Überlieferung R)
- Bamberg, Staatsbibliothek, Ms. nat. 7 (olim cod. L. III. 28), Bl. 89v-90v (Ende 16. Jahrhundert)
- Berlin, Staatsbibliothek Preußischer Kulturbesitz, Ms. germ. fol. 179, Bl. 269r-270r (Ende 16. Jahrhundert)
- Darmstadt, Landes- und Hochschulbibliothek, Ms. 1049, Bl. 72v-73v (Ende 16. Jahrhundert; das Bildgedicht ist Teil einer deutschen „*Rosarium philosophorum*"-Übersetzung auf Bl. 1r-141r)
- Darmstadt, Landes- und Hochschulbibliothek, Ms. 1582, Bl. 49r-v (2. Hälfte 16. Jahrhundert)
- Gotha, Forschungsbibliothek, cod. Chart. B 366, Bl. 121v
- Kassel, Murhardsche Bibliothek und Landesbibliothek, 4° Ms. chem. 35, Fasz. 3, Bl. 3v-5r (um 1600)
- Kassel, Murhardsche Bibliothek und Landesbibliothek, 4° Ms. chem. 52, Bl. 70r-v (Ende 16. Jahrhundert)
- Kassel, Murhardsche Bibliothek und Landesbibliothek, 4° Ms. chem. 72, Bl. 258ra-rb (Ende 16. Jahrhundert)
- Kassel, Murhardsche Bibliothek und Landesbibliothek, 4° Ms. chem. 82, Bl. 9r-v (Gedicht), Bl. 10r (Bild mit Prosaerläuterung; 1. Hälfte 16. Jahrhundert)
- H – Kassel, Murhardsche Bibliothek und Landesbibliothek, 8° Ms. chem. 32, Bl. 13r (Bild) und Bl. 15v-16v (Verstext; 16. Jahrhundert; Überlieferung als Teil des „*Philosophisch piechel*" des Caspar Hartung vom Hoff, das auf den Bl. 6r-43r eingetragen ist)
- Leiden, Universitätsbibliothek, cod. Voss. chem. F. 9, Bl. 301r-v (vom Jahr 1582)

- Leiden, Universitätsbibliothek, cod. Voss. chem. F. 12, Bl. 161^{r}-162^{r} (um 1570/75; das Bildgedicht ist Teil einer deutschen „*Rosarium philosophorum*“-Übersetzung auf Bl. 123^{r}-195^{v})
- Leiden, Universitätsbibliothek, cod. Voss. chem. F. 23, Bl. 325^{v}-326^{r} (Ende 16. Jahrhundert)
- V – Leiden, Universitätsbibliothek, cod. Voss. chem. F. 29, Bl. 89^{r} (vom Jahr 1526; Bild und Prosaerläuterung)
- Leiden, Universitätsbibliothek, cod. Voss. chem. F. 39, Bl. 225^{r-v} (vom Jahr 1574)
- Leiden, Universitätsbibliothek, cod. Voss. chem, Q. 8, Bl. 29^{v}(?)-30^{r} (1. Hälfte 16. Jahrhundert)
- Leiden, Universitätsbibliothek, cod. Voss. chem. Q. 51, Bl. 91^{r}-92^{v} (2. Hälfte 16. Jahrhundert; der Text erscheint in deiner deutschen „*Donum Dei*“-Fassung [Bl. 81^{v}-100^{v}])
- Leiden, Universitätsbibliothek, cod. Voss. chem. Q. 58, Bl. 210^{v}-211^{r} (Ende 16. Jahrhundert)
- London, Wellcome Historical Medical Library, Ms. 359, Bl. 1^{r}-2^{r} (um 1563)
- L – London, Wellcome Historical Medical Library, Ms. 524, Bl. 39^{r-v} (um 1543)
- Manchester, University Library, Ms. germ. 1 (olim Wigan, Bibliotheca Lindesiana, Ms. germ. 8), Bl. 2^{r-v} (1. Hälfte 15. Jahrhundert)
- Marburg, Universitätsbibliothek, Ms. 101, Bl. 27^{v}-29^{r} (um 1600)
- M – München, Bayerische Staatsbibliothek, clm 4749, Bl. 132^{r}-132^{v} (dazu eine lateinische Bildbeschreibung auf Bl. 131^{v}, Mitte des 15. Jahrhunderts, die Handschrift ist datiert: Freising 1447)
- New Haven/Connecticut, Yale University Library, Mellon Ms. 38 (olim 39), Bl. 74^{r}-74^{v} (16. Jahrhundert; Abschrift von Caspar Hartungs vom Hoff „*Vademecum*“ aus dem Jahr 1557, das auch das Bildgedicht enthält)
- Nürnberg, Germanisches Nationalmuseum, Hs. 16752, Bl. 17^{v} (Ende 16. Jahrhundert)
- Schlierbach, Klosterbibliothek, cod. 85, Bl. 74^{v}-76^{r} (Mitte 16. Jahrhundert; am Schluß 8 Zusatzverse)
- Schriesheim, Sammlung Eis, cod. 145, Bl. 104^{v}-105^{v} (um 1540/60)
- S – St. Gallen, Stadtbibliothek (Vadiana), Ms. 394a, Bl. 60^{r}-61^{r} (um 1600)
- St. Gallen, Stadtbibliothek (Vadiana), Ms. 394b, Bl. 71^{v}-72^{r} (um 1600)
- W – Wien, Österreichische Nationalbibliothek, cod. 3001 (Med. 213), Bl. 101^{v}-102^{r} (um 1480)
- G – Wolfenbüttel, Herzog-August-Bibliothek, cod. Guelf. 74 Blank., Bl. 204^{r-v}[6] (2. Hälfte 16. Jahrhundert)
- Wolfenbüttel, Herzog-August-Bibliothek, cod. Guelf. 179 Blank., Bl. 179^{r}-182^{v} (1. Drittel 17. Jahrhundert; mit einer Auslegung des Textes)

Drucke:

- F – Rosarium philosophorum. Secunda pars alchimiae de lapide philosophico vero modo praeparando, continens exactam eius scientiae progreßionem. Cum Figuris rei perfectionem ostendentibus (De alchimia opuscula complura veterum

philosophorum. Teil II). Frankfurt: C. Jakob 1550, S. Miiij^{v}-N (Exemplar vorhanden: München, Bayerische Staatsbibliothek) – Editio princeps.
- Rosarium philosophorum. In: Auriferae artis, quam chemiam vocant, volumen Secundum. Basel: P. Perna 1572, S. 321-323. (Druck nach der Editio princeps – Exemplar vorhanden: Heidelberg, Universitätsbibliothek); erneute Ausgabe: Basel: C. Waldkirch (für Cl. de Marne und J. Aubrey) 1593, S. 291-293 (Exemplar vorhanden: Freiburg, Universitätsbibliothek)
- R – Pandora, Das ist / die Edleste Gab Gottes / oder der Werde vnnd Heilsamme Stein der Weisen, hrsg. von Hieronymus Reusner, Basel: S. Apiarius, 1582 (Exemplar vorhanden: Heidelberg Universitätsbibliothek), S. 208-209 (Gedicht), S. 210 (Prosaerläuterung), S. 211 (Bild). Weitere Ausgaben: Basel 1588, Basel 1598, Frankfurt-Leipzig 1706 [unter dem Titel „*Compendium Alchymisticum Novum*“, hrsg. von J.M. Faust] und Hamburg 1727 [„*Compendium*“-Titelausgabe])
- Rosarium der Philosophorum. In: Turba philosophorum, das ist / Das Buch von der gůldenen Kunst, hrsg. von Philipp Morgenstern. Basel: J. Schröter für L. König 1613 (Exemplar vorhanden: Heidelberg, Universitätsbibliothek), S. 278-282 (mit Auslegung). Wieder: Wien: J.P. Krauß 1750 (Exemplar vorhanden: Darmstadt, Landesbibliothek), S. 343-347.

Daneben gibt es noch eine umfangreiche fragmentarische Überlieferung

- vgl. hierzu Telle (1980b) S. 126f.

Ausgaben:

- Haage (1975) S. 118f. (nach Kassel, 8° MS. chem. 32)
- Haage (1982) S. 209-211 (nach München, clm 4749)
- Priebsch (1896) S. 190f., Nr. 186 (nach Manschester, Ms. germ 1)
- Telle (1980b) S. 129f. (nach Basel, Ms. L. IV. 1)

Bildwiedergaben:

- Buntz (1970) S. 136 (nach Basel, Ms. L. IV. 1)
- Klossowski de Rola (1974) Abb. 36 (nach Leiden cod. Voss. chem. F. 29)
- Fabricius (1975) S. 133, Abb. 247 (nach „Pandora“, ed. Reussner, 1588).
- Haage (1975) S. 51 (nach Kassel, 8° MS. chem. 32)
- Jung (1980) S. 478, Abb. 231 (nach ‚Pandora‘, ed. Reussner, 1588)
- Telle (1980b) S. 246, Abb. 67 (nach Basel, Ms. L. IV. 1).
- Obrist (1982) Abb. 94 (nach Machester, Ms. germ. 1)
- Lennep (1985) S. 104, Abb. 120 (nach Leiden, cod. Voss. chem. F. 29)

I.2.5.6. Das „*Rätselgedicht vom Stein der Weisen*“

Handschriften:

- A: Bamberg, Staatsbibliothek, Ms. nat. 7, Bl. 79^{v}-82^{v} (entstanden zwischen 1582 und 1600) und
- K: Kassel, Murhardsche Bibliothek und Landesbibliothek, 4° Ms. chem. 84, Bl. 7^{r}-10^{r} (entstanden um 1600)

Ausgabe:

- Telle (1980b) S. 150-154

I.2.5.7. Die Lehrdichtung „*Vom Stein der Weisen*"

Handschriften:

- Bamberg, Staatsbibliothek, Msc. nat. 7 (alte Sigantur: cod. L. III. 28), Bl. 86^r-88^r (Ende 16. Jahrhundert, der Text schließt sich übergangslos an das Spruchgedicht nach der „*Turba philosophorum*" an)
- Darmstadt, Landesbibliothek und Hochschulbibliothek, cod. 1582, Bl. 53^r-55^r (16. Jahrhundert)
- Dresden, Landesbibliothek, Msc. N 175, Bl. IX^r-XIV^r (16. Jahrhundert)
- Heidelberg, Universitätsbibliothek, cpg 635, Bl. 397^r-402^v (Mitte 16. Jahrhundert)
- Kassel, Murhardsche Bibliothek und Landesbibliothek, 4° Ms. chem. 72, Bl. 259va-260rb (entstanden: 1595, der Text schließt sich übergangslos an das Spruchgedicht nach der „*Turba philosophorum*" an)
- Kassel, Murhardsche Bibliothek und Landesbibliothek, 4° Ms. chem. 52, Bl. 73^r-74^r (um 1600)
- Kopenhagen, Königliche Bibliothek, GKS 1721, 4°, Bl. 289-293 (um 1600)
- Leiden, Universitätsbibliothek, cod. Voss. chem. F. 18, Bl. 361^r-363^r (16. Jahrhundert)
- Leiden, Universitätsbibliothek, cod. Voss. chem. F. 29, Bl. 140^r-141^r (1. Hälfte 16. Jahrhundert, Incipit: „*Die verborgene Edele kunst alchimia*")
- Leiden, Universitätsbibliothek, cod. Voss. chem. Q. 17, Bl. 35^r-37^r (entstanden: Augsburg 1588)
- London, Wellcome Historical Medical Library, Ms. 359, Bl. 6^v-9^r (um 1563, der Text schließt sich übergangslos an das Spruchgedicht nach der „*Turba philosophorum*" an)
- London, Wellcome Historical Medical Library, Ms. 524, Bl. 44^v-47^r (Mitte 16. Jahrhundert, der Text schließt sich übergangslos an das Spruchgedicht nach der „*Turba philosophorum*" an)
- München, Bayerische Staatsbibliothek, clm 25106, Bl. 52^v-53^r (16. Jahrhundert, fragmentarisch)
- Prag, Staatsbibliothek und Universitätsbibliothek, Ms. 1663, aus der Bibliothek des Prager Metropolitankapitels, Bl. 101^r-102^r (16. Jahrhundert)
- Wien, Österreichische Nationalbibliothek, cod. Vindob. 3001 (Med. 213), Bl. 145^v-148^r (um 1480, der Text schließt sich übergangslos an das Spruchgedicht nach der „*Turba philosophorum*" an)

Drucke:

- Aurei velleris Oder Der Guldin Schatz vnd Kunstkammer. Tractatvs III. Rorschach 1599, S. 209-211 (Exemplar vorhanden in der Universitätsbibliothek Heidelberg)

- Aurei velleris, Oder Der Güldin Schatz vnd Kunstkammer. Tractatus III. o.O. (Rorschach) 1600, S. 368-371 (Exemplar vorhanden in der Herzog-Ausgust-Bibliothek Wolfenbüttel)
- Tanck, Joachim (Hrsg.), Promptuarium Alchimiae, Das ist: Vornehemer gelarten Philosophen vnd Alchemisten Schriftte vnd Tractat / von dem Stein der Weisen, T. I, Leipzig: H. Groß d.Ä. 1610, S. 368-371 (Exemplar vorhanden in der Staatsbibliothek Eichstätt)
- Aureum vellus Oder Guldin Schatz und Kunst=Kammer, Hamburg: Ch. Liebezeit 1708, Traktat III, S. 318-319 (Exemplar vorhanden in der Universitätsbibliothek Heidelberg)
- Eröffnete Geheimnisse Des Steins der Weisen Oder Schatz=Kammer Der Alchymie, Hamburg: Ch. Liebezeit und Th. Chr. Felginer 1718, Traktat III, S. 318-319 (Exemplar vorhanden in der Staatsbibliothek Regensburg)
- Morgenstern, Philipp (Hrsg.): Turba philosophorum; Das sit / Das Buch von der gůldenen Kunst, Basel: L. König 1613, Teil 2, S. 256-260 (Exemplar vorhanden in der Universitätsbibliothek Heidelberg). Erneut: Wien: J.P. Krauß 1750, Bd. 2, S. 318-322 (Exemplar vorhanden in der Herzog-Ausgust-Bibliothek Wolfenbüttel).
- Promptvarium Alchimiae Ander Buch, Leipzig: H. Groß 1614, S. iiij^{v}-viij (Der Text wird zusammen mit dem Spruchgedicht nach der „*Turba philosophorum*“ überliefert; Exemplar vorhanden in der Universitätsbibliothek Marburg)
- Johann Schütze (Hrsg.), Ein [...] Tractåtlein von dem Gebenedeyeten Stein / der uhralten Weisen, Hamburg: J.A. Härtel, 1682, S. 92-96 (sprachlich stark überarbeitete Paarreimfassung des 17. Jahrhunderts)

Ausgabe:

- Telle (1976) S. 439-443 (nach Wien, cod. 3001, Bl. 145^{v}-148^{r})

I.2.5.8. Die „*Vera scientia alchimiae*“

Handschriften:

- Basel, Universitätsbibliothek, Ms. L IV 1, Bl. 262-297 (1. Hälfte 16. Jahrhundert)
- Kassel, Murhardsche Bibliothek und Landesbibliothek, 4° Ms. chem. 82, Bl. 2-23 (1. Hälfte 16. Jahrhundert)
- Leiden, Universitätsbibliothek, cod. Voss. chem. F. 29, Bl. 89^{r}-96^{r} (Erfurt 1526, Bildausführung: Johann Hoch; Schreiber: Valentin Hernworst)
- Manchester, John Rylands University Library, Ms. germ. 1, Bl. 2^{r}-11^{v} (um 1450; auf Bl. 1^{r} findet sich der frühneuzeitliche Eintrag: „*Vera scientia alhimie in figuris*“)

Drucke:

- Pandora, Das ist / die Edleste Gab Gottes / oder der Werde vnnd Heilsamme Stein der Weisen, hrsg. von Hieronymus Reusner, Basel: S. Apiarius, 1582, S. 208-247; auch: Basel 1588, Basel 1598, Frankfurt-Leipzig 1706 (unter dem

Titel „*Compendium Alchymisticum Novum*“, hrsg. von J.M. Faust) und Hamburg 1727 („*Compendium*“-Titelausgabe)

I.2.5.9. Die „*Versepistel des Aristoteles an Alexander über den philosophischen Stein*“

Handschriften:

- A: Frankfurt, Freies Deutsches Hochstift, Hs. B/67, Bl. 34^r-35^v (Mitte 15. Jahrhundert, nordrheinfränkisch)
- H: Heidelberg, Universitätsbibliothek, cpg 467, Bl. 435^v-438^v (1. Hälfte 16. Jahrhundert)

Druck:

- G: Gebri Summa perfectio. Das ist / Deß [...] Geber Büchlin / von der [...] Allgemainen Artzeney, Straßburg: L. Zetzners Erben, 1625, S. 276-280

Ausgabe:

- Telle (1994a) S. 472-479

I.2.5.10. Das Bildgedicht nach der „*Turba philosophorum*“

Überlieferung der Vollfassung (Dictasammlung mit Reimpaarsprüchen und Bild):

- Glasgow, Universitätsbibliothek, Ferguson Ms. 6, Bl. 31^v-34^r (16. Jahrhundert)
- Oxford, Bodleian Library, Ms. Rawlinson D. 893, Bl. 103 (15. Jahrhundert)

Überlieferung ohne Bild:

- Wien, Österreichische Nationalbibliothek, cod. 11338, Bl. 78^v-79^v (16. Jahrhundert)

Bildüberlieferung:

- Berlin, Stadtbibliothek, ms. lat. oct. 472, Bl. 244^r und 251^{r-v} (15. Jahrhundert)
- Leiden, Universitätsbibliothek, cod. Voss. chem. F. 29, Bl. 99^r (1526 kopiert vom Erfurter Illuminator Johann Hoch; zersetzte Fassung)
- Nürnberg, Germanisches Nationalmuseum, Hs. 16752, Bl. 1^r (16. Jahrhundert).

I.2.5.11. Das Spruchgedicht nach der „*Turba philosophorum*“

Handschriften:

- Bamberg, Staatsbibliothek, Msc. nat. 7 (alte Sigantur: cod. L. III. 28), Bl. 84^r-86^r (Ende 16. Jahrhundert, dem Text folgt ohne Übergang die Lehrdichtung „*Vom Stein der Weisen*“)
- Darmstadt, Landesbibliothek und Hochschulbibliothek, cod. 1582, Bl. 51^r-53^r (16. Jahrhundert)
- Dresden, Landesbibliothek, Msc. N 175, Bl. V^r-IX^r (16. Jahrhundert)
- Heidelberg, Universitätsbibliothek, cpg 635, Bl. 393^r-397^r (Mitte 16. Jahrhundert)

- Kassel, Murhardsche Bibliothek und Landesbibliothek, 2° Ms. chem. 15, Bl. 147^{r-v} (um 1600, fragmentarische Überlieferung, die die Strophen 2, 3, 6, 8, 9 und 13 enthält)
- Kassel, Murhardsche Bibliothek und Landesbibliothek, 4° Ms. chem. 72, Bl. 258vb-259va (entstanden: 1595, dem Text folgt ohne Übergang die Lehrdichtung „*Vom Stein der Weisen*“)
- Kassel, Murhardsche Bibliothek und Landesbibliothek, 4° Ms. chem. 52, Bl. 72^{r}-73^{r} (um 1600)
- Kassel, Murhardsche Bibliothek und Landesbibliothek, 4° Ms. chem. 60/VIII, Fasz. 1, unfoliert (17. Jahrhundert, fragementarisch)
- Kopenhagen, Königliche Bibliothek, GKS 1721, 4°, Bl. 285-289 (um 1600)
- Leiden, Universitätsbibliothek, cod. Voss. chem. F. 18, Bl. 359^{r}-361^{r} (16. Jahrhundert)
- Leiden, Universitätsbibliothek, cod. Voss. chem. Q. 17, Bl. 32^{v}-34^{v} (entstanden: Augsburg 1588)
- London, Wellcome Historical Medical Library, Ms. 359, Bl. 3^{v}-6^{v} (um 1563, dem Text folgt ohne Übergang die Lehrdichtung „*Vom Stein der Weisen*“)
- London, Wellcome Historical Medical Library, Ms. 524, Bl. 41^{v}-44^{v} (Mitte 16. Jahrhundert, dem Text folgt ohne Übergang die Lehrdichtung „*Vom Stein der Weisen*“)
- München, Bayerische Staatsbibliothek, clm 25106, Bl. 50^{v}-52^{v} (16. Jahrhundert)
- New Haven/Connecticut, Yale University, Beinecke Libraray, Mellon Ms. 38, Bl. 76^{r}-77^{r} (16. Jahrhundert, zersetzt)
- Wien, Österreichische Nationalbibliothek, cod. Vindob. 3001 (Med. 213), Bl. 143^{r}-145^{v} (um 1480, dem Text folgt ohne Übergang die Lehrdichtung „*Vom Stein der Weisen*“)

Drucke:

- Promptvarium Alchimiae Ander Buch, Leipzig: H. Groß 1614, S. $iiij^{v}$-viij (Der Text wird zusammen mit der Lehrdichtung „*Vom Stein der Weisen*“ überliefert; Exemplar vorhanden in der Universitätsbibliothek Marburg)
- Eine fragmentarische und uneigenständige Überlieferung der Strophen 2 und 3 findet sich in Caspar Hartungs Prosatraktat „*Von der Bereitung des gebenedeyten Steins*“ aus dem 16. Jahrhundert.
- Johann Schütze (Hrsg.), Ein [...] Tractåtlein von dem Gebenedeyeten Stein / der uhralten Weisen, Hamburg: J.A. Härtel, 1682, S. 87-92 (überarbeitete Fassung des 17. Jahrhunderts)

Ausgabe:

- Telle (1976) S. 427-431 (nach Wien, cod. 3001, Bl. 143^{r}-145^{v})

I.2.5.12. Gratheus filius

Lehrdichtung des Gratheus filius:

- Wien, Österreichische Nationalbibliothek, cod. Vind. 2372 (Med. 98), Bl. 52ra-85^{v}, (mittelniederländisch, 14. Jahrhundert)

Lehrdichtung „*Herr Ignis und seine philosophischen Kinder*“:

- Wien, Österreichische Nationalbibliothek, cod. Vind. 2372 (Med. 98), Bl. 87va-88va (mittelniederländisch, 14. Jahrhundert)

Ausgabe beider Texte:

- Birkhan (1992a) Bd. 2

I.2.6. Bekannte alchemistische Rezeptautoren

I.2.6.1. Veit Hündler (Hüendler)

Handschriften des „*Briefbuch*“:

- Klosterneuburg, Stiftsbibliothek, cod. 941 (15. Jahrhundert)

Ausgaben:

- Koller (1796) S. 295f.
- Klein (1930) S. 213f.
- Simmet (1955)

I.2.6.2. Hans Kluge

Handschriften:

- Nürnberg, Germanisches Nationalmuseum, Hs. 198 353, 116^{r} (ostmitteldeutsch aus der Mitte des 15. Jahrhunderts),
- Nürnberg, Germanisches Nationalmuseum, Hs. 9715, 92^{v}-94^{r} (ostmitteldeutsch aus der zweiten Hälfte des 15. Jahrhunderts)

Ausgabe:

- siehe oben in Kap. 9.2.

I.2.6.3. Magister Konradus Tonsor

Handschriften:

- Nürnberg, Germanisches Nationalmuseum, Hs. 198353
- Nürnberg, Germanisches Nationalmuseum, Hs. 9715, Bl. 49^{r}
- London, Wellcome Historical Medical Library, Misc. Alch. XIX, 2, Bl. 50^{v}.

I.2.6.4. Gotz

Handschrift:

- Wien, Österreichische Nationalbibliothek, cod. 2999, Bl. 291^{r}-303^{r} (um 1500)

I.2.6.5. Konrad von Butzbach

Handschrift:

- Salzburg, Universitätsbibliothek, cod. M I 36, Bl. 1^{v}-128^{v}

I.2.6.6. Conrad Bodenze

Handschrift:

- Wien, Österreichische Nationalbibliothek, cod. 2528, Bl. 76^{v}-78^{r}.

I.2.7. Johann Bock

„Augmentum“

Handschriften:

- Nürnberg, Germanisches Nationalmuseum, Hs. 198 353, Bl. 84^{r}-85^{r} (um 1450, ostmitteldeutsch)
- Nürnberg, Germanisches Nationalmuseum, Hs. 9715, Bl. 157^{v}-160^{r} (2. Hälfte des 15. Jahrhunderts, ostmitteldeutsch).

Ausgabe:

- siehe oben in Kap. 9.3.

„Fixatio armoniaci“

Handschriften:

- Nürnberg, Germanisches Nationalmuseum, Hs. 198 353, Bl. 154^{r} (um 1450, ostmitteldeutsch)
- Nürnberg, Germanisches Nationalmuseum, Hs. 9715, Bl. 42^{v} (2. Hälfte des 15. Jahrhunderts, ostmitteldeutsch).

Ausgabe:

- siehe oben in Kap. 9.4.

I.2.8. Bernhard von der Mark (und Trevis)

Handschriften:

- Bamberg, Staatsbibliothek, cod. LIII 28 (16. Jahrhundert; „*Buch von der Sackpfeife*“)
- Kassel, Murhardsche Bibliothek und Landesbibliothek, 4° Ms. chem. 33 („*Von bereitung deß philosophischen steyns*“ und „*Symbolum*“)

I.2.9. Heinrich Domar

Handschriften:

- Hamburg, Staatsbibliothek und Universitätsbibliothek, cod. alchim. 659, Bl. 105^{v}-106^{r} (15. Jahrhundert, westmitteldeutsch)
- London, British Museum, Ms. Harley 5403, Bl. 73^{v}(?)-97^{v}

I.2.10. Johannes Ediling

Handschrift:

- London, British Museum, Ms. Harley 5403, Bl. 37^{v}-38^{r}.

I.2.11. Georg Klet

Handschriften:

- A – Heidelberg, Universitätsbibliothek, cpg. 797, 55 Bll. (16. Jahrhundert; „*Practica Alchimica Georgij Clet*")
- B – Kassel, Murhardsche Bibliothek und Landesbibliothek, 4° Ms. chem. 33, Heft 5, Bl. 1^{r}-18^{r} (2. Hälfte 16. Jahrhundert; anonyme Teilüberlieferung: „*Ein schoen Sendtbrieff, oder missiue, von der waren kunst des Philosophischen steyns tractierend, von eynem gelerthen manne* [...] *einem seinem gutten freunde, zugeschigckt vnd vbersendet*")
- C – München, Bayerische Staatsbibliothek, cgm 3741, Bl. 352^{r}-409^{v} bzw. alt Bl. 22^{r}-79^{v} (16. Jahrhundert; Überlieferung mit den Schreibervermerken: „*Dis hernachuolgend practick hab ich geschryben auß dem buchstaben C*" und „*Dise practica* [...] *hat* [...] *gemacht her Jörg Klett Stat in dem 81.ten blat* [Bl. 352^{r}]")
- E – Streuüberlieferung: Kassel, Murhardsche Bibliothek und Landesbibliothek, 8° Ms. chem. 5 (1. Hälfte 17. Jahrhundert; auf Bl. 115^{r} findet sich folgender Autorenvermerk: „*Finis secundum G. Kletten*")

Druck:

- D – Azot Philosophorum Solificatum. Das ist / Grůndtliche Erklårung / aller fůrnembsten Handtgriff vnd Vortheilen / so Herr Georgius Clettus, I.V. Licent. Persőnlich falsch oder gerecht vnd Wahrhafft befunden / an einen fůrnemmen Chymicum vnd Doct. zu Meyntz / vertrawlicher Weiß geschrieben, in: Cabala Chymica. Concordantia Chymica. Azot Philosophorum Solificatum, hrsg. von F. Kieser und M. Spieß (Mühlhausen) für J. Spieß (Frankfurt) 1606 S. 405-581 (Zwölf Briefe mit einer „*Praefatio*", S. 376-404).

I.2.12. Heinrich von Hall / Heinrich Kudorfer

Handschriften:

Heinrich von Hall:

- Hamburg, Staatsbibliothek und Universitätsbibliothek, cod. clchem. 659, Bl. $234^{r/v}$ und möglicherweise auch Bl. 234^{r}-239^{v} (15. Jahrhundert, mitteldeutsch)

Heinrich Kudorfer:

- Wolfenbüttel, Herzog-August-Bibliothek, cod. Helmst. 433 (15. Jahrhundert; Incipit auf Bl. 294^{v}: „*Secreta collecta per M. Henricum Kudorff*")

I.2.13. Isaak

Handschrift:

- Wien, Österreichische Nationalbibliothek, cod. 3025 (Med. 222), Bl. 35^{v}-44^{v}. (2. Hälfte 15. Jahrhundert, bairisch-österreichisch; der Text beginnt wie folgt: „*Das ist das puch das ysak seinem Sun gesandt hat von wabilon̄ der mercurius junger ist gebesen. Gebers rasis spricht das sind dj viij stain*")

I.2.14. Johannes von Kassel

Handschriften:

- A – London, British Library, Ms. Harley 5403, Bl. 100^{r}-101^{v}. (15. Jahrhundert, mittelfränkisch; der Text beginnt mit dem Incipit: „*Man sal nemen mercurium den sal man reine purgiren mit salcze*".)
- B – Leiden, Universitätsbibliothek, cod. Voss. chem. Q. 13, Bl. 64^{r}-70^{v} (aus dem Jahr 1526, bairisch; der Text beginnt mit dem Incipit: „*Das ist das Recht werich das doctor Joanes von Khassel aus burgundia ainem hertzoge laborie[r]tt hatt*".)

I.2.15. Johann von Schönbrunn

Handschriften:

- Wien, Österreichische Nationalbibliothek, cod. 5224, Bl. 123^{r}-134^{v};
- Wien, Österreichische Nationalbibliothek, cod. 5224, Bl. 168^{r}-173^{v};

I.2.16. Johannes Karpf

Handschriften:

- Wolfenbüttel, Herzog-August-Bibliothek, cod. 17.17. Aug. 4°, Bl. 137^{v}.
- Wolfenbüttel, Herzog-August-Bibliothek, cod. 17.17. Aug. 4°, Bl. 137^{v}-138^{v}.

I.2.17. Vinzenz Kofski

„*Von der Tinkturwurzel*"

Handschrift:

- Wien, Österreichische Nationalbibliothek, cod. 11347 (Rec. 1387), Bl. 132^{r}-145^{v} (Ende 16. Jahrhundert; Titel: „*Tractatus de lapide philosophorum et medicina eorundum*"; Verfassername: „*Käofski*"; mit Fundbericht-Fassung A)

Drucke:

- Ein [...] Bericht / von der ersten Tincturwurtzel / vnd auch MATERIA PRIMA deß [...] Steins der Weisen, in: Thesaurinella Olympica aurea tripartita, hrsg. von B. Figulus, Frankfurt 1608, Teil I, Tractat 3, S. 46-55 (mit Fundbericht A^1). Erneute Ausgabe: Frankfurt 1682 (Traktat auf den S. 52-65). Danach Einzelausgaben des Traktats: Danzig 1681 (13 Seiten) und in: Trinum Chymicum oder Drey Chymische Tractåtlein, Straßburg 1699, S. 1-16 (recte 18).

„Hermetische Schriften"

Handschriften:

- Hamburg Staats- und Universitätsbibliothek, cod. alchem. 556 (17. Jahrhundert; Titel: „*Unterricht vom großen Elixier*", datiert auf 1478; mit auf das Jahr 1612 datierter Fundbericht-Fassung B von F.J.C.T.G., der sich selbst als Übersetzter des lateinischen Originalmanuskriptes nennt)
- Hamburg Staats- und Universitätsbibliothek, cod. alchem. 557, Bl. 1^r-43^v (17. Jahrhundert; Titel: „*Vom Stein der Weisen*", Teil II, datiert auf 1479)

Druck:

- Hermetische Schriften, Teile I/II, Nürnberg 1786, 119 Seiten (das Titelbild wird auf 1478 datiert und der Text enthält den auf 1612 datierten Fundbericht-Fassung B^1. Daneben bezeichnet sich erneut F.I.C.T.G. als Übersetzer des Kofskischen Originalmanuskriptes).

Weiterer Textzeuge:

- Karlsruhe, Landesbibliothek, Sammlung Alexander von Bernus 11/59 (20. Jahrhundert; anonyme Kopie mit Fundbericht-Fassung B^1 aus dem Besitz Alexanders von Bernus (1880-1965), der in dem Typoscript fachliche Marginalien eintrug)

I.2.18. Martin (und Wilhelm)

Handschriften:

- Karlsruhe, Landesbibliothek, cod. Allerheiligen 3, Bl. 241-(?)244 (1. Hälfte 17. Jahrhundert)
- Kassel, Murhardsche Bibliothek und Landesbibliothek, 4° Ms. chem. 41, unfoliert (um 1600; Überschrift: „*Misteria*")
- Kassel, Murhardsche Bibliothek und Landesbibliothek, 4° Ms. chem. 60 I, Fasz. 3, Bl. 120^{r-v} (um 1600)
- München, Bayerische Staatsbibliothek, cgm 4229, Nr. 14 (um 1600, anonym)
- Wolfenbüttel, Herzog-August-Bibliothek, cod. 48.1 Aug. 4°, Bl. 146^r (2. Hälte 16. Jahrhundert)

Drucke:

- Rechter Gebrauch der Alchimei / Mitt vil bißher verborgenen / nutzbaren vnnd lustigen Künsten, o.O. (Frankfurt: Ch. Egenolff) 1531 (Faksimile Wien o.J. [1972]), S. IIII^{r-v}
- Kunstbůchlin / gerechten gründtlichen gebrauchs aller kunstbaren Werckleut, Frankfurt: Ch. Egenolff o.J., S. 17^{v}-18^{r}
- Kunstbůchlin / gerechten gründtlichen gebrauchs aller kunstbaren Werckleut, Frankfurt: Ch. Egenolffs Erben, 1574, S. 41-42 (^{1}1535)
- M. Schmuck: Aerarium chymicum Oder Reichlich vermehrte Chymische Schatz=Kammer, hrsg. von 'Einem Freunde der Künste' (d.i. David Kellner), J.Ch. Brückner (Mühlhausen) für S. Reyher (Gotha) 1686, Dec. 8, Nr. 6, S. 161-163
- Collecti processus de lapide philosophorum praeparando, aliisque secretis non vulgaribus, Jena: J. Bielcke 1704, S. 14.

I.2.19. Johannes Münich von Ochsenfurt

Handschrift:

- München, Bayerische Staatsbibliothek, cgm. 309, Bl. 124^{r}-125^{v}

I.2.20. Nikolaus von Birkenfeld

Handschriften:

- London, British Library, Ms. Harley 5403, Bl. 102^{v} (1. Hälfte 15. Jahrhundert, lateinisch)
- London, British Library, Ms. Harley 5403, Bl. 103^{v}-104^{r} (1. Hälfte 15. Jahrhundert, mittelfränkisch)

I.2.21. Nikolaus von Paris

Überlieferung des Traktats „*Von silber unde von golde*“:

- Nürnberg, Germanisches Nationalmuseum, Hs. 9715, Bl. 12^{r}-14^{r} und
- Nürnberg, Germanisches Nationalmuseum, Hs. 198 353, Bl. 123^{v}-124^{r}.

I.2.22. „*Tractatus aureus*“ (deutsch)

Handschriften:

a) Vollfassung:

- Basel, Universitätsbibliothek, cod. L IV 1 Bl. 282-285 (1. Hälfte 16. Jahrhundert)
- Kassel, Murhardsche Bibliothek und Landesbibliothek, 4° Ms. chem. 82, Bl. 3^{r-v} (Traktat mit Gedicht), Bl. 19^{r} (Wappen, Beischriften und Vierzeiler; 1. Hälfte 16. Jahrhundert)

- Manchester, John Rylands University Library, German Ms. 1, Bl. 6^v-7^v (15. Jahrhundert)

b) Fragmente

- Kassel, Murhardsche Bibliothek und Landesbibliothek, 4° Ms. chem. 60, Fasz. I, Bl. 2^v (2. Hälfte 16. Jahrhundert; enthält die beiden Vierzeiler)
- Leiden, Universitätsbibliothek, cod. Voss. chem. F. 29, Bl. 91^v (Vierzeiler, Wappen [ohne Helmzier], Beischriften; die Bildausführung erfolgte 1526 durch den Erfurter Illuminator Johannes Hoch)
- Třeboň, Státní oblastní archiv, Ms. Rosenberg 25, Bl. 1^r (vormals im Archivum Schwarzenbergicum; um 1600; Vierzeiler, Wappen [ohne Helmzier], Beischriften)

Druck der Vollfasung:

- Pandora, Das ist / die Edleste Gab Gottes / oder der Werde vnnd Heilsamme Stein der Weisen, hrsg. von Hieronymus Reusner, Basel: S. Apiarius, 1582, S. 230-235; auch: Basel 1588, Basel 1598, Frankfurt-Leipzig 1706 (unter dem Titel „*Compendium Alchymisticum Novum*“, hrsg. von J.M. Faust) und Hamburg 1727 („*Compendium*“-Titelausgabe)

I.2.23. Hans Vellnhamer

Handschrift:

- München, Bayerische Staatsbibliothek, cgm 3724, Bl. 1^r-3^v (15. Jahrhundert)

I.2.24. Hanko Döbringer

Handschrift:

- Nürnberg, Germanisches Nationalmuseum, Hs. 3227a, Bl. 11^r-12^r, Bl. 74^v-75^r und Bl. 92^v-164^v (um 1389)

I.3. Deutsche iatrochemische Schriften

I.3.1. „*Eichenmisteltraktat*“ und „*Eichentraktat*“

„*Eichenmisteltraktat*“

Insgesamt 37 Handschriften des 14.-16. Jahrhundert sind verzeichnet bei:

- Daems (1965) S. 90f. und
- Högemann (1981)

„*Eichentraktat*“

- Göttingen, Staatsbibliothek, cod. hist nat. 42, Bl. 37^r-39^v (um 1500, Nürnberg)

- Heidelberg, Universitätsbibliothek, cpg 545, Bl. 157^{rv} (vom Jahr 1474, Nürnberg)

I.3.2. Albert von Erfurt

Handschrift:

- Breslau, Universitätsbibliothek, cod. I Folio 334, Bl. 276^{v} (15. Jahrhundert)

I.3.3. Bartholomäus von Frankfurt

Handschrift:

- London, Wellcome Historical Medical Library, cod. 642, Bl. 4^{r}-5^{v}.

Ausgabe:

- Eis (1969) S. 271f.

I.3.4. Thomas von Wasserburg

Handschriften:

- Hamburg, Staatsbibliothek, cod. med. 801 4°, S. 234 und S. 307 (um 1500, Frankfurt am Main)
- Heidelberg, Universitätsbibliothek, cpg. 210, Bl. 38^{r}, Bl. 47^{rv} und Bl. 49^{v}f. (um 1560, Oberbayern)
- Heidelberg, Universitätsbibliothek, cpg 550, Bl. 65^{v}-67^{r} (1564, Butzbach; enthält Verfasserangabe: „*digestio, von maister Thomas von Wasserburg gearbeidt*“)
- New Haven/Connecticut, Yale University, Beinecke Library, Ms. Mellon 30, Bl. 287^{r} (1528, schwäbisch, enthält ein alchemistisches Verfahren)
- Rom, Bibliotheca Vaticana, cod. Pal. lat. 1297, Bl. 333^{v} u.ö. (1535, Schreiber: Johannes Stocker)
- Schriesheim, Sammlung Eis, Hs. 22, Bl. 34^{r}f. (1531, Böhmen)
- Stuttgart, Landesbibliothek, cod. Donaueschingen E I 2, Bl. 78^{r} (1556, Augsburg)
- Stuttgart, Landesbibliothek, cod. med. et phys. 2° 8, Bl. 52^{rv} (vor 1490, von Hans Seyff)
- Wien, Österreichische Nationalbibliothek, cod. 2999, Bl. 209^{v} und Bl. 427^{v} (16. Jahrhundert, oberdeutsch; beschrieben sind eine Wundheilung und ein Ätzmittel eines „*maister Thomas apotekarius*“)
- Wien, Österreichische Nationalbibliothek, cod. 11198, Bl. 232^{r} (um 1530, Johannes Stocker)
- Wolfenbüttel, Herzog-August-Bibliothek, cod. 42,3–5 Aug. 4°, Bl. 238^{rv} (16. Jahrhundert).

Ausgaben einzelner Rezepte:

- Knapp (1954) S. 5 und S. 72f.

- Eis (1948) S. 260
- Klemmt (1965) S. 319
- Telle (1972a) S. 570

I.3.5. Gallus von Prag

Deutsches Aquavit-Rezept:

- Heidelberg, Universitätsbibliothek, cpg 807, Bl. 120^{v}
- Donaueschingen, Fürstlich Fürstenbergische Hofbibliothek, cod. E I 1, S. 51f.

Ausgabe:

- Eis (1958) S. 152f. (nach Donaueschingen, cod. E I 1)

I.3.6. Taddeo (degli) Alderotti

Von Taddeos Branntweintraktat existieren mehrere lateinische wie deutsche bzw. niederländische Fassungen. Die bekanntesten deutschen/niederländischen Fassungen, die allesamt bereits ediert wurden, werden hier nur in Kürze aufgeführt.

a) Der „*gebrennete win*“

- Heidelberg, Universitätsbibliothek, cpg 214, Bl. 47vb-48rb (1321, elsässisch)

b) Das „*water des levens of levende water*“

- Brüssel, Königliche Bibliothek, cod. 15624-41, Bl. 6va-8rb (1351, brabantisch)

c) Der „*geprant wein*“ des ab 1398 nachweisbaren „*Fränkischen Arzneibuchs*“

- Würzburg, Universitätsbibliothek, M. ch.f. 79, Bl. 16vb-17vb
- Heidelberg, Universitätsbibliothek, cpg 213, Bl. 10^{r}-11^{v}
- Heidelberg, Universitätsbibliothek, cpg 558, Bl. 82^{rv}

d) „*Die tugenten des gepranten weyns*“

- Wien, Österreichische Nationalbibliothek, cod. 13647, Bl. 168rb-169vb (um 1390, ostmittelbairisch)

Zu den Ausgaben, vgl. Keil (1995c)

I.3.7. Konrad Schreck von Aschaffenburg

Handschriften:

- Kalosca, Kathedralbibliothek, Ms. 376, Bl. 271^{r}-284^{r} (medizinisch-alchemistische Sammelhandschrift aus der zweiten Hälfte des 15. Jahrhunderts (1472), ostmitteldeutsch-bairisch, Schreiber: Konrad Schreck von Aschaffenburg)

- Erlangen, Universitätsbibliothek, cod. B. 32, Bl. 252ra-265va (oberdeutsch)

I.3.8. Michael Puff aus Schrick

„Traktat von Tugenden der ausgebrannten Wässer"

Die wichtigsten Handschriften des 15. und 16. Jahrhundert sind:

- Admont, Stiftsbibliothek, cod 833a, Bl. 472^{v}-476^{v} (vom Jahr 1494; Fragment)
- Donaueschingen, Fürstlich-Fürstenbergische Hofbibliothek, cod. 793, Bl. 30^{r}-33^{r} (um 1500)
- Melk, Stiftsbibliothek, cod. 1835 (olim 416; H 36), S. 625-639 (um 1500)
- Solothurn, Zentralbibliothek, cod. S 386, Bl. 132^{v}-136^{v} (vom Jahr 1463, bisher ältester Textzeuge)

„Büchlein von den ausgebrannten Wässern"

Handschriften:

- Admont, Stiftsbibliothek, cod 833a, Bl. 439^{r}-472^{r} (vom Jahr 1494)
- Dresden, Landesbibliothek, Mscr. C 292, Bl. 7 (16. Jahrhundert)
- Dresden, Landesbibliothek, Mscr. C 308, Bl. 206^{v}-221^{v} (16. Jahrhundert)
- Heidelberg, Universitätsbibliothek, cpg 526, Bl. 219^{r}-221^{r} u.ö. (Ende 15. Jahrhundert)
- Heidelberg, Universitätsbibliothek, cpg 545 (vom Jahr 1474; ein Großteil der auf Bl. 94^{v} beginnenden Wässer-Rezepte stammt aus dem „*Büchlein von den ausgebrannten Wässern*" Michael Puffs)
- Heidelberg, Universitätsbibliothek, cpg 666 (von 1478; ab Bl. 125^{v} finden sich einige Wässer-Rezepte aus dem „*Büchlein von den ausgebrannten Wässern*" Michael Puffs)
- Heidelberg, Universitätsbibliothek, cpg 752, Bl. 1^{r}-8^{r} (Ende 16. Jahrhundert)
- München, Bayerische Staatsbibliothek, cgm 407, Bl. 325-370 (vom Jahr 1495)
- München, Bayerische Staatsbibliothek, cgm 720, Bl. 162^{r}-184^{v} (vom Jahr 1490)
- München, Bayerische Staatsbibliothek, cgm 729, Bl. 120^{v}-121^{v} und Bl. 125^{r}-131^{r} (zwischen 1455 und 1466; mehrere Wässer-Rezepte aus dem „*Büchlein von den ausgebrannten Wässern*" Michael Puffs)
- München, Bayerische Staatsbibliothek, cgm 823 (Ende 15. Jahrhundert; ab Bl. 18^{r} und ab Bl. 67^{r} finden sich mehrere Wässer-Rezepte aus dem „*Büchlein von den ausgebrannten Wässern*" Michael Puffs)

Wiegendrucke zwischen 1474 und 1500 (in chronologischer Ordnung):

- Augsburg: Johannes Bämler, 1474
- Augsburg: Johannes Bämler, 1476
- Augsburg: Johannes Bämler, 1477 (Vgl. hierzu auch Sudhoff (1908) S. 140, Nr. 148)
- Augsburg: Johannes Bämler, 1478 (Vgl. hierzu auch Sudhoff (1908) S. 140, Nr. 149)

- Augsburg: Johannes Bämler, 1479 (Vgl. hierzu auch Sudhoff (1908) S. 140, Nr. 150)
- Augsburg: Johannes Blaubirer, 1481 (Vgl. hierzu auch Sudhoff (1908) S. 141, Nr. 151)
- Augsburg: Johannes Blaubirer, 1481 (Vgl. hierzu auch Sudhoff (1908) S. 141, Nr. 152)
- Augsburg: Anton Sorg, 1481
- Straßburg: Martin Schott, 1481 (Vgl. hierzu auch Sudhoff (1908) S. 141f., Nr. 153)
- Straßburg: anonym, 1481
- Mainz: anonym, 1481
- Augsburg: Hans Schönsperger, 1482 (Vgl. hierzu auch Sudhoff (1908) S. 142, Nr. 154)
- Augsburg: Johannes Blaubirer, 1482 (Vgl. hierzu auch Sudhoff (1908) S. 142, Nr. 155)
- Augsburg: Johannes Bämler, 1482 (Vgl. hierzu auch Sudhoff (1908) S. 143, Nr. 157)
- Ulm: Konrad Dünckmut, 1482 (Vgl. hierzu auch Sudhoff (1908) S. 142, Nr. 156)
- Straßburg: Martin Schott, 1483 (Vgl. hierzu auch Sudhoff (1908) S. 143f., Nr. 159)
- Augsburg: Anton Sorg, 1483 (Vgl. hierzu auch Sudhoff (1908) S. 143, Nr. 158)
- Augsburg: Hans Schönsperger, 1484 (Vgl. hierzu auch Sudhoff (1908) S. 144, Nr. 160)
- Augsburg: Hans Schönsperger, 1484 (Vgl. hierzu auch Sudhoff (1908) S. 144, Nr. 160a)
- Lübeck: Bartholomäus Gothan, 1484 – niederdeutsche Fassung, unter dem Namen des Bartholomäus de Benevento (Vgl. hierzu auch Sudhoff (1908) S. 26f., Nr. 29)
- Ulm: Johannes Zainer, 1488 (Vgl. hierzu auch Sudhoff (1908) S. 144, Nr. 161)
- Augsburg: Johannes Froschauer, 1496 (Vgl. hierzu auch Sudhoff (1908) S. 144, Nr. 162)
- Ulm: Hans Zainer, 1498 (Vgl. hierzu auch Sudhoff (1908) S. 145, Nr. 163)
- Erfurt: Hans Sporer, o.J., ca. 1498 (Vgl. hierzu auch Sudhoff (1908) S. 145f., Nr. 164)
- Ulm: Hans Zainer, 1500 (Vgl. hierzu auch Sudhoff (1908) S. 146, Nr. 165)
- o.O.: anonym, o.J. (Vgl. hierzu auch Sudhoff (1908) S. 146, Nr. 166)
- o.O.: anonym, o.J. (Vgl. hierzu auch Sudhoff (1908) S. 146f., Nr. 167)

Darüber hinaus wird das „*Büchlein von den ausgebrannten Wässern*“ im „*Iatromathematischen Corpus*“ überliefert.

Ausgabe:

- Welker (1988) S. 226-249 und S. 274-277 (Fassung aus dem „*Iatromathematischen Corpus*“)

I.3.9. Anton Trutmann

Handschrift:

- Bern, Burgerbibliothek, Ms. Hist. Helv. XI 61 (um 1495, 141 Bll. Pergament und Papier).

Ausgabe:

- Sutterer (1976)

I.3.10. Gabriel von Lebenstein

Handschriften:

- B – Brünn, Stadtarchiv, cod. St. Jacob 110, Bl. 173^{r}-182^{r} (um 1500, bairisch – aus Südmähren).
- G – Gotha, Landesbibliothek, cod. Chart. B 1238, Bl. 32^{v}-41^{r} (2. Hälfte 15. Jahrhundert, bairisch).
- Heidelberg, Universitätsbibliothek, cpg 666, die Wässerkapitel verteilen sich zwischen Bl. 90^{v} und 125^{v} (von 1478)
- L – London, Wellcome Historical Medical Library, cod. 283, S. 5-39 (Ende 15. Jahrhundert, bairisch – gemehrte Fassung bestehend aus 46 bzw. aufgrund von Wiederholungen 41 Rezepten und einer Schlußformel).
- A – Wolfenbüttel, Herzog-August-Bibliothek, cod. Guelf. 47.19 Aug 4°, Bl. 17^{r}-25^{v} (2. Hälfte 15. Jahrhundert, bairisch).
- W – Wolfenbüttel, Herzog-August-Bibliothek, cod. Guelf. 54 Aug. 40, Bl. 19^{r}-24^{r} (1. Viertel 15. Jahrhundert, bairisch).
- B^{1} – Wolfenbüttel, Herzog-August-Bibliothek, cod. Guelf. 189 Blankenburg, Bl. 201^{r}-210^{r} (Ende 15. Jahrhundert, bairisch).
- T – Schriesheim/Heidelberg, Sammlung Eis, cod. 33, Bl. 115^{r}-123^{v} (um 1800, tschechisch).

Fragmentarische Überlieferung und Streuüberlieferung (Exzerpte):

- V – Bamberg, Staatsbibliothek, cod. J. H. Msc. med. 10, Bl. 142^{r}-144^{r} (um 1500, bairisch)
- M – Harburg, Fürstl. Öttingen-Wallerstein'sche Bibliothek, cod. III. 2 fol 37, Bl. 19^{v} (2. Hälfte 16. Jahrhundert, alemannisch-bairisches Übergangsgebiet – Eintrag über „*Lilium Confalium wasser*“).
- H – Heidelberg, Universitätsbibliothek, cpg 262, Bl. 157^{r}ff. (passim), (Mitte 16. Jahrhundert, oberfränkisch)
- Heidelberg, Universitätsbibliothek, cpg 638, Bl. 26^{r} und Bl. 29^{v}f. (1. Hälfte 15. Jahrhundert)
- Heidelberg, Universitätsbibliothek, cpg 526 (Ende 15. Jahrhundert)
- Heidelberg, Universitätsbibliothek, cpg 545, Bl. 94^{v} u.ö. (vom Jahr 1474)
- Heidelberg, Universitätsbibliothek, cpg 752, Bl. 8^{r} (Ende 16. Jahrhundert)
- München, Bayerische Staatsbibliothek, cgm 720, Bl. 286^{r}-298^{v} (vom Jahr 1490)
- München, Bayerische Staatsbibliothek, cgm 729, Bl. 121^{v}-124^{v}f. (zwischen 1455 und 1466)

- München, Bayerische Staatsbibliothek, cgm 823, Bl. 11r-18r (Ende 15. Jahrhundert)
- E – Schriesheim, Sammlung Eis, cod. 104, Bl. 58r-58v (um 1560, aus Südtirol – bestehend aus zwei Rezepten).
- Wi – Wien, Österreichische Nationalbibliothek, cod. Vindob. 3000 (Med. 211*), Bl. 6r-6v (1489, bairisch, möglicherweise basierend auf der Handschrift B – Fragment bestehend aus Prolog und einem Rezept über Kamillenwasser).

Ausgabe:

- Eis/Vermeer (1965)

I.3.11. Hieronymus Brunschwig

Brunschwigs Destillierbücher liegen ausschließlich in Drucküberlieferung vor.

„Großes Destillierbuch"

- Liber de arte Distillandi de Compositis. Das büch der waren kunst zu distillieren die Composita vnd Simplicia / vnd dz Bůch thesaurus pauperum / Ein schatz der armen genant Micarium / die brősamlin gefallen von den büchern der Artzney / vnd durch Experimnet von mir Jheronimo brunschwick vff geclubt vnd geoffenbart zů trost denen die es begeren. O.O., o.J. [Straßburg: J. Güninger 1512].
- Weitere Ausgaben: Straßburg: J. Grüninger 1519; Straßburg: B. Grüninger 1532; Frankfurt/Main: Chr. Egenolff 1538; Frankfurt/Main: H. Gülfferich 1551; Frankfurt/Main: H. Gülfferich 1552; Frankfurt/Main: Chr. Egenolff Erben 1597

„Kleines Destillierbuch"

- Liber de arte distillandi de Simplicibus [...] Straßburg: J. Grüninger 1500
- Weitere Ausgaben: Straßburg: J. Grüninger 1505; Straßburg: J. Grüninger 1509; Straßburg: J. Grüninger 1515; Straßburg: J. Grüninger 1521; Straßburg: J. Grüninger 1528; Straßburg: J. Grüninger 1531; Straßburg: B. Grüninger 1537; Frankfurt/Main: H. Gülfferich 1551; Frankfurt/Main: H. Gülfferich 1554; Frankfurt/Main: H. Gülfferich 1555; Frankfurt/Main: W. Han, um 1560; Frankfurt/Main: W. Han Erben, um 1568; Frankfurt/Main: J. Bringer für K. Corthoys 1610; Frankfurt/Main: E. Kempfer für K. Corthoys 1614.

Reprographische Neudrucke des „*Großen Destillierbuchs*":

- Basel 1971 und
- Leipzig 1972.

I.3.12. Ulrich Ellenbog

„Von den gifftigen Besen Tempffen vnd Reuchen der Metal"

- Faksimile-Ausgabe in Koelsch/Zoepel (1927)

„Büchlein von den Harnleiden"

- Schriesheim, Sammlung Eis, cod. 26, 6 Bll. (um 1490)

Ellenbogs alchemistisches Wissen wird bezeugt in:

- St. Gallen, Stadtbibliothek (Vadiana), cod. 429

I.3.13. Georg Hueth

Handschrift:

- Berlin, Staatsbibliothek Preußischer Kulturbesitz, mgf 8, Bl. 88rb

I.3.14. Der „Magdalenenbalsam"

Vgl. hierzu die Überlieferung des *„Buchs von alten Schäden"* im Verfasserlexikon.

I.3.15. Meister Michel

Handschrift:

- Leipzig, Universitätsbibliothek, cod. 934, Bl. 194^{r}-195^{r}

I.3.16. Stainer zu Matsee

Handschrift:

- Wien, Österreichische Nationalbibliothek, cod. 2898, Bl. 102^{vab} (vom Jahr 1470)

I.4. Weitere bisher nicht näher untersuchte alchemistische Fachschriften

Neben den oben besprochenen Fachschriften der Alchemie und Iatrochemie bin ich noch auf einige weitere Texte gestoßen, die bisher nicht näher untersucht wurden und deren Sichtung und Beurteilung den Rahmen dieser Arbeit gesprengt hätte, trotzdem will ich sie der Vollständigkeit halber, und um sie ins Bewußtsein der Forschung zu rücken, hier aufführen.

I.4.1. *„Buchlein von denn wessen der metall"*

Überlieferung:

- München, Bayerische Staatsbibliothek, Bl. 139^{r-v} (Anonymer alchemistischer Traktat aus der 1. Hälfte des 15. Jahrhunderts)

I.4.2. Anonymer mitteldeutscher Alchemietraktat

Überliefert in:

– Wolfenbüttel, Herzog-August-Bibliothek, cod. Guelf. 80.4. Aug 8°, Bl. 99r-101r.

Anhang II: Abbildungsverzeichnis

Anhang III: Tabellenverzeichnis

Anhang IV: Verzeichnis alchemistischer Fachtermini

Dieses kleine Wörterbuch enthält ein Verzeichnis alchemistischer Fachtermini, die sowohl dem Bereich Arkansprache entstammen als auch dem Bereich der offenen unverhüllten Rede. Diese Aufstellung leitet sich aus den oben gemachten Ausführungen zur Fachsprache der Alchemie (vgl. Kapitel 3) und der dort angegebenen Literatur ab. Herangezogen wurden vor allem die Wörterbücher bei Buntz und Barke[1695] sowie die Worterklärungen bei Eis, Buntz, Ploss und Haage.[1696]

Adler – Deckname für Salmiak, verweist auch auf die chemische Eigenschaft des aufsteigend Flüchtigen

Adro – Deckname für Quecksilber

Alkahest – seltene Bezeichnung für den Lapis philosophorum bzw. die Panazee (Elixier), ein Lösungsmittel zur Auflösung aller festen Stoffe (mit Ausnahme von Wasser). Es besitzt die Fähigkeit, Glas plastisch formbar (hämmerbar) zu machen

Anima – bezeichnet die Seele, als einen der flüchtigen Bestandteile der Stoffe

Anima corporis – Deckname für Schwefel

Apollo – Deckname für Gold

aqua – gebräuchlicher Deckname für jede flüssige Substanz

aqua fortis – Deckname für Salpetersäure

argentum vivum – Deckname für Quecksilber

Azeth – Deckname für Quecksilber

Balneum Mariae (Bad Mariens) – bezeichnet verschiedene Prozesse, Wasser-, Öl- und Sandbäder sowie die Destillation

Balsam – Deckname für den Lapis philosophorum

basiliscus – Deckname für den Lapis philosophorum

Bleiwasser (Wasser des pleyß) – bezeichnet eine Verfälschung des Quecksilbers mit metallischen Zusätzen

Borax – Deckname für Quecksilber

Brunnen – Deckname für den Lapis philosophorum

Cantzler – Deckname für Quecksilber

Caput Corvi – Deckname für die prima materia

Corpus – bezeichnet die Metalle, das paracelsische Prinzip der 'Festigkeit und Untrennbarkeit' oder eine unspezifizierte feste Substanz

Corpus magnesiae – Deckname für den Lapis philosophorum

1695 Vgl. Buntz (1968) S. 178-196 und Barke (1991) S. 167-432

1696 Vgl. Eis (1965); Buntz (1970); Ploss (1970); Haage (1993a) und Haage (1996)

das Fliehende – Deckname für Quecksilber

das Flüchtige – Deckname für Quecksilber

das Rote – Deckname für Schwefel als das männliche Prinzip

das Weiße – Deckname für Quecksilber

Diana – i.a. Deckname für Silber, aber auch Deckname für Quecksilber

Ding – Deckname für den Lapis philosophorum

Drache – Deckname für Mauersalpeter, Nitrat bzw. Kaliumnitrat, Quecksilber (bezeichnet dessen Giftigkeit, (al-) chemische Reaktionsfreudigkeit und Aggressivität)

Drachenblut (rotes) – Deckname für den Lapis philosophorum

Duenech – Deckname für Quecksilber

dunckelkleyt – Deckname für die „schwertz" bzw. die Putrefaktion

Dunkelkleid (dunckelkleyt) – Deckname für die prima materia

Ei – Deckname für ein alchemistisches Gefäß, das den Prozeß hermetisch einschließt.

empfindliches Feuer (empfindliche Fewer) – Deckname für Quecksilber

Engel – symbolisiert die Sublimation oder das Emporsteigen eines flüchtigen Prinzips

Erdreich der Weisen – Deckname für das bei der Lapis-Herstellung eingesetzte Edelmetall

Erzwasser (erczwasser) – Deckname für Quecksilber

Essig – Deckname für Quecksilber

feuchtes Feuer (feucht Feür) – Deckname für Quecksilber

Feuer (Fewr) – Deckname für die prima materia

Feuer der Weisen (der Weisen Feür) – Deckname für Quecksilber

Feuer des Roßbauchs – Deckname für Quecksilber

Fisch – Deckname für Spiritus als flüchtiger Bestandteil eines Stoffes

Fisch – Deckname für Spiritus oder Anima

Fledermauskot – Deckname für Quecksilber

flüchtiges Feuer (flüchtige Fewr) – Deckname für Quecksilber

Gebärmutter – Deckname für die Retorte (d.i. die Vereinigung von Aludel und Alembik)

Gefängnis – Deckname für ein alchemistisches Gefäß als philosophisches Ei, d.h. der Prozeß ist darin eingeschlossen.

geistliches Wasser – Deckname für Quecksilber

gelber Leu aus Mitternacht – Deckname für Salpeter

gläsernes Meer – Deckname für Quecksilber

Grabmal – Deckname für ein alchemistisches Gefäß als philosophisches Ei, d.h. der Prozeß ist darin eingeschlossen.

großes innerliches Feuer (grosses innerliches Fewer) – Deckname für Quecksilber

grüner Löwe – Deckname für Spießglanz, 'Mercurius des Goldes', Auripigment, Königswasser und Menstruum.

güldenes Wasser – Deckname für Quecksilber

Hefe – Deckname für Quecksilber

Hirsch – Deckname für Spiritus als flüchtiger Bestandteil eines Stoffes

Hund – Deckname für Spiritus als flüchtiger Bestandteil eines Stoffes

Jungfrau – möglicherweise Deckname für Salmiak

Jungfrauenmilch (JungfrawMilch) – Deckname für Quecksilber

Jupiter – Deckname für Zinn

kalter Drache – Deckname für Mauersalpeter

König – Deckname für Gold

Königswasser – Deckname für eine goldlösende Flüssigkeit

Krebs – möglicherweise Deckname für Sal, als eines der drei paracelsischen Prinzipien, Sal ammoniacum, d.i. Ammoniumchlorid, oder arsenicum album, d.i. weißes Arsenoxyd

Kürbis – Deckname für Aludel (alchemisches Gefäß)

lebendiges Öl (lebendigz öl) – Deckname für Sulphur

lebendiges Wasser (lebendig wasser) – Deckname für Quecksilber

lebendigz öl – Deckname für Schwefel

Leib des Königs – Deckname für Gold

Leo – Deckname für Gold

Leo rubeus – Deckname für Schwefel (als das männliche Prinzip)

liquorisches Wasser – Deckname für Quecksilber

Löwe – Deckname für gereinigtes Gold

Luft (Lufft) – bezeichnet alles leicht Emporsteigende oder das auf schweren Flüssigkeiten Schwimmende

Luna – Deckname für Silber

Lutum sapientiae – bezeichnet einen Kitt oder Leim zum Abdichten der Gefäße und Kolben

Maientau (meyentaw) – Deckname für Quecksilber

Mars – Deckname für Eisen

Matrix – Deckname für die Retorte (d.i. die Vereinigung von Aludel und Alembik)

Medicin – Deckname für den Lapis philosophorum

Meer – Deckname für Corpus

Meerwasser – Deckname für Milch der fliegenden Vögel, also Kalklauge

menstruum – ein Lösungsmittel, als allegorischer „*grüner Drache*" bezeichnet es die Mischung aus wäßriger Salzsäure und Salpetersäure (d.i. Königswasser)

mercurialisches Wasser – Deckname für Quecksilber

Mercurius – Deckname für Quecksilber

Mercurius philosophorum – Deckname für Quecksilber bzw. für die prima materia als Ausgangsstoff des alchemischen Werkes.

Merkur – Deckname für Quecksilber

Milch der fliegenden Vögel – Deckname für Kalklauge

Monarch – Deckname für Salpeter

Mond – Deckname für Silber

Nebel – Deckname für die prima materia

Neptunus – Deckname für Ammoniumchlorid

Nest – Deckname für einen alchemistischen Kolben

nigredo – bezeichnet die Schwarzfärbung während des alchemischen Werkes

Öl der reynsten Jngehung – Deckname für Schwefel

Pfau – Bezeichnung für das Farbenspiel während des alchemischen Werkes.

Pfauenschwanz – Bezeichnung für das Farbenspiel während des alchemischen Werkes.

Phönix – Deckname für den Lapis philosophorum

Rabe – Deckname für die Schwarzfärbung im alchemischen Prozeß

Rabenhaupt – Deckname für die prima materia

Realgar – Deckname für Quecksilber

rebis – Deckname für den Lapis philosophorum

rein durchscheinendes Wasser – Deckname für Quecksilber

reiner lebendiger Kalk – bezeichnet ungelöschten Kalk

Roßmist – Deckname für Mercurius in der Bedeutung von Quecksilber oder Bezeichnung für ein Balneum, ein Bad zur langsamen und gleichmäßigen Erwärmung einer Substanz

rot – Attribut des männlichen Prinzips

rote Rose – Deckname für den Lapis philosophorum, als Elixier zur Goldherstellung

Rote Tinktur – Deckname für Gold

roter Adam – Deckname für Gold oder Schwefel als das männliche Prinzip

roter Drache – Deckname für die Rotfärbung im alchemischen Prozeß

Roter Leu – Deckname für den Lapis philosophorum

roter Löwe – Deckname für Schwefel (als das männliche Prinzip)

Saturn – Deckname für Blei

Schatten der Sonne – Deckname für den Lapis philosophorum

Schreiber – Deckname für Quecksilber

Schwefel der Philosophen – Deckname für philosophischen Schwefel, d.h. der Schwefel als Verkörperung des männlichen Prinzips

Schwertz – Deckname für die prima materia

Seele – Deckname für den im Gold innewohnenden Schwefel

Sol – Deckname für Gold

Sonne – Deckname für Gold

Speichel des Mondes – Deckname für den Lapis philosophorum

Spiritus – Deckname für Quecksilber bzw. das vom Quecksilber repräsentierte Prinzip des Flüchtigen, bezeichnet auch den aus der Retorte (alchemistisches Gefäß) aufsteigenden Dunst, den lebendigen Geist, einen (durch Sublimation) in Materie verwandelten Geist oder einen in der Materie enthaltenen Geist, d.h. der Geist als flüchtiger Bestandteil der Stoffe

Stein – Deckname für den Lapis philosophorum

Stein der Philosophen (stein der philosophem) – Deckname für den Lapis philosophorum

Stein des ersten Grades – Deckname für weißes Elixier

Steinbock – möglicherweise Deckname für Schwefel

Stier – möglicherweise Deckname für Sal ammoniacum, d.i. Ammoniumchlorid

Tartarus – bezeichnet den bei der Destillation oder Sublimation im Kolben zurückbleibenden Niederschlag und möglicherweise Deckname für Weinstein, ein Kaliumsalz, das sich aus Wein abscheidet

Theriak – Deckname für den Lapis philosophorum

Tinctur – Deckname für den Lapis philosophorum

trockenes Wasser – Deckname für den Lapis philosophorum

truckner Stein – Deckname für das bei der Lapis-Herstellung eingesetzte Edelmetall

überköstliches Wasser – Deckname für Königswasser, als goldlösende Flüssigkeit

unser Feuer (vnser Feür) – Deckname für Quecksilber

unser Wasser – Deckname für Quecksilber

unverbrennlicher Schwefel aller Weisen – Deckname für Schwefel

Venus – Deckname für Kupfer

versaltzenes Meer – Deckname für eine Salzsäurelösung

Vogel – Deckname für Spiritus als flüchtiger Bestandteil eines Stoffes

Vulcanus – Deckname für Schwefel

Wasser der Philosophen – Deckname für Quecksilber

Wasser Mercurij – Deckname für Quecksilber

Wasser, das die Hände nicht netzt – Deckname für Quecksilber

weiß – Attribut des weiblichen Prinzips

weiße Blüte – Deckname für Quecksilber

weiße Eva – Deckname für das Quecksilber als das weibliche Prinzip

weiße Lilie – Deckname für Quecksilber

weiße Taube – Deckname für die Weißfärbung im alchemischen Prozeß

Weiße Tinktur – Deckname für Silber

weißer Schwan – Deckname für die Weißfärbung im alchemischen Prozeß

weißes Elixier – transmutiert die unedlen Metalle 'nur' zu Silber (kleines Werk).

Widder – möglicherweise Deckname für Tartarus

Wolf (der geitzige grawe Wolff) – Deckname für Antimon

Wolf (Wolff) – Deckname für Antimon

Wolke – Deckname für Quecksilber, wobei dabei auf die Flüchtigkeit des verwendeten Stoffes angespielt wird

Zement (ciment) – Beize zum Scheiden oder Reinigen der Metalle

Zementieren – das Reinigen der Metalle durch Erhitzen mit bestimmten Zusätzen, wie z.B. Kohlepulver oder Ziegelmehl.

Zwilling – möglicherweise Deckname für Grünspan

Anhang V: Verzeichnis arkansprachlicher Synonyma

Diese Auflistung von Synonyma leitet sich aus dem zuvor erarbeiteten Wörterverzeichnis ab.

albedo – weiße Taube, weißer Schwan

Ammoniumchlorid (Sal ammoniacum) – Neptunus, Krebs, Stier

Anima – Seele, Fisch,

Antimon – der geitzige grawe Wolff, Wolff

Corpus – Meer

Erdreich der Weisen – truckner Stein

Gold – Apollo, König, Leib des Königs, Leo, Löwe, roter Adam, Sol, Sonne, rote Tinktur

Kalklauge – Meerwasser, Milch der fliegenden Vögel

Königswasser – überköstliches Wasser

Lapis philosophorum – Balsam, basiliscus, Brunnen, Corpus magnesiae, Ding, Drachenblut (rotes), Medicin, Phönix, rote Rose, Schatten der Sonne, Speichel des Mondes, Stein, Stein der Philosophen, Theriak, Tinctur, trockenes Wasser,

nigredo – Rabe

prima materia – Caput Corvi, dunckelkleyt, Fewr, Nebel, Rabenhaupt, Schwertz

Quecksilber – Adro, argentum vivum, Azeth, Borax, Cantzler, das Fliehende, das Flüchtige, das Weiße, der Weisen Feür, Diana, Drache, Duenech, empfindliche Fewer, erczwasser, Essig, feucht Feür, Feuer des Roßbauchs, Fledermauskot, flüchtige Fewr, geistliches Wasser, gläsernes Meer, grosses innerliches Fewer, güldenes Wasser, Hefe, JungfrawMilch, lebendig wasser, liquorisches Wasser, mercurialisches Wasser, Mercurius, Merkur, meyentaw, Realgar, rein durchscheinendes Wasser, Roßmist, Schreiber, Spiritus, unser Feuer (vnser Feür), unser Wasser, Wasser der Philosophen, Wasser Mercurij, Wasser, das die Hände nicht netzt, weiße Blüte, weiße Eva, weiße Lilie, Wolke

rubedo – roter Drache

Salmiak – Adler, Jungfrau

Salpeter – Drache, gelber Leu aus Mitternacht, kalter Drache, Monarch

Schwefel – Anima corporis, das Rote, Leo rubeus, Öl der reynsten Jngehung, roter Adam, roter Löwe, Schwefel der Philosophen, Seele, Steinbock, unverbrennlicher Schwefel aller Weisen, Vulcanus, lebendigz öl

Silber – Diana, Luna, Mond, weiße Tinktur

Spiritus (als das Prinzip des Flüchtigen) – Fisch, Hirsch, Hund, Vogel

Tartarus – Widder

Anhang VI: Abkürzungsverzeichnis

AfdA = Anzeiger für deutsches Altertum und deutsche Literatur
Aufl. = Auflage
Ausg. = Ausgabe
Bl. = Blatt
Bll. = Blätter
bspw. = beispielsweise
bzgl. = bezüglich
cgm = codex germanicus monacensis
Cod./cod. = Codex
cpg = codex palatinus germanicus
Diss. = Dissertation
d.V. = der Verfasser
GAG = Göppinger Arbeiten zur Germanistik
GKS = Gamle Königliche Sammlung
Hs. = Handschrift
i.a. = im allgemeinen
i.d.R. = in der Regel
Jg. = Jahrgang
LiLi = Zeitschrift für Literaturwissenschaft und Linguistik
M.H. = Michael Horchler
Ms./ms. = Manuskript (Handschrift)
NDB = Neue deutsche Biographie
NF/N.F. = Neue Folge
N.S. = Neue Serie
o.J. = ohne Jahr
o.O. = ohne Ort
u.ö. = und öfter
WSB = Sitzungsberichte der Österreichischen Akademie der Wissenschaften, Philosophisch-historische Klasse
ZfdA = Zeitschrift für deutsches Altertum und deutsche Literatur
ZfdPh = Zeitschrift für deutsche Philologie
ZfdSpr = Zeitschrift für deutsche Sprache

Bildnachweis

Abbildung 1: Selbsterstellte Graphik

Abbildung 2: Michael Maiers „*Atalanta fugiens*", Oppenheim 1618 (entnommen aus Haage (1996), dort Abb. 17).

Abbildung 3: Entnommen aus Ploss (1970) S. 28 (überliefert in: Zürich, Zentralbibliothek, Cod. Rh. 172 (544), Bl. 21^{v}).

Abbildung 4: Bildarchiv Preußischer Kulturbesitz Berlin / Staatliche Museen zu Berlin-Kupferstichkabinett / Jörg P. Anders (überliefert in: Berlin, Staatliche Museen Preußischer Kulturbesitz, Kupferstichkabinett, cod. 78 A 11).

Abbildung 5: Mit freundlicher Genehmigung des Guido Pressler Verlags, Hürtgenwald, entnommen aus Telle (1980b) S. 242 (überliefert in: London, British Library, Ms. Sloane 2560, Bl. 7^{r}).

Abbildung 6: Mit freundlicher Genehmigung des Guido Pressler Verlags, Hürtgenwald, entnommen aus Telle (1980b) S. 243 (überliefert in: London, British Library, Ms. Sloane 2560, Bl. 14^{r}).

Abbildung 7: Entnommen aus Roob (1996) S. 462 (überliefert in: München, Bayerische Staatsbibliothek, cgm 598).

Abbildung 8: Bildarchiv Preußischer Kulturbesitz Berlin / Staatliche Museen zu Berlin-Kupferstichkabinett / Jörg P. Anders (überliefert in: Berlin, Staatliche Museen Preußischer Kulturbesitz, Kupferstichkabinett, cod. 78 D 3, Bl. 23).

Abbildung 9: Bildarchiv Preußischer Kulturbesitz Berlin / Staatliche Museen zu Berlin-Kupferstichkabinett / Jörg P. Anders (überliefert in: Berlin, Staatliche Museen Preußischer Kulturbesitz, Kupferstichkabinett, cod. 78 D 3, Bl. 17^{v}).

Abbildung 10: Bildarchiv Preußischer Kulturbesitz Berlin / Staatliche Museen zu Berlin-Kupferstichkabinett / Jörg P. Anders (überliefert in: Berlin, Staatliche Museen Preußischer Kulturbesitz, Kupferstichkabinett, cod. 78 D 3, Bl. 18^{v}).

Abbildung 11: Mit freundlicher Genehmigung des Guido Pressler Verlags, Hürtgenwald, entnommen aus Telle (1980b) S. 209 (überliefert in: Paris, Bibliothèque Nationale, cod. lat. 7171, Bl. 30^{r}).

Abbildung 12: Mit freundlicher Genehmigung des Guido Pressler Verlags, Hürtgenwald, entnommen aus Telle (1980b) S. 221 (überliefert in: München, Bayerische Staatsbibliothek, Res. 4° Alch. 73, Bl. L III^{r}).

Abbildung 13: Entnommen aus Buntz (1970) S. 136 (überliefert in: Basel, Universitätsbibliothek, Ms. L IV 1, Bl. 263).

Abbildung 14: Selbsterstellte Graphik

Abbildung 15: Mit freundlicher Genehmigung des Guido Pressler Verlags, Hürtgenwald, entnommen und als Ausschnitt vergrößert aus Telle (1980b) S. 247 (überliefert in: Oxford, Bodleian Library, Ms. Rawl. D. 893, Bl. 103).

Abbildung 16: Entnommen aus Buntz (1970) S. 159 (überliefert in: Basel, Universitätsbibliothek, Ms. L IV 1, Bl. 283).

Abbildung 17: Mit freundlicher Genehmigung der Wissenschaftlichen Buchgesellschaft, Darmstadt, entnommen aus Stille (2004) S. 55 (überliefert in: Hieronymus Brunschwig, „*Das buch der waren kunst zu destillieren*", 1512).

Abbildung 18: Entnommen aus Lemmer (1986) S. 269 (überliefert in: Sebastian Brant, „*Das Narrenschiff*", Basel 1494).

Abbildung 19: Nürnberg, Germanisches Nationalmuseum, Hs. 198 353, Bl. 116^{r}.

Abbildung 20: Nürnberg, Germanisches Nationalmuseum, Hs. 198 353, Bl. 84^{v}.

Abbildung 21: Nürnberg, Germanisches Nationalmuseum, Hs. 198 353, Bl. 85^{r}.

Abbildung 22: Nürnberg, Germanisches Nationalmuseum, Hs. 198 353, Bl. 154^{r}.

Abbildung 23: Entnommen aus Buntz (1970) S. 203 (überliefert in: Basel, Universitätsbibliothek, Ms. L IV 1, Bl. 293).